Revised Edition of Landscape Planning

조경계획

집필책임 이명우

기문당

| 머 리 말 |

본 서는 2008년에 출간된 조경계획·1, 조경계획·2의 내용을 대학강의용 교재에 적합하도록 한 권으로 축약하고, 지난 3년간의 변화상황을 반영하기 위해 재집필되었다.

2008년 당시에는 조경학대계 시리즈의 시의적절한 개정을 촉구하고 다원화된 교재출판을 활성화하기 위해 조경학회에 도서편찬특별위원회를 신설하고, 2년여에 걸쳐 전국적으로 조경학계 의견수렴과 집필위원 선정을 통해 교재집필을 시작하였다. 이후로 위원회가 활성화되지 못하여 조경학회의 공식적인 교재편찬활동과 연계성을 가질 수 없었다. 방대한 분량의 축소조절과 변화된 여건반영이 절실한 상태에서 집필이 가능한 15명의 이전 집필진과 가로공공디자인 집필진 1명이 더 참여하여, 총 16명으로 구성하여 본 서를 집필하였다.

주요 내용은

제1부 총론 조경계획의 법적 토대는 「조경법규(2011)」의 발간에 따라 법정계획을 중심으로 대폭 축약된 형태로 기술되었고, 제2부의 사전검토단계와 영향평가단계는 환경성평가, 토지적성평가 부문 등으로 재구성하여 법적 토대에 포함시켰다.

제2부 조경계획과정은 환경분석 및 평가, 기본구상, 기본계획의 3단계로 단순화하였다. 환경분석 및 평가단계에서는 행태분석 부문을 인문환경 및 행태분석으로 통합하여, 환경분석항목을 자연환경, 인문환경 및 행태분석, 시각환경, 종합분석 및 평가의 4단계로 설정하였다. 기본구상단계에서는 프로그래밍단계에서 수요추정과 공급규모 부분을 강화하였다. 기본계획단계에서는 주제공간계획과정에 따라 토지이용계획, 동선계획, 부지 및 시설물계획, 녹지 및 식재계획의 4단계로 구분하였다.

제3부 분야별 조경계획에서는 총 9개 편으로 재구성하였다. 정원계획, 도시공원계획, 자연공원계획을 각각의 개별적인 편으로 구성하였고, 시설조경계획은 삭제하였다. 자연공원계획과 농촌계획은 핵심적인 개념을 중심으로 내용을 축약하였다. 생태계획이라는 제목으로 생태조경계획, 경관생태계획, 생태복원계획내용을 포함하였다.

끝으로 주요 용어해설을 실음으로써 강의와 학습 등에 쉬운 이해를 도왔다.

지난 2011년 2월부터 6개월간 매월 1회씩 집필진회의 등을 통해 조경학계 교재편찬의 모범이 되는 개정판을 집필하려 했지만, 집필진이 16명이나 되는 상황에서 의욕과 현실의 괴리감은 엄청났다. 아쉽지만 일단 현재 상태로 마감하는 것이 최선이라고 생각하면서, 막연하나마 후일을 기약할 수밖에 없었다. (지족불욕 지지불태 : 知足不辱 知止不殆 : 노자 44장)

조경학회의 교재편찬위원회, 연구회 등이 활성화되어 조경계획 관련 교재가 체계적이고 다양하게 출판될 수 있기를 바란다.

여러 집필위원들과 밝은 마음으로 업무진행을 맡아 어려운 도면의 처리와 표지디자인의 깔끔한 처리까지 책임을 다한 전북대학교 대학원생 김미나, 김연심, 신만석과 주요 용어해설의 중요성을 일깨워준 정문선 박사 등에게 고마운 마음을 전합니다.

2011년 8월

2021년을 맞이하며, 그간 변경된 법규내용을 중심으로 부분적 수정작업을 진행하였다. 학회를 중심으로 주기적으로 교재보완작업을 진행하여 변화되는 상황에 대처할 수 있길 바란다.

2021년 10월

집필책임 이 명 우

CONTENTS

III 분야별 조경계획

I

총 론

PART 1 조경계획의 특성

PART 2 조경계획의 법적 토대

전북 정읍시 내장산국립공원 내장사 일주문

I

PART 1

trends of landscape planning

조경계획의 특성

이명우

제1장 현대조경과 조경계획

제1절 현대조경의 성격

1. 현대의 조경

현대적 의미의 조경(造景 : Landscape Architecture)은 1858년 미국의 조경가 Frederick Law Olmsted가 조경의 학문적 영역을 정립하면서 조경가(Landscape Architect)라는 말을 사용한 이후 전 세계적으로 보편화되었다. 순수한 의미의 건축(Architecture)이 건축물에 대한 관심이 주가 되지만 조경에서는 공공 공개 공간(public open space)으로서의 옥외공간에 주된 관심을 가져 왔다. 이러한 개념이 발전하여 John Ormsbee Simonds는 조경을 단지계획 및 설계(Site planning and design)라는 영역으로 정의하여 사용하였다. Simonds는 조경학이라는 책을 통해서 단지계획, 단지개발, 주거공간, 도시설계, 환경계획 등의 분야를 조경의 영역에 포함시켜 기술하였다.

1960년대에는 미국의 Ian McHarg가 Design with Nature라는 개념을 통해 조경이라는 분야에 생태학적 사고와 이론을 접목시키는 분석체계 수립에 공헌하였다. 이는 생태적 접근방법(Ecological approach)이라고 하여 다양한 생태정보를 중첩하여 개발 및 보전 적지를 분석하는 과정(Land suitability analysis)에 중심을 두었고, 현대의 GIS(Geographic Information System)분석의 기틀을 제공하였다.

1970년대와 1980년대는 이러한 생태적 기반 위에서 인간의 행태적 고려와 이용자들의 심미적 가치를 고려한 이용후 평가 등을 통하여 실천적 종합학문적인 접근방법이 수립되었다. 1974년 미국조경가협회(American Society of Landscape Architecture : ASLA)에서는 "조경은 토지를 계획, 설계, 관리하는 예술(art)로서 자원보전과 관리를 고려하면서 문화적·과학적 지식을 활용하여 자연요소와 인공요소를 구성함으로써 유용하고 쾌적한 환경을 조성하는 것을 목적으로 한다."라는 정의를 통해 조경을 과학적·문화적 배경을 바탕으로 한 종합예술로서 정의했었다.

1980년대 후반에서 근래에 이르기까지 조경은 포스트모더니즘과 환경생태주의의 영향을 받아 보편적 기능성보다는 국지적 다변성에 기반을 두고 생태주제의 조경설계나 생태복원계획 등이 포함되어 적용되고 있다.

우리나라에서 현대의 조경에 대한 연구는 주로 조경설계 및 조경미학분야에서 발표되고 있다(배정한 : 2004, 조정송 외 2006, 조동범 역 : 2006). 이 연구에서는 경관(landscape)을 키워드로 하여 나타나는 포스트모더니즘시대의 조경업역과 직능에 대한 특성을 고찰하고 있다. 조경이 갖는 본질적 특성이 생태학적 기반 위에 있다는 것을 전제로 하면서 현대 포스트모더니즘적 예술분야를 포괄해야 한다는 조경의 하이브리드적 특성에 대해서 심도 있게 고찰하고 있다. 임승빈, 주신하(2006)는 조경을 5차원 토지환경예술이라고 하여 장소성이 있는 토지공간을 창출하는 분야로서 정의하고 있다.

2. ASLA에서의 조경

ASLA(미국조경가협회 : American Society of Landscape Architecture)에서는 1993년 채택된 환경과 개발에 대한 선언(ASLA Declaration on Environment and Development)에서 조경직능이 환경지킴이 선도자로서의 역할을 강조한 바 있다. 즉 이 선언에서 ASLA의 오랜 전통 속에 수립되어 온 가치관을 정리하였다. 여기에서 인간의 건강과 복지, 문화와 정주환경은 여타 생물종과 밀접하게 관련되어 있고, 매우 취약하며 서로 의존적일 수밖에 없다는 점을 천명하고 있다. 아울러 자연에 대한 미래세대의 활용권을 부여할 수 있어야 한다는 점을 선언하고 있다. 이 선언문은 경관(Landscape)은 생명복합체이므로 인간의 욕구는 건강한 환경을 전제로 해야 한다는 점을 강조하고 있다. 조경가의 기본적인 임무가 훼손된 지구환경에서 건강한 자연의 재생력과 자기창출력을 활성화시키는 것이라고 선언하면서 구체적인 목표를 제안하고 있다.

2008년 현재 미국조경가협회(ASLA, American Society of Landscape Architecture)에서는 웹사이트를 통해 조경을 다음과 같이 정의하면서 수행하고 있는 프로젝트의 유형을 비교적 상세하게 기술하여 그 성격을 표현하고 있다.

"조경은 자연 및 도시환경을 분석, 계획, 설계, 관리 및 환경지킴이(스튜어드십)로서의 분야를 포괄하고 있다. 조경에서 수행하고 있는 프로젝트의 유형은 다음과 같다. 주거공간, 공원과 휴양공간, 상징조형물공간, 가로경관 및 공공공간, 도로공간 및 가로시설, 정원 및 수목원, 안전을 고려한 공간설계, 휴양시설공간, 연구시설공간, 교육공간, 치료정원, 역사공간의 보전과 복원, 복구, 보전, 복합공간 및 상업공간, 경관예술 및 토지조각, 실내조경 등이다."

Landscape architecture encompasses the analysis, planning, design, management, and stewardship of the natural and built environments. Types of projects include : residential : parks and recreation : monuments : urban design : streetscapes and public spaces : transportation corridors and facilities : gardens and arboreta ; security design : hospitality and resorts : institutional : academic campuses : therapeutic gardens : historic preservation and restoration : reclamation : conservation : corporate and commercial : landscape art and earth sculpture : interior landscapes : and more.

−American Society of Landscape Architects Web site

〈http://www.asla.org/nonmembers/publicrelations/factshtpr.htm〉

제2절 조경계획의 분야

1. 학문분야의 분류

과학기술정보통신부에서는 2018년 국가 과학기술표준분류체계에서 조경을 농림수산식품 분야 LB11로 분류하고 7가지 분야로 세분하고 있다. 1. 조경계획, 2. 조경설계, 3. 조경식물/생태/복원, 4. 조경시공/재료, 5. 조경관리, 6. 조경정보학, 7. 기타 조경이 그것이다.

이러한 조경에 대한 분류체계는 여전히 우리나라의 학문체계에서 복합적 학문으로서 조경학의 성격을 정확하게 자리매김하고 있지 않다. 즉 전통적으로 조경수 생산관리측면의 조경업역에 주로 기반을 두고 조경학을 농수해양분야나 산림관리분야로서 분류하고 있는 것이다. 그러나 실제 조경분야에서 다루고 있는 학문은 자연과학적인 산림이나 수목과도 밀접한 관계를 가지고 있지만 사회과학적인 도시 및 지역계획의 특성, 엔지니어링기술적인 건축 및 토목분야로의 성격, 환경조각과 같은 예술적 특성을 모두 가지고 있는 복합적 영역이기 때문에 이 조경에 대한 영역의 자리매김은 앞으로도 계속 연구되어 제안되어야 할 것으로 판단된다.

이러한 분류체계에서 조경계획분야는 조경설계분야와 통합하여 조경계획설계로서 지칭되기도 하고, 한편 조경설계나 미학과 분리하여 별도의 분야로서 지칭하기도 한다. 한편 관광지조경이나 국토 및 광역조경과 같은 분야는 조경계획과 분리하여 별도의 분야로서 설정되어 있기도 하다.

전통적으로 도시계획이나 건축설계에서 나타나듯이 계획(planning)은 2차원적 정책계획이나 토지이용계획 등을 지칭하게 되고 설계(design)에서는 3차원적 공간설계를 나타내고 있다. 따라서 도시설계는 도시계획의 3차원적 내용을 담게 되고 건축계획에서는 건축설계를 위한 정책 및 골격을 위한 내용을 담게 된다. 그러나 이러한 특성은 단지계획 및 설계(site planning and design)와 같은 분야에서는 이것이 통합되어 활용되고 있다. 조경도 이 단지분야와 마찬가지로 조경계획 및 설계(landscape planning and design)라는 용어가 일상적으로 사용되고 있다. 과업의 성격상 합리적인 속성이 강조되면 조경계획프로젝트, 창의적인 속성이 강조되면 조경설계프로젝트로 구분되지만 계획과 설계가 분리될 수 없는 과정이므로 이를 절대적으로 구분할 수 없다고 주장하기도 한다.

본 서에서는 조경계획의 영역을 법제도적 규제를 받는 국토 및 환경계획차원에서 공원녹지계획이나 환경생태계획과 같은 광역조경계획 등 3차원적 공간환경설계를 위한 조경계획적 측면을 포괄하는 분야로서 정의하고자 한다.

2. 조경계획의 영역

1980년대 말에 출간된 조경계획론에서는 조경계획의 영역을 정원계획, 도시공원녹지계획, 자연공원계획, 레크리에이션계획과 시설조경계획의 5가지로 구분하였다. 이러한 영역분류는 전통적으로 조경의 영역이 정원 및 공원계획을 비롯한 여가공간계획 및 단지계획에서의 옥외공간에 중점을 둔 이론적 분류체계이다. 그리고 임승빈과 주신하(2006)는 조경계획설계의 영역을 주거단지계획설계, 공원녹지계획설계, 문화재조경계획설계, 관광위락단지계획설계, 공공시설조경계획설계, 산업단지조경계획설계, 도시경관계획의 7개 분야로 설정하였다.

우리나라에서는 최근 20여 년 동안 환경위기에 따른 생태계보전 동향의 생태조경계획과 농촌마을계획 및 전통조경계획 분야 등에 대한 관심이 매우 높다. 그리고 환경친화적 골프장계획 등이 조경계획분야의 중요한 영역으로 등장하고 있다.

본 서에서는 조경계획의 영역을 우리나라의 법적인 체계 특징과 현재 조경분야에서 활발히 진행되고 있는 프로젝트의 유형에 따라 다음과 같이 구분하였다.

제1분야는 대지의 조경계획분야이다. 법제도 측면에서 건축법상 대지의 조경에서는 조경의무면적과 조경기준에 대한 기준을 가지고 있다. 흔히 정원설계라고도 한다. 이러한 정원계획이나 설계는 공공적 성격을 띤 조경분야의 원형적 개념으로 활용되고 있다.

제2분야는 단지계획분야이다. 미국에서는 일찍이 조경계획을 단지계획분야로 인식하여 접근하였다. 그러나 우리나라의 경우는 지금까지도 한국토지주택공사 등에서 진행되고 있는 단지계획에서의 조경계획은 식재계획과 조경시설물계획을 중심으로 업무가 진행되어 왔다. 그리고 국토의 계획 및 이용에 관한 법률이 제정되면서 활성화되기 시작한 지구단위계획 분야에서 조경이 주축이 되지 못함으로써 많은 문제점이 드러나고 있는 실정이다. 따라서 본 서에서는 조경계획에서 다루어야 할 지구단위계획과 주거단지계획을 중심으로 한 사례들을 보완하여 기술하였다.

제3분야는 공공부문을 중심으로 발달한 현대 조경의 핵심인 도시공원 및 녹지에 대한 내용이다. 이 도시공원은 생활권공원과 주제공원, 지자체설정공원 등으로 구분·적용되고 있으며, 녹화계획 등과 관련된 내용을 담고 있다.

제4분야는 자연공원계획분야이다. 자연공원은 국토의 생태경관을 보존할 수 있는 매우 중요한 공간이다. 생태경관보전적 측면에서의 자연공원에 관한 내용으로 기술하고자 한다.

제5분야는 가로조경분야이다. 우리나라 조경의 초기단계에서는 고속도로조경이 중심적 대상의 하나였다. 그러나 일상생활환경의 질적 수준이 높아지면서 보행을 중시하는 최근의 경향에 의해 일상생활환경 주변의 가로환경과 도시 내 공공디자인이 새롭게 주목되고 있다.

제6분야는 관광계획분야이다. 관광단지계획이나 레포츠시설계획분야는 근래 조경분야의 중요한 위치를 차지하고 있다. 그러나 실제 이러한 광역조경계획으로서의 여가공간이나 체육시설계획분야는 관광산업 및 건축물계획 등이 포함되면서 실제 타 분야와의 중첩이 매우 심한 부분이다.

제7분야는 전통조경분야이다. 전통조경 및 조경사부문은 조경에서 원형공간 및 원형경관에 대한 탐구와 인식을 위해 매우 중요시 되어온 분야이다. 그러나 정작 문화재복원계획에서의 조경계획은 식재와 시설물이라는 업역으로 한정되어 왔다. 조경의 영역으로서 역사경관이라는 측면에서 역사경관의 보전관리계획, 전통조경공간계획 등에 관해서 기술하고자 한다. 이 전통조경부분은 천연기념물 등의 자연유산이라는 측면과도 밀접한 관계가 있다.

제8분야는 생태계획분야이다. 국토 및 도시공간의 환경생태보전과 복원에 관한 부분이다. 근래에 많은 지방자치단체에서 시도되고 있는 자연형 하천사업이나 생태숲조성사업을 포함한 생태복원계획과 우수활용 및 친환경적 단지계획 등은 건축, 토목, 임학 등의 분야와 상호 협력이 필요한 부분이기도 하다.

제9분야는 농촌계획분야이다. 지역계획의 한 부분이었던 농촌계획은 근래에 농촌살리기 핵심정책의 하나로서 조경영역에서 중요하게 대두되고 있는 분야의 하나이다. 국토계획이라는 개념으로 인해 도시와 농촌의 구분이 없어지고 있는 상황이다. 도시농업, 경관농업 등 새로운 개념들이 나타나고 있기도 하다. 공간계획으로서의 농촌마을계획, 농촌지역계획 등에 관해서 기술하고자 한다.

제2장 조경계획과정

제1절 계획이론

1. 계획의 속성

계획(planning)은 미래의 문제를 해결하기 위한 일련의 과정(problem solving process)으로 정의할 수 있다. 이러한 일련의 과정은 개념적으로 보편화된 몇 가지 단계를 거치게 된다. 먼저 현상의 이해를 바탕으로 한 문제인식을 기본으로 한다. 이에 기반을 두고 현 실태를 조사·분석·평가하여 장애요인과 잠재요인을 확인하고 미래상황을 예측하게 된다. 그리고 목표를 설정하고, 이에 따른 대안들을 작성하고 이에 대한 평가를 통해 최적안의 선택이라는 의사결정과정을 통해 시행하고 시행 후 평가를 하게 된다. 이러한 작업과정은 모든 계획이 가지는 일반적인 내용으로서 조경계획, 단지계획, 도시계획에 동일하게 적용된다.

이러한 계획은 합리성(rationality)을 높이기 위하여 다음의 몇 가지 특성을 갖게 된다.

첫째, 계획은 계획주체와 계획대상 사이의 상호작용 과정을 거치게 된다. 즉 계획주체가 갖는 의지나 문제인식이 계획을 진행하면서 새로운 정보의 획득과정 등을 통해 기본적인 방향을 수정하는 등의 탄력적이고 상호조정적인 성격을 갖게 된다. 둘째, 계획은 미래지향적 성격을 갖게 된다. 계획의 미래지향적 속성은 계획주체가 미래의 변화양상에 대한 예측을 기반으로 하게 된다. 이러한 미래예측성은 장기적일수록 정확성이 떨어지기 때문에 불확실성을 수용할 수 있는 융통성을 지니고 있을 필요가 있다. 셋째, 계획은 과정지향적 성격을 갖게 된다. 계획활동을 검토해 보면 합리적인 수단과 방법을 통해 여건과 상황의 변화에 대처할 수 있는 대안작성과정이라고 볼 수 있다. 여기서 합리적인 수단에는 법제도적 측면을 포함한 절차적 합리성을 포괄한다고 볼 수 있다. 이러한 합리적 과정과 의사결정을 통해 작성된 계획안이 그 정당성을 갖게 되는 것이다. 따라서 마지막으로 계획활동은 피드백과정의 특성을 갖게 된다. 계획환경은 항시 변화하게 되고, 이해 당사자와 클라이언트의 상황이 변동되는 특성을 갖게 되므로 계획의 목표수정, 조사대상 및 평가방법의 재설정 등은 계획과정상 피드백과정을 통해 반드시 수반되는 요소인 것이다. (대한국토도시계획학회 : 2000)

통상적으로 이러한 계획과 관련된 이론은 이상과 같은 절차적 계획이론과 함께 실체적 계획이론으로 구분하여 접근하게 된다. 실체적 계획이론이란 계획의 대상에 대한 것으로서 조경학, 도시계획학, 건축학, 경제학, 사회학 등 각각의 분야에서 추구하고 있는 부문별 계획의 성격을 갖게 된다.

2. 계획모형

절차적 계획이론은 1950년대 총체적 합리성을 추구하는 청사진적 계획이론(blueprint planning theory)으로서의 합리주의 계획모형(rationalistic planning model)을 시작으로 하여, 현실적으로 채택 가능한 작은 개선안들을 만들어가는 부분적·점진적 계획모형(disjointed incrementalism)이 결합된 혼합주사적 계획모형(mixed scanning) 등으로 발전되어 왔다. 합리주의 계획모형이란 계획의 목표와 수단의 모색과정(end-means chain)에서 여러 가지 문제의 발생을 인식하게 된다. 따라서 1. 명확한 목표의 설정, 2. 목표와 수단, 가치와 사실의 구분, 3. 대안 선정이라는 과정을 거치게 된다. 부분적·점진적 계획에서는 합리주의계획이 추구하는 일관된 가치체계보다는 시간과 상황에 따라 변화되어가는 가치체계를 지향하며, 현재의 상황에서 채택 가능한 대안을 설정하고 점진적으로 작은 개선을 통해 대안의 득실을 비교하면서 점진적으로 실천방안을 마련하게 된다. 혼합주사적 계획에서는 전체 구조적 측면에서의 전체적 합리성을 갖는 상황결정적인 틀과 부분적 측면에서 부분 점진성을 갖는 세부적 결정의 틀을 갖도록 하였다.

이러한 계획모형의 내용들은 현재 국토의 계획 및 이용에 관한 법률 및 도시공원 및 녹지에 관한 법률 등에 적용되어, 20년 단위의 장기계획과 10년 단위의 중기계획을 수립하면서 5년마다 그 타당성을 검토하는 절차가 시행되고 있다. 그리고 5년을 기본으로 한 단기계획에서는 2~3년 사이에 집행계획을 수립하고, 이에 대한 예산계획 등 집행계획이 수립되지 않을 경우, 그 계획 자체를 폐기하도록 하는 내용도 앞서 말한 혼합주사적 계획모형이 적용된 사례라고 볼 수 있다.

이 계획모형은 시민참여 등이 활성화되면서 교류적 계획모형(trans-active planning), 시민참여 옹호적 계획모형(participant advocacy planning), 정치경제적 계획모형(political economy planning) 등의 다양한 성격의 접근을 통해 시도되고 있다. 교류적 계획이란 1970년대 신휴머니즘에 기초한 계획모형으로 계획가와 피계획가 간의 상호학습과정(social learning process)에 중점을 두고 상호 대화와 협조로서 변화되어가는 사회상황에 대처해야 한다는 논리를 가지고 있다. 이 논리에 따라 전체적인 합리적 계획의 목표 달성과 함께(쇄신적 계획) 주민들과의 대화 등을 통한 상호 호혜적(互惠的) 계획목표의 달성(배분적 계획)을 동시에 추구하는 계획모형이다. 그리고 시민참여의 옹호적 계획이란 사회적 약자의 이익을 보호한다는 차원에서 나타난 계획모형으로서 여러 가지의 다차원적인 계획을 수립하여 소수약자의 이익도 계획안에 포함시켜야 한다는 계획모형이다. 그리고 정치 · 경제 계획모형은 합리주의모형이 자본주의가 갖는 모순과 불평등의 목표에 대한 생각을 하지 못하고, 목표와 수단의 연계과정에서 수단에만 집착하게 된다는 문제의식을 바탕으로 근본적으로 목표설정과 가치체계의 재정립에 목적을 두고 계획이 수립되어야 함을 강조하고 있다.

이러한 계획모형들은 그 형식과 실질적인 계획안에서 반영 정도의 몇 가지 문제는 있지만 우리나라의 공간계획 관련법규에 반영되어 이해당사자 및 시민단체의 의견수렴과정, 관련부처와의 협의과정 등이 적시되어 진행되고 있다.

한편 임승빈과 주신하(2006)는 계획설계모형에 대해 Broadbent의 설정에 따라 제1세대 방법론 : 체계적 방법론(계획설계에서 분석적 · 체계적으로 계량화, 종합하는 과정의 도입), 제2세대 방법론 : 참여설계(계획가만의 전문적 판단에 따른 계획안 작성이 아니라 이용자들의 의견제안 · 합의 · 결정이 포함된 계획안을 작성), 제3세대 방법론 : 예측과 반박(전문가에 의한 설계안에 대한 예측을 근거로 이용자 및 기타 전문가에 의한 반박과정을 통해 최종안을 설정), 제4세대 방법론 : 순환적 방법론(이용후 평가의 과정을 통해서 설계-시공-활용-보완을 통해 설계의 오류를 극복)을 소개하고 있다.

제2절 조경계획과정

1. 진단 · 처방과정

실체적 계획으로서의 조경계획은 대상공간의 특성에 따라 광역조경계획에서부터 단지계획, 공원계획, 그리고 작게는 정원계획 등을 포함한다. 따라서 조경계획과정을 한 가지로 일반화시키기는 어려움은 있지만 개괄적으로 보면 여타의 다른 부문별 계획과정과 마찬가지로 조경계획은 프로젝트 성격의 규명 및 조사분석, 기본구상 및 기본계획, 실시설계 및 집행계획의 과정을 거치게 된다.

그러나 이러한 계획들은 그 목표에 따라 중점을 두는 계획과정 및 단계에 차이가 있게 된다. 대형 프로젝트수행의 초기단계에서는 타당성 검토 및 개략사업비 추정을 위하여 계획이 수립되기 때문에 정책적 · 환경적 타당성 검토에 중점을 두면서 기본구상 수준의 개략적인 기본계획을 수립하게 된다. 이때는 사전환경성 검토 등 사전검토단계에 비중을 두게 된다. 그리고 사업비가 어느 정도 확정되고, 사업추진방식과 주체 등이 결정되면 구체적으로 실시설계를 위한 정밀조사 및 실질적인 기본계획이 수립되고, 각 부문별로 토지이용계획, 공원녹지계획, 도로계획, 건축계획, 기반시설계획 등이 수립된다. 이때 조경계획가의 역할에 따라 이 프로젝트를 주관하게 되면 생태 및 경관조사를 분석·평가하는 역할과 함께 과업 대상지 공간의 성격과 규모 등을 결정하게 된다. 전통적으로는 부문계획으로서의 조경계획에서 공원녹지계획, 경관계획, 옥외공간조성계획, 생태공간복원계획 등을 총괄하며, 최종적으로는 부지조성계획, 조경시설물계획과 식재계획을 바탕으로 한 실시설계를 수행하게 된다.

본 서에서는 일반적인 조경계획과정을 진단과 처방이라는 패러다임에 따라 조사·평가과정과 구상·계획과정으로 크게 구분하고자 한다.

1) 사전검토단계

사전검토단계는 대형 사업에 대한 정책적 타당성을 검토하기 위하여 사전조사·평가하는 단계로서 사전환경성검토, 도시관리계획 환경성검토, 토지적성평가 및 사업예비타당성 검토를 내용으로 한다. 통상 이 단계는 일반적인 조경계획분야에 포함되어 있지 않았던 단계이다. 그러나 광역조경계획이나 관광지계획 등 조경분야에서는 이 분야에 대한 활발한 참여가 이루어지고 있다.

2) 환경분석단계

계획의 합리성 수준은 현황분석 및 평가의 포괄성과 정밀성에 의해 좌우되기 때문에 이 단계는 현대의 조경계획과정에서 볼 때 가장 중요한 단계이다. 본 서에서는 전통적으로 조경계획에서 사용하고 있는 환경에 대한 분류 개념을 따라 크게 자연환경, 인문환경(행태분석 포함), 시각환경으로 구분하여 기술하였고, 이를 종합평가하는 방법론과 사례를 기술하고자 한다.

종합평가에서는 앞서 분석된 환경특성을 기반으로 한 기회요소(잠재력)와 제한요소(문제점)로의 현황종합분석 요점과 사례를 기술하였다. SWOT분석에 대해서 기술하였다.

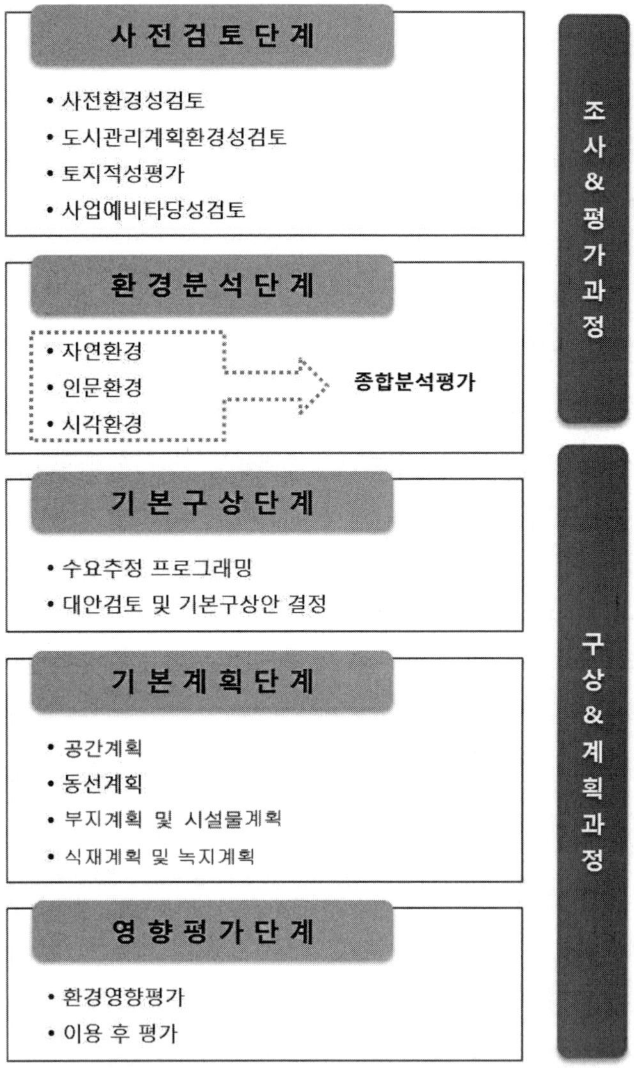

그림 1-1-1 조경계획단계

3) 기본구상단계

이 기본구상단계는 앞서 조사·평가된 내용을 바탕으로 이용객 및 시설물 수요추정 프로그래밍단계를 거쳐 가능한 대안들을 산출하여 최적의 기본구상안을 설정하는 과정으로서 매우 중요한 단계이다. 기존의 조경계획과정상 제안되어 있는 수요추정과 시설규모 예측 등 프로그램에 대한 내용을 정리하였다. 기본구상안은 개념도 작성을 통한 구상안의 유형과 대안작성 및 평가에 대해서 기술하였다.

4) 기본계획단계

기본계획단계에서는 먼저 국토계획상 토지이용계획으로의 용도지역계획 및 도시계획 시설계획의 성격에 대하여 기술하였다. 주제공간에 대한 기본계획안 작성을 위하여 요구되는 공간계획, 도로, 주차장, 동선계획과 전통적으로 조경계획의 하위계획인 부지조성 및 시설물배치계획, 식재계획에 대해서 기술하였다. 녹지보전계획과 함께 비오톱공간과 관련된 계획에 대해서도 간략히 기술하였다.

2. 일반적 조경계획과정

조경계획론(1986)에서는 조경계획의 일반적인 계획과정으로서 1. 조사분석단계 : 기본전제, 대지분석 및 기능분석, 2. 종합단계 : 대안작성 및 기본계획의 수립, 3. 발전단계 : 부문별 계획과 실시설계 및 시행으로 구분하여 제시하고 있다. 그리고 조사분석론은 별도의 장으로 독립시켜 기술하고, 조경계획과정은 계획의 접근방법이라는 장을 통해 현황조사분석(물리생태적 접근, 시각미학적 접근, 사회행태적 접근), 기본계획(프로그램작성, 기본구상 및 대안작성, 기본계획안), 그리고 환경설계평가(환경영향평가 및 이용후평가)라는 틀로서 제시하였다.

임승빈과 주신하(2006)가 제시하고 있는 계획설계과정은 1. 설계목표 및 프로그램의 설정, 2. 개략안의 단계, 3. 기본계획단계, 4. 실시설계단계의 4단계로 구분하고 기본계획단계에서 분석, 기본구상, 계획안작성으로 설정하고 있다. 이 과정에서는 개략안의 단계를 설정하여 예비타당성 등을 분석하는 과정을 포함한 것이 특징이다.

첫 번째 설계목표 및 프로그램 설정단계는 의뢰인의 기본적인 필요와 요구를 추출해 내고 목표설정 및 프로그램작성을 통해 목표를 체계화시키는 단계로서 정의하고 있다. 이때 계획의 기본방향과 기본전제가 설정된다. 즉 과업의 성격을 명확하게 설정하여 대안선택을 위한 기준으로서 작용하게 된다.

두 번째 개략안의 단계에서는 개략적인 과업분석과 방향설정, 개략예산의 규모를 제시하는 단계이다. 이때 타당성분석 등의 내용이 포함되어 환경, 경제, 정책적 차원의 지침이 마련될 수 있다.

세 번째 기본계획단계에서는 계획안의 기본골격을 결정하기 위한 단계로서 분석 및 종합, 기본구상 및 대안설정을 위한 계획안의 전개, 최적안 설정을 위한 내적 의사결정, 최종안 설정을 위한 외적 의사결정의 4단계로 세분하여 제시하고 있다. 여기서 분석의 유형은 물리생태적 분석, 사회행태적 분석, 시각미학적 분석 등 3가지로 구분하고 있다.

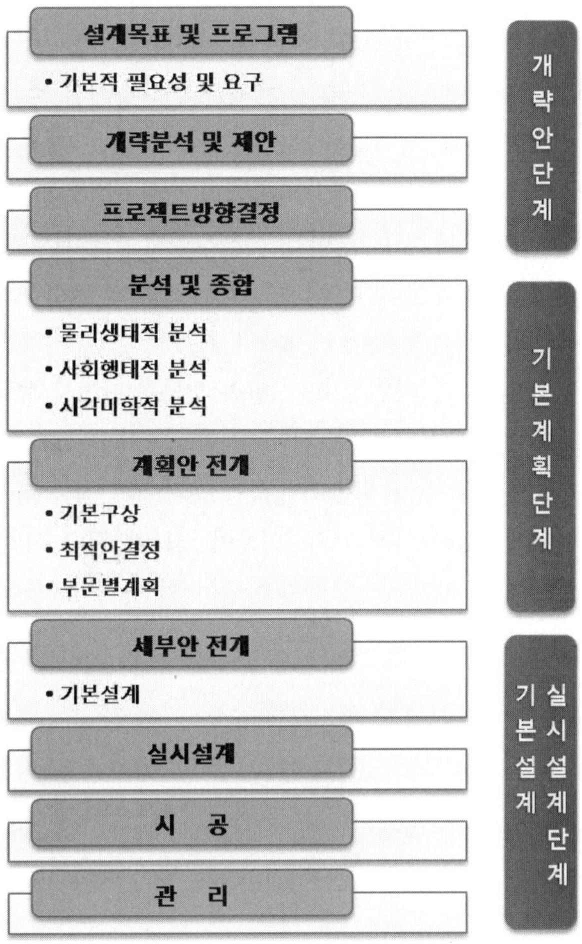

그림 1-1-2 조경계획/설계과정

이 분석은 시간적·경제적 여건을 고려하여 진행하게 되나 포괄성과 함께 중점적 조사·분석이 되도록 해야 한다. 이 분석내용은 기본계획수립에 직접 관련되도록 상호관련성 및 중요성을 파악해야 하며 종합도면이나 종합표로서 정리해야 한다. 이 분석종합을 기반으로 기본계획안이 전개된다. 여기서는 아이디어를 도출하기 위해 다이어그램, 도면, 비교표 등을 통하여 기본구상을 진행한다. 그리고 피드백과정을 거쳐 경제성, 환경성, 시공성 등을 고려한 몇 가지 대안을 만들어 계획가 스스로 최적안을 만드는 내적 의사결정과정을 거치게 된다. 그리고 의뢰인(의사결정권자)과의 의견교환을 통해 변경된 최종안을 결정하는 외적 의사결정과정을 거친다. 이때 수행되는 의사결정의 유형은 Steiss의 이론에 따라 일정한 틀과 규칙에 따라 수행하는 기계적 결정(programmed decision), 주어진 가정 속에서 프로그램의 내용을 수정하는 적응적 결정(adaptive decision), 전제와 가정 자체를 수정하는 혁신적 결정(innovative decision)으로 구분된다. 이렇게 만들어진 기본계획안은 부문별 계획으로 나누어질 수 있다. 여기에는 토지이용계획, 동선계획, 배치계획, 식재계획, 하부구조계획 등이 포함될 수 있다. 이 기본계획을 좀 더 세부적인 내용으로 발전시킨 기본설계단계를 설정할 수 있다.

네 번째 실시설계단계에서는 시공도면을 작성하면서 기본계획안의 세부적인 사항을 발전시키게 되며 이에 따라 구체적인 예산규모를 설정하게 된다. 이 단계에서도 최적대안의 설정을 위한 내적 의사결정, 결정권자와의 최종안 결정을 위한 외적 의사결정과정을 거치게 된다. 시공상세도는 평면상세도, 입면상세도, 단면상세도를 포함하여 재료의 명칭, 규격, 수량, 경비 등이 산출되게 된다. 시공도면이 작성되면 시공자를 선정하여 공사를 하게 되며, 설계자 또는 선정된 감리자가 설계대로 시공되고 있는지를 감리하며 현장사정에 맞추어 설계변경을 하게 된다. 시공이 끝나게 되면 시설물 및 수목 등에 관한 유지관리를 시행하게 된다. 처음 설계를 하면서 이 유지관리를 염두에 두고, 계획설계를 진행시킬 필요가 있다.

legal base for landscape planning

I PART 2 조경계획의 법적 토대

제1장 법정계획과 조경법규

이명우

제1절 법정계획

1. 행정행위와 법정계획

조경을 관할하는 법은 행정법의 영역에 속한다. 행정법은 사적 권한 보장을 위한 민법, 상법 등의 사법과 달리 공법에 해당되며, 행정행위법, 행정조직법, 행정규제법으로 구분된다.

행정행위에는 반드시 하거나, 하지 말아야 하는 기속행위와 선택의 자유를 갖는 재량행위로 구분된다.

행정계획은 법정계획으로서 행정행위의 유형으로 국가, 기타 행정주체가 구체적 사실에 관해 법적 행정절차에 따라 법집행으로 행하는 공법행위를 말한다. 이러한 행정계획은 장래에 대한 예측을 전제로 수립되며, 법률에 의해 수립될 때 법정계획이라고 하며 국민에 대해서 구속력을 갖게 된다. 이 계획에는 국토 및 도시계획, 공원녹지계획, 환경계획 등이 있다. 이 계획은 행정절차법에 따라 사전예고, 의견수렴, 이유부기 등을 강제하고 있다.

행정절차는 행정의사결정에 관한 행정입법절차와 행정처분절차로 구분된다. 1998년부터 시행되고 있는 행정절차법의 주요내용은 다음과 같다.

첫째 사전통지 : 행정청은 당사자의 권리를 제한하는 행정을 하는 경우, 미리 그 제

목, 원인, 내용 및 법적 근거 및 의견제출 방법을 당사자에게 통지하도록 하고 있다.

둘째 의견청취 : 행정청은 행정행위를 하기 전에 당사자와 이해관계인의 의견을 청취해야 한다. 그 방법으로는 청문, 공청회, 의견제출 방법이 있다.

셋째 기록열람 및 이유부기 : 청문이 끝날 때까지 당사자 등은 당해 사안의 조사결과 등에 관한 문서의 열람 또는 복사를 요청할 수 있으며, 행정청은 처분의 근거와 이유를 제시해야 한다.

행정규제란 행정기관의 행위에 의하여 권리나 이익이 침해를 받은 자가 행정행위의 취소, 변경, 재산전보를 구하는 절차로서 행정기관에 의한 행정심판과 사법기관에 의한 행정소송으로 구분된다. 재산전보와 관련하여 행정기관의 위법한 행위로 인한 침해를 구제하는 손해배상과 적법한 행위에 대한 침해를 구제하는 손실보상으로 구분하게 된다.

2. 법의 적용

법의 적용은 사실확정단계와 법규해석단계로 구분된다.

사실확정단계는 법률관계에 관해 특정행위와 주변 상황에 대한 사실 여부를 명확하게 판별하는 단계이다. 이 단계에서는 사실확정과 관련된 법문의 포섭, 증거의 제시와 입증절차, 사실의 추정 등의 법률적 과정을 거치게 된다.

법규의 해석은 유권해석과 학리해석으로 구분된다.

행정법에서의 유권해석은 상급 행정청이 법령의 해석에 대해 훈령을 내리고, 하급 행정청의 질의에 대하여 해석하고 지령을 내리게 된다. 행정각부는 법제처장에게 유권해석을 구하게 된다. 이 해석에 다툼이 있는 경우에는 최종적으로 대법원에 해석을 구하게 된다.

학리해석은 학자들의 보편적 해석으로서 유권해석의 근거가 될 수 있다. 이 해석에서는 문리해석, 체계적 해석, 역사적 해석, 목적론적 해석 등으로 구분할 수 있다. 문리해석은 법언의 관행적 용법을 확인하는 방법이다. 언어는 의미의 폭을 가지게 되는데(광의와 협의) 법적 적용을 위한 가능성을 확인하는 근거가 되며 논리적 추론과정을 거치게 된다. 체계적 해석이란 법규범간의 관계를 고려하여 그 의미의 정당성과 폭과 내용을 해석하는 방법이다. 법령간 위계구조 및 상호보완관계의 파악, 법령내 용어 사용의 특성 등을 검토하게 된다. 역사적 해석은 발생사적 해석이라고도 하며, 법이 제정되던 당시의 상황에 대해서 탐구하는 방법이다. 이를 위해서는 입법 이유서, 심의과정, 제정 후의 법 운영 등을 검토하게 된다. 목적론적 해석이란 그 법이 추구하는 사회적 목적, 실현해야 할 이익의 우선순위, 이 법규정 제정의 원리와 실제 효과 등이 검토되는 방법이다. 통상적으로 문리해석을 통해서 얻는 규범 가설은 다른 여타의 해석방법을 통해 검증과 반증을 거듭하게 된다. 이러한 복잡한 과정을 통한 해석에도 불구하고 법률적 사안을 포섭할 수 있는 법규범이 없는 경우가 발생할 수 있다. 이는 사회발전이나 기술진보에 입법이 보조를 맞추지 못하는 경우가 있기 때문이다. 이를 해결하기 위해서는 유추해석, 조리나 판례에 의한 해석 등의 법형성을 할 수 있다.

제2절 조경관계법규의 유형

조경법규의 유형은 개발계획(development planning)과 보전관리(conservation management)로 구분할 수 있다. 개발계획과 관련한 공원 · 녹지공간 부문의 주요 법규로는 도시공원 및 녹지 등에 관한 법률, 건축법, 주택법, 국토의 계획 및 이용에 관한 법률, 경관법 등이 있다. 보전관리와 관련한 전통 · 생태환경 관련 주요법규로는 자연공원법, 문화재보호법, 산림자원의 조성 및 관리에 관한 법률, 자연환경보전법, 환경정책기본법 등이 있다.

조경계획과 관련하여 조경관계법규를 유형화하면 다음과 같다.

제1유형 : 건축과 주택단지관련 법규

조경을 직접 관할하는 조경기준과 관련해서는 "건축법 42조 대지안 조경" 및 조경기준에 관한 법규가 있다. "주택법 35조 주택건설 기준 등"과 관련된 법규도 조경을 직접 관할하는 법규이다. 주택단지 옥외공간은 단지내 공원으로서 주택단지의 어메니티와 정체성을 결정하며 법정 공원계획에 따른 도시공원과 더불어 도시공간의 생태적 인프라를 구축하는데 중요한 역할을 할 수 있다.

주거단지 내에 설치되는 교육복지시설 관련 법규가 있다. 교육시설은 "국토의 계획 및 이용에 관한 법률 제43조 도시계획시설의 설치 · 관리" 중 공공 · 문화 · 체육시설에 포함되는 고등학교 이하의 각급 학교와 관련된 법규가 관련된다. 학교 교정은 학교숲공간, 체육공간 등 지역사회의 중심적 오픈스페이스로서의 역할을 담당한다. 근래에 활발히 관심을 갖게 되는 학교숲 시범학교, 녹색학교, 지자체별 학교 공원화계획 등이 검토될 필요가 있다. 복지시설과 관련하여 청소년 수련시설, 노인복지시설, 아동복지시설, 장애인복지시설의 옥외공간과 관련된 법규가 있다. 도시 속의 이러한 학교교정, 수련시설공간, 복지시설 옥외공간은 비교적 작은 공간이지만 근린 주민들의 일상적 생활공간 내의 공간으로서 중요한 역할을 한다

제2유형 : 도시공원과 도시림, 수목원 정원 관련 법규

도시공원과 관련해서는 "도시공원 및 녹지 등에 관한 법률"이 기본이 된다. 법정 행정계획으로서 도시공원계획, 도시공원의 유형으로서 생활권공원과 주제공원 등의 설치에 관한 기준이 중심이 된다. 도시림과 관련해서는 산림자원의 조성 및 관리에 관한 법률과 자연휴양림관련 법규인 산림문화 · 휴양에 관한 법률이 중심이 된다. 산림관련법규는 "산림기본법"을 중심으로 하여 산지관리법, 수목원조성에 관한 법률, 산림보호법 등이 있다. 산림보호법은 생태숲공간 및 자생식물 등에 관하여 규정하고 있다. 수목원정원의 조성 및 진흥에 관한 법률에서 국립수목원과 국가정원 등에 관해 규정하고 있다.

제3유형 : 수공간 및 저류시설 관련 법규

"하천법", "소하천정비법", "댐건설 및 주변지역 지원 등에 관한 법률", "수도법" 등은 하천공간의 보전 및 개발과 관련된다. 하천공간은 생태조경의 중요한 대상이 된다.

저류시설 관련법규로는 "국토의 계획 및 이용에 관한 법률 제43조 도시계획시설의 설치 · 관리" 중 방재시설로서의 저류시설이 중심이 된다. 도시공원 및 녹지에 관한 법률에서 규정하고 있는 저류시설, 빗물이용시설 등이 관련된다. 수질 및 수생태계보전에 관한 법률이 있다.

제4유형 : 자연공원과 문화재 관련법규

자연공원은 도시공원과 더불어 조경의 핵심공간이다. 자연공원법에서는 지질공원과 자연공원체험사업 등의 탐방시설에 관한 내용을 포함하고 있다. 한편 야생동식물보호법에서는 멸종위기종 등의 복원과 보호에 관한 내용을 포함하고 있다.

"문화재보호법"을 중심으로 천연기념물, 사적, 명승 등의 전통공간에 대한 내용과 고도 및 사찰 등과 관련된 역사경관, 세계문화유산 등과 관련된 법규가 있다. 이 문화재 관련 법규에서는 천연기념물 등의 개념을 통해서 자연환경과도 밀접한 관계를 가지게 된다.

제5유형 : 도로 및 체육시설 등에 관한 법규

가로공간에 관한 내용은 "국토의 계획 및 이용에 관한 법률 제43조 도시계획시설의 설치 · 관리" 중 도로와 관련된 법규가 해당된다. 도로조경과 가로공간은 가로공원으로서의 중요한 역할을 할 수 있다. 도로의 유형, 가로망체계, 보행공간기준 등이 있다.

체육시설과 관광 · 휴양공간은 "체육시설의 설치 · 이용에 관한 법률"이 직접 관련된다. 체육시설공간은 생활권 내의 오픈스페이스로서 뿐만 아니라 도시내 체육공원, 국토공간내 관광휴양지의 중요한 위치를 갖는다.

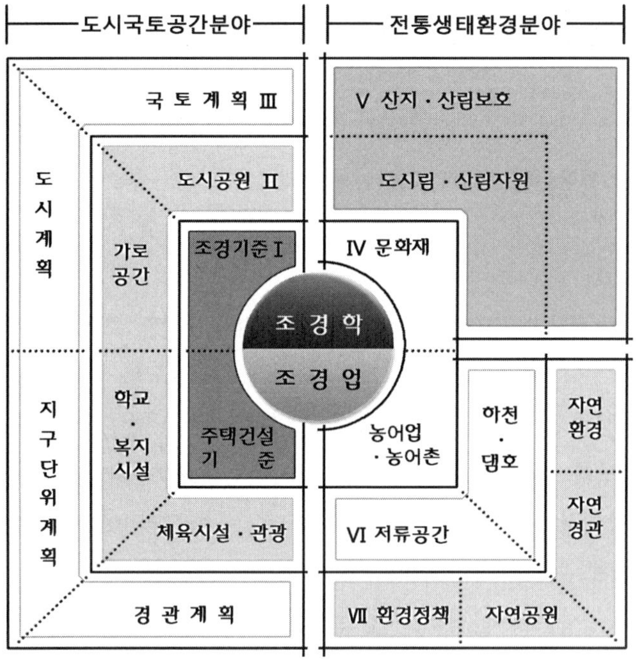

Ⅰ 조경관할법규　Ⅱ 도시오픈스페이스법규　Ⅲ 국토 · 도시계획법규
Ⅳ 문화재 · 농촌공간법규　Ⅴ 산림 · 산지법규　Ⅵ 수공간법규　Ⅶ 자연생태환경법규

그림 1-2-1 조경법규의 분야와 유형의 분류

제6유형 : 국토 · 도시와 농촌계획 관련법규

도시공원, 도로 등 도시계획시설을 관할하는 법이 "국토기본법"과 "국토의 계획 및 이용에 관한 법률"이 중심이 된다. 이 법은 국토계획, 도시계획, 지구단위계획 및 해양 및 연안부문에 이르기까지 매우 광범위한 법규체계를 갖고 있다. 경관지구 등과 관련된 "경관법" 등이 있다. 농어촌공간은 근래에 농어촌계획과 관련하여 농어업인 삶의 질 향상과 농어촌지역개발촉진 특별법 등에 따라 농어촌활성화사업이 진행되고 있다.

제7유형 : 환경보전관련법규

환경과 관련해서는 "환경정책기본법"이 중심이 된다. 환경정책과 환경계획에 대한 규정과 사전환경성 검토 등에 대해 규정하고 있다.

자연환경과 관련된 배경 법규로는 "자연환경보전법"이 있다. 이 법규에서는 생태 · 경관보전지역, 생태자연도의 작성 등과 관련하여 규정되어 있다. 습지보전법에서는 중요한 생태환경자원으로서 습지에 관한 내용을 규정하고 있다. 자연경관심의는 "자연환경보전법 제28조"에 근거한다.

제2장 환경성평가 및 환경영향평가

이관규

제1절 사전환경성검토

1. 개요

사전환경성검토제도는 전략환경 영향평가로 법제화되어 있으며, 개발계획이나 개발사업 초기단계에서부터 환경친화적 계획이 수립될 수 있도록 하고 주변환경과 조화될 수 있는 입지를 선정하고 있는지를 검토함으로써 환경에 미치는 영향을 사전에 예방할 수 있는 개발이 되도록 유도하고자 도입된 제도이다. 1980년대 초에 도입된 환경영향평가제도는 사전예방이라는 고유기능을 효과적으로 수행하지 못해왔다는 비판이 제기되면서 1999년 12월에 환경정책기본법을 개정하고 사전환경성검토제도를 실시해 왔다. 본 제도는 계획단계에서부터 환경성을 검토한다는데 의의를 가지고 있었으나 계획이 모두 수립된 이후단계에서 협의된다는 문제점 등을 보완하기 위해 2006년 6월 전략환경평가 개념을 도입한 사전환경성검토제도로 변화를 거듭하였다. 사전환경성검토제도의 기능은 첫째, 지속가능한 개발 이념의 실현, 둘째, 사전입지의 타당성검토로 합리적 대안 제시, 셋째, 환경영향평가의 효율성 제고로 요약할 수 있다.

2. 사전환경성검토 대상

사전환경성검토 대상이 되는 사업은 83개의 행정계획, 환경영향평가를 해야 하는 대규모 개발사업의 사전계획단계, 그리고 보전지역 내에서의 일정규모 이상의 소규모 사업, 기타 행정계획 등이 그에 해당한다. 83개 행정계획은 도시개발, 산업입지, 에너지, 항만건설, 도로, 수자원개발 등의 상위행정계획이 그에 해당한다. 대규모 개발사업의 경우는 환경영향평가를 진행하여야 하는데 그의 상위계획은 사전환경성검토를 거쳐야 한다.

표 1-2-1 사전환경성검토 협의 대상인 행정계획

구 분	행정계획의 종류
가. 도시개발	(1) 「국토의 계획 및 이용에 관한 법률」 제2조 도시관리계획 (2) 「도시개발법」 제3조 도시개발구역의 지정 (3) 「도시 및 주거환경정비법」 제4조 정비구역의 지정 (4) 「경제자유구역의 지정 및 운영에 관한 법률」 제4조 경제자유구역의 지정 (5) 「택지개발촉진법」 제3조 예정지구의 지정 (6) 「국민임대주택건설 등에 관한 특별조치법」 국민임대주택단지예정지구 (7) 「사회기반시설에 대한 민간투자법」 민간투자시설사업기본계획 (8) 「건설기술관리법 시행령」 총공사비 500억 원 이상의 건설공사계획 (9) 「기업도시개발 특별법」 제5조 개발구역의 지정 (10) 「유통단지개발 촉진법」 제5조 유통단지의 지정 (11) 「유통산업발전법」 제5조 유통산업발전기본계획 (12) 「유통산업발전법」 제6조 유통산업발전시행계획 (13) 「유통산업발전법」 제7조 지역별 시행계획 (14) 「유통산업발전법」 제34조 공동집배송센터개발촉진지구의 지정 (15) 「도시재정비 촉진을 위한 특별법」 제5조 재정비촉진지구의 지정 (16) 「도시재정비 촉진을 위한 특별법」 제9조 재정비촉진계획
나. 산업입지	(1) 「산업입지 및 개발에 관한 법률」 제6조 국가산업단지의 지정 (2) 「산업입지 및 개발에 관한 법률」 제7조 일반지방산업단지의 지정 (3) 「산업입지 및 개발에 관한 법률」 제7조의2 도시첨단산업단지의 지정 (4) 「산업입지 및 개발에 관한 법률」 제8조 농공단지의 지정 (5) 「산업집적활성화 및 공장설립에 관한 법률」 제23조 유치지역의 지정 (6) 「외국인투자촉진법」 제18조에 따른 외국인투자지역의 지정 (7) 「중소기업진흥 및 제품구매촉진에 관한 법률」 협동화실천계획
다. 에너지	(1) 「전원개발촉진법」 제11조 전원개발사업예정구역의 지정
라. 항만건설	(1) 「항만법」 제5조 항만기본계획 (2) 「신항만건설촉진법」 제3조 신항만건설기본계획 (3) 「신항만건설촉진법」 제5조 신항만건설예정지역의 지정 (4) 「어촌 · 어항법」 제17조 어항의 지정 (5) 「어촌 · 어항법」 제19조제2항제1호 어항기본계획
마. 도로건설	(1) 「도로법」 제23조의2 도로정비기본계획 (2) 「도로법」 제2조 도로의 건설공사 계획
바. 수자원 개발	(1) 「댐건설 및 주변지역지원 등에 관한 법률」 제4조 댐건설장기계획 (2) 「댐건설 및 주변지역지원 등에 관한 법률」 제7조 댐건설기본계획 (3) 「농어촌정비법」 제4조 농어촌정비종합계획 (4) 「농어촌정비법」 제6조 농업생산기반정비계획 (5) 「농어촌정비법」 제7조 농업기반정비사업기본계획
사. 철도건설	(1) 「철도건설법」 제4조 국가철도망구축계획 (2) 「철도건설법」 제7조 사업별 철도건설기본계획 (3) 「도시철도법」 제3조의2제1항 도시철도기본계획 (4) 「도시철도법」 제3조의2제2항 노선별 도시철도기본계획
아. 공항건설	(1) 「수도권신공항건설 촉진법」 제4조 신공항건설에 관한 기본계획 (2) 「항공법」 제89조제2항 공항개발기본계획
자. 하천이용	(1) 「소하천정비법」 제6조 소하천정비종합계획 (2) 「소하천정비법」 제7조 소하천정비중기계획 (3) 「소하천정비법」 제8조 소하천정비시행계획 (4) 「하천법」 제17조 하천정비기본계획
차. 매립	(1) 「공유수면매립법」 제4조 공유수면매립기본계획
카. 관광개발	(1) 「관광진흥법」 제47조제1항 관광개발기본계획 (2) 「관광진흥법」 제47조제2항 권역별관광개발계획 (3) 「관광진흥법」 제50조 관광지 등의 지정 (4) 「온천법」 제3조에 따른 온천원보호지구의 지정 (5) 「온천법」 제4조에 따른 온천공보호구역의 지정 (6) 「자연공원법」 제13조에 따른 도립공원계획의 결정 (7) 「자연공원법」 제14조에 따른 군립공원계획의 결정
타. 지역 개발	(1) 「지역균형개발 및 지방중소기업 육성에 관한 법률」 광역개발권역의 지정 (2) 「지역균형개발 및 지방중소기업 육성에 관한 법률」 광역개발사업계획 (3) 「지역균형개발 및 지방중소기업 육성에 관한 법률」 개발촉진지구의 지정 (4) 「지역균형개발 및 지방중소기업 육성에 관한 법률」 개발촉진지구개발계획 (5) 「지역균형개발 및 지방중소기업 육성에 관한 법률」 특정지역의 지정 (6) 「지역균형개발 및 지방중소기업 육성에 관한 법률」 특정지역개발계획 (7) 「지역균형개발 및 지방중소기업 육성에 관한 법률」 지역종합개발지구의 지정 (8) 「지역균형개발 및 지방중소기업

(표 계속)

구 분	행정계획의 종류
타. 지역개발	육성에 관한 법률」 지역종합개발지구개발계획 (9)「농어촌정비법」 제31조의2 생활환경정비사업 개발계획 (10)「농어촌정비법」 제32조 마을정비구역의 지정 (11)「농어촌정비법」 제79조 및 제80조 한계농지정비지구의 지정 (12)「제주국제자유도시 특별법」 제8조에 따른 광역시설계획 (13)「폐광지역개발 지원에 관한 특별법」 제3조 폐광지역진흥지구의 지정 (14)「폐광지역개발 지원에 관한 특별법」 제5조 폐광지역환경보전계획 (15)「행정중심복합도시 건설을 위한 특별법」 제20조 개발계획 (16)「주한미군기지 이전에 따른 평택시 등의 지원 등에 관한 특별법」 연차별 개발계획 (17)「주한미군기지 이전에 따른 평택시 등의 지원 등에 관한 특별법」 국제화계획지구 지정 (18)「대덕연구개발특구 등의 육성에 관한 특별법」 특구의 지정 (19)「대덕연구개발특구 등의 육성에 관한 특별법」 특구육성종합계획 (20)「대덕연구개발특구 등의 육성에 관한 특별법」 특구관리계획
파. 체육시설	(1)「청소년활동진흥법」 제47조 청소년수련지구의 지정 (2)「체육시설의 설치 · 이용에 관한 법률」 제12조 사업계획
하. 폐기물	(1)「폐기물관리법」 제8조 폐기물처리기본계획 (2)「폐기물처리시설 설치촉진 등에 관한 법률」제9조 폐기물처리시설입지의 선정 (3)「오분법」 제4조의2 분뇨 및 축산폐수처리기본계획
거. 국방시설	(1)「국방 · 군사시설 사업에 관한 법률」 제4조 국방 · 군사시설사업의 실시계획 (2)「군용항공기지법」 제6조 기지구역의 결정 (3)「해군기지법」 제3조 해군기지구역의 설정
너. 채취	(1)「골재채취법」 제21조의2 골재채취예정지의 지정

표 1-2-2 사전환경성검토의 대상이 되는 보전용도지역에서의 일정규모 이상 개발사업

사업계획 / 면적 구분	5,000m² 이상	7,500m² 이상	10,000m² 이상	50,000m² 이상
국토의계획및이용에관한법률	자연환경보전지역 관리지역(보전)	농림지역 관리지역(생산)	관리지역(계획)	
개발제한구역의지정및관리에관한특별조치법	개발제한구역			
자연환경보전법 및 야생동식물보호법	생태 · 경관보전지역 (핵심구역) 자연유보지역 야생동식물특별보호구역 야생동식물보호구역	생태 · 경관보전지역 (완충구역)	생태 · 경관보전지역 (전이구역)	
산지관리법			공익용산지	공익용산지외산지
자연공원법	자연보존지구	자연환경지구		
습지보전법	습지보호지역	습지주변관리지역 습지개선지역		
수도법	광역상수도설치지역 (공동주택의 건설)	광역상수도설치지역 (공동주택의 경우 제외)		
하천법			하천구역	
소하천정비법		소하천구역		
지하수법	지하수보전구역			
그 밖의 개발사업	최소 협의대상면적의 60% 이상으로서 미리 시 · 도 또는 시 · 군 · 구환경보전자문위원회의 의견을 들어 관계행정기관의 장이 필요하다고 결정한 사업			

3. 검토방법

1) 사전환경성검토서 작성

행정계획에 대해서는 개발계획의 수립·확정·승인을 담당하는 관계행정기관의 장이 작성하고 개발사업은 개발사업의 시행자가 작성한다. 대상지역 안의 생태·경관보전지역 등 지역·지구·구역 등의 분포현황을 기술하여야 하며 행정계획 및 개발사업의 유형, 규모, 특성 및 환경영향평가 대상 여부 등을 고려하여 환경부장관이 관계중앙행정기관의 장과 협의하여 고시하는 사항으로써 다음의 사항을 작성한다.

(다음) 대상지역의 식생, 주변지역의 개발현황 등 생태적 특성에 관한 자료, 대상지역의 현재 오염도 및 오염원 현황, 대안 및 그 환경영향검토 결과와 영향저감방향(개발사업의 경우에는 사업계획에 대한 환경영향검토 결과와 영향저감방향), 대상지역의 축척 1 : 25,000인 위치도, 대상지역의 축척 1 : 3,000 내지 1 : 25,000인 토지이용계획도, 그 밖의 사전환경성검토에 필요한 당해 지역의 특성 등

2) 협의 기관 및 절차

사전환경성검토 협의를 요청하는 자(계획을 수립 또는 확정하는 자, 사업을 허가·인가·승인하는 자)가 중앙행정기관의 장인 경우는 환경부장관과 사전환경성검토 협의를 요청하는 자가 중앙행정기관의 장이 아닌(시·도지사, 시장·군수·구청장 또는 공공기관의 장 등) 경우는 지방환경관서의 장(유역환경청장 또는 지방환경청장)과 협의한다. 원칙적으로 협의를 요청받은 날부터 30일 이내에 협의결과를 통보한다. 다만, 부득이한 사유가 있는 경우에는 협의기간을 10일의 범위 내에서 연장이 가능하다. 동 기간내(30일 또는 40일)에 통보가 없는 경우에는 협의한 것으로 간주한다. 관계중앙행정기관의 장, 시·도지사 및 시장·군수·환경에 영향을 미치는 행정계획을 수립·확정(지역·지구·지정 포함)하거나 개발사업의 승인·인가·허가 등을 하고자 할 경우에는 사전환경성검토서를 작성하여 환경부장관 또는 지방환경관서의 장에게 협의를 요청한다. 협의요청을 받은 환경부장관 또는 지방환경관서의 장은 동 계획 또는 사업에 대한 환경성을 검토하여 30일~40일 이내에 협의의견을 협의요청기관에 통보한다.

3) 절차별 고려사항

(1) 행정계획의 구상 및 대안 마련

행정계획의 구상 및 대안마련은 새로운 행정계획을 수립하는 최초 단계에서 계획수립기관(부서)이 수립한다. 계획수립기관(부서)은 수립하고자 하는 행정계획과 관련한 대

안·검토항목·검토방법 등을 환경성검토협의회에 제출한다. 제도의 목적 및 도입취지를 감안하여 원칙적으로 사업 시행부서(계획 수립 또는 승인기관)에서 시행하여야 한다.

(2) 환경성검토협의회 구성

환경성검토협의회의 구성원은 전문지식과 경험이 풍부한 자(관계 전문가, 환경단체, 민간단체 등)와 관계행정기관 및 협의기관 소속 공무원, 관계행정기관의 장이 필요하다고 인정하는 자 중에서 10인 이내로 구성한다. 환경성검토협의회는 다음과 같은 역할을 수행한다.

첫째, 대안의 설정이다. 행정계획 수립기관이 대안을 설정할 때 주안점을 제시할 수 있으며, 정책적·규모적·입지적·기술적 대안 등을 검토한다.

둘째, 중점 검토항목 설정(스코핑) 및 검토방법을 검토한다. 해당 사전환경성검토에서 중점적으로 검토되어야 할 항목(스코핑) 및 검토방법 등을 검토한다.

(3) 행정계획의 대안 마련

계획수립기관 또는 사업주체는 계획 혹은 사업에 대한 대안을 마련하여 환경성검토협의회의 검토를 받고, 검토 이후 환경성검토협의회가 제시한 대안 설정 방안을 참조하여 정책적·입지적·기술적 대안을 확정한다. 대안은 환경적 목표와 기준 유지를 전제로 행정계획의 목표와 방향, 추진전략과 방법, 수요와 공급, 위치와 시기, 공법 등에 대하여 여러 가지 조건을 변경한 결과를 토대로 선정한다.

(4) 영향예측 및 평가

환경성검토협의회의 의견을 토대로 설정한 해당 행정계획의 대안에 대하여 대안별 환경영향을 예측하여 기술한다. 검토서 작성주체는 환경영향을 정량적인 방법으로 예측·분석하는 것을 원칙으로 하되, 정량화가 불가능하거나 곤란한 경우에는 객관적·정성적 방법으로 할 수 있다. 환경영향을 검토하는 경우 그 영향은 행정계획의 시행으로 인하여 환경에 변화를 가져오는 모든 영향으로서 긍정적인 영향과 부정적인 영향, 직접적인 영향과 간접적인 영향, 단기적인 영향과 장기적인 영향, 누적적인 영향을 모두 포함한다.

(5) 사전환경성검토서 초안 작성 및 의견수렴

이상의 절차를 반영하여 초안을 작성한 후 주민의견을 수렴한다. 주민공람은 1회 이상 공고, 20일 이상 공람하여야 하고, 공청회 등은 14일 전까지 1회 이상 공고하여야 한다. 군사상의 기밀보호 등 국가안보를 위하여 필요한 경우, 법령에 따라 공개가 제한되어 있는 경우, 공개하는 것이 행정목적 달성에 현저한 지장을 초래하는 경우에는 검토서 초안의 일부를 공개하지 아니할 수 있으며, 이 경우 그 사유를 검토서에 기재하여야 한다.

(6) 사전환경성검토서 본안 작성 및 협의 요청

주민의견 수렴결과를 반영하여 검토서 본안을 작성한 후, 협의기간(환경부)에 협의를 요청한다.

(7) 검토 및 협의

협의기관은 접수된 검토서의 기본요건을 검토하고, 검토 전문기관에 의뢰한다. 전문검토기관은 한국환경정책·평가연구원이 있으며, 관련 전문가에게도 검토를 의뢰할 수 있다. 필요시 현지조사를 할 수 있으며, 협의기관은 검토의견을 종합분석하여 최종의견을 정리하여 결정한 후 검토요청기관에 통보한다.

(8) 조치결과 및 조치계획의 통보

해당 계획을 허가·승인·확정하고자 하는 행정기관이나 사업주체는 협의기관의 협의의견에 대해 그 조치결과 또는 조치계획을 30일 이내에 통보하여야 한다.

4. 계획적정성검토를 위한 조경계획 사례

사전환경성검토시 계획적정성 검토는 계획의 환경목표와의 부합성, 계획의 건전성 및 지속가능성, 계획의 일관성을 주로 검토한다. 환경목표와의 부합성은 개발사업계획을 수립할 때 국가 및 지방자치단체 혹은 해당지역에 투영되어 있는 환경기준, 환경동향, 협약 등을 참조하여 환경목표를 설정하고 수립하도록 유도하는 취지에서 검토하고 있다. 계획의 건전성 및 지속가능성 검토는 환경친화적 계획을 수립하는지 해당 지방자치단체의 지속가능한 지표 및 지수가 추구하는 바의 목표를 고려하여 계획을 수립하는지 등에 대한 검토이다. 계획의 일관성은 관련된 상위행정계획이나 해당 지역과 연관된 지역적 유관행정계획과의 연계성을 검토하도록 되어 있다.

이 중에서 조경계획은 환경계획의 건전성 중에서도 다음의 두 가지 세부 검토사항에서 그 역할을 담당할 수 있을 것이다. 첫째는 국토의 생태적 건전성, 환경과 개발의 조화 등을 위해 통합적 네트워크화 방안이 고려되었는가?, 둘째는 광역적 생태·녹지축(백두대간, 정맥, 하천 등) 보전 등 각종 보호지역을 충분히 고려하여 계획되었는가?이다. 각각의 사례는 다음과 같다.

1) 생태적 네트워크화 적정성을 검토하기 위한 조경계획의 예

국토의 생태적 건전성, 환경과 개발의 조화 등을 위해 통합적 네트워크화 방안이 고려되었는가는 사전환경성검토의 주요 검토사항 중 하나이다. 생태적 건전성을 높이기 위한 네트워크화가 적정한지에 대한 사전환경성검토를 위해 해당 사업의 생태네트워크 계획을 수립해야 하는데, 이러한 계획은 조경계획의 역할이기도 하다.

생태네트워크계획을 위해서는 대상부지내 및 주변의 광역적 범역에서 해당부지가 속하는 생태축을 우선 검토하여야 한다. 이 때 국가에서 정하는 국가생태축, 광역생태축, 도시생태축 지침을 참조할 필요가 있다. 해당 부지내 공간과 인접한 주변지역 자연환경의 현 상태를 분석하고 부지 내·외의 생태적 연계, 보전해야 할 구역 등을 설정하고 네트워크화계획을 수립한다. 계획의 주체는 이러한 네트워크계획을 수립하고 사전환경성검토과정을 거쳐 최종 사업계획안을 작성하게 된다.

2) 보호지역 고려 적정성 검토를 위한 조경계획의 예

광역적 생태·녹지축(백두대간, 정맥, 하천 등)보전 등 각종 보호지역을 충분히 고려하여 계획되었는가는 사전환경성검토의 필수과정이다. 자연생태계 현황을 분석하고 그 결과를 검토하여 생태적으로 보전해야 할 지역과 야생동·식물 서식지 지역 등의 설정과정을 거쳐야 한다. 보호가치가 높은 지역의 분석과 보전해야 할 구역설정 과정은 계획의 초기단계에서 현황분석과 병행하여 이루어져야 하는 주요 계획항목이다. 보호가 필요한 지역을 설정하기 위해서는 기본적 환경분석이 필요하다. 사전환경성검토 과정 중 의견을 수렴해야 하는 환경성검토 협의(스코핑) 단계에서는 기존의 기본자료를 검토함으로써 보전필요지역을 설정할 수 있다.

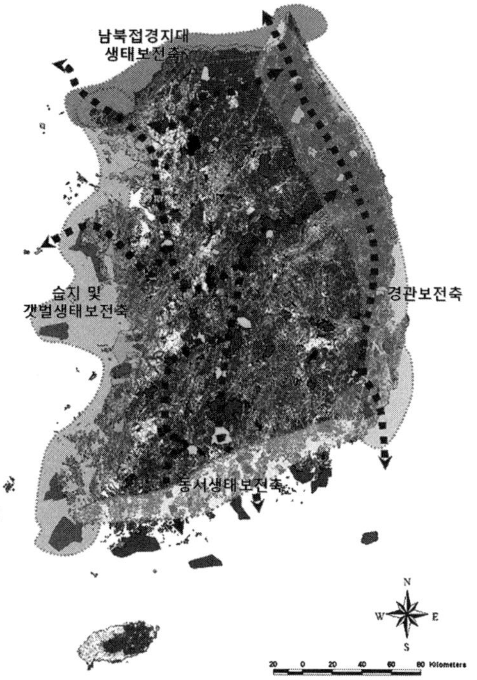

사전환경성검토시 해당사업이 국가생태축과 어떠한 관계가 있는지를 검토(국가생태축 : 환경부, 2002)

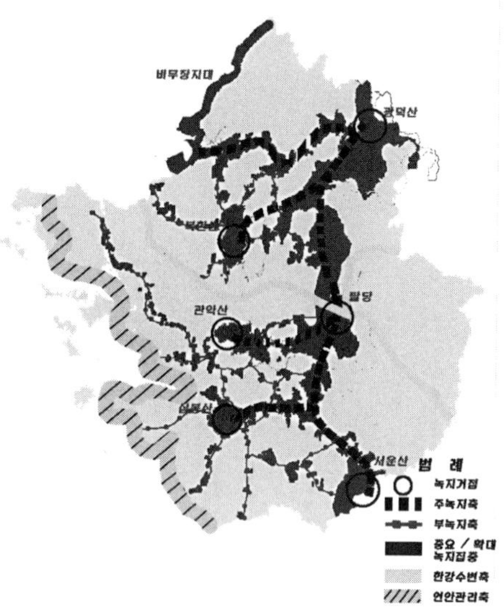

사전환경성검토시 해당사업이 광역적 생태축과 어떠한 관계가 있는지를 검토(수도권 생태축 : 환경부, 2002)

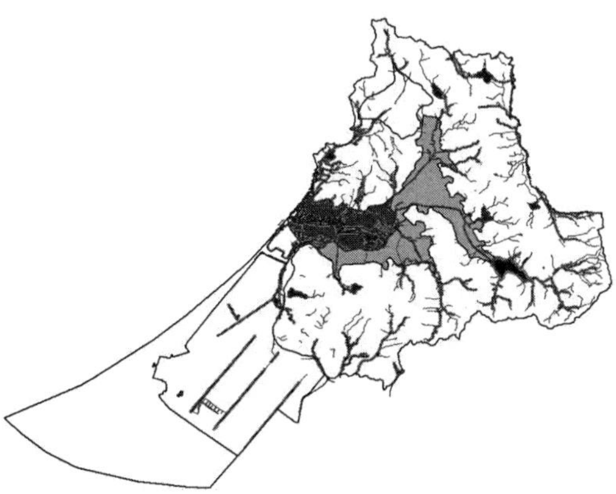

네트워크계획을 위한 보전 필요지역과 구간설정의 예 : 블루네트워크의 기본 자원인 하천 수계지역과 저수지 지역, 가장자리(edge)이거나 전이지대(ecoton)인 지역, 생태적으로 예민한 지역, 생물다양성이 높은 서식지 지역 등을 보전지역으로 설정(이관규, 2006)

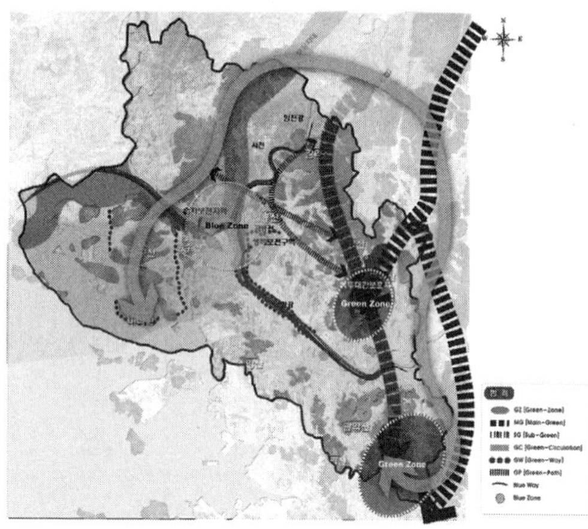

사전환경성검토시 해당 유역의 생태적 네트워크와 어떠한 관계가 있는지 검토
(한강유역 생태네트워크 설정도 : 한강유역환경청, 2006)

그림 1-2-2 사전환경성검토시 생태적 네트워크 적정성 검토를 위한 생태축 고려 사례

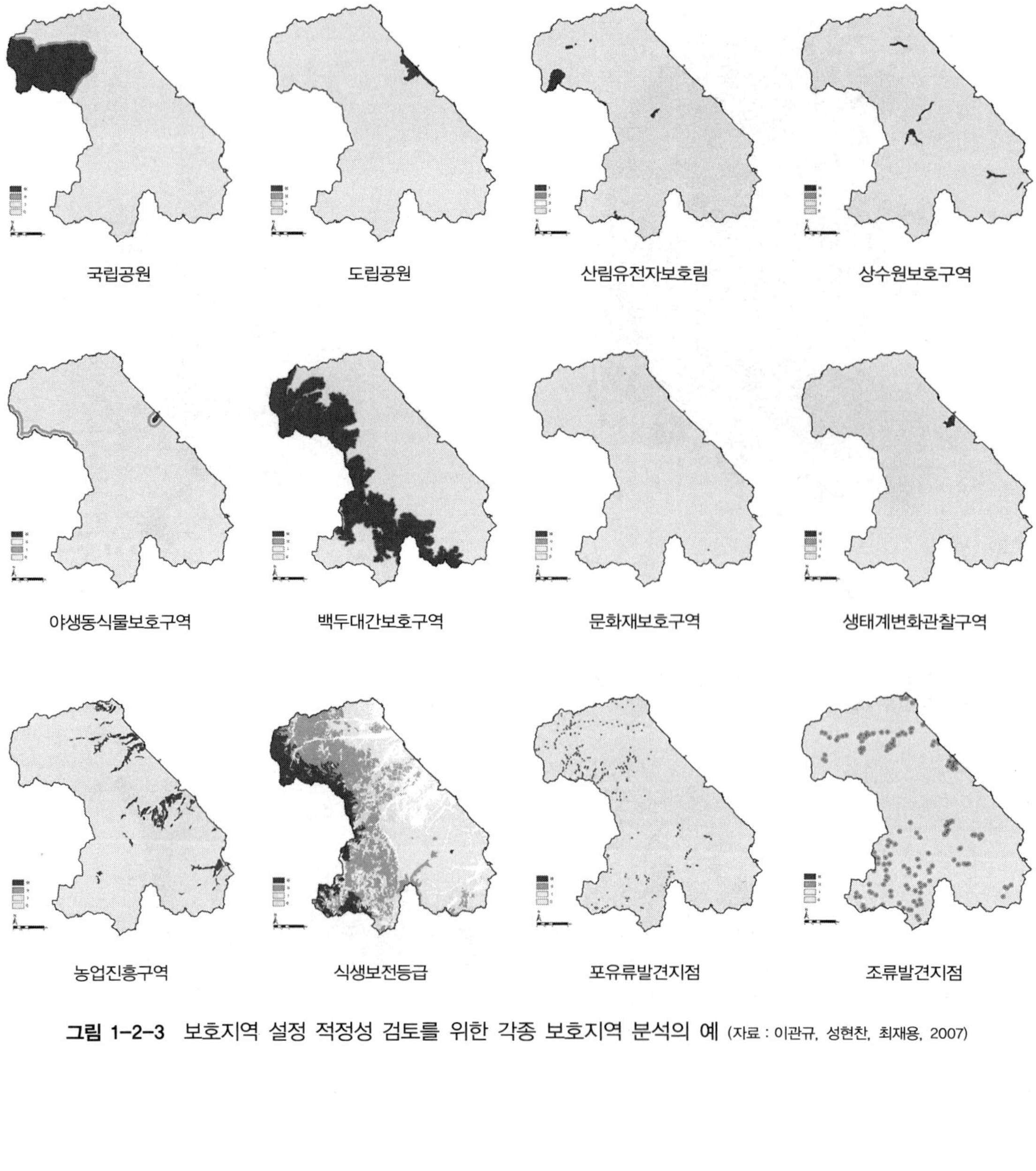

그림 1-2-3 보호지역 설정 적정성 검토를 위한 각종 보호지역 분석의 예 (자료 : 이관규, 성현찬, 최재용, 2007)

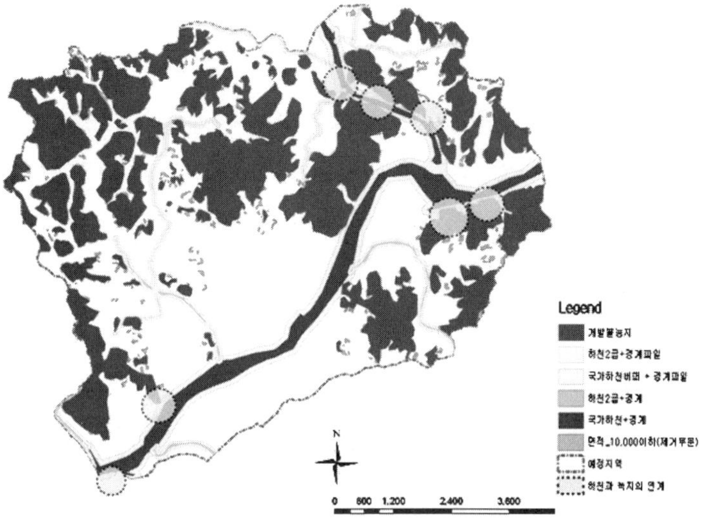

그림 1-2-4 신도시 지역의 보전지역 설정의 예

(자료 : 이관규, 2006, 행정중심복합도시 보전지역 분석과정 자료)

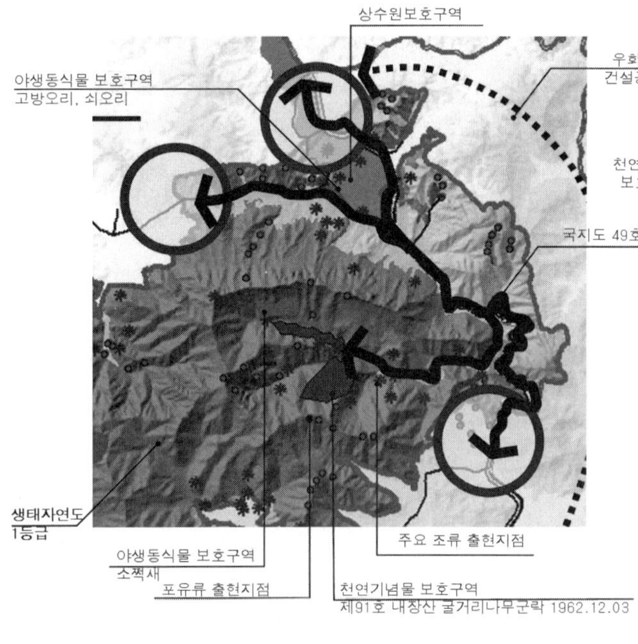

그림 1-2-5 국립공원 집단시설지구 일대의 각종 보전필요지역 · 지구 · 구역 분석의 예

(이관규, 2007)

5. 입지타당성검토를 위한 조경계획 사례

사전환경성검토시 입지타당성검토는 해당 사업의 계획이 입지할 대상지역과 주변의 자연환경에 미치는 영향, 생활환경에 미치는 영향 관계를 검토하여 개발사업의 입지가 적절한지에 중점을 둔다. 자연환경에 미치는 영향은 생태적 건전성에 미치는 영향, 생물다양성과 서식지에 미치는 영향, 자연경관에 미치는 영향을 검토하며, 생활환경에 미치는 영향은 환경기준의 유지달성에 미치는 영향, 쾌적한 생활환경의 유지에 미치는 영향, 환경친화적 토지이용에 미치는 영향을 검토한다.

그림 1-2-6 ○○○ 혁신도시 사전환경성검토단계에서 진행된 경관계획과정의 사례

입지타당성 세부검토항목 중 조경계획분야는 특히 자연경관에 미치는 영향에 대해 비중 있는 역할을 담당한다. 다른 세부검토항목에 대해서도 크고 작게 연관성이 있으나 경관분야는 경관을 다루는 조경계획의 분야로써 전문가에 의한 계획수립이 요구되는 분야에 해당한다. 계획주체는 사전환경성검토를 위해 경관계획안을 작성하고 사전환경성검토협의회, 주민설명회 및 공청회, 협의기관의 의견을 수렴하여 최종 경관계획을 작성한 후 환경영향평가단계로 진행된다. 위 사례는 ○○○혁신도시의 사전환경성검토를 진행하면서 계획주체가 제시한 경관계획의 기본구상도 사례이다. 본 경관계획 개념을 반영하여 환경친화적인 토지이용과 생태계 네트워크 및 경관축 등을 구상하고 사업을 진행한 바 있다.

표 1-2-3 사전환경성검토시 입지타당성 세부검토항목

검토부문	세부검토항목	
입지의 타당성	자연환경에 미치는 영향	• 생태적 건전성에 미치는 영향 • 생물다양성 · 서식지에 미치는 영향 • 자연경관에 미치는 영향
	생활환경에 미치는 영향	• 환경기준의 유지 · 달성에 미치는 영향 • 쾌적한 생활환경의 유지에 미치는 영향 • 환경친화적 토지이용에 미치는 영향

제2절 환경영향평가

1. 개괄

환경영향평가는 환경친화적으로 사업이 진행되도록 유도하기 위해 도입된 제도로서 전략환경영향평가와 소규모 환경영향평가가 포함된다. 환경영향평가의 대상이 되는 사업은 17개 분야 74개의 사업이며 평가의 항목은 대기환경, 수환경, 토지환경, 자연생태환경, 생활환경, 사회·경제환경분야의 6개 분야와 각 분야별로 기상, 대기질, 악취, 수질, 수리·수문, 해양환경, 토지이용, 토양, 지형·지질, 동·식물상, 자연환경자산, 친환경적 자원순환, 소음·진동, 위락·경관, 위생·공중보건, 전파장해, 일조장해, 인구, 주거, 산업 총 20개 항목으로 구성되어 있다.

대부분의 환경영향평가 대상사업은 조경계획을 수반하고 있다. 예를 들어 환경친화적적 토지이용계획(보전지역, 완충지역계획 등), 대기순환을 고려한 바람통로계획(화이트네트워크), 그린네트워크계획, 블루네트워크계획, 그린하트계획, 자연형하천조성계획, 비탈면 경관복원 및 훼손저감계획, 방음벽 녹화, 주차장 투수성블록계획, 완충녹지계획, 교차로 경관녹지계획 등 매우 광범위하고 다양한 분야에서 조경계획을 필요로 하고 있다. 이러한 계획들은 개발사업으로 인한 환경영향을 사전에 예방하고 불가피한 환경영향을 저감하기 위한 주요 수단을 제공하고 있다. 조경계획의 분야는 매우 광범위한 만큼 환경영향평가단계에서 환경영향을 저감하기 위한 계획에 적용할 수 있는 분야 또한 매우 광범위하다.

2. 대상사업

총 17개 분야에 62개의 단위사업으로 정하고 있다. 열거된 사업의 종류를 보면 대체적으로 대규모의 사업인 동시에 환경에 중요한 영향을 미칠 가능성이 큰 사업들이다.

표 1-2-4 환경영향평가 대상사업과 범위

대상사업	대상사업의 범위
도시개발	• 토지구획정리, 아파트지구개발, 대지조성, 택지개발, 도시재개발, 일단의 주택지 또는 시가지 조성, 학교 : 30만㎡ • 유통단지, 공동집배송단지, 여객자동차터미널, 화물자동차 터미널 : 20만㎡ • 기타 : 아파트지구개발(25만㎡), 유통업무설비 · 주차장(20만㎡), 하수종말처리시설(10만㎥/일)
산업입지	• 국가산업단지, 지방산업단지, 농공단지, 중소기업단지, 수출자유지역조성, 공장, 일단의 공업용지조성사업 : 15만㎡
에너지개발	• 전원개발, 전기설비 : 발전소(1만kW, 댐 및 저수지 수반시 3천kW, 공장용지내 3만kW, 태양력 등 10만kW), 송전선로(345kV, 10km), 옥외변전소(765kw), 저탄장(5만㎡), 회처리장(30만㎡) • 광업(30만㎡), 해저광업, 송유관시설 중 저유시설, 석유사업자 또는 한국석유개발공사의 저유시설(10만kℓ 이상)
항만개발	• 어항시설 : 외곽(300m, 매립 1만㎡). 기타(15만㎡, 매립수반시 3만㎡) • 항만시설 : 외곽(300m, 매립 1만㎡), 기능(매립 1만㎡), 기타(15만㎡ : 매립수반시 3만㎡) • 항만준설 : 10만㎡, 20만㎡(항로 등 유지준설, 오염물질제거시 제외)
도로의 건설	• 4km 이상의 신설, 2차로 이상 10km 이상의 확장
수자원개발	• 댐 또는 하구언, 저수지, 보 또는 유지 : 200만㎡, 2,000만㎡ 이상
철도개발	• 철도 · 도시철도 · 고속철도(1km), 삭도 · 궤도(2km)
공항건설	• 공항개발 : 비행장, 활주로(500m), 기타(20만㎡)
하천개발	• 하천공사 : 10km
매립 · 개간	• 매립 : 30만㎡(항만 또는 자연환경보전지역내 3만㎡) • 개간(간척 포함) : 100만㎡
관광단지	• 관광사업, 관광지 및 관광단지, 온천 : 30만㎡ • 기타 : 도시공원(25만㎡), 유원지(시설면적 10만㎡)
체육시설	• 체육시설, 청소년수련시설, 수련지구 : 30만㎡ • 경정 · 경륜시설, 경마장 : 25만㎡(스키장, 자동차 경주장 포함)
산지개발	• 묘지(25만㎡), 초지(30만㎡), 기타(20만㎡)
특정지역개발	• 지역균형개발 및 지방중소기업육성에 관한 법률에 의한 가, 파 및 더의 사업
폐기물 · 분뇨 처리시설	• 분뇨처리시설(100kℓ/일. 다만, 지정폐기물의 경우 5만㎡. 25㎡), 소각시설 또는 고온열분해시설(100t/일)
국방 · 군사시설	• 국방 · 군사시설(33만㎡), 군용항공기지(비행장, 활주로(500m), 기타(20만㎡)), 해군기지(10만㎡, 다만, 매립수반시 3만㎡)
토석 등 채취	• 하천 및 연안구역(상수원보호구역내 2만㎡. 상류 5km내 5만㎡). 산림(10만㎡), 해안규사(강원 · 경북 2만㎡, 기타 3만㎡), 해안모래(25만㎡, 100만㎡)

3. 중점평가항목

중점평가항목이란 첫째, 법규에서 명시하고 있는 대상사업별 주요평가항목, 둘째, 평가서 초안에 대한 관계행정기관 및 주민 등의 의견수렴시 중점평가해야 할 사유를 붙여 요구한 평가항목, 셋째, 사업자가 환경영향요소와 입지여건 등 사업의 특성을 고려하여 환경에 미치는 영향이 중요하다고 판단되는 평가항목을 말한다.

표 1-2-5 환경영향평가 대상사업별 주요평가항목

구 분	대상사업		주요평가항목	비 고
가. 도시개발	1) 도시개발(주택지조성 또는 시가지조성 등) 사업 2) 도시정비사업 3) 도시계획시설사업 중 다음의 사업 가) 운하 나) 유통업무설비 다) 주차장시설 라) 시장 4) 대지조성사업 5) 택지개발사업 또는 보금자리주택단지 조성사업 6) 유통단지 개발사업 또는 공동집배송센터 조성사업 7) 여객자동차터미널 8) 화물터미널 9) 학교 10) 하수종말처리시설 11) 마을정비구역 조성		1) 내지 5), 11)의 사업 지형 · 지질, 동 · 식물상, 자연환경자산, 토지이용, 대기질, 수질, 친환경적 자원순환, 소음 · 진동, 일조장해, 위락 · 경관 6) 내지 10)의 사업 지형 · 지질, 동 · 식물상, 자연환경자산, 토지이용, 대기질, 수질, 친환경적 자원순환, 소음 · 진동, 일조장해 다만, 3)란 중 운하는 라목에 준하고 10)란 은 거목 2)란에 준함	
나. 산업입지 및 산업단지 조성	1) 산업단지 개발사업 2) 중소기업단지 조성사업 3) 자유무역지역 조성사업 4) 공장 조성사업 5) 공업용지 조성사업 6) 산업기술단지 조성사업 7) 연구개발특구의 조성		지형 · 지질, 동 · 식물상, 자연환경자산, 수리 · 수문, 토지이용, 대기질, 수질, 친환경적 자원순환, 소음 · 진동, 토양, 악취, 주거, 산업	
다. 에너지개발	1) 에너지개발목적의 해저광업		지형 · 지질, 동 · 식물상, 자연환경자산, 수질	
	2) 에너지개발목적의 광업		지형 · 지질, 동 · 식물상, 자연환경자산, 대기질, 수질, 토양, 소음 · 진동, 위락 · 경관	
	3) 전원개발사업	가) 발전소	기상, 지형 · 지질, 동 · 식물상, 자연환경자산, 대기질, 수질, 친환경적 자원순환, 소음 · 진동	(주)참조
		나) 지상송전선로 다) 옥외변전소	소음 · 진동, 전파장해, 위락 · 경관	
		라) 회처리장 마) 저탄장	지형 · 지질, 대기질, 수질, 친환경적 자원순환	

(표 계속)

구 분	대상사업		주요평가항목	비 고
다. 에너지개발	4) 전기설비 설치 사업	가) 발전소	동목 3)란 가)에 준함	(주)참조
		나) 지상송전선로 다) 옥외변전소	동목 3)란 나), 다)에 준함	
		라) 회처리장 마) 저탄장	동목 3)란 라), 마)에 준함	
	5) 송유관시설 중 저유시설, 석유사업자의 저유시설, 석유비축시설		지형 · 지질, 동 · 식물상, 자연환경자산, 수질, 토양	
	6) 가스사업의 설치공사 중 저장시설		지형 · 지질, 동 · 식물상, 자연환경자산	
라. 항만건설	1) 어항시설 2) 항만시설(항만법에 의한 시설) 3) 항만에서의 준설사업 4) 항만시설(신항만건설촉진 법에 의한 시설)		지형 · 지질, 동 · 식물상, 자연환경자산, 수리 · 수문, 대기질, 소음 · 진동	
마. 도로건설	1) 도로의 건설사업 가) 도로의 신설 나) 도로의 확장 다) 도로의 신설 및 확장		지형 · 지질, 동 · 식물상, 자연환경자산, 수리 · 수문, 대기질, 수질, 소음 · 진동, 위락 · 경관	
바. 수자원 개발	1) 하천부속물 중 댐 또는 하구언 2) 농업생산기반시설 중 저수지, 보 또는 유지		기상, 지형 · 지질, 동 · 식물상, 자연환경자산, 수리 · 수문, 수질, 토양	
사. 철도(도시철도 포함)건설	1) 철도의 건설사업 2) 도시철도의 건설사업 3) 삭도 · 궤도의 건설사업 4) 고속철도의 건설사업		* 지형 · 지질, 동 · 식물상, 자연환경자산, * 대기질, * 수질, * 소음 · 진동, 위락 · 경관	* 는 지하철도 해당 항목
아. 공항건설	다음의 공항개발사업 가) 비행장의 신설 나) 활주로의 건설 다) 그 밖의 공항개발사업		기상, 지형 · 지질, 동 · 식물상, 자연환경자산, 토지이용, 소음 · 진동, 전파장해	
자. 하천의 이용 및 개발	하천공사		지형 · 지질, 동 · 식물상, 자연환경자산, 수리 · 수문, 친환경적 자원순환	
차. 개간 및 공유수면 매립	1) 공유수면 매립사업 2) 간척 또는 개간사업		지형 · 지질, 동 · 식물상, 자연환경자산, 토지이용, 수질, 친환경적 자원순환	
카. 관광단지개발	1) 관광사업 2) 관광지 및 관광단지 조성사업 3) 온천개발사업 4) 자연공원사업 5) 도시계획사업 중 유원지 6) 도시공원 설치사업 및 묘지공원 설치사업		지형 · 지질, 동 · 식물상, 자연환경자산, 수리 · 수문, 토지이용, 수질, 소음 · 진동, 위락 · 경관	
타. 산지개발	1) 산지시행사업 가) 묘지조성 또는 납골시설 나) 초지조성 다) 그 밖의 산지훼손 2) 임도설치사업 가) 8km 이상의 임도 설치 나) 생태 · 자연도 I등급권역에서의 임도 설치		지형 · 지질, 동 · 식물상, 자연환경자산, 수질, * 위락 · 경관	2)에서 * 는 제외

(표 계속)

<table>
<tr><th>구 분</th><th colspan="2">대상사업</th><th>주요평가항목</th><th>비 고</th></tr>
<tr><td>파.
특정지역 개발</td><td colspan="2">1) 지역균형개발 및 지방중소기업육성에 관한 법률에 의하여 시행되는 가목 내지 타목, 하목 및 더목의 사업
2) 지역종합개발사업
3) 주한미군시설사업 또는 국제화계획지구의 개발사업, 평택시 개발사업
4) 행정중심복합도시의 건설
5) 경제자유구역의 개발
6) 기업도시개발사업
7) 신공항건설사업</td><td>1) 내지 7)의 사업내용에 따라 가목 내지 타목 및 더목에 준함</td><td></td></tr>
<tr><td rowspan="3">하.
체육시설 설치</td><td colspan="2">1) 체육시설
가) 도시계획구역 내인 경우
나) 도시계획구역 외인 경우
2) 경륜 또는 경정시설</td><td>지형 · 지질, 동 · 식물상, 자연환경자산, 토지이용, 수질, *토양, 소음 · 진동, 위락 · 경관</td><td rowspan="3">1)란 가) 및 2)란에서 *는 제외, 2)경정시설에서 위락 · 경관은 제외</td></tr>
<tr><td colspan="2">3) 청소년수련시설의 설치사업
4) 청소년수련지구의 조성사업</td><td>카목에 준함</td></tr>
<tr><td colspan="2">5) 경마장</td><td>위 2)란에 준함</td></tr>
<tr><td rowspan="3">거.
폐기물처리 시설 및 분뇨 처리시설 설치</td><td rowspan="2">1) 폐기물 처리 시설</td><td>가) 최종처리시설 중 매립시설</td><td>지형 · 지질, 동 · 식물상, 자연환경자산, 대기질, 수질, 토양, 악취, 위락 · 경관, 위생 · 보건</td><td rowspan="3"></td></tr>
<tr><td>나) 중간처리시설 중 소각시설</td><td>대기질, 친환경적 자원순환, 소음 · 진동, 악취, 위생 · 보건, 위락 · 경관</td></tr>
<tr><td colspan="2">2) 분뇨처리시설 또는 축산폐수공공처리시설</td><td>수리 · 수문, 수질, 친환경적 자원순환, 소음 · 진동, 악취, 위생 · 보건</td></tr>
<tr><td rowspan="4">너.
국방 · 군사 시설 설치</td><td rowspan="2">1) 국방 · 군사시설</td><td>가) 도시계획구역내</td><td>지형 · 지질, 대기질, 수질, 친환경적 자원순환, 소음 · 진동, 토양</td><td rowspan="4"></td></tr>
<tr><td>나) 도시계획구역외</td><td>지형 · 지질, 동 · 식물상, 자연환경자산, 수질, 토양, 소음 · 진동, 위락 · 경관</td></tr>
<tr><td colspan="2">2) 군용항공기지 안에서 시행되는 사업
가) 비행장의 신설
나) 활주로
다) 그 밖의 사업</td><td>아목에 준함</td></tr>
<tr><td colspan="2">3) 해군기지 안에서 시행되는 사업</td><td>라목에 준함</td></tr>
<tr><td rowspan="3">더.
토석, 모래, 자갈, 광물 등의 채취</td><td colspan="2">1) 하천 및 연안구역 내에서의 채취사업</td><td>자목에 준함</td><td></td></tr>
<tr><td colspan="2">2) 산지 안에서의 채취사업</td><td>지형 · 지질, 동 · 식물상, 자연환경자산, 수질, 소음 · 진동, 위락 · 경관</td><td></td></tr>
<tr><td colspan="2">3) 해안에서의 광업
4) 해안에서의 골재채취업(모래)</td><td>지형 · 지질, 동 · 식물상, 자연환경자산, 수질, *소음 · 진동, 위락 · 경관</td><td>4)란은 *를 제외</td></tr>
</table>

(주) 1. 대상사업의 시행지역이 해양이나 해안선에 위치하고 있는 때에는 주요 평가항목에 해양환경을 추가한다.
2. 다목 3)란 가)발전소 및 동목 5)란 가)발전소 중 댐 및 저수지건설을 수반하는 경우에는 바목의 주요평가항목을 포함한다.
3. 위 대상사업별 주요평가항목은 평가항목 · 범위 획정이 이루어지는 경우 평가항목 선정에 참고할 수 있다

4. 절 차

우리나라 환경영향평가의 과정은 평가서 초안을 작성하여 공람·공고 또는 설명회 개최 등을 통한 주민의견을 수렴하는 초기단계와 주민의견이 수렴되어 작성된 최종평가서를 사업승인 기관에 제출하여 환경부와 협의하는 단계, 협의 내용에 대한 이행 여부 확인 및 사후환경영향을 조사하는 3단계로 구분된다.

1) 평가서 초안 작성 및 주민의견 수렴

환경영향평가서 초안은 최종적인 환경영향평가서의 작성에 앞서 사업자가 지역주민들에게 사업에 대한 일반적 내용을 공개하고 의견을 수렴하기 위해 작성한다. 평가서 초안에는 개발사업에 따른 3개 분야 23개 항목에 대한 평가대상지역 설정과 환경현황 조사, 대안의 분석평가, 환경영향에 관한 각 항목별 개략적 예측 및 저감방안, 개발로 인한 환경에 미치는 불가피한 영향 등을 개략적으로 분석하며, 이를 기초로 주민들에게 설명회나 공청회 또는 공람 등을 하게 된다. 이를 통하여 수렴된 의견은 환경영향평가서에 포함시키고 반영되지 않은 의견은 그 사유와 함께 평가서에 명시하여야 한다.

2) 최종평가서의 작성 및 협의

환경영향평가서 최종평가서에서는 평가항목에 대해 구체적인 환경현황조사와 사업의 추진 및 운영과정에서 발생하는 환경적 영향을 다양한 기법으로 가능한 한 정확히 예측·분석하고 적절한 저감방안을 마련함으로써 협의기관에 제출하고 인·허가를 취득하는 것을 목적으로 한다. 사업자가 작성한 평가서는 사업승인기관에 제출되어 환경부(또는 지방환경청)에 협의 요청되는데, 환경부는 평가서를 협의함에 있어서 필요시 수정·보완 등의 조치를 한 결과(협의내용)를 사업승인기관에 통보한다.

3) 협의내용 관리 및 사후환경영향평가

환경영향평가의 실효성 확보를 위해서는 협의내용의 충실한 이행이 이루어져야 하므로 사업자는 협의내용을 성실히 이행하여야 하며, 이를 위한 협의내용 관리대장 비치, 협의내용 관리책임자 지정, 사후환경영향조사 등의 의무를 질 뿐만 아니라, 환경영향평가 협의과정에서 확정된 오염물질 배출농도에 관한 협의기준을 위반하는 때에는 협의기준초과부담금을 부과하게 된다. 한편, 협의내용의 충실한 이행을 확보하기 위하여 사업승인기관은 사업장 현지조사 등을 통하여 공사중지명령 등 필요한 조치를 강구하여야 하며, 지방환경관서는 사업자나 사업승인기관에 공사중지명령 등 필요한 조치를 요청할 수 있다.

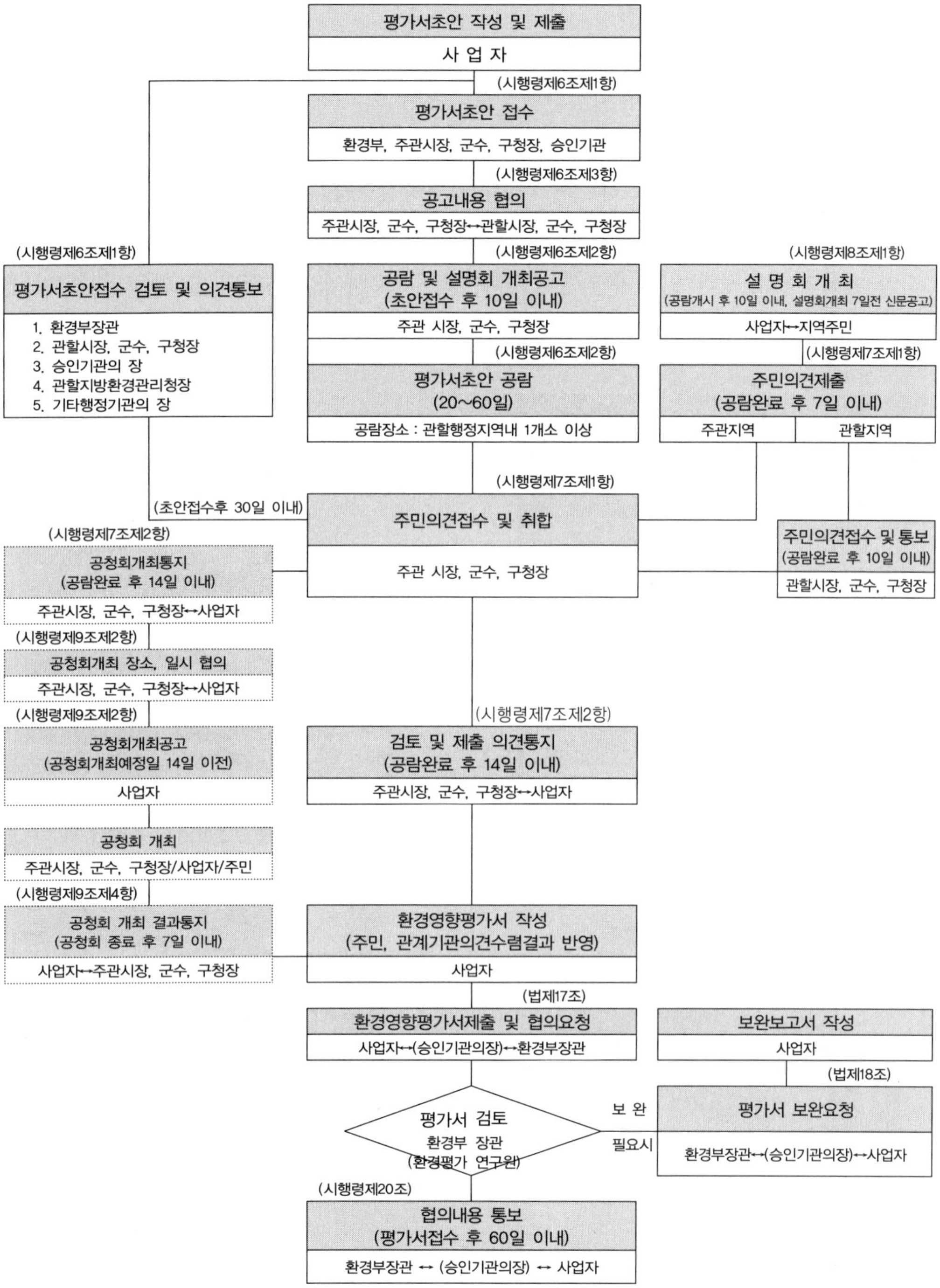

그림 1-2-7 환경영향평가 절차

4) 환경영향평가와 조경계획

환경영향평가는 대규모 개발사업을 지속가능한 개발로 유도할 목적으로 진행되는 협의과정이며 계획의 과정이자 사업진행과정의 일부로 이해하는 것이 바람직하다. 우리나라의 경우에는 사전환경성검토제도가 있어서 환경영향평가 대상사업의 경우 사전계획수립단계에서 환경성을 검토하도록 하고, 환경성검토단계에서 협의된 내용은 환경영향평가단계에서 준수하도록 하고 있다. 사전환경성검토단계에서는 해당 사업의 환경친화적인 계획의 적정성과 입지의 타당성을 위주로 검토하여 협의한다면, 환경영향평가단계

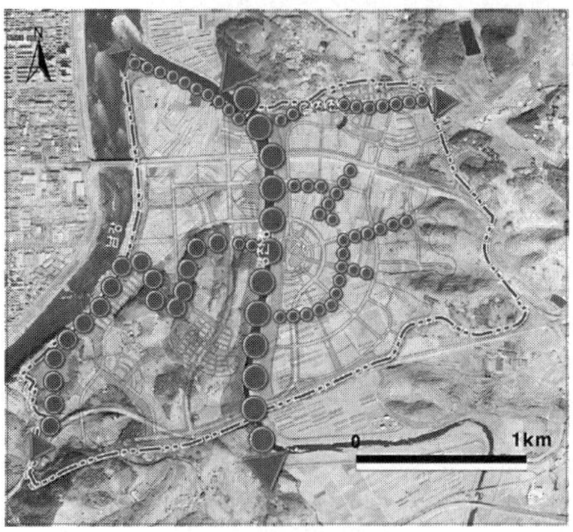

그림 1-2-8 녹지체계 구상도 사례 (환경영향평가 초안단계)

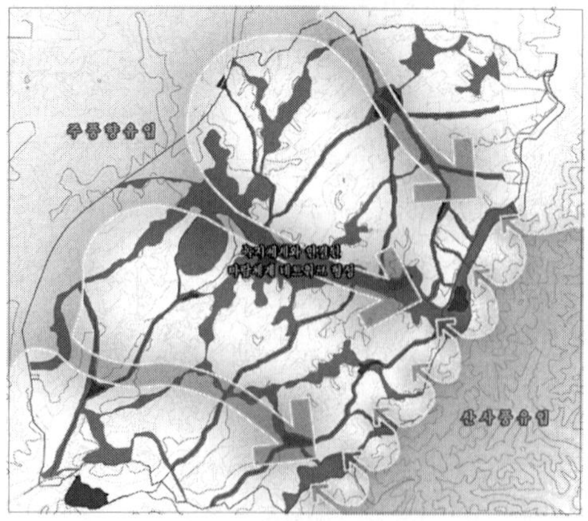

그림 1-2-9 바람길 형성체계 구축방안 계획 사례 (환경영향평가 초안단계)

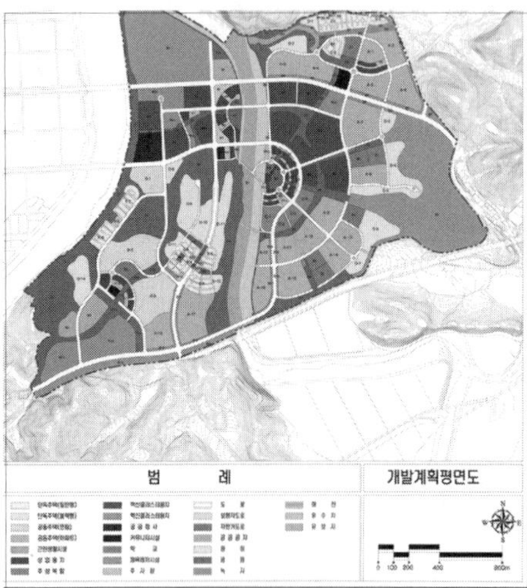

그림 1-2-10 토지이용계획도 사례 (환경영향평가 초안단계)

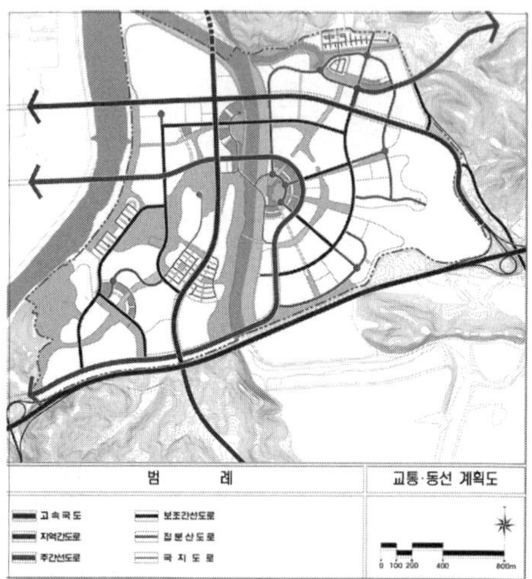

그림 1-2-11 교통 · 동선계획도 사례 (환경영향평가 초안단계)

에서는 입지가 개략 결정된 사업을 진행함에 있어 예상되는 환경영향을 저감하는데 보다 중점을 두고 평가·검토·협의하게 된다.

사전환경성검토단계에서 조경계획은 생태적 네트워크화 방안, 광역생태축 보전, 환경친화적 토지이용 차원에서의 공간계획, 자연환경 및 경관에 미치는 영향관계를 고려한 계획 등에 중점을 두었다면, 환경영향평가단계에서의 조경계획은 보다 구체화된 내용의 계획과 설계를 진행하여야 한다. 예를 들어 사전환경성검토단계에서 대상부지 내의 개발에 있어 광역생태축을 보전하도록 협의되었다면 환경영향평가단계에서는 광역생태축 보전을 위한 보다 구체적인 방안을 계획·설계하고 사업을 진행하게 된다.

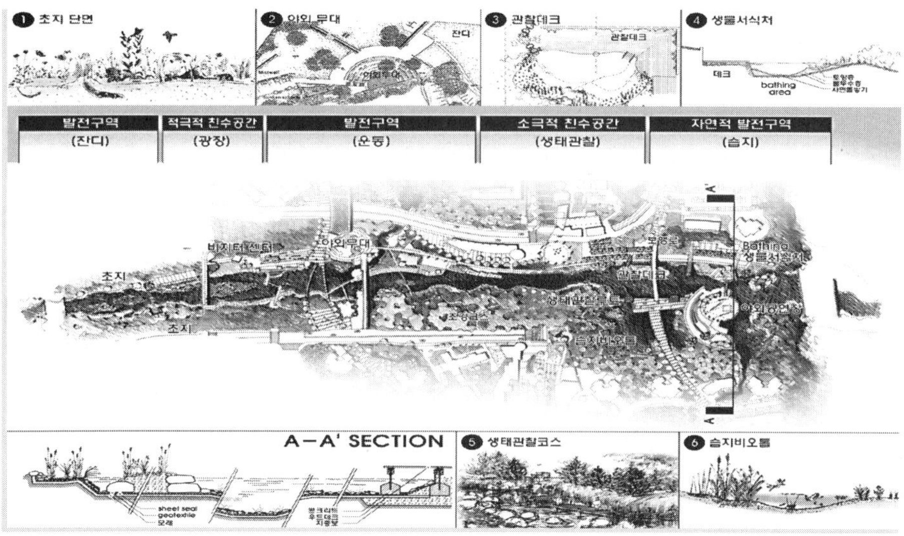

그림 1-2-12 사업지구 내 하천을 생물서식지로 조성하는 계획 예시 (환경영향평가 본안 단계)

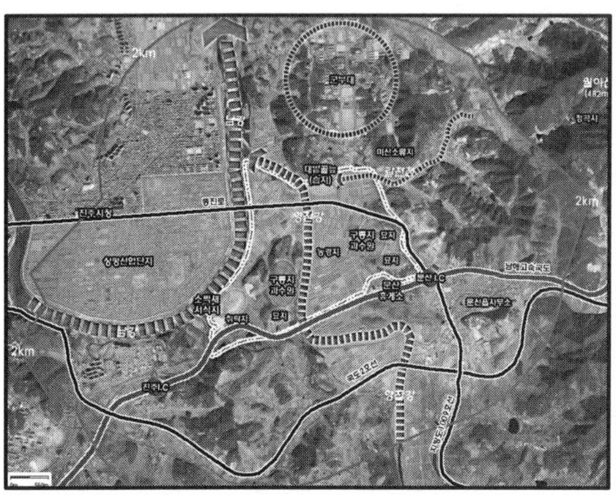

그림 1-2-13 경관현황종합분석도 사례 (환경영향평가 초안단계)

그림 1-2-14 조망점에서 바라본 경관시뮬레이션 (환경영향평가 초안단계)

그림 1-2-15 경관시뮬레이션을 통한 경관영향 분석 사례(환경영향평가 초안단계)

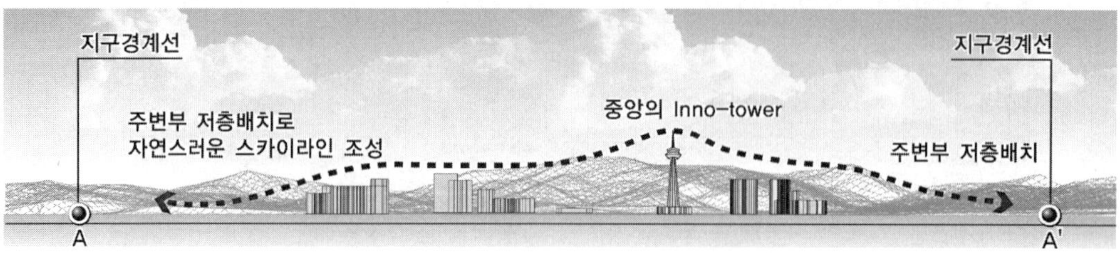

그림 1-2-16 경관영향 분석 및 저감계획 협의를 위한 스카이라인 분석 사례(환경영향평가 초안단계)

제3절 자연경관심의

1. 개괄

자연경관은 자연환경적 측면에서 시각적, 심미적인 가치를 지니는 지역, 지형 및 이에 부속된 자연요소 또는 사물이 복합적으로 어우러진 자연의 경치를 말한다. 국내의 경우 우수한 자연경관관리를 위해 자연환경법에 근거한 자연경관영향협의제도를 2004년 자연환경보전법의 개정을 통해서 도입하고, 2006년 1월 1일부터 운용하고 있다. 또한 개발사업 등에 의한 자연경관심의지침, 지방자치단체의 자연경관검토지침을 보급함으로써 자연경관영향협의제도의 운용을 돕고 있다.

자연경관관리는 조경계획이 역할을 담당할 수 있는 주요 분야로써 복합적인 과정과 사회적 의사결정, 그리고 컴퓨터응용기법을 수반해야 하는 분야이다. 본 장에서는 자연경관영향협의제도의 이해를 돕기 위한 내용을 소개하고 있으며, 환경부의 개발사업 등에 대한 자연경관 심의지침에 그 내용을 근거하고 있다. 조경계획을 진행함에 있어 자연경관 고려와 경관계획기법을 소개함으로써 자연경관심의제도의 이해를 돕고 조경계획과의 역할관계를 참조하도록 하였다.

2. 적용대상과 중점검토사항

환경부 및 지방환경관서는 사전환경성검토 및 환경영향평가대상사업 중 자연공원, 습지보호지역, 생태경관보전지역 주변의 일정거리 이내 지역에서 진행되는 사업에 대해 자연경관영향 심의를 하도록 규정되어 있고, 사전환경성검토 및 환경영향평가대상사업이 아니라 하더라도 자연공원, 습지보호지역, 생태경관보전지역 주변 일정거리 이내의 개발사업에 대하여 지방자치단체의 장은 환경부령이 정하는 자연경관에 관한 검토기준에 따라야 한다.

1) 국가가 검토하는 자연경관영향 심의 적용대상

(1) 보호지역(자연공원, 생태 · 경관보전지역, 습지보호지역) 주변

보전지역(자연공원, 생태 · 경관보전지역, 습지보호지역) 주변으로부터 일정거리 이내의 사전환경성검토, 환경영향평가대상 개발사업은 자연경관영향 심의의 적용대상이다.

표 1-2-6 보전지역 주변의 자연경관영향 심의대상

<table>
<tr><th>구 분</th><th colspan="4">자연경관영향 심의대상</th></tr>
<tr><td rowspan="9">보호지역 주변
(자연공원,
습지보호지역,
생태경관
보전지역)</td><td rowspan="9">• 사전환경성 검토대상 행정계획
• 사진환경성 검토대상 개발사업
• 환경영향평가협의 대상 개발사업</td><td colspan="3">〈자연경관영향 심의 대상이 되는 보호지역 경계로부터의 거리〉</td></tr>
<tr><td rowspan="3">자연공원</td><td>최고봉 1,200m 이상</td><td>2,000m</td></tr>
<tr><td>최고봉 700m 이상</td><td>1,500m</td></tr>
<tr><td>최고봉 700m 미만 또는 해상형</td><td>1,000m</td></tr>
<tr><td colspan="2">습지보호지역</td><td>300m</td></tr>
<tr><td rowspan="2">생태 · 경관
보전지역</td><td>최고봉 700m 이상</td><td>1,000m</td></tr>
<tr><td>최고봉 700m 미만 및 해상형</td><td>500m</td></tr>
<tr><td colspan="3">1. 습지보호지역 및 생태 · 경관보전지역이 중복되는 경우에는 습지보호지역 거리기준을 우선 적용
2. 보호지역이 도시지역 또는 계획관리지역에 위치한 경우는 거리기준을 300m로 함</td></tr>
</table>

(2) 보호지역 주변 외 지역

보호지역 주변 외 사전환경성검토대상 개발사업 중 농림지역 또는 자연환경보전지역, 개발제한구역, 야생동식물특별보호구역업, 광역상수도가 설치된 호소의 경계면으로부터 상류 1km 이내 지역 등에서 높이 15m 이상 건축물, 20m 이상 전신주, 송전탑, 굴뚝 등 길이 50m 이상의 교량, 2km 이상의 도로나 철도를 개설 또는 확장하는 경우, 연안지역과 국가하천, 지방 1, 2급 하천의 양안 경계로부터 200m 이내 지역에서 5,000㎡ 이상의 개발사업을 할 경우 자연경관영향 심의의 대상이 된다.

보호지역 주변 외 지역의 환경영향평가대상 개발사업 중에서는 환경영향평가 대상사업 중 44개 사업이 자연경관영향 심의의 적용 대상이 된다. 도시개발사업의 경우 6개, 산업입지 및 산업단지조성사업 6개, 에너지개발 4개, 항만건설 3개, 도로건설 1개, 수자원개발 2개, 철도 등의 건설 4개, 개간 및 공유수면의 매립 2개, 관광단지개발 6개, 산지개발 2개, 특정지역 2개, 체육시설 5개, 토석 · 모래 · 자갈 · 광물 등의 채취 1개, 총 44개 사업이 적용대상이다.

2) 지방자치단체가 검토하는 자연경관영향 검토 대상

보호지역(자연공원, 습지보호지역, 생태 · 경관보전지역)에서 일정거리내 지역에서 진행되는 사전환경성검토 및 환경영향평가협의 대상이 아닌 개발계획 및 개발사업은 의무적으로 자연경관영향을 검토해야 한다. 보호지역 주변 외 지역에서는 사전환경성검토 및 환경영향평가협의대상이 아닌 개발사업 중 지방자치단체의 조례로 정하는 사업을 적용대상으로 한다.

표 1-2-7 자연경관영향 검토대상의 범위

<table>
<tr><th>구 분</th><th colspan="3">자연경관영향협의 대상</th></tr>
<tr><td rowspan="10">보전지역 주변
(자연공원,
습지보호지역,
생태경관보전지역)</td><td colspan="3">• 사전환경성 검토 및 환경영향평가협의 대상이 아닌 개발계획 및 개발사업
※ 관계 법률에 의해 지방도시계획위원회 심의 또는 지방건축위원회 심의를 거친 경우에는 제외
〈자연경관영향 검토 대상이 되는 보호지역 경계로부터의 거리〉</td></tr>
<tr><td rowspan="3">자연공원</td><td>최고봉 1,200m 이상</td><td>2,000m</td></tr>
<tr><td>최고봉 700m 이상</td><td>1,500m</td></tr>
<tr><td>최고봉 700m 미만 또는 해상형</td><td>1,000m</td></tr>
<tr><td colspan="2">습지보호지역</td><td>300m</td></tr>
<tr><td rowspan="2">생태 · 경관
보전지역</td><td>최고봉 700m 이상</td><td>1,000m</td></tr>
<tr><td>최고봉 700m 미만 및 해상형</td><td>500m</td></tr>
<tr><td colspan="3">1. 습지보호지역 및 생태 · 경관보전지역이 중복되는 경우에는 습지보호지역 거리기준을 우선 적용
2. 보호지역이 도시지역 또는 계획관리지역에 위치한 경우는 거리기준을 300m로 함</td></tr>
</table>

(표 계속)

<table>
<tr><th>구 분</th><th>자연경관영향협의 대상</th></tr>
<tr><td>보전지역
주변 외 지역</td><td>
• 사전환경성 검토 및 환경영향평가협의 대상이 아닌 개발사업 중 지자체의 조례로 정하는 개발사업

〈지방자치단체의 조례 제정시 포함할 대상(권장사항)〉

- 아래 제시된 ①의 형질변경 면적기준에 해당하고 동시에 ②, ③, ④ 중의 어느 하나에 해당하면 지방자치단체 자연경관 영향 검토 대상이 된다.
① 형질변경 면적 기준
사전환경성검토 미만 규모로서 다음의 표에서 제시하는 규모 이상의 사업. 형질변경 면적은 단위사업의 일정구역 면적을 말하는 것으로, 산재하는 사업면적의 합계를 나타낸 것은 아님
② 건축물 기준
건축허가 또는 개발행위허가를 수반하는 사업으로서 보전지역 및 그 주변에서 층고 15m 이상 또는 연면적 500㎡ 이상되는 건축물
③ 구조물 기준
보전지역 및 그 주변에서 산의 능선에 높이 20m 이상의 수직구조물을 설치하는 사업(다만, 전력공급시설, 군사시설 등 국가적으로 필수시설인 공공구조물의 설치와 관련하여 민원이 많이 발생하는 사업에 대한 인 · 허가 지연 등에 자연경관협의제도가 잘못 운영되지 않도록 대상에서 제외하는 것이 바람직함)
- 길이 30m 이상의 교량을 설치하는 사업
- 하천법의 규정에 의한 하천공사구간의 길이가 1,000m 이상인 것
- 길이 500m 이상의 도로 · 철도를 개설 · 확장하는 사업(임도의 경우 200m 이상)
④ 자연입지 기준
- 경사 25% 이상에서 높이 5m 이상의 공작물을 설치하는 사업
- 5부 능선 이상의 산림에서 1,000㎡ 이상의 산림형질변경을 수반하는 개발행위(다만, 임시도로 등–일정 기간 경과 후 원상회복이 이루어지는 개발행위는 제외함)

<table>
<tr><th>구 분 \ 사업계획면적</th><th>2,000㎡ 이상</th><th>5,000㎡ 이상</th><th>10,000㎡ 이상</th><th>20,000㎡ 이상</th></tr>
<tr><td>국토의계획및이용에관한법률</td><td>자연환경보전지역
관리지역(보전)</td><td>농림지역
관리지역(생산)
관리지역(계획)</td><td></td><td></td></tr>
<tr><td>개발제한구역의지정및관리에관한특별조치법</td><td>개발제한구역</td><td></td><td></td><td></td></tr>
<tr><td>자연환경보전법</td><td>생태 · 경관보전지역
시 · 도생태 · 경관보전지역, 자연유보지역</td><td></td><td></td><td></td></tr>
<tr><td>야생동식물
보호법</td><td>야생동식물
특별보호구역</td><td></td><td></td><td></td></tr>
<tr><td>산지관리법</td><td>공익용산지</td><td>공익용산지외 산지</td><td></td><td></td></tr>
<tr><td>자연공원법</td><td>자연보존지구</td><td>자연환경지구</td><td></td><td></td></tr>
<tr><td>습지보전법</td><td>습지보호지역</td><td></td><td></td><td></td></tr>
<tr><td>수도법</td><td>광역상수도설치지역
(공동주택의 건설)</td><td>광역상수도설치지역
(공동주택의 경우 제외)</td><td></td><td></td></tr>
<tr><td>하천법</td><td></td><td></td><td>하천구역</td><td></td></tr>
<tr><td>소하천정비법</td><td></td><td>소하천구역</td><td></td><td></td></tr>
<tr><td>지하수법</td><td>지하수보전구역</td><td></td><td></td><td></td></tr>
<tr><td>수질환경보전법</td><td>호소수질보전구역
(공동주택의 건설)</td><td>호소수질보전구역
(공동주택의 경우 제외)</td><td></td><td></td></tr>
</table>

※ 환경영향평가 및 사전환경성검토대상 규모 이하의 사업에 한하며, 지방도시계획위원회의 심의, 지방건축위원회 심의를 거치는 경우는 제외
</td></tr>
</table>

3) 자연경관영향 심의인 경우 검토사항

(1) 사전환경성검토 대상사업

사전환경성검토시에는 계획의 적정성과 입지타당성을 검토하게 되므로 구체적인 입지가 결정되는 단계가 아니다. 따라서 개발의 구체적인 입지, 규모, 형태, 배치가 확정되어 있지 않기 때문에 보전해야 할 경관자원, 조망축 등의 기본적인 항목 위주로 검토한다. 주로 기본계획도, 경관현황분석도와 같은 평면적인 계획안을 토대로 진행하되, 필요한 경우 주요 조망점에서의 경관시뮬레이션으로 경관영향을 검토한다.

표 1-2-8 사전환경성검토 대상사업의 자연경관영향 심의단계별 중점검토사항

단 계	중점검토사항
현황분석	• 사업안 특성분석(개발사업의 위치) • 사업대상지 부근의 경관자원 현황파악(경관유형별 검토)
경관영향예측	• 입지와 관련하여 평면적 자료검토(시설배치계획, 수치지형자료, 선정된 조망점의 시점자료) • 조망축 보존 • 주요 경관자원 보전대책 • CG에 의한 투시도(사진합성) • 고밀, 고층사업인 경우 시뮬레이션을 통한 경관영향 예측
저감방안	• 자연경관과의 조화성, 시설간 통일성 등을 예측하고 저감방안 작성 • 보존대책 제시(대안적 입지 제시, 사업지구경계 조절 등)

(2) 환경영향평가 대상사업

사전환경성검토단계에서 진행된 자연경관심의 의견 반영 여부를 검토한다. 사전환경성검토시 조사분석한 자료를 최대한 활용한다. 기본계획도, 경관현황분석도와 같은 평면적인 계획안 외에도 구체적인 개발계획에 의한 경관변화 예측 경관시뮬레이션에 의한 검토가 진행되어야 한다. 자연경관의 유형을 구분하고 각 유형별로 경관영향을 검토하도록 하되 기존 경관의 훼손, 조화성뿐만 아니라 경관이 새롭게 창출되면서 형성되는 경관측면도 고려한다.

표 1-2-9 환경영향평가 대상사업의 자연경관영향 심의단계별 중점검토사항

단 계	중점검토사항
현황분석	• 사업안 특성분석(개발사업의 위치, 개발가능 높이 등) • 사업대상지 부근의 경관자원 현황파악(경관 사업유형별 검토) – 사전환경성검토 대상사업의 경우 사전환경성검토시 자연경관심의 결과 분석 및 반영 여부 비교표 제시함 – 분석된 경관자원을 확인하고 추가 · 변경되는 경관자원을 명시하는 등 기존 자료를 최대한 이용하도록 함
주요 조망점 선정	• 근경, 중경, 원경 포함 • 각 방향 포함 • 주진입부, 경관자원 고려 • 이용객수 고려, 가시권 분석 • 조망점 선정과정 및 이유 제시
경관영향분석 (시뮬레이션방법)	• 적합한 시뮬레이션방법 선정 • 시뮬레이션 작성과정 제시(시뮬레이션 수치자료, 작성과정, 컬러사진, 표준렌즈, 적합한 해상도)
경관영향예측	• 보전경관 훼손 여부 및 기존 경관과의 조화
저감방안	• 저감방안 작성(건축물 규모, 고도 규제 등) • 보존대책 제시(통경축 확보, 차폐계획 등) • 경관영향분석 feedback

4) 자연경관영향 검토인 경우 검토사항

사업시행으로 인한 자연경관의 직접적인 훼손 여부를 검토하고 형태, 색채, 규모 등의 측면에서 개발사업과 기존 경관과의 조화성을 검토한다. 조망점 선정의 적정성을 바탕으로 주요 조망점에서의 사업 전 · 후 경관비교를 통해 경관변화 가능성을 평가한다. 자연경관영향 검토시 고려하여야 할 주요 경관요소는 스카이라인, 산림녹지경관, 수경관이며, 경관요소별 검토사항은 다음과 같다.

표 1-2-10 자연경관의 유형 및 검토사항

구 분	해당 경관	검토사항
스카이라인	건축물, 구조물 배경의 산림스카이라인	건축물, 구조물 등으로 인한 산림스카이라인 침해 여부
산림녹지경관	산지 및 구릉지의 능선 및 주변부	산림경관의 훼손 여부 및 조화성
수경관	하천, 해안 및 도서, 호수 및 습지	수경관과의 조화

3. 자연경관영향 "심의" 기준

1) 조망4점 선정 적정성

주요 자연경관자원을 조망하는 조망점이 적정하게 선정되었는지를 검토한다(거리별 고려, 진입부 및 이용량 고려, 가시권 분석 도입, 최소 3개 이상의 조망점 선정). 조망점의 선정은 첫째, 예비조망점 선정, 둘째, 가시권분석, 셋째, 최종조망점 선정, 넷째, 조망점에서 실제 조망 확인의 과정을 거쳐 선정한다.

표 1-2-11 조망점 선정과정과 고려사항

조망점 선정 과정	조망점 선정 과정별 고려사항
예비조망점 선정	• 근, 중, 원경 거리 설정 • 주변의 주요 경관자원이 보이는 곳 • 이용밀도 높은 곳 • 현저한 경관변화가 예상되는 곳 • 시설물의 배후녹지가 조망되는 곳
가시권 분석	• 사업대상지 및 주변의 지형 수치자료 활용 • GIS프로그램 사용
최종 조망점 선정	• 가시권 분석결과를 바탕으로 최종조망점 선정 • 조망점 위치도 및 총괄표 작성
조망점에서 실제 조망 확인	• 최종조망점별 사진촬영 • 사업시행 전 현황의 근거 자료 • 지형모델링, 투시도 혹은 조감도 작성

2) 훼손 여부 판단의 적정성

보전대상 자연경관자원에 미치는 영향(훼손 또는 차폐)은 주요 조망점에서 보전대상 자연경관자원으로의 조망경관 확보 여부를 기준으로 판단하되 다음의 세부내용을 기준으로 한다. 이때 주요 조망점에서 보이는 경관의 유형을 구별하고 스카이라인, 절성토 발생 위치 등 훼손 여부 판단을 위한 구체적으로 제시하였는지 검토한다. 객관적인 7부 능선 판단을 위해 능선중심의 평균해발고와 시설물 입지 지역의 지반고를 제시하였는지 검토한다.

표 1-2-12 자연경관유형별 및 훼손 여부 판단 기준

경관유형		훼손 여부 판단
스카이라인		주요 조망점에서 7부 능선 이상 조망 여부
산림 녹지경관	자연녹지	주요 조망점에서 경관자원 조망 여부(보존녹지, 바위, 봉우리, 폭포 등)
	도시녹지	주요 조망점에서 조망되는 도시지역 내의 녹지
수경관	하천경관	연속적 경관 고려 여부
	해안 및 도서	주변 지역에서 해안 및 도서 조망 여부
	호수 및 습지	내부 조망점에서의 외부 경관변화 고려
농촌경관		기존 경관과의 조화성 여부
역사문화경관		주변의 위압적 경관 형성 여부
생태경관		내부 조망점에서의 외부 경관변화 고려

심의대상 계획 및 사업이 기존 주변지역 경관(토지이용계획)과의 조화 여부는 첫째, 심의대상 계획·사업과 기존 경관의 형태, 규모, 높이 등의 측면에서 조화되고 있는가? 둘째, 조화성의 평가는 토지이용, 식생, 구조물 등으로 구분하여 검토하여 판단한다.

3) 경관영향예측 적정성

경관영향은 경관시뮬레이션을 통해 예측하며 경관시뮬레이션이 경관을 정확하게 예측할 수 있는 자료인지 확인하도록 한다.

4) 저감방안 적정성

제시하고 있는 저감방안에 대해서 구체적인 자료와 저감프로그램, 저감방안 도입시 효과, 그리고 조치사항 등에 대해 그 적정성을 검토한다.

표 1-2-13 자연경관영향 예측 적정성 검토기준

구 분	검토기준
시뮬레이션의 정확성	• 사업시행 전과 후의 사업대상지 경관현황을 정확성과 현실성을 파악할 수 있도록 표현 • 시뮬레이션의 정확성과 현실감 여부 • 현상모델링 및 현황사진을 통한 경관변화 예측 • 35mm카메라 기준, 표준화각 대안 50mm 설정, 눈높이인 1.6m에서 촬영 • 제출된 시뮬레이션이 경관변화를 평가할 수 있는 수준의 질을 확보하였는지 여부 • 계획안 자체뿐만 아니라 계획안에 의해 변경되는 지형도 함께 모델링

(표 계속)

구 분	검토기준
작성과정 명시	• 경관시뮬레이션이 계획 후 경관을 정확하게 예측할 수 있도록 하기 위한 작성과정 명시 여부 • 시뮬레이션 과정 명시
근거자료 제시	• 지도를 이용한 주요 조망점 위치 표시 • 경관변화 예측을 위한 시뮬레이션 작성기준이 되는 주요 조망점 선정의 적정성 여부 • 시뮬레이션 작성의 자료 및 조망점 위치 등의 수치자료를 함께 제시하고 있는가의 여부 • 현장사진 활용에 관련된 정보 기록
거리표시 및 가시영역 제시	• 도로 및 주거지에 인접해 있을 경우 최단거리 표시 • 도로 및 주거지에서 주요 조망점 선정 후 사업지구의 가시영역 제시
절성토에 의한 경관변화	• 절, 성토 발생지역 및 발생고 표시 • 사업지구 및 대규모 절 · 성토 발생지역에 대한 현황사진 및 경관변화 자료 제시

표 1-2-14 자연경관영향 저감방안 적정성 검토 기준

구 분	검토기준
저감을 위한 구체적 자료 및 프로그램 명시	• 사업에 따른 경관영향을 저감할 수 있는 공법을 설명하고 이해자료 첨가 • 식재에 의한 차폐를 통해서 경관영향을 저감하는 경우에는 수목의 성장에 따른 변화를 고려하여 저감방안 마련 • 저감방안의 시행을 위한 프로그램 등에 관한 사항을 명시
효과분석	• 저감방안으로 인한 효과분석 및 그에 따른 2차적 환경영향 분석 • 단계별 과정 고려 - 입지선정 및 계획단계에서부터 저감방안을 검토 - 해당 사업이 자연경관에 장기적인 영향이 있다고 판단되는 경우에는 저감방안은 개발사업과 관련된 부정적 자연경관의 영향을 고려하여 단계별로 저감방안을 작성하되 공사단계, 준공 후 단계, 복원단계의 전과정을 고려 • 지역적 경관특성 고려 - 저감방안 작성시에는 지역적 경관특성 고려 - 저감방안 작성시 지역적 경관특성 및 사업의 특성을 고려 • 통경축 확보 및 이질감 완화 - 주변 자연경관을 고려하여 통경축을 확보할 수 있는 시설물 배치 및 녹지축 조성 - 시설물 위압감, 이질감 완화를 위한 저감방안 제시
저감방안에 대한 검토 및 조치	• 제출된 저감방안에 대해서는 기존 경관자원과의 훼손 및 조화여부를 검토해야 함 • 경관훼손, 경관조화성 등 기본 평가원칙에 따라 경관부조화현상이 극심할 경우, "사업제고, 규모축소 및 조정", 단순부조화인 경우에는 "규모축소 및 조정과 시설물 배치계획 조정"으로 조치함

경관유형별로는 다음과 같은 사항의 저감방안이 적절히 고려되고 있는가를 검토한다.

표 1-2-15 경관유형별 저감방안 적정성 검토 항목

경관유형		저감방안
스카이라인		건축물 고도규제
산림 녹지경관	자연녹지	조망축 확보
	도시녹지	조망축 확보
수경관	하천경관	조망축 확보(하천내부 조망점)
	해안 및 도서	건축물 고도규제
	호수 및 습지	주변 건축물 고도규제(앙각규제)
농촌경관		색채, 형태, 규모 등의 조화성
역사문화경관		역사문화경관 주변 자연경관과의 조화
생태경관		주변 건축물 고도규제(앙각규제)

표 1-2-16 효과분석의 예 (환경부, 2007b)

	건축물높이 (표고)능선	건축물 계획고 및 층고 조정에 따른 경관변화
당초	27.35m (75.3m) 8.4부	
변경	22.75m (70.7m) 7.8부	

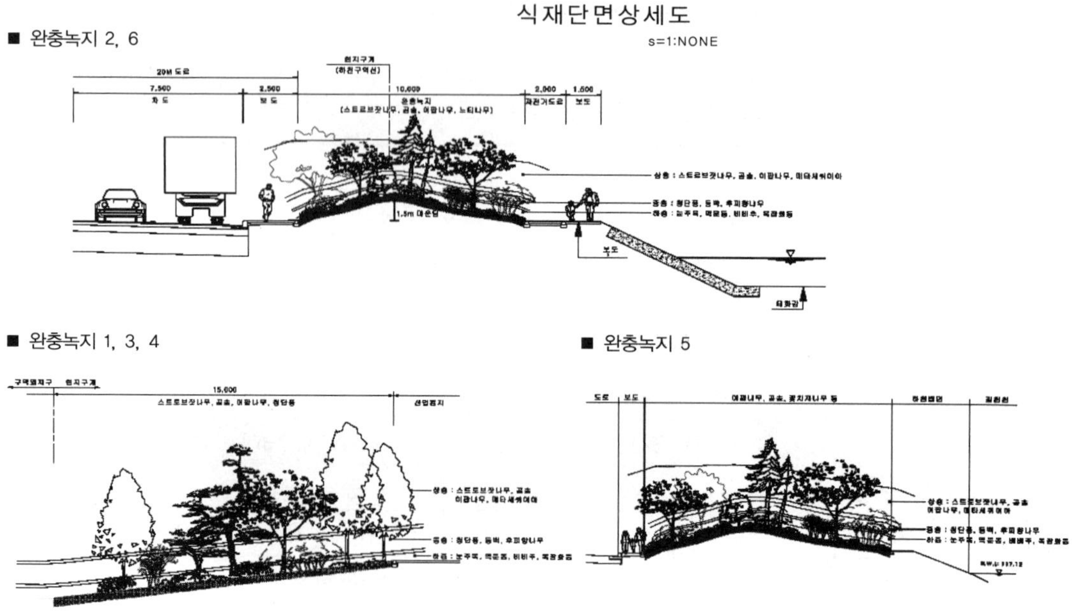

그림 1-2-17 경관녹지 조성을 통한 경관영향저감 방안 제심 및 효과분석의 예 (환경부, 2007b)

제3장 토지적성평가와 사업타당성 검토

제1절 토지적성평가와 적지분석

조용현

1. 개념과 특성

본 장에서는 각종 개발사업의 초기단계에 국토계획 또는 도시계획에 선행하여 이루어지는 토지적성평가에 대해 알아본다. 다루어질 내용은 개념 · 도입 배경 · 제도의 개관, 평가방법, 적용 사례 등이다.

1) 개념 및 도입 배경

토지적성평가는 Land Suitability Assessment, Land Evaluation, Land Use Capability Classification 등으로 지칭되며, 일본에서는 토지분급(土地分級)으로 지칭되어 왔다. 토지적성평가는 토지분류에 뿌리를 두고 있으나, 그 개념에는 명백한 차이가 있다. 토지분류는 토지의 자연적 성상, 위치적 성질, 이용현황 등의 제 성질을 기초로 그 성격을 유형화한 것이다. 반면 토지적성평가는 토지분류에 의해 구분된 토지를 토지가 가진 물리적 특성, 사회 · 경제적 특성, 입지적 특성 등에 기초하여 이용 가능성의 관점에서 가치판단을 내려 계층화 또는 등급화한 것이다(채미옥, 2002).

토지이용행위는 다양한 외부효과를 발생시킨다. 특정 토지이용행위로부터 부(負)의 외부효과가 발생하는 것을 방지하기 위해서는 토지의 적성을 파악하고 그 정보를 공유하여 토지이용을 지역적으로 관리할 수 있는 규범이 필요하다. 이러한 지역적 관리규범이 토지이용계획이고, 토지적성평가는 토지이용계획의 적합성을 제고시키는 수단으로 활용될 수 있다.

토지에 대한 개발과 보전의 경합이 발생했을 때 이를 합리적으로 조정하는 수단이 미흡할 경우 한편에서는 토지수급의 불균형 문제가 발생할 수 있으며, 다른 한편에서는 국토의 난개발문제를 야기하는 등 국토관리의 비효율성을 낳을 수 있다. 실제로 1990년대의 규제완화는 준농림지를 마구잡이로 개발하는 계기가 되었다. 수도권 주변지역을 위시하여 국토의 여러 곳에서 농지가 잠식되고 난개발이 진행되었다. 사회 전반에 걸쳐 난개발에 관한 비판여론이 비등해지자 정부는 이에 대처하는 제도적 장치로서 국토의 계획 및 이용에 관한 법률을 만들게 되었다. 이 법의 핵심은 '선계획-후개발'의 원칙에 입각하여 국토를 합리적으로 이용하자는 것이다. 그런데 이 법이 실효성을 가지려면 쓸

수 있는 땅과 보전해야 할 땅을 구별하는 과정으로서 토지적성평가가 필수적이다. 이러한 배경하에 토지적성평가제도는 법에 도입되어 2003년 1월부터 시행되고 있다.

◈ 미국의 토지적성평가(LESA)

미국의 토지적성평가(Land Evaluation & Site Assessment : LESA) 제도는 1971년 뉴욕주 오렌지카운티가 최초로 도입한 토지분류체계(Land Classification System : LCS)에 그 효시를 두고 있다. 이후 1982년 LCS는 토지의 물리적 특성 자체에 대한 평가의 한계에서 벗어나 주변 토지들과의 연계성을 고려한 해당 토지의 입지적 특성까지 포함하여, 토지평가(Land Evaluation : LE)와 입지평가(Site Assessment : SA) 모두를 포괄하는 토지적성평가로 발전하게 되었다. 이와 같이 LESA는 토지의 물리적 특성과 함께 입지적 특성을 모두 고려하여 해당 토지의 농업적성에 대한 종합적성값을 산정하여 우리나라 토지적성평가제도와 마찬가지로 평가토지에 대한 종합적성값이 높을수록 해당토지의 보전적성도가 높은 것으로 평가한다.
미국의 LESA는 지자체로 하여금 첫째, 해당 지자체내 우수한 농업토지를 발견하고 보호하는 데 도움을 주며, 둘째, 제반 농업토지 보전관련 정책들을 수행하는 기초자료로서 상당한 견인차 역할을 담당한다.
(출처 : 조춘만, 2005. 미국의 토지적성평가(LESA) 시행현황. 국토 통권284호 : 65-72.)

국토계획법에 따르면 도시관리계획의 입안을 위한 기초조사의 하나로서 토지적성평가를 시행하도록 하였다. 토지적성평가는 필지단위로 실시하며 '평가체계 I'과 '평가체계 II'의 두 가지로 구분되어 있다. 평가체계 I은 관리지역을 보전관리지역, 생산관리지역, 계획관리지역으로 세분화하는 데 필요한 자료를 제공하기 위하여 실시하는 토지적성평가를 말하며, 평가체계 II는 개별적인 개발사업이 필요한 일부지역에 대하여 용도지역, 용도지구, 용도구역의 지정·변경, 도시계획시설의 결정·변경 등 도시관리계획을 입안할 때 실시한다. 토지적성평가에서는 토지의 특성이 각 필지별로 명시되기 때문에 현재 많은 문제점을 안고 있는 용도지역·지구제와 토지이용 및 국토이용계획체계를 체계화는 데 토대가 된다(장철순, 김창현, 1999).

2) 제도의 목적 및 내용

토지적성평가는 전국토의 "환경친화적이고 지속가능한 개발"을 보장하고 개발과 보전이 조화되는 "선계획-후개발의 국토관리체계"를 구축하기 위하여 각종의 토지이용계획이나 주요시설의 설치에 관한 계획을 입안하고자 하는 경우에 토지의 환경생태적·물리적·공간적 특성을 종합적으로 고려하여 개별 토지가 갖는 환경적·사회적 가치를 과학적으로 평가함으로써 보전할 토지와 개발 가능한 토지를 체계적으로 판단할 수 있도록 계획을 입안하는 단계에서 실시하는 기초조사이다. 토지적성평가의 근거 법규는 국토의 계획 및 이용에 관한 법률 제27조(도시관리계획의 입안을 위한 기초조사 등)이다.

제27조 (도시관리계획의 입안을 위한 기초조사 등)

③ 국토해양부장관, 시 · 도지사, 시장 또는 군수는 제1항의 규정에 의한 기초조사의 내용에 국토해양부장관이 정하는 바에 따라 실시하는 토지의 토양, 입지, 활용가능성 등 토지의 적성에 대한 평가를 포함하여야 한다.

④ 지구단위계획구역으로 지정하고자 하는 구역 또는 지구단위계획을 입안하는 구역이 도심지에 위치하거나 개발이 완료되어 나대지가 없는 등 대통령령이 정하는 요건에 해당하는 경우에는 제1항 내지 제3항의 규정에 의한 기초조사, 환경성검토 또는 토지의 적성에 대한 평가를 실시하지 아니할 수 있다.

토지적성평가는 관리지역을 보전관리지역 · 생산관리지역 및 계획관리지역으로 세분하는 등 용도지역이나 용도지구를 지정 또는 변경하는 경우, 일정한 지역 · 지구 안에서 도시계획시설을 설치하기 위한 계획을 입안하고자 하는 경우, 도시개발사업 및 정비사업에 관한 계획 또는 지구단위계획을 수립하는 경우에 이를 실시한다.

토지적성평가서는 도시관리계획입안(공람공고) 전에 작성함을 원칙으로 한다. 다만, 도시관리계획 입안권자가 특별한 사정에 의해 공람공고 이전에 평가서를 작성하지 못한 경우는 도시계획위원회 상정 이전까지 작성해야 한다.

비도시지역의 난개발 문제를 근본적으로 차단하기 위하여 국토의계획및이용에관한법률이 2002년 2월 4일 제정 · 공포된 이후, 2003년 1월 1일부터 동법에서 도입한 각종 제도적 장치들이 본격적으로 시행되고 있다. 도시 · 비도시지역을 포괄하는 도시기본계획과 도시관리계획이 수립되고 있으며, 도시계획수립의 기초정보 구축을 위한 토지적성평가제도, 대규모 계획적 개발을 유도하기 위한 제2종지구단위계획제도, 기반시설연동제, 소규모 난개발을 방지하기 위한 개발행위허가제 등이 제도화되어 시행되고 있다. 여기서 알 수 있듯이 토지적성평가제도는 난개발 문제를 근본적으로 차단하기 위한 목적으로 도입된 제도이다.

토지적성평가 제도는 최근 새로운 패러다임으로 대두된 지속가능한 발전 개념을 국토관리에 적용한 혁신적 개발제어 수단임에는 틀림없으나 위에서 살펴보았듯이 이 제도를 연구하고 도입한 국토연구원의 운영실태 보고에 의하면 아직 불완전한 제도로서 향후 많은 변화가 예상된다. 특히 법에서 위임조항을 둠으로써 지방자치단체별로 조례를 제정하여 지역특성을 반영한 자율적 평가체계를 운영할 수 있도록 한 점은 매우 진보된 제도이며, 실제로 독자적인 토지적성평가체계를 운영하고 있는 서울시의 경우 상당한 성과를 보이고 있으므로 각 지방자치단체에 특화된 토지적성평가체계 도입 연구가 앞으로 활성화될 필요가 있다.

3) 평가결과의 활용

(1) 도시계획에 활용

도시관리계획 입안권자는 토지적성평가를 위해 구축한 기초자료 및 평가결과를 체계적으로 관리하고, 평가결과는 도시관리계획수립을 위한 기초자료로 활용한다. 또한, 도시관리계획과 동시에 도시기본계획을 수립하는 경우에는 도시기본계획을 수립함에 있어 이를 활용할 수 있다.

(2) 환경성검토에의 활용

토지적성평가가 시행된 지역에 대하여 국토의 계획 및 이용에 관한 법률(제27조 제2항)에 의한 환경성검토를 실시하는 경우 토지적성평가 결과를 반영·활용하고, 그 평가내용이 토지적성평가와 중복되는 사항에 대하여는 특별한 사유가 없는 한 토지적성평가결과로 이를 갈음할 수 있다. 이 경우 그 해당 사항은 적절히 정리하여 객관적으로 그 사실을 알 수 있도록 하여야 한다.

2. 평가 방법

1) 평가주체 및 평가단위

(1) 평가주체

토지적성평가는 해당 도시관리계획 입안권자가 실시한다. 다만, 도시관리계획 입안권자 이외의 자가 법 규정(제26조)에 의하여 도시관리계획의 입안을 제안하는 경우에는 도시관리계획 입안권자와의 협의를 통하여 제안자가 토지적성평가를 실시할 수 있다.

이 경우 제안자는 이 지침에 제시된 적성평가방법·절차·기준에 의거하여 적성평가를 실시하여야 하며, 도시관리계획 입안권자는 필요한 평가자료를 구축하고 제안자에게 필요한 자료를 제공하여야 한다.

(2) 평가단위

토지적성평가는 필지 단위로 실시하되, 필지면적이 1만 제곱미터 이상이고 필지 내에 두 가지 이상의 환경·물리적 특성 및 토지이용상황이 존재할 경우에는 동일한 물리적 특성 및 토지이용상황을 지닌 부분으로 세분하여 평가함을 원칙으로 한다.

다만, 평가체계 Ⅱ의 경우에는 도시관리계획 입안구역에 포함된 부분에 대하여 평가하며, 필지의 면적이 1만 제곱미터 미만인 경우에도 하천, 도로와 같은 지형지물 등에 의해 토지이용상황이 명확히 구분되는 경우에는 세분하여 평가할 수 있다.

2) 평가절차

토지적성평가는 평가목적에 따라 평가체계를 달리하여 실시한다. 평가목적이 관리지역 세분을 위한 경우에는 "평가체계 Ⅰ"을 적용하며, 기타 도시관리계획 입안을 위한 평가인 경우에는 "평가체계 Ⅱ"를 적용한다.

(1) 평가체계 Ⅰ

가. 관리지역을 법 부칙 제8조의 규정에 의하여 보전관리지역 · 생산관리지역 및 계획관리지역으로 세분하는 경우

나. 농림지역 또는 자연환경보전지역을 보전관리지역 · 생산관리지역 및 계획관리지역으로 세분하는 경우

(2) 평가체계 Ⅱ

가. 용도지역 · 용도지구 · 용도구역의 지정 · 변경에 관한 계획을 입안하는 경우(평가체계 Ⅰ이 적용되는 경우를 제외한다)

나. 도시계획시설의 설치 · 정비 또는 개량하기 위한 계획을 입안하는 경우

다. 도시개발사업 또는 정비사업에 관한 계획을 입안하는 경우

라. 지구단위계획구역을 지정 · 변경하거나 지구단위계획을 입안하는 경우

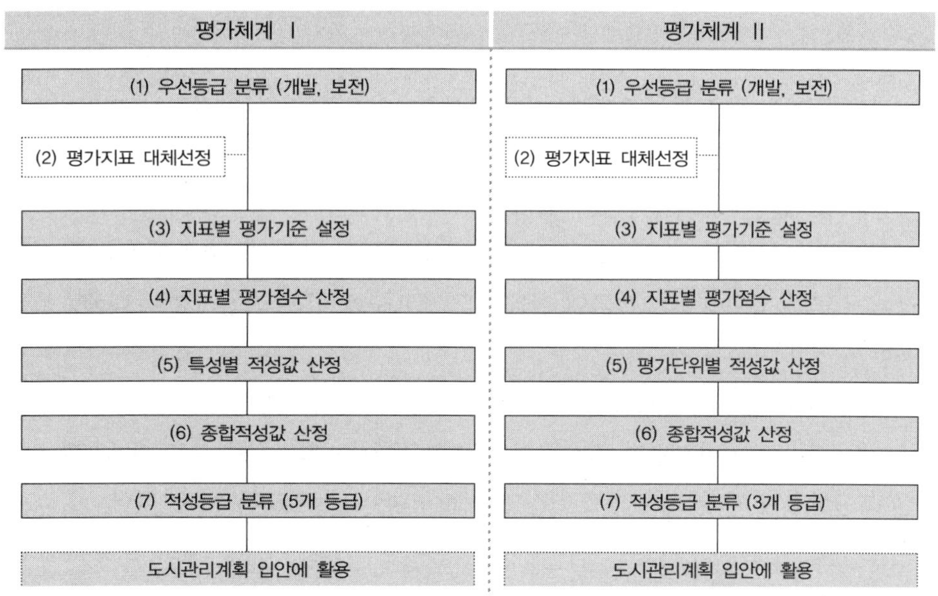

그림 1-2-18 평가체계별 토지적성평가의 절차개요

마. 우선등급 분류절차는 대상토지의 객관적 상황에 비추어 토지적성평가를 실시하지 아니하더라도, 개발적성 또는 보전적성의 판별이 명백한 경우에 이를 실시하지 않고 대상토지에 대하여 개발등급 또는 보전등급을 부여하는 과정이다.

바. 평가지표의 대체선정절차는 지역의 상황에 비추어 볼 때 이 지침에서 정한 평가지표를 그대로 사용하는 것이 적정 · 타당하지 아니한 경우에 이를 대체하여 다른 지표로 교체 · 선정하는 과정이다.

사. 평가지표별 평가기준의 설정절차는 평가지표별로 지역상황에 따라 평가기준을 조정 · 확정하는 과정이다.

아. 지표별 평가점수 산정절차는 필지별 특성값을 평가기준에 따른 점수값으로 환산하는 과정이다.

자. 평가체계 Ⅰ의 특성별 적성값 산정절차는 토지의 종합적성에 영향을 미치는 개발 · 보전 · 농업의 3개 특성별로 지침에 규정된 평가지표별 가중치를 적용하여 적성값을 산출하는 과정이며, 평가체계 Ⅱ의 평가단위별 적성값 산정절차는 지표별 평가점수를 합산하여 평가대상토지의 적성값을 산출하는 과정이다.

차. 평가체계 Ⅰ은 3개 특성(개발 · 보전 · 농업)별 적성값을 가감하여 종합적성값을 산정하며, 평가체계 Ⅱ의 경우는 평가대상토지들의 적성값을 평가대상 토지면적에 따라 가중평균하여 종합적성값을 산정한다.

3) 평가지표 및 조사방법

평가대상 토지가 가지고 있는 인문 · 사회 · 환경적 현황을 적절히 파악할 수 있도록 해당 토지에 대하여 물리적 특성 · 토지이용특성 및 공간적 입지특성을 평가하기 위하여 사용할 수 있는 지표는 다음과 같다.

평가지표는 평가체계별 기본 지표를 제시하고 있으나 도시계획위원회의 심의를 거쳐 당해 지역의 특수성을 고려하여 아래 평가지표군에 있는 적정지표로 대체 · 선택하여 사용할 수 있다.

평가지표는 토지종합정보망에 구축된 전산자료 또는 개별 공시지가조사를 위한 토지특성자료와 각 행정기관이 작성하여 제공하고 있는 지리정보 도면 등을 활용하여 제시된 조사방법에 따라 조사하고 현장조사를 병행할 수 있도록 하고 있다.

표 1-2-17 적용 가능한 평가지표군

평가특성	평가지표군
물리적 특성	경사도, 표고, 재해발생위험지역
지역특성	도시용지비율, 용도전용비율, 도시용지 인접비율, 농업진흥지역비율, 전 · 답 · 과수원면적비율, 경지정리면적비율, 생태자연도 상위등급비율, 공적규제지역면적비율, 녹지자연도 상위등급비율, 임상도 상위등급비율, 보전임지비율, 지가수준
공간적 입지특성[1]	기개발지와의 거리, 공공편익시설과의 거리, 도로와의 거리, 경지정리지역과의 거리, 공적 규제지역과의 거리, 하천 · 호소 · 농업용 저수지와의 거리

주 1) 행정구역과 관계없이 최단거리에 있는 시설 등을 기준으로 평가함으로써 원칙으로 한다. 다만, 장애물 등으로 평가대상 토지의 적성에 영향을 주지 않는 경우에는 주변상황을 고려하여 그 적용을 배제한다.

4) 평가 등급의 부여

평가체계 Ⅰ의 경우는 제1~제5등급까지 5개 등급으로, 평가체계 Ⅱ의 경우는 A등급(보전적성등급) · B등급(중간적성등급) 및 C등급(개발적성등급)의 3개 등급으로 구분하여 부여한다.

3. 적지분석

1) 적지분석기법

적지분석이란 일정한 지역을 계획목적에 알맞은 용도로 사용하기 위하여 그 지역의 고유한 생태적 특성에 미칠 영향을 바탕으로 다양한 후보지역들의 상대적 가치를 비교 · 분석하고, 그 지역들이 갖는 잠재적 가능성과 위험성을 도면으로 나타냄으로써 토지이용계획을 합리적으로 수립하고, 설계나 토지이용의 규제를 위한 지침을 제시하며, 특별한 환경취약지구에 대한 공공투자를 유도하는 등의 기능을 갖는 지역의 용도설정에 관한 체계적 분석기법이다.

적지분석이라는 용어는 1960년대 Ian McHarg가 일종의 토지이용계획기법으로 사용한 도면중첩에 의한 결과물을 적지분석도(suitability analysis maps)라고 지칭한데서 유래한다. 이 방법은 기존의 경제적 측면뿐만 아니라 환경을 각각 분리된 독립체의 집합이 아닌 종합적 연관체로 파악하는 자연생태계와의 조화를 중시하는 체계적 접근방법에 의한 환경분석이 그 특징이다. 따라서 적지분석이라 함은 사회적 가치에 근거하여 토지가 지니고 있는 본래의 잠재력을 분석하고 적합한 토지이용을 찾아내는 방법 중의 하나이다. 모든 토지는 일정한 토지이용에 대하여 본래부터 가지고 있는 적합도가 있다고 여겨지며 이러한 적합도는 그 토지의 기회요인과 제한요인에 의하여 판단된다.

적지분석의 특징으로는 첫째, 그 과정이 환경영향평가와는 대조적으로 계획이 시작되기 전에 행해지게 되며, 계획을 위한 의사결정에 초점이 주어지는 점이며, 둘째, 국토지리정보체계와 비교하여 분석대상이 자연적인 현상에만 국한되지 않고, 인문·사회적 요소까지도 포함하며, 용도를 미리 설정한 후 그에 따라 지역을 설정할 수도 있는 융통성을 갖는 것이다.

적지분석의 일반적 과정은 다음과 같다.

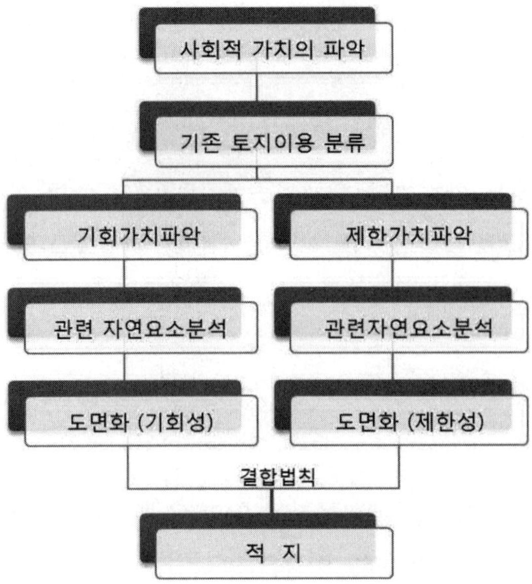

그림 1-2-19 적지분석의 일반적 과정

(1) 가치의 파악

사회형성과정 조사를 통하여 기존의 토지이용 및 이용자들의 가치, 즉 이용자들이 필요로 하는 바를 분석·파악한다. 이는 일정토지이용으로서 적합한 기준을 설정하는데 기초가 된다.

(2) 가치와 자연요소의 관련성 분석

일정토지이용에 대하여 이용자가 필요로 하는 사항(예 : 전망, 일조 등)들이 어떤 자연요소와 관련을 맺는가를 분석한다(기회성 분석).

(3) 바람직한 자연요소의 추출 · 도면화

바람직한 요소들만을 모아서 도면종합법(overlay method) 등을 통하여 도면화하고 어느 지역이 일정토지이용에 대하여 바람직한 인자를 많이 지니고 있는가를 파악한다.

(4) 제한성과 자연요소의 관련성 분석

일정토지이용에 대하여 본질적으로 나쁜 영향을 미치는 자연요소(예 : 홍수위험, 배수불량 등)의 파악(제한성 분석)한다.

(5) 제한요소의 추출 · 도면화

제한요소들만을 모아서 역시 도면결합법 등을 통하여 도면화하고 어느 지역이 일정토지이용에 대하여 제한성을 많이 지니고 있는가를 파악한다.

(6) 기회성과 제한성의 종합

기회성도면과 제한성도면을 작성하고 이를 중첩하여 토지이용의 적합도를 산출한다.

이상의 분석과정은 극히 일반화된 과정으로서 실제의 작업시에는 경우에 따라 다양하게 변형될 수 있으므로 각 계획의 특성에 맞는 분석방법 및 기준을 설정하여야 한다.

2) 적지분석과 지리정보체계

(1) 지리정보체계

지리정보체계(GIS : Geographic Information System)는 1960년대 캐나다 정부가 자국의 한정된 토지자원을 효과적으로 관리하기 위해 컴퓨터 기술의 지원과 더불어 시작되었다. 이후 계속 기술이 발전해 오면서 GIS에 대한 정의도 달리했지만 공통적인 것은 공간과 관련된 정보를 처리한다는 것과 이것은 공간문제 의사결정을 위한 도구라는 것이다.

지리정보체계는 의사결정을 돕는 수단이 된다. 이것은 지리정보체계가 정보시스템의 일종이기 때문이다. 여기에서 지리정보체계와 관련된 의사결정의 핵심은 공간적 의사결정이 된다. 공간적 의사결정은 공간을 채우고 있는 사상과 그러한 사상들 간의 관계에 관한 의사결정을 말한다. 특정 기능이 입지해야 할 지역의 선택이라든가, 유해물 처리장의 영향을 분석하는 경우 등을 예로 들 수 있다. 의사결정에 필요한 정보를 산출하기 위해서는 실세계에 대한 공간정보를 단순화하여 체계적으로 수집해야 한다. 지리정보체계에서 사용되는 지도는 대부분이 주제별로 분류되어 있는 주제도이다. 이것은 한 가지 현상(강우량, 토지이용 현황 등)을 조사한 지도로서 특정현상의 분포를 파악하기 위해서 사용된다.

주제도는 각 주제(토지이용, 도로, 상하수도 등)별로 이에 속하는 정보집합의 표현이라 할 수 있다. 이렇게 실세계에 대한 정보를 체계적으로 수집, 저장, 관리하며, 궁극적으로 이러한 정보를 처리·분석하여 필요한 정보를 산출하게 되는데, 이러한 모든 과정과 관련된 자원을 통틀어 지리정보체계라 정의하기도 한다.

(2) 지리정보체계의 공간분석 기능

지리정보체계를 바라보는 시각은 이 기술을 어디에 응용하느냐에 따라 다르다. 지도정보처리 측면에서는 지도의 제작이나 지도의 관리, 그리고 지도의 출력수단으로 이용한다. 반면 데이터베이스의 관점에서 보면, 지리정보체계는 공간자료를 효과적으로 처리해 줄 수 있는 하나의 자료 구조 차원에서 바라본다.

그러나 공간과 관련된 정보를 다루어야 하는 공간계획분야에서는 지리정보체계를 하나의 정보과학이라든지 기술이라는 차원을 뛰어넘어 지리적 자료의 분석과 모형 기능을 강조한다. 예를 들어 토지이용계획 과정에서 특정 활동의 공간배분을 위해 적지분석을 하게 되는데, 그 활동에 영향을 미치는 주요 변수를 도출하여 이를 토대로 토지의 수용력 등을 평가하게 된다. 이런 모형화는 현실세계를 어느 정도 나타내 줄 수 있는 그럴듯한 자료를 넣어서 하나의 가상적인 세계를 구축한 다음에 그 세계에서 각각의 변수가 다른 변수들에 어떤 영향을 주는가를 밝혀 의사결정에 도움을 주는 방법이다.

지리정보체계의 공간분석 기능에는 자료검색, 자료의 재분류, 정위치 표정(rectification), 지도중첩, 공간연산, 지형분석, 통계분석, 네트워크 분석, 모형화 등이 있다.

(3) 지리정보체계를 활용한 적지분석기법

앞에서 살펴본 적지분석 과정 중 (3) 바람직한 자연요소의 추출·도면화와 (5) 제한요소의 추출·도면화, 그리고 (6) 기회성과 제한성의 종합 과정에서 필연적으로 공간정보를 다룰 수단이 필요하다.

한편 지리정보체계의 분석기능 중 핵심적인 것이 바로 중첩기능이다(Berry J. K., 1993, p.99). 이는 각 주제도를 중첩시켜 일정논리에 따라 특정기준을 만족하는 적지를 찾아내는 공간탐색기법이다. 각 주제도는 어떤 문제 해결에 있어 각각 하나의 조건이 되며, 따라서 이들을 중첩시켜 여러 조건에 맞는 해결책을 찾아낼 수 있다. 그렇기 때문에 적지분석과정에서 이루어지는 자료의 중첩에 주로 지리정보체계의 중첩기능이 활발하게 사용된다.

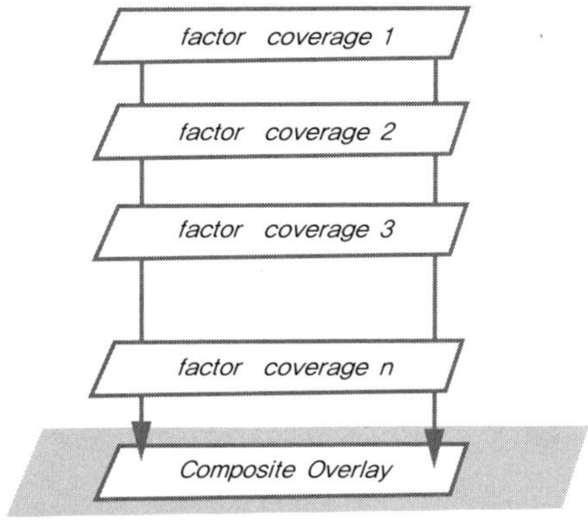

그림 1-2-20 도면중첩 모형 (출처 : 김대종, 1995, p.30에서 재인용; Whitely D.L., et. al., 1993, p.50)

(4) 적지분석기법의 종류

개별적인 환경요소를 종합판단하기 위한 적지분석기법은 도면중첩기법이라고 하며, 그 중첩방식에는 단순조합방식과 복합방식으로 구분된다.

단순방식에는 초기의 일반적인 중첩방식인 서수적(序數的) 조합기법(Ordinary Combination Technique)과 일정구간 및 가중치를 부여하여 중첩하는 선형적 조합기법(Linear Combination Technique) 및 단순히 더하는 중첩이 아니라 곱하거나 나누거나 또는 상수를 도입하는 비선형적 조합기법(Non-linear Combination Technique), 각 요소를 조합한 결과로서 서열을 부여하는 요소조합기법이 있다(Factor-Combination Technique). 그리고 복합적 성격의 기법으로서는 요소 및 비선형적 조합기법(Rules of Combination Technique)과 단계별 조합기법(Combined Approach)이 있다.

(5) 적용상의 문제

위와 같은 방법에 의해 도출된 적지분석결과는 다음과 같은 적용상의 문제를 갖는다.

첫째, 어떤 지역이 두 가지의 용도에 높은 등급가를 가져서 그 선택이 까다로운 경우가 있다. 즉 뚜렷한 한 가지 방안이 아닌 여러 대안을 제시하는 문제점이다.

둘째, 주어진 환경에 맞는 유일한 용도가 얻어졌다 해도 이렇게 얻어진 용도가 다른 요소에 의해 자주 변화되는 경우가 생긴다. 즉 공원부지로 가장 알맞은 자연환경을 갖고 있더라도 교통이 불편하여 이용자가 극히 제한된다는 것 등이 그러한 문제점이다.

셋째, 적지분석은 경제·사회적 요인의 영향에 관한 요소 배제에 의해 생겨나는 문제를 해결할 수 없다.

다음은 녹화 적지를 추출하기 위해 녹지분포도, 공원분포도, 지목, 도시계획시설, 토지소유권 등 5가지 정보를 중첩한 결과를 예시하고 있다.

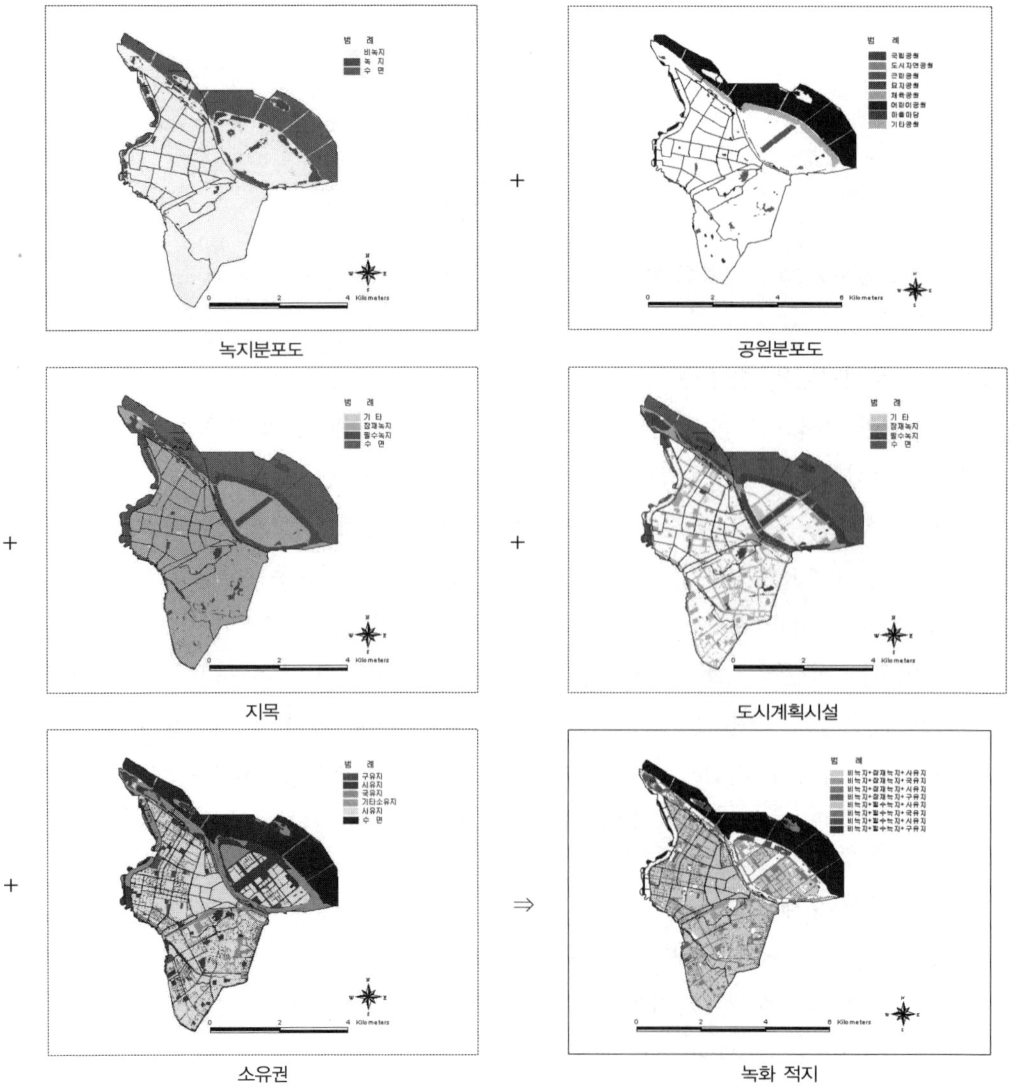

그림 1-2-21 GIS를 활용한 녹화적지분석 사례 (출처 : 서울시. 2004. 위성영상을 이용한 도시녹지의 환경보전효과 측정과 수요예측 및 합리적 배치방안 연구Ⅲ. pp.108~119.)

제2절 사업타당성

김현

1. 서론

1) 타당성검토

재정이 투입되는 계획을 차질 없이 추진하기 위해서는 계획의 경제적, 정책적, 기술적 타당성에 대한 면밀한 검토가 필요하다.

특히 대규모 국책사업의 경우에는 건설비가 방대한데다 건설기간이 길기 때문에 미래의 변동요인을 미리 면밀하게 검토하지 않으면 거액의 손실이 발생할 위험이 있다. 이러한 손실을 최소화하기 위하여 예비타당성조사→타당성조사→설계→보상→착공의 순서로 진행하게 된다.

추정된 총사업비의 총액이 500억 원 이상인 예산 또는 국가의 재정지원 규모가 300억 원 이상인 대규모 신규 사업 중 건설공사가 포함된 사업, 정보화·국가연구개발사업, 사회복지·보건·교육·노동·문화·관광·환경보호·농림해양수산·산업·중소기업분야의 사업에 대해 예비타당성조사를 실시한다. 단, 이런 사업의 범주에 들더라도 공공청사·교정시설·초중등교육시설 신·증축사업, 문화재복원사업, 국가안보에 관련된 국방사업, 남북교류협력에 관계되거나 국가간 협약·조약에 따라 추진하는 사업, 도로유지보수·노후상수도개량 등 기존 시설의 단순개량 및 유지보수사업, 재해예방 및 복구지원·시설안전성 확보·보건/식품 안전문제 등으로 시급한 추진이 필요한 사업, 법령에 따라 설치하거나 추진해야 하는 사업, 기초생활수급자·장애인 등 수혜자에 대한 현금·현물급여 지급 등 단순 소득이전을 목적으로 하는 사업은 조사 대상에서 제외된다.

예비타당성조사(Preliminary Feasibility Study, 豫備妥當性調査)는 크게 경제성 분석과 정책성 분석으로 나누어 실시되고 있다. 경제성 분석을 통해 수요 및 편익추정, 비용 추정, 경제성 및 재무성 평가, 민감도 분석이 이루어지고, 정책성 분석을 통해 지역경제 파급효과, 지역균형개발, 사업추진 위험요인, 정책의 일관성 및 추진의지, 국고지원의 적합성, 재원조달 가능성, 상위계획과의 연관성, 환경성이 검토된다. 조사주체는 기획재정부이며, 실질적 조사업무는 해당 사업과 구체적 이해관계가 없는 제3의 기관이 담당한다.

반면 건설기술관리법 시행령 및 교통체계 효율화법에 의한 투자평가지침에 근거하여 실시되는 타당성조사(feasibility study, 妥當性調査)의 경우 일반적으로 ①수요·편익·비용 추정을 통해 경제성 분석 및 재무성 분석을 실시하며, ②지역경제 파급효과 분석,

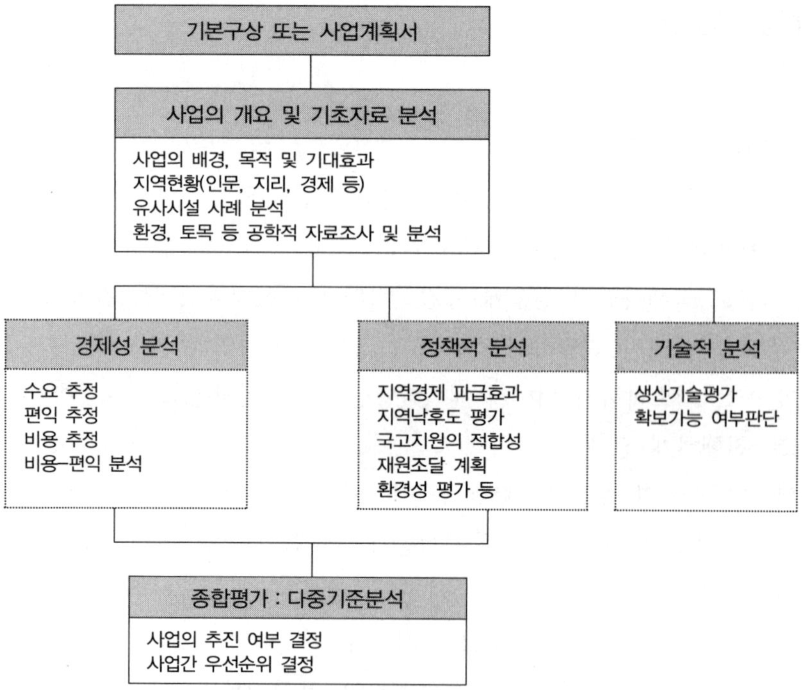

그림 1-2-22 타당성조사의 수행체계

지역낙후도 평가, 재원조달 가능성 평가 등을 통한 정책적 분석으로 계획의 국민경제적 위치를 파악하고, ③기술적 타당성 분석을 실시하여 실현 가능성을 제고한다. ④최종적으로 다중기준분석을 활용하여 분석 결과의 종합평가를 거쳐 완성된다.

예비타당성조사와 타당성조사는 앞서 지적한 조사대상 외에도 조사주체와 항목간 차이를 가진다.

조사주체의 경우 예비타당성조사는 기획재정부인 반면 본격적인 사업을 착수하기 위해 실시하는 타당성조사는 사업주무부처가 담당한다. 예비타당성조사에서 경제적, 정책적 분석을 실시하고 기술적 분석은 기본적으로 검토대상이 아닌 반면 타당성조사에서는 건설기술관리법시행령 제38조의6에 의거하여 건축물 및 시설물 등의 설치단계에서 철거단계까지 모든 과정을 대상으로 기술, 환경, 사회, 재정, 용지, 교통 등 필요한 요소를 고려하여 조사·검토한다(표 참조).

표 1-2-18 예비타당성조사와 타당성조사의 비교

구 분	예비타당성조사	타당성조사
조사주체	기획재정부	사업주무부처
법 제도	예산회계법, 기금관리기본법, 국가재정법	건설기술진흥법 시행령 및 교통체계 효율화법
대상	–총사업비 500억 원 이상 대규모개발사업 –국고지원 300억 원 이상인 민자 및 지방자치단체사업	–예비타당성조사 결과 경제성이 있는 사업 –총사업비 100~500억 원의 공공교통시설개발사업
조사내용	경제성 분석, 정책적 분석	경제성 분석, 정책적 분석, 기술적 분석
조사기관	한국개발연구원	사업기관이 용역기관을 선정

2. 분석내용

1) 경제성 분석

경제성 분석은 프로젝트의 수요 추정으로부터 시작된다. 수요를 전망하기 위해서는 다양한 통계학적 방법이 필요하다. 또한 과거의 경험이나 국내외 유사사업의 사례에 대한 분석을 통하여 수요추정치의 적합성 여부를 점검하여야 한다. 추정된 수요에 입각하여 편익을 추정하는 작업도 중요하다. 개략적인 총 사업비를 추정하기 위해서는 건설비, 용지보상비 등 시설 구축을 위한 초기 투자비용과 유지관리비, 시설보수비 등 시설운영에 따르는 비용을 추정할 수 있어야 한다.

경제성 평가는 편익-비용 비율(B/C ratio), 순현재가치(NPV), 내부수익률(IRR) 등의 계산을 통하여 사업의 경제성·재무성을 파악하는 과정이며, 필요한 경우 경제성 분석에 사용된 각종 추정치의 오차를 보완하기 위하여 수요, 비용단가, 할인율 등 주요 변수의 변화가 경제성에 미치는 영향에 대한 민감도 분석이 수행된다.

한정된 재원의 효율적 활용을 위해서는 개별 사업의 수익성, 산업연관효과, 지역균형개발 등 다양한 경제적, 정책적 요인을 고려함으로써 개별사업의 추진 여부 및 사업간 우선순위를 판단하는 합리적인 의사결정이 필요하다. 이러한 요인들 중 가장 기본적이고 중요한 항목은 개별사업의 수익성이다. 사업의 수익성은 여타 요인에 비하여 가장 객관적인 투자판단 기준의 하나로서 재정의 효율적 활용에 있어 가장 핵심적인 고려사항이라고 할 수 있다.

(1) 경제성과 재무성

사업의 수익성은 경제성과 재무성으로 구분된다. 경제성은 비용·편익의 귀속주체에 관계없이 경제 전체적으로 사업 시행과정에서 발생되는 편익 및 비용을 이용하여 계산되는 수익성을 말하며, 재무성은 사업시행주체의 입장에서 평가된 편익과 비용을 바탕으로 계산된 사업의 수익성이다. 따라서 경제성과 재무성은 수익성 계산시 항목에 따라 차이를 가지며 일치하지 않는다. 입장료를 징수하지 않는 시설의 경우 시설운영으로 사용자가 얻는 편익은 원칙적으로 경제성 분석에는 포함되나 사업시행주체에게는 현금의 형태로 나타나지 않으므로 재무성 분석에는 포함되지 않는다. 그러나 입장료를 징수하면 입장 수입이라는 재무적 편익이 발생하여 재무성 분석에 포함된다.

한편 대상 시설이 기존 시설을 대체하는 경우, 대체편익과 대체비용은 경제성 분석에 포함시키지 않는다. 예를 들어 기존의 국립극장이 노후화되어 이를 대체할 시설을 건립할 경우 신규시설의 운영에서 발생하는 편익과 비용은 전액을 신규시설의 재무성 분석에 포함시키고 경제성 분석에서는 편익·비용의 증감분만을 고려해야 한다. 또한 시설 조성으로 인한 환경파괴와 혼잡비용 등은 경제성 분석에는 포함되지만 재무성 분석에는 포함되지 않는다.

사업시행 주체가 국유지를 유상으로 취득하거나 토지를 임대하면 재무성 분석에서는 비용항목에 포함되나 무상기증을 받는 경우에는 비용항목에서 제외된다. 그러나 경제성 분석에서는 국유지를 무상기증하는 경우라도 국민경제적 차원에서 기회비용의 개념을 적용하여 비용으로 포함하게 된다. 투자비에 대한 이자비용, 취득세, 법인세 등의 제세공과금은 단지 경제주체간의 재원이동에 해당하므로 경제성 분석에서는 제외되나 재무성 분석에는 기업의 비용항목에 포함된다. 감가상각비 또한 법인세 산출에 사용되는 비용항목으로 재무성 분석의 경우에만 고려된다. 단, 감가상각비를 고려하여 시설의 잔존가치를 계산하는 경우에는 경제성 분석에서도 포함된다.

산업연관효과 및 지역경제 파급효과, 그리고 환경·교통영향 등의 간접적 편익과 비용은 경제성 분석에서 고려되어야 하나 사업시행주체의 현금흐름과 무관하므로 재무성 분석에서는 제외된다.

이와 같이 경제성분석은 국민경제 전체의 입장에서 본 사업의 수익성을 분석하는 것이 목적이므로 순현재가치(Net present value : NPV), 편익·비용 비율(benefit-cost ratio ; B/C ratio), 내부수익률(internal rate of return ; IRR) 등의 수익성 지표를 계산함에 있어 사회적 할인율(social discount rate)을 적용한다.

그러나 재무성 분석은 사업시행주체의 입장에서 본 사업의 수익성을 분석하는 것이 목적이므로 사적 할인율(private discount rate) 혹은 시장이자율을 사용하여 수익성 지표를 계산한다.

표 1-2-19 경제성 분석과 재무성 분석 비교

구 분	비용 · 편익 항목	재무성	경제성
편 익	간접적 편익 - 산업연관효과	×	○
비 용	토지보상비 - 국유지 기증분	×	○
	금융비용 - 투자재원의 이자비용	○	×
	제세공과금 - 취득세, 법인세 등	○	×
	간접적 비용 - 환경파괴, 교통혼잡 등	×	○
할인율		시장이자율	사회적 할인율

(한국개발연구원(2000), 문화 · 관광 · 체육 · 과학부문사업의 예비타당성표준지침연구)

그러나 경제성 분석과 재무성 분석의 분석방법론은 동일하다. 단, 경제성 분석에서는 사업주체뿐만 아니라 국민경제 전반에서 발생하는 모든 비용 · 편익과 이들의 증감분이 고려되므로 재무성 분석에 비하여 분석대상 항목이 보다 광범위하다.

공원, 단지개발 등 국고지원으로 이루어지는 조경사업의 추진 여부 및 사업자간의 우선순위 결정을 위한 일차적 판단기준은 사업의 경제성이다. 그러나 예산을 담당하는 행정기관의 의사결정과정에서는 재무성이 매우 중요한 판단기준으로 작용한다. 사업의 재무성이 열악한 공원, 광장 등은 시설 · 공간 조성이 완료된 후에도 지속적인 국고지원이 필요하므로 이를 보전하기 위한 국고지원 규모를 재무성 분석에 따라 도출해낸다. 즉 타당성조사에 있어서 경제성 분석은 사업의 추진 여부 및 사업간 우선순위 결정에 중요한 참고자료로 사용되고, 재무성 분석은 국고지원 규모를 파악하는 데 주로 활용된다.

(2) 경제성 분석 절차

경제성 및 재무성 분석의 구체적인 절차는 다음과 같다. 우선 경제성 분석의 첫 단계는 시설의 조성과 운영에서 발생하는 각종 편익 및 비용항목을 정리하는 것이다. 편익 및 비용항목은 시설내용과의 연관 정도, 발생형태 및 계량화 가능 정도에 따라 직접적(1차적) 및 간접적(2차적) 항목으로 구분된다. 직접편익항목으로 입장수입, 각종 시설 및 서비스의 사용료 수입, 숙박수입, 식음료 판매수입 등이 있으며 간접편익 항목으로는 산업연관효과, 지역경제 파급효과, 지역균형개발효과 등이 있다. 한편 직접적 비용항목으로는 토지보상비, 건설공사비, 설계비, 감리비 등의 초기투자비와 인건비, 재료비, 기타 운영경비 등의 경상운영비가 있으며 간접비용 항목으로는 환경파괴 및 교통혼잡에 따른 비용 등이 있다.

일반적으로 편익은 매출액의 형태로 발생하므로 개별시설에 대한 수요와 개단가를

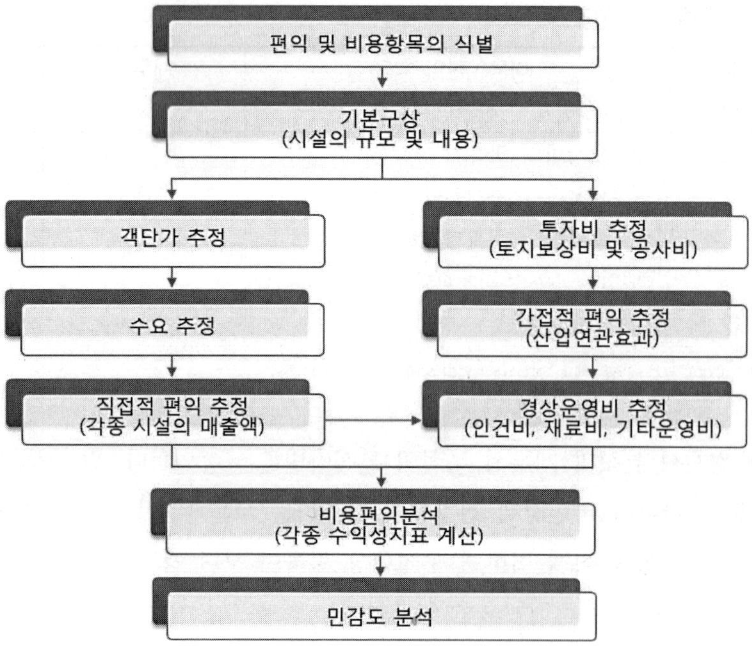

그림 1-2-23 경제성/재무성 분석 절차도

(한국개발연구원(2000), 문화 · 관광 · 체육 · 과학부문사업의 예비타당성표준지침연구)

통하여 편익을 추정하게 된다(매출액 = Σ 시설별 수요 × 객단가). 수요는 추정된 객단가, 시설의 규모와 내용 등의 요인 외에도 소득수준, 인근지역의 관광자원 여건 등 지리 · 사회 · 경제적 요인과 유사시설 사례를 고려하여 합리적으로 추정하여야 한다. 객단가는 시설의 방문객 일인당 지출액으로 대부분의 경우 시설의 규모와 내용에 따라 결정된다.

비용의 경우 토지취득비용, 공사비[1)], 산업연관모형과 지역경제파급효과를 추정한다. 시설 또는 공간조성이 완료된 후의 경상비는 인건비, 재료비, 기타 운영비로 구성된다. 이 중 인건비는 시설운영에 필요한 인력에 대한 보수로 시설의 규모, 내용을 근간으로 유사시설 사례를 통하여 추정하고 재료비와 기타 운영비는 매출액에 따라 한국은행, 국세청 및 기타 기관의 경영 분석 자료를 이용하여 산출한다. 편익과 비용이 계산되면 채택된 할인율을 적용하여 각종 수익성 지표를 계산하고, 각각의 추정치가 가지는 오차를 감안하여 다양한 민감도 분석을 실시한다. 다음의 그림은 문화 · 관광 · 체육 · 과학시설의 경우 경제성 및 재무성 분석 절차를 도식으로 표현한 것이다.

1) 비용항목별 규모와 단가를 추정하여 공사비를 산출한다.

(3) 경제성 분석의 기본 틀 : 수익성 지표

문화·관광·체육·과학사업의 경제성 분석에서 일반적으로 사용되는 수익성 지표는 다음과 같다.

① 순현재가치(NPV) : 순편익의 할인된 현재가치를 의미하며 순편익(net benefit)의 흐름을 사업 개시년도의 가치로 평가한 것으로서 가장 직관적이며 널리 쓰이고 있는 방법이다. 순현재가치가 0이면 경제성이 있다고 해석한다. 단, 사업규모에 대하여 표준화(nomalize)되어 있지 않은 이유로 사업간 비교에는 적당하지 않다는 단점이 있다. 예를 들어 사업규모를 두 배로 늘릴 경우 NPV도 두 배로 늘어난다. 따라서 성격은 동일하지만 규모가 상이한 두 사업에 대하여 NPV만으로 수익성을 비교해서는 안 된다.

$$\text{NPV} = \frac{\Sigma B_t - C_t}{(1+r)^t}$$

B_t =시점 t 에서의 편익, C_t =시점 t 에서의 비용, T =사업의 완료시점

② 내부수익률(IRR) : 순현재가치(NPV)가 0이 되는 할인율 수준을 의미한다. 즉 내부수익률은 편익과 비용의 현재가치로 환산된 값이 같아지는 할인율을 구하는 방법이다. 따라서 내부수익률이 사회적 할인율보다 크면 경제성이 있다고 판단한다. 내부수익률은 기회비용 측면에서 평가한 사업의 수익성 지표로서 사업의 규모에 의존하지 않는다는 장점이 있으나 수익성이 극히 낮거나 높은 경우에는 계산되지 않을 수 있다는 단점을 가지고 있다.

③ 비용-편익 비율(B/C ratio) : 총편익의 현재가치와 총비용의 현재가치 비율을 의미하며, 일반적으로 편익-비용 비율≥1이면 경제성이 있다고 판단한다. 편익-비용 비율은 순현재가치(NPV)에 비해 직관성이 떨어지며 특정 항목을 편익 혹은 비용으로 처리하는가에 따라 값이 달라지는 단점이 있으나 중앙정부 혹은 세계기구 단위에서 투자심사기준으로 자주 사용된다.

$$\text{B/C ratio} = \frac{\Sigma B_t / (1+r)^t}{\Sigma C_t / (1+r)^t}$$

④ 투자의 회수기간 : 투자비를 회수하는데 걸리는 기간, 즉 사업의 개시 이후 순현재가치가 처음으로 양(+)의 값이 되는 시점까지의 기간을 의미한다. 투자의 회수기간은 투자규모에 의존하지 않는다는 장점이 있기는 하지만 수익성이 극히 낮은 경우에는 계산되지 않을 수 있으며, 특히 계산되는 경우에도 이후의 수익성이 고

려되지 않으므로 정확한 수익성의 지표라고 할 수 없다. 투자의 회수기간은 주로 민간부문의 투자심사에 자주 사용된다.

표 1-2-20 수익성 지표 비교

분석기법	판 단	장 점	단 점
편익-비용비율 (B/C)	B/C ≥ 1	• 이해용이, 사업규모 고려 가능 • 비용편익 발생시간의 고려	• 편익과 비용의 명확한 구분이 곤란 • 상호배타적 대안선택의 오류 발생 가능
내부 수익률 (IRR)	IRR ≥ r	• 사업의 수익성 측정 가능 • 타 대안과 비교가 용이 • 평가과정과 결과 이해가 용이	• 사업의 절대적 규모는 고려하지 않음 • 몇 개의 내부수익률이 동시에 도출될 가능성을 가지고 있음
순현재가치 (NPV)	NPV ≥ 0	• 대안 선택시 명확한 기준제시 • 장래발생편익의 현재가치 제시 • 한계 순현재가치시 고려 타분석에 이용 가능	• 이해의 어려움 • 대안 우선순위 결정시 오류 발생가능

이와 같이 수익성 지표들은 모두 장단점을 가지고 있으며, 특정사업에 대하여 지표별 순위가 일치하는 않는 경우도 있다.

따라서 사업의 수익성을 평가하거나 다수의 사업간 우선순위를 결정할 때에는 수익성 지표를 종합적으로 분석하는 것이 바람직하다.

(4) 지불의사액 추정

입장료 등의 재화가 발생하지 않는 광장, 공원과 같은 공공 프로그램 개발이나 서비스 정책의 타당성을 분석하기 위해서는 지불의사액(willingness to pay, WTP)을 추정하는 방법을 사용한다. 이러한 공공재의 조성이 제공하는 물리적인 가치와 문화·심리적인 가치가 모두 평가되고 화폐화되어 편익에 포함되어야 한다는 전제하에 수행되는 것이다.

조건부 가치측정법(Contingent Valuation Method : CVM)을 적용하여 비시장재에 대한 지불의사액(willingness to pay, WTP)을 측정하기 위해서는 해당 서비스에 대한 수요를 예측하여야 한다. 그 다음 소비자에게 보다 나은 공공서비스를 제공하기 위한 개선 프로그램의 시나리오를 가상적으로 모색하는 것이다. 다음으로는 공공서비스의 개선 시나리오가 설정한 가상적 개선상황에 대해 응답자가 지불의사를 표현할 수 있도록 지불의사 분석모델에 입각하여 구조화된 설문을 구성하고 객관적인 조사방법에 의해 설문조사를 시행한다. 조건부 가치의 도출을 위한 설문자료의 분석방법은 설문상의 지불의사액 도출방법에 따라 달라진다. 지불의사액 도출방법으로는 직접질문법(개방형, open-ended), 경매법, 지불카드방식, 이원선택형 질문법 등이 있다. 설문조사결과를 분석하여 개선된 상황에 대한 소비자의 지불의사액을 연간 편익으로 계산하고, 이를 위한 공공투자사업의 연간 비용을 구하면 동 프로그램에 대한 연간 비용-편익 비교가 가능하며 여러 가지 대안을 비교·검토할 수 있게 된다.

서울광장의 경우 서울시의 가구당 연간 WTP는 모수추정법에 의하면 1,315원, 비모수추정법에 의하면 1,658원이었다. 비용편익분석의 결과, 경제적 순 편익은 모수추정법의 경우 약 65억 원에서 131억 원, 비모수추정법의 경우 141억 원에 달하는 것으로 나타났다(임혜진 외, 2005).

2) 정책적 분석

위의 경제성 분석을 통하여 대상 사업의 경제적 가치를 파악할 수 있으나 사업의 추진 여부는 경제적 타당성만으로는 결정할 수 없는 것이 현실이다. 특히 정부의 재정이 투입되는 공원, 도로, 관광지, 택지개발사업의 추진 여부를 경제성으로만 판단한다면 산간벽지의 개발사업은 추진되기 어려워 국토의 부익부 빈익빈 현상이 심화될 것이다.

또한 경제성 분석에서 다룰 수 없는 관련계획과의 연계성, 재원조달계획의 실현가능성, 국고지원의 타당성 등의 분석도 필요하며 이와 함께 각 해당 사업의 사회문화적 가치와 지역의 특수성에 따른 정책판단 등도 중요한 쟁점으로 다루어져야 한다.

정책적 분석의 주요 쟁점은 크게 두 가지로 분류될 수 있다. 하나는 해당사업 내용의 특수성과는 무관하게 모든 타당성조사사업에 있어서 정책적으로 평가되어야 할 '기본평가항목' 분석이다. 지역경제 파급효과 분석, 지역균형발전을 위한 지역낙후도 평가, 관련계획 및 정책방향과의 연관성 평가, 지역의 이해도 및 추진의지 평가, 환경성 평가 등이 기본 평가항목에 해당한다. 다른 하나는 국방·문화·도시문제 등의 쟁점과 같이 해당사업 내용의 특수성을 반영해주는 '사업특수 평가항목'의 분석 내용이다.

이중 개발사업 중 가장 많이 활용되고 있는 지역경제 파급효과분석과 지역낙후도에 대하여 서술하면 다음과 같다.

(1) 지역경제 파급효과 분석[2)]

비용-편익분석의 경우 경제적 효과를 계량화하여 사업 완료 후 해당사업에 따른 편

2) 지역경제파급효과란 해당 사업을 실시하여 발생되는 생산량, 부가가치 증가 등 경제적 파급효과로서 흔히 공공투자사업의 간접편익으로 구분되기도 한다. 그러나 지역경제파급효과가 공공투자사업의 간접편익으로 간주되기 위해서는 다음의 조건이 만족되어야 한다. 첫째, 해당 사업이 시행되지 않았다면 경제활성화가 이루어지지 않았을 것이다. 둘째, 해당사업이 시행되지 않았다면, 경제 활성화를 위해 투입된 생산요소가 다른 용도로 사용되지 않았거나 생산성이 떨어지는 요도로 투입되었을 것이다. 셋째, 해당사업으로 인하여 촉진된 경제활동이 발생할 수 있는 다른 경제활동을 대체하지

익효과를 제시할 수 있으나 사업기간 중 발생하는 지출에 따른 경제적 효과는 측정·포함하지 못한다. 이러한 사업기간 중 발생하는 경제적 파급효과 계측을 통해 서로 다른 사업(혹은 지역)간 경제적 측면에서의 정책적 우선순위를 판단하는 기준을 생산할 수 있으며, 지역경제의 구조 파악 및 지역간 연계효과를 측정할 수 있으므로 지역내 사업간 투자우선순위를 결정할 수 있다.

경제적 파급효과[3]는 산업연관표[4]를 이용한 '산업연관분석(Input-Output Analysis)[5]'의 다부문승수(Multi-sector multiplier)[6]를 통해 분석한다.

투자비에 대한 파급효과분석은 조경사업의 경우 건설업에 해당하므로 '투자비'에 '건설업승수'를 곱하여 도출한다.

- 생산 유발효과 : 투자비×건설업 산출승수 (2.023699)
- 고용 유발효과 : 투자비×건설업 고용승수 (0.025770)
- 소득 유발효과 : 투자비×건설업 소득승수 (0.442391)
- 부가가치 유발효과 : 투자비×건설업 부가가치승수 (0.856639)
- 조세 유발효과 : 투자비×건설업 조세승수 (0.081133)

(2) 지역균형발전분석을 위한 지역낙후도 평가

비용-편익분석을 중심으로 사업의 타당성을 검토할 경우 효율성이 높은 사업일수록 사업타당성이 높게 나타난다. 따라서 비용-편익분석을 기준으로 사업의 타당성을 평가한다면 지역발전이 부진한 낙후지역일수록 사업의 타당성이 낮게 평가되어 지역간 불균형 상태가 심화될 우려가 있다.

예를 들어 낙후지역 도로사업의 경우, 인구가 적고 교통량이 상대적으로 적어 도로건

않는다. 단, 위와 같은 조건을 만족시킬 수 있는 공공투자사업은 거의 없을 것이다. 그럼에도 불구하고 특히 개발상황이 낙후된 지역에서의 공공투자사업으로 인한 지역경제 활성화 효과가 정책결정에 미치는 영향을 감안하여 의사결정에 반영하는 것이 합리적일 것이다.

3) 음식, 숙박업, 소매업, 운수업, 서비스업 등 다양한 산업으로 구성된 계획의 경우, 산업연관분석이 일반경제지표와의 비교, 비용편익분석, 아처(Archer)의 'Ad hoc'승수모형을 통한 분석보다 더 적절하다고 여겨지고 있다(김규호, 1997).

4) 산업연관표란 국민경제 내에서 일정기간(통상1년)동안 재화와 서비스의 생산 및 처분과정에서 발생하는 모든 거래를 체계적으로 기록한 표로, 산업부문간의 상호의존관계 등 국민경제의 구조를 총체적으로 나타내고 있어, 경제적 파급효과 분석에 널리 이용되고 있다(한국은행, 1987).

5) 산업연관분석이란 각 산업의 투입과 산출관계를 통한 상호연관관계에 기초한 분석방법으로, 한 산업에 대한 수요변화는 관련산업의 공급변화를 의미한다는 점에서 경제적 파급효과를 예측하는데 유용한 분석모델이다

6) 다부분승수는 레온티에프승수(Leontief multiplier)라고도 한다. 산업연관분석을 통해 도출할 수 있는 유발계수는 다음과 같다(이강욱·류광훈, 1999).
   ① 생산유발계수(역행렬계수) : 최종수요의 발생에 따라 각 산업부문에서 유발되는 직간접 생산파급효과
   ② 수입 및 부가가치유발계수 : 최종수요의 발생에 따라 국민경제 내에 직간접적으로 유발되는 부가가치 및 수입
   ③ 노동계수와 노동유발계수 : 최종수요의 발생에 따라 각 산업에 직간접적으로 유발되는 노동량
   ④ 영향력계수와 감응도계수 : 각 산업간의 상호의존관계의 정도를 전산업의 평균치를 기준으로 한 상대적 크기

설의 편익이 낮기 때문에 사업의 경제적 타당성이 떨어진다. 이를 기준으로 사업시행 여부가 결정된다면 위와 같은 낙후지역의 투자기회는 적어지고 경제성이 높게 평가된 다른 지역으로 투자가 집중되는 현상이 지속되어 지역간 빈익빈 부익부 현상이 심화될 가능성이 매우 높다.

이러한 현상을 방지하고 국토균형개발이라는 상위정책목표를 타당성평가에 반영하기 위하여 실시하는 것이 지역낙후도이다. 즉 예비타당성조사의 종합평가단계에서 기반시설이 취약한 지역에 대해 형평성 차원에서 일종의 가점을 부여하여 지역개발의 불균형 상태가 심화되지 않도록 하자는 것이다.

현재까지 지역낙후도를 반영할 수 있는 대표적 변수는 지역소득으로 지적된다. 그러나 한국의 경우 시·군·구별 소득자료가 없어 지역소득을 활용하는 방법은 현실적인 대안이 되지 못한다. 또한 지역낙후도 지표개발에 대한 기존 연구가 전무하다. 이에 한국개발연구원(2000)은 낙후지역형 개발촉진지구 지정에 사용되는 지표를 활용하여 지역낙후도 지수를 개발·적용하는 것을 권고하고 있다.

표 1-2-21 낙후지역형 지역개발촉진지구 지정 지표 개요

부 문	지표항목	측 정 방 법	자 료 출 처	비 고
인구	인구증가율	최근 5년간 연평균 인구증가율	통계청, 시·군·구 주요통계지표	기존지표
산업	제조업 종사자비율	(제조업종사자수/인구)×100	각 시도, 사업체 기초통계조사보고서	기존지표
지역 기반시설	도로율	(법정도로연장/행정구역면적)×100	통계청, 시·군·구 주요통계지표	기존지표
교통	승용차 등록대수	(승용차등록대수/인구)×100	통계청, 시·군·구 주요통계지표	신규지표
보건·사회보장	인구당의사수	(의사 수/인구)×100	통계청, 시·군·구 주요통계지표	신규지표
	노령화지수	(65세 이상/0~14세 인구)×100	통계청, 시·군·구 주요통계지표	신규지표
행·재정·기타	재정자립도	(지방세+세외수입/일반회계 세입총계)×100 ; 최근 3년간 평균	행정안전부, 지방재정연감	기존지표
	도시적 토지 이용비율	지목상(대지+공장용지+학교용지)/행정구역면적]×100	한국감정원, 지적통계연보	신규지표

3) 기술적 분석

기술적 타당성 분석은 계획하고 있는 해당 프로젝트의 비재무적인 사항에 대한 분석으로 생산기술, 설비능력, 공정계획, 토목, 엔지니어링, 시공기법 등을 평가하여 원재료 투입량, 프로젝트 산출물, 원가산정 등을 기술적으로 산출하는 것이다.

따라서 앞에서도 지적했듯이 국책사업 등을 대상으로 실시하는 예비타당성조사에서는 기술적 분석 부문을 간과하는 경우가 대부분이다. 일반적으로는 도로, 공원, 택지 등 개발 프로젝트의 경우에는 토목계획, 전력공급계획, 에너지사용계획, 문화재보존대책, 환경 및 사전재해 영향, 보상 및 이주대책 등을 다루게 된다.

분석내용은 추진하고자 하는 사업에 필요한 기술을 사업기간 내에 확보 가능한지 여부를 판단하는 부분과 기존 개발계획의 추진이 기술적으로 타당한지를 검토하는 부분으로 구성될 수 있다. 그러나 기술적 분석의 경우는 경제성 분석이나 정책적 분석과 같이 조사 내용을 어느 정도 정형화하기는 어려우며, 사업에 따라 조사 내용이 달라진다.

기술적인 문제가 사업의 추진 여부를 가늠하는 중요한 쟁점이 되는 분야는 대부분 과학시설과 같은 첨단기술을 요하는 경우이다. 대표적인 예가 우주센터 개발사업(2000)이다. 우주센터는 우리나라가 독자적으로 인공위성을 발사하기 위해 발사장을 건설하는 사업이다. 따라서 우주센터 개발사업은 일차적으로는 위성체 개발 및 위성체를 쏘아 올릴 수 있는 발사체 개발이 선행되어야 한다.

또한 발사장 건설에 있어서도 관련 시설들의 자체 개발에 오랜 시간이 걸리는 기술 혹은 선진국이 이전을 꺼리는 기술들이 다수 포함되어 있기 때문에 이러한 기술을 어떻게 확보할 수 있는지도 중요한 문제가 된다.

4) 종합평가

사업의 추진 여부를 최종적으로 판단하기 위해서는 경제성 분석, 정책적 분석, 기술적 분석결과를 토대로 종합평가를 실시한다. 그러나 이들을 종합하여 하나의 결론을 도출하는 것은 쉽지 않다. 경제성 분석은 효율성에 입각하고 있으며 결과가 대부분 정량적 데이터인 반면, 정책적 분석은 효율성보다는 형평성 등 다른 잣대가 적용되는 경우가 많고 결과도 대부분 정성적 데이터이기 때문이다. 특히 경제성 분석의 결과와 정책적 분석의 결과가 상반되게 도출될 때에는 더욱 그러하다.

따라서 다양한 평가기준들을 하나로 묶는 체계적인 방안으로 예비타당성조사 참여 연구진의 의견을 다기준 분석의 일종인 계층화분석법(AHP : Analytic Hierarchy Process)을 활용하여 사업시행의 적절성을 계량화된 수치로 도출한다. 일반적으로 AHP가 0.5 이상이면 사업시행이 바람직함을 의미한다.

단, 모든 사업의 타당성분석 결과를 '단일 점수'만으로 제시하는 방법론에 대한 만족할만한 연구가 진행되지 못하고 계량화할 수 있는 항목도 일부분에 국한되는 한계성을 지니고 있다. 따라서 대부분의 사업에서는 다중기준으로 평가된 결과를 열거하고 이와 함께 종합의견을 주관적으로 개진하는 방법을 채택하고 있다.

II

조경계획 과정

경북 안동시 도산서당+도산서원

survey and analysis

PART 1

Ⅱ 환경분석 및 평가

제1장 자연환경분석

이관규

제1절 개요

조경계획 대상지의 규모는 미시적인 실내조경, 가정정원에서부터 광역적인 국토공간 규모에 이르기까지 매우 다양하다. 조경계획 대상지의 규모를 막론하고 조경계획을 위한 자연환경분석 항목은 자연환경을 구성하는 요소가 그에 해당한다. 조경계획을 위해서는 계획 대상지역뿐만 아니라 대상지역 부지 주변까지 포함해야 대상지의 자연환경과 자연생태계를 고려한 계획이 가능하다. 대상지 내 및 주변의 자연환경을 구성하는 요소와 구성요소의 총체적인 현황을 분석하고 그 결과를 해석함으로써 조경계획에 필요한 정보와 고려사항을 도출하는 과정이 필요하다.

조경계획시 조사해야 할 자연환경의 구성요소는 크게 생물환경, 물리환경으로 구성되어 있는데 생물환경은 동·식물, 물리환경은 대기, 물, 토양으로 구분할 수 있다. 각각의 생물·물리환경을 조사·분석하고 이들을 종합하여 이들의 총체인 지형, 자연경관, 자연생태계를 종합해석하고 해당 조경계획시 필요한 정보와 고려사항을 도출한다. 조사 및 분석항목은 계획의 목적에 따라 매우 다양할 수 있지만 계획의 목적에 부합하는 조사 및 분석항목을 선별하여 선택 및 집중화할 필요가 있다.

표 2-1-1 자연환경분석항목 개요

분석항목		광역적 분석	인접지역 분석	부지내 분석	계획에 필요한 검토사항과 도입시사점 도출
물리환경	대기환경 등	• 부지에 영향을 주는 광역적 기상(강수, 온도, 일조시간, 안개일수, 바람(풍향, 풍속)과 기후분석 • 부지에 영향을 주는 광역적 대기환경영향인자 분석	• 부지에 영향을 주는 인접지역의 기상과 기후분석(강수, 온도, 일조, 수광량, 쾌청일수, 안개, 바람, 홍수위 등) • 부지에 영향을 주는 인접한 대기환경영향인자분석(악취, 소음, 대기오염물질배출, 주변 교통으로 인한 대기영향인자 등)	• 부지의 미기상 및 미기후(강수, 온도, 일조, 국지적 수광량, 습도, 부지내 홍수위 등) • 부지내 대기환경영향인자 • 계절별, 시간별 일출과 일몰시 태양방위, 태양고도, 수광 양호지역과 불량지역 • 여름철 집중 수광지역 • 계절별, 시간별 음지 • 계절별(특히 하기와 동기) 주 풍향, 하기의 풍향 • 계절별, 시간별 기온 • 최대 및 최소 강우량과 기간 • 지하동결선의 깊이 • 비산먼지 발생 가능성 등	• 미기상, 일조 등을 고려한 조경계획(토지이용, 건물군 배치, 도입식생 선정 등) • 양호한 일조와 통풍을 위한 미기후의 활용 및 조성 • 일조와 바람을 고려한 건물, 구조물 배치, 식생활용 등 • 기타
	물	• 부지가 속하는 광역 수문현황과 특성 • 부지가 속하는 광역수계의 생태적, 물리적 특성 분석	• 계획부지와 인접한 유역의 생태적 특성 : 부지와 관련 있는 인접유역의 수질, 유입수, 하상경사, 저질, 호안특성, 서식지 • 계획부지와 인접한 유역의 물리적, 이화학적 특성 • 인접하는 주요 물환경과 계획부지와의 관계성 분석	• 물의 흐름, 유속, 하상경사, 저질, 호안식생, 퇴적물, 서식생물, 서식지특성 등 기타 계획에 필요한 사항 • 부지의 배수현황, 지표수와 지하수의 흐름, 지표수의 수질, 하천, 개울, 호수 등의 범람 여부 및 수위 현황, 침식지역 및 여부 조사, 계절별 지하수위와 수량변동지역 등 • 부지로 유입되는 지표수 등, 부지 주변으로 유출 혹은 배수되는 지표수 등	• 물환경의 생태적 특성을 고려한 조경계획 • 지표의 투수화 및 투수면적의 최대화 가능성 검토 • 대지내 물의 도입 • 식생을 통한 정화효과 • 우수저류 및 활용 • 물순환을 배려한 토지이용 • 수변의 보전과 이용을 배려한 토지이용, 건물배치 등 • 기타
	토양	• 대상지를 포함한 광역규모에서 대표적 토양특성에 대한 검토	• 인접지역 토양과 부지내 조경계획시 고려해야 할 사항 분석, 주변의 토양오염인자 분석	• 토양산도 • 토양의 종류(사질, 점토질, 역암질 등) • 토양비옥도 • 표토층과 깊이, 표토량 등 • 모암의 깊이 • 토양 여과능력 • 토양오염분석	• 토양특성에 부합하는 도입식생종류와 규모 고려 • 토양개량여부의 고려 • 토양종류에 따른 건축제약성 • 동결심도를 고려한 구조물 등의 계획 • 토양정화 고려 • 자연지반 확보, 투수성지반 확보 • 표토활용 • 기타

(표 계속)

분석항목		광역적 분석	인접지역 분석	부지내 분석	계획에 필요한 검토사항과 도입시사점 도출
생물 환경	동물	• 광역규모에서의 동물출현, 서식반경 등 주요 서식지 현황 등의 분석	• 인접지역 출현 동물과 동물상분석, 조경계획시 고려해야 할 인접지역 사항 분석	• 동물분류군별 서식종조사 • 동물서식지의 생태적 특성 조사 • 동물이동경로 조사 • 파편화된 복원필요지역 조사 • 국지적인 동물서식지 생태적 특성 조사 • 서식생물의 이동로, 서식지 차단 또는 훼손여부 등 • 고려해야 할 생물번식기, 철새도래지 등의 분석 • 종분포상황과 종다양도 산출, 보전대책 고려	• 동물서식지 보전 • 서식지 네트워크 • 서식지 복원과 창출 • 동물자원활용 조경계획 • 환경해설 및 탐방자원화 • 기타
	식물	• 광역규모에서의 식생상 조사	• 인접지역의 식생상, 식생종에 대한 조사 • 지역고유종 등의 조사 • 보전필요 식생 등의 조사	• 기존 식생특성과 위치 • 식물종류, 수관밀도, 수령, 수고 등 • 국지적인 경우 질감, 색채, 계절변화 등 기타 독특한 특성 • 기존 식생의 환경조건, 가치 등 • 보전필요 식생, 멸종위기종 등의 분석 등	• 기존 식생, 보호필요 수목(노거수, 특이 수종 등) • 이식수종, 리사이클 수목 • 도입식생선정 • 고유종, 지역적합종 선정 • 식생보전, 복원 • 식생자원의 활용한 조경계획 등 • 기타
자연경관 및 생태계		• 광역규모에서의 자연경관자원과 보전이 필요한 생태계 및 그 특성을 조사 • 광역생태축, 생태적 네트워크 등의 분석 등	• 인접지역 자연경관 특성 : 특이경관, 보호가치가 높은 자연경관자원 분석 • 인접지역 생태계 특성 : 보호가 필요한 인접지역 생태계지역 등의 분석 • 연계되어야 할 녹지, 생태계 등의 분석 • 녹지축, 생태축 등의 분석 등	• 녹지의 질 분석(녹지량, 녹지의 수직구조 등) • 부지내 자연경관자원 특성 • 주변 자연경관자원으로 조망양호지점 등의 분석 • 자연경관을 고려하기 위한 계획사항 분석(조망점, 토지이용, 가시권, 조망시야와 장애요인, 설계 반영사항 등) • 자연환경 조사결과를 종합하여 보전필요지역 도출 • 생태자연도, 녹지자연도 등 기존의 자료 분석 등	• 보호필요지역설정 • 완충, 전이지역설정 • 기존 보전용도지역과의 관계 • 자연경관 및 자연생태계 계획 목표 설정 • 도입목표종 선정 • 목표 서식지상 계획 • 보전프로그램계획 • 보전필요지역 복원계획 • 건축물, 구조물 적지, 토지이용계획 등 • 기타

제2절 물리환경분석

자연환경을 구성하는 물리환경은 대기, 토양, 물환경 등이며, 이들의 집합체인 지형도 그에 포함할 수 있다. 대기환경 측면에서는 대상지를 계획함에 있어 반드시 고려해야 하는 미기후적 특징이 없는지, 해당 지역의 기상특성상 안개가 많이 발생하거나 결빙구간이 있지는 않는지, 도입하고자 하는 식생이 생육특성이 해당 지역 기후특성과 맞는지, 일조량은 충분한지 등에 대해 조사·분석함으로써 조경계획 수립시 고려하고 반영해야 할 계획항목을 도출한다. 물환경 측면에서는 대상지와 주변 자연환경의 수계, 유역, 하천분포와 연결성, 습지, 석호 등의 분포와 물리적 형태 및 생태적 건전성 등을 조사·분석하여 조경계획에 반영한다. 토양은 자연환경의 근간인 식물에 영양을 공급하고 지지체의 역할을 하는 필수적 생태계 구성요소이다. 토양의 물리적 특성과 오염원 및 주변현황을 분석함으로써 조경계획에 반영하여야 할 고려사항, 주의사항 등을 도출한다. 모든 사업은 지형의 변형과 지질의 변화를 수반하게 되며, 지형·지질은 한 번 훼손되면 영구히 복구나 복원이 되지 않는 특징을 가진다.

1. 대기환경분석

1) 광역 및 인접지역의 분석

지역적 기후의 차이는 위도, 경도, 해발고도, 수륙분포, 해류, 바다와의 거리, 지형, 산림 등의 기후인자에 의해 영향을 받는다. 기상, 기후, 미기후, 온도, 습도 등을 조사하기 위한 조사 및 분석항목은 매우 다양하지만 계획목적에 맞는 조사 및 분석을 선별하여 집중분석하는 것이 바람직하다. 조사·분석의 주요 항목은 표고, 바람길, 국지적 온도변화, 태양고도, 안개, 서리, 습도, 강수량, 풍속, 풍향 등을 기본으로 한다. 필요시 대상부지 및 주변지역에 위치하여 영향을 미칠 것으로 판단되는 공장, 밀집주거지, 사업장, 도로 등 주요한 오염발생원의 위치, 연료종류, 연료사용량, 배출시설 설치상황 및 오염물질 발생상황을 조사하고 지역별 환경기준, 규제기준, 방지대책 상황 등을 조사한다. 설정항목 농도조사 외에도 평가자의 판단 하에 지역특성 등으로 기타 영향물질의 조사가 필요한 항목을 선택하여 조사한다. 대기질 환경기준 설정항목의 조사가 필요할 때에는 PM-10, SO_2, NO_2, CO, O_3, Pb 등과 악취 등의 조사방법에 준하여 시행하도록 한다.

기온, 강수량, 운량, 상대습도, 풍속, 풍향 등에 대한 기상자료를 조사하기 위해서는 일반적으로 10여 년간의 기상자료를 분석할 필요가 있고, 공간적으로는 대상부지의 가장 인근에 위치하고 있는 기상대를 활용하여 조사한다. 기존자료에 대한 조사를 기본으로 하고 조사자료가 대상지역의 기상현황을 충분히 반영하지 못할 경우에는 현지조사를 병행한다.

대기질에 미치는 영향을 조사하기 위해서는 대상사업의 실시에 의해 대기질 농도가 변화될 것으로 예상되는 범위를 포함하는 구역으로서 기상, 지형, 발생원, 주택 밀집도, 토지이용실태 등을 감안하여 조사범위를 설정하고 조사지점 선정은 오염물질 농도 예측치와 상호 비교할 수 있도록 가능한 한 예측지점과 일치시킨다. 현지측정조사는 2계절 이상 현지조사를 원칙으로 하되, 조사기간 및 조사횟수 등은 사업의 규모, 위치, 환경에의 영향 정도 등을 고려하여 조정할 수 있다.

2) 부지분석

부지의 미기상 및 미기후로써 강수, 온도, 일조, 국지적인 수광량, 습도, 부지 내의 홍수위 등을 조사·분석한다. 부지내 또는 인접하여 대기환경영향인자가 있을 경우 조사토록 하고 계절별, 시간별 일출과 일몰시 태양방위, 태양고도, 수광양호 지역과 불량지역, 여름철 집중 수광지역, 계절별, 시간별 음지, 계절별(특히 하기와 동기) 주 풍향, 하기의 풍향, 계절별, 시간별 기온, 최대 및 최소 강우량과 기간, 지하동결선의 깊이, 비산먼지 발생 가능성 등을 분석하여 계획에 필요한 시사점을 도출한다.

3) 계획시 활용

미기상, 일조 등을 고려한 조경계획으로써 토지이용, 건물군 배치, 도입식생 선정 등에 분석자료가 활용된다. 일조조건에 부합하는 식재계획이 필요하고 하기의 바람을 유도하고 동절기의 바람을 차단할 수 있는 토지이용구상이나 도입식생 선정, 그리고 건물군 배치 등을 위해 대기, 기상, 기후 등의 분석자료가 필요하다. 양호한 일조와 통풍을 고려하여 건물을 배치하고 건물향을 결정하여 미기후를 활용하고 조성하는 계획에도 본 조사자료가 유용하게 사용된다. 동결심도는 옹벽이나 건축물, 구조물 등의 기초 깊이, 배관의 깊이 등의 계획에도 크게 영향을 주는 인자이기도 하다. 영구음지가 최대한 조성되지 않도록 계획하거나 일조량이 적은 지역의 설계를 하려면 태양고도, 각도 등의 분석자료가 계절별, 시간별로 필요하게 된다.

2. 물환경분석

1) 광역 및 인접지역 분석

수문 특성, 수계분포, 유역현황, 지하수, 수질, 오염원, 홍수위, 집수구역 등을 조사·

분석한다. 필요시 수문관측자료로써 우량관측소 현황 및 관측자료, 수위 관측소 현황 및 관측자료, 연평균 및 월평균 강수량, 강우강도·빈도·지속시간 등을 조사한다. 수위·유량곡선, 유황(갈수량, 저수량, 평수량, 풍수량, 연평균 유량), 유량지속곡선을 조사·분석한다. 수질을 분석하기 위해서는 하천, 호소, 지하수에 대한 수질환경기준항목의 현황농도를 조사한다. 필요시에는 저질의 현황농도를 조사한다. 지하수의 산출상태와 그 분포, 지하수 이용현황 등을 조사한다. 수문, 수자원 이용상황, 점오염원과 비점오염원 등에 대해 조사한다.

대상지의 하천의 물리적 위치와 수계현황은 지형도를 근간으로 일차분석을 한다. 수치지형도를 활용하여 GIS 소프트웨어를 이용함으로써 수계의 물리적 현황을 비교적 용이하게 분석할 수 있다. 하천특성으로는 유역면적 및 유로연장, 하천유지유량, 하천수위·유량·유속간의 상관관계, 하천시설물(교량, 보, 취수장 등), 유달시간·유달률·하천자정계수, 하천형상 및 평균구배 등을 조사한다. 저수지가 있을 경우 유역면적·유역특성, 저수량(총 저수량, 유효저수량), 수위(저수위, 평수위, 상시만수위), 호소의 수심 및 수표면적, 유입수량 및 유출수량, 상시방수량, 호소수의 순환 및 성층 시기 등을 조사한다.

하천의 물리적 형상은 방사형, 수지형, 창살형 등의 유형이 있고 방사형은 원추형 산지에서 발달하며, 우리나라 대부분의 하천은 수지형이다. 하천의 차수는 최상류의 지류가 1차, 1차 지류가 모여서 2차, 2차의 지류가 모여서 3차, 3차가 모여서 4차 하천을 이루게 된다. 수계를 분석해 보면 물이 집수되는 구역을 판단할 수 있게 되는데 계획의 중요한 자료원이 된다. 특히 홍수주기빈도에 따른 홍수위를 반드시 산정함으로써 홍수위험지역의 조사 및 해당지역 개발계획의 제어가 수반되어야 한다. 국지적으로는 배수의 양호 여부, 지하수위, 강우시 물의 흐름, 적설량 등을 분석하여서 구체적인 조경계획에 직접적으로 반영하여야 한다. 수질등급은 하천, 호수, 지하수, 해역 등에 따라 별도의 등급이 정해져 있고 음용수, 하수 및 폐수처리시설의 방류수 수질기준도 정해져 있다.

2) 부지분석

물환경의 생태적 특성으로 유속, 하상경사, 저질, 호안 및 하안 식생, 퇴적물, 서식생물, 서식지 특성 등 기타 계획에 필요한 사항을 조사한다. 특히 부지의 배수현황, 지표수와 지하수의 흐름, 지표수의 수질, 하천, 개울, 호수 등의 범람 여부 및 수위 현황, 침식지역 및 여부 조사, 계절별 지하수위와 수량변동 지역, 부지로 유입되는 지표수, 부지 주변으로 유출 혹은 배수되는 지표수 등을 조사한다.

3) 계획시 활용

하천, 습지 등의 물환경이 존재하거나 인접한 부지를 대상으로 조경계획을 하게 된다면, 우선적으로 보전해야 물환경의 경계와 이격해야 하는 범위, 접근 가능한 지역과 접근방법, 도입시설물 입지 여부 등 공간상의 의사결정을 하여야 한다. 기상자료를 활용하여 홍수위 빈도, 범람 여부, 침수 및 재해 가능성 등을 파악하여야 토지이용 및 조경계획에 반영할 수 있다. 분수, 저수지, 중수시스템, 우수활용시스템, 벽천, 배수시설, 관수시설 등의 계획을 하려면 지역의 수문과 수계, 강수량 등의 자료가 필요하게 된다. 모든 토지이용계획과 국지적인 조경계획, 그리고 건축물 및 구조물의 계획, 광장이나 운동장, 그리고 포장 등의 각종 공간계획에 있어서 배수계획은 필수적으로 수반되어야 하는 계획의 하나이다.

3. 토양환경분석

1) 광역 및 인접지역 분석

광역적으로는 광역적 지역의 대표적인 토양특성을 검토하고 인접지역의 경우는 주변의 토지이용현황과 토양오염원 등을 파악하여 부지내 조경계획시 참고할 수 있도록 한다. 광역 및 주변의 토양은 간접적으로 토양과 관련된 기존의 GIS정보를 활용할 수 있다. 대상지와 인접한 지역이나 대상부지 내에서 구체적인 토양조사가 필요할 때에는 시료를 채취하여 직접 조사하는 방법 등을 활용하여야 한다.

대상지 전반의 토양 특성을 사전에 파악하기 위해서는 개략토양도와 정밀토양도(농촌진흥청), 간이산림토양도(산림자원조사연구소)가 있다. 1 : 50,000축척으로 작성되어 있는 개략토양도는 개괄적인 계획의 수립시 활용되며 주요 지형과 대표 토양의 특성으로 토양군(soil association)을 알 수 있도록 제작되어 있다. 정밀토양도는 전국토의 일부분만 작성되어 있으며 1 : 25,000축척이고 토양군, 토양통(soil series), 토양구(soil type), 토양상(soil individual)으로 토양을 분류하고 있다. 간이산림토양도는 1 : 25,000 축척이며 임지의 잠재생산능력급수를 5급으로 나누어 표현하고 있고 암석지, 농경지, 조사불능지, 요사방지, 방목지 등이 표시되어 있다. 조경계획에서는 특히 토양도, 토양단면도, 침식현황도, 배수도, 토양영양상태, 산도, 토양깊이 등에 대한 정보를 파악하여 반영하여야 한다.

2) 부지분석

기본적으로 표토, 토양의 비옥상태, 토성, 토질, 모암의 깊이 등을 기본적으로 조사하여야 조경계획에 반영할 수 있는 사항을 도출할 수 있다. 보다 구체적인 토양을 조사하여야 하는 경우에는 토양의 물리적 특성, 이화학적 특성, 토양오염도, 토양오염원 등을 분석한다. 토양물리성으로는 입도, 가밀도, 진밀도, 양이온치환용량, 부수력, 토양수분, 수분이동, 토양입단, 가소성, 통기성, 경도 등이 있다. 화학성으로는 산도(pH), 전기전도도(염농도 : EC), 유기물, 질소, 인산, 치환성 칼슘, 치환성 마그네슘, 치환성 칼륨 및 나트륨, 유효규산, 석회소요량, 염기치환용량, 단일침출액에 의한 유효인산, 양이온 등이 있다. 토양의 오염도 현황조사 항목은 일반적으로 Cd, Cu, As, Hg, Pb, Cr^{+6}, 유기인, CN, Phenol, CEC 등이다. 해당하는 계획의 목적에 부합하는 조사와 분석항목을 선택하는 것이 바람직하며 특히 배수성, 토양깊이, 영양상태, 안정상태, 영향요인 등을 분석하여 계획에 반영하여야 한다.

대상부지 토양의 물리적 특성, 화학적 특성, 오염도 등을 정밀하게 측정할 필요성이 있을 때에는 사업지구를 대표할 수 있는 대표지점을 선정하고 현지 시료채취 및 토양오염공정시험방법에 의한 분석을 한다. 토양시료의 전처리는 ① 시료를 토양오염공정 시험방법 중 제3장 2항의 시료 조제방법에 따라 채취지점에서 채취한 시료를 균일한 두께로 하여 통풍건조 후 각 대상물질에 맞는 표준체에 통과시켜 균일하게 혼합하여 분석용 시료로 한다. ② 분석용 시료 일정량(10g)을 정밀히 취하여 100㎖ 삼각플라스크에 넣고 염산용액(0.1N) 50㎖를 넣어 1시간 진탕 후 여지로 여과하여 토양오염공정시험방법에 따라 시험한다.

3) 계획시 활용

계획부지 내에서 구조물이나 건축물을 설계하기 위해서는 해당 지역의 토성을 조사하고 이해하고 있어야 한다. 도입하고자 하는 식생을 결정하기 위해서도 기상과 기온 등의 여건과 함께 토양의 물리적 성질과 비옥도 등의 자료가 있어야 도입식생 결정이 가능하다. 녹지가 있던 지역의 표토는 식생이 생육하기에 좋은 여건의 토양을 함유하고 있어서 재활용이 필요한 중요자원이기도 하다. 조경계획 진행시 가능한 한 해당 부지 내에서 투수성 지반을 최대한 확보하는 것이 중요하다. 토양여건이 식생이 생육하기에 부적합하거나 건축을 하기에 연약한 지반이라면 활용목적에 부합하도록 토성을 개량하거나 비옥하게 하는 등의 조치계획이 필요하다.

4. 지형분석

1) 광역 및 인접지역 분석

지형도를 사용하여 대상부지 광역 및 인접지역의 지형특성을 분석한다. 대상부지의 조경계획시 반영하여야 할 주변의 특이지형을 분석한다. 인접지역의 지형은 조경계획을 함에 있어 반드시 필요한 조사항목으로써 대상부지에 미치는 영향관계를 조사하여야 한다. 예를 들어 음지 조성 여부, 지형의 특이성으로 인한 가시권 확보 필요성 여부, 도입식생 선정 등 여러 가지 조경계획에 있어 필요한 계획요소에 필요한 자료가 된다. 지형을 분석할 때에는 GIS로서 분석하는 것이 용이하며 지형, 지세, 경사, 향, 수계 등을 기본 분석함으로써 대상지와의 관계를 분석한다.

2) 부지분석

조경계획 과정에서 필요한 부지 내의 지형여건을 파악하기 위해 최고점 및 최저점의 위치 및 높이, 등고선의 패턴으로부터 분수선(지표면의 최고부를 연결한 선), 계곡선(지표면의 최저부를 연결한 선)을, 그리고 지세, 가장 심한 경사지 및 가장 평탄한 곳의 위치 및 경사도, 계곡바닥과 산정상의 평균 높이 등을 분석할 수 있으며, 계획의 목적과 주제에 부합하는 지형인자를 선별하여 집중분석하는 것이 바람직하다.

제3절 식생환경분석

1. 조사유형과 내용

1) 방형구 조사법(quadrat method)

식물조사는 조사구의 모양에 따라 방형구조사법, 접선법, 대상접선법 및 거리법으로 구분되며 방형구조사법이 가장 많이 사용된다. 조사대상지역의 부지 내에 1㎡, 16㎡, 25㎡ 및 100㎡의 면적을 가지는 방형구를 설치하고 그 안의 수종, 군락의 종류, 개체의 수, 개체의 크기, 빈도 등을 파악한다. 방형구조사법의 변형인 중복방형구조사법(nest quadrat method)은 작은 방형구를 기초로 큰 방형구를 겹쳐서 조사하는 방법이다. 방형구 조사법은 식물군집을 대표하는 식분(stand, 植分) 내에서의 방형구 배치방법에 따라 무작위 방형구법과 주관적 방형배치법으로 구분된다. 조사구의 종류는 조사내용에 따라서 list quadrat(종의 이름을 기록하여 빈도분석), cont quadrat(각종의 개체수를 기록하여 빈도와 밀노분석), cover quadrat(각종의 개체수와 피도를 기록하여 빈도, 밀도,

피도분석), chart quadrat(개체의 위치와 크기도 조사하여 시계열적 변화도분석) 중에 선정하여 이용할 수 있다.

2) 접선법(line intercept)

일정 길이의 선상에 출현하는 식생을 조사하는 방법으로 식물의 이름을 기록하여 빈도를 계산하고 각 종별 접선의 길이를 기록하여 피도를 계산한다. 초지식생조사에 주로 이용될 수 있으며 군집의 종류에 따라서 조사의 크기를 설정하되 상층수관은 50m, 하층 및 중층은 10~15m를 하나의 조사구로 하여 빈도, 피도, 밀도 등을 계산한다.

3) 대상접선법(belt transect method)

기준선에 따라서 일정한 폭을 가진 띠 모양의 표본구를 조사하는 방법이다. 조사선을 다수의 구로 분할하여 전구간을 조사하거나 혹은 등간격마다 조사할 수도 있다. 입지조건의 점진적 변화에 따른 식생의 변화 혹은 군집경계의 결정에 유리한 방법이다. 지형의 고저차에 따른 식생분포나 하천 횡단선상의 식생분포 상태를 조사할 때 적용한다. 설정선의 길이는 100m로 설치하며, 폭은 보통 목본에 대해서 4~10m, 초본에 대해서는 1m 이내로 취한다. 수종, 위치, 직경, 수고 및 수관투영면적 등의 조사항목을 측정하여 목본류의 경우 수종, 직경, 수고는 측면도에 위치와 수관투영 면적은 평면도에 각각 표시한다.

2. 분석내용

1) 개체수(number of method)

조사구 내의 식물 종별수를 말한다.

2) 빈도(frequency, F)

군집을 구성하는 종의 분포 특성을 나타내는 척도이다. 빈도는 식물종별로 산정되며 총조사구에 대한 해당 종이 출현 조사구의 비율로써 산정한다. 모든 종의 빈도에 대한 한 종의 백분율을 산정하면 상대빈도(relative species frequency)가 된다.

F (빈도) = (특정 종이 출현한 방형구 수) / (총 방형구 수) × 100 (%)

RF (상대빈도) = (한 종이 빈도) / (모든 종의 빈도) × 100 (%)

3) 상대빈도(relative species frequency, RF)

모든 종의 빈도에 대한 한 종의 빈도를 백분율로 산정한다.

RF (상대빈도) = (어떤 한 종의 빈도) / (모든 종의 빈도의 총계) × 100 (%)

4) 피도(coverage, C)

조사구 내에 존재하는 각 식물종이 차지하는 수관의 투영면적비율을 상층, 중층, 하층으로 구분하여 조사한다. 육안에 의한 피도관찰은 오차가 많으므로 수관투영면적 대산 흉고직경을 측정하거나 Braun-Blanquet의 피도구분을 이용하는 경우가 많다. 상대피도(relative coverage, RC)는 모든 종의 투영면적 대비 한 종의 투영면적을 백분율로 나타낸 것이다.

RC (상대피도) = (한 종의 피도) / (모든 종의 피도) × 100 (%)

표 2-1-2 피도와 군도의 판정기준(Braun-Blanquet, 1964)

피도 판정기준	군도 판정기준
r - 피복면적 미약, 개체수 한 개	
+ - 5% 미만, 개체수 적음	1 - 單生(solitarily, single)
1 - 5% 미만, 개체수 많음	2 - 소군상(clumps or dense groups)
2 - 5% 이상 25% 미만	3 - 소반상(small patches or cushions)
3 - 25% 이상 50% 미만	4 - 대반상(small colonies, broken mat)
4 - 50% 이상 75% 미만	5 - 카펫상(pure population stands)
5 - 75% 이상	

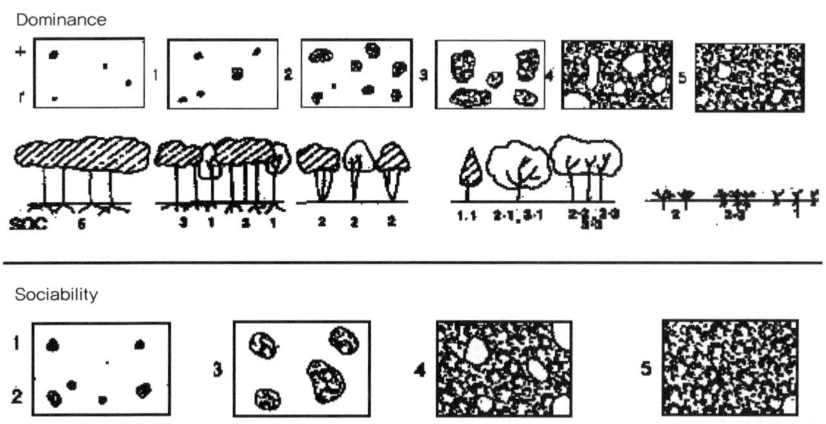

5) 밀도(density, D)

단위면적당 개체수로 조사 방형구 대비 한 종의 개체수를 백분율로 표시한 것을 말한다. 모든 종의 밀도에 대한 한 종의 밀도를 백분율로 나타내게 되면 상대밀도(relative density, RD)가 도출된다.

RD (상대밀도) = (한 종의 총 개체수) / (모든 종의 총 개체수) × 100 (%)

6) 종다양도

군집의 안정성을 표현하는 지표이며 중요도(importance value, IV), Shannon의 다양도지수(H′), 균제도지수(J′), 우점도(dominance) 등으로 종다양도를 표현한다.

표 2-1-3 군집의 종다양도를 표현하는 지표

지 표	산 출 방 법
중요도 important value, IV	(상대빈도+상대밀도+상대우점도)/3
Shannon의 다양도지수(H′)	$H' = -\sum P_i \log P$ P_i : 전체 종의 총개체수에 대한 한 종의 개체수의 비율
Simpson의 다양성지수(D)	$D=\sum(\frac{N(N-1)}{n_i(n_{i-1})}\times 100)$ N : 전체 중요도 n_i : i종의 중요도 지수
균제도지수(J′)	조사지 내의 구성종간의 개체수의 정도를 나타내는 지수 $J'=\frac{H'}{\log S}$ S : 구성 종의 수
우점도 dominance, D	군집 내에서 특정 종의 우점의 정도 표시, 1에서 균제도지수를 뺀 값으로 표시한다. $D=1-J$
군집의 유사성 community similarity	두 개의 군집에서 임의의 한 개씩을 추출했을 때 그것이 동일종인 확률 Sorenson지수가 주로 이용됨. $S=2\times\frac{C}{A+B}$ A와 B는 각각의 조사구 A, B에 있는 종수를 일컬으며, C는 조사구 A, B의 공통종의 수를 말함.

7) 현존식생의 분포

현존하고 있는 식생의 현황을 조사하기 위해 현존식생도(환경부, 1 : 25,000)를 활용할 수 있다. 광역적인 범위에서 식물분포를 파악하기 위한 기초자료로 활용할 수 있다. 국지적인 규모에서는 실질적인 정밀조사가 가능하기 때문에 현장전수조사를 해야 할 필요가 있을 수 있다. 어떠한 조사방법을 선택하느냐는 대상지의 공간적 범위와 계획 및 설계의 목적 등과 부합하도록 하여야 한다.

식생의 분포는 단순림, 혼효림, 초지 등으로 단순분류할 수도 있고, 종별로 구체적으로 분류할 수도 있으며, 임상도를 활용하고 현장조사를 통해 수목의 영급, 경급 등으로 조사·분석할 수 있다. 또한 현존하는 식물군락을 인간간섭의 정도에 따라 자연성의 정도를 등급화하여 지도에 표시한 녹지자연도를 활용할 수 있다.

녹지자연도는 식물군락만을 대상으로 하고 있어 동물서식지 등의 질적 수준이 포함되지 않으므로 생태자연도를 도입하고 있으며, 생태자연도에서는 자연환경을 생태적 가치, 자연성, 경관적 가치 등에 따라 등급화하여 1등급, 2등급, 3등급, 별도관리지역으로 구분하고 있다. 또한 국토의 환경적 가치를 종합적으로 평가하여 전국을 5개 등급으로 구분하고 지형도에 표시하여 작성한 국토환경성등급지도를 병행하여 활용할 수 있다.

표 2-1-4 녹지자연도 판정기준

지 역	등 급	개 요	해당 식생형
수역	0	수역	• 수역(강, 호수, 저수지 등 수체가 존재하는 부분과 식생이 존재하지 않는 하중도와 하안을 포함)
개발지역	1	시가지, 조성지	• 식생이 존재하지 않는 지역
	2	농경지(논, 밭)	• 논, 밭, 텃밭 등의 경작지 • 비교적 녹지가 많은 주택지도 포함(녹피율 60% 이상)
	3	농경지(과수원)	• 과수원이나 유실수 재배지역 및 묘포장
반자연지역	4	이차초원 (키가 낮은 초원)	• 이차적으로 형성된 키가 낮은 초원군락
	5	이차초원 (키가 높은 초원)	• 이차적으로 형성된 키가 높은 초원군락
	6	조림지	• 인위적으로 조림된 삼림
	7	이차림(Ⅰ)	• 2차 천이의 삼림단계 초기이거나 지속적인 인간간섭하에 놓인 식생
	8	이차림(Ⅱ)	• 2차 천이의 삼림단계 중기 또는 후기로서 자연림에 가까울 정도로 거의 회복된 상태의 식생
자연지역	9	자연림	• 성숙된 극상림 또는 그와 유사한 자연림
	10	자연초원, 습지	• 삼림식생 이외의 자연식생이나 특이식생(자연초지, 습원, 자연암벽지, 고산황원 등)

그림 2-1-1 광역규모에서의 식물군락분포 분석의 예

제4절 동물환경분석

1. 조사 · 분석 항목

곤충, 어류, 양서 · 파충류, 조류, 포유류 등 생물분류군별 구성요소가 조사 및 분석이 기본항목에 해당한다. 분류군별 기본조사가 완료되면 각각에 대한 분석으로 밀도(density), 우점도(dominance), 상대밀도(relative density), 종다양도(biodiversity) 등을 측정한다. 동물종의 밀도, 행동권, 그리고 서식특성을 조사하고 서식처에 대한 분석결과를 공간에 투영함으로써 조경계획시 반영될 수 있도록 하는 것이 중요하다.

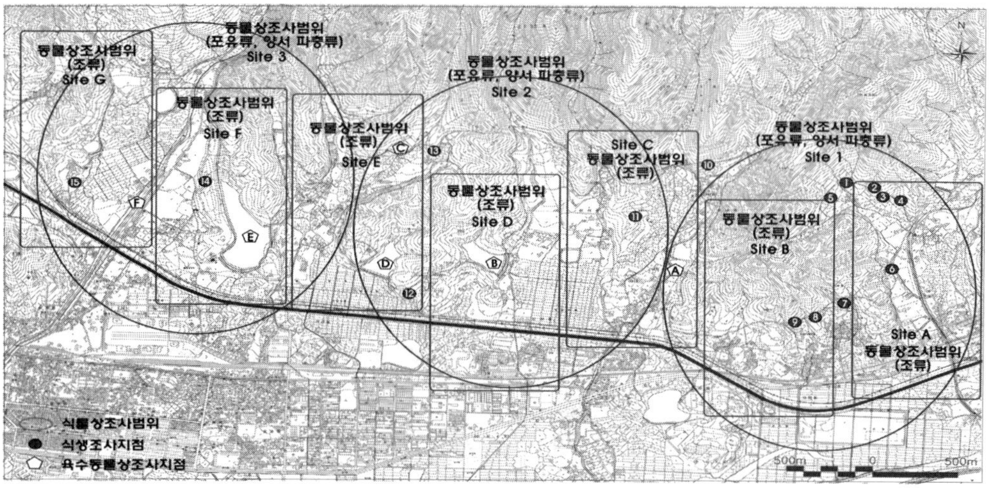

그림 2-1-2 동물상 조사범위 설정의 예

2. 조사 · 분석 내용

1) 곤 충

서식처가 매우 다양하기 때문에 조사가 쉽지 않다. 인위적인 변형이 큰 지역과 그렇지 않은 지역, 해당 지역의 생태학적 특성을 포괄할 수 있는 대표 조사지점과 지구를 설정하고 균형 있게 배치하여 조사 · 분석한다. 봄, 여름, 가을의 3계절 각 3회 이상 조사하는 것이 일반적이며 성충이 우화해 있는 시기가 적당하나 동종이더라도 지역별 차이가 있음을 감안하여야 하고 지역의 전문가 자문, 과거의 조사결과를 참조하도록 한다. 문헌과 청문조사를 선행하고 현지 조사로써 트랩법, 채집법 등의 방법으로 조사한다. 임의채집법, 쓸어잡기법, 털어잡기법, 리이트트랩법 및 함정 등의 방법으로 복수의 표본

조사지점에서 조사를 실시하고 가급적 많은 종이 채집 및 확인되도록 한다.

2) 어 류

현지에서 관찰 및 채집을 통해 조사하고 분석한다. 일반적으로 조사지점별로 망을 설치하여 계절별 1~10일 동안 채집하여 조사한다.

3) 양서 · 파충류

직접 확인 및 간접 확인의 방법으로 조사한다. 개구리와 같은 무미 양서류는 접근 가능한 지역을 따라 이동중인 개체와 바위틈 혹은 수로와 저습지 주변에서 포충망으로 채집하여 조사한다. 도롱뇽, 고리치레도롱뇽과 같은 유미 양서류는 유속이 완만한 곳의 작은 돌을 들추어 유생을 확인하거나 고인 웅덩이에 산란한 종을 직접 관찰하는 등의 방법을 사용한다. 성체는 고목을 들추거나 바위틈에서 관찰 가능하다. 도마뱀(장지뱀)류는 묵논, 묵밭, 초지주변, 하천변 쌓은 돌틈 등에서 확인할 수 있고 일출 및 일몰을 전

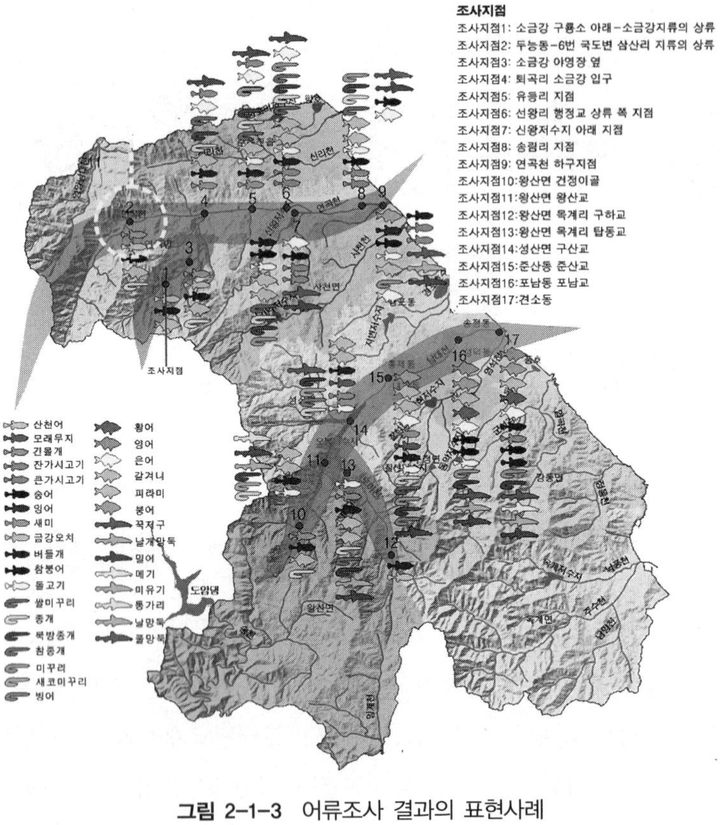

그림 2-1-3 어류조사 결과의 표현사례

후로 이동중인 개체는 채집하여 조사할 수 있다. 뱀류는 임연부, 돌담, 경작지, 돌밑 등에서 확인할 수 있고 뱀집게와 포충망을 사용하여 포획한다. 간접적으로는 무미 양서류의 경우 울음소리, 파충류는 허물을 확인하여 조사할 수 있고 청문에 의한 방법으로 확인 가능하다.

4) 조 류

특정지점을 선정하여 조사하는 정점센서스와 선형으로 조사하는 선조사법으로 구분되며 조사경로를 따라 쌍안경을 사용하여 관찰하거나 울음소리로 서식조류를 확인한다. 선조사법을 기본으로 하지만 조사지구의 특성에 따라 정점조사가 유리한 경우 이를 병행하는 것이 바람직하다.

5) 포유류

포유류를 직접 확인하여 조사하는 방법으로는 목견으로 서식환경, 고도, 개체수 등 생태적인 습성과 서식정보를 조사 및 기록하는 방법과 트랩으로 포획하여 확인하는 방법이 있다. 설치류와 같은 소형 포유류, 들쥐류, 두더지 등과 같이 포획대상의 종류별로 그에 적합한 포획 트랩과 조사방법을 사용한다. 간접적으로 조사하는 방법으로는 족적, 배설물, 식흔으로 확인하는 방법과 청문에 의한 방법이 있다. 흔적조사를 지원하기 위해 모래를 뿌려 발자국이 확인되도록 할 수 있다.

6) 동물의 종다양성과 서식처 특성 분석

동물환경의 서식처 특성 등을 분석하기 위한 척도로 흔히 종의 다양성 수준을 활용한다. 동물군집의 종다양성을 나타내는 척도로 우점도, 종다양도, 균등도, 종풍부도 등의 지표를 일반적으로 사용한다.

Simpson의 우점도지수

$$C = \Sigma(n_i/N)^2$$

n_i : 개개의 종이 갖는 중요값(개체수, 생체량, 생산량 등)

N : 각각의 중요값의 합

McNaughton의 우점도지수

군집우점도지수 = 가장 풍부한 두 종에 의한 수의 %

$$= 100\times(y_1 - y_2)/y$$

y_1 : 가장 풍부한 종의 수

y_2 : 두 번째로 풍부한 종의 수

y : 모든 종에 대한 총 수

Margalef의 종풍부도

$$d_1 = \frac{S-1}{\log N} \qquad d_2 = \frac{S}{\sqrt{N}} \qquad d_s = 1{,}000 \text{ 개체당 } S$$

식에서, S : 종수

N : 개체수 등

Pielou의 균등성지수(e)

$$e = \frac{H}{\log S}$$

식에서, H : Shannon지수

S : 종수

Shannon의 다양성지수

$$H' = -\sum P_i \log P$$

단, P_i 는 전체 종의 총개체수에 대한 어떤 종의 개체수의 비율

Simpson의 다양성지수

Simpson의 다양성지수 = 두 개의 다른 종이 무작위로 뽑힐 확률

= 1−(두 개의 같은 종이 뽑힐 확률)

$$= 1 - \sum_{i=1}^{S} (p_i)^2$$

D = Simpson의 다양성 지수

P_i = 군집에서 종 i 개체수의 비

Morista의 군집유사도지수(중복지수)

$$I_M = \frac{2\sum X_i Y_i}{(\lambda_1 + \lambda_2) N_1 N_2}$$

X_i : 군집 내의 I의 총수 Y_i : 종 i의 수

N_1 : $\sum x_i$

N_2 : $\sum y_i$

$$\lambda_1 = \frac{\sum x_i(x_i - 1)}{N_1 \cdot (N_1 - 1)}$$ … 군집 1에 대한 Simpson의 우점도지수

$$\lambda_2 = \frac{\sum y_i(y_i - 1)}{N_2 \cdot (N_2 - 1)}$$ … 군집 2에 대한 Simpson의 우점도지수

제5절 자연경관 및 생태계 분석

1. 광역 및 인접지역 분석

광역규모에서의 자연경관자원과 보전이 필요한 생태계 및 그 특성을 조사함으로써 부지내 조경계획시 반영할 사항을 도출한다. 인접지역에서는 자연경관특성으로써 특이경관, 보호가치가 높은 자연경관자원 분석이 필요하고, 생태적 특성으로써 보호가 필요한 인접지역 생태계 지역 등의 분석이 필요하다. 계획대상 부지와 연계되어야 할 녹지, 서식지 등의 분석으로 녹지축이나 생태축 등을 도출할 수 있도록 한다.

2. 부지분석

녹지량, 녹지의 구조 등 녹지의 질, 부지내 자연경관자원의 특성, 주변 자연경관자원으로 조망양호지점의 분석, 자연경관을 고려하기 위한 계획사항 분석(조망점, 토지이용,

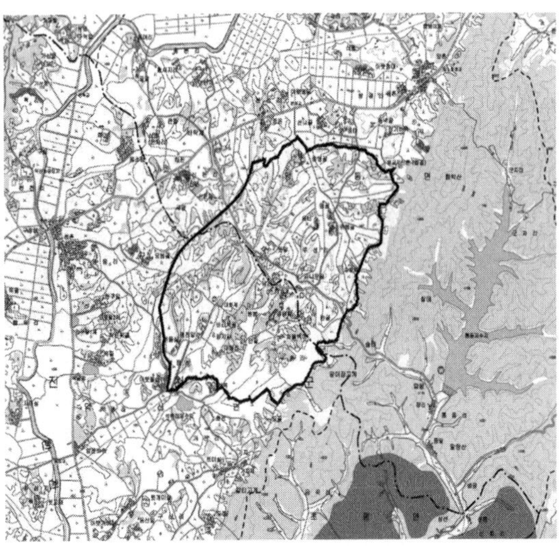

그림 2-1-4 부지 및 주변의 생태자연도 분석 사례

그림 2-1-5 녹지현황분석 사례

가시권, 조망시야와 장애요인, 설계반영사항 등), 자연환경 조사결과의 종합과 보전지역의 도출, 생태자연도, 녹지자연도 등 기존의 자료 분석 및 반영이 이루어질 수 있도록 한다.

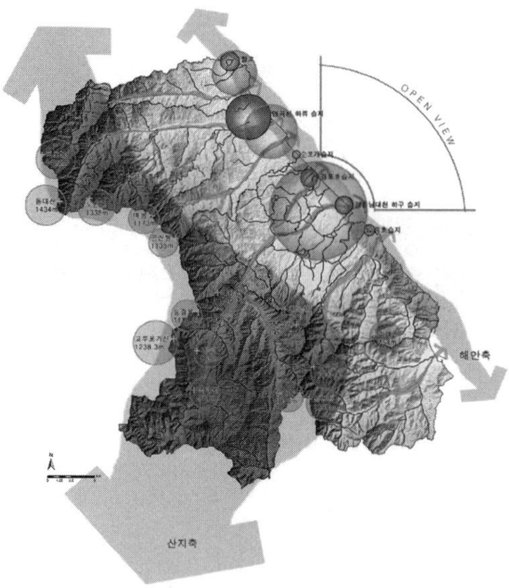

그림 2-1-6 지형 · 지세 분석 사례

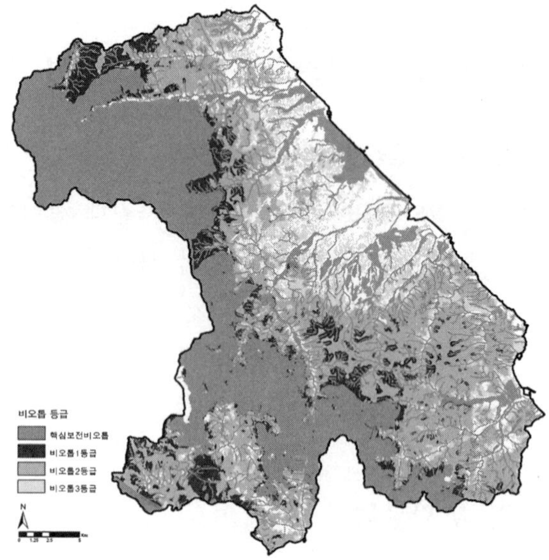

그림 2-1-7 광역적 보전필요지역 분석 사례

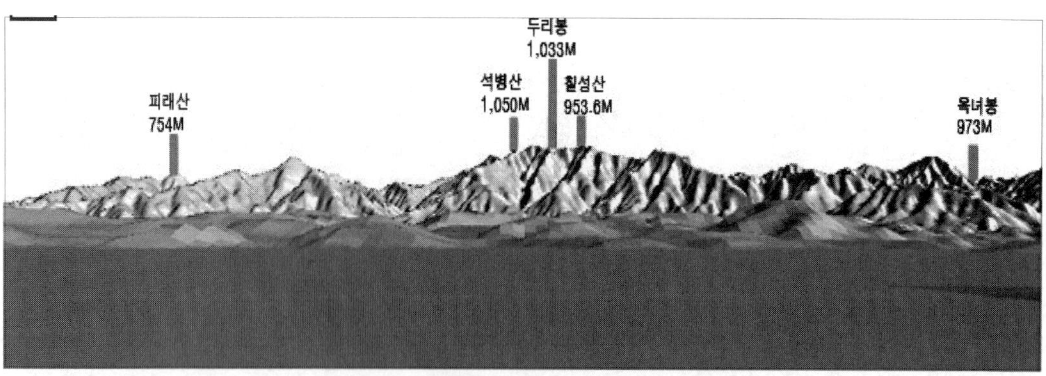

그림 2-1-8 광역적 자연경관자원 분석 사례

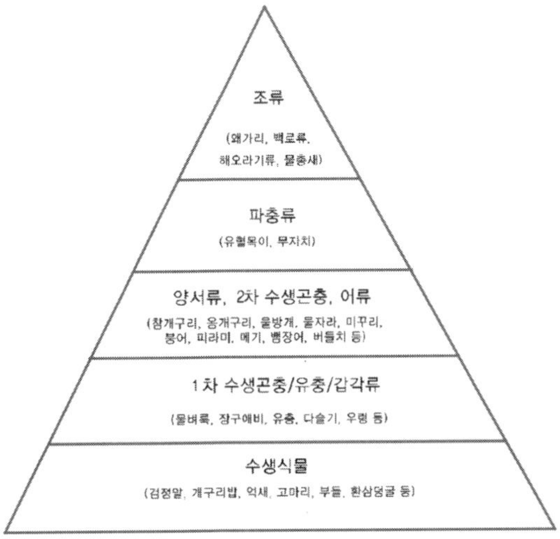

그림 2-1-9 충남 ○○군 ○○마을의 하천(수중)의 먹이 피라미드 분석 사례

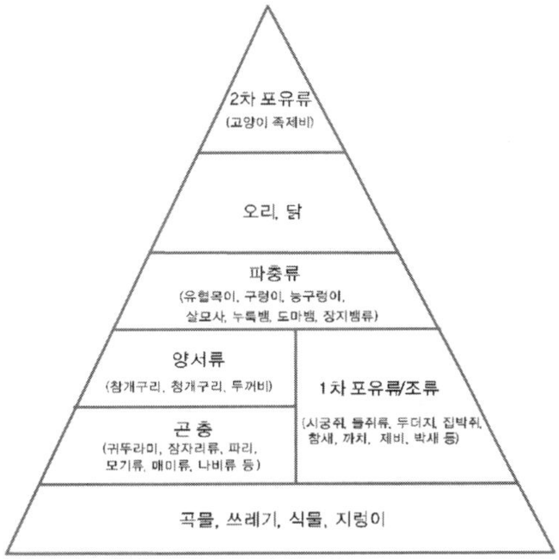

그림 2-1-10 ○○마을 주거지역의 먹이 피라미드 분석 사례

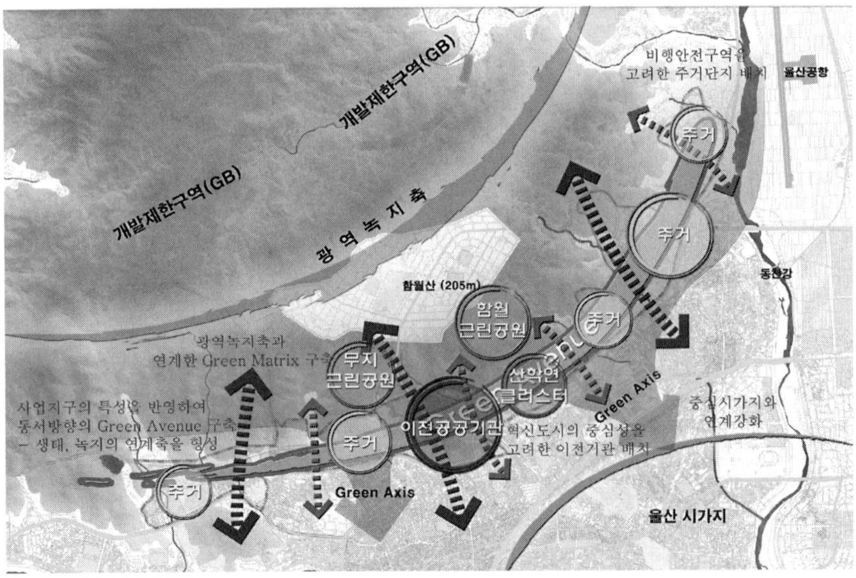

그림 2-1-11 시각적 경관분석 및 구상 예시

표 2-1-5 자연경관자원의 분석 예

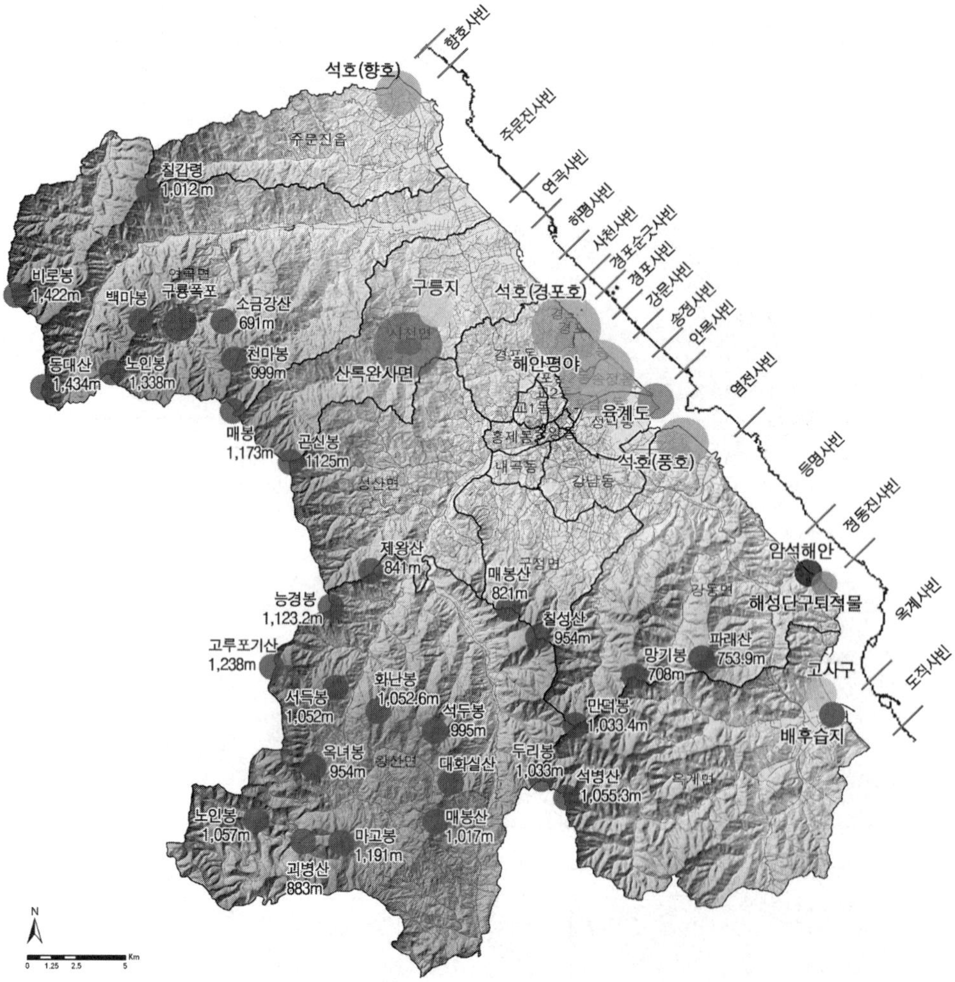

주요 산지	• 백두대간 보호구역(비로봉(1,422m), 백마봉(1,094.1m), 등대산(1,434m), 소금강산(691m), 노인봉(1,338m), 천마봉(999m), 매봉(1,173m), 곤신봉(1,125m), 제왕산(841m), 능경봉(1,123.2m), 고루포기산(1,238m), 서득봉(1,052m), 화난봉(1,052.6m), 석두봉(995m), 대화실산(1,010m), 매봉산(1,1017m), 두리봉(1,033m), 석병산(1,055.3m)) • 국립공원(비로봉(1,422m), 백마봉(1,094.1m), 등대산(1,434m), 소금강산(691m), 노인봉(1,338m), 천마봉(999m))
주요 하천	신리천, 도마천, 왕산천, 대기천, 송현천, 섬석천, 금광천, 어단천, 군선천, 임곡천, 정동천, 주수천, 낙풍천, 남양천, 사천천, 연곡천, 신왕천, 경포천, 위촌천, 안현천
석호	향호, 경포호, 풍호
사빈	향호사빈, 주문진사빈, 연곡사빈, 하평사빈, 사천사빈, 경포순긋사빈, 경포사빈, 강문사빈, 송정사빈, 안목사빈, 염전사빈, 등명사빈, 정동진사빈, 옥계사빈, 도직사빈
이 외	고사구, 구릉지, 구룡폭포, 배후습지, 산록완비탈면, 암석해안, 육계도, 해성단구퇴적물, 해안평야

제2장 인문환경분석

이관규, 주신하

제1절 인문사회환경분석

1. 개요

조경계획 수립을 위해서 조사 및 분석하여야 할 환경은 여러 가지 유형으로 구분할 수 있다. 본 서에서는 조사 및 분석의 대상환경을 자연환경, 인문사회환경, 시각자원환경 등으로 구분하고 있다. 여기서 인문사회환경은 인구, 주거, 산업, 교통, 문화재 등으로 구분되는 경제·사회환경과 대기질, 악취, 수질, 토지이용, 소음·진동, 폐기물, 위락·경관, 위생·보건, 전파장해, 일조장해 등으로 구분되는 생활환경 등을 말한다.

조사 및 분석의 항목과 정도(精度)는 계획의 대상과 목적에 따라 달라진다. 본 장에서는 인문사회환경분석의 내용을 토지이용·관련계획, 인구, 주거, 문화재, 교통, 경관, 일조, 대기질, 악취, 수질, 소음·진동, 폐기물(친환경적 자원), 행태분석 등으로 구분한다.

2. 토지이용 및 관련계획, 교통동선

용도별, 지목별 토지이용 현황을 지도상에 표현함으로써 해당 토지의 기존 용도를 조사·분석한다. 토지이용의 규제 여부를 검토하고 보전해야 하는지 개발이 가능한 부지인지, 그리고 어떠한 용도로 활용할 수 있는지를 판단한다. 주변지역의 토지이용과의 관계를 분석함으로써 해당 부지의 용도와 계획의 방향을 설정하는데 기초자료로 사용하도록 한다. 조경계획의 수립을 위해서는 대상부지 및 지역, 그리고 주변 및 광역지역에서의 관련된 상위계획이나 관련계획의 추진 현황을 조사·분석하고 그 연관성을 파악한 후 반영되어야 할 내용을 파악하여야 한다.

계획 대상지로 접근할 수 있는 교통현황, 대상지 내의 주요 동선현황을 조사·분석한다. 주변 교통의 인접성, 규모, 대중교통과의 연계, 교통체계, 주요 교통수단과 대상지 지형 및 토지이용과의 관계를 조사함으로써 조경계획시 토지이용, 동선, 진입부, 주차장 등의 계획에 참조하도록 한다.

3. 인구, 주거, 문화재

총인구수, 세대수, 인구밀도 등의 인구밀집지역, 인구구성현황, 증감현황 등을 조사한다. 대상지역 및 대상지를 포함한 광역범위를 포함함으로써 조경계획 수립과정에서의 인구수요 추정 등에도 활용할 수 있도록 한다.

주거에 관해서는 가구수, 주택수, 주택보급률, 주택의 형태, 주거환경의 적절성, 주택의 소유 현황, 이주민 발생관계 등 대상지를 포함하여 관계가 있는 주변지역을 조사범위에 포함하여 조사하도록 한다. 기존의 통계자료를 수집하여 분석하고 정리하며 필요시 현지조사를 하도록 한다.

문화재는 조경계획 대상지의 물리적 환경 내면에 존재하는 역사성을 대표하는 주요자원으로 계획시 고려해야 할 필수요소에 해당한다. 대상지 및 주변에 존재하는 문화재의 분포현황(위치, 내역, 지정번호, 문화재 종류별 분포수, 관리자 등)을 조사하고 문화재보호구역으로 지정되고 있는지에 대한 여부를 파악한다. 역사·문화적으로 보전가치가 있는 건조물·유적의 분포현황 및 보전 대상 건조물·유적 내 거주현황(거주목적, 거주규모 등), 매장문화재의 존재 가능성 등을 조사한다.

4. 경관, 일조

보전가치가 높은 경관자원으로써 지형·지물, 식생, 역사 및 문화자원, 특정지역, 배후산지의 스카이라인, 역사건조물 등을 조사하고 경관자원목록을 작성한다. 경관자원목록 중에서 우선 보전하거나 복원 및 활용해야 하는 경관자원 순위를 부여하고 경관자원으로의 조망과 관리현황 등을 분석한다.

경관자원의 분석을 위해서는 경관을 바라보는 조망점 선정이 중요하다. 인구가 밀집된 지역이거나 이동이 많은 곳, 주요 결절점 등 피조망 대상이 되는 경관자원으로의 조망빈도와 조망량이 상대적으로 많은 지점을 조망점으로 선정한다. 필요시에는 경관자원에서의 가시권역을 분석하고 시각영향지역을 확정하고, 이 지역에서의 경관시뮬레이션을 거쳐 조망점들의 위치를 확정하고 분석하는 기법을 활용한다. 보전해야 할 경관자원을 배려하고 보다 나은 경관자원을 창출할 수 있는 조경계획이 수립될 수 있도록 기초적인 경관자원 자료로써 활용할 수 있는 조사와 분석이 되도록 한다.

지역의 지형상황, 토지이용상황, 일영상황(범위, 시각 및 시간수 등) 등을 기본적으로 조사한다. 중·고층 건물의 건설 완료시 동지일의 진태양시에 의한 오전 8시부터 오후 4시까지의 사이에 일영이 발생된다고 예상되는 지역을 조사범위로 한다. 기존 문헌자료 및 현지조사에 의해 조사를 하고 일조지역 상황 등을 감안하여 일영상황을 파악할 수 있도록 조사기간과 빈도를 결정한다.

지형 등이 복잡하여 상세한 조사가 필요할 때에는 현지실측, 사진촬영 등의 조사를 병행한다. 일조상황은 일영도를 작성하여 계획에 참조할 수 있도록 한다.

조경계획의 대상이 되는 지역과 주변 및 광역지역의 사회환경 현황을 조사하고 분석함으로써 계획수립의 근거자료로서 활용할 수 있도록 한다. 주로 인구, 주거, 교육, 문화재, 교통 등의 분석이 주가 된다.

5. 대기질, 악취, 수질, 소음, 폐기물

대기환경 기준항목의 현황농도, 인접지역의 공장, 밀집주거지, 사업장, 도로 등의 주요 오염발생원의 위치, 연료종류, 연료사용량, 배출시설 및 방지시설 설치상황과 오염물질의 발생상황을 조사한다. 지역별 환경기준, 규제기준, 방지대책 등과 기타 대기영향물질의 조사가 필요한 항목을 선택하여 조사한다. 현지측정조사가 필요할 때에는 2계절 이상 현지조사를 원칙으로 하고 기간과 횟수 등은 사업의 규모, 위치 등을 고려하여 조정 가능하다. 조사 및 분석의 결과로 대기질 농도를 TM좌표를 이용한 격자농도 분포표나 등농도곡선으로 작도하여 계획시 참조할 수 있도록 한다. 악취 원인물질 및 위기농도를 조사하고 주요 발생원의 상황을 검토한다. 현지조사가 필요할 때에는 악취공종시험방법에 준하여 시행한다. 기타 자료 등과 병행비교하고, 환경친화적인 토지이용계획이 되도록 계획에 반영할 수 있는 방안을 모색한다.

대상지내 수환경이 있을 경우 필요시 수질환경기준항목과 저질 등의 현황농도를 조사한다. 지하수 산출 상태와 그 분포, 지하수 이용현황, 수문, 수자원 이용현황, 오염원, 처리시설 현황, 우수 유로 현황 등을 조사·분석한다. 측정 조사항목 외의 사항은 기존자료나 현지 확인 등을 통해 조사한다. 조사결과로써 수질현황도, 지하수 등고선도, 수문현황도, 수환경종합분석도(수자원 이용상황, 오염원 상황, 처리시설 현황 등) 등을 작성하여 계획에 반영할 수 있도록 한다.

부지내 정온유지 환경에 영향을 줄 수 있는 소음원에 대해 조사를 한다. 특히 도로, 철도, 항공기, 공장 등의 시설이 주위에 있을 경우에는 소음레벨을 측정해야 한다. 주요 소음발생원의 상황, 토지이용상황, 기타 교통량, 차종구성, 도로구조 등의 상황과 소음규제지역으로의 설정 여부 등 관련계획과 법령 등을 조사한다. 대상지에 영향을 주는 소음원이 있을 때에는 소음을 감소시키기 위한 토지이용과 구조 및 배식계획 등을 수립하도록 한다.

폐기물 발생 및 처리, 처분 상황에 대한 현황 혹은 해당 사업으로 인해 발생이 예상되는 폐기물을 예측하여 조사·분석함으로써 조경계획시 환경친화적인 자원순환계획을 수립함에 있어 기초자료가 되도록 한다. 해당 부지 및 인접지역의 현황과 예측도 필요시에는 조사하도록 한다. 농촌마을과 같은 조경계획의 대상은 특히 축산분뇨 등의 현황과 용량 등을 조사하여 분석하는 과정이 필요하다.

제2절 행태분석

1. 행태적 분석 과정

조경계획을 포함한 환경설계(건축, 조경, 도시설계 등)에 있어서 인간행태적 접근은 물리적·사회적 환경과 그 안에서 일어나는 인간행태의 관계성에 주된 관심을 둔다. 이러한 관계성의 파악은 환경설계의 기준과 직접적으로 연결된다. 인간행태적 측면에 대한 연구가 대두되는 배경은 전통적인 환경설계가 대부분 설계자의 주관 및 직관에 의지함으로써 발생되는 문제점을 극복하고, 이용자들의 행태에 기초한 환경설계를 수행하는 데 있다.

인간행태를 보다 효과적으로 수용하기 위한 환경설계과정은 일반적 환경설계과정의 테두리 안에 포함되지만 효율적으로 행태적 고려를 할 수 있도록 다음과 같은 단계로 구분한다. 프로젝트의 규모 및 유형에 따라 다소 차이는 있지만 ① 필요성(needs)의 파악, ② 행태기준 설정, ③ 대안연구, ④ 설계안 발전의 4단계로 나누어 볼 수 있다(Bell, et al., 1978).

1) 필요성 파악

필요성(needs)은 의식주 등에 관련된 생활을 영위하는 데 기본적인 사항이며, 기본적 사항에 대한 만족 이상의 '욕구(desires or wants)'와 구별되는 개념이다. 필요성 및 욕구의 파악은 이용자에 대한 조사 및 연구, 이용자의 설계과정시 참여를 통하여 이루어진다.

2) 행태기준 설정

행태기준은 기능적 측면, 생리적 측면, 지각적 측면, 사회적 측면으로 분류된다. 기능적 측면은 환경(environmental setting) 내에서 이루어지는 행위가 기능적으로 잘 이루어지도록 하는 공간적 구성 및 사물의 배치기준에 관계되며, 생리적 측면은 물리적 환경의 쾌적성·안전성에 관련된 온도, 소음 등의 기준과 관계된다. 지각적 측면은 환경적 자극(stimulation)이 행위수행에 적절한 범위 내에 유지되도록 하는 시각적 복잡성, 다양성 등의 기준에 관계되며, 사회적 측면은 개인적 공간, 영역성, 혼잡 등 사회적 행태가 원만히 이루어지기 위한 기준에 관련된다.

3) 대안연구

전 단계에서 설정된 행태기준에 따라 여러 가지 대안의 가능성을 검토하고 각 대안의 상호비교, 연구, 평가 등을 통하여 이용자 행태에 적합한 안을 선정하는 단계이다. 대안의 발전, 비교 및 평가는 본격적인 행태적 분석에 관한 지식을 필요로 하며 설계과정 중에서 가장 중요한 부분이 된다.

4) 설계안 발전

이 단계는 선정된 대안을 보다 구체적으로 세부 부분까지 발전시켜 시공이 가능한 안을 완성시키는 단계이다. 필요성을 파악하고 행태기준을 설정하여 대안연구를 한 결과를 실제 설계업무에 반영하여 설계안을 작성하도록 한다.

2. 환경심리학과 행태분석

1) 환경심리학

환경심리학은 환경설계에서 사회·행태적 분석의 이론적 기초가 되며, 환경심리학의 연구방법은 사회·행태적 분석방법을 제공해준다. 환경심리학은 물리적 사회적 환경과 인간행태 사이의 관계성을 밝히는 분야이므로 인간이 쾌적하게 느끼는 물리·사회적 환경을 설계하는데 있어서 필수적이라 할 수 있다.

환경심리학의 관심분야는 환경평가, 환경지각, 환경의 인지적 표현, 개인적 특성 및 환경에 대한 반응, 환경에 관련된 의사결정, 환경에 대한 일반대중의 태도, 환경의 질, 생태심리학 및 환경단위의 분석, 인간의 공간적 행태, 밀도가 행태에 미치는 영향, 주거환경에서의 행태적 인자, 공공기관에서의 행태적 인자, 실외레크리에이션 및 경관에 대한 반응 등 다양한 방면에 걸쳐 있다(Craik, 1973).

2) 환경심리학과 조경계획

환경심리학은 이상에 열거된 바와 같이 광범위하고 다양한 분야를 다루고 있으며 환경계획·설계에 관련되는 실질적인 문제해결에 기여할 수 있는 이론적, 경험적 연구에 초점을 맞추고 있다. 환경심리학은 환경계획·설계를 보다 과학적으로 접근할 수 있는 토대를 마련한다고 볼 수 있다. 환경심리학 분야의 연구결과 중 개인적 공간(personal space), 영역성(territoriality), 혼잡(crowding) 등은 환경계획·설계분야와 매우 밀접한 관련이 있다고 할 수 있는 내용이다.

(1) 개인적 공간(personal space)

일정 그룹의 동물을 관찰해 보면 그들은 개체상호간에 일정한 거리를 유지하는 것을 볼 수 있다. 전깃줄에 앉은 참새 혹은 제비, 물 속의 백조나 오리떼 등은 하나의 커다란 무리를 이루고 있으나 각 개체간에는 일정한 간격을 유지하고 있다. 이러한 현상은 동물에게만 있는 것이 아니고 인간사회에서도 흔히 볼 수 있다. 줄을 서서 기다릴 때, 광장에 많은 사람이 모여 강연, 음악연주 등을 들을 때, 여럿이 둘러앉아 게임을 할 때에는 개인 상호간에 일정한 거리를 유지하고 있음을 관찰할 수 있다.

이러한 사실을 생각해 볼 때 개인이 환경 내에서 점유하는 공간은 개인의 피부가 그 경계가 아니고 개인 주변의 보이지 않는 공간을 포함한 보다 연장된 경계를 지니고 있음을 알 수 있다. 이와 같이 개인과 개인 사이에 유지되는 간격을 개인적 거리(personal distance)라 하며, 개인 주변에 형성되어 개인이 점유하는 공간을 개인적 공간(personal space)이라고 한다. 홀(Hall, 1966)은 미국 사람을 대상으로 조사한 결과 친밀한 거리, 개인적 거리, 사회적 거리, 공적 거리 등으로 대인 간격을 구분한 바 있다.

표 2-1-6 개인적 공간의 거리 및 기능

구 분	거 리	기 능
친밀한 거리 (intimate distance)	0~1.5피트(0~45cm)	아기를 안아 준다거나 이성간의 교제 등 아주 가까운 사람들 사이에 혹은 레슬링, 씨름 등 스포츠경기 때 유지되는 거리이다.
개인적 거리 (personal distance)	1.5~4피트(45cm~1.2m)	친한 친구 혹은 잘 아는 사람들 간의 일상적 대화에서 유지되는 간격이다.
사회적 거리 (social distance)	4~12피트(1.2m~3.6m)	주로 업무상의 대화에서 유지되는 거리이다.
공적 거리 (public distance)	2피트(3.6m) 이상	배우, 연사 등의 개인과 청중 사이에 유지되는 보다 공적인 모임에서 유지되는 거리이다.

(2) 영역성 (territoriality)

개인적 공간은 사람이 움직임에 따라 이동하며 보이지 않는 공간인 데 비하여 영역은 주로 집을 중심으로 고정된, 볼 수 있는 일정지역 혹은 공간을 말한다. 영역성은 사람뿐만 아니라 일반 동물에서도 흔히 볼 수 있는 행태이다. 동물에게서 나타나는 영역성은 "개체 혹은 그룹의 일정지역 방어를 포함하며, 예방적인 공격, 실제의 싸움 등을 포함하는 공간"으로 정의한다(Carpenter, 1958). 이와 같이 동물세계에 있어서 영역성은 동물의 생존에 관계된 먹이 확보, 종족번식 등의 기능과 밀접한 관계를 지니며, 주로 먹이확보, 배우자 선정에 있어 경쟁의 대상이 되는 같은 종 내의 서로 다른 개체 혹은 그룹 사이에서 이루어지는 행태이다.

(3) 혼잡 (crowding)

혼잡은 기본적으로 밀도와 관계된 개념이다. 도시화가 진행됨에 따라 한정된 지역에 많은 사람이 모여 살게 되어 과밀로 인한 문제점이 늘어남에 따라 혼잡에 대한 관심이 높아지고 있다.

인간사회에서의 밀도는 보통 물리적 밀도와 사회적 밀도의 두 가지로 구분된다. 물리적 밀도는 일정면적에 얼마나 많은 사람이 거주하는가 혹은 모여 있는가 하는 것이고, 사회적 밀도는 사람 수에 관계없이 얼마나 많은 사회적 접촉이 일어나는가 하는 것이다. 예를 들면 우리나라 아파트의 경우 물리적 주거밀도는 매우 높으나 사회적 밀도, 즉 아파트 주민간의 대화 혹은 접촉의 정도는 매우 낮다. 현대도시 주거의 문제 가운데 하나는 물리적 밀도는 매우 높으며 사회적 밀도는 반대로 매우 낮은 점이다.

이밖에도 지각된 밀도를 구분할 수 있는데, 이는 물리적 밀도의 고저에 관계없이 개인이 느끼는 혼잡의 정도를 말한다. 즉 야구장에서는 밀도에 비하여 느끼는 혼잡의 정도가 상대적으로 낮다고 볼 수 있는데, 이는 관람객이 고밀도를 예측하고 야구장에 왔다는 점과 야구경기에 주의를 집중하게 되므로 혼잡을 느끼는 정도가 낮다고 설명될 수 있다. 즉 혼잡도의 예측가능성과 주의집중 대상의 유무가 혼잡도 지각에 영향을 미친다고 할 수 있다. 따라서 밀도가 높다고 하여 반드시 혼잡하다고 느끼는 것은 아니다. 축제 때의 길거리 혹은 상가는 물리적 밀도가 매우 높지만 혼잡하지 않고 오히려 즐거운 분위기로 느껴질 수도 있다. 이와 같이 혼잡한가 아닌가를 느끼는 것은 ① 개인적인 차이(성별, 성격, 연령), ② 상황적 조건(분위기, 행위의 종류), ③ 사회적 조건(사람간의 관계성, 접촉의 밀도), ④ 혼잡도 예측가능성 등에 따라 달라질 것이다.

3. 행태분석 조사방법

1) 설문조사법

설문지에 의한 조사는 문제의 성격이 명확하고, 다루고자 하는 관련 개념 및 내용이 확실할 경우에 이용된다. 설문지에 대한 응답자료의 분석을 통하여 계량화된 결론을 얻을 수 있다. 따라서 계량적인 자료에 근거한 설계를 할 수 있으며, 설득력 있는 설계안을 만들 수 있다.

설문조사결과는 통계적 처리를 통하여 계량적 결론을 얻어낼 수 있기 때문에 조사결과를 설득시키는 힘이 비계량적인 결과보다 크다. 그러나 문제에 대한 질적인 이해 없이 숫자만을 맹목적으로 과신하는 경향이 있을 수 있으므로 이 점에 유의하여야 한다. 앞부분의 질문이 나중의 질문에 답하는 데 영향을 주는 경우가 있다. 예를 들어 앞의 질문에서 특정사항이 이미 언급되었다면, 나중의 질문에서 그 사항에 관한 응답자의 지식을 테스트한다는 것은 무의미할 것이다. 설문을 배열하는 데 있어서 일반적인 사항부터 시작하여 세부적인 사항으로 넘어가는 것이 보통이다.

(1) 자유응답(free responses)설문

자유응답설문은 응답자가 특정한 형식에 구애받지 않고 질문에 자유롭게 대답할 수 있는 설문형식을 말한다. 특정 문제에 대하여 기술하는 형식의 설문은 대부분 여기에 속한다. '귀하가 살고 계신 아파트 단지에서 가장 불편한 점은 무엇입니까?' 혹은 '귀하가 가장 좋아하는 스포츠는 무엇입니까?' 등과 같이 응답자가 아무런 구애를 받지 않고 자신의 생각을 기록할 수 있는 설문이 이에 속한다.

(2) 제한응답(precoded responses)설문

응답자의 응답범위를 표준화시켜 일정한 체계를 만들고 이 체계를 따라 응답하도록 하는 방법이다. 이 방법은 통계적 처리를 통하여 계량적인 결과를 얻을 수 있다. 나이, 종교, 학력 등 응답자가 깊이 생각함이 없이 기계적으로 응답할 수 있는 단순응답과 일정한 상황, 사람, 사물, 환경에 대한 응답자의 태도에 관한 태도(attitudes)조사 등이 이러한 설문유형에 해당한다.

(3) 시각적 응답(visual responses)

환경의 인지 혹은 지각에 관한 자료는 서술적인 응답보다는 시각적 표현이 더욱 유용한 경우가 많다. 지도그리기, 지도에 표시하기, 스케치, 사진선택, 게임 등의 방법이 사용된다.

2) 인터뷰

인터뷰는 질문을 통하여 이용자들이 무엇을 생각하고, 느끼며, 어떠한 행동을 하는가, 무엇을 알고 있고, 믿으며, 기대하는가에 대한 것을 체계적으로 밝혀내는 방법이다(Zeisel, 1981). 인터뷰를 통하여 사람들이 일정상황에 대하여 취하는 입장을 알 수 있으며, 감정의 강도를 알 수 있으며, 일정행동을 하는 의도를 알 수 있다.

설계 시에는 항상 모든 문제를 완벽하게 만족시킬 수 있는 해결안을 만들기는 거의 불가능하며, 주요한 문제에 초점을 맞추어 해결안을 찾게 된다. 이 경우 인터뷰를 통해 다양한 문제에 대한 이용자들이 느끼는 우선순위를 파악함으로써 문제해결의 초점을 어디에 맞출 것인가를 결정할 수 있다.

3) 행태관찰

인간행태의 직접적인 관찰은 사람들이 자신의 환경을 어떻게 이용하고 있는가를 체계적으로 조사하는 것이다. 일정장소에서 이용자들이 실제로 무엇을 하며, 이용자 상호간에 어떠한 공간적, 사회적 관계성을 지니며 동시에 물리적 환경이 그 안에서 일어나는 행위에 적합하게 구성되어 있는가, 아닌가를 관찰한다(Zeisel, 1981). 이 방법은 주거단지 내 주민이용행태, 어린이 놀이행태, 광장의 공간이용행태 등을 조사하는데 유용하며, 이 조사결과는 해당 장소의 설계지침으로 활용될 수 있다.

설계자는 인간의 행위를 지원해 주는 환경을 조성한다. 따라서 다양한 인간행태 및 행위자 상호간의 관계성에 대한 깊은 이해는 인간행위에 적합한 환경을 조성하는 데 필수적이다. 인간행태를 보다 깊이 있게 관찰하기 위해서는 체계적인 분석을 통한 관찰이 요구된다. 즉 누가(행위자), 무엇을(행위), 누구와 함께(주변인물) 하며, 이러한 행태가 어떠한 상황(상황, 맥락) 및 어느 장소(물리적 배경)에서 이루어지는가를 체계적으로 분석하여야 한다.

4) 흔적관찰(trace observation)

물리적 흔적의 관찰이라 함은 인간의 주변환경 혹은 행위의 결과로 남은 흔적들을 체계적으로 조사하는 것을 말한다. 이러한 조사를 통하여 어떻게 오늘의 환경이 구성되었는가, 설계자가 어떤 의도로 설계하였는가, 사람들이 실제로 어떻게 이용하고 있는가, 이용자들이 어떻게 느끼는가 및 이용자들의 욕구를 얼마나 만족시켜 주고 있는가 등에 대한 추론을 할 수 있다(Zeisel, 1981). 이 방법은 잔디마모관찰을 통한 지름길 이용행태, 이동식 의자관찰을 통한 공간이용 패턴, 쓰레기 관찰을 통한 공간이용행태 등을 조사하는데 효과적이다.

이 방법은 프로젝트 초기단계에 이용행태에 대한 이해를 돕고, 가설을 도출하며 새로운 개념을 도출하는 데 유용하다. 물리적 흔적을 관찰하는 경우 프로젝트의 문제점 및 성격을 용이하게 파악할 수 있으며, 행위가 일어난 후에 그 결과로 생긴 생리적 흔적을 관찰하는 것이므로 관찰자의 출현이 연구의 대상이 되는 행태에 영향을 미치지 않는다. 이 방법은 일반적으로 비용이 적게 들고 중요한 정보를 빨리 얻을 수 있다. 따라서 조사의 방향, 가설 설정 등을 결정함에 있어 손쉽고 효율적인 수단이 된다.

5) 문헌조사(archives)

문헌조사는 과거나 현재 발행된 신문, 보고서, 통계자료, 예산서, 편지, 사진 혹은 도면 등의 내용을 검토함으로써 원하는 정보를 찾아내는 방법이다. 역사적 사실에 대한 연구는 직접관찰이나 인터뷰를 통하여 자료를 얻기 어려우며 문헌조사가 가장 중요한 자료습득 수단이 된다. 설계대상지의 역사, 문화, 행정 등에 관한 자료를 얻기 위해서는 문헌조사가 필수적이다.

문헌조사는 다음과 같은 특징을 가지고 있다. 첫째, 통계자료를 이용할 경우에는 연구목적에 따라 자료의 재분류가 필요하다. 둘째, 과거 자료를 검토할 경우에 단순한 분석이 아닌 자료에 대한 적절한 해석이 필요하다. 물론 연구자의 편견 등은 가능한 배제해야 한다. 셋째, 일정기간을 두고 정기적 혹은 부정기적으로 기록된 자료(인구통계, 지도, 뉴스 등)로부터는 일정 행위 및 행위변화의 패턴을 알 수 있다. 넷째, 자료의 접근성에 차이가 있다. 신문, 잡지 등은 자유롭게 얻을 수 있는 반면, 개인 프라이버시에 관계되거나 정부 및 기관의 자료 등은 경우에 따라 접근에 제한이 따른다. 다섯째, 자료를 해석함에 있어서는 자료가 쓰인 배경 혹은 상황을 염두에 둘 필요가 있다. 즉 관련자료 중에서 의도적으로 누락된 것은 없는가? 자료 기록이 긍정적, 부정적 혹은 중립적인 입장에서 이루어졌는가? 등에 대한 판단을 함으로써 보다 정확한 자료해석이 이루어질 수 있다.

제3절 인문환경분석 사례

인문사회환경의 분석은 조경계획의 대상과 주목적에 따라 분석대상, 분석방법, 분석의 정밀도 등이 달라진다. 다양한 인문사회환경 분석 사항 중에서 해당 계획의 목적에 부합하는 사항을 선택하여 집중조사 및 분석하는 방법을 택하는 것이 바람직하고, 계획을 위한 시사점과 반영해야 할 사항 등을 도출하여 계획과 연계하는 과정을 거쳐야 한다.

1. ㅇㅇ마을 인문사회환경 분석 사례

사례 1. 다음의 사례는 ㅇㅇ마을의 생태관광 조경계획을 위해 인문사회환경을 분석한 예이다. 농촌마을을 대상으로 생태관광 조경계획을 목적으로 하기 때문에 생태관광의 자원이 될 만한 사회환경, 생산환경, 인구 및 주거, 교통 및 동선 등의 분석에 집중을 하고 있다.

표 2-1-7 ㅇㅇ마을 조경계획을 위한 인문사회환경의 분석과 계획시 고려사항 도출의 예

구 분	잠재요소(기회요소)	문제점(제한요소)	계획시 고려항목
특용작물재배	• 농가의 고소득원 • 표고버섯(6), 포도(1) 작목반 활동 • 고추는 비교적 소득이 안정적	• 대파는 농약 사용량이 많은 대표적인 환금작물 • 마을을 대표하는 특산물 없음 • 농법이 친환경적이지 못함	• 지형, 기후에 적합하고 마을의 안정적인 소득원이 될 수 있는 마을 특산품 개발 • 마을 상품 캐릭터 개발 및 유통경로 확보
도농교류	• 교회조직을 통한 도농교류 구상중	• 현재는 도농교류의 기반 취약	• 농산물의 도농 직거래 · 주말농장 • 관광객을 대상으로 직판
상업	• 수산업과 식당을 겸하는 형태로, 주민이 직접 운영하는 가게는 현재 절반 이하(12곳 중 5곳)	• 개발편익을 기대한 외지의 자본이 최근 2~3년 사이 많이 들어오면서 마을 야산 중 일부를 샀고, 도로변을 따라 식당의 수도 늘어나는 등 난개발이 우려됨	• 난개발 규제에 대한 행정기관(인천시 혹은 강화군, 화서면 단위)과의 협의 필요 • 지역 상황을 고려하면서, 외부세력(외부 자본 및 관광객까지도)을 제어할 수 있는 마을의 자립성, 자치성 강화
관광	• 마을을 대상으로 한 생태관광계획 연구가 여러 차례 진행됨 • 언론매체, 인터넷을 통해 생태관광지로 많이 알려져 장소 이미지는 상당히 좋은 편임	• 아직 마을 전체 수익에 큰 보탬이 되지 못하고 있음 • 민박하는 곳은 2곳에 불과하고, 식당은 많지만 공용주차장이나 탐조시설, 휴게시설이 부족	• 생태관광을 위한 탐조시설, 숙박시설, 휴게시설, 샤워시설, 주차장 등의 제반 시설 구축 • 주민참여적 생태관광으로 주민들 삶의 질에 기여할 수 있는 관광으로 계획유도
주민특성	• 혈연적, 종교적 유대감으로 마을 공동체성이 강하며, 위계적 서열도 존재 • 마을지도자들 존재, 이들 중 성공회의 영향력이 큰 편	• 40~60대의 고령인구가 전체 인구의 거의 절반을 차지함. • 학업 혹은 취업 등의 이유로 젊은층이 일찍 마을을 떠남	• 주민참여적 계획, 운영에 주민특성 반영 • 기존에 있는 친목단체, 자치조직을 바탕으로 계획 및 설계에서 주민참여 고려

(표 계속)

구 분	잠재요소(기회요소)	문제점(제한요소)	계획시 고려항목
마을 발전 위원회 (가)	• 마을 내 지도자들 참여 • 마을홈페이지 개설 및 운영 • 생태관광 전문가들 포함 • 강화시민연대, 인천환경운동연합, 생활협동조합 등 시민단체 포함	• 설립 준비단계, 마을 주민들의 합의를 완전히 이끌어내지 못했음	• 계획 및 운영에 있어 자치기구 역할 및 자문기구의 역할과 이들간의 네트워크를 가능하게 하는 조직으로 발전할 것으로 기대됨
마을 공동 시설	• 마을 중심부에 위치한 성공회 성당이 마을의 중심적 회합장소가 됨	• 마을 남단부에 위치한 마을회관은 거의 경로당으로만 이용됨	• 왕래가 잦은 마을 중심부에 성공회 성당과 함께 마을 회합장소를 마련하면, 시너지 효과가 생길 것으로 기대됨
주택 및 생활 환경	• 자연적으로 형성된 집성촌으로 정주구조를 위한 인위적 지형파괴가 덜함 • 노후 주택도 몇 있지만, 개량주택과 신축양옥의 비중이 큼	• 부지정비 부족 • 신축양옥, 개량주택, 재래주택이 혼재, 마을 경관 해침 • 생활폐수 처리방안 전무 • 우수 방치, 수세식 화장실 상수 문제 • 가구별 펌프이용. 상수, 농업용수로 이용	• 신축되는 건물의 층수 또는 높이 제한 • 건물 신축시 마을 자치회의 허가 • 지역소재를 이용한 생태건축 • 마을길, 담장 등을 친환경적이고, 마을공동체성을 강화할 수 있는 구조로 재정비 • 우수 차집, 재활용 시설 설치, 화장실 상수사용량 줄이기 • 지하수 사용량 줄이는 방안 마련
정화 시설	• 축산가구가 줄어 축산폐수의 부하가 마을 하천을 심하게 오염시킬 정도로 크지는 않고, 축산분뇨의 일부는 퇴비화하여 자체 소비	• 생활하수, 축산폐수가 별도의 처리 없이 바다로 유입 • 생활쓰레기는 일부만 분리수거, 여전히 무단투기 • 외부 관광객들의 쓰레기 투기 및 소각 • 퇴비화가 일반화되어 있지 않음	• 음식물 쓰레기 퇴비화 • 재활용품 분리수거 • 면단위 쓰레기 수거 체계 마련 • 방문객 쓰레기 투기방지 대책 마련 • 축산분뇨 퇴비화 • 생활오폐수 및 축산폐수 정화방안 마련 • 생활하수로, 축산폐수로 분리
마을 접근 용이도	• 지방국도가 마을을 관통하고 있어 마을로 들어서는 접근도는 높음	• 대중교통수단이 불편 • 주말이나 휴가철 인근 관광지로 향하는 차량으로 인해 혼잡이 우려됨.	• 마을로 들어서는 진입로 정비 • 인근 읍, 면과의 교통계획 주민편의에 맞게 조정
해양 탐구 수련원	• 공사비 30억의 최첨단 시설 • 일년에 50,000명 이상의 학생들이 수련원을 거쳐 감	• 학생들의 소란행위 및 대규모 이용으로 갯벌, 농경지 훼손 • 수련원 및 수련원생들과 마을간의 연계 부족	• 수련원과 주민들간 소통이 원활할 수 있도록 정기적인 모임 설정 • 수련원생들을 일차적 고객으로 삼는 기념품, 특산품 판매사업 고안
방문객 실태	• 외부에 이미 생태관광지로 알려져, 방문객의 수가 점점 증가	• 여전히 일회성 방문이 많음 • 주민소득과 연결 미비	• 방문객이 장기간 머무를 수 있고, 다음에도 다시 찾을 수 있도록 하여 장기적으로 마을의 경제를 안정적일 수 있도록 함 • 주민소득에 직접적으로 보탬이 되는 아이템사업 개발 • 생태관광에 대한 기대수요를 충족시켜줄 수 있는 마을의 내실 있는 관광계획 및 운영 역량 요구됨

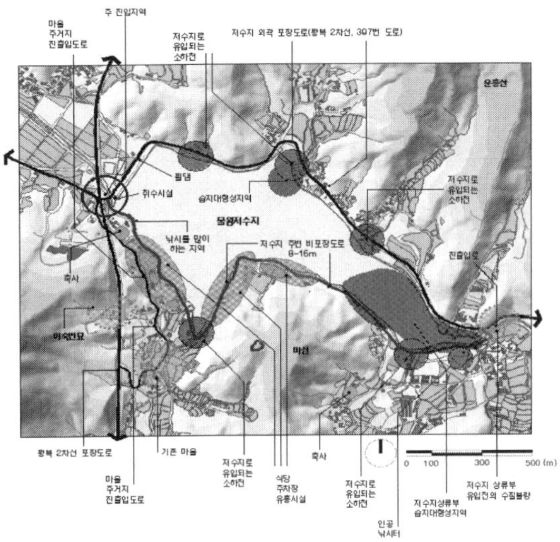

그림 2-1-12 인문사회환경 공간분석의 예
(○○저수지 생태관광조경계획, 2006)

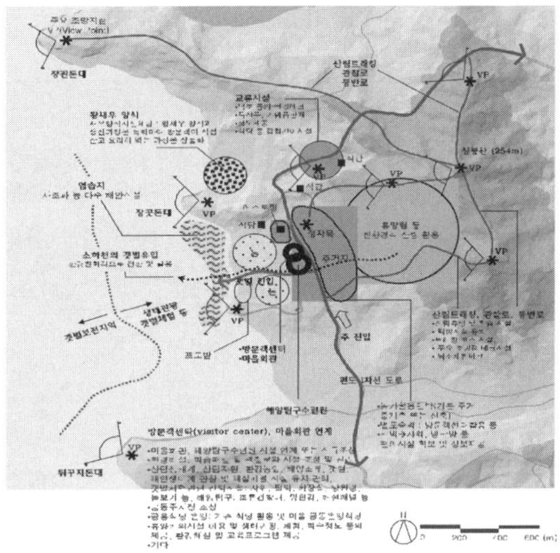

그림 2-1-13 인문사회분석결과의 공간계획 연계 사례
(○○마을 생태관광조경계획, 2005)

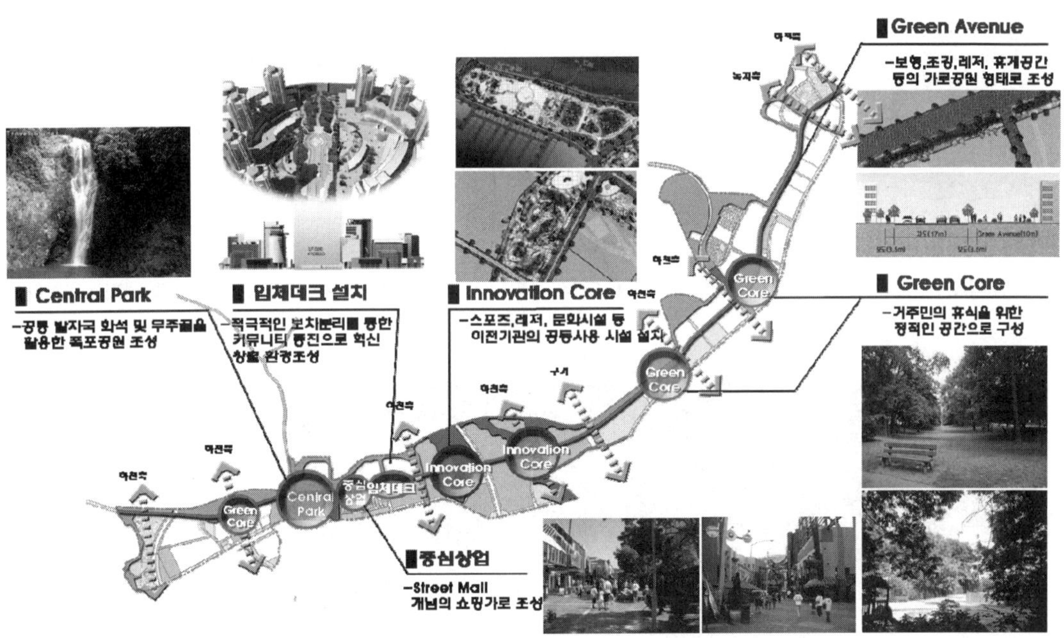

그림 2-1-14 인문사회환경의 종합분석결과에 따른 공원녹지체계 구상 사례

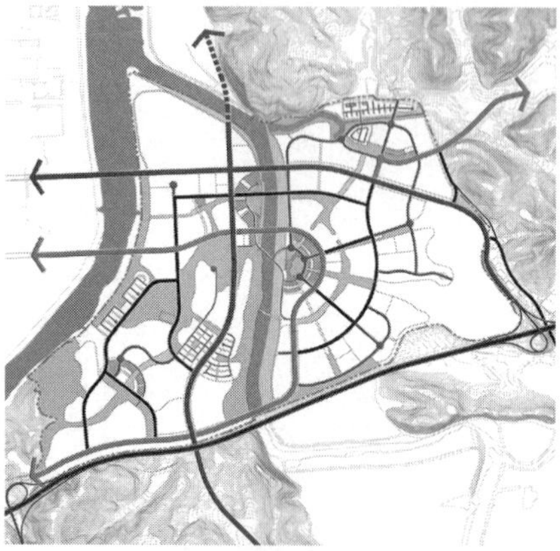

그림 2-1-15 교통동선 분석 사례

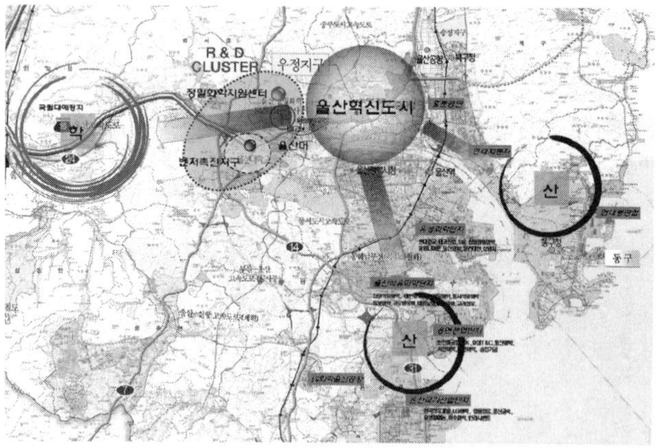

그림 2-1-16 주변 토지이용과 관련 계획을 고려한 토지이용 구상의 예

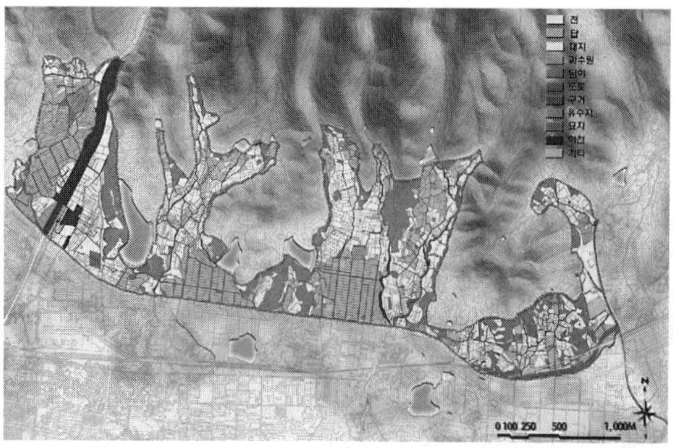

그림 2-1-17 토지이용현황 분석 사례(○○도시 계획)

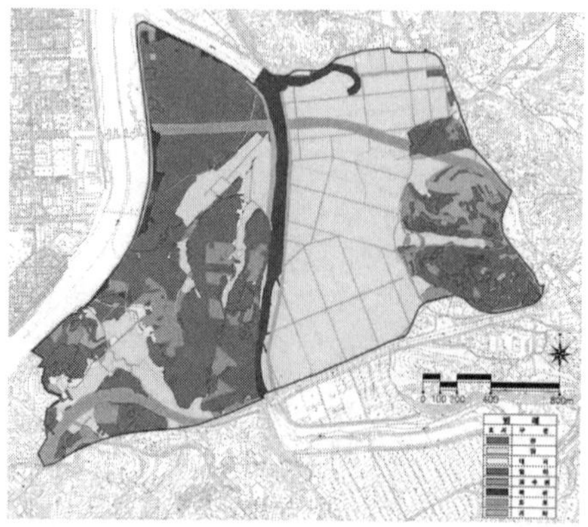

그림 2-1-18 부지내 토지이용 현황 분석 사례

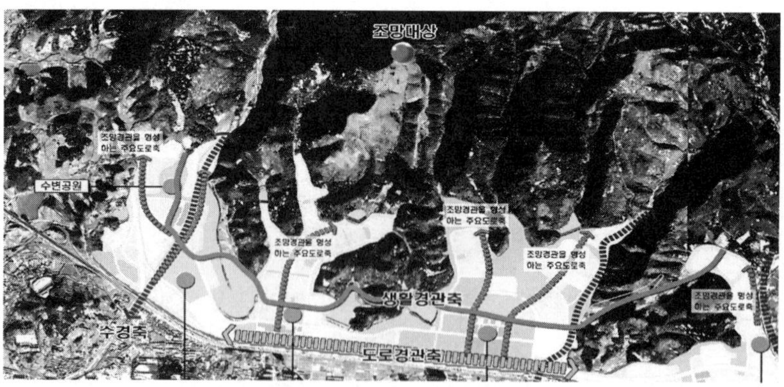

그림 2-1-19 시각적 경관분석의 예

2. 공원에서의 영역성 확보

캐나다의 밴쿠버(Vancouver)시에 있는 빅토리아공원(Victoria square)은 한 줄로 놓인 벤치와 선형적인 보행로로 구성되어 있다. 이러한 공간은 통행로 역할 밖에 하지 못하므로 보행로 중간에 넓은 공간을 만들고 여기에 벤치를 놓아서 공원 이용자들의 휴식을 위한 영역(territory)을 조성하였다. 이렇게 함으로써 통과하는 사람과 휴식하는 사람의 마찰을 완화하였다. 또한 벤치는 한 쪽 방향만이 아닌 여러 방향으로 향하도록 하여 이용자가 원하는 방향을 선택하여 앉도록 배려하였다.

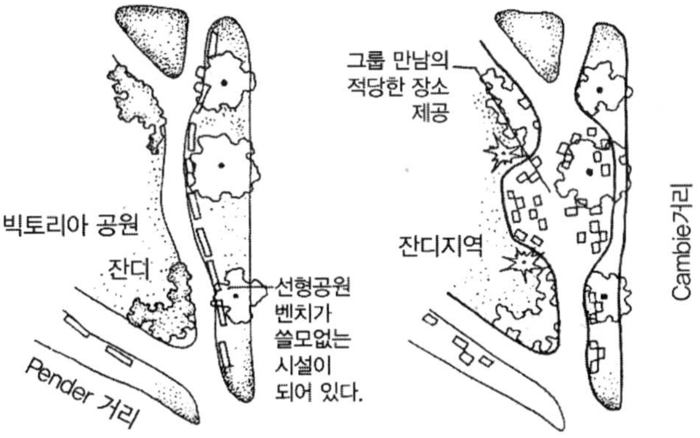

그림 2-1-20 빅토리아공원의 개선전(좌측)과 개선안(우측) (임승빈, 주신하, 2002, 조경계획 · 설계, 보문당, p.145에서 재인용 ; Joardar & Neill, 1978, p.490)

3. 다양한 모서리의 조성

캐나다 밴쿠버시에 있는 한 사무실 건물(MacMillan & Bloedel) 앞 광장의 연못은 단순한 장방형의 형태로 되어 있어서 이용자들의 선호도가 매우 낮은 것으로 나타났다. 조르다와 닐(Joardar & Neill, 1978)은 조사를 통하여 많은 사람들이 모서리에 앉기를 선호하는 경향을 발견하였다. 이러한 이용자들의 기호를 반영시키고 시각적으로도 매력 있는 연못을 위한 새로운 안이 제시되었다. 새로운 제안에서는 일직선으로 되어 있는 연못의 경계를 굴곡이 있도록 변형시켜 많은 모서리가 형성되도록 하고 보다 많은 사람들이 모서리 부분에 걸터앉을 수 있도록 배려하였다. 또한 평면적인 수면에 분수와 수로를 조성하여 동적인 요소가 첨가됨으로써 시각적 흥미를 높이도록 하였다.

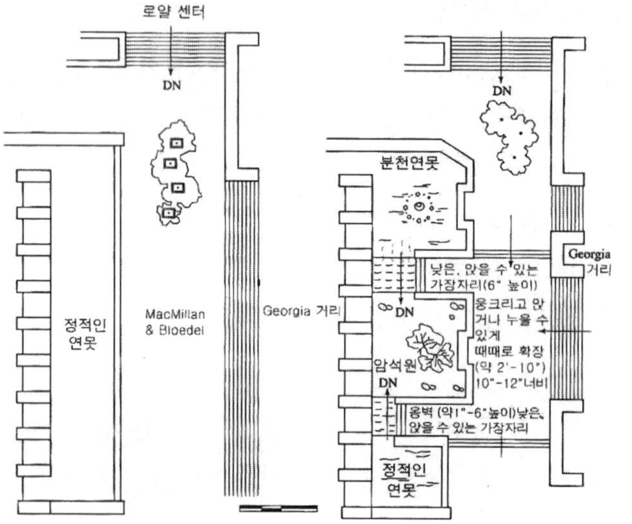

그림 2-1-21 단조로운 평면(좌측)을 행태적 요구에 맞도록 개선시킨 디자인(우측)
(임승빈, 주신하, 2002, 조경계획 · 설계, 보문당, p.145에서 재인용; Joardar & Neill, 1978, p.488)

4. 범죄 예방을 위한 주거단지 설계

클래슨 포인트(Clason Point) 연립주택단지는 뉴욕시의 브롱스(Bronx)에 위치한 공공주택단지로서 400세대의 2층 연립주택이 46개의 건물에 나누어져 있다. 주민은 주로 저소득층의 소수민족으로 구성되어 있다(Newman, 1973).

이 단지는 건물의 외관이 군대막사 같은 분위기를 주며, 조사결과 주민들이 단지 내 외부공간에서 상당한 두려움을 느끼는 것으로 나타났다. 두려움을 느끼는 이유로서는 주민들이 외부공간에 대한 소유감이 없으며 따라서 외부인이 단지 내에 들어오더라도 이에 대한 경계를 하지 않는 것이 주요 원인으로 판단되었다.

이상의 조사를 바탕으로 단지개선을 위한 여섯 가지 목표를 세웠다.

(1) 주민들의 외부공간에 대한 경계심을 높인다.
(2) 외부공간을 구분하여 공적(public), 반공적(semi-public), 사적(private) 공간으로 체계를 확립한다.
(3) 주민의 단지에 대한 소유감을 높인다.
(4) 공공주택의 인상을 줄이고, 주변의 개인주택과 외관상 조화되도록 한다.
(5) 주민 내의 연령, 그룹간의 마찰을 줄인다(청소년, 성인, 노인).
(6) 반공적 공간이 주민들에 의해 보다 적극적으로 이용되도록 하며 주민들에의 귀속감을 높인다. 이와 같은 목표를 세우고 구체적 설계안을 제시하였다.

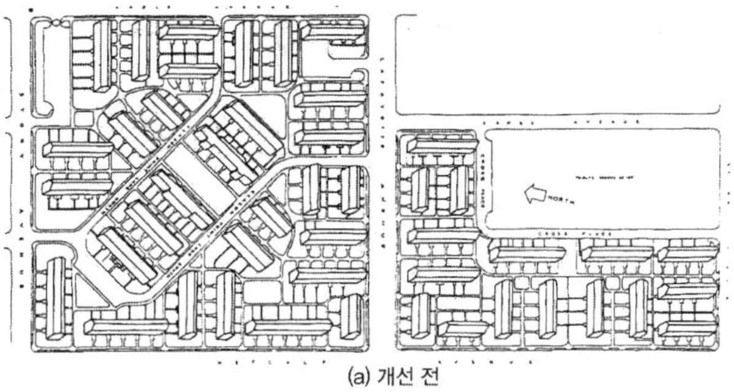

(a) 개선 전

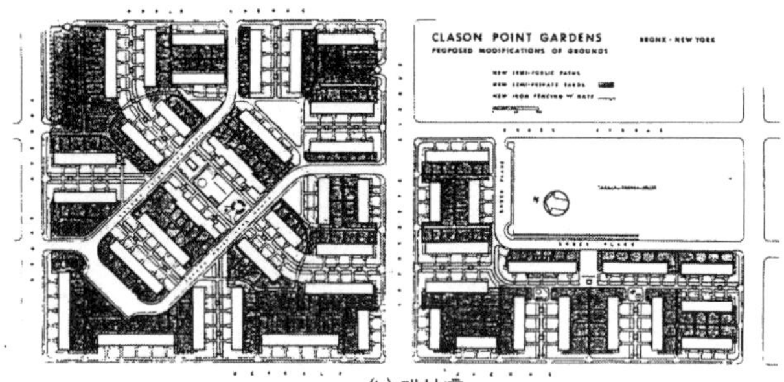

(b) 개선 후

그림 2-1-22 개선 전과 개선 후의 단지평면도 : 건물 전면에는 반공적(半公的) 공간인 보행로를, 건물 후면에는 반사적(半私的)인 공간인 뒷마당을 새로 조성하였다.

(임승빈, 주신하, 2002, 조경계획 · 설계, 보문당, p149에서 재인용; Newman, 1973, p.164, 168)

이러한 외부공간 개선에 힘입어 범죄발생은 개선 전에 비하여 1/3로 낮아졌으며, 주민의 만족도는 현저히 증가하였고, 두려움도 현저히 감소되었다. 이 프로젝트는 인간의 영역성(territoriality) 개념을 살려 쾌적한 주거환경을 조성한 좋은 본보기이다.

제3장

시각환경분석

조용현

제1절 서론

환경부는 자연환경보전법 개정(2004.12.31)에 따라 2006.1월부터 개발사업 등으로 인한 자연경관영향을 사전에 분석·예측하여 저감방안을 마련하기 위한 「자연경관영향협의(심의·검토)제도」를 시행하고 있다. 자연경관심의제도는 개발계획을 수립하거나 개발사업 시행 전에 자연경관에 미치는 영향을 예측하여 주변의 자연경관에 조화되도록 계획을 수립하는 제도이다. 한편 건설교통부도 사회적 요청에 의해 경관법을 제정(2007. 5.17)하였으며, 이 경관법에서는 각 자치단체의 경관계획 수립을 의무화하고 있다. 이러한 일련의 사회적 움직임이 암시하는 바는 경관의 보전·관리·이용은 적어도 21세기 국토관리의 주요 주제 중 하나가 될 전망이라는 것이다.

새롭게 태동하는 정책분야이고, 21세기 국토관리의 주요 주제 중 하나가 될 것으로 예측되어 장래 성장 잠재력이 큰 연구분야임을 감안할 때 조경분야에서 관련 연구성과가 대량으로 산출되어 연구역량을 조기에 확충함으로써 조경분야가 향후 경관분야를 선점하고 국내 경관분야의 발전과 함께 하기를 기원해 본다. 이를 위해서는 조경분야가 앞장서서 경관의 보전·관리·이용을 위한 경관의 다양한 속성을 조사하고 정보를 구축하며, 경관의 분석 및 평가기법과 보전·관리·이용기술과 기법의 연구가 활발히 전개되어야 한다. 연구대상으로서의 경관유형 범위도 산림, 하천, 해변, 습지 등 양호한 자연경관과 함께 문화재, 역사적 경승지 등의 역사문화경관과 인공경관 및 순치경관을 함께 포함해야 할 것이다.

본 장에서는 경관이라는 포괄적 주제 중 시각환경이라는 좁은 의미의 경관을 대상으로 하여 계획보다는 분석의 내용과 방법을 시각특성 분석과 이용자 반응분석 두 가지로 구분하여 살펴본다.

시각환경 분석은 기본적으로 물리적 환경의 시각적 특성분석과 물리적 환경에 대한 이용자들의 반응분석 두 가지로 크게 구분된다. 물리적 환경의 시각적 특성에 대한 분석은 시각요소(전망, 급경사, 랜드마크 등) 및 경관단위(숲, 호수, 농경지 등)에 관한 것으로서 시각적 요소의 파악 및 이의 객관적인 기술이 주가 된다. 한편 이용자들의 반응에 관한 분석은 이용자의 선호도, 식별성, 연속적 체험 등에 관한 것으로서 이용자들의 주관적 느낌을 객관적으로 정리하는데 초점이 모아진다.

환경의 물리적 특성과 이에 대한 이용자들의 반응을 종합하면 시각적 측면의 문제점을 발견할 수 있으며, 제기된 문제점을 중점적으로 검토함으로써 이용자에게 쾌적한 시각적 환경이 될 수 있는 해결방안을 모색할 수 있게 된다.

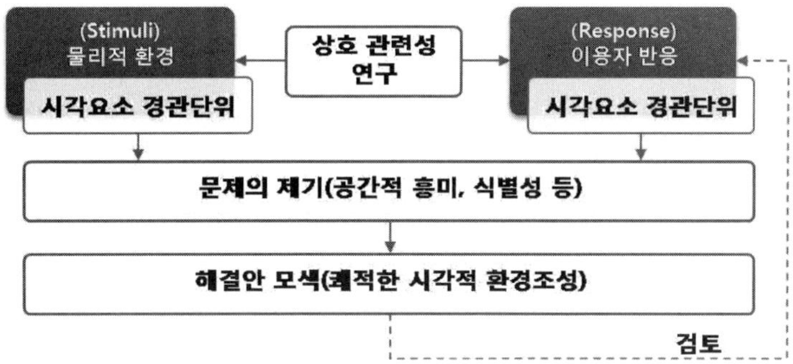

그림 2-1-23 시각환경 분석과정 (출처 : 임승빈, 주신하, 2002, 조경계획 · 설계, 보문당, p.152.)

제2절 시각 특성 분석

1. 물리적 환경의 시각적 특성

1) 경관

경관의 개념은 여러 학술분야에서 연구자에 따라 다른 의미로 개념화되고 있기 때문에 매우 다의성을 띠고 있다(황기원, 1989). 경관에 관한 연구 및 경관계획 · 설계를 다룬 보고서에는 실제로 다종다양한 경관개념이 사용되고 있다. 그것은 연구자, 계획가의 배경분야가 다양하다는 것과 함께, 연구 및 계획설계의 대상이 많은 분야로 갈라져 있음을 반영하는 것이라 생각된다. 물론, 그것은 경관이 포괄적이며 다양한 모습을 갖고 나타나는 다층의 현상이라는 사실에 근거를 두고 있다.

그러나 일반적으로 경관의 개념은 환경이라는 실체적 개념보다는 관찰자가 일정한 거리를 두고 관조하는 경우에 보이고 관찰자의 마음에 새겨지는 심상 혹은 이미지라는 공통점을 가지고 있다(황기원, 유병림, 1991).

2) 경관 파악 모형

시노하라 오사무(1982)는 디자인(계획 · 설계)을 하는 입장에서 경관파악 모형을 제시하였다. 그의 모형을 간단히 부연설명하면 경관을 계획·설계하기 위해서 계획·설계가가 경관을 위하여 어떤 대상을 다룰 것인가(조작성이 있는 대상의 발견)와 그 대상을 어떻게 다루면 의도하는 효과가 얻어질 수 있을까에 주안점을 둔 모형이라 할 수 있다. 이 모델은 경관 속에서 5개의 구성요소와 그들 사이에 공간적 관계를 파악할 수 있다고 본 것이다. 4개의 구성요소와 그 정의는 다음과 같다(배현미 등, 1999).

① 시점(視點 : View point) : 경관이란 인간이 물적 대상을 봄으로써 비로소 성립하는 현상이다. 따라서 인간의 존재가 경관을 구성하는 중요한 요소라고 하는 점은 언급할 필요도 없다. 모형화에 있어서 이러한 인간의 존재를 시점 위치로 대표시키고 있다. 이미 알고 있는 바와 같이 하나의 동일 대상이라 하더라도 그것을 바라보는 위치에 따라 경관은 크게 달라진다. 즉 시점위치의 여하는 경관의 성질을 규정하는 가장 기본적인 요인이다.

② 시점장(視點場 : Landscape setting here, view point field) : 바라보이는 물적 대상(군)을 시점까지의 거리에 의해 시점장과 대상장의 두 가지 구성요소로 나눈다면, 시점장이란 경관이 얻어질 때 시점이 존재하는 장(場)이다. 보다 알기 쉽게 말하면 시점장이란 시점 부근의 공간이다. 시점 근방의 공간상태는 그 시점에서 얻어질 수 있는 경관의 질을 규정한다. 아무리 좋은 풍경이 외부에 펼쳐져 있더라도 수림이나 건물에 가려져 보이지 않는 경우는 일상적으로 자주 경험하는 부분이다. 한편 바라보이는 물적 대상(군)을 조작성 관점에서 파악하면 일반적으로 시점장은 조작성이 높은 부분이다. 도로경관에 있어 도로부지와 그 경계부 등이 시점장의 대표적인 예이다.

③ 주대상(Dominate objects) : 경관의 성격, 특징은 경관의 주제로서 파악될 수 있다. 경관주제는 산봉우리, 하천, 댐 등 물적 대상(군)인 경우와 물적 대상간의 간격(즉 공간)인 경우 두 가지로 분리된다. 후자가 경관의 주제가 되는 경우의 예로는 끝없이 펼쳐진 공간의 웅대한 조망이나 적절히 위요된 광장공간의 조망 등이다. 여기에서 주대상이란 경관주제가 물적 대상(군)인 경우 해당 대상(군)을 가리킨다. 따라서 주제가 공간에 해당하는 경우에는 당연한 말이지만 주대상이라 부르지 않는다.

④ 대상장(Landscape setting there) : 바라보이는 대상군에서 앞에서 말한 시점장과 주대상을 제외한 모든 대상이다. 장면 경관의 배경, 즉 주가 되는 요소를 부각시키기 위한 배후의 부분이다. 일반적으로는 면적 및 대상의 종류수에 있어서도 조망의 대부분을 차지한다.

이 모형의 성격과 특징은 다음과 같다.

첫째, 대상모형이라는 점이다. 일반적으로 모형은 대상모형과 이론모형으로 나눌 수 있다.

둘째, 경관현상을 공간적 측면에 한정하여 모형화한 것이다. 따라서 시간의 흐름에 따라 변화하는 경관을 취급하는 것은 불가능하다.

셋째, 경관을 구성하는 요소간의 공간적 관계를 중시한 모형이라는 점이다. 경관의 질을 규정하는 주요한 요소에는 대상 그 자체의 형태, 색채, 재질과 함께 그것이 갖는 의미 등이 있으나 이 모형에서는 이들 대상 자신의 속성까지 포함하여 대상간의 관계를 중시하고 있다.

넷째, 포괄성을 의도하는 모형이다. 경관현상을 어떤 한정된 부분에서 보다 정교하게 모형화하는 것은 불가능한 것이 아니며 필요하기도 하지만 이와는 차별화된 모형이다.

3) 경관의 유형

경관을 그 구성요소에 따라 분해하고 이들 요소간의 관계를 지표화하여 파악하는 방법은 명쾌하기는 하지만, 물론 이것만으로 경관을 이해하기란 무리이다. 따라서 지표에 의한 파악과 동시에 경관을 구성하는 요소의 조합, 즉 경관의 유형으로서 파악하는 것이 필요하다.

경관을 그 유형으로 파악함으로써 얻을 수 있는 이점은 다음과 같다.

① 경관을 이해하는 틀에 있어서는 경관의 유형화가 오래 전부터 이용되어 왔으며, 정량적이며 지표에 의한 파악수법으로 정착된 것은 오히려 근래의 일이다. 따라서 우리가 현재 쉽게 이용할 수 있는, 다양한 경관유형에 관한 축적된 지식은 역사적 시행착오를 거쳐 왔기 때문에 경관의 효과 및 평가와 안정된 관련성을 가지며, 일반적인 분석도구로서 신뢰되는 것이다.

② 지표를 사용하는 분석은 정량화가 용이하다는 점과 더불어 경관의 어느 측면을 상세히 검토할 때 힘을 발휘하지만, 경관의 총체를 일거에 파악하고자 하는 목적에는 맞지 않는다. 하나하나의 요소나 경관의 어느 측면의 분석에는 매우 구체적이지만 계획 대상지 전체의 경관적 골격측면에서 보면, 이러한 파악이 지극히 애매모호한 계획이 되는 예를 흔히 볼 수 있다. 경관을 유형화함으로써 얻을 수 있는 관점은 분석, 계획의 전체적인 맥락을 혼동하지 않도록 하기 위해 반드시 필요하다.

(1) 인간의 간섭 정도에 의한 경관 유형 분류

① 자연경관 : 자급 또는 자립은 자연환경을 특징짓는 핵심적인 말이다. 자연경관은 인간에 의해 직접 조절되는 에너지나 경제적 흐름 없이 작동된다. 오로지 태양광선과 그 외의 자연력, 즉 비, 물의 흐름, 바람 같은 것에 의존하게 된다. 자연환경은 사람들이 거의 가지 않는 진짜 야생지역뿐만 아니라 우리 모두에게 친숙한 곳들, 예를 들면 자연 시냇물, 강, 삼림, 초원, 산, 호수, 대양들을 포함한다. 여기서 자립한다는 것은 자연환경이 사용되지 않거나 인간의 활동에 영향을 받지 않음을 의미하지는 않는다. 이를테면 자연 수풀은 양떼들에 의해서 뜯어 먹힐 수도 있고 선택적으로 벌목될 수도 있다. 그러나 이러한 이용 때문에 수풀의 구조와 기능 또는 재생할 수 있는 능력이 감지될 정도로 변하지 않는 이상, 우리는 그 수풀을 자연경관의 자격을 가진다고 본다. 반면에 사람들의 철저한 관리로 나무를 줄지어 심고 한꺼번에 모든 나무를 수확하는 소나무 재배지는 자연경관이 아니라 옥수수밭과 같은 경작지역이다.

복잡성 측면에서 보면 도시경관은 중간 혹은 높은 정도의 복잡성을 갖는 데 비하여 자연경관은 낮은 혹은 중간 정도의 복잡성을 갖는 것이 보통이다. 또한 자연경관은 부드러운 질감을 지니며 색채에 있어서도 자연스런 조화를 갖는 것이 일반적이다.

② 순치경관 : 농장과 같은 농경지를 포함한다. 여기에서는 경작식물들과 가축들이 지배적으로 많으며, 식량, 섬유생산, 휴양과 기타 이용을 위해 변경되고 관리된다. 또 이 경관을 생태학자들은 종종 태양 및 보조에너지 동력계라고 부른다. 즉 기본에너지는 태양이 공급하지만 인간의 노동, 기계, 비료 등과 같이 인간이 통제하는 일 에너지가 보조된다.

순치경관 역시 부드러운 질감을 지니며 색채에 있어서도 자연스런 조화를 갖는 것이 일반적이지만 인간에 의한 경작지 조성으로 단종재배에 의한 균질적인 면과 경계에 의해 통일성과 질서감은 오히려 자연경관에 비해 높다.

③ 인조경관 : 인조경관은 도시와 공업단지, 그리고 도로, 철도, 공항을 포함하는 교통지역들을 포함한다. 인조경관은 사실상 전체 경관 중 작은 부분을 차지한다. 그러나 에너지 사용은 집약적이다. 즉 이 지역은 많은 양의 에너지를 요구하며 매우 많은 폐열과 오염을 야기한다. 그래서 이 지역은 다른 두 경관에 지대한 영향력을 발휘한다.

인조경관은 이질적인 요소들이 많이 섞여 있는 경우가 많으므로 중간 혹은 높은 복잡성을 갖으며, 많은 인공물로 인하여 딱딱한 질감을 갖게 되며, 서로 조화롭지 못한 다양한 종류의 색채가 극단적인 대비를 보이는 경우가 많다.

(2) Litton의 산림경관 유형분류

Litton(1974)은 삼림경관을 분석하는데 시각회랑에 의한 방법을 사용하였는데 그는 산림경관을 다음과 같이 7가지 유형으로 구분하고 아울러 이들 경관유형을 지배하는 4가지 우세요소와 또 이들 경관미를 변화시키는 8가지 경관의 변화요인을 제시하였다(한국조경학회, 1986에서 재인용).

① 전경관(panoramic landscape) : 넓은 초원과 같이 시야를 가리지 않고 멀리 터져 보이는 경관

② 지형경관(feature landscape) : 지형이 특징적이어서 관찰자가 강한 인상을 받게 되고 또 경관의 지표가 됨.

③ 위요경관(enclosed landscape) : 평탄한 중심공간이 있고, 그 주위는 숲이나 산들로 둘러 싸여 있는 경관

④ 초점경관(focal landscape) : 우리의 시선이 한 초점으로 집중될 때 이를 초점경관이라 하며, 예를 들면 계곡의 끝에 폭포가 놓여 있을 때 이를 초점경관이라 할 수 있음.

이상의 4가지 유형을 기본적 유형이라 하고, 다음에 서술하는 3가지 유형을 보조적 유형이라 하였다.

① 관개경관(canopied landscape) : 상층이 나무의 숲으로 덮여 있고 나무의 줄기가 기둥처럼 들어서 있거나 하층은 관목이나 어린 나무들로 이루어져 있는 경관

② 세부경관(detail landscape) : 관찰자가 가까이 접근하여 나무의 모양, 잎, 열매 등을 상세히 보며 이를 감상할 때 이를 세부경관이라 함.

③ 일시적 경관(ephemeral landscape) : 대기권의 상황변화에 따라 경관의 모습이 달라지는 경우를 말하며, 설경이나 수면에 투영된 영상 등이 이에 속함.

4) 경관요소(visual elements)

Litton(1974)은 경관을 구성하는 데 있어 지배적인 요소가 되고 있는 형태(form), 선(line), 색채(color), 질감(texture) 등을 경관의 우세요소(dominance elements)라 하고, 이 경관의 우세요소를 좀 더 미학적으로 부각시키고 주변의 다른 대상과 비교될 수 있는 것들, 즉 대조(contrast), 연속성(sequence), 축(axis), 집중(convergence), 공동우세(codominance), 組型(enframement) 등 요소를 경관의 우세원칙(dominance principles)

이라 한 바 있다.

간단히 두 가지 예에서 살펴보았듯이 경관요소로서 여러 가지 개념들이 복합적으로 사용되고 있으므로 여기서는 경관을 구성하는 시각요소로서 흔히 사용되는 개념들에 대해서 간단히 설명하고자 하며, 계획과정에서는 계획특성에 맞는 적절한 개념들을 선택적으로 이용해야 할 것이다.

① 크기(규모) : 대상의 길이, 높이, 폭 또는 면적, 용적으로서 표시되는데, 경관에 있어서도 대상의 크기가 중요하다는 것은 구태여 지적할 필요가 없을 것이다. 이는 스케일이라는 개념과 차별화되는데, 스케일이란 사물 또는 공간의 크기를 다른 것들과의 관계로써 나타내는 개념이다.

② 형태 : 사물의 생김새나 모양으로서, 경관에서의 형태는 대상이 대규모이며 보통 그것을 바라볼 수 있는 시점위치는 한정되므로 대상 자체의 형태와 동시에 보이는 형태도 중요한 의미를 가지게 된다. 형태와 관련하여 주의하지 않으면 안 되는 점은 비례(proportion)와 구도(composition)를 자주 혼동한다는 것이다. 비례란 동일대상 또는 동일공간에 있어서 다른 치수 - 예를 들어 높이와 폭 - 간의 관계를 나타내고, 보이는 방법과 관계없는 개념이다. 한편 구도란 서로 다른 대상 상호간의 보이는 위치 관계를 나타내는 개념으로서 여기에서는 대상에 대한 시점의 위치가 매우 중요하게 된다.

③ 색채 : 색채는 경관의 분위기를 형성하는데 매우 중요한 역할을 하며, 자연경관의 경우 계절에 따라 변화가 크다. 색채는 보통 색상(이른바 색), 명도(밝기), 채도(색의 선명도)의 3가지 속성으로 표시되지만, 종래 연구에 의하면 경관의 경우에 주의를 기울여야만 하는 것은 색상보다도 오히려 명도, 채도 쪽이다.

④ 질감 : 경관에 있어서 질감은 주로 지표면의 상태에 따라 영향을 받게 된다. 전답과 산림은 서로 상이한 질감을 갖게 될 거이며, 같은 산림이라 할지라도 수목의 종류에 따라 다른 질감을 갖게 된다. 즉 침엽수림은 활엽수림보다는 거친 질감을 갖게 될 것이다.

⑤ 점·선·면적인 요소 : 독립수, 기념조각 등은 점적인 요소에 속하며, 도로, 산책로, 가로수, 하천 등은 선적인 요소라 할 수 있다. 한편 잔디밭, 운동장, 호수면 등은 면적인 요소이다.

⑥ 수평·수직적인 요소 : 수면, 평야지대 경작지, 도로 등은 수평적 요소이며, 폭포, 송전탑, 전신주, 절벽 등은 수직적인 요소이다.

⑦ 닫힌·열린 경관 : 닫힌 경관은 평탄한 중심공간이 있고 그 주위가 산이나 숲 등으

로 둘러 싸여 닫힌 경관을 말하며, 시선을 가로막고 위요된 느낌을 주지 않는 공간은 열린 경관이 된다.

⑧ 랜드마크(landmark) : 랜드마크는 주변경관과 대비되어 독특함을 지니거나 식별성이 높아 눈에 잘 띄어 많은 사람들에게 특별하게 인식되는 지형, 지물을 일컬으며, 큰 규모에서는 산봉우리, 절벽, 탑 등을 예로 들 수 있으며, 적은 규모에서는 정자목, 건물, 기념조형물 등도 될 수 있다.

⑨ 전망(view) · 비스타(vista) : 전망은 일정 지점에서 볼 때 파노라믹하게 펼쳐지는 경관을 말하며, 비스타는 좌우로의 시선이 제한되고 일정지점으로 시선이 모이도록 구성된 경관을 말한다.

5) 경관의 변화 요인

경관은 몇 가지 요인에 의해 수시로 변하게 된다. 이들 경관을 변화시키는 요인으로는 운동(motion), 빛(light), 기후조건(atmospheric condition), 계절(season), 거리(distance), 관찰위치(observation position), 규모(scale), 시간(time) 등 8가지 인자가 있다(Litton, 1974).

6) 경관단위(landscape unit)

경관단위는 동질적인 성격을 가진 비교적 큰 규모의 경관을 구분하는 것으로서 주로 지형 및 지표 상태에 의하여 좌우된다. 지형에 의하여 계곡, 경사지, 평탄지, 고원, 구릉지 등으로 경관단위가 구분될 수 있으나 여기에 지표상태가 동시에 고려되어야 한다. 예를 들면 비탈면과 평탄지가 만나는 경우는 수림이 비탈면에서 시작되어 평탄지 일부까지 연결되어 있다면 경관단위의 경계는 지형에 의한 비탈면과 평탄지의 경계가 되는 것이 아니라 수림이 끝나는 곳이 경계가 되므로 지형 및 지표상태가 동시에 고려되어야 한다. 경관단위로 나누게 되면 단위별 특성을 고려하여 시각자원의 개발, 관리, 보존의

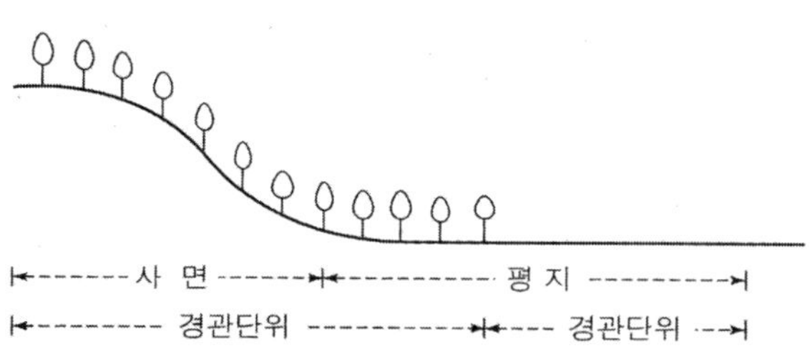

그림 2-1-24 경관단위 (출처 : 임승빈, 주신하, 2002, 조경계획 · 설계 p.165)

방침을 설정하여 계획안 작성에 기초가 되도록 한다. 따라서 도면상에서 위의 사항을 고려하여 경관단위를 구분하고, 계획안에 반영되어야 할 사항을 검토한다(임 & 주, 2002).

2. 경관현황조사 및 분석

1) 조사

경관현황조사에서는 사업대상지역을 중심으로 한 주변의 일정범위를 포함하여 앞에서 살펴본 경관유형, 경관요소, 경관변화요인, 경관단위 등에 주안점을 두어 이들을 분석하는데 필요한 주요 특성들을 조사한다. 이 과정에서 현장조사, 문헌조사, 자료조사를 병행하여 실시한다.

경관자원은 다음과 같은 유형에 의하여 구분 · 조사하며, 가능한 한 도면화된 자료로 검토한다.[7)]

① 스카이라인 : 산지 및 구릉지의 스카이라인, 집단화된 인공구조물의 스카이라인

② 산림녹지경관 : 산지 및 구릉지 능선 및 주변부, 생태 · 자연도 1등급의 산지 및 구릉지(단, 생태 · 자연도 고시 전까지는 녹지자연도 8등급 이상의 산지 및 구릉지), 암벽, 암석, 고목 등의 자연형 랜드마크

③ 수 경 관 : 하천, 해안, 호수, 습지 등

④ 농촌경관 : 농경지, 농촌마을 등

⑤ 역사문화경관 : 문화재, 문화유적 및 주변 자연경관

⑥ 생태경관 : 철새도래지, 야생동물서식처 등

시각적 범위는 크게 근경(500m 이내), 중경(1,000m 이내), 원경(2,000m 이내)으로 구분하여 실시함을 원칙으로 하며, 경관자원은 대상지 내부뿐만 아니라 대상지 주변지역을 포함하여야 하고, 조사항목으로는 다음의 사항을 포함시킨다.

- 경관유형, 경관구성요소 및 특성
- 문화재, 천연기념물 등 역사문화경관
- 보존대상 경관자원
- 조사노선 및 가시경관구역 조사

2) 분석

경관구성요소로는 시각적 요소인 점 · 선 · 면적인 요소, 수평 · 수직적인 요소, 랜드마

7) 환경부. 2005. 개발사업 등에 대한 자연경관 심의지침(예규 제270호).

크 · 전망 · 비스타 등을 분석하고, 시각적 특성으로는 형태 · 선 · 색채 · 질감의 우세요소와 대조 · 연속 · 축 · 집중 · 공동우세 · 조형 등의 우세원칙, 그리고 움직임 · 빛 · 기후조건 · 계절 · 거리 · 관찰위치 · 규모 · 시간 등의 변화요인 등을 분석대상에 포함시킨다.

(1) 가시권 분석

대상사업의 중요한 구조물, 공간, 기타 시설물로서 사업시행에 의해 직접적으로 영향을 받는 지역과 주변지역에 경관적 영향을 미치는 구역을 가시지역으로 하여 가시권과 비가시권으로 구분하며, 가시권 내에서 주요 이동통로를 선정하여 위치변동에 따른 이동 경관을 분석한다.

(2) 조망점 선정

예비조망점은 대상물의 다양한 형태와 주변경관을 파악할 수 있도록 네 방향 이상, 그리고 대상물의 원근에 따른 변화를 알기 위하여 다양한 거리(근경, 중경, 원경)별로

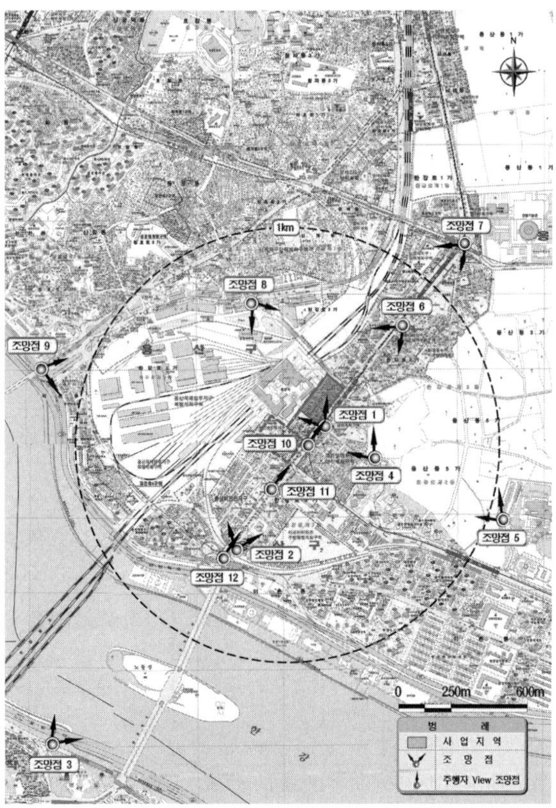

그림 2-1-25
조망점 위치도 사례
(출처 : 용산역 전면 제3구역 도시환경정비사업조합, 2007, 환경영향평가보고서)

각각 최소 한 개소 이상을 선정하며, 주요 조망점(경관관리점)은 가시권 내에서 대상지역경관을 나타내는 대표성과 보편성에 중점을 두어 선정한다. 따라서 조망점에는 주진입부 전경, 주요 경관자원을 배경으로 하는 전경 등을 포함하여야 하고, 이용객이 많은 장소를 고려하여 복수의 주요 조망점을 선정하여야 하며, 조망점 선정 이유를 제시하여야 한다.

표 2-1-8 각 조망점별 위치 및 선정사유 예

구 분		조망위치	이 용 특 성			시거리 (m)	선정 사유	TM좌표 (m)	비고
			생활장소	도로	기타				
정지시점	1	국제빌딩 앞		○		36	주요 랜드마크 형성 지역	197012 447303	근경
	2	대우트럼프월드 앞	○	○		715	한강대교 북단으로 교통량이 많은 지역	196597 446717	중경
	3	노들길		○		1,861	노들길로 교통량이 많은 지역	195759 445920	원경
	4	용산시티파크	○			337	용산시티파크로 주민생활지역	197265 447146	중경
	5	국립중앙박물관			○	1,076	주요 랜드마크 형성 지역	197968 446849	원경
	6	한국통신 박물관		○	○	387	한강로로 교통량이 많은 지역	197374 447787	중경
	7	삼각지역, 한강로와 백범로의 교차로		○	○	776	한강로와 백범로 교차로로 교통량이 많은 지역	197624 448096	중경
	8	용산전자상가	○	○		819	전자상가 이용객이 많고, 주요 랜드마크 형성 지역	196649 447921	원경
	9	원효대교		○		1,221	원효대교로 교통량이 많은 지역	195685 447566	원경
이동시점	10	한강로장안약국 앞		○		96	한강로로 교통량이 많은 지역	196940 447234	근경
	11	한강로SK주유소 앞	○	○		382	한강로로 교통량이 많은 지역	196766 447001	중경
	12	한강대교 북단		○		747	한강대교로 교통량이 많은 지역	196562 446691	중경

(출처 : 용산역 전면 제3구역 도시환경정비사업조합, 2007, 환경영향평가보고서)

(3) 경관시뮬레이션

사업시행으로 인한 경관변화의 전·후 비교 분석을 목적으로 이용한다. 경관변화에 대한 객관적인 비교가 가능하도록 객관성과 사실성에 근거하여 표현하여야 하며, 시뮬레이션의 결과는 컬러 이미지 사용, 표준렌즈를 사용, 적정 해상도 유지 등으로 경관변화를 평가할 수 있는 수준의 질을 확보하여야 한다. 사람의 눈높이를 기준으로 현실감 있는 시뮬레이션을 작성하되 현황사진, 형상모델(geometric model), 시뮬레이션 등의 작성과정을 제시하여야 한다.

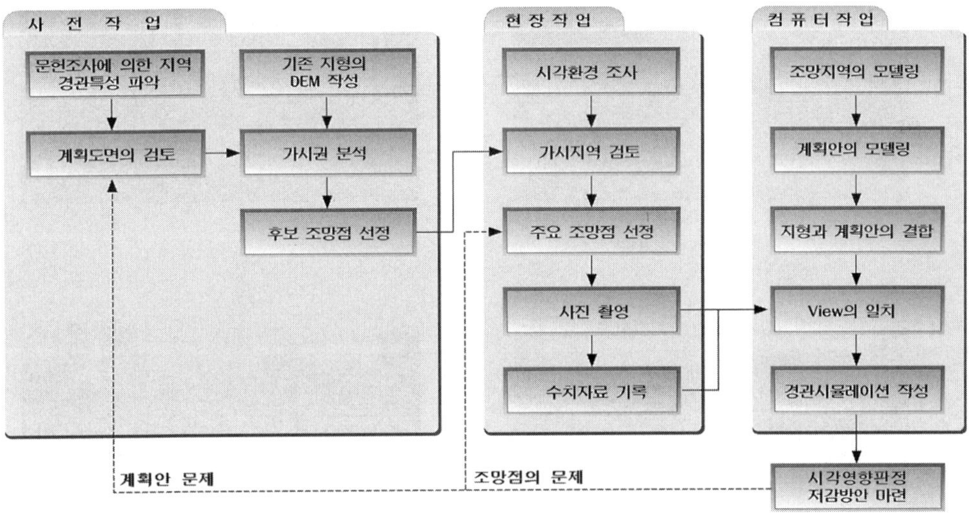

그림 2-1-26 경관시뮬레이션 작성과정 사례 (출처 : 용산역 전면 제3구역 도시환경정비사업조합. 2007. 환경영향평가보고서)

그림 2-1-27 경관시뮬레이션 사례 (출처 : 용산역 전면 제3구역 도시환경정비사업조합. 2007. 환경영향평가보고서)

○ 대상지 외부에서 보는 경관

- 한강변에서 대상지로의 조망이 가능하며 기상조건이 좋은 경우 뒤편의 북한산과 백련산이 중첩되어 나타나는 아름다운 형태를 보여주고 있다.
- 동측에서 보이는 경관은 현재 주변에 주거지가 밀집해 있고 시계가 좁아 가까운 거리에서 대상지의 조망은 불가능하지만 서측에서는 직접적 조망이 가능하다.
- 남측에서는 구릉지에 입지한 주택단지 상부에 대상지 정상 부위가 조망이 가능하며, 북서쪽에서는 시각상 장애물이 없기 때문에 경관을 전반적으로 볼 수 있어 시각적 경관효과가 비교적 크다.

○ 내부에서 외부로 보는 경관

- 정상과 북쪽, 서쪽 능선에서의 조망성은 좋으나 다른 지점에서는 수목에 의한 차폐로 조망이 한정되어 북서쪽 경관이 대부분이다.
- 동쪽은 단독주택지가 지형과 조화되어 보이나 최근 공사중인 고층 아파트가 돌출되어 기존 경관과 부조화된 모습을 보이고 있다.
- 서쪽으로 근경은 차량정비단지와 성산 임대아파트가 시각적으로 두드러지며 원경으로는 난지도 쓰레기 매립장이 대규모의 고원 같은 형상으로 나타나 이색적인 경관을 형성하고 있으며, 북서쪽으로는 성산 시영아파트 단지에 의해 시각이 차단되어 있다.
- 남동쪽은 근경으로는 연립주택과 마포구청이 보이며 원경은 마포구 관내지역과 여의도지역(쌍둥이 빌딩, 63빌딩), 한강이 조망되며 심지어는 관악산의 능선까지도 조망이 되는 개방된 좋은 경관을 보여주고 있다. 그러나 최근 건설중인 내부순환 도시고속도로는 준공 후 주요 선적 경관요소로서 부각되고 시야를 차단할 것으로 판단된다.
- 북쪽은 근경으로 2~5층 주택, 상가가 밀집되어 있으며, 원경으로는 멀리 백련산과 북한산이 조망된다.
- 현재의 경관을 볼 때 개방성이 뛰어나고 경관이 아름다운 산 정상 부위의 조망성을 활용하는 것이 바람직하며, 공원인근에 고층건물의 신축을 억제하여 외부로부터 녹색의 푸름을 즐길 수 있도록 공원 주변 건물의 고도를 제한해야 한다.

■ 경관분석도

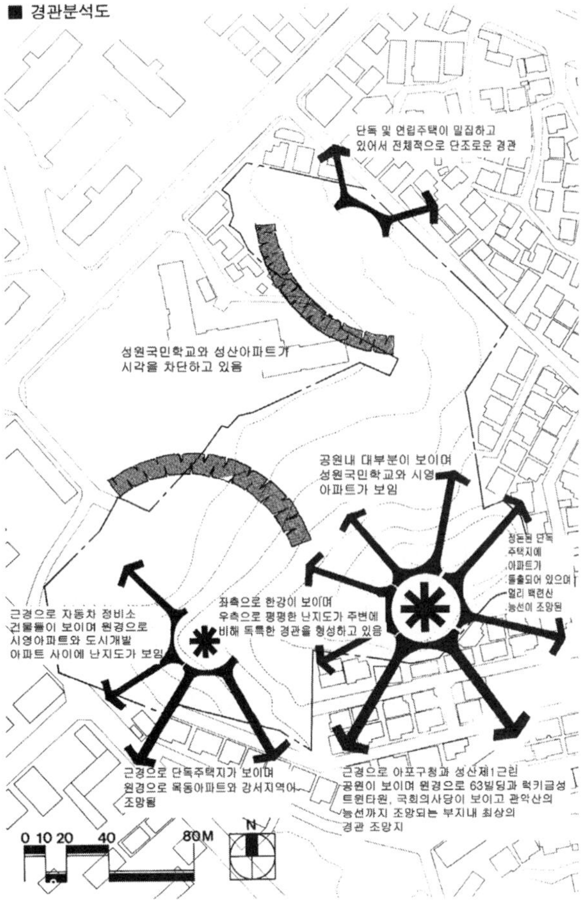

그림 2-1-28 성산근린공원 경관조사 · 분석 사례

제3절 이용자 반응 분석

앞에서 살펴본 물리적 환경의 시각적 특성은 조경가 입장에서 경관을 조사하고 분석한 것이므로 실제로 계획구역 안에서 살고 있거나 계획구역을 방문하는 이용자들의 느낌을 반영한 것이라 할 수 없다. 이용자들이 원하는 계획안 작성을 위해 실제 이용자들의 느낌이 매우 중요하므로 실제 이용자들의 경관에 대한 반응을 분석·평가하는 일이 요청된다. 이용자들의 반응에 관한 분석은 이용자의 선호도, 식별성 등에 관한 것으로서 이용자들의 주관적 느낌을 객관적으로 정리하는데 초점이 모아진다.

1. 이용자 반응

1) 시각적 선호

(1) 시각적 선호의 의의

시각적 선호는 시각적 환경에 대한 개인의 혹은 일정 집단의 호(好)-불호(不好)라고 정의할 수 있다. 쾌락감은 즐거움, 유쾌함 혹은 선호도를 포함하는 보다 일반화된 개념이며 인체의 오관(眼, 耳, 鼻, 舌, 身)을 통하여 들어오는 정보가 종합되어 나타난다. 인간의 환경지각 중 87%가 시각에 의존하는 것에서 알 수 있듯이(Correy, 1983), 오관 중에서도 시각적 전달이 대부분의 경우 가장 주요한 역할을 하게 된다.

최근 경험미학(Empirical aesthetics)의 주된 연구는 형태적 가치가 기하학적 구조에 대한 즐거움과 관계 있음을 밝히는 것이다. 이러한 연구는 표현적 질, 즉 미적 가치에 대한 이론적인 틀을 제공하고, 특히 단순성(Simplicity)과 복잡성(Complexity)의 차원으로 형태적 가치를 설명하려는 것이다.

심리학자들은 정상적인 지각능력을 가지고 있는 사람도 환경으로부터 어떤 적정한 수준의 지각투입의 필요성을 인정할 뿐만 아니라 어느 정도의 복합성, 부조화, 신기성, 의외성을 즐기려는 최소한도의 지각욕구를 가진다는 사실을 발견하였는데 이러한 연구를 통해 인간 유기체들은 확실히 자극에 대한 욕구를 나타내고 있으며, 과소 자극보다 과다 자극에 쉽게 반응함을 알 수 있다.

그림 2-1-29는 질서의 원리를 통한 복잡성의 증가는 흥미를 많이 유발시킨다는 뜻이며 그림 2-1-30에서는 지나치게 단순하거나 복합적이지 않고 혼란을 가중시키지 않는 범위 내에서 지각적으로 적정수준(Optimal Level)의 정보량이 투입되어야 함을 의미한다. 따라서 적정수준의 시각적 단순성 혹은 복합성을 지향하기 위해 자극의 정도가 높지도 낮지도 않은 중간 정도를 유지해야 하며, 의미가 불확실한 것보다 의미의 총체적

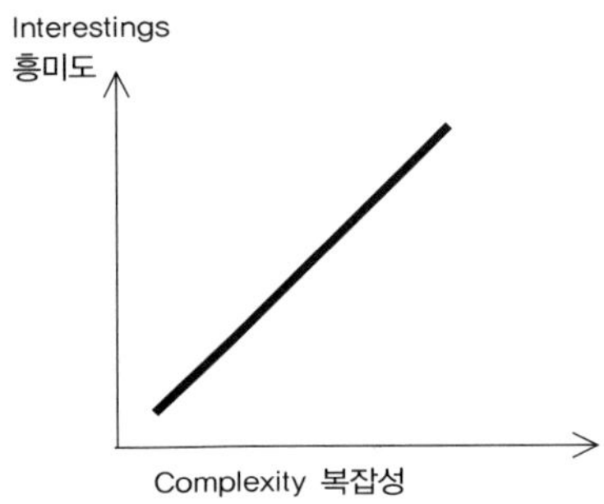

그림 2-1-29 복잡성과 흥미도의 관계

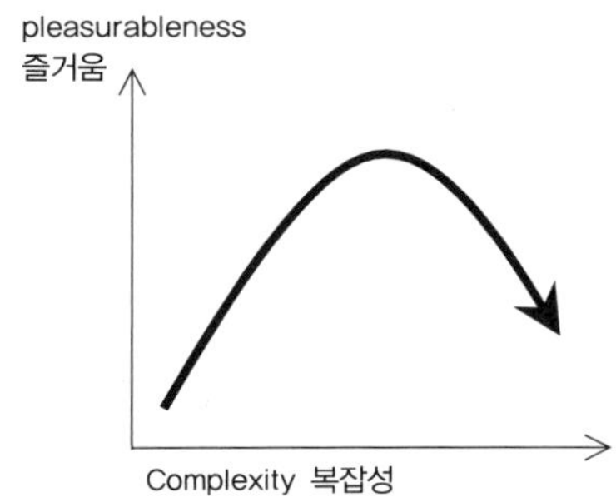

그림 2-1-30 복합성과 즐거움의 관계

감각, 즉 다양하고 개방적인 디자인 요소와 양식을 사용함으로써 가능하다고 본다.

대부분의 경우 조경사업의 결과물을 이용하는 것은 조경가가 아니며, 이들 이용자들은 자신들의 미적 가치와 배치되는 조경시설의 이용을 부당하게 강요당하게 될 수도 있다는 점을 조경가들은 상기하여야 한다. 조경가들이 자신들의 미적 감각이 특정 이용자 집단 또는 일반대중보다 우월하다고 생각하여 이들의 미적 가치를 무시하고 자신의 미적 가치를 우선적으로 계획·설계 과정에 독단적으로 반영시키고자 할 때 그 폐단은 더욱 커지게 된다.

(2) 시각적 선호를 결정짓는 변수

시각적 선호를 결정짓는 변수로는 물리적(physical), 추상적(abstract), 상징적(symbolic), 개인적(individual) 변수 등이 있다.

물리적 변수(physical variables)로는 식생, 물, 지형 등이 있다. 예를 들면 자연경관에서 식생, 물 혹은 지형의 다양성이 증가하면 시각적 선호도도 증가한다. 그러나 이들 양자의 관계는 직선적이 아닌 비직선적인 관계가 있음이 밝혀지고 있다(임 & 주, 2002에서 재인용; Briggs and France, 1980; Buhyoff and Wellman, 1980; Carls, 1974; Shafer, et al., 1969). 물리적 변수로는 이밖에도 색채, 질감, 형태 등을 들 수 있다.

추상적 변수(abstract variables)는 매개적 변수(mediating variables)라 할 수 있다. 즉 물리적 환경이 개인에게 지각되는 과정에서 물리적 구성이 추상적 특성의 일정수준을 갖게 되고, 이들 추상적 특성의 정도가 개인의 시각적 선호를 결정짓는다고 볼 수 있다. 따라서 일정환경의 추상적 특성의 정도를 측정할 수 있고, 이들 특성과 시각적 선호의 관계를 알 수 있다면, 일정환경에 대한 시각적 선호도를 파악할 수 있을 것이다. 추상적 변수로는 복잡성(complexity), 조화성(congruity), 새로움(novelty) 등을 들 수 있다. 이 중 복잡성에 대한 연구가 많이 이루어졌다. 복잡성과 시각적 선호의 사이에는 '역 U자

(inverted U-shape)'의 관계성을 보여주고 있다(임 & 주, 2002에서 재인용; Kaplan, et. al., 1972; Vitz, 1966; Wohlwill, 1968).

상징적 변수(symbolic variables) 역시 매개적 변수라 할 수 있다. 즉 물리적 환경은 개인에게 일정한 상징적 의미로 지각되며, 이러한 상징적 의미가 결과적으로 시각적 선호에 영향을 미치게 된다. 호즈슨과 테이어(Hodgson and Thayer, 1980)는 같은 슬라이드에 호수, 저수지로 각각 이름을 달리하여 선호도를 측정하고 비교한 결과 자연경관을 함축하는 말이 호수라고 한 경우에 시각적 선호도가 높은 것을 발견하였다. 다른 연구들(Anderson, 1981; Buhyoff and Leuschner, 1978)을 통해 동일 경관이라 할지라도 그 경관이 보다 자연에 가까운 의미를 내포할 때에 높은 선호도를 나타냄을 알 수 있다. 따라서 일정 장소나 건물 설계시 그 장소나 건물이 내포해야 할 상징적 의미를 밝혀내고 물리적 변수의 적절한 구성을 통하여 그 상징적 의미를 표현하는 것이 중요하다.

개인적 변수(individual variables)는 개인의 성, 연령, 학력, 성격, 순간적인 심리상태 등이 관계된다. 시각적 선호는 개인마다 차이가 있을 수 있다. 개인적 변수는 시각적 선호를 연구함에 있어 가장 어렵고도 중요한 변수이다. 개개인의 시각적 선호를 다루는 데에는 어려움이 많으므로 일정 집단 상호간의 시각적 선호에 대한 연구가 많이 이루어졌다. 이에 따르면 디자이너들은 일반대중에 비하여 시각적 환경을 낮게 평가하는 경향이 있으며(Arther, 1977), 디자이너들의 개인적 기호는 일반대중과 무관함이 밝혀지고 있다(Buhyoff et. al., 1978). 한편 모든 일반대중에게 공통되는 미적 가치를 찾아낸다는 것이 매우 어렵지만, 일정한 문화적 또는 사회적 집단 내에서는 많은 유사성을 보여주고 있다. 이를 종합할 때 조경가는 자신의 선호에 의지하지 말고 주 이용자 집단을 대상으로 이용자들의 선호를 파악하여 설계에 반영시켜야 한다.

(3) 시각적 선호의 측정

시각적 선호도의 측정방법은 행태측정, 정신생리측정, 구두측정 등 셋으로 크게 구분될 수 있다.

행태측정(behavioral measures)이란 외부로 나타난 인간행위를 중심으로 측정하는 것이며, 두 종류의 행태측정이 두드러진다. 첫째의 방법은 대상물에 머무르는 시간을 측정함으로써 이용자의 관찰시간을 재는 것이며, 둘째는 전시된 두 개의 대상물 중 이용자의 선택을 관찰하는 것이다. 정신생리측정(psychophysiological measures)은 심리적 상태에 따라 나타나는 피부전기반사 또는 뇌파 등 생리적 현상 측정을 통해 선호도를 측정하는 것이다. 구두측정(verbal measures)은 관찰자의 직접적인 구두 표현을 토대로 하여 선호도를 측정하는 것이다. 이들 직접적인 표현은 순서의 열거 또는 점수평가 등을 통하여 기록된다.

2) 식별성

(1) 식별성의 의의

사람들은 일정 공간 내에서 자신의 위치를 파악하려는 본능을 가지고 있어 자신의 위치가 명료할 때 안도감을 느끼게 되며 반대로 자신의 위치가 불명료할 때 불안감을 느끼게 된다. 모르는 곳에 가면 불안감이 드는 것은 이 때문이다.

이를 감안하여 사람들이 공간 내에서 자신의 위치를 쉽게 파악할 수 있도록 강한 인상을 주는 지형지물, 즉 랜드마크를 조성하는 것이 바람직하며, 구조물들의 배치형태에서도 유사한 형태, 유사한 배치형식보다는 식별성을 높일 수 있도록 적절하게 배려하여야 할 것이다.

(2) 린치의 도시 이미지 분석

"이미지"는 인간환경의 전체적인 패턴 이해 및 식별성을 높이는 데 관계된 개념이다. 케빈 린치(Lynch, 1979)는 도시의 이미지를 구축하는 다양한 요소들에 대한 연구에서 도시 이미지를 도시의 물리적 형태와 도시의 문화적 이미지로 평가하였다. 그는 특히 도시의 물리적 형태에 대한 이미지를 통로(paths), 테두리(edges), 지구(districts), 결절(nodes), 지형지물(landmarks) 등 다섯 가지 요소로 구분하였는데, 이 다섯 요소를 상호 관련시켜 공간계획에 이용하면 도시의 긍정적인 이미지를 강화시킬 수 있다.

① 통로(paths) : 관찰자가 이동하는 경로로서 통로는 관찰자가 일상적으로 혹은 가끔 지나가는 길을 뜻한다. 가로, 보도, 운하, 철도, 고속도로 등으로 대부분의 사람들에게 도시의 지배적인 이미지 요소이다. 사람들은 보통 이동하면서 그 도시를 관찰하는데 이러한 통로를 따라서 나머지 이미지 요소가 배치되거나 관련을 맺고 있다. 관찰자의 마음속에 가장 강하게 남아 있는 통로는 그 이용자를 끌어들이는 활동과 용도가 집중되어 있다.

② 테두리(edges) : 두 개의 다른 지역 간 경계를 나타내는 선형의 도시 이미지 요소이다. 해안, 철도, 벽, 하천, 옹벽, 우거진 숲 등 두 가지 형질의 경계이며, 연결상태가 끝나는 선형의 경계를 말한다. 하나의 영역과 다른 영역을 구분하는 장벽이기도 하고 두 영역을 상호 관련시키는 이음새가 되기도 한다. 통로만큼 지배적인 요소는 아니지만 구성을 위한 중요한 요소이며 수면이나 벽이 도시의 윤곽을 형성하는 경우처럼 막연한 영역을 하나로 묶는 역할을 한다는 점에서 중요하다.

③ 지구(districts) : 독자적인 특성이 인식되는 도시의 일정 구획으로서 관찰자가 그 속에 들어가 있기도 하고, 어떤 독자적인 특징이 보이거나 인식되는 2차원적인 일정 크기를 가진 도시의 한 부분이기도 하다. 보통 안과 밖에서 파악된다. 대부분의 도시는 이러한 지구를 구획하는 방법으로 도시를 구성한다. 내부 특성이 비슷한 경우, 즉 중심업무지역, 공업지역, 공원 등은 지구를 비교적 쉽게 획정할 수 있지만 내부 특성이 연속성이 없는 경우, 즉 선형으로 늘어선 상가 등은 획정하기가 어렵다.

④ 결절(nodes) : 접합과 집중의 성격을 갖는 초점으로써 접합과 집중의 성격을 동시에 갖는다. 접합성 결절은 교통조건이 바뀌는 지점, 교차점, 집합점 등이고, 집중성 결절은 길모퉁이의 모이는 곳이라든가 무엇에 둘러싸인 광장처럼 어떤 용도 또는 물리적인 성격이 그곳에 응축되어 있는 곳이다. 결절은 도시의 핵이라고도 하며, 통로의 개념과 맞물려 있다. 결절은 특정 활동이 집중되어 있는 통로 혹은 지구가 교차하는 지점이다. 통로의 교차점은 일반적으로 매우 강한 이미지를 만들어낸다. 결절은 지구에 강력한 초점이고 지구에 특성을 부여하는 중심이다. 보통의 결절들은 지구에 비해 규모가 작고 집중성이 높다.

⑤ 지형지물(landmarks) : 다양한 규모의 물리적 요소로서 관찰자에게 중요한 것으로서 지형지물이 통로의 교차점에 위치한 경우 보다 강한 이미지가 된다. 관찰자들은 종종 도시의 여행안내에 유용한 길잡이로 이용한다. 지형지물도 역시 점인데, 내부로 진입하는 개념이 아니고 외부에서 바라보는 점으로, 건물, 간판, 상점, 산 등의 단순한 물리적인 실체를 가리킨다. 다른 요소들보다 돌출되어 있어서 원거리에서 보이거나 어느 방향에서 보더라도 보이는데, 홀로 우뚝 서 있는 탑, 오벨리스크, 건축구조물 등이 이에 해당된다. 간혹 독창적 착상이나 구조적 착상으로 사용되며 도시 내 활동의 친숙도와 비례한다.

린치는 도시의 이미지 분석방법으로 두 가지 방법에 의한 조사와 두 조사결과의 종합을 제시하였다(Lynch, 1979). 첫 번째 방법은 훈련된 조사자가 현장 관찰을 통하여 도시의 강한 이미지 혹은 약한 이미지를 지닌 곳, 일반적 패턴, 부분적 특징을 표현하는 지도 및 간단한 보고서를 작성하는 것이다. 두 번째 방법은 도시인 가운데서 표본을 추출하고 도면, 스케치, 설문 등을 통하여 언급된 물리적 요소들의 빈도수, 강한 요소들, 도시구조에 대한 느낌, 종합적 이미지 등을 조사하는 것이다.

이들 두 조사결과의 상호비교 및 더욱 세부적인 조사를 통하여 일반 대중의 이미지, 시각적 문제점 및 강점, 중요한 요소 및 요소상호간의 관계성, 각 부분의 질, 개선의 가능성 등을 나타내는 여러 도면 및 보고서를 작성한다. 이러한 분석들은 일정도시의 미

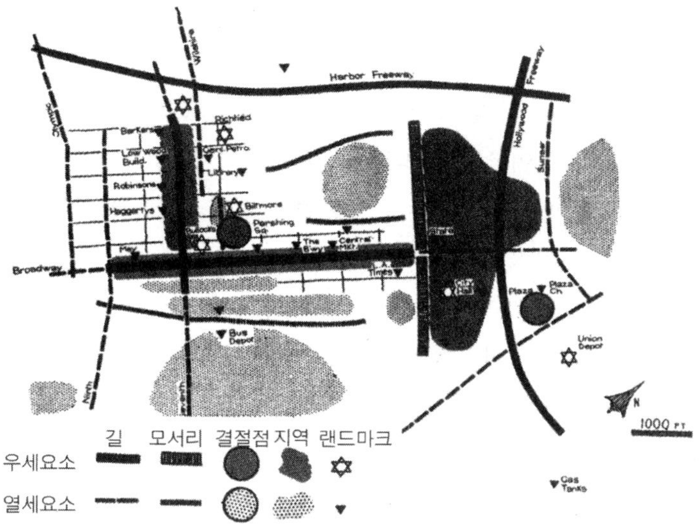

그림 2-1-31 K. Lynch의 도시 이미지의 기호화 (출처 : 임승빈, 주신하, 2002, 조경계획 · 설계, 보문당, p.176에서 재인용 ; Lynch, 1979, p.33)

래의 시각적 형태를 설계하는데 있어 기초가 된다(임 & 주, 2002). 위 그림에서 로스앤젤레스(Los Angeles)시의 예를 볼 수 있다.

2. 경관가치 평가

기존 환경의 질에 관한 연구는 주로 환경지각(Environmental perception)에 의한 '이미지(Image)' 분석이 중심이 되어 왔고, 이미지는 경관에 관찰자의 개인적 주관이 포함되어 사실(Fact)과는 다르므로 많은 사람의 이미지를 조사하여 객관화시키는 방법을 사용하였다. 그러나 실제로 이와 같은 분석은 관찰자와 경관간의 '작용의 분석'으로 정확히 '대상의 분석'이라고 할 수는 없다[8](박종화, 1975). 이를 개선하기 위한 방법론으로서 심미적 요소의 계량화방법이 개발되었는데, 대표적인 예가 Leopold의 방법이다.

Luna B. Leopold(1972)는 경관의 객관적 기술을 위하여 경관을 구성하거나 경관효과에 영향을 미치는 인자들을 물리적 인자(Physical factor), 생물적 인자(Biological factor), 인간흥미인자(Human Interest factor)로 나누고, 이들 인자들이 각 조사지점 간에 서로 같지 않은 정도를 계량화시키는 연구를 하였다. 경관의 평가를 위해 각 인자별로 특이도(Ur. : Uniqueness ratio)를 계산하였는데, 이 지수는 각 범주에 속하는 지점 수의 역수로

8) 박종화 (1975) 경관특성의 객관적 분석 및 기술에 관한 연구. 서울대학교 환경대학원 석사학위논문. p.3.

표현하였다. 즉 각 지점의 물리적, 생물적 혹은 인간 흥미의 특성에 따라서 각 인자를 1~5의 숫자로 분류하고, 같은 분류에 속하는 지점수의 역수를 그 지점의 '특이도'라 하고, 각 지점의 총 46개 인자의 특이도를 합하여 총특이도로 하여, 각 지점의 상대적 특이도를 비교하였다. 총특이도는 심미적 가치를 따지지 않고 상대적으로 특이한 정도만을 객관적으로 측정한 것이다. 숫자가 낮으면 일반적·전형적 경관특성을 의미하였다.

Leopold의 사례에서처럼 경관평가는 정량적 방법으로 하는 것을 원칙으로 하며, 책임자가 정량적 평가가 어렵다고 판단할 경우에는 정성적 방법으로 대신할 수 있다. 경관의 물리적 구성요소와 시지각적 반응에 초점을 두고 미적 측면에 대한 반응을 측정하는 심리학적 측정방법을 이용할 수 있다. 평가자는 평가결과의 객관성을 확보할 만한 수의 전문가와 이용자로 구성한다. 단, 전문적이고 기술적인 사항에 대하여는 5년 이상의 경력을 가진 관련분야 전문가 위주의 평가를 시행하는 것이 바람직하다.

1) 평가항목

대상사업지역 및 주변영향권을 포함하여 사업 중 또는 완료 후에 걸쳐 영향을 끼칠 것으로 예상되는 경관훼손 요인을 선정한다. 각 평가항목의 선정에 대하여 선정이유, 평가기법을 제시한다. 평가항목간의 상관관계는 행렬식 대조표를 원칙으로 하며, 이것으로 설명이 충분하지 않을 때에는 도표, 설명, 기타 다른 방법을 이용한다.

2) 평가척도

물리적 지표와 심리적 지표를 평가척도로 한다. 물리적 지표는 대상사업의 구조물, 공간이 경관에 미치는 영향의 정도로 규모, 높이, 길이와 폭, 스카이라인의 길이 등을 말한다. 심리적 지표는 경관을 보고 느끼는 긍정적, 부정적 느낌을 지표로 하는 것으로 조화성, 아름다움, 만족도 등을 적용한다. 평가방법은 계량심리학적 방법으로 정량적 통계처리를 기초로 하며 평가대상과 항목 및 분석방법 외에 평가자의 구성, 표본화 방법, 결과의 해석과 적용범위를 고려한다. 평가항목과 평가인자의 설정, 평가항목의 요인추출은 합리적이며 객관적으로 이루어져야 한다.

3) 평가결과 적용

부정적인 영향을 파악하고 결과에 따라 부정적 영향을 저감할 수 있는 방안으로 계획·설계의 변경, 공정관리, 공법 변경의 대안을 제시한다.

각 대안을 비교하여 최적안을 선정하도록 하며 저감방안은 계획·설계의 과정으로 피드백하여 적용한다.

제4장 종합평가

조용현

제1절 종합분석

계획은 전과정을 통해 문제의 발견과 관련되고, 설계는 문제의 해결에 관련된다. 따라서 계획과정은 필연적으로 문제를 발견하고 그 해답을 찾는 과정에서 논리적이고 객관성 있는 접근을 필요로 한다. 조경계획의 수립과정에서 조사분석 단계는 이처럼 논리적이고 객관성 있는 접근을 통해 주어진 계획의 목적을 달성하고 부지를 가장 효율적으로 이용하는 데 있어서 필수적 과정이라 할 수 있다.

최근 환경영향평가제도가 한층 더 강화되고 있는데, 이는 조사분석의 중요성을 사회가 공인한 것으로 볼 수 있으며 정교한 환경영향평가기법은 조경계획과정에서 이루어지는 유사한 환경분석을 뒷받침하는 많은 새로운 기법들을 제시하고 있다는 점에서 좋은 준거가 될 수 있다. 실제로 외국의 환경영향평가과제에서 조경가가 과제책임을 맡는 경우가 많다는 점은 조경계획의 분석과정과 환경영향평가의 분석과정이 무관하지 않음을 암시한다고 할 수 있다.

계획과정은 설계에 직접적인 해답의 실마리를 제공한다. 분석 및 종합과정은 원시자료를 유용한 정보로 만들어주며, 계획과제의 제한성과 기회성을 확실하게 만든다. 특히 종합분석에서는 주어진 부지에 대하여 자연적, 인문사회적 환경을 조사하고, 시각환경을 조사한 후 이를 종합분석하게 되는데, 이들 조사분석은 몇 차례의 반복을 거쳐서 계획안으로 발전시켜 나가게 된다. 이 조사분석의 결과로 인하여 경우에 따라서는 조경계획의 목적이 수정되는 경우도 생기게 되고, 새로운 요인을 조사할 필요가 발생하기도 한다. 즉 각종 분석 자료들을 취사선택하여 계획에 반영하게 되는데 만족한 계획이 되기 위해서는 자료 상호간의 조합을 수차례 반복하여 최선의 대안을 찾아내는 데 힘써야 한다. 또한 조사된 각종 자료는 상호 깊은 관련성을 가지고 있으므로 이들이 갖고 있는 특질을 최대한 발휘할 수 있도록 여러 각도에서 이를 창조적이고 종합적으로 분석해야 한다.

종합분석에서는 반드시 계획부지를 포함한 상위계획을 파악하고, 이를 수용하여야 한다. 모든 토지는 국토종합계획, 지역계획, 도시계획, 관광지개발계획, 기타 여러 종류의 개발계획과 개발제한 사항 등 상위계획들이 있으므로 계획부지에 적용되고 있는 상위계획들이 무엇인지를 조사하고 기회요인과 제한요인을 도출해야 할 것이다.

앞의 1~3장에서는 계획대상지에 대한 각종 자료를 수집하고 분석하는 방법에 대해서 다루었다. 조경계획의 가장 커다란 목표는 수집, 분석된 자료를 토대로 현재 대상지가 가지고 있는 문제점과 잠재력을 고려하여 이상적인 계획안을 작성하는 것이라고 할 수 있다. 따라서 분석단계가 계획에 도움이 되도록 분석된 자료를 종합적으로 파악하는 단계를 필수적으로 거치게 된다.

종합분석단계에서 주로 사용하는 방법으로는 자료들을 항목별로 기회요소와 제한요소로 구분하여 표로 정리하는 종합분석표를 작성하는 방법과 이를 도면화하여 종합분석도를 작성하는 방법이 있다. 종합분석표로는 대상지의 여러 가지 특성을 일목요연하게 정리할 수 있으므로 매우 편리하지만, 대상지의 특성에 대한 위치정보를 표시할 수 없기 때문에 이를 보완하기 위하여 종합분석도를 함께 작성하는 것이 바람직하다. 이러한 종합분석표와 종합분석도를 통하여 대상지의 특성을 정확히 이해해야 합리적인 계획안을 도출할 수 있다.

계획 대상지가 지닌 특수성을 파악하기 위하여 지금까지의 현황분석에서 얻은 제반사항을 토대로 계획대상지의 잠재력과 제약조건을 추출하여 적절한 해결방안을 모색하여 개발가용지를 구획하고, 이를 기본구상 수립을 위한 전제로 삼는다.

표 2-1-9 관련계획, 법규, 지역환경 종합분석표

구 분		주 요 현 황	제한요소(문제점)	기회요소(잠재력)	해결 및 활용방안
관련계획 및 법규		• 서울시 도시기본계획 • 마포구 도시기본계획 • 도시공원법 • 서울특별시 도시공원 조례	• 적합시설의 판정 및 도입 결정 • 시설물, 건폐율	• 서울시녹지체계에 대한 중요성 인식	• 서울시 및 마포구 도시기본계획 선택적 수용 • 도시공원법 적용
지역 환경	토지이용 및 시설	• 녹지공간의 부족 • 철도, 도로 및 하천으로 인한 공원인근 지역의 차단 • 난지도	• 시설공원의 부족 • 공원녹지면적 부족 • 문화 및 편익시설 부족	• 열악한 주변 환경으로 대상지의 잠재력이 커짐	• 주변지역의 부족한 기능을 수용 • 사회, 문화적 기능 수용
	교통	• 성산로(홍제천), 증산로(불광천), 수색로(철도)에 의해 접근이 제한됨 • 뚜렷한 접근로가 없음	• 접근의 곤란함	• 도보권 근린공원으로의 인식 증대	• 도보권내 이용객만을 대상으로 계획 • 접근로의 인식성 증대(C.I.P안내체계 구성)
	공원녹지 체계	• 북한산, 백련산을 잇는 녹지체계의 하단에 위치 • 한강과 나란한 대덕산, 성산, 와우산을 잇는 녹지축에 포함	• 녹지는 주거지나 공장으로 위요 차단	• 미래의 녹지축 회복을 위한 결절점으로 인식 가능성	• 현녹지를 최대한 보존하고 향후 도시계획녹지축의 연계성 반영
	관광환경	• 마포구 관광자원 부족	• 주민의 일상 여가시간 활용을 위한 마포구 관광자원 부족	• 문화관광자원의 개발 가능성	• 대상지내 관광자원 홍보를 위한 시설설치

표 2-1-10 자연환경 종합분석표

구 분	주 요 현 황	제한요소(문제점)	기회요소(잠재력)	해결 및 활용방안
지형 · 지세	• 주능선이 ㄴ자형 • 남동부는 급경사이고 북서부는 완경사임	• 남동부 급경사 이용 불가	• 북서쪽과 북쪽의 학교 주변 경사지 활용 가능.	• 경사 10% 이하 면적 7.7%이며 시설입지 가능
기상 · 기후	• 일반적인 서울의 기후 • 북서풍으로 인한 난지도의 악취 심함 • 정상부위는 일년 내내 바람이 분다. • 북비탈면은 일년 중 음영시간이 길다.	• 난지도 쓰레기 매립장의 악취 감소 • 북비탈면의 음영시간 길다.		• 난지도 쓰레기 매립 완료로 악취 감소 • 북비탈면은 여름철의 휴게공간 조성
수 문	• 유역면적이 넓지 않아 건기에는 물이 없다. • 대부분 표면배수 • 우물이 없다.	• 우기시 강우배수시설 없음	• 우물을 활용하여 수공간을 조성할 수 있다.	• 배수시설의 정비 및 추가 설치 • 우물 주변의 수공간 조성계획 수립
토 양	• 강산성토양(평균 pH4.5) • 쓰레기매립잔재	• 강산성토양(평균 pH4.5) • 쓰레기매립잔재	• 낙엽 및 관목층이 형성된 곳 수분함양 높음.	• 석회 및 마그네슘비료 살포 • 쓰레기 반출 • 낙엽 및 관목층 조성
식 생	• 아카시와 현사시 우점종	• 밑깎기 및 간벌작업으로 하층식생 빈약	• 부분적으로 참나무류 및 때죽나무 등 전통수종이 생육중	• 참나무류 및 전통수종을 보호육성하고 식재계획시 반영
경 관	• 정상부에서 마포구 전역조망이 가능하고 개방성 확보 가능 • 북쪽은 고층아파트에 의해 시선차단	• 시각적 개방성은 현재 수목에 의해 차폐	• 정상에서 조망성	• 정상 부위에서 조망공간 조성

표 2-1-11 인문사회환경 종합분석표

구 분	주 요 현 황	제한요소(문제점)	기회요소(잠재력)	해결 및 활용방안
토지 및 시설	• 대부분 자연녹지 • 능선부와 산책로 조성 • 2지역 묘지28기가 있음 • 완만한 곳에 채소밭 • 산책로와 체육운동시설 설치	• 묘지와 공원간의 상충성 • 무분별한 채소밭 • 많은 산책로로 인한 녹지의 훼손	• 기존 체육시설의 활용 • 산책로의 정비	• 기존녹지의 보완 • 등산로의 정비 및 보수 • 묘역의 정리 • 녹지를 제외한 곳을 개발
토지소유 현황	• 대부분 사유지	• 지나친 사유지 점유율 • 필지선에 따른 경계구분으로 대상지의 공간의 2분화		• 개발시 민간부문의 참여방안강구 • 토지보상방안강구
동 선	• 접근로 및 입구의 인식성이 약함 • 주차공간이 없어 차량에 의한 접근 불가 • 무분별한 산책로 형성	• 입구공간의 부족 • 주차공간 부재 • 산책로의 난립	• 기존 동선의 활용	• 기존 동선의 정비 및 보수 • 계획시 주차장설치 • 입구의 인식성 확보 • 자연관찰로의 조성
이용형태	• 봄, 여름, 가을의 3계절형 • 운동, 산책, 등산이 주형태 • 아침조기 운동 • 초등학생의 놀이 장소	• 산책로의 무분별한 조성 • 이용행태 단순 • 대상지 이용객의 성향 차이로 인한 마찰 • 범죄빌생 우려	• 조기운동공간 • 초등학생 야외교육 • 가족놀이공간	• 4계절형으로 전환 이용증대 • 범죄발생방지를 위한 관리시설반영(조명시설, 관리실) • 시설의 다양화 • 운동공간의 확충 • 안전시설계획

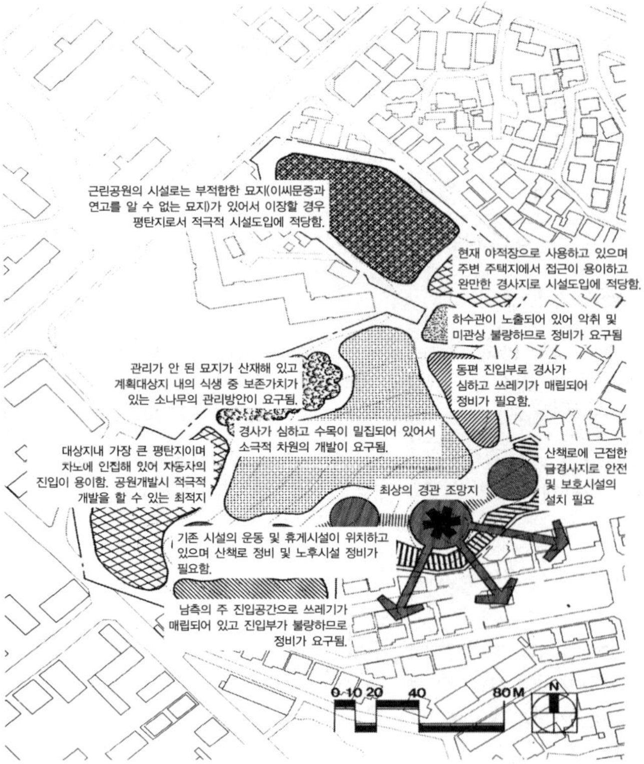

그림 2-1-32 종합분석도

제2절 SWOT 분석

SWOT 분석은 원래 어떤 기업의 내부환경을 분석하여 강점과 약점을 발견하고, 외부환경을 분석하여 기회와 위협을 찾아내어 이를 토대로 강점은 살리고 약점은 죽이고, 기회는 활용하고, 위협은 억제하는 마케팅 전략을 수립하는 기법이다. 이때 사용되는 4요소를 강점·약점·기회·위협(SWOT)이라고 하는데, 강점은 경쟁기업과 비교하여 소비자로부터 강점으로 인식되는 것이 무엇인지, 약점은 경쟁기업과 비교하여 소비자로부터 약점으로 인식되는 것은 무엇인지, 기회는 외부환경에서 유리한 기회요인은 무엇인지, 위협은 외부환경에서 불리한 위협요인은 무엇인지를 찾아낸다. 기업 내부의 강점과 약점을, 기업 외부의 기회와 위협을 대응시켜 기업의 목표를 달성하려는 SWOT 분석에 의한 마케팅 전략의 특성은 다음과 같다.

1) SO전략(강점-기회전략)
시장의 기회를 활용하기 위해 강점을 사용하는 전략을 선택한다.

2) ST전략(강점-위협전략)
시장의 위협을 회피하기 위해 강점을 사용하는 전략을 선택한다.

3) WO전략(약점-기회전략)
약점을 극복함으로써 시장의 기회를 활용하는 전략을 선택한다.

4) WT전략(약점-위협전략)
시장의 위협을 회피하고 약점을 최소화하는 전략을 선택한다.

이러한 SWOT 분석기법은 조경계획의 조사 및 분석의 종합과정에서도 유용한 분석기법으로 활용될 수 있다. 다만, 조경계획을 위한 분석과정에서는 분석대상을 기업이 아닌 토지로, 계획의 위계를 마케팅 전략을 조경계획의 기본방향으로 변환하여 적용해야 할 것이다. 이를 적용할 때 SWOT 분석에 의한 조경계획 방향은 다음과 같이 수정되어야 한다.

1) SO전략(강점-기회전략)

외부환경 및 여건의 기회를 활용하기 위해 대상지의 강점을 사용하는 방향을 선택한다.

2) ST전략(강점-위협전략)

외부환경 및 여건의 위협을 회피하기 위해 강점을 사용하는 방향을 선택한다.

3) WO전략(약점-기회전략)

약점을 극복함으로써 외부환경 및 여건의 기회를 활용하는 방향을 선택한다.

4) WT전략(약점-위협전략)

외부환경 및 여건의 위협을 회피하고 약점을 최소화하는 방향을 선택한다.

다음의 그림 2-1-33은 서울시 도시기본계획 과정에서 도출된 SWOT 분석의 결과를 요약한 것이다.

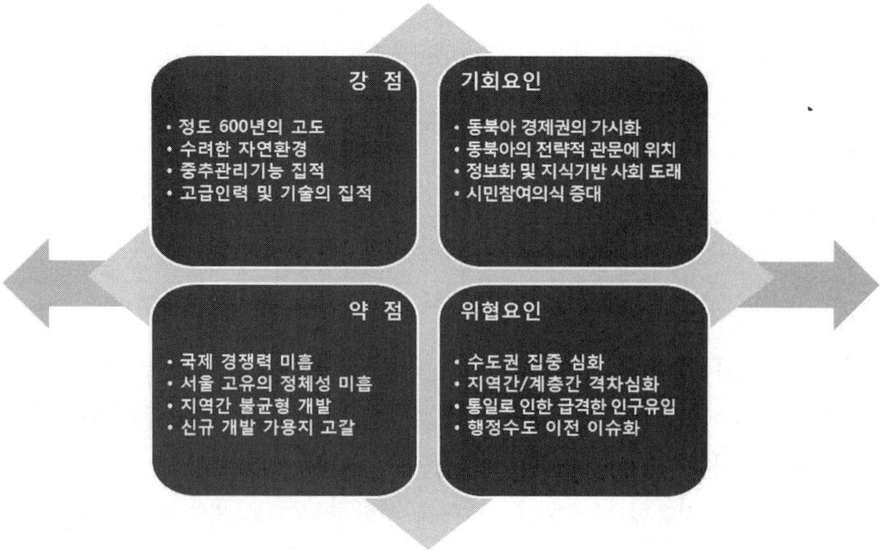

그림 2-1-33 SWOT 분석 사례 (출처 : 서울시, 2005, 서울시 도시기본계획)

제3절 이용후평가

1. 개념과 목적

일반적으로 계획·설계가들은 자신들이 계획·설계한 결과가 이용자들에게 어떠한 영향을 주는지에 큰 관심을 기울이지 못했다. 계획·설계가들은 계획이나 설계 자체에만 관심을 두었으며, 완공된 후 이용에 대해서는 거의 관심을 기울이지 않았다. 그 결과 계획·설계 작품이 계획·설계자의 본래 의도나 목적과 다르게 이용되거나 실제 이용자에게 충분한 만족을 제공하지 못하는 경우가 많이 생기게 되었다. 이에 대한 반성으로 어떻게 하면 이용자를 위한 환경을 조성할 수 있을까 하는 고민이 시작되었고, 이 문제를 해결하기 위한 노력의 일환으로 제안된 것이 이용후평가이다. 이용후평가는 사업이 완공된 후 일정 이용기간을 거친 후 계획 및 설계 등 사업의 전반적 내용에 대해 실시되는 평가로서, 계획·설계가의 의도와 이용자의 이용행태 사이의 차이를 좁히기 위해 이용행태를 조사하여 이를 설계환경의 질적 향상에 기여하는데 그 목적이 있다.

이러한 이용후평가의 구체적 목표는 다음과 같다.

첫째, 이용후평가는 당면한 문제의 해결을 위해 평가된 설계작품을 평가하고 그 결과를 다시 설계작품의 개선에 환류시키는데 있다.

둘째, 이용 전에 예상치 못했지만 이용 후에 나타난 문제들을 해결하는데 이용된다.

셋째, 지속적인 환류로 작품과 이용간의 조화를 이루는데 사용한다.

넷째, 평가 결과는 설계작품의 실행, 즉 예를 들어 공간활용계획 등의 연구시 필요자료로 활용되게 된다.

다섯째, 설계작품 실행의 성공과 실패에 대한 기록을 통해 새로운 시공법을 검증하거나 작품을 개선하는데 사용된다.

여섯째, 이용후평가 정보를 바탕으로 기존 설계기준과 설계지침서의 기술수준 개선과 향상을 도모한다.

2. 내용 및 방법

이용후평가는 대상지 및 주변 환경특성, 계획설계 관련 행위, 이용자의 행태 등에 대한 조사를 포함하며, 이들 각 요소별로 이용후평가의 내용과 방법을 예시하면 다음과 같다.

1) 물리적 · 사회적 환경

평가의 대상이 되는 환경은 주변환경과의 상호작용 하에 존재한다. 주변환경에 대한 고려는 다음 사항을 포함하며, 현지조사 및 문헌조사를 통한 기초조사로 수행된다.

- 주변환경의 질 : 소음, 대기의 질, 기후, 배수, 지형, 식생 및 토양
- 주변 토지이용 : 근린주구의 질 및 유형, 밀도, 용도지역
- 지원시설 : 접근성, 교통, 문화시설, 교육, 안전도

대상지 내의 물리 · 사회적 환경에 대한 구체적인 분석은 평가의 기초적 사항이다. 물리 · 사회적 환경에 대한 기초가 잘 분석되고 평가되어야만 옥외공간의 이용행태나 만족도 사이의 관계성을 파악하기 용이하게 된다. 물리 · 사회적 환경에 대한 기술에는 다음과 같은 항목들을 포함하며, 현지조사 및 문헌조사를 통한 기초조사로서 이루어진다.

- 재료, 구조적 요소, 공간 및 설계안
- 소음, 빛, 온도 등의 환경의 질
- 다양한 이용자 그룹에게 상징적 가치를 지닌 요소들 : 시설 또는 공간의 크기 및 차이, 광장의 기념탑 등
- 장애인을 위한 접근로
- 물리적 환경의 상태 및 잔정적 요소 : 관리의 양호도, 이용자들에 의한 변화 및 장식

2) 계획 · 설계관련 행위

여기서는 계획 · 설계자의 계획 개념, 세부설계의도를 파악하는 것이 주를 이루며, 이와 함께 원래의 의도대로 시공되었는지 여부를 조사한다. 또한 시공이 완료되어 현재 이용중인 공간 및 시설이 당초의 목적과 일치되는지 여부를 조사한다.

3) 이용자

평가에 있어 이용자에게 필요한 사항이 무엇인지를 파악하는 것으로서 이용자에 대한 기술은 다음을 포함한다.

- 이용자의 기호, 필요성, 태도
- 개인 및 그룹의 행위패턴, 행태적 변화
- 개인적 특성 : 나이, 성 수입, 교육 정도, 인종적 · 문화적 배경

이용자에 대한 조사는 주로 행태조사를 통해 이루어지며, 조사방법으로는 설문조사, 인터뷰, 행태관찰조사, 흔적관찰조사 등이 주로 사용된다. 이용자 조사의 구체적 방법들에 대해서는 제2편 2장의 행태분석 조사방법을 참조하기 바란다.

Ⅱ

concept formulation

PART 2 기본구상

조용현, 김현

제1장 서 론

기본구상이란 구체화된 개념을 설정하는 단계로서 앞서 고찰된 환경분석평가에 기초하여 설계목표, 대상지 범위를 설정하고, 공간대안 평가 및 프로그래밍을 수행하게 된다.

프로그램이란 기술된 혹은 숫자로 표현된 계획의 방향 및 내용이고, 계획·설계시 필요한 요소와 요인들에 대한 목록과 표를 말한다. 반면에 기본구상 대안 작성은 제반 자료의 분석종합을 기초로 하고 프로그램에서 제시된 계획방향에 의거하여 구체적인 공간계획안을 정립하는 것을 말하며, 대안 작성 과정을 통해 계획안에 대한 물리적·공간적 윤곽이 서서히 드러나기 시작하고, 최종적인 대안을 통해 전체적 공간의 이용에 관한 확실한 윤곽이 드러난다. 여기서 알 수 있듯이 기본구상단계에서는 환경분석에서 파악된 구체적인 제약성과 기회성 조건을 체계적으로 고려하는 이성이 강조되면서도 한편으로는 논리를 뛰어넘어 무에서 유를, 그것도 의뢰자와 이용자에게 감동을 불러일으킬 수 있는 체험 활동 및 공간을 산출하는 창조과정이라 할 수 있다.

기본구상 과정의 특성상 두 가지 이질적인 접근이 병행 또는 연속되기 때문에 경험이 부족한 초보자에게 기본구상이 고민스럽고, 어렵게 느껴질 수 있는 것은 당연하다. 실제로 많은 계획보고서를 살펴보더라도 일관되거나 합의된 기본구상의 절차를 도출하는 것은 쉽지 않은 일이다. 그러나 반대로 이점이 창조본능과 도전의식을 자극하고 재미난 일로 인식시키는 중요한 요인이 될 수도 있다. 이 재미난 일 또는 난제에 재미를 보태거나 어려움을 극복하는 하나의 방법으로서 기본구상단계에 앞서서 과제 성격을 고려하여 기본구상의 체계적 과정을 미리 설정한 후, 이를 철저히 따르는 절차적 합리성을 확보하고, 그 기초 위에서 개인 또는 팀의 독창성을 발휘하는 것은 좋은 대안이 될 수 있다.

최근 건축, 토목, 도시설계, 도시공학 등 유관분야와 조경분야 사이의 학문 대상영역과 업무영역이 중첩되고 경쟁관계가 심화되고 있는 현실에서 조경계획·설계분야의 독자성과 수월성을 함께 확보하고 항구적으로 발전시키기 위해서는 결과에 앞서 이를 뒷받침하는 조경계획·설계 과정과 방법에 대한 체계적 검토와 논의가 필요한 시점이다.

제2장 프로그래밍

제1절 프로그램작성 과정

프로그램은 기술된 혹은 숫자로 표현된 계획의 방향 및 내용이라고 정의할 수 있다. 따라서 프로그램이란 계획·설계시 필요한 요소와 요인들에 대한 목록과 표를 말한다. 이는 두 가지의 목적을 위한 것으로, (1) 부지조사·분석과 의뢰자 인터뷰를 요약하고 종합하는 역할을 하며, (2) 대안을 비교하기 위한 점검목록 표로 사용된다는 것이다[9](조동범, 1987, pp.292~293).

첫째 목적에서 프로그램은 전단계로부터 분석된 내용들 중 꼭 필요한 것들을 체계적으로 요약하게 되는데, 부지조사·분석과 의뢰자 인터뷰가 잘 이루어지고 기록되었다면 프로그램 발전단계 중 이 부분은 충분히 잘 되었다고 볼 수 있다. 그러므로 거의 요약되고 심지어 생략될 수도 있는 것이다.

프로그램의 두 번째 목적은 계획·설계가에게 있어 꼭 이루어져야 할 것이 무엇인지를 상기시키는 역할을 한다는 것이다. 설계를 하는 동안이나 예비안이 완성되는 동안 설계가는 의도했던바가 실제로 이루어지고 있는가를 알아보기 위해 프로그램을 통해서 재확인할 수 있다. 환경영향은 최소화되었는가? 부지 내에 각 시설 규모는 알맞게 배치되었는가? 각 공간은 쾌적한가? 도입된 각 시설의 개별적 크기는 적절한가? 공간별 차별화는 잘 이루어졌는가? 시설이 의도된 행태와 일치하는가? 배수문제는 해결되었는가? 등 여러 가지가 있을 수 있다. 또한 설명할 시간과 예산이 충분할 경우 프로그램은 설계안을 의뢰인에게 개략적으로 빨리 설명하고자 할 때에도 도움이 된다. 프로그램 구성은 세 부분으로 구성되는데, 즉 (1) 계획·설계의 목적과 목표(이는 설계과정과 분리된 부분으로써 설계 프로그램이나 기본적인 틀을 제시하는 부분이다.)(1장 2절 참조), (2) 계획·설계에 포함되어야 할 요소(활동, 공간, 시설)들의 목록(1장 3, 4, 5, 6절 참조), (3) 설계상의 특별한 요구사항들이다. 설계에 필요한 요소들의 목록에는 요소명과 크기, 재료, 기타 중요 특성들이 명시되어야 한다.

계획과정의 시작은 의뢰인의 계획 발주로부터 시작되며 의뢰인은 계획방향에 대한 나름의 생각을 지니고 있다. 그러나 이를 구체화 및 체계화시키는 능력에 있어서 한계

9) 소농범 역, 조경설계의 기본요소, 1987, 대우출판사, pp.292-293에서 재인용; Booth, Norman K. 1983, Basic Elements of Landscape Architectural Design, Elsevier Science Publishing Co., Inc : New York.

가 있는 경우가 많으므로 조경가들은 의뢰인이 제시한 것으로부터 출발하여 여러 가지의 기준들과 과거 경험을 토대로 이를 체계화하고 세부적인 프로그램을 작성하게 된다.

때로는 의뢰인이 구체적인 계획의 방향을 미리 설정하여 조경가에게 제시하는 경우도 있다. 프로젝트 발주 경험이 많은 관공서나 기업이 발주하는 경우가 이에 해당하는데, 이런 경우에는 프로그램의 일부 혹은 대부분을 포함하는 과업지시서 형태로 프로그램이 제시된다. 여러 개의 설계팀에게 경쟁을 시키는 현상설계의 경우에도 의뢰인은 과업지시서 형태로 프로그램을 제시하게 된다.

프로그램의 작성은 실제 시행 프로젝트를 전제로 이루어지는 경우가 많지만 규모가 매우 크거나 복잡한 프로젝트인 경우에는 프로젝트의 진행 여부 결정만을 위해 실제 시행과 별개로 프로그램 작성이 의뢰될 수도 있다. 이 경우에는 컨설팅업체에서 그 일을 맡는 경우가 많으며, 주로 투자금액의 환수와 경제적 효과가 중요하게 다루어지고 타당성 검토를 주로 수행한다.

드믄 경우이지만 의뢰인이 프로그램을 제시하였을 경우에는 프로그램의 체계성, 일관성, 정확성 등을 검토하기만 하면 되므로 매우 간단하게 끝날 수 있다. 그러나 대부분의 경우에 그러하듯이 의뢰인이 프로그램 작성까지 요구할 경우에 조경가는 체계적인 프로그램 작성과정을 거쳐야만 한다.

프로그램 작성을 위해서 ① 프로그램 착수, ② 프로그램 개발, ③ 프로그램 결정, ④ 의뢰인과의 검토, ⑤ 프로그램 확정의 다섯 단계를 거친다(임승빈 등, 2002).

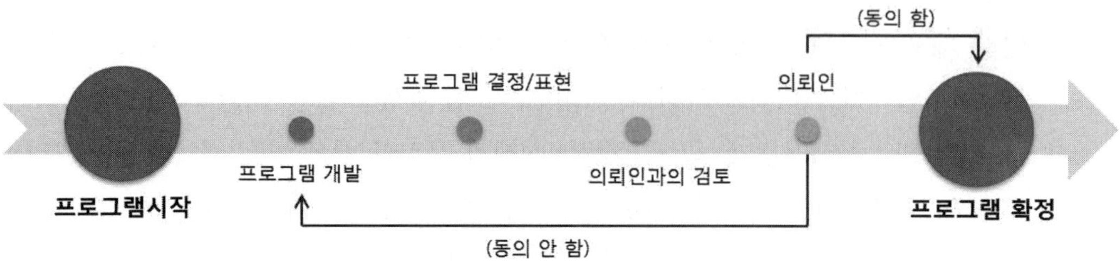

그림 2-2-1 프로그램의 작성과정 (출처 : 임승빈, 주신하. 2002. 조경계획 · 설계. p.213)

1. 프로그램착수

프로그램 작성의 착수는 프로젝트의 시작과 더불어 의뢰인의 요구에 의해 시작하게 된다. 의뢰인이 프로젝트에 대해 구체적인 지식이나 아이디어가 없는 경우에는 이미 앞에서 언급한 바와 같이 프로그램 작성만을 별도로 의뢰할 수도 있다.

프로그램은 예비적 조사분석을 통하여 이루어지며, 이를 통해 계획안에 대한 개략적인 골격을 제시한다. 이 프로그램은 기본계획안 작성을 위한 본격적인 자료의 종합분석을 통하여 더욱 구체화되며 기본계획안이 작성된 후에도 일부 수정보완이 불가피하게 된다. 일반적으로 프로그램 작성을 위해서는 다음의 사항에 관한 정보가 필요하다 (Wade, 1979).

(1) 프로젝트의 목표
(2) 설계의 유형에 따른 고유한 제약점 및 한계성
(3) 대지의 물리·생태적 특성 및 지역적 여건
(4) 대지 개발을 위한 법규적 요건
(5) 시설물의 기능적 요건
(6) 이용자의 사회·행태적 특징
(7) 시설물의 구체적인 요건
  ① 공간의 종류 및 규모
  ② 이용자 수 및 특성
  ③ 공간별 위치 및 상호관계성
  ④ 공간별 부대시설의 종류 및 관리
(8) 시설(혹은 토지이용)별 위치 및 상호관계성
(9) 예산
(10) 장래성장 및 기능변화에 대한 유연성
(11) 다양한 필요성(needs)들 간의 우선순위

2. 프로그램개발

프로그램의 개발을 위해서는 어떤 종류의 자료가 필요한가? 어떤 형태로 기록된 자료가 유용한가? 이런 형태의 자료가 존재하는가? 어디에서 혹은 누구한테서 이런 자료를 얻을 수 있는가? 등을 고려하여야 한다.

이러한 고려를 바탕으로 자료수집체계를 만들고, 자료분석의 방향 및 방법을 결정한다. 즉 필요한 자료의 유형 및 체계를 먼저 설정하고 그러한 자료를 얻기 위한 효율적인 자료모집 및 분석을 시도한다.

해당 프로젝트와 유사한 프로젝트가 과거에 많이 시행되었을 경우에는 과거의 경험을 살려서 프로그램을 작성하게 되므로 비교적 쉽다. 그러나 과거의 예가 거의 없거나 아주 특수한 프로젝트인 경우에는 프로그램을 새롭게 개발하여야 하므로 매우 어렵게 된다.

3. 프로그램결정

자료 수집 분석 등의 단계를 거치고 나서 프로그램 작성을 위한 충분한 정보가 모아졌다고 판단될 경우 프로그램을 결정하게 된다. 프로그램을 위한 자료들은 체계적으로 정리되고, 필요한 경우에는 간단한 다이어그램을 통한 시각적 표현을 통하여 의뢰인이 쉽게 이해할 수 있도록 한다.

4. 의뢰인과의 검토

프로그램이 정리되고 표현되면 이를 의뢰인에게 제시하여 함께 검토한다. 의뢰인과의 대화를 위해서는 전문적인 표현은 되도록 피하고 의뢰인의 동의를 얻어야 할 부분을 명확히 제시한다. 의뢰인은 프로젝트에 관한 전문지식은 부족할지 모르지만 프로젝트를 통하여 구현시키고자 하는 바는 분명히 지니고 있으므로 이들을 달성하기 위한 접근방안 및 방향에 관하여 의뢰인의 동의를 얻어내는 것이 무엇보다 중요하다. 경우에 따라서는 의뢰인이 자신이 무엇을 필요로 하는지가 불분명할 경우가 있는데, 이러한 경우에도 여러 대안을 제시하고 각각의 장단점을 비교 설명하여 줌으로써 의뢰인이 자신이 원하는 바가 무엇인가를 깨닫게 해주며 이를 통하여 프로그램을 확정시킨다.

의뢰인과 함께 프로그램의 대안들을 검토하는 과정에서 의뢰인의 요구와 프로그램의 내용이 일치하지 않는 경우에 조경가는 다시 '프로그램 개발' 단계로 되돌아가서 이를 수정 · 보완하여 다시 의뢰인과 검토하여야 한다.

5. 프로그램확정

의뢰인과의 검토과정이 끝나고 의뢰인의 동의를 얻게 되면 프로그램이 최종적으로 확정된다. 일단 확정된 프로그램은 프로젝트 진행의 근간을 이루는 것이므로 의뢰인이 프로그램을 충분히 이해하도록 하는 것이 중요하며, 프로그램의 기본골격은 가능하면 프로젝트의 최종단계까지 지켜지는 것이 바람직하다.

프로그램의 수정은 프로젝트 수행상 시간 및 자원의 낭비를 초래하므로 초기에 완벽한 프로그램을 작성하는 것이 중요하다.

제2절 프로그램의 내용

1. 계획 · 설계의 기본방향

프로그램의 첫째 부분은 기본방향의 설정이다. 이는 목적과 목표들의 목록으로서 목적(goal)은 설계의도를 일반적인 서술형식으로 표기한다. 이는 계획 · 설계에 의해 궁극적으로 달성되어야 할 생각과 아이디어를 제시하며, 계획 · 설계 전체의 방향과 개념을 나타낸다. 목표(objectives) 역시 계획 · 설계에 의해 이루어져야 할 생각과 아이디어를 제시하는 점에서는 같지만 목적에 비해 상대적으로 하위개념으로 사용되고, 목적달성을 위한 하위수단으로서 설정되며, 목적을 보다 명백하게 해주는 것이어야 한다.

계획 · 설계의 목적과 목표의 목록은 간단하게 목적과 목표로 압축하여 제시될 수도 있으며, 경우에 따라서는 여러 단계의 위계를 설정하고 최상위의 목적을 출발점으로 하여 목적-목표-과제-전략-실천방안 등으로 세분하여 제시할 수도 있다.

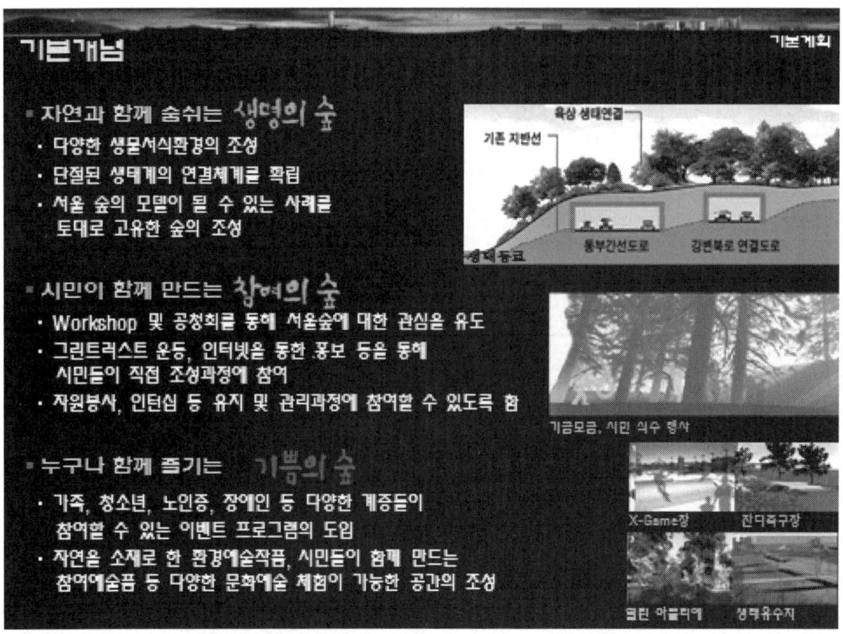

그림 2-2-2 계획의 기본방향 설정 사례 (출처 : 서울시(2004). 서울숲 조성계획 중간보고 자료집)

2. 활동 프로그램

활동 프로그램은 계획·설계 대상지에 수용할 활동의 유형과 내용, 규모 등을 목록 또는 표로 정리한 것이다. 여기서 도입활동은 최소활동단위로서 자체적 독립기능을 가지고 있어야 한다. 이러한 도입활동을 결정하기 전에 먼저 계획·설계의 목표, 계획의 기본방향을 결정하는 과정에서 어떠한 활동이 개발대상지와 조화를 이룰 것인지에 대해 개략적으로 결정되어 있어야 한다. 도입활동을 결정하는 방법은 분석적 방법과 창의적 방법의 2가지로 구분될 수 있다.

먼저 분석적 방법은 철저히 대상지의 자원조건, 시장조건, 이용현황 등의 자료를 토대로 도입활동을 검토하는 방법이다. 이 방법은 논리적인 반면에 창의성이 결여되는 단점이 있다. 반면에 개발주제와 관련된 이미지 또는 기발한 아이디어를 중시하는 창의적 방법의 경우에 논리성은 약하지만 독창성을 살릴 수 있을 것이다. 효과적으로 도입활동을 선정하기 위해서는 이 두 가지 방법이 병행되어야 한다.

도입활동 선정과정에서는 관련 계획설계기준에 이미 제시되어 있는 도입활동 목록 또는 유사 계획설계 사례를 참조하여 도입활동 검토용 도입 가능 활동 목록을 작성하는 것이 도움이 되며, 취사선택 및 추가보완 등을 통해 최종적으로 기본활동, 보완활동 순으로 도입활동들을 선정하는 것이 바람직하다.

이용자들의 활동은 대상지의 환경적 공간적 특성뿐만 아니라 연중 계절변화와 하루 중 시간대별로도 영향을 받게 된다. 따라서 계획·설계자는 공간의 효율적 활용과 함께 이용자 체험의 질을 높이고 다양화하기 위해 계절별, 시간대별 활동 프로그램을 수립하여야 한다. 다음의 그림은 근린공원에서 도입활동과 도입시설의 결정 과정을 예시적으로 보여주고 있다.

표 2-2-1 경남 산청군 남사마을 계획의 계절별 활동 프로그램

계 절	활 동	
봄	• 사생대회 • 내 벌꿀 분양받기 • 목화심기 및 고사리 채취	• 보리타작, 보리구워먹기/타작 • 약초동산(체험장) 가꾸기 • 삼곶놀이(남사초등학교)
여름	• 삼곶놀이(마을숲), 고기잡이 • 물놀이, 징검다리 만들기 • 선비염색체험	• 니구산 등반, 일출보기 • 전통 예절학교 개교
가을	• 삼곶놀이(마을숲), 고기잡이 • 선비염색체험 • 니구산 등반, 일출보기	• 농사체험(벼베기, 밤줍기, 은행줍기, 감따기 등), 메뚜기 잡기
겨울	• 망추정 일출/산책 • 토종꿀내리기-가래떡 시식	• 농사체험(딸기따기, 딸기잼만들기) • 전통 예절학교 개교

■ 도입활동 및 시설 검토

- 본 공원에 도입 가능한 활동과 시설은 대상지 자체가 지니고 있는 환경특성과 공원개발방향, 이용자 요구 및 여가성향, 공원관리운영을 고려한 종합적인 검토가 필요하다.
- 개발여건 분석에서의 개발적지분석자료를 활용한다.

◎ 환경특성

- 본 공원의 도입활동 및 시설을 결정하는 데 가장 중요한 요소로 작용하는 물리적 환경특성은 경사도이다. 일반적으로 25° 이상의 사면은 개발시 경사면의 발생, 침식, 공사비 부담이라는 문제가 있으므로 가급적 보전해야 한다.
- 건물이나 운동시설은 비교적 넓은 면적을 차지하므로 경사도가 10% 이내의 부지에 설치해야 하며 아울러 가용면적의 적정성을 고려해야 한다.
- 마포구의 공원녹지가 부족한 현실과 대상지의 녹지상태를 고려할 때 가급적 임상이 좋은 곳은 보존하도록 해야 한다.

◎ 공원개발방향

- 본 공원의 개발방향은 도보권 근린공원으로서 지역중심적 성격을 가지며, 녹지공간 제공 및 연계성을 높이고 궁극적으로는 건전한 여가장소가 될 수 있도록 한다.
- 녹지의 이용과 보존을 대립개념이 아닌 상호보완적 관계로 인식하여 이용을 위한 보호 및 교육기능을 증대한다.
- 인근지역의 부족한 사회, 문화시설을 도입하여 근린주민에게 근린생활시설을 제공함으로써 지역중심성과 공원의 인식성을 증대시킨다.
- 주민의 여가수요에 부응하고 현재의 단순한 행태를 보완하기 위해 피크닉장, 휴게시설, 운동시설을 도입하여 다양한 행태를 수용한다.

◎ 이용자의 요구 및 여가성향

- 경제, 사회의 성장에 따라 점차 사용자의 요구도 및 여가활동이 특징적으로 집중되던 제한된 참여로부터 일상생활의 연장활동으로 바뀌고 있으므로 일상적 여가활동을 수용할 수 있도록 산책, 모임, 휴식시설을 적극 도입한다.
- 사회체육에 대한 관심과 가족 중심적 활동 특성을 고려하여 체육시설과 가족이 함께 즐길 수 있는 시설 도입을 적극 반영한다.
- 여가활동이 단지 노는 것이 아닌 자아실현을 위한 욕구가 증대되므로 이에 대응하도록 교육기능을 확대한다.

◎ 공원관리운영

- 공원의 원활한 관리운영을 위해서는 각종 공원활동 및 시설을 지원하기 위한 관리시설이 필요하다.
- 공원관리 · 운영은 안전관리, 환경위생관리, 공원자원 및 시설 운영관리, 서비스관리 등이 있으며, 이러한 관리기능을 지원하기 위해서는 공원안내시설계획, 조명시설, 쓰레기처리시설, 관리사무소, 주차장, 공중전화, 화장실, 창고, 안전시설 등이 필요하다.
- 시설의 사유화를 방지하고 장애자, 어린이의 이용이 편리하도록 하며 사유화될 가능성이 있는 시설은 철저한 관리를 한다.

● 경사도에 따른 시설

경사도(%)	도 입 활 동	도 입 시 설
0--10	운동시설이용활동, 건물이용활동	교양시설, 편익시설, 문화시설 관리시설, 운동시설
11--20	놀이, 산책, 휴식, 자연학습	휴게소, 피크닉장, 자연학습로
21--30	산책, 자연학습	산책로, 자연학습로
31이상	등산 및 보존	녹지, 등산로

● 표고에 따른 시설

표 고(m)	도 입 활 동	도 입 시 설
0--10	베드민턴, 어린이놀이, 조기체조, 게이트볼, 시름, 사회·문화활동	베드민턴장, 조기체조장, 씨름장, 도서관, 놀이터, 노인정, 화장실, 관리실, 주차장, 게이트볼장
11--30	자연탐방산책, 휴식, 체력단련	자연탐방로, 휴게시설, 산책로, 체력단련시설
31--45	산책, 등산, 체력단련	산책로, 등산로, 체력단련시설
46--60	조망, 휴식, 등산 체력단련	산책로, 등산로, 조망시설, 체력단련시설

● 이용자 요구 및 여가성향에 따른 시설

구 분	도 입 활 동	도 입 시 설
단체활동	동적운동, 그룹운동, 사회체육	각종운동, 집회, 유희시설
개인활동	신체단련, 산책, 등산, 취미	교양, 운동, 휴양
자연활동	등산, 산책, 자연 감상	교양, 등산로, 휴양

그림 2-2-3 성산근린공원 : 도입활동/시설 검토 사례

3. 공간 프로그램

일단 도입활동이 선정되면 각 도입활동을 계획 대상지에 어떤 성격과 규모의 공간 또는 시설에서 이루어지게 할 것인지를 결정하여야 한다. 이와 관련하여 공간 프로그램은 도입할 공간의 유형 구분, 공간별 특성과 공간들 사이의 상호관계에 대한 기술된 혹은 숫자로 표현된 계획의 방향 및 내용으로 정의할 수 있다. 공간 프로그램은 주로 평면적인 토지이용의 배분과 배치에 대한 계획의 방향 및 내용으로서 목록과 표로 작성된다.

이 과정에서는 계획구역 내의 토지를 어떻게 이용할 것인가를 결정하게 되며, 공간 속에서 이루어지는 제반 활동들의 양적 수요를 예측하고 그것을 합리적으로 배치하기 위한 작업이다. 이 과정에서는 다음과 같은 사항들을 반드시 고려하여야 한다.

첫째, 대상지 수용능력의 한계를 감안하고 개발과 자연환경보존이 조화를 이루도록 계획한다.

둘째, 장래의 개발방향과 토지이용 변화를 수용할 수 있도록 융통성을 부여한다.

셋째, 공공이익을 위한 사항이 고려되도록 계획한다.

넷째, 상충된 기능을 분리하고 보완적 기능은 집적시켜 용도간의 결합성이 유지되도록 계획한다.

다섯째, 주변지역과의 연계성을 유지하고 조화를 이룰 수 있도록 계획한다.

여섯째, 계획대상지의 역사·문화적 특성 등을 최대한 활용하여야 한다.

참고로 자연공원법(제2조)에서는 자연공원을 효과적으로 보전하고 이용할 수 있도록 하기 위하여 용도지구를 공원계획으로 결정하도록 하고 있다. 자연공원 용도지구의 종류는 공원자연보전지구, 공원자연환경지구, 공원자연마을지구, 공원밀집마을지구, 공원집단시설지구의 5가지로 구분되며, 이는 공간 프로그램의 기본적 골격을 법으로 정한 것이라 할 수 있다.

표 2-2-2 공간 프로그램의 사례

공 간	성 격	위 치
자연생태체험 테마공간	• 생태적으로 건강하고 녹음이 풍부한 공간 조성	• 유수지와 남쪽 폐천부지, 한강과 맞닿은 수변공간을 포함
레크리에이션활동 테마공간	• 접근이 편리하고, 공원의 중심적인 공간 • 누구나 이용 가능한 가족단위 휴게시설 및 각종 여가, 레크리에이션시설의 도입	• 역세권부지와 주변 거주지와 인접한 주진입부
문화예술 테마공간	• 서울시에 부족한 대중 및 청소년 문화시설의 제공 • 기존시설을 활용하여 다양한 장소 창출	• 정수장 부지로 이전계획에 따라 단계별 개발

(출처 : 서울시(2004), 서울숲 조성계획 중간보고자료에서 발췌)

4. 시설 프로그램

시설이란 도구, 기계, 장치 따위를 설치하거나 일정한 구조물을 베풀어 놓은 것이다. 조경계획 과정에서 일단 도입활동이 선정되면 각 도입활동을 계획 대상지에 어떤 성격과 규모의 구체적 시설에서 이루어지게 할 것인지를 결정하여야 한다. 이와 관련하여 시설 프로그램은 공간을 구성하는 시설에 대한 목록과 표로 표현된 계획의 방향 및 내용이다. 또한 시설의 계획·설계시 반드시 고려해야 할 요소와 요인들에 대하여 정리한 목록과 표를 말한다.

일반적 건축물 조성과 관련한 조경시설에 대해서는 건축법(제42조) 대지의 조경 항목에서 다루고 있는데, 조경시설을 ① 조경과 관련된 파고라, 벤치, 환경조형물, 정원석, 휴게, 여가, 수경, 관리 및 기타 이와 유사한 것으로 설치되는 시설, ② 생태연못 및 하천, 동물이동통로 및 먹이공급시설 등 생물의 서식처 조성과 관련된 생태적 시설로 협소하게 정의하고 있다.

한편 조경계획의 주요 대상 중 하나인 도시공원과 관련해서는 공원시설을 조경시설, 휴양시설, 유희시설, 운동시설, 교양시설, 편익시설, 공원관리시설, 기타로 유형을 구분하고 각 유형의 세부시설을 목록으로 나열하고 있다(도시공원 및 녹지 등에 관한 법률 제2조, 시행규칙 제3조 별표1).

시설 프로그램의 주요사항은 도입이 결정된 활동의 조건을 충족시키면서 대상지 여건에 적합한 구체적 시설의 종류와 성격, 그리고 규모를 결정하는 것이다. 시설 프로그램의 일부로 다루어져야 하는 공급시설의 규모는 매우 중요한 사항이나 방문객 이용수요의 정량적 예측을 통해 설정되므로 이와 연동하여 별도로 다음 항에서 상세히 다루기로 하고 여기서는 생략하였다.

■ 도입시설의 구체적 결정

- 점수 가중치에 의한 결과로 도입시설을 결정하지만 추가적으로 과업지시서상의 요구 시설인 도서관, 주차장 기반시설인 상수도, 하수도 시설을 도입한다.
- 체력단련시설이란 현재 설치되어 있는 철봉, 평행봉, 윗몸일으키기, 역기, 허리돌리기, 허리펴기와 같은 체력단련시설을 말한다.
- 면적 운동시설이란 축구장, 야구장, 배구장, 테니스장 같은 넓은 면적의 운동장이 필요한 시설을 말한다.
- 전통놀이시설이란 윷놀이, 널뛰기와 같은 좁은 면적의 놀이공간이 필요한 시설을 말한다.
- 조기체조장과 게이트볼장, 배드민턴장과 다목적 운동장은 개별적 설치보다는 이중적 이용성을 고려하여 이용의 효율성을 높인다.
- 야외 전시장과 야외 조각원은 별도 시설보다는 녹지나 보행로 등을 활용하므로 활동 프로그램 개념만을 도입한다.
- 이중 평균값인 19점 이상을 도입시설로 결정한다.

● 도입시설결정표

○:3 △:2 ×:1 (●:도입시설)

	시 설	물리적 환경특성	이용객요구	현존시설과의 관련성	관리적 측 면	공 원 개 발 방 향			주변여건	점수	채택
						지역중심성	녹지보건	일일여가공간			
운 동	사회체육시설	○	○	○	○	○	△	○	○	23	●
	면적운동시설	×	△	×	×	○	×	△	○	15	
	베드민턴장	△	○	×	△	△	△	○	○	18	
	롤러스케이트장	×	△	×	△	△	×	△	△	13	
	조기체조장	○	○	○	○	○	△	○	○	23	●
	다목적운동장	○	○	△	△	○	△	△	○	20	●
	모 래 밭	○	○	○	○	○	△	△	○	22	●
	게이트볼장	○	○	○	○	△	△	○	○	22	●
	전통놀이시설	○	△	○	△	○	△	○	△	20	●
교 양 및 교 육	도 서 관	△	○	×	△	○	×	△	○	17	●
	문 화 회 관	△	△	○	○	○	×	△	○	19	●
	야외전시장	○	△	△	○	○	△	○	○	21	●
	야 외 극 장	×	×	×	△	△	×	△	△	12	
	청소년회관	△	△	△	○	○	×	△	○	18	
	야외조각원	○	△	○	○	○	△	○	△	21	●
	자연탐방로	○	△	○	○	△	○	△	○	21	●
	수 목 원	×	×	×	△	△	△	△	△	13	
유 희	어린이 놀이터	△	△	○	△	○	×	○	○	18	
휴 양 · 편 익	야외탁자	○	△	○	○	△	△	○	○	16	
	의 자	○	○	○	○	○	△	○	○	23	●
	휴 게 소	△	△	△	△	△	△	○	○	18	
	산 책 로	○	○	○	○	△	△	○	○	22	●
	매 점	×	×	×	○	×	×	×	×	11	
	화 장 실	○	×	×	○	○	×	△	○	19	●
	야외마당	△	○	△	○	○	△	△	○	20	●
	정 자	○	△	△	△	○	△	△	○	19	●
관 리 및 기반시설	쓰레기처리장	○	△	○	○	△	○	△	○	21	●
	주 차 장	×	×	×	○	△	×	△	○	14	●
	관리사무소	△	△	○	○	○	△	○	○	21	●
	조명시설	△	○	△	○	△	△	△	○	19	●
	안전시설	○	○	△	○	△	△	△	△	19	●

그림 2-2-4 성산근린공원 : 도입시설 결정 사례

제3절 수요예측과 시설규모

1. 수요 예측

1) 수요 예측의 의의

수요 예측은 계획 및 개발 사업의 방향설정과 예산 투입 규모의 산출과 사업 타당성, 경제적 파급효과 산정을 위한 기초자료로서 사업 및 정책을 결정하는데 있어 매우 중요한 요소이다.

수요는 예측하고자 하는 목적 또는 활용되는 자료에 따라 총량수요, 추세수요, 보정수요, 목표수요 등으로 구분된다.

표 2-2-3 이용수요의 개념

수 요	수요의 개념
총량수요	관광 이동 통계자료상의 목적지별 비율을 조사 공표하여 이를 활용하여 산출된 관광수요
추세수요	시계열을 통한 정량적 수요분석으로 점유율 및 성장 추세를 기초로 산출된 관광수요
보정수요	상황변화에 따라 수요환경변화를 고려하여 조정한 관광수요
목표수요	추세수요를 기초로 하여 공급여건변화에 따른 보정을 통해서 산출된 관광수요
자연증가수요	시대와 환경에 따라 불규칙성이 존재하며, 정책 및 결정지표의 변화 등에 따라 증가하는 수요
잠재수요	가능성 있는 관광객까지 추정하여 산출된 관광수요

한국문화관광연구원(2006), 「관광수요예측 가이드라인 설정 연구」

2) 이용수요 예측 방법

수요예측의 기본원칙은 과거의 통계자료 및 유사시설 사례를 근간으로 관련된 변수 간의 통계적 관계를 찾아낸 후 이를 미래로 연장시키는 것이다. 따라서 해당 사업의 수요에 영향을 미칠 것으로 판단되는 변수의 과거자료를 수집하고 적정한 통계기법을 적용하는 것이 중요하다.

수요예측방법은 명확한 수치적인 기술보다는 전문가의 주관적인 관점을 주로 이용하는 정성적 예측(질적방법 : Qualitative Methods)과 시계열 자료를 연장하거나 예측을 위한 인과변수를 이용하는 정량적 예측방법(양적방법 : Quantitative Methods)으로 분류된다.

조경계획의 수요추정방법은 현재 시장의 수요, 과거의 성장패턴, 시장특성은 물론 예산, 기간, 요구되는 정확도, 데이터의 존재 여부 등에 따라서도 예측기법이 달라진다. 조성사업의 성격에 따라 크게 두 가지로 구분된다. 우선 문화시설, 테마파크, 유적지 등과 같이 방문객이 일반 대중인 경우에는 시설이 입지할 지역의 방문자수를 추정하고 이 중 해당시설을 방문할 확률(방문비율)을 추정하여 방문수요를 예측하는 2단계 예측방법이 널리 활용되고 있다. 반면에 태권도공원과 같이 방문객이 일반방문객이 아닌 특정집단이 되는 경우에는 시설의 입지가 수요에 미치는 영향이 작아진다. 이러한 경우에는 해당시설이 제공하는 유형의 서비스에 대한 과거 수요자료를 이용한 추정방법, 즉 시계열분석(Time-Series Methods)이 적절하다. 따라서 대상시설 및 공간이 어떤 성격인지를 파악하여 가장 적합한 수요예측방법을 적용하는 것이 중요하다.

본 장에서는 위의 두 가지 수요추정방법에 대하여 한국개발연구원(2000)이 권고한 수

표 2-2-4 수요예측 방법유형

예측방법 유형	세 부 종 류
정성적 예측법	– 델파이 예측법(Delphi Techniques) – 전문가 판단모형(JAM : Judgement Aided Models) – 시나리오 설정법(Senario Writing Methods)
정량적 예측법	– 인과모형*(Causal Models) · 단순회귀모형(Simple Regression Models) · 다중회귀모형(Multiple Regression Models) – 공간상호작용모형(Spatial Interactive Models) · 중력모형(Gravity Models) 여행발생모형 여행배분모형 – 시계열분석법(Time-Series Methods) · 단순평균증가율법 · 추세선분석법(Traditional Trend Methods) · 평활법(Smoothing Methods) 이동평균법(Moving Average Methods) 지수평활법(Exponential Smoothing Methods) · 분해법(Decomposition) 가법분해법(Additive Decomposition Methods) 승법분해법(Multiplicative Decomposition Methods) · 박스–젠킨스법(Box–Jenkins Methods)

* 인과모형은 시계열 자료를 이용하여 제 변수들의 미래예측치를 추정하여 미래를 예측할 경우에는 시계열분석법에도 포함시킬 수 있다.

(한국관광공사(1995), 지방화시대의 관광개발 기법.)

요예측방법을 중심으로 정리하여 이해를 도모하고자 하였으며 일반방문객 수요는 강원 역사문화촌,[10] 특정 방문객 수요는 태권도공원[11]을 예로 적용하였다.

(1) 방문객이 일반 방문객인 경우

일반 방문객 수요는 시설 및 공간의 매력성, 입지 및 교통여건, 소득 수준 등의 다양한 요인에 의존하기 때문에 매우 신중한 태도가 요구된다. 일반적으로 적용되는 방법은 시설 또는 공간 입지예정 지역의 방문객 수를 산출하고, 이중 일정비율이 해당시설을 방문한다고 가정하여 계획시설의 방문수요를 추정하는 것이다.

시설이 입지할 지역의 방문객 수요를 산출하는 방법은 다음과 같다.

① 회귀분석(regression analysis)

회귀분석은 방문자 수에 영향을 미치는 주요 경제변수를 도출하여 방문자수와 이들 변수간의 관계를 통계적으로 규명하는 방법으로 분석의 편의를 위하여 흔히 선형(linear) 관계를 가정한다. 이를 수식으로 나타내면 다음과 같다.

$$Yt = \beta 0+\beta 1X1t + \cdots +\beta kXkt + ut$$

여기에서 피설명변수 Yt는 시점 t에서의 방문자 수이고, X1t, …, Xkt는 시점 t에서의 설명변수 X1t, …, Xkt의 값이며 ut는 오차항이다.

Yt 및 X1t, …, Xkt의 과거 시계열 자료가 주어지면 일반적으로 통상최소자승법(ordinary least-square method; OLS)을 적용하여 모수(母數; parameter) B0, B1, …, Bk를 산출한다. 모수의 추정치가 얻어지면 설명변수의 미래 예측치를 위의 식에 대입하여 방문자 수를 추정한다.

강원 역사문화촌 조성사업에서는 강원도 방문자 수를 피설명변수로 사용하였고, 설명변수로는 국내총생산, 민간최종 소비지출, 국민 총가처분소득, 도시가계 소비지출 등을 적용하였다. 강원도 역사문화촌 조성계획에서 해당 시설이 위치하는 강릉시 · 평창군이 아닌 강원도를 수요추정 대상지역으로 설정한 이유는 강릉시와 평창군의 이동통계가 각

10) 강원도(1999년)가 수행한 강원도 평창군 도암면 수하리 일원(약 31만 평)에서 수립된 역사문화 관광자원 조성계획에 대하여 한국개발연구원이 예비타당성조사를 실시하였다.

11) 대한태권도협회(1999)가 작성한 「태권도공원 및 칠성산 호국태권도 수련원 기본구상」에 대하여 한국개발연구원(1999)이 경제적, 정책적 타당성조사로서 수행한 연구이다. 이후에도 문화관광부(2001)의 「태권도공원 기본방향 타당성연구」, 문화관광부(2005)의 「태권도공원 기본개념 및 공간구성 등에 관한 연구」, 문화관광부(2006)의 「태권도공원 조성 기본계획 및 공간계획 수립 등 연구」등 최근까지 다수의 연구가 수행되었다. 단 2001년부터 수행된 연구부터는 국가전략사업으로서의 관광산업에 대한 중요성이 대두됨에 따라 '태권도 자체의 가치'는 물론 '문화관광 상품으로서 가치'의 비중이 높아져 태권도인 뿐만 아니라 일반 관광객의 관점에서의 수요 추정이 이루어졌다. 따라서 특정방문객을 대상으로 하는 수요예측의 예로서는 1999년 타당성조사시 분석된 수요예측 결과를 적용하는 것이 독자의 이해도를 높이는데 가장 적절하다고 판단됨에 따라 본 장에서는 한국개발연구원(1999) 결과를 적용하였다.

각 1979년, 1982년 이후에야 축적되기 시작한 것에 비하여 강원도의 경우 1970년 이후부터 장기간의 이동통계가 존재하고 보다 넓은 지역임에 따라 안정적인 추정결과를 얻을 수 있기 때문이다. 설명변수에 대한 미래 예측치는 한국개발연구원에서 개발한 다부문모형의 2000~2030년 기간 중 실질 경제성장률 전망치를 적용하여 추정한다.

② 추세분석(trend analysis)

추세분석은 피설명변수 Yt의 과거 동향을 미래로 연장하는 방법으로 시점 t만을 설명변수로 사용한다. 추정방정식은 선형(linear)과 비선형(nonlinear)으로 구분되며, 그 중 비선형 모형의 경우 주로 이차(quadratic)함수와 지수(exponential)함수를 사용한다.

선 형 : $Yt = \alpha + \beta t + ut$

비선형 : 이차 $Yt = \alpha + \beta t + rt2 + ut$

지수 $Yt = \alpha (t - \beta) r + ut$

모수는 비선형 최소자승법(nonlinear least-square method; NLLS)을 적용하여 추정하고 미래 시점 t를 대입하여 해당연도의 방문객 수를 산출한다. 앞서 설명했듯이 추세분석은 시점 t만을 설명변수로 사용하여 여타변수의 과거자료 및 미래 예측치가 필요하지 않으므로 자료수집이 간단하다는 장점을 가지는 반면 미래 수요가 과대추정될 수 있다는 단점을 가지고 있다. 이는 여가에 대한 인식 개선, 소득 증가에 따라 방문객은 증가추세라고 하지만 선진 주요국의 경험에서 보면 방문객 수는 일정 기간 후에 증가율이 둔화되는 S자 형태를 이루기 때문이다.

따라서 시간에 따른 추세변화가 이동통계 자료를 근거로 할 경우에는 회귀분석과 추세분석을 결합하여 추정하는 것이 바람직하다고 할 수 있다. 이때에는 다음과 같이 회귀분석의 추정방정식에 시간을 하나의 설명변수로 포함시키는 방법이 적용될 수 있다.

$Yt = \beta 0 + \beta 1X1t + \beta 1X1t + \cdots + \beta kXkt + \beta t + ut$

③ 시계열분석(time-series analysis)

시계열분석은 과거 및 현재 추세의 비율을 이용하여 미래를 예측하는 방법으로 조경계획 수립시 가장 많이 이용되고 있다. 그 대표적인 것이 ARIMA 모형(autoregressive integrated moving averager model)이다.

일반적으로 이동통계는 지수함수와 유사한 증가형태를 보이므로 시계열분석을 이용하여 이동통계를 추정할 때에는 원자료의 자연대수(natural logarithm) 증가분(increment)을 취하여 분석한다. 즉 시계열분석의 상대변수는 $\triangle \log Yt = \log Yt - \log Yt - 1$이다.

강원역사문화촌 조성사업의 경우 이 변수가 과거의 자기 값으로부터 받는 영향을 파악하기 위하여 자기상관함수(auto-correlation function)를 계산한 결과 △log Yt는 이계 이동평균계열(second-order moving-average time series), 즉 ARIMA(0, 1, 2)계열인 것으로 나타났으며, 이계 이동평균계열의 다항식(polynomial)은 최우추정법(maximum likelihood method)에 의하여 추정하였다.

④ 이동통계분석

개인 차원의 이용수요가 여가인식 및 소득수준과 직결된다면 국가 전체 또는 특정지역의 이용수요(이동량)는 총인구와 관련성이 높다. 따라서 전자는 일인당 이동횟수, 후자는 총이동량으로 표현된다. 이동통계분석은 과거의 인구 및 이동통계의 추세를 이용하여 미래의 인구 및 이동횟수를 추정하여 방문객 수를 추정하는 방법으로, 인구성장률이 제한요소로 작용하여 과대추정의 가능성이 작다는 장점을 지니고 있다. 이동통계분석의 절차는 다음과 같다.

먼저, 과거의 총인구와 전국 이동량 자료를 이용하여 과거 일인당 이동횟수 추세를 파악한다. 일반적으로 총인구 자료는 통계청, 이동량 자료는 문화관광부의 이동통계를 적용한다.

둘째, 국내총생산 또는 소득의 증가율 전망치, 선진국의 경험을 참고하여 향후 일인당 이동횟수의 미래 동향을 계산한다. 선진국 경험치는 일반적으로 소득수준별 일인당 이동횟수 자료를 이용한다.

셋째, 통계청에서 제공하는 미래의 총인구 추정치에 앞서 산출한 향후 일인당 이동횟수 추정치를 곱하여 분석기간내 전국 이동량을 추정한다.

넷째, 이와 함께 과거의 전국 이동량과 대상지역 방문자수 등의 자료를 근거로 전국 이동량 대비 대상지역 방문자수의 비율에 대한 추세를 파악하여 미래 추정치를 산정한다. 이러한 추정치를 계산하는 데에는 여러 가지 방법이 이용되고 있으나 가장 일반적인 방법은 이동평균법이다.

다섯째, 전국 이동량 대비 대상지역 방문자수 비율의 미래 추정치를 미래의 전국 이동량 추정치에 곱하여 대상지역의 이동량을 산출한다.

⑤ 유사시설의 경험 활용

이 방법은 해당 계획과 유사한 성격의 국내외 시설·공간의 과거 경험치를 이용하여 방문객수를 추정함에 따라 미래 수요가 과대 또는 과소 추정되는 것을 방지할 수 있으며, 유사한 소선의 시설이 있을 경우 비교적 근사한 추정치를 얻을 수 있다는 장점이 있다.

이에 반해 완전히 동일한 조건의 시설을 찾아내기 어려우며, 이론적 근거가 구축되어 있지 않다는 단점을 가지고 있다.

가장 이상적인 방법은 과거 유사한 조건의 지리적 위치와 유사한 성격의 시설이 설립된 자료를 활용하는 것이겠지만 이러한 사례를 찾아내기는 거의 불가능하다.

강원역사문화촌과 가장 유사한 사례로는 한국민속촌이 제기되었으나, 한국민속촌이 위치한 용인은 국내 최대 인구밀집지역인 수도권에 위치하고 있어 입지측면에서 강릉·평창지역과는 매우 다르다. 유사 사례를 찾기 어려웠던 강원역사문화촌의 경우 인근 지역인 평창·횡성에 위치한 스키리조트가 해당 지역의 방문객수 증가에 기여한 정도를 추정하여 역사문화촌사업에 적용하였다. 물론 성우리조트와 휘닉스파크의 관광자원으로서의 매력도[12]가 강원역사문화촌보다 클 수 있으며, 스키리조트는 재방문율이 높은 반면 강원역사문화촌 수요는 비반복적인 것이므로 스키리조트의 경험을 원용하는 것은 강원문화촌의 수요를 과대추정할 우려가 있다. 그러나 스키리조트는 겨울 이외에는 수요가 거의 없는 반면 강원역사문화촌은 사계절 관광자원이므로 수요 측면에서는 오히려 더욱 유리할 수 있다는 반론도 가능하다. 이러한 논쟁의 결과 강원역사문화촌 계획에서는 스키리조트 사례를 활용하고 추정상의 오차는 민감도 분석을 통하여 보완하였다.

추정된 대상 지역의 방문객수와 방문비율을 곱하여 해당 계획시설의 방문수요를 산출한다. 그러나 대상 지역의 방문객수가 일정한 증가율을 보인다 하더라도 해당시설의 방문객수 증가율을 계속 적용해서는 안 된다. 공원, 관광지 등 문화관광시설의 경우 개장 초기에는 해당 지역의 방문객수 증가와 유사한 증가율로 방문객수가 증가할 수 있으나 장기적으로는 증가율이 둔화 또는 감소하는 경향을 보이기 때문이다.

이러한 현상을 반영하기 위하여 일정 기간까지는 위의 방법을 통하여 방문수요를 추정하되 일정 시점 혹은 일정 수준 이상에서는 유사시설의 사례, 전문가의 자문, 시설의 수용 가능 규모 및 경험이 풍부한 계획가의 판단에 따라 증가율을 조정하는 것이 바람직하다. 강원역사문화촌의 경우에도 유사한 성격의 국내외 시설에 있어서 연간 방문객수가 200만 명을 넘는 곳이 거의 없다는 점에서, 국내외 방문객수가 연간 200만 명을 초과하는 2009년을 기점으로 증가율 0을 적용하였다.

전체 계획 내의 부문별 시설에 대한 수요는 각 시설의 성격에 따라 다르게 추정한다. 테마시설이나 박물관의 상가시설과 같이 대표시설 방문객 대부분이 이용하는 시설의 경우에는 대표시설 방문객이 모두 부대시설을 사용하는 것으로 가정할 수 있다. 부대시설

---

12) 스키리조트와 강원 역사문화촌은 시설의 설립목적과 대상계층(target)이 상이하므로 직접적인 매력도의 직접 비교가 용이하지 않으며, 특히 관광자원의 매력도는 서열화할 수 있는 성질의 것이 아니다.

의 판매수입에 대해서는 전체계획을 대표하는 시설의 유사 사례에서 입지한 부대시설에 대한 판매수입을 참고하여 산정한다.

반면에 부대시설일지라도 대표시설 방문객의 일부만이 이용하거나 대표시설 방문객 이외의 수요가 있을 경우에는 해당 부대시설과 유사한 사례 자료를 수집하여 활용한다. 예를 들면 강원역사문화촌 내에 조성되는 호텔의 경우에는 인근 지역의 숙박시설 점유율을 참고하여 숙박수요를 추정하였다.

(2) 대상 방문객이 특정 집단인 경우

태권도공원과 같이 대상 방문객이 일반 방문객이 아니라 국내외 태권도선수, 사범, 수련생 등 특정 집단인 경우에는 시설의 입지적 조건보다는 설립 목적 및 성격이 수요

표 2-2-5 태권도공원과 칠성산 호국태권도 수련원의 수요추정 방법

항 목	대 상	추 정 방 법
연수	지도자	• 사범 및 심판자격소지자의 과거자료(1991~98)를 이용하여 향후 전망치를 추정하고 이로부터 신규 취득자수를 계산 • 신규취득자 전원인 연수를 받는 것으로 가정
	선수	• 등록선수의 과거자료(1991~98)를 이용하여 향후 추정치를 계산 • 등록선수의 일정비율이 연수를 받는 것으로 가정 • 연수비율은 수도권으로부터의 거리를 감안하여 태권도공원 20% 및 칠성산 호국태권도 수련원 10%를 가정
	도장수련생	• 1998년 현재 도장 수련생수는 482,879명. 이전자료는 없음. • 전망치 추정을 위해 등록회원수의 과거자료(1995~98)로부터 향후의 증가율을 추정하고 동일한 증가율을 도장수련생 수에 적용 • 연수비율은 태권도공원 5% 및 칠성산 호국태권도 수련원 3%를 가정
	외국인	• 도장 수련생과 동일한 방법을 이용하여 해외 태권도수련인의 예측치를 추정 • 2%의 연수비율을 가정
대회	국내대회	• 국내대회 참가선수의 과거자료(1991~98)를 이용하여 예측치를 계산 • 선수 일인당 비선수 0.5인 동반을 가정 • 개최확률은 태권도공원 50% 및 칠성산 호국태권도 수련원 20%를 가정
	국제대회	• 체급당 인원(32명), 체급수(16), 비선수율(100%) 및 국내개회 횟수(1.68회)를 통하여 연간 1,720명 참가를 가정
방문	일반방문객	• 2003년 기준 방문객 수를 태권도공원 5만 명 및 칠성산 호국태권도 수련원 10만 명으로 가정 • 이후에는 등록회원 수의 증가율을 적용
심사	승단심사	• 심사건수의 과거자료(1995~98)를 이용하여 미래 예측치를 계산 • 품과 단을 분리하여 주정한 후 합산
	승급심사	

에 영향을 미친다고 할 수 있다. 따라서 시설이 입지할 대상 지역의 방문수요(이동통계)를 바탕으로 한 수요추정은 무의미하며 시설이 제공하는 서비스에 대한 과거의 통계자료에 근거하여 수요를 추정하여야 한다.

태권도공원 수요는 해당 계획이 제공하는 서비스(각종 연수프로그램, 대회 등)에 대한 과거 통계자료를 바탕으로 미래 전망치를 계산하고, 이 중 얼마 정도(점유율)가 태권도공원을 방문할 것인가를 추정하였다. 미래 전망치는 (1)방문객이 일반 방문객인 경우와 같이 회귀분석, 추세분석, 시계열분석 등 다양한 통계적 기법을 활용하여 추정하고, 점유율의 경우에는 시설의 특성 및 전문가 자문을 중심으로 계획가의 합리적인 수치 선택이 요구된다.

태권도공원 및 칠성산 호국태권도 수련원의 수요추정 방법은 표 2-2-5와 같다. 전체 태권도공원에 대한 수요는 본 공원이 제공하는 서비스를 중심으로 참여·방문객을 산정하였으나 상가시설, 숙박시설 등 부대시설에 대한 수요는 일반 방문객인 경우와 유사한 방법으로 추정하였다.

2. 시설규모 결정

이용객 수용규모 결정은 조경계획을 수립하는데 있어서 가장 기본적인 지표를 제공해 준다. 이용객의 수용규모에 따라 토이이용 패턴, 시설물의 종류 및 규모가 좌우된다. 이용객 수용규모 결정은 기반시설 등의 규모 등에 대한 수요량을 예측하는 기준으로 적용되므로 과다하게 추정될 경우 불필요한 사업비의 투자를 유발하므로 대상사업의 경제적 타당성에 큰 영향을 미치게 되므로 주의를 요한다.

이용객 수용규모 결정은 기본적으로 세 가지의 측면을 고려해야 한다. 첫째는 대상지역의 물리적·생태적·사회심리적 여건이 얼마만큼의 이용객을 수용할 수 있는가 하는 것이고, 둘째는 사회적·지역적 여건으로 보아 얼마나 많은 이용객들이 대상지역에 몰리게 될 것인가 하는 것이며, 셋째는 이 두 가지를 고려하여 얼마의 이용객수를 수용할 것인가 하는 것이다.

1) 수용능력 분석

수용능력(Carrying capacity)이란 방문자들에 의해 얻어지는 경험의 질에서 받아들이기 어려운 감소 없이, 물리적 환경에서 용납키 어려운 변화 없이 한 지역을 사용할 수 있는 사람 수의 최고치이다. 수용능력은 각 지역의 고유한 절대적 체한치는 아니다. 그것은 방문자들에게 일정한 계속적인 경험의 질을 제공할 수 있는 이용의 수준인 것이다.

따라서 어떤 지역에서의 수용능력은 유동적이고 결과적으로는 사회·환경적인 조건들과 평형을 이루는 것이다. 수용능력은 다시 물리적 수용력, 생태적 수용력, 사회·심리적 수용력으로 구분될 수 있다.

물리적 수용력(Physical carrying capacity)은 시설물이 갖는 방의 개수와 같은 것으로 이처럼 시설이 수용할 수 있는 능력을 뜻한다는 측면에서 시설수용력이라고도 불리는데 이것은 인공구조물이나 시설물의 최적 공간규모 또는 활동의 질을 보장할 수 있는 최소 공간규모 등을 의미한다.

따라서 이 용어는 일상적인 세면장, 식당과 같은 인공구조물에 적용될 수 있을 뿐만 아니라 스키장 또는 수상 스키장으로 사용되는 관광자원에도 적용될 수 있다.

생태적 수용력은 자연생태계가 자기회복능력이나 자기정화능력의 한계 내에서 인간의 활동을 흡수하고 지탱할 수 있는 능력을 의미한다. 따라서 이것은 대상지가 갖는 식생, 토양, 물, 야생동물 등을 포함한 자연생태계가 외부의 이용압력에 대하여 나타내는 내성의 범위를 나타낸다고 볼 수 있다.

사회·심리학적 수용력(Social-psychological carrying capacity)은 사회적 수용력, 심리적 수용력 또는 지각적 수용력(perceptual carrying capacity) 등으로 불리고 있는 수용력을 가리키며, 이것은 경험을 통한 만족도를 뜻한다. 즉 이용자가 이용활동에서 바라는 일정수준의 질을 유지하고 만족을 느끼기 위하여 필요로 하는 환경조건을 의미한다.

수용능력 분석(Carrying Capacity analysis)은 조경계획에서 자원의 최적이용과 방문자 이용 또는 개발의 최고 제한선을 결정하기 위한 기본적인 기법이지만 수용능력을 산정하기란 매우 어려운 것이 사실이다.

이러한 경우 가능한 방법 중의 하나는 토지이용별 적지 혹은 시설물별 가용지를 찾아내고 이 면적에 비례하여 수용능력을 산정하는 것이다. 집단시설이 없는 자연공원 같은 경우 1인당 연간 이용 가능한 면적을 정하고(예 : 60㎡/인/연, 자연보존지구의 경우) 이에 따라 연간최대수용인원을 정할 수 있다.

또한 시설물 중심인 지역에 대하여는 시설 가능지를 1인당 소요면적으로 나누어서 최대동시수용인원을 산정할 수 있다(임승빈, 주신하, 2002. pp.218~219).

2) 이용수요 예측

우선 수요예측을 위해서는 다양한 수요예측 방법 중 가장 적절한 수요예측 방법을 선정하여야 한다. 통상적으로는 수요추정의 기본원칙으로 과거의 통계자료 및 유사시설의 사례를 바탕으로 관련된 변수간의 통계적 관계를 찾아낸 후 이를 미래로 연장시키는 것을 기본방향으로 하고 있다(1. 이용수요 예측 항목 참조).

3) 적정 이용객수

수용능력과 이용수요를 감안하여 적정 이용객 수용규모를 결정하는 것은 결코 쉬운 일이 아니다. 원칙적으로 이용수요가 수용능력을 넘지 않을 경우는 이용수요를, 이용수요가 수용능력을 넘을 경우에는 수용능력을 기준으로 하여야 한다(임승빈, 주신하, 2002, p.219).

3. 시설 공급규모 산정

연간 총 이용객 수용규모가 결정되면 연간 총 이용객수에 자원 및 시설 유형분류에 부합하는 각종 수용공급지표인 계획일 집중률, 동시체재율, 원단위를 공급규모 산정식에 대입하여 시설 공급규모를 산출해야 한다.

여기에서 연간 총 이용객수는 예측한 목표년도의 이용객수, 최대일률(혹은 집중률, 최대일집중률)은 연간 관광객수에 대한 최대일 관광객수의 비율을 일컬으며 연중 가장 많이 온 날의 집중도를 의미한다. 따라서 최대일 이용객수는 계획연도(목표년도) 연간 이용자수에 최대일률을 곱하여 산정할 수 있다.

일반적으로 관광객은 연간 고르게 분포되는 것이 아니라 일정기간 안에 집중 방문한다. 이러한 양상을 의미하는 것이 최대일률로 산출식은 다음과 같다.

최대일률(Rd) = 최대일 이용자수 / 연간 관광객수

해수욕장, 스키장 등과 같이 여름, 겨울 등 일정 계절에만 집중하는 곳을 1계절형, 자연공원, 유원지 등 봄, 가을에 이용자가 집중하는 곳을 2계절형으로 간주하며,[13] 최대일률은 1계절형일수록 높으며 2계절, 3계절, 4계절형으로 갈수록 낮게 나타나며, 최대일률이 높다는 것은 연간 관광객의 특정일 집중도가 높다는 것을 의미한다.

일본에서 작성된 최대일률을 계절형으로 살펴보면, 1계절형(1/30, 0.033), 2계절형(1/40. 0.025), 3계절형(1/60, 0.017), 4계절형(1/100, 0.01)로 나타난다.

13) 최근 대부분의 관광지 개발계획에서는 각종 프로그램을 개발하여 4계절형을 지향하고 있다.

표 2-2-6 최대일률

구 분	1계절형	2계절형	3계절형	4계절형
최대일률[1)]	1/8	1/15	1/30	1/50
최대일률[2)]	1/8	1/40	1/60	1/100
최대일률[3)]	1/30	1/40	1/60	1/100

주) 최대일률의 적용은 현재까지 실무적으로는 2)와 3)의 최대일률을 적용하는 경우가 많음
자료1 : 문화관광부(1997), 관광진흥 10개년 계획에서 재구성, 문화관광부(2001), 제2차 관광개발기본계획
자료2 : 한국관광레저연감(2004)
자료3 : 한국종합조경공사(1976), 조경설계기준, 일본에서 적용하는 기준

표 2-2-7 주요 시설별 최대일률(일본)

시 설		최대일집중률(%)	비 고
골프장		1.5	일 이용자수 228인(18홀 기준)
스케이트장		1.5	도시형의 옥내 링크의 경우
헬스센터		1.5	
동물원		2.0	
식물원		3.5	
마리나	(소형)요트	3.5	수면 보트계류장 25㎡/척 계류장 수역 100㎡/척
	모터보트	3.5	
활터		5.0	자연휴양림 내
관광목장 · 과수원		3.7~10	포도원의 경우
피크닉 랜드		4.5	
유원지		3.5	
캠프장	보통캠프	3.5	200~500인 수용
	자동차캠프	3.5	50~100대 수용
별장		4.0	

일본관광협회(1974), 「관광레크레이션 지구 및 관광시설의 기준에 관한 연구II」.

회전율은 당일의 전체 방문객에 대하여 방문객이 가장 많은 시점의 방문객수 비율을 말하는 것으로 동시체재율, 시간집중률이라고도 한다. 즉 일정시설 및 공간에서 이용객의 평균 체재시간을 비율로 나타낸 것이다. 이들 체재시간에 따른 회전율을 주로 많이 쓰이는 시간대별로 보면, 3시간체재(1/1.8), 5시간체재(1/1.5), 6시간체재(1/1.4)로 나타난다.

표 2-2-8 평균체류시간별 회전율

체류시간	회전율
3	1/1.8
4	1/1.6
5	1/1.5
6	1/1.4

건축학회(1986), 「건축자료집성 5권」.

"원단위"는 이용객 1인당 관광활동에 필요한 적정면적을 의미한다. 그리고 "이용률"은 관광자원 내의 각 세부시설별로 시설을 이용하는 이용객의 연간 총합 대비 연간 총 이용객수의 계획적 수용 가능 인원의 비율을 말한다.

한국의 관광공급지표는 일본에서 적용되어온 것을 개별적인 시설 개발의 특성을 고려하여 일부 수정하여 사용하고 있으나, 주5일 근무제 도입으로 인한 여가행태 변화와 주말집중 경향에서 요일별로 평준화되고 있는 관광객의 추세 변화를 반영하지 못하는 등 현실성이 떨어진다는 문제점이 제기되어 왔다. 이에 우리나라의 자원 및 개발여건, 우리나라 관광객들의 이용행태 등 관광을 둘러싼 제반 환경을 고려한 공급지표가 2007년 발표되었으나 실무적으로는 아직 적용되지 못한 상태이다.

표 2-2-9 일본의 공간규모 산정지표 1

시 설	최대일 집중률 (%)	동시체재율 (%)	공간원단위 (㎡/인) 1994년	공간원단위 (㎡/인) 1974년	비 고
동물원	3.0	40	40	25	부지면적
식물원	3.0	25	140	300	부지면적
수족관	2.5	30	15	–	부지면적
미술관	2.0	25	10	–	연상면적
박물관	3.0	15	15	–	연상면적
테마파크	3.5	65	80	–	부지면적
유원지	4.0	80	30	10	부지면적
페스티벌마켓	0.5	40	5	–	연면적
어시장	2.0	30	1	–	연면적
하쿠토리파크	2.5	30	10	–	공개부분면적
공예촌	3.5	40	25	–	부지면적
골프장	–	100	6	1.0~1.5	홀면적(ha/H)
스키장	5.0	100	280	200	부지면적
마리나	5.5	100	70	2.5~3	전회(前回) ㎡/척
테니스장	–	–	1,000~1,500	–	㎡/面
승마장	4.0	30	120	–	부지면적
스카이스포츠	5.0	100	90	–	용지면적
온천보양관	1.0	50	10	–	연면적
오토캠프장	4.0	100	900	650	㎡/대
숙박시설 A	55.0	100	100	–	㎡/실
B	55.0	100	110	–	㎡/실
C	65.0	100	110	–	㎡/실
D	65.0	100	115	–	㎡/실
여관 대	55.0	100	140	–	㎡/실
중	45.0	100	125	–	㎡/실
소	35.0	100	115	–	㎡/실
공적숙박시설					
국민숙소	50.0	100	90	–	㎡/실
기 타	45.0	100	150	–	㎡/실

일본관광협회(1974), 『관광레크레이션 지구 및 관광시설의 기준에 관한 연구』.
일본관광협회(1976), 『관광계획의 수법』

표 2-2-10 일본의 공간규모 산정지표 2

시 설	공간원단위(㎡/인)		회전율(%)	집중률(%)
	육면	수면		
해수욕장	10~20		1	3.0~5.0
피크닉장	50~100		2.5~3	3.0~4.5
야외게임장	25		4~8	–
스포츠시설	50		2~4	–
유원지	10		2.5~3	
호텔 및 여관	30~50		1	가동률 50
휴양소	15~30		1	30
민박	8		1	15
펜션	10		1	35

일본관광협회(1976), 『관광계획의 수법』

표 2-2-11 자연공원 시설표준규모 현황

공공시설명	표준단위규모	지 표
주차장(승용차)	30~50㎡/1대	이용자 1인당 1.7~2.2~2.5㎡ (차량 1대당 평균 20인, 단위규모 평균 45㎡)
(버 스)	70~100㎡/1대	
피크닉광장	15㎡/인	이용률(80~100%)
휴게소	1.5㎡/인	이용률은 단지이용률의 13%
화장실	3.3㎡/인	단지이용률의 1.25%, 합숙의 경우, 수용력의 5~10%
급수시설	75~100ℓ /인	단위는 숙박객 1인당, 당일귀객은 2의 1/3
운동광장	60㎡/인	
캠프장	30~50㎡/인	캠프비율 12~33%(계절형 관광지의 성격에 따라 다르다)
해수욕장	15~30㎡/인	모래해변면적
스키장	100~150㎡/인 150~200㎡/인	초심자용 슬로프 상급자용 슬로프 이용률 7~18~35%
비지터센터	1.5~2㎡/인	이용률 30~50% 평균 체제시간 30분 회전율 1/7~1/10
공원지원로	2.0m/폭	원지면적의 15%
지구원로(차도)	5~6m/폭	지구면적의 1.5%
지구원로(보도)	2.0m/폭	지구면적의 0.5%

(신기화(1997), 『조경계획과 설계의 실제』, 대우출판사.)

표 2-2-12 공간원단위

(단위 : ㎡/인)

보유자원 \ 이용행태	위락 · 체험	관 람	휴 양	비 고
산악형	50	250	300	녹지를 제외한 관광지 내 시설지구 면적
	40~60	230~270	280~320	
내수면형	75	140	–	호수면적을 제외한 개발이 이루어진 면적
	65~85	130~150		
해안형	15	50	–	해안체험형은 해안백사장 면적
	10~20	40~60		
동굴형	–	35	–	동굴자원을 제외하고 개발이 이루어진 면적
		30~40		
온천형	10	–	40	위락 · 체험형: 온천시설
	5~15		35–45	휴양형: 숙박시설이 있는 온천시설
문화유적형	120	140	70	녹지를 제외한 관광지 내 시설지구 면적
	110~130	130~150	60~80	
단일 공간형	스키장 60	수목원 120	25	스키장: 슬로프 면적
	스키장 50~70	수목원 110~130		
	골프장(㎡/h) 4만5천	식물원 210		
	골프장(㎡/h) 4만~5만	식물원 190~230		
	유원시설 25			
	유원시설 15~35	민속촌 75	20~30	골프장: 퍼블릭 골프장의 면적과 홀(hole)수
	문화테마파크 40	민속촌 65~85		
	문화테마파크 30~50	동물원 25		
	생태테마파크 50			
	생태테마파크 40~60	동물원 20~30		
복합형	–	–	135	리조트 전체 면적
			125~145	

자료 : 문화체육관광부(2007), '관광공급지표 개발 연구'

표 2-2-13 주요시설원단위

(단위 : m^2/인)

보유자원 \ 이용행태			위락체험형	관람형	휴양형	비 고
단일시설체험형	청소년문화의집		7 5~9	–	–	건축물의 연면적 중심
	청소년수련관		17 14~20	–	–	
	청소년수련원		30 26~34	–	–	
	유스호스텔		11 9~13	–	–	
	노인여가복지시설		5 3~7	–	–	
단일시설관람형	박물관	개별 시설	–	20 17~23	–	전시 총 면적 중심
		관광지 내 시설 주1)	–	7 5~9	–	
	전시관 주2)		–	7 5~9	–	
	미술관		–	15 13~17	–	
	수족관		–	7 5~9	–	
단일시설휴양형	관광호텔		–	–	40 35~45	객실 총 면적 중심
	휴양콘도미니엄		–	–	80 70~90	
	펜션		–	–	45 40~50	
	여관		–	–	25 17~28	

주1) : 관광지내 박물관
주2) : 관광지내 전시관

자료 : 문화체육관광부(2007), '관광공급지표 개발 연구'

표 2-2-14 단위시설원단위

(단위 : ㎡/인)

구 분	내 용				
공공 편익시설	관광안내소	관리사무소	주차장(소형)	주차장(대형)	화장실
	4.5	6.5	34.5㎡/대	73.5㎡/대	3.8
	공동취사시설	급수대	폐기물처리시설	오수처리시설	
	2.5	1.5	–	–	
상가시설	매점	관광식당업		–	–
	3.5	12.0		–	–
휴양 · 문화시설	공원	광장	잔디광장	산림욕장	청소년수련시설
	22.5	17.0	13.0	17.5	20.0
	온실	야영장	야외공연장	어린이놀이터	조경휴게소
	10.0	15.5	3.5	14.0	6.5
	전망대	–	–	–	–
	5.5	–	–	–	–
운동 · 오락시설	눈썰매장	수영장	다목적 운동장	체력단련시설	농구장
	16.0	8.5	17.5	16.5	28m×15m
	축구장	배드민턴장	배구장	–	–
	(90~120)m×(45~90)m	13.4m×6.1m	18m×9m	–	–

또한 한국관광의 특성상 개념적으로는 회전율[14)]보다는 동시체재율이라는 용어가 타당하다 할 수 있으나 실무적으로는 체재시간별 회전율(또는 회전율)이라는 용어가 더 보편적으로 사용되고 있다.

따라서 계획가는 공급자의 의도 및 여건, 미래의 관광환경 변화에 따라 적절하게 선정하여 계획과정에 적용하여야 하며, 특히 원단위의 경우에는 자원활용도(고밀도형, 자연지향형), 자원계획의도(대중형, 고급형), 입지(소도시, 대도시)에 따라 선택적으로 적용하는 것이 바람직하다.

14) 회전율과 동시체재율의 개념은 상이하다. 즉 회전율이 높다는 것은 교체율의 개념에서는 체재시간이 짧은 이용객이 많다는 것을 의미하는 반면, 동시체재율의 개념은 특정한 시간에 이용객이 몰리는 것을 의미한다.

제3장 대안 설정 및 평가

제1절 기본구상 대안

1장에서 언급한 것처럼 프로그램을 기술된 혹은 숫자로 표현된 계획의 방향 및 내용이라고 정의할 수 있고, 계획 · 설계시 필요한 요소와 요인들에 대한 목록과 표를 말한다. 그러나 조경계획 · 설계는 공간을 다루므로 3차원 또는 4차원적인 공간별 특성과 공간 사이의 상호관계에 대한 구상이 반드시 필요하다. 이를 2차원 또는 3차원으로 표현된 하나의 안으로 정립한 것이 기본구상 대안이다.

일반적으로 조경계획 · 설계과정에서 기본구상은 크게 프로그램 작성, 기본구상 대안 작성, 대안 평가를 포함한다. 기본구상 대안 작성이라 함은 제반 자료의 분석종합을 기초로 하고 프로그램에서 제시된 계획방향에 의거하여 대지 여건에 적합한 구체적인 공간계획안의 3차원적 윤곽을 정립하는 것을 말한다. 여기서는 기본구상 대안 작성에서 반드시 다루어야 할 내용과 사례를 살펴보고자 한다.

1. 기본구상 대안의 내용

기본구상 대안 작성 단계에 들어서면 계획안에 대한 물리적 · 공간적 윤곽이 서서히 드러나기 시작하며, 기본구상 대안이 마무리되면 전체적 공간의 이용에 관한 확실한 윤곽이 드러난다. 이러한 전체적 윤곽은 세부설계를 통하여 부분적으로 세밀하게 다듬어져서 추상적이며 계량적인 자료들이 공간예술로 탈바꿈하는 과정이 완수된다. 이러한 계획 · 설계과정의 흐름에서 볼 때 기본구상 대안 작성의 단계는 추상적이며 계량적인 자료가 공간적 형태로 전이되는 중간과정이라고 할 수 있다.

이처럼 대안 작성 단계에서는 프로그램 혹은 자료수집 분석과정에서 제기된 프로젝트의 주요 문제점을 명확히 부각시키고 이에 대한 해결방안을 제시하여야 하며, 더 나아가서 이를 대지 여건에 적용시켜 대지 안 각 부분의 문제 및 해결방안을 제시하여야 한다.

기본구상 대안의 내용으로서 가장 중요한 것은 프로그램에서 설정된 장래 이용자 및 활동에 관한 추상적이며, 계량적인 자료들을 대지여건에 적용시켜서 공간 및 시설과 연계하는 것이다. 이 작업을 위해서 조경가는 다음의 사항들을 반드시 고려하여야 한다.

(1) 어떤 기능/공간들을 인접 또는 분리시켜야 하며, 그 인접 또는 분리 거리는 어느

정도로 하는가?(공간들의 상호관계)

(2) 기능/공간들이 개방적인가, 폐쇄적인가?(공간별 개방 정도)

(3) 기능/공간을 향한, 또는 기능/공간으로부터의 주요 조망은?(경관)

(4) 기능/공간 사이 또는 기능/공간 내부에서 이용자가 어떻게 움직이는가, 중앙을 가로질러 가는가 아니면 가장자리를 따라 움직이는가, 이동 형태가 직선인가, 곡선인가?(동선)

(5) 기능/공간으로 어떻게 들어갈 수 있는가? 출입구 위치는? 들어갈 수 있는 통로는 몇 개인가?(입출구)

기본구상의 대안 작성과정에서는 계획·설계과제의 성격에 따라 다양한 내용이 포함될 수 있다. 그러나 상기 사항들을 반드시 고려하기 위해서는 공간구상과 동선체계구상은 반드시 포함시켜야 한다. 여기서는 이들 공간구상과 동선체계구상의 내용과 고려사항에 대하여 간략히 살펴보겠다.

1) 공간구상

기본구상의 대안으로서 공간구상은 공간 프로그램에서 목록과 표로 표현된 도입공간의 유형과 각 공간별 특성, 그리고 공간들 사이의 상호관계에 대한 계획의 방향 및 내용을 대상지의 여건을 반영하여 평면적 또는 입체적으로 표현한 것이다. 이와 같은 공간구상을 결정하는 과정은 조경계획의 과정에서 선행된 환경분석 및 종합과 프로그램을 토대로 이루어진다.

공간구상에서는 공간들의 상호관계와 관련하여 어떤 공간들을 인접 또는 분리시킬 것인가? 그 인접 또는 분리 거리는 어느 정도로 하는가? 아울러 공간별 개방 정도로서 각 공간들이 개방적인가, 폐쇄적인가? 등을 결정해야만 한다. 또한 경관과 관련하여 공간을 향한, 또는 공간으로부터의 주요 조망 등을 결정해야 한다.

계획·설계가는 사전 설정된 공간 프로그램을 토대로 공간구상을 발전시키는 과정에서 3차원적 특성, 공간의 위계, 계절변화, 경관 등 공간의 다양한 속성들을 고려해야 한다. 공간의 3차원적 특성이란 공간구상에서 다루는 공간이 3차원적 대상이라는 것이다. 즉 공간구상이 2차원적이고 평면적인 토지이용의 배치를 고민하는 것에서 그치는 것이 아니라 전체 대상지를 기본적으로 바닥, 벽, 천장으로 구성된 보다 작은 3차원적 공간으로 나누고, 이들 작은 공간들 사이의 관계를 설정하는 데 주력해야 한다는 점이 인식되어야 한다. 물론 각 요소공간의 형태, 배치 패턴(요소공간들의 결합관계), 개방성(D/H비), 치수 등은 기본적 고려사항이다.

위계(hierarchy)란 구분된 요소들이 정돈되어 있는 일련의 계열이라고 정의된다. 시-구-동으로 구성된 행정구역 등을 예로서 들 수 있다. 계획·설계 대상지의 규모에 따라 차이가 있겠지만, 하나의 대상지는 대체로 많은 작은 공간들의 집합으로 구성된다. 이때 다층적 위계 개념은 수많은 공간들 간의 상호관계를 체계적으로 설정하는 과정에 도움이 된다.

공간구상에서 다루어지는 공간은 옥외공간으로서 기본적으로 자연의 영향 아래 노출되어 자연의 시간적, 계절적 변화에 크게 영향을 받는다. 따라서 계획·설계가는 자연의 영향과 시간적, 계절적 변화를 적극적으로 수용해야 한다. 그리고 감각을 고려함에 있어서는 시각뿐만 아니라 소리, 냄새, 맛, 촉감 등을 이용자의 체험과 연결시키는 노력이 필요하다. 나아가 계획·설계가는 이용자의 체험 조절을 위해 이들에 대한 강조, 완화 등 적극적인 제어를 모색할 수도 있을 것이다.

공간구상의 결정은 비록 계획·설계가가 의도하지 않았더라도 결과적으로 이용자에게 가장 강렬한 인상을 초래하는 경관을 창출하게 된다. 따라서 경관은 공간구상의 종속변수로서 수용하기보다 공간구상의 독립변수로서 고려되어야 할 것이다.

국토의 계획 및 이용에 관한 법률(제3조; 국토이용 및 관리의 기본원칙)에 따르면 국토는 자연환경의 보전과 지속가능한 발전을 이루기 위하여 효율성, 자연환경보전, 기초

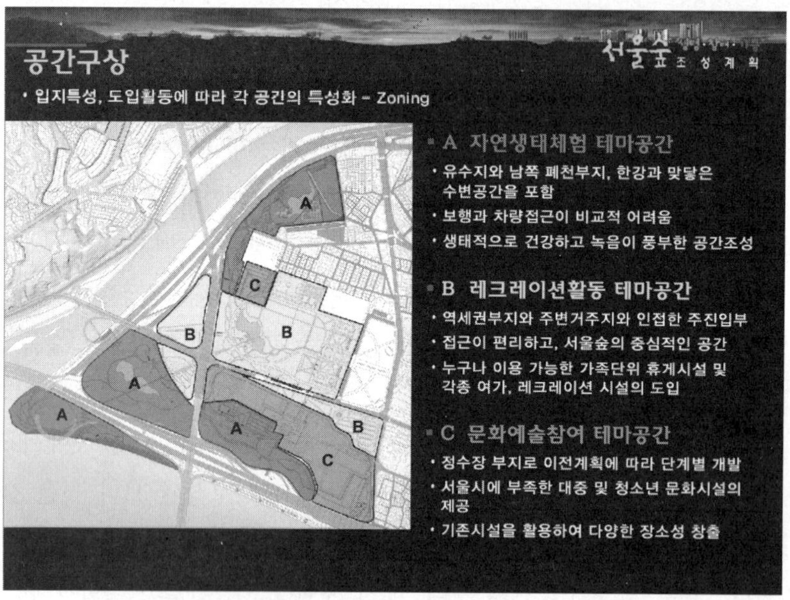

그림 2-2-5 공간구상 개념계획 (출처 : 서울시(2004) 서울숲 조성계획 중간보고 자료)

서비스 제공, 삶의 질, 정체성 보전, 균형발전, 지역경제 발전을 이룰 수 있도록 이용되고 관리되어야 한다. 이러한 국토이용 및 관리의 기본원칙들 모두는 조경계획의 공간구상에서도 그대로 적용되어야 할 원리이다. 여기에 더하여 조경계획·설계의 대상이 되는 공간이 주로 인간의 이용 또는 체험이 주가 되는 옥외공간이기 때문에 인간중심의 척도, 장소성 확보가 중요하게 다루어져야 할 것이다.

2) 동선체계구상

조경에서 다루는 공간은 조망대상으로서의 공간이기도 하지만 대부분 조망장소이자 인간의 활동을 수용하는 체험의 장으로서 계획된다. 이때 인간의 체험은 항상 시간이라는 차원을 가지는 경험의 연속 또는 집합이라고 할 수 있다. 따라서 고정된 공간을 연속적 인간체험으로 연결시키는 동선체계 구상은 공간구상과 차별화되며, 공간구상과 다른 매우 중요한 계획·설계의 대상이 된다. 이와 같은 동선체계 구상을 결정하는 과정은 조경계획의 과정에서 선행된 환경분석 및 종합과 프로그램을 토대로 이루어지지만, 공간구상과 상호 밀접한 관계 속에서 이루어진다.

동선체계 구상에서 중요한 결정사항들로서는 공간 사이 또는 공간 내부에서 이용자가 어떻게 움직이는가? 중앙을 가로질러 가는가 아니면 가장자리를 따라 움직이는가? 이동 형태가 직선인가? 곡선인가? 등을 결정하는 것이다. 한편 입출구와 관련해서 공간으로 어떻게 들어갈 수 있는가? 출입구 위치는? 들어갈 수 있는 통로는 몇 개인가? 등도 반드시 필요한 중요한 결정사항이다.

실제 계획과정에서는 자연환경, 경관, 기술적 조건, 이용자 특성 등을 고려해야 한다.

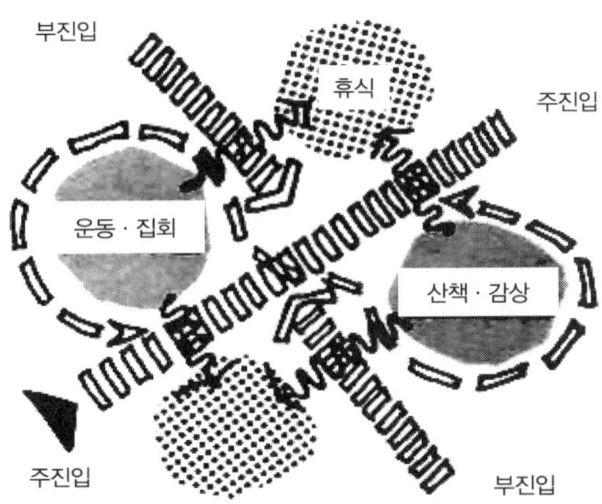

그림 2-2-6 동선체계구상 개념계획

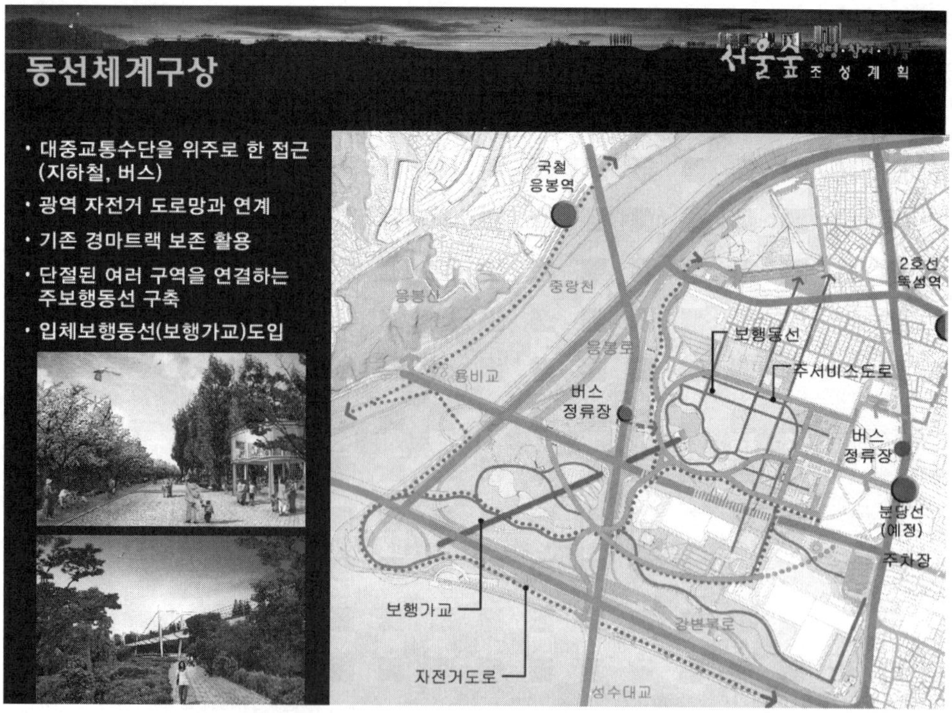

그림 2-2-7 동선체계구상 개념계획 (출처 : 서울시(2004) 서울숲 조성계획 중간보고 자료)

자연환경에 속하는 지형, 지질, 수문, 기후, 생태적 요소는 동선체계 구상에 많은 영향을 주게 된다. 경관과 관련해서는 이용자의 위치 식별성, 쾌적성, 시각적 경험의 다양성, 시계의 연속성이 확보되어야 한다. 동선체계는 또한 교통수단에 따른 안전, 쾌적성, 효율성 등을 위한 많은 기술적 조건에 부합되도록 설치되어야 한다. 마지막으로 이용자의 연령, 성, 습관, 건강상태 등도 동선체험을 차별화시키는 요소이므로 반드시 고려되어야 하며, 특히 배리어프리(barrier free)[15]와 유니버설 디자인(universal design)[16]은 이제 동선계획설계의 기본사항이 되고 있다.

15) 고령자, 장애인 등이 사회생활을 해가는 데 장벽이 되는 것을 제거하는 것.

16) 미국의 로널드 메이스가 종래의 배리어프리 개념 대신으로 제창한 것인데, 미래 장애의 유무, 연령, 성별, 인종 등에 구분을 두지 않고 각양각색의 사람들이 이용하기 편한 도시 또는 생활환경을 디자인한다는 생각으로 정의된다. 메이스가 제창한 유니버설 디자인은 ①누구나 공평하게 이용할 수 있다. ②사용하는데 유연성이 뛰어나다. ③쉽게 직감적으로 이용할 수 있다. ④필요한 정보를 쉽게 이해할 수 있다. ⑤단순한 실수가 위험으로 연결되지 않는다. ⑥신체적인 부담이 적다. ⑦접근하여 사용할 수 있는 척도 및 공간으로 되어있다는 7개의 원칙으로 구성되어 있다.

2. 기본구상 대안의 사례

규모가 크거나 중요한 계획·설계사업의 경우 전통적인 설계과정, 즉 단일팀에 의한 기본구상에서 탈피하여 다수의 독창적인 대안을 구할 수 있는 설계경기의 빈도가 점점 높아지고 있다. 대부분의 설계경기는 독창적인 기본구상 대안들의 경연장이 되는데, 설계경기에 참여한 팀들은 각자 독창적인 하나의 대안을 제시하게 되고, 설계경기 진행 주체는 출품된 기본구상 대안들을 비교 평가(대안 평가)하여 가장 우수한 대안을 선정하는 과정을 진행한다.

여기서는 기본구상 대안의 사례로서 2007년에 시행된 경기도 파주 운정지구 도시기반시설 설계경기에서 최우수상을 수상한 설계안의 내용을 간단히 소개하고자 한다.

- **설계경기 목표** : 친수환경의 생태도시 및 U-City의 개발방향에 부합하고 수도권 서북부 성장도시로서 참신성과 정주성, 장소성을 고양할 수 있는 공원·녹지설계 제안
- **공모내용** : 경기도 파주 운정지구 도시기반시설, 공원·녹지 등의 조경설계
- **설계안 개요**
  - 대상지 : 경기도 파주 운정지구
    - 도시기반시설 공원녹지계획 : 총 2,794,298㎡, 공원 1,860,483㎡, 녹지 838,625㎡, 광장 및 기타 95,190㎡)
    - 수변공원 : 564,982㎡
  - 설계안 제목 : 7 Esplanades
  - 설계자 : (주)가원조경기술사사무소
  - 설계안의 설명 : 새로 조성되는 주거지로서 파주 운정 신도시를 규정하는 가장 큰 특징은 장면산, 황룡산, 심학산으로 둘러싸인 녹지의 흐름과 소리천에서 유입되는 수계와 두 개의 거대한 수면(외동저수지, 물새의 호수)이다. 단순히 주거의 기계적인 기능만을 추구하는 도시가 아니라 자연과 문화가 어우러진 삶을 담는 진정한 의미의 신도시를 이루기 위해서는 기존의 환경조건에 적합한 계획과 대상지가 갖고 있는 기존 환경의 잠재력을 극대화할 수 있는 공원의 조성이 필요하다. 따라서 공원이 중심이 되고 단순히 삶의 피난처로서의 박제된 자연이 아니라 도시의 문화를 일구는 핵심이 되도록 한다는 파주 운정 신도시의 정신은 매우 다행스러운 것이었다. 7 Esplanades는 파주 운정의 녹지와 물이 도시 전체로 뻗어나가 서로 거미줄처럼 연결되며, 이것이 단순히 생태적인 연결에 머물지 않고 사람들의 일상, 문화와 연결되도록 하는데 주안점을 두었다.

(대한주택공사, 2007, 조경설계공모 파주운정지구 도시기반시설, 대한주택공사, p.18).

이 설계안의 일부인 그림 2-2-8은 수변공원의 이용자 활동프로그램 및 공간구성을 나타내고 있으며, 그림 2-2-9는 수변공원 중에서도 일부의 공간프로그램-활동프로그램-시설프로그램의 연계를 종합하여 표현한 기본구상 대안을 보여주고 있다. 다만, 여기서 예시된 기본구상 대안은 설계경기라는 특성을 반영하여 마스터플랜 형태로 매우 정교한 모습으로 표현되어 있으나 이는 함께 설계경기에 출품된 다양한 기본구상 대안 중 하나로서 이해되어야 한다. 따라서 출품된 다양한 기본구상 대안들 중에서 평가를 거쳐 가장 우수한 대안이 선택되면 일반적으로 정상적인 기본계획 과정을 다시 거쳐 최종의 마스터플랜이 재작성되는 과정을 거친다.

그림 2-2-8 수변공원 이용자 활동프로그램 및 공간구성 (출처 : OO기술사사무소, 2007, 파주운정지구 도시기반시설 조경설계 공모안)

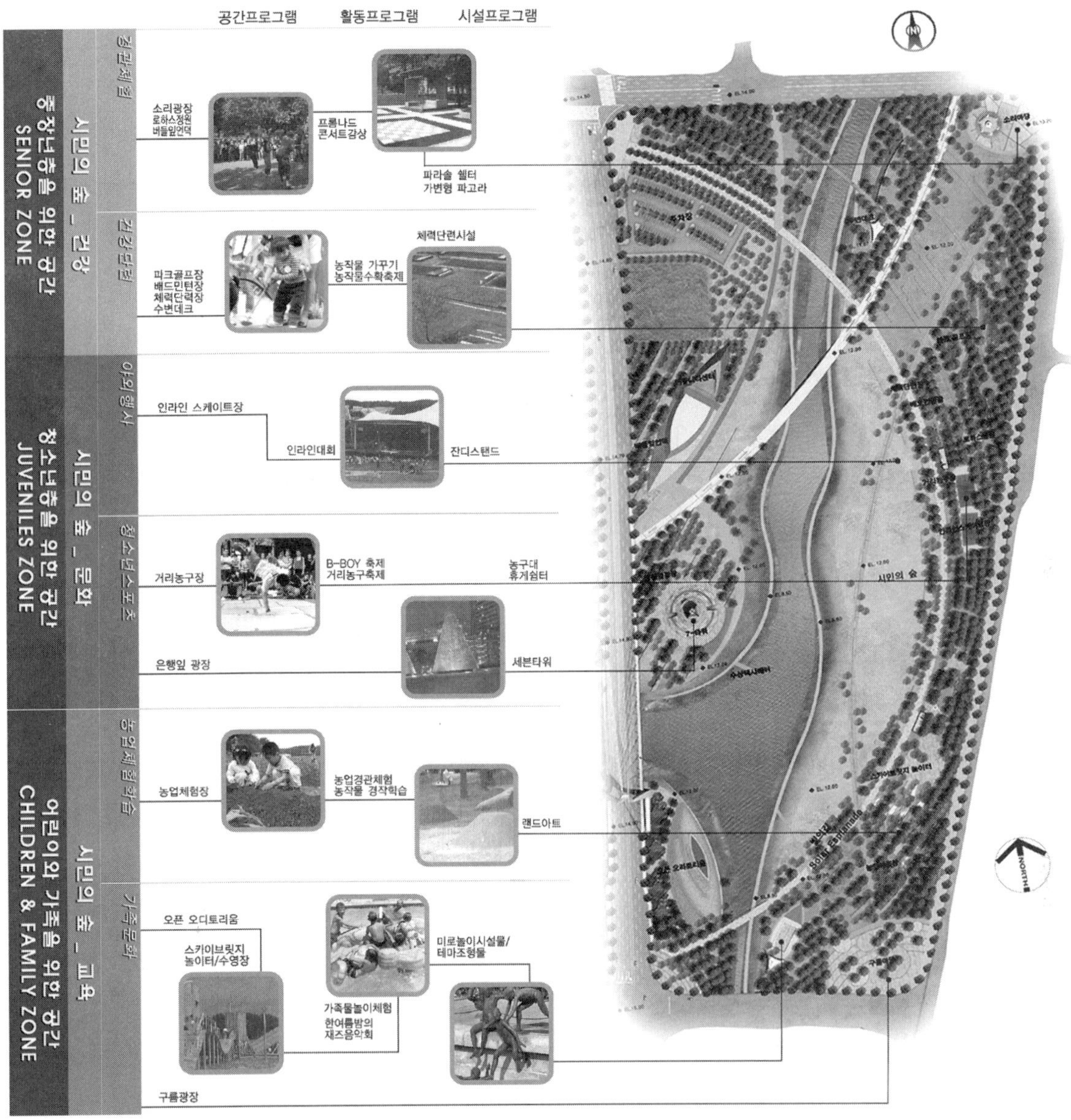

그림 2-2-9 수변공원의 공간–활동–시설 프로그램을 종합한 기본구상 대안 (출처 : OO조경기술사사무소, 2007, 파주운정지구 도시기반시설 조경설계 공모안)

제2절 기본구상 대안의 발전 단계

대안의 작성단계에서는 평면형태나 단면형태 등의 스케치를 통해 아이디어를 검토하고 구체화시킬 수 있다. 주요 문제점 및 이의 해결방향에 관한 개념은 서술적으로 표현될 수도 있으나 다이어그램으로 표현되는 것이 의뢰인의 이해를 돕는데 유리하다. 또한 다이어그램으로 표현된 개념이 실제의 대지에 어떻게 적용되는지를 지도 위에 직접 보여주는 것이 바람직하다.

1. 개념다이어그램(Ideal Functional Diagram)

이는 계획·설계 단계 중 가장 첫 단계이다. 종이 위에 가능한 계획·설계안들을 도면화하여 그려보는 것이다. 여기서 주목할 점은, 어떤 조경가들은 개념적 기능 다이어그램(Ideal Functional Diagram)보다 훨씬 추상적이고 일반적인 "개념적 다이어그램(Ideal Diagram)"으로 시작한다는 점이다. 여기에서는 조사·분석, 의뢰자 인터뷰, 프로그램 발전 등 전 단계에서 발전된 모든 결정사항들과 제한점들을 행위(action)의 개념에 넣어 생각하며, 바로 이 단계에서 개략적인 계획·설계안(기능 다이어그램이나 개념도)이나 보다 구체적으로 발전된 계획·설계안이 시작되는 셈이다.

다시 말해 개념적 기능 다이어그램은 계획·설계에 있어 도면작업이 시작되는 단계로, 이것의 목적은 이미 프로그램에서 윤곽이 잡힌 주요 기능과 공간들 간의 가장 적절한 최선의 관계가 무엇인가를 알아보기 위함이다. 이러한 목적의 의도는, 어떠한 기능과 요소들이 함께 인접해야 하고, 어떠한 것들이 분리되어야 하는지에 대한 통찰력을 얻기 위한 것이며, 설계가는 절대적인 해답을 얻기 위해 많은 노력을 하지 않으면 안 된다.

또한 이는 부지와 무관한 것으로, 엉성한 원(bubble)이나 개략적인 윤곽선으로 그리면 되고, 이와 같은 처음 단계에서는 제도적인 표현이 필요 없으며, 기능과 공간 간의 관계가 바람직하게 성립하도록 배열하기만 하면 된다. 여러 가지의 가능성 있는 다이어그램이 검토되어야 하며, 문제가 너무 쉬워서 해결책이 명백하게 나오지 않는 이상 조경가는 처음의 대안을 포기해서는 안 된다.

2. 부지상의 기능 다이어그램 (Site-Related Functional Diagram)

다음 단계는 앞에서 얻은 기능 다이어그램을 주어진 부지의 조건에 맞도록 적용하는 것으로서 개념적 기능 다이어그램에 두 가지 고려사항을 첨부시킨 것이다. (1) 기능/공간들은 실제 부지 조건에 관계되는 것이어야 하며, (2) 여기에서의 기능/공간들은 개략적인 크기와 척도를 생각하면서 그려야 한다.

이 단계에서, 조경가는 (1) 부지와 관련된 주요 기능/공간의 위치와, (2) 기능/공간 상호간의 관련성에 관한 대부분의 내용을 생각해야 한다. 모든 기능/공간은 축척 도면을 사용해야 한다. 조경가는 이제 부지 자체를 고려해야 하기 때문에 개념적 기능 다이어그램(부지와 무관)에서 성립되었던 기본적인 관련성을 토대로 실제 부지에 알맞게 약간의 수정을 하게 된다. 이러한 수정 작업은, 그것이 부지조건과 적절히 일치되기만 한다면 주저하거나 서슴지 않고 바꿀 수 있어야 하는 것이다. 또한 조경가는 부지분석 도면을 복사하여 중첩(overlay)시켜 검토하는 등의 노력과 연구가 필요하며, 계획안을 검토하듯이 부지의 다이어그램에 기능/공간들의 개략적인 크기가 고려되므로 중첩방법은 부지와 관련되는 기능과 요소들의 위치 및 크기를 직접 볼 수 있어 편리하다. 앞 단계에서와 같이 대안들을 비교·검토하는 것은 최선의 계획안을 확실히 하는 데 도움이 될 것이다.

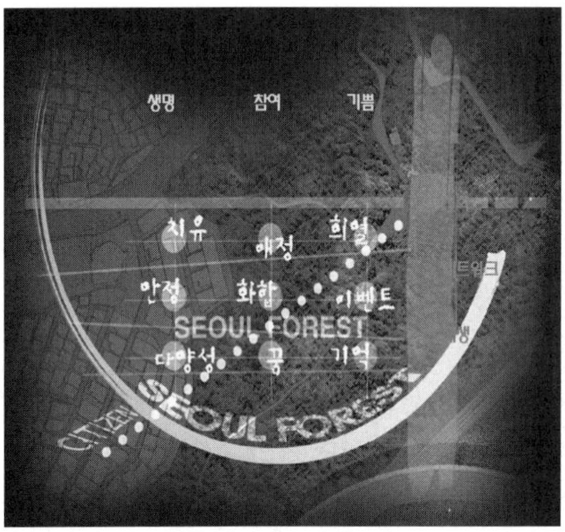

그림 2-2-10 개념 다이어그램 사례
(출처 : 서울시(2004). 서울숲 조성계획 중간보고 자료)

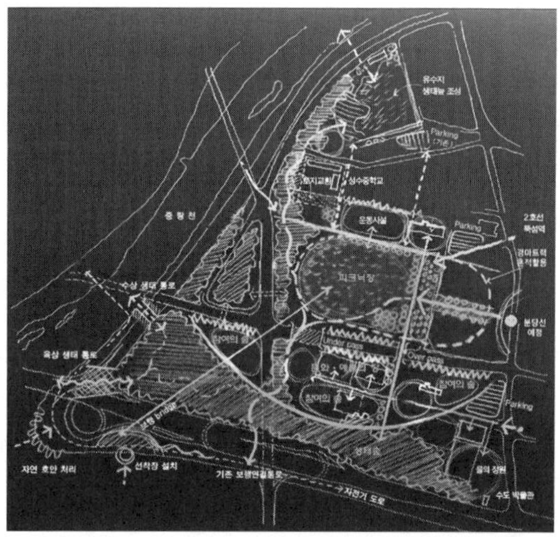

그림 2-2-11 부지상의 기능 다이어그램 사례
(출처 : 서울시(2004) 서울숲 조성계획 중간보고 자료)

3. 개념계획도(Concept Plan)

개념계획도는 부지 상의 기능 다이어그램의 결과로 나오게 되는데, 이 두 가지 간의 차이섬은 개념계획도가 내용면이나 표현에 있어 보다 상세하다는 점이다. 이 역시 축척

도면에 그려지며, 기능/공간의 용도나 면적이 더욱 구체적으로 분할된다. 예를 들어 "진입공간(entrance area)"들은 보행자 진입부와 차량 진입부, 그리고 다시 유입도로, 전면광장, 입구시설, 진입로 내부 공간 등으로 공간이 분리되며, 식물 재료와 크기도 설명될 수 있다. 또는 "중심적인 회합공간(central meeting space)"이 여러 부수적 공간으로 나뉘어 개방된 포장공간이나 휴식공간, 식재공간 또는 광고탑 등이 되기도 한다. 개념계획도에서 또 하나 알아두어야 할 것은 표시하는 점이나 선의 등급을 두어야 한다는 것이며, 여기에서도 원형(bubble)이나 기타 상징적 형태로 그려진다. 그러나 개념계획도에서는 공간의 구체적인 형태나 모양을 생각할 필요가 없으며, 이 역시 부지상의 기능 다이어그램 위에 중첩시켜 생각하면 이미 작업되었던 위치, 크기 등을 쉽게 발전시킬 수 있는데, 기능 다이어그램 위에 개념계획도를 함께 그려 넣는 조경가도 있다. 이렇게 되면 도면명이 조경가마다 다르지만 결과는 거의 비슷한 경우가 많다.

이 단계에서는 모든 공간과 요소들은 축척을 갖고 원형 윤곽선이나 다른 상징적 형태로 그려지며, 구체적인 형태 표시를 할 필요가 없다(이는 다음 단계인 설계단계에서 이루어짐). 이 단계에서는 형태에 대한 미적 고려도 필요하지 않고, 그 기능적 연관성과 크기에 대해서만 가능한 한 세밀히 검토되어야 한다. 여기서 많은 검토를 할수록 다음 단계가 쉽게 진행된다. 또한 개념계획도에는 각 공간이나 요소뿐만 아니라 그 바람직한 크기나 재료도 표시해야 함을 명심하도록 한다.

제3절 대안 평가

1. 복수 대안의 작성

기본구상 대안 작성 단계에서 기본개념이 확정되었다고 하여 기본구상이 자동적으로 확정되는 것은 아니다. 같은 개념을 갖고 있는 여러 개의 대안이 나올 수 있으며, 기본개념 자체에도 여러 가지가 있을 수 있다. 이와 같이 대안(alternatives)이라 함은 근본적으로 가능한 여러 개의 안을 말하며, 기본개념, 토지이용, 동선체계 등 여러 가지 측면에서 서로 상이한 안들을 만들어낼 수 있다. 실제로 계획하는 과정에서 절대적으로 우수한 안을 만들어낸다는 것은 매우 어려운 일이므로 바람직하다고 생각되는 몇 개의 안을 만들고 상호 비교를 통하여 가장 바람직한 안을 택하게 된다.

복수의 대안들을 작성하는데 있어서는 사소한 문제를 가지고 상이한 안을 만들기보다는 기본적인 측면에서 상이한 안을 만드는 것이 바람직하다. 대부분의 경우 대안선택의 문제는 계획·설계의 기본적인 방향을 결정짓는 경우 발생하며, 계획·설계의 흐름을 바꾸지 않는 사소한 점들은 세부설계과정에서 더욱 다듬어지고 검토될 수 있기 때문이다.

대안을 선택하는 과정에서는 어느 한 개의 안이 그대로 받아들여지기보다는 몇 개의 안들이 상호 보완되어 최종안으로 확정되는 경우가 많으므로 각 대안의 강점을 가능한 최대로 부각시키는 방향으로 대안들을 작성하는 것이 바람직하다.

2. 대안 평가

기본구상에 따른 대안을 작성하게 되면 대안 평가기준을 세우고, 이에 따라 장단점을 비교하여 의뢰인과 함께 최종대안을 결정한다. 이 과정은 다시 내부적 의사결정과 외부적 의사결정으로 구분되는데, 내부적 의사결정에서는 의뢰인과의 대화 이전에 조경가 스스로가 대안에 대한 평가를 하여 의뢰인에게 제시할 것인가 아니면 더욱 발전시킬 것

공간 배분/시설배치

■ 대안의 설정

● 대안 Ⅰ

• 소극적 개발의 개념으로서 기존의 수림을 보존하고 가급적 시설 배치를 제한한다.

• 산책로는 필요한 것 이외에는 정비하여 주 산책로만을 활용한다.

• 시설입지는 서측 환경사지 학교 주변으로 제한한다.

• 묘역 공간은 없애며 전통적 수종을 적극 도입하여 녹지공간을 조성하여 자연교육장으로 활용한다.

• 가급적 시설설치가 제한되므로 공원 이용 행태는 녹지를 이용한 휴식, 산책과 기존 체력단련시설을 이용한 운동으로 제한된다.

● 대안 Ⅱ

• 대상지의 자연 자원을 보존하고 필요한 시설을 도입할 수 있는 현실적인 대안이다.

• 부지 북쪽의 묘역과 서측의 야적장을 시설부지로서 적극 활용하고 운동 및 휴게시설 공간을 도입하고 아울러 새로운 녹지공간을 확충한다.

• 묘역을 적극 개발하여 쌈지 공원과 같은 지역적 독자성을 갖는 시설 공간으로 개발하여 개방성을 확대한다.

• 대상지의 서쪽 입구와 동쪽의 입구를 동등한 비중으로 개발하여 양방향에서의 이용의 용이성을 확보한다.

• 공간 구성은 관리시설 공간, 운동공간, 휴식시설공간, 녹지 및 산책공간, 휴게 및 피크닉공간, 주차공간 등 다양한 공간구성으로 계획한다.

• 이용객의 수요에 맞추어 다양한 공원이용행태 수용이 가능하다.

• 기존 산책로는 부분적으로 정비하여 자연 임상을 보호, 복원한다.

• 부지 서측의 묘지는 이장한 후 임상을 복원하고 그 하부에는 피크닉 공간을 조성한다.

■ 대안의 평가

• 최종안을 선정하기 위해 대안을 비교 평가할 수 있는 기준을 설정하고 그 평가점수가 가장 높은 안을 선택하며, 선택되어진 대안은 부분적으로 다른 대안의 장점을 도입하여 최종안을 설정한다.

• 대안의 평가기준은 여러 부문에 걸쳐 다양하지만 그중 중요하다고 인식되는 요소에 대해서만 고려한다. 따라서 평가기준으로는 자연환경적 측면의 자연환경보존, 지형 및 지세, 계획적 측면의 토지이용, 동선 체계, 공간구성, 경관성, 목표와의 적합성, 독창성, 기능성, 편리성, 주변 환경적 측면의 인근 환경과의 적합성, 접근성, 이용자 수요, 기타 요소인 경제성, 시행의 용이성, 유지 관리성을 적용하며, 이중 계획의 주요 쟁점인 자연환경 보존이라는 요소는 중요도를 감안하여 다른 요소의 2배의 가중치를 부여한다.

• 대안의 평가 결과 대안 Ⅱ가 적정한 안으로 판단되나 대안 Ⅰ이 갖는 자연 환경보존이라는 측면을 고려하여 계획시 시설개발공간과 자연보존공간을 분리하고 접근로를 제외한 경계부위는 공원인근시설(학교, 주거지, 차량정비단지)과의 철저한 차폐를 하는 개념을 추가적으로 도입하는 것을 최종안으로 한다.

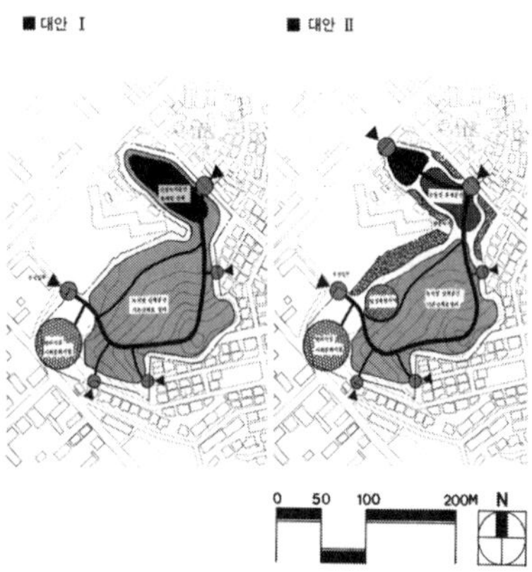

● 대안의 평가 1 : 관련없음 2 : 관련성 보통 3 : 관련성 높음 (★ : 채택안)

	자연환경		계획적측면								주변환경			기타			
	자연환경 보존	지형 지세	토지 이용	동선 체계	공간 구성	경관성	목표와 적합성	독창성	기능성	편리성	인근환경과 적합성	접근성	이용자 수요	경제성	시행 용이성	유지 관리성	계
대안 Ⅰ	6	3	1	1	1	3	1	1	1	1	1	2	1	3	3	3	32
대안 Ⅱ	4	2	2	3	3	2	3	3	3	2	3	3	2	2	2	2	41 ★

43

그림 2-2-12 성산근린공원 : 공간 배분/시설배치 대안의 설정 및 평가 사례 (출처 : 마포구청(1992) 성산근린공원 조성계획)

인가를 결정한다.

이 때 평가의 기준이 되는 것은 설계목표 및 프로그램, 그리고 분석 종합의 기준이 적용되지만 경우에 따라서는 새로운 기준을 정할 때도 있다(임승빈, 1984, p.29). 이러한 과정을 통해 조경가 스스로 만족스러운 안이 만들어졌다고 판단되는 경우에는 의뢰인에게 이 안을 제시하고 이에 관하여 대화를 하게 된다.

이어지는 외부적 의사결정과정에서 의뢰인은 제시된 대안을 놓고 의뢰인 자신이 생각하고 있는 기준과 이전 단계에서 조경가와 합의된 사항에 비추어 검토를 한다.

의뢰인은 제시된 하나의 구상안을 받아들이거나 여러 개의 대안 중 하나를 선택하는 경우도 있으나 일부수정 또는 전면수정을 요청할 수도 있다. 최종적으로 조경가와의 대화를 통해 최종결정을 내리게 된다.

II

master plan for landscaping

PART 3

기본계획

이명우

제1장 서 론

기본계획단계에서 수립되는 각종 계획안들은 그 규모와 성격에 있어서 매우 상이한 바 정원설계, 공원계획, 단지계획과 대규모 광역계획 등으로 구분할 수 있다. 실제 설계단계에서는 부문계획 이전에 전체를 아우르는 기본계획 초안을 작성하게 된다.

1. 공원 및 소규모 단지계획

일반적으로 공원이나 소규모 단지계획과 같은 조경공간계획에서는 조경설계 및 시공의 기본적인 개념과 틀을 염두에 두고 계획안을 만들게 된다. 이 기본계획단계에서는 땅가름 및 부지내 토지이용을 결정하기 위한 공간계획, 보행자 및 차량이동과 관련된 동선계획, 부지의 형상과 레벨을 결정하기 위한 부지조성계획, 보도, 퍼걸러, 벤치 등을 대상으로 한 옥외시설물계획 및 수목 및 초화류 도입을 위한 식재계획의 순서를 따라 진행된다. 이러한 계획단계는 하위단계의 부지조성이나 식재계획 등이 수립되면서 다시 공간계획이 변경되기도 하면서 상호 영향을 미치며 연속적으로 조정과정(feed back)을 거치게 된다.

외부공간을 대상으로 한 공간계획은 도시공간이나 단지공간에서도 유사한 특성을 갖는바 공간의 공공성과 중심성, 장소성과 위계성이라는 개념으로 접근한다. 이러한 개념을 통하여 공간의 축을 설정하고, 진입공간, 중심공간, 주변공간 등의 공간질서를 수립한다. 근래에 이 공간계획과 관련하여 경관계획이라는 개념이 새롭게 대두되었다. 이 경관계획에서는 자연경관 및 역사경관자원의 보전과 새로운 경관의 창출, 조망점의 설정과 경관축의 형성 등을 목표로 하게 된다. 이 공간계획의 범주에는 친환경계획으로서의 비오톱공간계획, 전통조경계획으로서의 역사경관계획이나 복원계획 등이 포함되기도 한다.

동선계획에서는 차량동선과 보행자동선을 대상으로 연속적 공간인 "길"에 대한 계획을 수립하게 된다. 특히 보행동선계획에서는 산책로, 숲길, 녹도 등 다양한 체험적 공간을 창출하게 된다. 이 가로시설물 및 식재는 보행동선의 특성 및 보행행태에 따라 결정된다. 이 동선계획에서 쟁점이 되는 부분이 보차분리체계(보행자와 차량의 분리)의 도입방식과 주차장 설치 문제이다. 보행자나 자전거 등을 위한 핵심공간을 유지하고 확보하기 위한 적절한 주차장계획과 도로계획이 신중하게 검토될 필요가 있다.

지형계획에서는 지형 및 계류의 형상 및 지반고를 결정하게 된다. 비오톱공간계획에서는 계류의 조성, 생태연못 및 호안의 조성, 동산조성과 녹지공간 확보 등을 주된 내용으로 한다. 이를 통해 부지의 미기후를 조절하고, 생태적 특성을 보완하게 된다.

시설물계획은 야외활동을 보완하기 위한 것으로서 조경구조물, 옥외시설물, 특수시설물 등으로 분류한다. 공원시설물은 도로, 광장, 조경시설, 휴양시설, 유희시설, 운동시설, 교양시설, 편익시설, 공원관리시설 등으로 분류하여 설계 배치된다. 이러한 시설물들은 기능성과 안전성이 갖추어져야 하며 공간적 연계성을 확보할 수 있어야 한다. 한편 환경보전시설로서 목재데크, 탐조대 등의 시설물들이 있다.

식재계획에서는 수목과 초화류의 도입을 통해 공간의 특성을 구현하게 된다. 공간이 갖는 기능성을 강화시키기 위한 기능식재(녹음식재, 차폐식재), 경관적 특성을 강화하기 위한 경관식재(초점식재, 화목식재), 생태적 공간창출을 위한 생태식재(수변식재, 다층식재) 등의 기법이 적용된다. 이 식재계획에서는 식재지반의 조성, 성목시의 효과특성검토, 생물서식공간으로의 조건검토 등이 중요한 고려요소이다.

이상과 같이 공간계획, 동선계획, 지형계획, 시설물계획, 식재계획 등의 내용이 종합되어 기본계획안(마스터플랜)이 작성된다. 이 기본계획안에는 주요 구조물, 시설물, 지형특성, 녹지 및 식재특성, 계류특성 등이 평면도와 단면도로서 표현되며, 중요한 공간단위로 범례를 작성하게 된다(야외마당, 생태숲, 생태연못, 주진입공간, 배후공간 등).

이 기본계획안을 바탕으로 기본설계와 실시설계가 수행된다. 기본설계는 기본계획의 내용을 좀더 구체화한 내용이다. 실시설계에서는 최종적으로 시공비용을 산정하기 위해

시설물과 식물을 대상으로 하여 재료유형, 규격, 물량 등이 산출될 수 있는 시설물 및 식재 실시설계도가 작성된다. 여기에는 공사진행에 필요한 상세도, 시방서와 공사비용을 산출한 내역서 등이 함께 작성된다. 이러한 계획 이외에 상하수도 등 하부구조시설물에 대한 계획이 포함되기도 한다. 그리고 집행계획에서는 투자계획 및 유지관리계획이 포함될 수 있다.

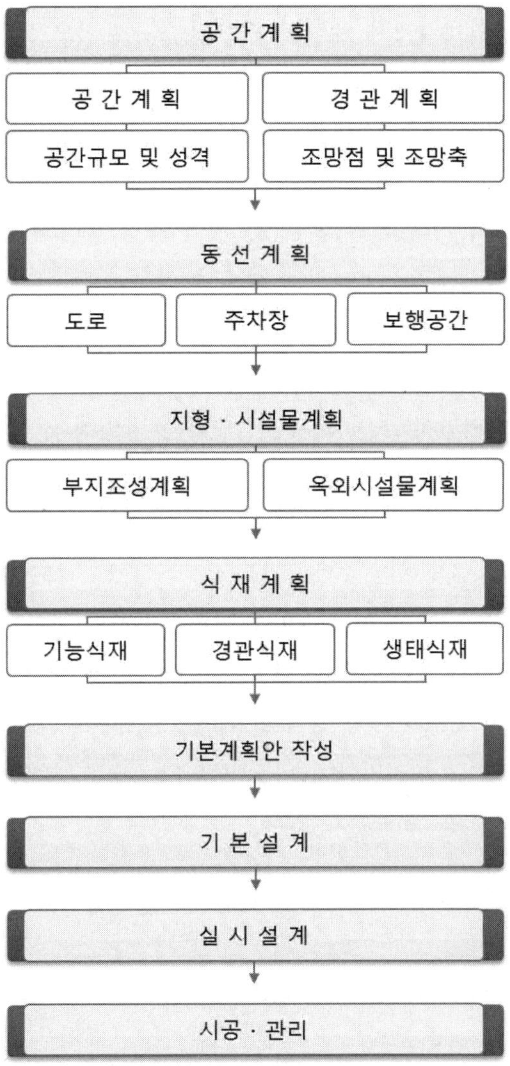

그림 2-3-1 기본계획과정

2. 대규모 광역조경계획

관광지계획이나 대규모 단지계획 등 광역차원의 계획에서는 용도지역과 같은 국토의 토지이용계획, 광역 도로망계획, 공원녹지계획, 지형보전 및 복원계획 등이 수립된다. 이러한 차원의 계획에서는 경제성이나 환경성 등의 타당성 검토, 개략 예산안 확보 등의 목적으로 수립되는 경우가 많다. 이러한 성격의 계획안에서는 계획과정상 계획단계보다는 사전검토단계나 환경분석단계에 중점을 두게 된다(예비 타당성 검토, 사전 환경성평가 등). 이 광역계획에서 예산이 확보되면 구체적으로 작은 규모의 전형적인 공간계획과정단계를 거치게 된다.

광역적 조경공간에 대한 이해를 위해서는 국토계획 및 환경보존계획과 같은 광역적 계획의 법제도적 특성에 대한 이해를 기반으로 해야 할 필요가 있다. 이러한 광역 조경계획의 법적, 제도적 기틀을 만들어가는 것이 조경 분야의 발전을 위해 빠져서는 안 되는 부분이기도 하다. 조경분야에서는 주로 물리적인 환경의 분석과 조성에 중점을 두지만 실제는 경제성평가, 환경성평가와 같은 근본적인 접근방법을 이해하려는 노력이 필요하다. 특히 근래와 같이 생태복원계획, 경관생태계획, 경관계획과 같은 새로운 유형의 계획제도가 만들어지면서 조경공간을 접근하는 방법에 있어서도 다양한 관점과 지식을 배경으로 할 필요가 있는 것이다.

우리 조경계획에서 이루어지고 있는 많은 계획들은 매우 전문적이고 복합적이어서 실제 조경분야에서 단독으로 수행하기는 매우 어려운 사업들이 많다. 따라서 조경가는 생태학자, 도시계획가 등과 협력하여 계획을 수립할 수 있는 멤버십과 함께 이러한 총괄적 경관을 책임지는 분야로서의 책임을 질 수 있는 리더십 정신을 갖추어야 할 것으로 판단된다. 특히 자연과 생태를 주된 대상으로 해야 하는 조경가로서는 자연에 대한 겸허함과 생태적 요소에 진지함이 바탕이 되고, 이와 관련된 전공들과 연계시킬 수 있는 연구와 노력이 한층 요구되고 있다.

3. 기본계획 초안

기본계획 초안은 앞서 수립된 기본구상안에 따라 종합적으로 진행한다. 이 초안은 Off site 초안과 On site 초안으로 구분할 수 있다. 계획부지 주변의 경관권역을 대상으로 한 off site 초안은 권역계획, Network 계획, 권역별 거점계획 등으로 구분하여 수행한다. 한편 on site 초안에서는 베이스맵을 기반으로 하여 공간계획을 중심으로 중요한 동선, 지형, 시설물, 배식 등을 포함하여 종합적으로 개괄적 구상을 하게 된다.

제2장 공간계획

제1절 법정 토지이용계획

1. 지적법상의 토지이용 : 지목

전통적으로 인간이 토지를 이용하는 특성은 농림업 목적의 경작지나 임지, 건축물이나 도로시설 등을 위한 인공시설지, 휴양 등을 위한 공원 및 기타지역으로 구분이 가능하다. 이러한 용도의 구분은 지적법(측량·수로조사 및 지적에 관한 법률)상 지목(地目)이라는 이름으로 나타나 있으며, 여기에는 농림업 목적의 토지이용으로서 전, 답, 과수원, 목장용지, 임야, 광천지, 염전 등이 포함된다. 인공시설물 목적의 토지이용으로서 대지, 공장용지, 학교용지, 주차장, 주유소용지, 창고용지, 도로, 철도용지, 제방, 구거, 유수지, 양어장 등이 포함된다. 휴양 등 목적의 토지이용으로는 공원, 체육용지, 유원지, 종교용지, 사적지, 묘지 등이 포함되며, 기타 토지이용으로는 하천 또는 잡종지 등 특수목적의 토지이용이 포함된다.

2. 용도지역계획과 지구단위계획

조경계획에서 광역계획(이하 광역조경계획)이라 함은 그 대상영역의 규모나 성격이 국토 및 도시계획적 차원에 이르는 것을 말한다. 이러한 광역조경계획에는 대규모 관광지계획, 자연공원계획, 생태도시계획, 농촌계획 등을 말하게 된다. 이러한 광역조경계획을 이해하기 위해서는 무엇보다도 먼저 국토계획차원의 법정 토지이용계획 성격에 대해서 이해할 필요가 있다.

일반적으로 국토 및 도시계획에서의 토지이용계획은 토지의 공간수요를 추정하여 합리적으로 배정하는 것으로 정의된다. 이 토지이용을 결정하는 이론은 토지 경제학적 접근, 사회 조직론적 접근, 생태학적 접근 등으로 구분된다. 이 중 생태학적 접근이 가장 보편적으로 상용되는 개념으로서 여기에는 동심원이론(concentric theory), 선형이론(sector theory), 다핵심이론(multiple nuclei theory) 등이 있는데, 이러한 이론은 현재 발생되고 있는 복잡하고 다양한 도시현상 속에서의 일정한 패턴을 바탕으로 하고 있다.

우리나라에서는 이 토지이용계획을 구체적으로 실현하는 제도로서 용도지역지구제를 도입하여 지역특성에 맞는 용도를 지정하는 방식을 유지하고 있다. 이 제도에서는 토지이용의 용도를 도시지역, 주거지역과 같은 "지역(zone)"에 두면서 특수한 성격의 용도를 개발제한구역과 같은 "구역(special zone area)"이나 미관지구, 보존지구와 같은 단지개념의 "지구(special zone district)"로 구분하여 적용한다.

광역계획의 첫 번째 단계로서 국토계획에서는 전국계획, 도계획 등을 통해서 우리나라의 전국토를 도시지역, 농림지역, 관리지역, 자연환경보전지역의 4가지 토지이용으로 구분하여 관리하고 계획한다. 자연공원으로서 지정되기 위해서는 무엇보다도 먼저 대상지역이 국토계획에서 자연환경보전지역으로 지정되어야 한다. 그러나 골프장 및 리조트는 이 자연환경보전지역에서는 계획과 개발이 불가능하게 된다. 따라서 특정용도의 개발을 위해서는 먼저 국토계획의 용도지역 변경이 먼저 이루어져야 가능하게 된다.

광역계획의 두 번째 단계는 도시계획적 차원이다. 일단의 도시지역과 도시계획권역은 주거지역, 상업지역, 공업지역, 녹지지역의 4가지의 기본 용도지역으로 구분된다. 미국이나 일본 등에서는 통상 도시지역의 토지이용이라고 할 때는 주거, 상업, 공업의 3가지 기능으로 구분하게 된다. 그러나 우리나라의 경우에는 도시적 용도가 아닌 생산녹지, 자연녹지, 보전녹지로 구분되는 녹지지역의 개념을 가지고 있다. 외국의 경우에는 녹지지역에서의 녹지개념은 별도의 용도지역으로 분리되지 않고 주거, 상업, 공업지역 안에 포함되면서 그 각각의 도시적 용도의 성격을 다원화하는 방향으로 활용되고 있는 반면 우리나라에서는 도시지역의 개발규제라는 차원에서 녹지지역의 개념을 도입하고 있는 것이다. 이러한 토지이용 용도는 각 입지마다의 특수성과 다양성을 수용하기 위하여 용도지역의 세분화(전용주거지역 1종, 2종, 일반주거지역 1종, 2종, 3종, 준주거지역 등)와 용도구역(개발제한구역, 시가화조정구역 등)으로 구분하고 단지계획적 개념의 용도지구(경관지구, 미관지구, 고도지구 등)의 개념으로 토지이용을 세분화하고 있다

용도지구에 대해서는 단지계획 토지이용의 성격으로서 지구단위계획을 수립하게 된다. 이 지구단위계획은 용도지구뿐만 아니라 여타의 법으로 지정된 주거단지나 관광단지 등을 계획할 때도 수립되게 된다. 이 지구단위계획에는 생태적 계획 등 도시계획에서 수립하기 어려운 부문이 많고, 3차원적 개념이 도입되어야 하므로 조경분야에서 적극적으로 감당해야 할 부문이라고 판단된다.

조경계획에서의 토지이용계획을 종합적으로 이해하기 위해서는 국토차원에서의 토지이용계획, 단지계획차원에서의 토지이용계획, 공원계획차원에서의 토지이용 등의 위계화된 개념을 이해할 필요가 있다.

제2절 공간계획

1. 공간의 성격

조경계획에서 대상으로 하는 공간의 개념은 다소 복합적이다. 즉 open space(공개공간)로 정의되는 조경공간은 green space(녹지공간)을 포함하여 옥외공간(exterior space)을 대상으로 하게 된다. 따라서 건축물 등에 의해 위요되거나 형성되는 공간은 물론 주차장, 운동장, 가로공간, 각종 옥외 체육시설공간, 및 공원녹지 공간 등을 포괄하는 광범위한 영역성을 갖게 되므로 미국과 같은 경우 조경계획은 공원계획을 포함한 단지계획이라는 개념으로 접근하고 있는 것이다. 요즈음 우리나라도 조경계획을 단순히 식재계획이나 시설물계획으로 한정되지 않고, 광역차원의 공원녹지 공간계획과 단지계획차원의 옥외공간계획을 수립하는 분야로서 인식되고 있다. 그리고 조경공간에서는 3차원 공간, 즉 바닥면, 수직면, 관개면이라는 차원에서 설계적 요소도 포함하여 사용되고 있다.

공간(空間 : space)이라는 용어는 매우 보편적이고 광의적으로 사용되고 있다. 크게는 국토 및 도시계획분야에서 국토공간이나 도시공간이라는 개념으로 접근을 하게 되고, 단지계획차원에서는 주거공간, 상업공간, 녹지공간, 휴양공간이라는 개념으로 사용한다. 이러한 국토 및 단지계획차원에서의 공간이라는 개념은 토지의 활용특성에 따른 2차원적인 일반적인 토지의 용도개념으로 사용한다.

2. 공간체계 수립

공간계획을 수립하면서 기본이 되는 것은 중심공간이라는 개념이다. 즉 광역계획차원에서 보면 거점공간, 핵심공간, 생태축공간과 같이 공간의 성격과 공간의 구조를 결정하는 가장 중요한 성격을 결정하게 된다. 이러한 중심공간개념은 주변공간, 완충공간이라는 입지적 개념으로 공간체계를 수립하게 되고, 그 중요성에서 부거점, 부핵심, 부축이라는 위계적 개념을 형성하게 된다.

주거단지 오픈스페이스 계획에서는 생활권 또는 정주권이라는 개념을 통해 커뮤니티 오픈스페이스, 근린주구 오픈스페이스, 주호군 오픈스페이스 등의 위계를 형성하게 된다. 이러한 중심 오픈스페이스의 개념에서 가장 중요한 것이 놀이터나 공원이 되는바, 어린이 놀이터나 아동공원 등을 중심으로 소생활권, 근린공원을 중심으로 한 근린생활권, 단지중심공원을 중심으로 한 대생활권 등으로 구분하기도 한다.

도시 오픈스페이스의 대표적인 것인 도시공원은 생활권공원과 주제공원으로 구분되는데 생활권공원은 소공원, 어린이공원, 근린공원(근린생활권, 도보권, 도시계획구역권, 광역도시권)으로 구분되어 중심공간으로서의 위계를 잘 나타내고 있다.

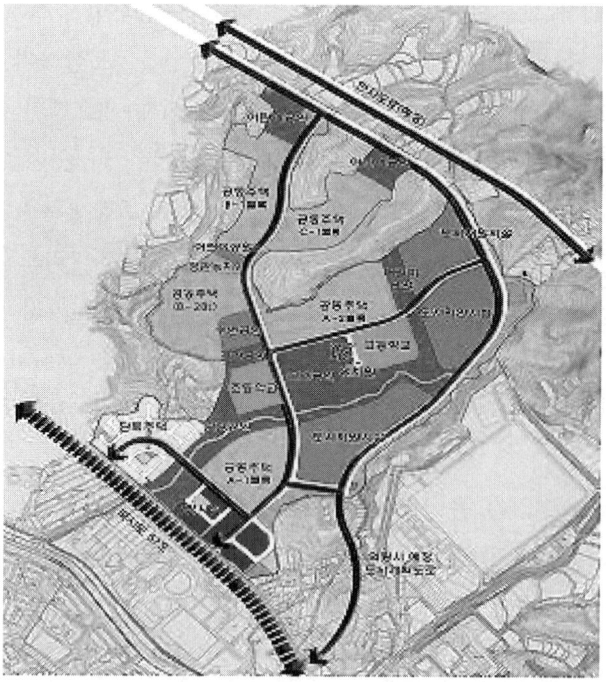

그림 2-3-2 단지공간계획도 : 사례지 의왕포일2지구

3. 공간배분계획

이상과 같은 중심적 공간체계가 수립된 후에 좀 더 작은 규모의 공간에 대한 공간분할계획에서는 공간의 영역성과 공공성이라는 차원에서 공간의 유형이 분류된다. 즉 공적 공간(public space), 반공적 공간(semi public space), 사적 공간(private space)의 개념으로 공간을 구분하고, 이에 따라 공간의 규모와 성격을 결정하게 된다.

이러한 공간의 영역성은 공공성이 높을수록 전면공간에 상대적으로 큰 면적으로 배치되고, 공공성이 낮을수록 배면이나 측면공간에 상대적으로 작은 면적으로 배치된다. 조경계획에서 많이 사용하는 공간의 유형을 보면 진입공간, 운동공간, 놀이공간, 휴게공간, 산책공간, 주차공간, 녹지공간 등이 있다. 여기서 공공성이 높은 공간으로는 진입공간, 운동공간, 놀이공간, 주차공간 등이 있으며 비교적 사적 공간으로 취급되는 것이 휴게공간, 산책공간 등이 해당된다고 볼 수 있다.

이 공공영역성에 대한 공간체계는 건축물의 배치방식, 시설물배치계획은 물론 식재수종과 패턴 등도 결정하는 근거가 되며, 이를 통해 위요감의 정도를 결정하게 된다. 즉 공공성이 높을수록 수목이나 시설물의 높이를 낮게 하여 시각적으로 개방성을 높이게 되고 반대의 경우에는 위요된 정도를 높게 하여 개방성을 낮추게 되는 것이다. 이러한 공간체계는 동적 공간이나 정적 공간으로 구분하여 공간계획을 수립하기도 한다. 그리고 이러한 대비적인 개념과 함께 전이공간이나 완충공간이라는 개념이 함께 도입되면서 공간의 성격을 결정하게 된다. 한편 공간의 3차원적 성격에 따라 다층적 공간구성을 하기도 한다.

통상 공간계획을 하면서는 공간의 중심축(axis, spine)을 어떻게 구성하고 골격선을 어떻게 구성하느냐가 공간구조를 결정하는 중요한 요소가 된다. 공간축의 성격에 따라 대칭형 공간(symmetrically balanced space)이나 균제형 대칭공간(asymmetrically balanced space)을 형성하게 된다. 기하학적 좌우대칭이나 방사형 대칭을 형성하는 경우가 대칭형 공간이다. 그러나 시각적으로는 대칭이 아니지만 좌우 또는 상하의 무게 균형이 이루어지거나, 보행동선을 통해서 체험적으로 느껴지는 균형성을 균제형 대칭이라고 말할 수 있다. 자연성이 구현되기 위해서는 까다롭지만 균제형 대칭축의 개념을 활용할 필요가 있다.

공간(space)이라는 개념과 동선이라는 개념이 결합되면서 시간성이라는 개념이 도입된다. 일정한 공간과 구간을 일정한 시간이나 계절에 따라 체험을 함으로써 그 공간은 의미가 있게 된다. 따라서 이 공간에 대한 계획을 수립할 때 시간에 따른, 계절에 따른 연속적 체험공간이라는 개념을 도입할 때 공간이 갖는 특성을 부각시킬 수 있게 된다. 이를 별도로 장소(place)라는 개념으로 정의하기도 한다. 이러한 장소성을 부여하고 체험성을 높이기 위해서는 체험초기, 중기, 말기에 따라 결절공간(node : 광장, 휴식공간, 마당 등)을 배치하게 된다. 이 결절공간, 이동통로, 시점공간이 결합하여 vista, view 등의 경관적 개념이 형성되고 공간의 주제성이 결정된다.

근래에는 이 공간계획의 개념에 경관계획적 차원의 시계확보공간이나 경관생태계획이나 친환경계획차원의 바람공간 확보, 지형순응적 배치계획 등의 개념이 도입되면서 다양한 기준에 의한 공간의 특성이 도입되어 계획되고 있다.

공간의 유형이 세분화되면 각 용도별로 계획구역 내의 어느 장소가 가장 적합한가를 검토하게 된다. 그리고 토지의 잠재력과 각 공간특성간의 관계 및 전체적 이용패턴, 공간적 수요를 고려하여 최종안을 마련하게 되는데 다음의 지침을 고려하도록 한다.

1) 각 공간별로 잠재력을 고려하여 계획한다.
2) 공간의 배분은 이용의 편리성과 활동의 연속성을 고려하여 배치하며, 유사시설간 연계성을 확보하고 시설의 집단화를 통하여 토지이용의 효율성을 높이도록 한다.
3) 공간의 상충성이 예상되는 경우에 서로 격리하거나 사이에 완충공간을 설치하여 상충되지 않도록 한다.

그림 2-3-3 공간계획도 사례 : 성산공원기본계획

제3장 동선계획

동선계획은 두 지역의 상호 연관성에 의해 계획되지만 계획구역의 전체적인 교통 및 동선체계를 고려하여 결정하여야 효율적인 통행이 가능하게 된다. 전체적인 체계를 구성하면서 서로 다른 동선인 차량, 자전거, 보행 등의 동선을 상호간 연결 및 분리가 적절히 이루어져야 하며, 보차분리를 통하여 통행의 안정성을 확보하고 상호연계를 통하여 통행의 효율성을 높이도록 한다. 또한 같은 통행동선이라 할지라도 속성에 따라 차량동선·보행동선, 기능 및 규모에 따라 진입로·주동선·보조동선·산책로 등으로 구분할 수 있으며, 도시차원에서는 간선도로, 집산도로, 보행자 전용도로 등과 같이 구분할 수 있다.

통행로의 개념적 형태도 계획의 주요한 관심사가 되는데, 평탄한 지역이나 도심지와 같이 고밀도 토지이용이 이루어지는 곳에서는 격자형 패턴이 효율적이지만 주거지나 공원에서는 위계형이나 루프형, 주거단지에서는 루프형과 결합하여 쿨데삭(cul-de-sac) 패턴이 효과적으로 사용될 수 있다.

교통 및 동선체계를 구성하면서 다음의 지침을 고려하도록 한다.

1) 동선체계는 목적 및 성격에 따라 위계를 주어 계획함으로써 접근성 및 기능성을 높인다.
2) 불필요한 동선으로 인하여 기존 식생 및 지형을 훼손하지 않도록 한다.
3) 차량동선과 보행동선은 가급적 분리하되 차량동선은 관리시설 공간으로 제한하고 부지 내에는 보행자 위주의 동선으로 구성한다.

제1절 도로 및 주차장계획

1. 도로계획

1) 통행량 수요추정

일반적으로 도시계획차원에서 도로계획을 수립하기 위해서는 발생통행량예측과 통행량 배분을 통해 도로의 성격과 규모를 결정하게 된다. 이러한 예측은 주변 지역의 토지이용특성에 따라 중력 모형 등을 통해서 피그시의 차량통행량과 보행통행량 등을 예측하게 된다. 이러한 통행량과 관련해서는 교통영향평가 등의 과정을 통해 도로의 성격,

규모, 특성과 진입도로의 위치, 교차로 특성도입 및 보차분리방식 등을 결정하게 된다. 조경계획에서는 이러한 평가 결과를 바탕으로 하여 좀 더 세부적인 계획을 수립하게 된다.

2) 도로유형과 가로망구성

단지계획 및 공원계획 등에서 요구되는 옥외공간계획을 위해서는 먼저 도로의 유형에 대해 이해할 필요가 있다. 도로는 통상 도시계획시설로서 결정된바, 폭원 4m 이상을 대상으로 하며 일반도로인 경우에는 보도가 설치된다. 일반도로의 한 차선의 폭은 3미터를 기준으로 하며 고속도로의 차선폭은 3.5미터이다. 도로의 폭원이 40미터 이상이면 광로, 25미터 이상이면 대로, 12미터 이상이면 중로라고 하고 12미터 미만이면 소로라고 한다. 각각의 도로의 유형은 1류, 2류, 3류의 3개로 세분류된다.

도로의 기능은 주간선도로, 보조간선도로, 집산도로 및 국지도로로 구분한다. 주간선도로와 보조간선도로는 단지외곽의 진입도로로서 시·군내 주요지역을 연결하거나 시·군 상호간을 연결하여 대량통과교통 및 대중교통을 처리하는 도로이다. 집산도로(集散道路)는 근린주거구역 내 교통의 집산기능을 위해 조성되는 내부를 구획하는 도로이며, 국지도로는 가구를 구획하는 도로로서 개별 주차장에 접근하는 기능을 갖게 된다. 기타 특수도로로서 보행자전용도로·자전거전용도로, 자동차전용도로 등이 있다.

간선가로망 구성형식은 방사환상형 · 격자형 · 선형 및 혼합형을 기본형식으로 구상한다. 가로망의 배치는 주간선도로는 1킬로미터 정도로 하고, 국지도로는 50미터에서 100미터를 기준으로 구성한다. 집산도로의 구성형식은 상업 또는 공업지역에서 구역분할의 편

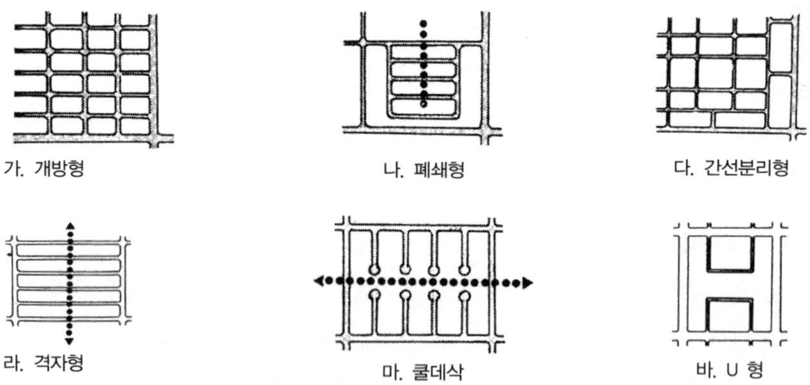

그림 2-3-4 국지도로의 유형 (건설교통부(2005) 도시관리계획수립지침, p.136)

리상 보통 격자형으로 구성하며, 주거지역에서는 통과교통을 배제할 수 있도록 한다.

국지도로의 구성형식은 격자형과 쿨데삭과 U자형을 기본으로 한다. 그리고 간선도로와의 연결상태에 따라 개방형, 폐쇄형, 간선분리형으로 구분한다. 이러한 형식은 양호한 주거환경의 유지 등을 위해 다양한 형태의 조합이 요구된다. 가로의 유기적 연결을 위해서는 도로망체계에 따라 연결되도록 하고, 간선도로에 집산도로 또는 국지도로를 직접 연결하지 않도록 한다.

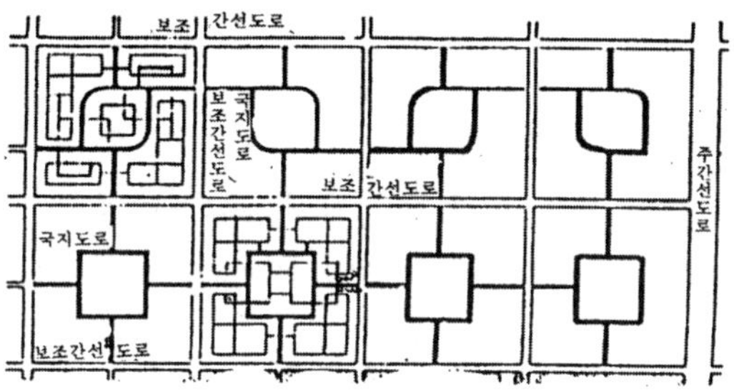

그림 2-3-5 집산도로의 배치
(건설교통부(2005) 도시관리계획 수립지침, p.135)

표 2-3-1 가로의 배치간격

구 분	배 치 간 격
○ 주간선도로와 주간선도로간	1,000 내외
○ 보조간선도로간	500m 내외
○ 집산도로간, 집산도로 상호	250m 내외
○ 국지도로	장축 : 90~150m 내외 단축 : 25~60m 내외

2. 주차장계획

1) 주차수요의 추정

건축물 부설 주차장의 수요는 건축물 연면적에 의해 결정되는 법적인 최소조건이 먼저 충족되어야 한다. 그리고 실제 각 건축물의 일일 유발 교통량 및 회전율 등을 고려하여 피크시 교통량을 추정하여 이를 근거로 주차수요를 추정하게 된다. 총 면적수요는 주차대수에 차량 1대당 요구되는 원단위를 고려하여 추정하게 된다.

2) 주차장의 유형 및 주차장계획

주차장은 주차장법에 따라 그 유형이 분류되며 노상주차장, 노외주차장, 부설주차장으로 구분할 수 있다. 노상주차장은 도로의 노면 또는 교통광장의 일정한 구역에 설치되고 노외주차장은 도로의 노면 및 교통광장 이외의 장소에 설치된 것이며, 부설주차장은 건축물·골프연습장·기타 주차수요를 유발하는 건축물·시설의 이용자에게 제공되는 주차장이다.

주차구획은 일반적으로 2.3미터×5.0미터를 원칙으로 하며 장애인 전용은 폭이 3.3미터 이상, 경차는 2.0미터 이상으로 한다.

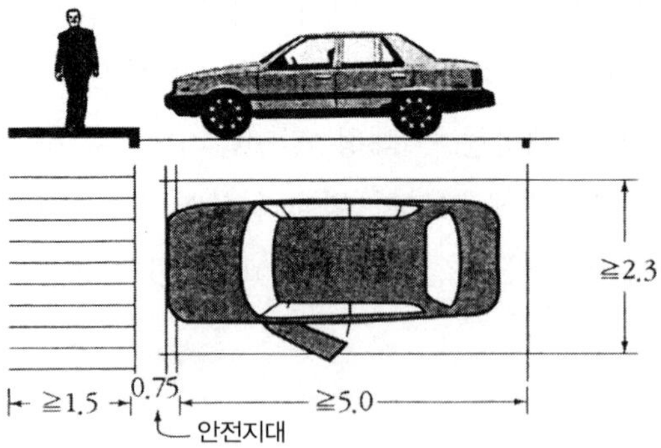

그림 2-3-6 주차구획의 기준치수

노상주차장은 너비 6미터 미만이거나 종단경사가 4% 이상인 경우의 도로에 설치해서는 안 된다. 노외주차장의 출구 및 입구는 교차로, 횡단보도의 5미터 이내, 아동복지시설 등에서 20미터에 설치해서는 안 된다. 노외주차장의 출입구 너비는 3.5미터 이상으로 하여야 하며, 주차대수 규모가 50대 이상인 경우에는 출구와 입구를 분리하거나 너비 5.5미터 이상의 출입구를 설치하여 소통이 원활하도록 하여야 한다.

주차수요 유발 건축물은 시설물 내나 부지 안에 부설주차장을 설치하여야 하며 직선거리 300미터, 도보거리 600미터 이내에 공동 주차장을 설치할 수 있다. 극장과 같은 문화집회시설은 시설 연면적 150제곱미터당 1대씩 마다, 단독주택은 150제곱미터에 1대를 확보하고 이에 더한 경우 100제곱미터마다 1대씩 추가한다.

주차전용건축물은 건폐율이 100분의 90 이하, 용적률 1천 500 퍼센트 이하, 대지면적의 최소한도는 45제곱미터 이상으로서 높이는 12미터 미만은 도로반대경계신까지의 3배 이내, 12미터 이상인 경우는 36/도로의 너비의 배율 이하로 한다.

장애인용 주차장은 50대마다 1면씩, 경형자동차는 총주차대수의 5%로 결정한다.

주차장의 계획은 다음의 과정을 거쳐 진행한다.

(1) 소요되는 주차장의 수요와 개괄적인 공급조건을 검토한다.
(2) 예상되는 주차장 부지의 폭과 길이, 그리고 진입로를 고려하고, 주변여건을 검토하여 적합한 주차배치방법을 결정한다.
(3) 단위 주차구획의 너비와 길이, 차로의 너비를 결정하고 이 기준치수를 적용하여 전체 부지를 주차공간, 차로 및 주변 녹지대로 구획한다.
(4) 주차장 진입부에 차량의 진출입이 용이하도록 회전 반지름 기준을 적용하여 곡선화한다.

(5) 개괄적으로 설계된 주차장의 규모가 주차장 수요와 일치하는지 비교하여 주차용량의 과부족을 조정하도록 한다.

(6) 주차장의 형태를 확정하고 주차블록 등 주차장의 부속시설을 설치한다.

표 2-3-2 주차형식에 따른 차로의 너비

주차형식	차로의 너비	
	출입구가 2개 이상인 경우	출입구가 1개인 경우
평행주차	3.3	5.0
직각주차	6.0	6.0
60도 대향주차	4.5	5.5
45도 대향주차	3.5	5.0
교차주차	3.5	5.0

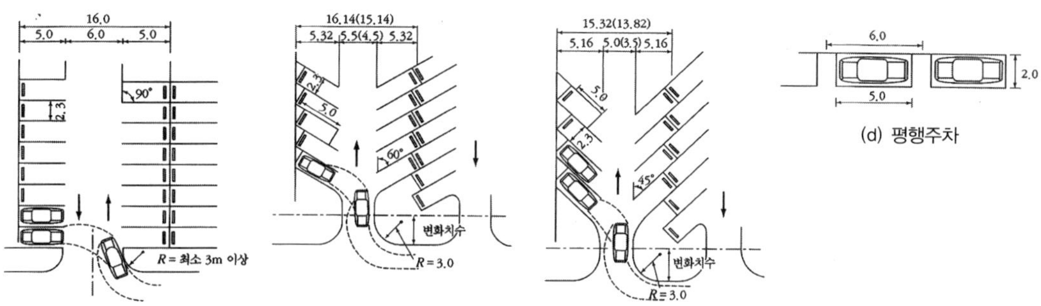

(a) 90° 주차 (b) 60° 주차 (c) 45° 주차 (단위 : m)

그림 2-3-7 주차배치의 방법

제2절 보행동선계획

1. 보차분리체계

동선(circulation)이라 함은 차량동선과 보행동선을 동시에 이르는 개념이다. 이 동선계획은 길에 대한 계획으로서 보행자나 차량탑승자가 이동을 하는 기능을 담당하는 이동공간으로서 역할을 하게 된다. 특히 보행동선에 있어서 안전성과 주제성을 확보한 계획을 수립한다는 것은 조경계획에서 매우 중요하다. 따라서 동선계획에서는 이 안전성 확보를 위한 보차분리체계의 수립을 통한 동선계획의 수립과 주제가 있는 보행공간계획을 수립하는 것이 주요한 계획의 목표가 된다.

단지나 공원 내 도로는 주택이나 각종 시설이 입지하기 위하여 반드시 필요한 시설로, 사람과 물건의 교통수요를 충족시키는 역할을 수행할 뿐만 아니라 각종 공급처리시설을 설치하고 매설하는 공간으로 활용되며, 단지 내의 오픈스페이스 및 경관구성 요소로서 중요한 역할을 수행하고 있다. 최근에는 도로폭원의 축소와 보행자공간 확보 등 차량 중심에서 보행자 우선의 계획으로 전환됨에 따라 단지 내 차량동선은 중심부를 관통하지 않도록 하여 단지 중심공간이 보행과 커뮤니티활동이 이루어지는 공공공간으로 조성되고 있다.

단지 내 도로는 차량과 보행자의 관계에 따라 보차혼용, 보차병행, 보차분리, 보차공존 등 다양한 방식으로 구성된다. 보차혼용방식은 보행자 통행에 대한 개념이 도입되지 않은 방식으로 보행자와 차량동선이 전혀 분리되지 않고 동일한 공간을 사용하기 때문에 보행자의 안전이 위협받을 가능성이 크며, 보차병행방식은 보행자는 도로의 측면을 이용하도록 차도 옆에 보도가 설치된 방식이다. 그리고 보차분리(步車分離) 방식은 보행자전용로를 일반도로와 평면적으로, 입체적으로 혹은 시간적으로 분리하여 별도의 공간에 설치하는 방식이며, 보차공존(步車共存) 방식은 차와 사람을 단순히 분리한다는 개념에서 한걸음 더 나아가 보행자의 안전을 확보하면서 차와 사람을 공존시킴으로써 주택단지 내부도로를 단순한 교통시설이 아닌 주민생활의 중심장소로 만든다는 개념이다. 따라서 폭이 좁은 단지는 I자형(선형)을, 폭이 넓은 단지는 Loop형을 기본으로 하여 단지의 형상과 규모 등에 적합한 형태를 택하도록 한다.

2. 보행공간의 유형

보행사 공간에는 도심형 특화공간으로서 보행자전용도로, 광장, 가로, 몰 등이 있으며, 자연형 특화공간으로서 탐방로, 둘레길, UD길 등이 있다.

1) 보도

일반도로의 양쪽 또는 한쪽에 설치되는 측도(sidewalks)와 횡단보도(입체와 평면)를 뜻하는 것으로서 일반의 자동차 도로로부터 독립된 보행자전용도로와는 구별된다. 보도의 효용은 보행자의 안전, 자동차의 원활한 교통로 확보, 도시시설로서의 연도서비스 등 여러 가지가 있으나 무엇보다도 안전하고 원활한 교통을 유도하기 위하여 보행자와 자동차의 통행을 분리하는 것이다. 보도는 도로의 양측에 설치하는 것이 일반적이지만 장소에 따라 도로의 편측에만 보도를 설치하든가 또는 보행자를 다른 도로로 우회시켜 보행자의 통행을 금지하는 방법도 있다.

2) 보행자전용도로 및 자전거도로

보행자 및 자전거 교통을 위하여 설치되는 도로를 말한다. 기계적 교통수단의 발달로 인해 야기되는 환경오염 등의 제 문제를 동시에 해결하는 경제적, 기술적 방법으로서 사람과 자동차라고 하는 본질적으로 상이한 것에 대해서는 통행장소를 개별로 설치하는 방법이다. 차량통행에 대한 보행자의 안전 및 쾌적성 제고, 도심지역, 부도심지역, 학교 또는 하천주변지역 등에서 일반도로의 기능을 보완유지하기 위하여 버스 및 택시정류장, 지하철역, 철도역, 유치원, 초등학교, 쇼핑센터 등과 체계적으로 연결되는 도로로 정의하고 있다.

3) 녹도(綠道) : 연결녹지

녹도는 일본에서 널리 사용되는 용어인데 지진, 화재시의 피난로 확보 등 시가지에 있어서 도시민의 안전성이나 쾌적성을 확보하기 위한 것으로 근린주구 내부 및 근린주구상호간, 공원, 문화시설 등을 연결하는 폭 10~20m의 녹지 또는 안전하고 쾌적한 보행환경 조성을 위하여 지역 내에 통과교통 출입을 방지 또는 억제하고 식재대를 특별히 추가 설치한 일종의 도로로 정의하고 있다. 그러므로 녹도는 계획시 보행의 기능적인 측면과 주민의 휴식을 고려한 녹지가 풍부한 보행공간으로 계획하여야 하며, 선형의 녹도를 체계화하면 도시의 공원녹지체계를 구성하는데 효과적이다.

이러한 녹도는 우리나라에서 도시공원 및 녹지에 관한 법률에서 연결녹지라는 개념으로 도입되어 가로공간뿐만 아니라 하천공간에도 적용될 수 있다.

4) 보행광장

보행광장의 물리적, 심리적 기능은 그 규모에 의해 결정되는 것이 아니며, 보행자를 위한 집합장소, 상호교류의 장소, 교통사고 및 복잡한 도로의 긴장감으로부터 해방을 위한 장소로서 역할을 한다. 보행광장은 주로 도심지역에서 보행밀도가 높고 사람들이 많이 모이는 장소인 철도역 앞, 공공건물 주변, 역사적 유적지 주변, 도심상업지 등에 설치하게 된다.

5) 몰(mall)

몰이라는 개념은 우리나라에서 법적으로 제공되고 있지 않은 성격의 보행공간이다. 주로 도심부에서 철도역, 공원, 기념광장, 공회당, 간선도로 등 중요지점을 상호연결하는 도로로 폭이 넓고 길이가 짧은 것이 특징이다. 이러한 몰에는 크게 나누어 자동차의 통행을 완전히 차단하여 포장, 수목, 벤치, 조각, 분수대 등을 설치하는 풀 몰(full mall),

버스나 택시 등 공공교통수단을 통과시키고 기타 차량의 통행을 금지시키는 트랜싯 몰(transit mall) 또 이와 비슷하지만 개인차량의 통행을 금지시키지 않고 통과교통의 속도와 차량접근을 제한하는 세미 몰(semi mall) 등이 있다.

6) 탐방로와 산책로

공원이나 단지 내에서 결정될 수 있는 보행로의 유형으로서 순환동선 등의 개념을 통해 보행공간을 특화시킬 수 있는 중요한 길의 유형으로 분류된다. 이 자연탐방로 등은 자연형 하천계획 등에서 중요한 요소로서 계획된다.

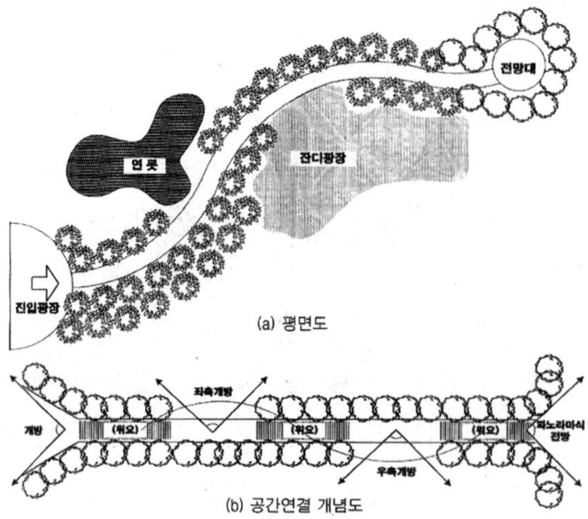

그림 2-3-8 연속적 경험을 고려한 공원동선계획 (출처 : 임승빈, 주신하, 2002, 조경계획 · 설계, P.205)

제4장

부지계획 및 시설물계획

제1절 부지계획

일상적으로 부지(敷地 site)라는 개념은 계획부지, 부지선정 등에서 쓰이는 용어로서 계획 대상지를 이른다. 그러나 조경계획에서 부지조성계획이라고 할 때는 지반조성계획, 지형경관조성계획 등의 의미로 사용된다. 즉 부지조성계획에서는 지형의 성격과 공간적 기능에 대한 이해를 바탕으로 동산, 계류, 평탄지 등 지형 공간의 조성과 절·성토 등을 통한 지반고의 설정 등 지형적 공간계획을 수립하는 과정을 말한다. 이 부지조성계획은 배식이나 시설물설치를 위한 기반환경을 형성하는 계획과정으로 조경계획의 핵심적 부문계획의 하나이다.

1. 부지의 지형적 요인

지형(topography, landform)이라는 용어는 땅과 관련되어 지질, 토양, 하천, 습지 등 토지의 요철이 포함된 복합적 경관을 형성하는 개념이다. 지형은 다양한 유역환경 및 미기후조건을 형성하면서 각 생물의 서식특성을 결정하게 되는데 여기에는 표고, 경사 및 향, 형상이라는 요인을 중심으로 접근하게 된다.

첫 번째의 지형적 요인은 표고(Elevation)(해발고도)이다.

우리나라의 지형은 이 표고에 따라 북고남저형, 동고서저형이라는 특징을 갖게 된다. 우리나라의 경우 대부분 분지나 평야지역인 경우는 표고 50미터 이하에서 형성되며 100~300미터는 작은산, 300~600미터는 중간산, 그 이상이 되면 비교적 높은 산으로 분류하여 이용하게 된다. 이 표고라는 요인은 지형도상에서 등고선으로 표현된다. 등고선은 2차원평면상에 3차원적 지형의 높이를 표현한 것으로서 평면상 같은 높이를 표현하게 된다. 이 지형도상에는 주곡선과 간곡선으로 표현되고, 산의 정상이나 하천의 깊이 등은 지점표고로서 표현된다. 이 표고에 따라 능선부, 산복부, 산록부 등으로 구분하기도 한다. 5부능선, 8부능선 등은 최고 정상까지를 10으로 구분하여 그 위치를 가늠하는 용어이다. 스카이라인이나 공제선이라는 개념은 이러한 표고에 높이에 의해 그 정상부가 연결된 형상을 이른다. 이 표고의 차이는 온도의 차이뿐만 아니라 물을 담고 있는 계곡으로부터의 접근성, 도로로부터의 접근성, 침식토의 발생특성, 바람의 형성 등의 요인을 결정하게 된다.

표고는 180미터를 기준으로 그 복사열의 영향으로 그 평균온도 1도씩 낮아지는 특성을 갖게 된다(100미터마다 0.55도). 따라서 덕유산, 지리산, 한라산의 경우 정상부는 한대의 분포를 갖게 된다. 한라산은 1,950미터로서 지면과 약 11도의 온도 차이를 갖게 되어 식생조건 등에서 한대형 산림분포를 형성하게 된다. 이러한 온도의 분포는 위도상 110킬로미터 위로 올라갈수록 1도씩 하강하게 된다. 이 표고와 위도, 그리고 바다의 인접 특성이 복합적으로 작용하여 우리나라의 식생기후대가 형성된다.

두 번째의 지형적 요인은 경사도(Slope)와 향(Aspect)이다.

이 경사도는 지형도상의 표고와 거리를 바탕으로 나타나는 데, 통상 높이/밑변×100(퍼센트), tan−1(높이/밑변)(도) 또는 밑변 : 높이(경사율)의 3가지로 표현된다. 지형경사는 그 완급에 따라 통상 평탄지, 완경사지, 급경사지로 구분된다. 이를 좀 더 세분하면 완경사(2~8%), 준완경사(8~16), 경사지(16~30%), 준급경사지(30~50), 급경사지(50% 이상 : 30도)이다. 이러한 경사요건은 토양의 침식과 관련되어 토양특성 및 투수성을 결정하게 된다. 이 경사의 특성은 개발 및 보전을 결정하는 중요한 기준이 된다.

경사의 방향에 따라 향을 결정하게 된다. 이 향은 동서남북의 4방향이나 8방향으로 표현하기도 하고, 12방향으로 표현하기도 한다. 지형이 갖는 향의 요소는 미기후와 밀접한 관계가 있게 된다. 기본적인 입지가 북향이 되면 그늘지는 입지의 영향으로 평균기온이 2~3도 낮아지게 되고, 토양 수분의 증발산이 상대적으로 적다는 특성을 갖게 된다. 특히 우리나라와 같이 여름의 남동향, 겨울의 북서풍이라는 특성상 바람의 영향을 받게 되므로 그 영향을 더욱 크다고 할 수 있다. 이 향에 의해 결정될 수 있는 중요한 요인 중의 하나이다.

세 번째의 지형적인 요인은 유역형상(watershed) 및 입지특성이다.

즉 지형의 분수령을 따라 유역이 형성되며, 여기서 모아지는 강우는 계곡을 따라 호수나 하천을 형성하게 되며, 강을 거쳐 바다에 이르게 된다. 이러한 유역과 하천의 특성에 따라 분지형, 평지형, 습지형, 해안형 등의 경관특성이 나타나게 된다. 이러한 유역의 특성은 미기후의 특성 및 생물적 구조가 많은 영향을 미치게 된다.

계곡을 따라 형성되는 미기후요인으로는 낮에는 계곡아래에서 곡풍이 불고, 밤에는 산위에서 부는 산풍이 형성된다. 그리고 인접하여 호수나 바다가 있게 되면 낮에는 해풍, 밤에는 육풍이 형성된다. 호수주변은 습도가 높아 태양광선을 가리는 미기후적 특성을 갖게 된다.

이러한 입지특성은 지질특성이나 토양특성에서 국지적 특성을 지니게 된다. 즉 기본적으로 화산암이나 퇴적암층을 이루고 있는 기본지질구조가 여러 가지 경관특성을 형성하게 되고, 풍화현상을 통해 침식퇴적이 이루어지면서 토양층이 형성된다. 이 토양은 입경의 크기에 따라 사토와 미사토(양토), 점토로 구분한다. 바닷가에는 사질토가 형성되고 연못과 늪지에는 점질토가 형성된다. 하천의 경우에 상류에는 바위와 자갈이 중류 이하에는 모래와 자갈이 하류에는 점질토가 형성되는 것이다.

물에 의해 형성되는 토양침식 등의 문제는 비점오염원과 관련하여 매우 중대한 환경문제의 하나이다. 이 토양침식은 경사지, 절개지 등에서 비나 바람 등으로 인해 물이나 중력의 작용으로 토양이 하류나 하천으로 씻겨 내려가는 현상을 말하는데, 이는 하류의 호수용적을 저하시키고, 토양 내의 부식층 및 유기물을 유하시키며, 각종 영양물질을 하류로 내려 보내면서 하천 및 호수의 부영양화 현상 등을 일으키기도 한다. 유역관리에 있어서 이 토양의 침식을 막고 토양특성을 보전(Conservation of Soil)하는 것은 중요한 과제의 하나이다. 따라서 기존의 지형을 보전하자는 논의는 기본적으로 생태적으로 안정된 토양의 특성을 보전하자는 것이고, 산림지역 및 녹지지역을 조성한다는 것은 침식을 최소화한다는 의미가 되는 것이다.

2. 부지조성계획

1) 지형유형

조경에서는 일반적으로 지형을 거대지형(macro land form : 산악, 초원, 평야, 분지, 해안), 소지형(micro land form : 정산, 능선, 계곡, 볼록지형, 오목지형, 함몰지, 소유역권) 및 미세지형(mini land form : 모래 언덕, 돌의 변화 등)으로 구분하여 경관계획 등을 수립할 때 사용하게 된다. 거대지형의 특성은 그 입지적, 경관적 보전요소로서 작용하게 된다. 그리고 조경공간계획의 기본환경을 결정하게 된다. 소지형에서는 공간계획을 수립할 때 환경적 특성에 적응된 계획안을 마련하는 근거가 된다. 능선부나 계곡부 등에 입지하는 공간들은 그 경관적 특성이 제대로 반영될 필요가 있는 것이다. 미세지형은 옥외공간계획을 수립하면서 차폐의 기능을 형성하고, 대지 조각이나 예술적 공간의 표현으로서 형성되는 지형요소이다.

2) 평탄지 공간과 경사지 공간

공간계획을 수립하면서는 일반적으로 부지가 평탄지냐 경사지냐에 따라 공간구조와 계획의 특성에 결정된다.

평탄지 공간은 격자형 공간구조를 갖게 되며 도시적 공간을 형성하는데 매우 유리하다. 여기서는 다방향성이 형성되므로, 중심축과 결절공간 등의 조성을 통해 인위적인 경관적 지향성을 부여할 수 있게 된다. 그리고 부분적으로 인공적인 조산 등을 통해서 미세 지형의 변화를 도모하는 공간계획을 수립하게 된다.

경사지 공간은 주변에 산이 있는 공간으로서 공간구조를 설정할 때 이러한 배후나 전면의 자연경관적 요소를 충분히 활용한 계획이 수립될 필요가 있다. 그리고 미기후나 국지토양 특성이 다양하기 때문에 개발의 정도나 강도를 결정할 때 정밀한 환경분석 및 경관분석을 바탕으로 계획이 수립되어야 한다. 전통적으로 한국의 배산임수나 풍수경관의 형성은 이러한 경사공간에서 형성된 공간계획이다. 여기서는 경사적응적 계획, 조망경관적 계획, 유역특성을 고려한 계획 등의 기법을 도입하여 계획할 필요가 있다.

그림 2-3-9 지형의 변화에 따른 공간 조성
(출처 : 임승빈, 주신하, 2002, 조경계획 · 설계, P.272)

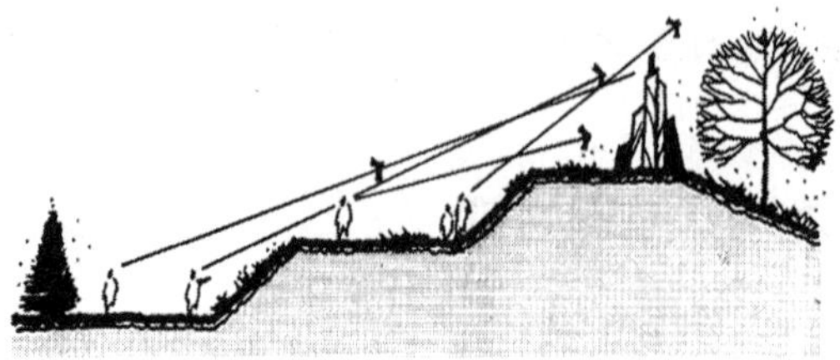

그림 2-3-10 지형의 조작을 통한 연속적 조망
(출처 : 한국조경학회, 1999, 조경설계론, P.142)

3) 정지계획과 지형설계

부지조성 시에는 먼저 건물이나 시설지의 입지를 결정하고, 이에 따라 기준평면을 결정하게 된다. 이때는 가급적 기준지형을 훼손하지 않도록 하며, 절토와 성토가 균형을 이루도록 한다. 경사지에 입지할 경우에는 등고선을 따라 조성하게 된다.

이 기준평면이 다단계로 조성되면서 도로와 보행로, 계단과 경사로, 경사지, 벽과 축대 등이 결정되어 경사를 처리하게 된다. 이때 적용되는 경사기준은 도로는 17% 이하, 8%의 경사 이하, 보행경사로는 10% 정도를 유지하게 된다. 부지조성 시에 배수로를 고려하여 그 방향을 결정하도록 하며 일반적인 절개지의 경사는 침식되지 않도록 30% 이하의 경사를 유지하거나 그렇지 않은 경우는 자연석, 식재, 인공구조물을 설치하도록 한다.

지형설계시 Mounding과 Sunken을 하게 되면 최대(최심)지점표고와 폭을 결정하게 된다. 그리고 이와 함께 자연계류와 연못 등을 배치하여 자연적 미지형과 경관을 구성할 수 있는 여지를 만들 수 있다. 이러한 지형설계는 식재계획이나 시설물계획과 병행하면서 그 경관적 특성이 극대화될 수 있는 규모와 성격을 갖도록 할 필요가 있다.

생태복원계획에서는 자연지형의 복원이 가장 중요한 계획목표가 된다. 특히 자연형 하천계획 등에서는 하천수로형상 등에 관한 원형지형을 탐구하고, 물의 특성에 맞는 하천지형 및 홍수터를 복원하는 것이 중요한 쟁점이 된다.

제2절 시설물계획

1. 시설유형

옥외시설물이란 조경계획의 대상이 되는 옥외공간에 설치되는 구조물 및 시설물을 말한다.

도시공원 및 녹지에 관한 법률에서는 공원시설을 도로 및 광장, 조경시설, 휴양시설, 유희시설, 운동시설, 교양시설, 편익시설, 공원관리시설 등으로 유형화하고 있다. 교양시설이나 편익시설인 경우에는 건축물의 기능에 따라 표현된 개념이고, 여타 시설은 옥외시설물을 표현하고 있다.

국토해양부 고시(조경기준)에서는 "조경시설이라 함은 조경과 관련된 퍼걸러, 벤치, 조각물, 정원석, 분수대, 휴게, 여가, 수경관리 및 기타 이와 유사한 것으로 설치되는 시설, 생태연못 및 하천, 동물 이동통로 및 먹이 공급시설 등 생물의 서식처 조성과 관련된 생태적 시설을 말한다."라고 정의하고 있다. 여기서는 생태공간시설을 포함하고 있는 것이 특징적이다.

일반적으로 조경계획에서는 건축물을 제외한 "시설물"이라는 개념으로 옥외공간의 기능을 보완하기 위한 시설로서 이해할 필요가 있다.

조경설계론(1999)에는 조경설계의 대상으로서 수공간시설, 포장시설, 단지구조물, 옥외시설물 및 특수조경시설로 구분하여 수공간시설과 포장을 특별히 분류하였다. 여기서 단지구조물은 도로구조물(계단, 경사로), 차폐구조물(벽과 담장), 배수구조물(측구, 맨홀 및 집수구), 비탈면구조물(옹벽, 석축)로 분류하였다. 그리고 옥외시설물은 안내시설, 편익시설, 조명시설, 환경조형물로 구분하였다.

어떠한 형태든 공간기능에 따라 여러 가지로 분류되지만 이러한 조경공간에 설치되는 시설물은 기본적으로 조경구조물, 옥외시설물, 특수시설물로 구분할 수 있다. 즉 조경구조물은 바닥과 벽을 구성하는 포장, 연석, 계단, 경사로, 옹벽 등이 있다. 옥외시설물은 휴게시설, 식재시설 및 관리시설(안내표지시설, 조명시설, 화장실, 음수전, 경계시설)로 유형화할 수 있다. 특수시설물로 수경시설(분수, 벽천, 조형물), 놀이시설, 운동시설, 장애인용 시설 등을 유형화할 수 있다.

조경에서 휴게시설로 사용되는 벤치는 평벤치와 등벤치, 원형벤치와 연석벤치, 나무벤치와 돌벤치, 플랜터 겸용 벤치, 자연석활용벤치 등으로 구분된다. 그리고 퍼걸러는 지붕이 있는 쉘터형과 구분되며, 사각퍼걸러와 아치형퍼걸러, 테이블형과 벤치형, 지붕형에는 멤브레인형과 아크릴형과 아스팔트싱글형이 있다. 보도 포장은 흙길과 돌길과 나무길(데크 이용) 등이 있으며, 우레탄, 투수성포장, I블록포장, 장애인용 포장 등이 재료로서 사용된다. 기타 주차장포장으로는 잔디블록, 쇄석을 이용하게 되고, 놀이시설은 조합형과 단독형으로 구분되어 배치되며, 조명시설은 간접조명시설과 직접조명시설 등으로 세분되어 계획된다.

일반적으로 도시계획 및 건축계획 분야에서 사용하고 있는 시설이라는 용어는 공간 및 건축물이 기능을 표현하는 포괄적인 개념으로 사용하고 있다. 도시계획에서 사용하고 있는 도시계획시설(도시기반시설)은 기본적으로 교통시설, 공간시설, 유통공급시설, 공공문화체육시설, 방재시설, 보건위생시설, 환경기초시설의 7가지 시설로 구분한다. 그리고 도로 및 주차장은 교통시설에 포함되고, 공원 및 녹지는 공간시설에 포함된다. 그리고 건축법에서는 건축물의 기능에 따라 단독주택, 공동주택, 제1종 근린생활시설, 제2종 근린생활시설, 문화집회시설, 판매영업시설, 의료시설, 교육연구복지시설, 운동시설, 업무시설, 숙박시설, 위락시설, 공장, 창고시설, 위험물저장처리시설, 자동차관련시설, 동물식물관련시설, 분뇨쓰레기처리시설, 공공용시설, 묘지시설, 관광휴게시설의 21가지의 시설로 구분한다. 따라서 광역계획차원의 시설이라는 용어는 토지공간이나 건축기능을 복합적으로 표현하는 개념을 이해할 필요가 있다.

2. 시설공간의 규모

1) 시설공간의 면적과 거리

시설공간계획을 수립함에 있어 가장 먼저 이해해야 하는 것이 부지의 면적, 시설물간의 거리와 높이 등의 규모에 대한 것이다.

도시공원법에서 어린이공원의 최소 부지면적은 1천5백 제곱미터(약 5백 평), 근린생활권 근린공원의 최소면적은 1만 제곱미터(약 3천 평), 도시계획구역권 근린공원은 십만 제곱미터(약 3만 평)로 규정하고 있다. 일반공원의 최소 형태로서 어린공원의 면적이 조경공간의 최소 적정단위공간 면적으로 근린생활권 공원을 중규모의 조경공간면적, 도시계획구역권의 근린공원을 대규모의 조경공간면적으로 가름할 수 있다. 이를 폭과 길이로 환산해 보면 최소 조경공간의 폭이나 길이는 30미터×50미터, 근린공원은 100미터×100미터, 도시계획구역근린공원은 300미터×300미터의 규모로 산정할 수 있다. 30미터에서 50미터의 거리개념은 공연을 관람할 수 있는 거리로서 해석될 수 있다.

이 도시공원의 위치는 보행권역이라는 개념으로 해석된다. 도시공원법상 도보권 근린공원은 유치거리가 1천 미터이며, 근린생활권근린공원은 5백 미터, 어린이공원은 250미터이다. 통상 시간거리로 10분이면 500미터에서 800미터를 말하게 된다. 그리고 1시간 보행거리는 약 2km, 2시간보행거리는 약 4km를 잡게 된다.

2) 시설의 높이와 위요성

한편 시설공간을 계획함에 있어서는 휴먼스케일의 높이 개념을 이해할 필요가 있다. 즉 통상 사람의 무릎높이는 50센티미터, 허리높이는 1.0미터, 가슴높이는 1.2미터, 눈높이는 1.5미터, 키높이는 1.8미터로 이해된다. 이러한 높이는 옥외시설물이나 마운딩의 높이와 위요성을 결정하는 중요한 요인이 된다. 이에 따라 구조물로서 계단의 높이는 20센티, 앉는 높이는 50센티, 보행차단높이는 1.2미터, 시각차폐높이는 1.5미터 등으로 결정된다. 건축물의 경우는 바닥높이가 1미터, 문높이는 2미터, 천장높이는 3미터, 지붕높이는 6미터, 2층 높이는 10미터, 5층 높이는 20미터 등으로 결정된다.

그림 2-3-11 시선의 높이에 따른 위요감

(출처 : 한국조경학회 1999, 조경설계론, P.83)

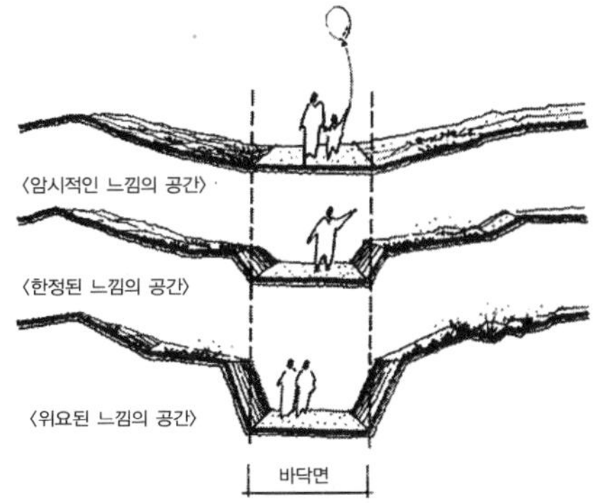

그림 2-3-12 공간의 형태에 따른 위요감

(출처 : 한국조경학회, 1999, 조경설계론, P.142)

이 높이에 대한 개념은 거리 대 높이의 비(D/H ratio : Distance/Height)로서 공간적 위요성을 판단하는 기준이 된다.

1. $D/H \leq 1$ 45도의 시각 : 극도의 위요감(private space)
2. $1 < D/H \leq 3$ 적절한 위요감(semi private space) 친밀공간
3. $3 < D/H \leq 6$ 다소 위요된 공간(semi public space)
4. $D/H > 6$ 개방된 공간(public space)

이러한 공간의 개방성은 시설공간의 면적 DH비 등에 의해 결정된다. 이 높이에 대한 개념은 시설물뿐만 아니라 건축물이나 식물에 의해서도 형성된다.

시설물이나 구조물의 조합에 의해 형성되는 위요공간은 다양한 형태를 갖게 된다. 즉 완전히 위요된 공간, 절반 위요된 공간, 전면 개방된 공간 등을 조성하면서 경관적 측면과 공간적 측면을 동시에 고려하여 배치하게 된다.

3) 시설공간계획

시설공간계획을 위해서는 시설물의 형태, 재질, 규격과 배치에 유의해야 한다. 한정된 공간 내 옥외시설물들과 옥외공간의 효율적 이용을 위해서는 외부시설과 공간의 접점화·연계화를 들 수 있다. 보행자전용로는 그 자체가 훌륭한 외부공간으로 기능함은 물론 동시에 여러 시설들을 연계함으로써 시설이용도를 높이고 보행자의 안전을 확보할 수 있다. 주거단지개발 등 도시차원에서 공원이나 녹지, 보행자전용도로 등 보행을 위한 공공공간의 양적 확충을 기하여 인접한 주거단지의 보행공간 등과 연계한 생활동선 공간으로 기능하도록 하고, 단지 차원에서 보행자전용로, 녹지, 놀이터 및 운동시설, 휴게시설 등을 확충하고 산울타리 담장이나 수림대 조성 등을 통하여 단지 외곽과의 연계를 도모할 필요가 있다.

옥외시설물은 그 유형과 기능에 따라 위치, 면적, 구조 등이 결정된다. 시설프로그램 등을 통하여 시설의 규모가 산정되면 개별적 시설이나 여러 기능이 복합될 경우 유사한 기능의 구조물은 한 곳에 모아서 가급적 시설입지에 집단화시키고 벤치나 휴지통과 같은 안내 및 편익시설은 시설의 연계성 및 이용의 편리성을 고려하여 적재적소에 배치한다. 또한 각 시설의 기능을 고려하여 시설물간의 기능 상충이 일어나지 않도록 유사기능의 시설을 인접시키고 상충되는 기능의 시설은 격리시킨다. 규모가 비교적 큰 관광지나 공원의 계획에서는 집단시설지구에 식당, 숙박시설, 판매시설 등을 모음으로써 이들 시설의 무질서한 분산을 억제하고 환경에 대한 부정적 영향을 최소화할 필요가 있다. 건물인 경우 Clustering을 통해 면적 공간이나 선적 공간을 형성하게 된다.

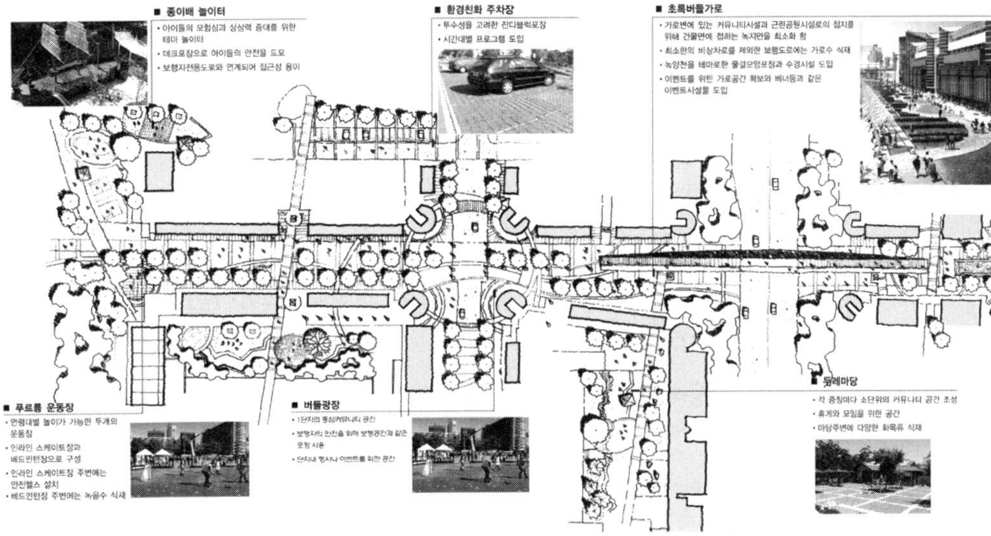

그림 2-3-13 생활가로계획도(의정부 녹양지구, 2004 단지계획과정)

■ 시설물수량표

기호	시설명	규격	단위	수량	비고
	파고라 A		개소	3	
	파고라 B	나비모양	개소	1	
	쉘터A		개소	2	
	쉘터B		개소	2	
	쉘터 C		개소	1	
	등의자		개소		
	평의자		개소		
	휴지통		개소		
	연식의자"A"	직선형	M	16.8	
	연식의자"B"	곡선형	M	18.8	
	목재게이트A		개소	2	
	목재게이트B		개소	2	
	목재게이트C		개소	2	
	트렐리스A		개소	3	
	트렐리스B		개소	6	
	트렐리스C		개소	4	
	장미아치A		개소	16	
	장미아치B		개소	2	
	장미아치C		개소	3	
	미로전망대		개소	1	
	나무집		식	1	
	잠자리DECK		식	1	
	DECK		식	1	
	장식가벽A		개소	4	
	장식가벽B		개소	4	
	종합안내판		개소		
	시설안내판		개소		

그림 2-3-14 시설물배치계획도-신구자원식물원

(출처 : 임승빈, 주신하, 2002, 조경계획 · 설계, P.242에서 재인용; 신구대학, 2001)

제5장 식재계획 및 녹지계획

1. 식재계획

조경계획에서 사용되는 식재(植栽, planting) 개념은 식목(植木)이라는 개념과 달리 수목과 초본류를 모두 포함하면서 경관적, 생태적 개념을 포함하는 포괄적 개념으로 사용되고 있다. 이러한 식재계획은 식물성상과 식재의 공간기능 특성에 대한 이해를 바탕으로 조경공간에 적용되어 녹지공간을 형성하는 조경분야의 핵심적 부문계획의 하나이다.

1) 식물성상

일반적으로 수목학이나 식물분류학에서는 계통분류에 따라 식물의 학명과 그 세부 분류 특성에 대해서 깊이 알아야 하지만 식재계획을 위해서는 식물이 가지고 생육적, 경관적, 생태적 특성에 따른 식물의 성상(性狀)의 유형분류에 대한 이해를 기반으로 하게 된다.

첫째 성상으로 구별되는 것은 목본류와 초본류의 구분이다. 목본류란 교목과 관목(trees and shrubs)과 같이 다년생의 목질로 되어 있는 수목으로서 소나무류, 참나무류, 철쭉류 등을 말한다. 교목은 큰키나무이고, 관목은 작은키나무를 말한다. 이를 좀 더 세분하여 대교목과 소교목, 대관목과 소관목 등으로 구분하기도 하나 소교목과 대관목의 경우에는 구분하기가 어렵다. 한편 초본류(herb)는 일년생 또는 다년생 식물로서 관상용으로 사용되는 초화류나 벼과식물 등을 말하며 붓꽃류, 백합류, 난류, 잔디류 등을 말한다. 이러한 지피식물류는 초본류에 포함된다.

두 번째 성상으로 분류되는 것은 상록성과 낙엽성이다. 상록성 식물(evergreen plants)은 겨울에도 잎이 붙어 있는 것으로서 침엽수(針葉樹)와 활엽수(闊葉樹)로 구분된다. 상록침엽수는 소나무, 잣나무류, 전나무류 등이 있으며 상록활엽수에는 가시나무, 후박나무, 아왜나무, 동백나무 등이 있다. 초본류로는 상록성 고사리류 등이 있다. 대나무류와 야자나무류도 상록성에 포함이 된다. 낙엽성 식물은 겨울에 잎이 떨어지는 것으로서 침엽수로는 낙엽송, 메타세콰이어가 있고 활엽수로는 상수리나무, 굴참나무 등이 있다. 한편 생육 위치에 따라 인동덩굴과 같이 상록성 또는 낙엽성이 되는 반상록성의 식물도 있다. 잎의 형태로는 활엽과 침엽 이외에도, 두껍게 반짝이는 경엽성, 향나무나 편백나무와 같은 인엽성 등의 특성도 있다.

세 번째 성상으로 경관적 특성에 따라 분류된다. 여기에는 꽃을 보기 위한 화목류, 열매를 보기 위한 유실수, 잎을 보기 위한 관엽류나 단풍나무, 오래된 나무로서의 노거수나 정자목, 공간의 특성을 나타내기 위한 상징목 등으로 다양하게 분류하게 된다. 화목류나 초화류와 같이 꽃을 보기 위한 식물인 경우에는 꽃의 성격으로서 양성화, 단성화, 자웅이주, 자웅동주 등의 개념을 이해할 필요가 있다. 그리고 꽃의 색채나 형태, 개화시기 등에 대하여 이해할 필요가 있다. 그리고 열매는 열매의 특성에 따라 종자식물과 포자식물, 구과와 견과 등의 특성과 함께 열매의 색채와 형태, 열매 맺는 시기 등에 대해서 이해할 필요가 있다. 수피의 색채나 재질 등도 시각적 특성으로 중요하게 이용되는 부분이다.

네 번째 성상으로는 생태적 입지에 따라 분류된다. 여기에는 습지나 수변식물, 임간식물, 고산식물, 들꽃식물 등의 분류체계를 가질 수 있다. 식물종의 특수성에 따라 향토식물과 외래식물, 자생식물과 특산식물, 멸종위기종 식물과 희귀식물 등의 분류체계도 이해할 필요가 있다. 벼, 보리, 들깨의 식용작물이나 약용작물도 특수한 형태의 조경식물 분류체계로 이해할 필요가 있다.

표 2-3-3 식물성상에 따른 유형 분류

<table>
<tr><th></th><th>분 류</th><th>내 용</th></tr>
<tr><td rowspan="2">1</td><td>목본류</td><td>교목, 관목과 같이 다년생 목질로 되어 있는 수목
교목(큰키나무), 관목(작은키나무) - 소나무류, 참나무류, 철쭉류 등</td></tr>
<tr><td>초본류</td><td>일년생 또는 다년생 식물. 붓꽃류, 백합류, 난류, 잔디류 등</td></tr>
<tr><td rowspan="3">2</td><td>상록성</td><td>침엽수 : 소나무, 잣나무류 등, 활엽수 : 가시나무, 후박나무, 동백나무 등
초본류 : 상록성 고사리 등, 대나무류, 야자나무 류 등도 포함.</td></tr>
<tr><td>낙엽성</td><td>침엽수 : 낙엽송, 메타세콰이어 등. 활엽수 : 상수리나무, 굴참나무 등</td></tr>
<tr><td>상록성 또는 낙엽성</td><td>인동덩굴 등</td></tr>
<tr><td rowspan="4">3</td><td rowspan="4">경관적 특성</td><td>화목류 : 꽃을 감상.</td></tr>
<tr><td>유실수 : 열매를 감상.</td></tr>
<tr><td>관엽류 : 잎을 감상.</td></tr>
<tr><td>상징목, 노거수, 정자목</td></tr>
<tr><td>4</td><td>생태적 입지</td><td>습지 또는 수변식물, 임간식물, 고산식물, 들꽃식물</td></tr>
<tr><td rowspan="4">5</td><td rowspan="4">특수 형태의
조경식물</td><td>향토식물, 외래식물</td></tr>
<tr><td>자생식물, 특산식물</td></tr>
<tr><td>멸종위기종 식물, 희귀식물</td></tr>
<tr><td>식용작물, 약용작물</td></tr>
</table>

2) 식재유형

식재공간은 조절적 기능성, 심미적 경관성, 환경적 생태성을 갖는다.

(1) 기능식재

첫 번째로 3차원공간의 벽면을 형성하거나 보행을 차단하는 차폐식재, 차단식재, 울타리식재 또는 배경식재 등의 차폐적 기능이다. 이 차폐적 기능에 활용되는 수종으로는 상록성 수목으로서 회양목, 둥근 향나무, 사철나무, 꽝꽝나무, 광나무, 탱자나무, 측백나무 등이 있다.

두 번째는 여름에 태양을 차단하기 위한 녹음식재의 기능이다. 이러한 용도로는 느티나무, 은행나무, 회화나무, 이팝나무 등이 있으며 오동나무류, 백합나무 등도 잎이 크고 교목을 형성하므로 많이 이용된다. 이러한 녹음수들은 가로공간에 심어져 가로수로서 이용된다. 그리고 방풍림이나 방제림 등 제방숲이나 비보숲을 형성하여 사용했던 노거수림 등에도 이러한 차폐적 식재로서 사용되었으며, 여기에는 곰솔, 팽나무, 왕버들, 푸조나무, 엄나무, 갈참나무 등이 있다.

세 번째는 잔디와 같이 지표면을 가리기 위한 지피식재나 등나무나 담쟁이덩굴과 같이 퍼걸러 등의 천장면이나 건축물의 벽면으로 올리는 덩굴성 식물들이 있다.

(2) 경관식재

조경공간으로서 경관적 기능으로서 경관식재의 유형은 다음과 같이 분류할 수 있다.

첫 번째 경관식재의 유형으로는 화목류 및 유실수 식재이다. 화목류는 꽃을 보기 위한 것으로서 이른 봄에 볼 수 있는 동백나무, 산수유, 생깅나무, 매화나무, 봄에 볼 수 있는 벚나무와 목련류, 진달래, 개나리, 조팝나무, 명자나무, 수수꽃다리, 그리고 여름 및 가을에 볼 수 있는 배롱나무, 능소화, 무궁화, 목서 등이 있다.

두 번째는 잎의 특징에 따라 겨울에도 잎을 볼 수 있는 상록관엽류와 가을에 단풍색을 볼 수 있는 단풍류로 분류할 수 있다. 상록관엽류에는 상록 침엽수로서 소나무와 곰솔, 전나무와 잣나무, 가문비나무와 구상나무, 주목과 비자나무가 있다. 그리고 상록활엽수로는 호랑가시나무, 가시나무, 붉가시나무, 구실잣밤나무, 먼나무, 구골목서, 은목서, 박달목서, 아왜나무, 우묵사스레피나무 등이 있다. 특수한 종류로서는 대나무류인 맹종죽, 왕대, 솜대, 오죽, 이대, 조릿대가 있고 야자류로서 소철, 관음죽, 종려나무, 워싱턴야자 등이 있다. 단풍나무류와 옻나무과식물인 경우에는 가을의 단풍색을 보기 위해 활용하게 된다.

세 번째는 초화류이다. 여기에는 흔히 화단을 조성할 때 사용하는 원예용 화훼식물로서 봉선화, 과꽃, 채송화, 도입수종 등이 있고, 요즈음에는 춘란과 수선화, 국화와 구절초, 비비추와 옥잠화, 상사화와 석산, 연꽃과 수련 등이 도입되어 활용되고 있다.

네 번째는 상징식재이다. 풍수적 개념이나 상징적 개념으로 활용되는 식재의 기능으로서 여기에는 밤나무, 소나무, 엄나무, 뽕나무 등이 해당된다. 사찰의 경우에는 수국, 불두화, 수선화 등 열매가 맺지 않는 식물종과 염주나무 등을 심어서 그 공간의 특성을 나타내기도 한다.

(3) 생태식재

생태조경계획 등이 활성화되면서 향토식물을 도입하고, 그 지역과 입지에 맞는 생태식물을 도입하여 생태적 공간을 조성하여 생물서식공간을 조성하기 위해 시도되는 식재의 유형이다. 이러한 생태식재식물은 습지식물, 고산식물, 임간식물, 들꽃식물, 특산식물종 등으로 구분할 수 있다.

습지식물에는 부들, 줄, 물옥잠, 마름 가래, 갯버들이 있으며 자연형 하천이나 생태연못 등을 조성할 때 활용된다. 고산식물로는 꼬리고사리, 노랑만병초, 사스레나무, 물박달나무, 거제수나무와 같이 고산지대에서 생육하는 식물이다. 임간식물로는 초본류로는 뻐꾹나리, 산자고, 가막살나무, 참회나무, 당단풍나무, 고로쇠나무, 산딸나무 등이 있으며 복층 생태식재를 위해서 활용된다. 그리고 들꽃식물에는 질경이, 민들레, 개불알풀, 광대나물, 갈퀴덩굴 등이 자생적으로 생육하게 된다.

우리나라에는 한국에만 분포하는 특산식물(endemic plants)로서 제주고사리삼속, 모데미속, 금강초롱속, 금강인가목속, 개느삼속, 미선나무속, 매미꽃속 등 340여 종이 있다.

그리고 야생동식물보호법에서 멸종위기종(endangered plants)으로 지정된 식물로서 멸종위기종 1급 육상식물은 8종으로서 광릉요강꽃, 나도풍란, 풍란, 한란, 죽백란, 암매, 만년콩, 섬개야광나무가 있다.

그리고 멸종위기종 2급식물은 56종으로서 가시오갈피나무, 개가시나무, 노랑만병초, 미선나무, 박달목서/개느삼, 갯대추, 애기등, 죽절초, 망개나무, 무주나무, 홍월귤, 황근, 히어리, 가시연꽃, 순채, 노랑무늬붓꽃, 노랑붓꽃, 둥근잎 꿩의 비름, 연잎 꿩의 다리 삼백초, 솜다리 진노랑상사화, 층층둥굴레, 깽깽이풀/매화마름, 조름나물, 산작약, 갯봉풍, 기생꽃, 끈끈이귀개, 자주땅귀개, 나도승마, 단양쑥부쟁이, 대청부채, 독미나리, 물부추, 백부자, 백운란, 선제비꽃, 섬시호, 섬현삼, 세뿔투구꽃, 솔나리, 왕제비꽃, 솔잎란, 으름난초, 대흥란, 지제발란, 털복주머니란, 자주솜대, 큰연령초, 제주고사리삼, 파초일엽, 한계령풀, 황기가 있다.

표 2-3-4 특산식물과 멸종위기종 식물

분 류	내 용
특산식물	제주고사리삼속, 모데미속, 금강초롱속, 금강인가목속, 개느삼속 등 340여 종
멸종위기종 1급 육상식물	광릉요강꽃, 나도풍란, 풍란, 한란, 죽백란, 암매, 만년콩, 섬개야광나무 등 총 8종
멸종위기종 2급 육상식물	가시오갈피나무, 미선나무, 노랑붓꽃, 나도승마, 세뿔투구꽃, 섬시호, 왕제비꽃, 솔나리 으름난초, 자주솜대, 털복주머니란, 제주고사리삼 등 56종

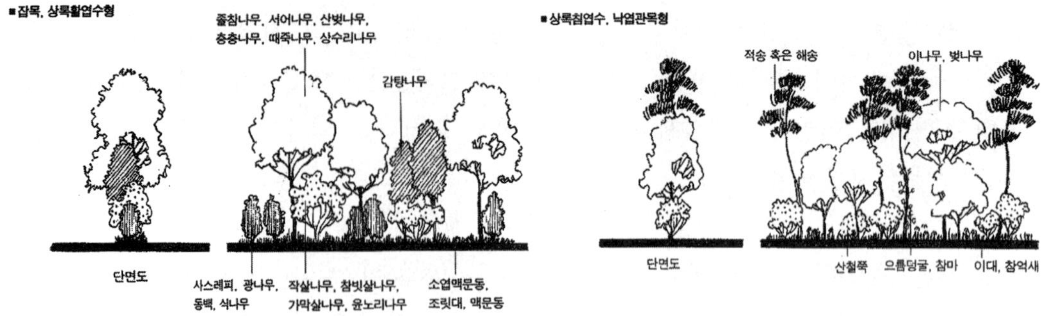

그림 2-3-15 생태적인 가로식재의 예 (출처 : 한국조경학회, 1999, 조경설계론, P.207)

3) 식재과정

식재계획은 식재공간의 확보와 보전구역 설정, 공간특성에 따른 공간 주제성과 식재기능의 결정, 식재패턴 및 수종의 결정 과정을 통해서 수립된다.

(1) 식재공간의 확보와 위치의 결정

식재계획에서는 먼저 희귀한 수종 및 생태적 의미가 있는 지역의 성림지는 가능한 보존시키며, 아울러 자생종이 생장할 수 있는 녹지보전계획을 수립할 필요가 있다. 이를 통해 식재의 보식이나 보강이 필요한 곳에는 새로이 생태적 식재계획을 세울 필요가 있다. 인공시설지 주변에 어느 공간에 식재할 수 있는지 등을 결정하게 된다. 여기에는 통상, 가로공간, 건물주변, 보행특화공간, 다목적 공간, 휴식공간 등으로 구분하게 된다.

(2) 공간주제성과 식재기능의 결정

공간의 주제를 표현하는 주제 목표종을 설정하고 이에 따른 공간 Story를 구상한다. 공간의 성격에 따라 식재의 기능을 고려하여 배식한다. 앞서 논의가 되었듯이 기능식재 공간으로서 녹음수, 가로수, 차폐수종, 건물주변 식재, 주차장식재, 지피식재 등의 성격을 부여하게 된다. 이때 지형적 요소를 보완하며, 기후조절능력을 보완할 수 있도록 한다. 도로 및 보행로의 설계는 교차점(초점식재), 감싸는 설계, 입구 등에 주의하여 배식한다. 건축물의 전면 및 주변에 배식할 때는 전망을 가리지 않도록 하고 전이공간 및 건물로부터의 거리 등에 유의하여 배식할 필요가 있다. 식재 경관식재기능을 위해 주제목(Theme tree)과 배경목(background tree)을 선정하게 된다. 주제목은 그 지역의 특성을 나타낼 수 있는 수목이나 form, line, color, texture, scale 등의 디자인 주제를 개념으로 표현하게 된다. 부제목(Secondary tree)으로는 하층식재 및 부분적으로 강조해야 할 수종의 화색, 열매 등을 고려한 식재 수종을 선정한다. 상징식재의 가능성이 있는지 확인한다.

생태식재기능을 위해 주변지역의 식생들을 도입하고 입지여건에 따라 식재계획을 수립한다. 특히 비오톱공간을 계획하기 위해 식이식물을 도입하고 복층림식재기법 등을 도입하게 된다.

(3) 식재패턴 및 수종의 결정

일반적으로 식재패턴은 열식, 단식, 군식으로 구분한다. 단식(초점식재)은 시각적 결절점에 시행한다. 열식은 길을 중심으로 한 터널공간의 형성과 비스타를 형성하며 가로

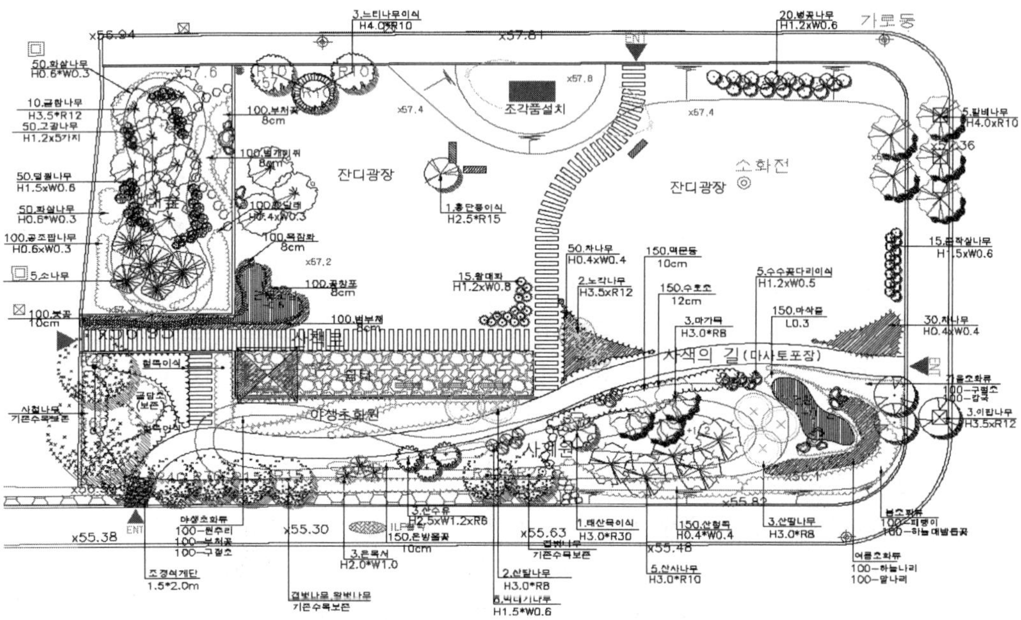

그림 2-3-16 전북대 생명공원 식재설계

수와 같은 정형적 열식과 비정형적 열식으로 구분하여 식재한다. 군식은 주변과 조화될 수 있는 배경의 기능과 숲의 기능에 따라 조성하게 된다.

일반적으로 진입공간, 건물주변, 휴게공간, 보행로, 경계부 등으로 구분하여 각 공간의 특성에 부합된 식재를 하여 이미지를 강화하고, 배식패턴은 정형식과 자연식 패턴으로 구분하여 정형식 패턴은 건물 주변, 기념성이 높은 장소, 광장 등에 적용하고, 녹지와 인접한 곳, 경관감상, 휴게녹지 등에는 자연스러운 배식을 통하여 조화를 이루도록 한다. 이러한 과정을 통해 수종 및 규격을 결정하게 된다. 식재식물종 선정시에 상층목, 하층목 등과 관련된 matching planting, 상호 보완적 개념의 companion planting을 고려할 필요가 있다.

제2절 녹지계획

녹지란 일반적으로 녹화된 공간으로서 식생이 자라는 지역을 말하며, 녹지계획은 조경계획의 중요한 대상영역의 하나이다. 녹지계획을 수립하기 위해 다양하게 사용되고 있는 관련 용어의 개념을 이해할 필요가 있다.

1. 녹지기본계획

우리나라의 공원녹지기본계획에는 공원조성계획 등 관리계획 수립 시 지침이 되는 공원기본계획, 녹지기본계획, 도시녹화계획, 도시자연공원구역 기본계획이 포함된다. 녹지기본계획에는 시설녹지에 대한 정비계획뿐만 아니라 생태적 측면에서 보전해야 할 지구(녹지보전지구)에 대한 보전계획, 민간부문 등의 단계별 녹지확충계획, 단절되거나 훼손된 녹지에 대한 복원계획, 가로수계획, 녹도 및 보행자전용도로계획, 생태통로계획, 자전거도로계획, 경관도로계획이 포함된다.

도시지역에서 녹지의 보전 및 확충이 특별히 필요한 지역은 중점녹화지구로 설정하고 이에 대한 도시녹화계획을 수립한다. 도시녹화계획은 공원녹지기본계획의 하위계획으로 도시 전체가 아닌 일부지역을 대상으로 구체적인 녹화장소, 방법 등 녹화에 관한 계획을 수립하는 것이다. 즉 도시지역에서 녹지의 보전 및 확충이 특별히 필요한 지역(중점녹화지역)과 도시녹화가 가능한 장소를 추출하고, 이에 대한 구체적인 녹화계획을 수립한다. 도시녹화계획은 공원녹지배치계획 및 체계(Network)형성에 관한 계획(공원녹지기본계획)과 상호연계성을 갖도록 해야 하며, 도시녹화의 목표량, 목표기간 등 기본방향을 설정·제시한다.

도시의 상징이 되는 지역, 녹지가 적은 밀집시가지, 경관지구 또는 미관지구 등 경관 유지에 필요한 지역, 지구단위계획구역, 재개발 및 개발제한구역, 도시자연공원 내 취락 지구, 녹지보전의 실효성이 높은 지역 등을 중점녹화지구로 지정하고 녹화정비계획을 수립할 수 있다. 녹화정비계획의 수립 절차는 우선 녹화정비계획의 방향을 설정하고, 대상지의 녹지 현황을 파악한 후 이를 기초로 중점적으로 녹화가 필요한 장소, 녹화가능 장소를 유형별로 분류하고 녹화추진 과제를 도출한다. 다음으로 구체적인 녹화 목표(목표량, 목표기간 등)를 설정하고, 각 구역별로 구체화하는 도면(투시도나 조감도, 스케치 등)을 작성하여 녹화방침 및 배치방침을 수립한다. 녹화계획의 효율성을 높이기 위하여 민간과 기업, 행정이 참여하는 녹화프로그램 도입과 더불어 녹화계약 체결을 유도한다. 녹화 대상으로는 관공서, 교육 및 의료시설, 역사(지하철)주변, 철도변, 주차장, 도시구조물녹화, 가로변녹지대 등의 공공시설과 공업지, 상업업무지, 주택지 등의 사유지로 나눌 수 있다.

2. 환경보전계획 및 산림계획

환경보전지역은 보호지역이라는 개념과도 상통하게 된다. 이러한 보전 대상으로는 생태자연도평가나 자연성 조사를 통해서 자연공원구역, 자연환경보전법에 의한 생태경관보전지역, 야생동식물보호법의 야생동식물 특별보호구역, 산지관리법 상의 보전산지, 백두대간 보호구역 등으로 지정되어 보호된다. 이러한 보전지구를 지정하게 되면 통상 핵심구역, 완충구역, 전이구역 등으로 구분하여 단계적으로 보전의 강도를 달리하게 된다. 이외에도 설악산 등과 같이 유네스코에 의해 생물권보전지역으로 지정되어 보전하기도 한다. 문화재보호법상 천연기념물이나 천연보호구역에서 식물의 자생지나 도래지 등을 보호하기도 한다.

이러한 광역차원의 녹지는 주로 산림녹지에 해당된다. 산림 자원의 조성 및 관리에 의한 법률에 의해 수원함양림, 산지재해방지림, 자연환경보전림, 목재생산림, 산림휴양림, 생활환경보전림 등으로 지정되어 관리된다. 이에 대한 목표 산림녹지의 구성과 관리의 구체적인 내용은 산림청 훈령의 지속가능한 산림자원 관리지침에서 규정하고 있다.

3. 비오톱공간계획

생물서식공간계획으로서의 비오톱공간계획에서는 녹지복원을 포함한 환경적 복원을 기본 방향으로 하게 된다. 통상 이 비오톱계획에서는 목표생물종의 특성에 따라 곤충비오톱공간, 양서파충류비오톱, 어류비오톱공간, 조류비오톱 공간 등으로 구분하기도 하고, 환경특성에 따라 습지비오톱, 하천비오톱, 숲비오톱 등으로 구분하기도 한다. 자연형 하천계획이나 생태숲계획 등에서는 이러한 비오톱공간의 복원이 기본 목표가 된다.

이러한 계획을 위해서는 생물들의 라이프 사이클과 먹이식물 및 먹이사슬관계에 대해서 이해하고, 생물들의 산란, 이동, 은신, 먹이 등의 환경적 요인을 검토하며 자연적 변동특성을 고려하여 환경이 조성될 필요가 있다. 자연형 하천은 상중하류의 유속 및 하도 특성을 고려하여 여울과 소가 자연적으로 조성될 수 있는 여건을 만들고, 홍수시에 홍수터를 확보하여 자연적인 홍수를 수용할 수 있는 여지가 요구되고 있는 것이다. 이러한 생물서식공간에서는 하천의 치수 안정성, 생태적 민감성 등을 반영하여 이용 및 보존공간을 배치하되, 이용공간에는 하천 생태환경에 부합하는 자연관찰 및 학습, 경관감상과 산책, 휴식 위주의 정적 친수활동을 도입하게 된다. 도입시설은 친수활동에 필요한 최소한의 휴식 및 편의시설, 관찰 및 학습시설(관찰데크, 해설판 등)에 국한하여 적지적소에 배치한다. 각 시설은 자연경관과 조화를 이루는 재료와 디자인을 선정하고, 홍수로 인한 유실을 최소화할 유형과 배치를 고려한다.

생물서식공간으로서 생태숲 등을 조성하기 위해서는 등고선에 따른 자연지형의 재생, 안식각 및 배수를 반영한 경사안정, 표토 성토를 통한 식재토심 확보 등을 기본으로 한다. 여기에서는 도시 주변의 극상림에서 나타나는 자연식생구조를 목표로 하게 된다. 이에 따라 목표수종은 복구하려는 대상지 주변의 식생군집에서 우세적으로 자생하는 이웃종들을 파악하여 인근 자연경관과 조화하는 수종을 선정한다. 그리고 식재 최소면적과 폭을 결정하게 된다. 목표수종이 성장하여 추구하는 경관이 조성되기까지는 장기간이 소요되므로 계획 시 조기 식재효과를 달성하기 위해 속성수종 및 보호수종을 포함하는 종구성을 결정해야 한다.

III 분야별 조경계획

전북 부안군 변산반도 작은당 사구

III

landscaping on building site : garden planning

PART 1

대지의 조경

이상석

제1장 서 론

1. 정의 및 의미

1) 정의 및 성격

정원(庭園)은 뜰 庭, 동산 園이 합쳐진 것으로 정(庭)은 지붕이 없는 안 뜰, 원(園)은 과수원이나 채마밭을 나타낸다. 영어로 정원을 의미하는 'garden'은 울타리나 위요를 의미하는 히브리어의 'gan'과 즐거움이나 기쁨을 의미하는 'oden' 또는 'eden'이 합쳐진 것이다. 즉 'garden'은 즐거움과 기쁨을 주는 울타리가 쳐진 '땅'을 나타낸다.

구체적으로 보면 좁게는 개인주택의 뜰을 말하지만 넓은 의미로는 도시의 공원과 녹지까지도 포함시킬 수 있다. 이와 같이 정원의 영역이 넓은 범위로 이해되는 이유는 공원도 그 시작은 정원이었으며, 상대적으로 정원문화가 발달되어 있는 서양에서는 지금도 도시 공원을, 정원을 의미하는 garden으로 설명하는 사례가 있기 때문이다.

정원을 자연과 문화의 축에서 나타난 하나의 양식으로 문화적 자연이나 미적 감상과 체험의 공간 등 다양한 의미체로 생각해 볼 수 있다. 어떻게 보면 조경은 정원으로부터 시작하여 정원으로 귀착한다고 말할 수도 있을 정도로 조경과 정원은 서로 뗄 수 없는 밀접한 관계를 가지고 있다. 인류의 오랜 역사를 거슬러 올라가지 않더라도 근래에 우리 주변에서 쉽게 볼 수 있는 모던정원, 미니멀정원, 포스트모던정원, 조각정원, 야생화정원, 실내정원, 옥상정원, 체험농원, 치료정원, 생태학습원 등 다양한 유형의 정원을 통하여 삶에 지친 사람들이 쉴 수 있고 그들의 정신을 치유하는 것처럼 정원의 역할이 커지고 있는 것을 알 수 있다.

2) 의미

첫째, 정원은 자연인 동시에 문화이다. 역사가이며 시인이었던 존 딕슨 헌트(John Dixon Hunt)는 자연을 원생자연(wild nature), 문화자연(cultural nature), 그리고 정원(garden)의 3가지로 구분하였다. 첫 번째 원생자연은 야생(wildness)으로 표현될 수 있는 자연으로 신의 영역이다. 그러나 산업사회 이후 야생의 자연은 급격히 감소되어 왔다. 사실 진정한 야생이 남아있는 곳은 지구상에 그다지 많지 않다. 두 번째 문화자연은 원생자연과 정원의 중간모드이다. 대표적인 사례는 자연지형에 순응하여 인간이 가꾸어 온 경작지를 들 수 있다. 여기는 인간의 노동력과 문화, 그리고 자연의 힘이 동시에 느껴진다. 세 번째 자연은 정원이다. 인간이 자연을 그들의 생활공간 가까이 끌어 들여 놓은 것으로 미적으로 아름답고 문화심리적인 욕구가 반영된 것이다. 이처럼 정원은 자연인 동시에 문화요소로서 국가와 지역, 그리고 문화를 대표하는 양식이기도 하다. 인류 역사에 등장했던 이집트 정원, 메소포타미아의 공중정원, 로마의 정원, 이탈리아의 노단식 정원, 프랑스의 평면기하학식 정원, 영국의 자연풍경식 정원, 이슬람정원, 중국정원, 일본정원 등은 당시의 시대정신과 문화를 담은 채로 양식화되었다.

둘째, 정원은 유토피아이다. 구약성서 〈창세기〉 2장에 의하면 태초에 하느님이 인류의 시조 아담과 하와를 에덴동산에 살게 하였는데, 여기에는 생명나무와 선악을 알게 하는 나무를 중심으로 각종 나무가 울창하였으며, 들에는 짐승이 뛰어 놀고, 하늘에는 새가 날았다고 한다. 비록 아담이 선악과를 따먹고 그 죄로 에덴동산에서 쫓겨났지만, 하나님의 나라로서 에덴동산의 상징성을 잘 이해할 수 있다. 정원에 대한 유토피아적 사고는 동양에서 더욱 다양하게 나타나고 있다. 우리의 전통정원에서도 이상향(理想鄕)을 추구했던 선조들의 모습을 잘 찾아볼 수 있다. 자연경관을 주(主)로 삼고 인공경관을 종(從)의 위치에 두었던 전통정원에서 인간은 자연 위에 군림하는 존재가 아니라 자연과 조화를 이루며 살아가는 존재라는 인식이 바탕에 깔려 있었다.

셋째, 정원은 실용적인 공간이다. 이집트 정원에서는 덥고 건조한 날씨를 극복하기 위해 식물을 재배하고 물을 정원으로 끌어들였으며, 이슬람 정원에서도 수로와 분수는 실용적 차원에서 정원의 중요한 구성요소가 되었다. 우리에게도 전통주택에서 앞뜰에 화단을 꾸미고 채소를 심어 텃밭을 가꾸는 것은 보편화된 것이었다. 최근 식물의 꽃, 새싹, 향기 등을 이용하여 정신심리치료를 위해 만들어지고 있는 치료정원과 노약자들의 건강한 삶을 위해 만들어지고 있는 실내정원은 정원의 실용성과 관련하여 새롭게 주목할 필요가 있다. 독일 하노버에 있는 크론스베르그 주거단지는 건물과 건물 사이에 실내정원을 만들어 놓았다. 여기에는 태양의 빛과 열을 조절하여 실내정원의 온도를 자동으로 조절하는 장치를 도입하여 일년내내 기온이 일정하게 유지되고 식물이 자랄 수 있도록 하였다. 노약자들이 생활하기에 좋아 많은 인기를 얻고 있어 정원의 실용성이 과학적 지식과 연계된 영역으로 발전되고 있음을 잘 알 수 있다.

넷째, 정원은 권력을 과시하기 위한 수단이었다. 동서양을 막론하고 궁궐 정원의 규모와 화려함은 권력의 존엄성과 위엄을 과시하는 수단으로 사용되었다. 프랑스 보르비꽁트 정원은 루이 14세의 재정담당이었던 니콜라스 푸케(Nicolas Fouquet)가 앙드레 르노트르(Andre Le Notre)를 정원사로 임명하여 본인의 부와 권세를 과시하기 위해 만들었다. 그러나 정원에 초대받았던 당시 왕 루이 14세는 화가 나서 푸케를 감옥으로 보내고 그 자신을 위한 베르사유궁을 만들도록 지시하여 대표적인 평면기하학식 정원인 베르사유궁원이 만들어지게 되었다.

다섯째, 정원은 메모리얼이다. 타지마할은 인도 무굴제국의 황제 샤 자한(Shah Janhan)이 아이를 낳다 죽은 부인 뭄타즈 마할(Mumtaz Mahal)을 추모하기 위해 만든 무덤이다. 타지마할을 만들기 위해 이탈리아, 프랑스, 터키 등지에서 동원된 장인과 러시아, 중국 등지에서 수입한 돌을 사용하는 등 엄청난 예산과 노동력을 사용하여 결국 국가가 흔들거리게 만든 원인이 되었다. 특이하게도 동서양을 막론하고 현대 사회에서 만들어지는 많은 메모리얼은 정원이나 가든(garden)의 이름을 빌리는 경우가 많다. 그 이유는 인류역사를 통하여 정원이 묘지와 더불어 만들어진 사례가 많으며, 죽은 자를 위한 공간으로서 정원만한 것이 없다는 인식 때문인 것으로 판단된다.

여섯째, 정원은 예술적 공간이다. 정원에는 꽃 · 잎 · 열매의 색과 향기, 질감 등 오감과 육감이 공존하는 감각의 공간이다. 조각하듯이 그림 그리듯이 정원에 펼쳐지는 예술적 행위는 정원을 만들고 보는 즐거움을 주게 된다. 꽃이 피고, 잎이 무성해지고, 단풍이 들고 열매를 맺으며, 그리고 눈으로 덮여 긴 겨울잠을 자는 정원의 모습에서 계절의 변화를 느낄 수 있게 된다. 우리가 모던정원, 미니멀정원, 포스트모던정원 등과 같이 구분하거나 작가의 스타일을 논할 때, 정원의 예술적 특성은 정원의 양식을 규정짓는 중요한 척도가 되고 있다.

마지막으로 정원은 도시의 녹지로서 건전한 생태계이다. 정원은 삭막한 도시를 순화시키고 뜨거운 도시를 식히며, 오염된 공기를 정화하는 역할을 하고 있다. 우리 주변에 정원만큼 도시에 생명력을 제공하는 것은 많지 않다. 새들도 쉬어가고, 곤충들도 서식하는 생태공간이다.

2. 역사와 유형

1) 정원의 역사

정원은 긴 인류의 역사와 함께하여 왔으며, 지역이나 국가, 그리고 시대에 따라 다양한 양식으로 나타났다. 이러한 양식은 그 지역의 자연환경, 종교, 문화 등 다양한 요소가 반영된 결과이다. 예를 들어 이탈리아의 노단식 정원은 빌라가 입지하는 경사지의 특성을 고려하여 몇 개의 테라스를 만들어 지형을 활용하였으며, 프랑스의 평면기하학식 정원은 지형이 비교적 평탄하여 수면이나 파르테르와 같은 평면적 요소를 사용하였고, 동시에 단순함을 극복하기 위하여 수림을 이용하여 비스타를 구성하도록 하였다. 또한 18세기 영국에서 발달된 풍경식 정원양식은 영국의 목가적인 자연풍경에 기반을 두고, 당시의 계몽주의 사상, 회화에서 새롭게 등장한 풍경화, 문학의 낭만주의, 중국으로부터의 영향 등이 복합적으로 작용하여 만들어진 것이다.

한편, 동양에서도 우리나라의 후원양식이나 일본의 축경식 정원처럼 각 국가의 자연환경을 고려하고 상징적인 심상의 세계를 구현한 고유한 정원양식이 발달하였다. 이와 같이 정원은 국가 및 지역의 환경과 문화, 그리고 다양한 요인이 상호관련되어 만들어진 것이다.

2) 정원의 유형

정원은 형태, 사용목적, 설치위치, 주제 등에 따라 여러 가지로 분류가 가능하다. 형태에 따라 정형식 정원이나 비정형식 정원, 사용목적에 따라 주택정원이나 호텔정원, 설치위치에 따라 옥상정원이나 실내정원, 주제에 따라 치료정원이나 조각정원 등이 그 대상이 된다. 따라서 정원을 획일적인 분류기준에 의해 구분하는 것은 별로 의미가 없으므로 여기서는 조경분야에서 정원의 유형으로 명확하게 인식되고 있으며, 비교적 활발하게 조성되고 있는 정원을 중심으로 하여 주택정원, 비주거용 건물의 정원, 주제정원으로 구분하여 살펴보고자 한다.

3. 법적 토대

1) 건축법

우리나라에서 정원계획의 근거가 되는 것은 「국토의 계획 및 이용에 관한 법률」 제77조 〈용도지역 안에서의 건폐율〉 및 「건축법」 제42조 〈대지의 조경〉 등이다. 「국토의 계획 및 이용에 관한 법률」 제36조(용도지역의 지정)에서는 국토의 용도 구분을 도시지역, 관리지역, 농림지역, 자연환경보전지역으로 구분하고, 이에 근거하여 동법 시행령 제84

조(용도지역 안에서의 건폐율)에서는 토지이용의 과밀화를 방지하기 위해 예시적으로 도시지역의 주거지역 건폐율을 70%, 상업지역 90%, 공업지역 70%, 녹지지역 20% 이하로 규정하고 있다.

「건축법」 제42조〈대지의 조경〉에서는 "① 면적이 200제곱미터 이상인 대지에 건축을 하는 건축주는 용도지역 및 건축물의 규모에 따라 해당 지방자치단체의 조례로 정하는 기준에 따라 대지에 조경이나 그 밖에 필요한 조치를 하여야 한다. 다만, 조경이 필요하지 아니한 건축물로서 대통령령으로 정하는 건축물에 대하여는 조경 등의 조치를 하지 아니할 수 있으며, 옥상조경 등 대통령령으로 따로 기준을 정하는 경우에는 그 기준에 따른다. ② 국토해양부 장관은 식재(植栽) 기준, 조경 시설물의 종류 및 설치방법, 옥상조경의 방법 등 조경에 필요한 사항을 정하여 고시할 수 있다."고 규정하고 있다.

대지 안의 조경에 관한 각 시 · 군별 조례에서는 서울시와 각 광역자치단체는 건축물의 연면적 합계가 2,000㎡ 이상인 경우에 대지면적의 15% 이상을 조경면적으로 확보하도록 규정하고 있으며, 200~2,000㎡ 사이의 소형건축물의 경우에는 조경면적의 비율을 지방자치단체별로 약간의 차이를 두고 있다. 식재 등 조경기준도 국토해양부가 고시한 조경기준을 바탕으로 하되, 자치단체별로 약간의 차이를 두고 있다.

2) 수목원 · 정원의 조성 및 진흥에 관한 법률

순천만 정원박람회를 계기로 2015년부터 수목원정원법이 제정되어 국가정원, 지방정원, 민간정원, 공동체 정원을 조성 · 운영하는데 중앙정부의 재정적 지원을 받을 수 있는 근거가 마련되었다.

제 2 장 주택 정원계획

1. 주택정원의 특징

단독주택 정원의 규모는 대략 건물면적의 3~6배 정도의 넓이를 가져야 적정한 것으로 볼 수 있다. 예를 들어 건물 바닥 면적이 100㎡인 경우 정원의 면적은 300~600㎡ 정도 되어야 한다. 주택은 인간생활의 본거지로서 가족들에게 사회생활을 하기 위한 에너지를 공급하고 가족단위의 프라이버시와 생활의 공유, 그리고 주택에 살고 있는 사람의 신분과 사회적 지위를 상징하는 의미도 가지고 있다. 따라서 주택의 정원은 단순히 주택에 부속되거나 비워져 있는 공간이 아니라 다양한 실용적, 상징적, 미적 기능을 수행한다.

1) 가족을 위한 생활공간

정원은 옥외생활공간으로 가족들의 심신 피로 회복, 건강을 위한 운동, 어린이 놀이, 작업을 위한 공간이다. 단독주택의 정원이 가족중심으로 활동이 이루어지는데 반하여 공동주택의 정원은 주민들의 공동 이익을 추구하고 주민상호간의 친목을 도모하는 등 커뮤니케이션 공간으로서도 중요한 역할을 하고 있다.

2) 가족의 사생활 보호

주택과 미찬가지로 정원 역시 사생활이 보호되어야 한다. 수목이나 담장으로 외부와 차단시켜 정원 내부에는 위요감을 갖게 하고 가족의 사생활을 보호하도록 한다. 그러나 공동주택의 정원에서는 가족단위의 사생활보호보다는 주민을 위한 공동 공간으로 활용되게 된다.

3) 쾌적하고 건강한 환경

정원에 심겨진 식물은 인체에 필요한 산소를 공급해주고 외부로부터 날아오는 분진이나 매연을 막아주며, 뜨거운 햇빛을 차단하고 감미로운 꽃향기를 날려주기도 하며, 뜨거운 여름철에 물을 도입하면 시원함을 느낄 수 있도록 해 준다.

4) 시각적 가치

정원에 있는 아름다운 꽃과 잎, 열매, 정원에 설치되는 아름다운 장식물, 연못 등을 통하여 자연미와 인공미가 조화를 이루며 가족들에게 큰 미적 즐거움을 주게 된다. 가족들의 요구와 조경가의 특성에 따라 고유한 미적 특성을 나타낸다.

5) 생산성을 갖는 공간

정원에 유실수를 심어 과실을 수확하거나 채소나 약초 등을 재배할 수 있다. 중세 유럽의 수도원에서 과수나 채소를 가꾼 실용원을 두었던 것은 좋은 사례이며, 지금도 독일, 영국, 일본 등 선진국에서 도시농업 활성화를 위해 제도를 마련하여 다양한 프로그램을 운영하고 있다. 우리나라에서도 건강한 삶에 대한 욕구가 증가하면서 정원에서 이루어지는 식물생산은 가족들의 건강과 만족을 위해 중요한 기능으로 인식되고 있다.

6) 교양학습 공간

정원에서 자라는 식물들이 꽃이 피고 열매를 맺는 일련의 과정과 새나 물고기, 동물 등의 생활을 보면서 자연에 대한 이해를 높이고 생명의 존엄성과 신비함을 느낄 수 있는 좋은 학습대상이 된다. 정원에는 자연, 과학, 그리고 예술이 혼재하고 있어 정원을 만들고 가꾸면서 많은 것을 배우고 깨닫는 교양학습 공간이 된다.

7) 정서순화

복잡한 도시환경 속에서 생활해야 하는 도시인들에게 자연이 있는 주택 정원에서는 심신의 안정을 찾을 수 있고 정서적으로도 순화되어 생활의 여유를 갖게 된다. 특히 자라나는 어린이들의 정서순화에 정원은 매우 중요한 의미를 갖는다.

2. 주택정원의 유형

정원의 양식은 다양하게 구분할 수 있지만, 형태적으로 크게 정형식과 부정형식 정원, 그리고 두 가지가 혼합된 유형으로 나눌 수 있다. 정형과 부정형, 그리고 혼합형의 유형 중 어느 것도 선택이 가능하지만 기후, 지형, 식생 등 자연환경, 주변경관, 지역의 특성, 이용자의 선호를 고려하여 결정해야 한다. 우리나라는 지금까지 양식이 불분명한 부정형식이 많이 사용되었고, 자연의 모습을 재현하고자 하는 경우가 많았으나 최근에는 다양한 양식을 정원에 적용하여 개성적이면서 독특한 정원을 만들고자 하는 시도가 이루어지고 있음에 유의해야 한다.

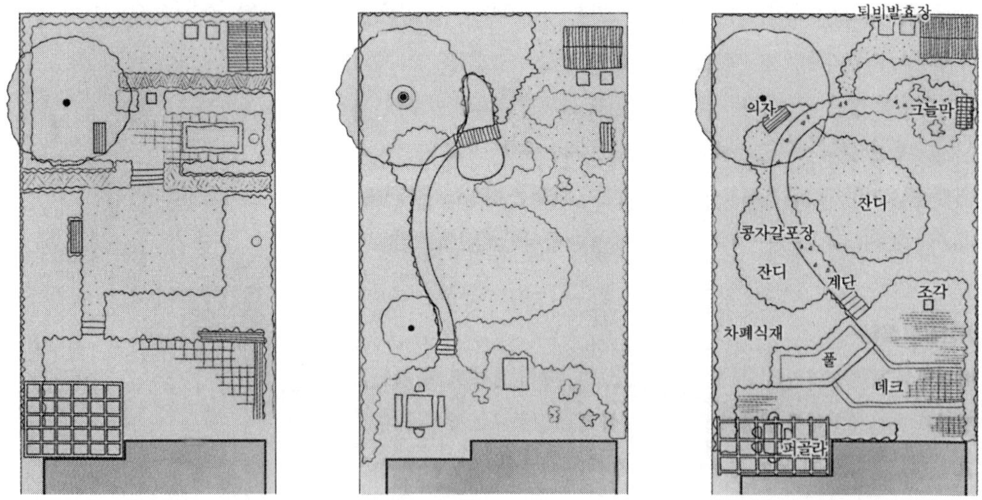

정형식 정원 비정형식 정원 혼합식 정원

그림 3-1-1 정원의 유형

1) 정형식 정원

정형식 정원은 대칭과 정형적 형태의 짜임에 의해 만들어지게 되는데, 대지가 좁거나 모양이 방형으로 된 경우, 정형식을 택하는 경우가 많다. 기하학적인 형태는 다소 엄격한 분위기를 연출할 수 있으나 공간의 기능이 뚜렷하고 단순함이 주는 아름다움을 즐길 수 있다.

정원내 도입요소도 전체적인 형태와 조화를 이루어야 하는데, 연못이 원형이나 사각형으로 만들어지고 벽천이나 분수도 기하학적인 형태를 취하게 되며, 다른 요소의 조형미도 중요하게 취급된다. 나무도 원형 및 타원형과 같은 정돈된 수형이 사용되고 정형적인 열식과 군식이 선호된다.

2) 부정형식 정원

부정형식 정원은 자연풍경식 정원과 유사한 형태를 취하게 된다. 정형식과 반대로 부지가 비교적 넓고 부지모양이 정연하지 못한 경우, 건물의 형태가 한옥인 경우, 구릉지나 경사지를 자연상태로 이용하여 자연곡선을 이루게 되는 경우 부정형식 정원을 택하게 된다.

땅가름과 동선, 수로 등 선형이 자연곡선을 구사하게 되는데 연못이나 폭포의 모양도 자연의 모습을 축소한 형태로 만들게 되고, 사용하는 재료도 자연석 등 자연스런 상태 그대로 사용하기도 한다. 조경 수목도 자연스러운 형태를 적극 활용하고 부등변 삼각형

식재 및 임의식재 등 배식방법을 통해 자연미를 나타낸다.

3) 혼합식 정원

실제 정원을 만드는데 있어서 정형식과 비정형식의 장점을 살려서 한 정원에 도입하는 방법이다. 즉 건축선과 연하는 공간이나 진입로는 직선을 사용하고 여타 공간에는 자연적인 식재패턴이나 시설물을 자연스럽게 만든다.

3. 주택정원의 공간구성

주택 내부의 각종 생활공간이 다양한 기능을 가지고 있는 것처럼 주택정원도 다양한 공간으로 세분될 수 있다. 주택의 외부공간은 내부 생활공간의 이용과 깊은 관계를 가지면서 만들어지게 되는데, 현관부분을 전정(前庭), 앞뜰을 주정(主庭), 뒤뜰을 후정(後庭), 옆뜰을 측정(側庭), 이와 별도로 작업을 위한 작업정(作業庭)으로 구분할 수 있다.

1) 전정

전정은 대문과 현관 사이에 끼어 있는 공간으로 대문, 진입공간, 주차장 등이 포함된다. 주택외부에서 주택의 사적공간으로 들어오는 전이공간(轉移空間)으로서 주택의 첫인상이라 할 수 있으므로 특징적이면서 단순한 분위기를 연출하는 것이 바람직하며 정원과 주택을 완전히 노출시키지 않고 기대감을 갖도록 부분적으로 차단을 주는 것도 좋다. 대지규모가 협소할 때에는 주정의 한 부분이 될 수 있다.

여기서는 보도와 차도의 설치에 주의해야 하므로 적정한 주차공간이 확보되도록 하고 대문에서 현관에 이르는 공간에는 회양목이나 주목 등으로 경계식재를 하고 상층에는 녹음수를 심으면 좋으며, 보행로에는 판석이나 벽돌 등을 깔아서 자연스럽고 안정된 분위기가 연출되도록 한다.

2) 주정

주정은 정원에서 가장 중요한 공간으로 가족의 휴식과 레크리에이션이 이루어지는 곳으로서 가장 특징적으로 꾸밀 수 있는 장소이다. 주정에는 테라스・파티오・연못・화단・잔디밭 등이 만들어지게 되며, 실내공간의 거실・식당・서재 등과 연계되어야 한다. 주정의 설계는 가족 구성원의 성격과 요구에 따라 만들어져야 하는데 너무 다양하고 번잡한 것보다 정원의 양식이나 특징적인 주제를 도입하여 꾸미는 것이 좋다. 아울러 잔디밭을 넓게 조성하고 테라스, 파티오, 피걸리, 정자 등을 설치하여 주변에는 그늘을 느리울 수 있는 녹음수를 심고 하부에는 초화류나 관목을 심으며, 연못 주변에는 물을 좋아하는 식물을 심는다.

3) 후정

후정은 실내의 침실과 휴양공간과 연결되어 조용하고 정숙한 분위기를 갖는 공간이다. 공간이 좁고 남향집에서는 햇빛이 들지 않는 경우가 많다. 후정은 외부로부터 물리적 접근을 차단하고 시각적으로 프라이버시가 최대한 보장되도록 하는 것이 좋다. 만약 후원이 경사진 경우에는 우리나라의 후원 양식처럼 단처리를 하여 화계를 만들 수 있다.

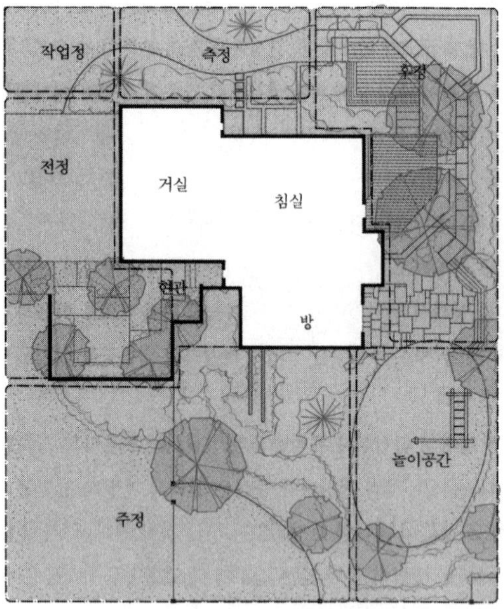

그림 3-1-2 정원의 공간분할

후정에 그늘이 진다면 음지에 강한 수목인 주목, 독일가문비, 사철나무, 회양목, 수국, 맥문동 등을 심으면 좋으며, 사생활 보호를 위해 차폐가 필요하다면 상록수로 가지와 잎이 치밀한 선향, 잣나무, 스트로브잣나무 등을 식재하면 된다. 또한 분위기를 밝게 하기 위하여 향기가 나는 식물을 심으면 효과적이다.

4) 측정

측정은 대부분의 경우 폭이 좁고 면적이 넓지 못한 경우가 많으므로 큰 시설이나 나무를 심기가 곤란하다. 만약 공간의 여유가 있다면 어린이 놀이시설이나 체력단련을 위한 운동시설을 설치하면 좋다. 대지 경계부에 차폐식재를 하고 바닥에는 디딤돌을 놓아 보행로를 만들고 주변을 초화류를 심어 가꾸면 다양한 모습을 연출할 수도 있다.

5) 작업정

작업정은 외부공간에서 작업을 위해 필요한 공간으로 정원관리 장비보관시설, 장독대, 건조장, 채소밭 등이 설치될 수 있다. 이 공간은 대체로 지저분한 장소로 인식되고 있으나 정원의 일부로서 취급해야 한다. 전정과 후정과는 시각적으로 어느 정도 차단하면서 동선은 연결할 필요가 있다. 만약 차폐가 필요하다면 향나무, 사철나무 등 차폐용 수목을 심으면 좋다.

제3장 비주거 정원계획

비주거용 건물은 오피스 · 주상복합건물 · 호텔 · 병원 등 대형 건물에 설치하는 정원으로 위치에 따라 전정광장(공개공지) · 옥상정원 · 실내정원 등으로 구분할 수 있다.

1. 전정광장 : 공개공지

전정광장은 도로라는 공적인 외부공간에서 건물이라는 사적인 내부공간 사이의 전이공간으로서 역할을 하므로 진입차량의 주차 · 보행인의 출입 · 야외 휴식 및 감상 등의 서로 상반되는 기능을 충족시켜야 한다. 건물에 출입하는 사람들의 동선을 끌어들이도록 하기 위해 입구에 주의력을 집중시키도록 하여 현관에 들어가는 데 적절한 분위기를 만들어 주어야 할 뿐 아니라 주변의 주차장이나 동선과 긴밀한 연관성이 있어야 한다. 외부로부터 차의 출입을 위한 공간과 옥외 및 지하 주차장으로 출입동선이 원활해야 하며 차량동선과 보행동선의 교차를 가능한 한 최소로 해야 한다. 경관적 측면에서도 옥외주차장의 삭막한 경관이 건물 주정의 아름다운 경관을 훼손하지 않도록 시각적으로 격리시켜야 하며, 특징이 있고 주제가 있어야 한다. 전정광장의 특색을 살리기 위해서는 초점요소로서 조각물이나 분수를 설치하는 경우가 많으며, 환경조각(environmental sculpture)이 주변 환경과 조화를 고려한다는 면에서 효과적인 경관요소로 사용되어 왔다. 도시경관을 개선하고 시민들에게 미술작품 향수 기회를 확대하기 위해 공사비의 일정비율을 할애하여 설치되는 환경조각은 아름다운 도시경관을 창출하는 매체로서 도시민의 문화 및 예술적 욕구를 충족시켜 주는 중요한 요소임에도 불구하고, 천편일률적이고 작품성이 떨어지고 건물이나 주변 환경과 어울리지 않는 조형물이 많아 본래의 목적에 부합하고 있지 못한 현실이다. 따라서 환경조각은 대지와 그 주변의 건물 및 외부공간과 전체적으로 통일성이 있도록 해야 하므로 조각가에게 단독으로 작품을 의뢰하는 것보다 조경가와 함께 구상하는 것이 보다 효과적이다.

전정광장은 반드시 녹지로 덮거나 오직 수목만을 심을 필요는 없다. 바닥은 포장을 하고 포장면 위에 녹음수를 심어 녹지효과와 이용효과를 동시에 얻을 수 있고, 가로시설(street furniture)이나 조명등을 설치하여 시각적 효과를 얻을 수 있다. 도심부의 은행 · 사무소 · 호텔 등에 설치되는 전정은 장식적인 정원의 개념을 벗어나 웅장하게 처리하는 경우도 많다. 호텔과 같은 곳에서는 식사나 휴식과 같은 내부공간의 기능과 연관시켜 독립된 공간을 확보하여 매우 장식적으로 꾸며 놓기도 하며, 지하에 시설이 있는 경우에는 침상원(沈床園, sunken garden)으로 꾸며 놓기도 한다.

전정광장이 역사적인 도시계획적 요소라면 건물의 정원으로서는 법적 공간으로서 공개공지(公開空地)를 들 수 있다. 건물은 경관·일조·전망·통풍 등의 환경적 요구와 주차·출입 등 기능적 필요성 때문에 건물 앞 또는 주위에 오픈스페이스를 필요로 한다. 많은 나라에서 법적으로 건폐율을 정하여 일정 면적 이상의 공지를 확보하도록 하고 있으며, 우리나라에서도 「건축법」 제43조(공개공지의 확보) 및 동법시행령 제27조의 2(공개공지의 확보)에서 '일반주거지역, 준주거지역, 상업지역, 준공업지역, 기타 시장, 군수, 구청장이 도시화의 가능성이 크다고 인정하여 지정·공고하는 지역에서 연면적의 합계가 5,000㎡ 이상인 문화 및 집회시설, 종교시설, 판매시설, 운수시설, 업무시설, 숙박시설을 대상으로 하여 대지면적의 10% 이하의 범위 안에서 공개공지를 설치하도록 하고 있으며, 공개공지에는 긴의자, 파고라 등 공중이용시설을 설치'하도록 규정하고 있다.

2. 옥상정원

옥상정원은 민간 및 공공건물의 옥상이나 지상을 떠난 인공지반(人工地盤)에 설치되는 정원이다. 이것은 도시 속의 부족한 녹지를 확보하고 과밀한 도시환경을 개선하여 시민들에게 휴식의 기회를 제공할 수 있는 소중한 도시녹지이다. 옥상정원은 기원전 500년경 바빌로니아 왕국의 수도 지금의 이라크 남부인 바빌론에 만들어진 공중정원(空中庭園, hanging garden)에서 그 기원을 찾을 수 있지만 현대적인 개념의 옥상정원은 그다지 오래 되지 않았다.

옥상정원은 도시경관 개선, 시민이용, 환경개선, 도시생태계 회복 등 다양한 효과를 가지고 있다. 우선 도시경관 측면에서 볼 때 도시지역에는 고층건물이 집중해 있어 높은 곳에서 보면 시각적으로 노출되어 옥상경관(屋上景觀, roofscape)을 형성한다. 그러나 옥상은 콘크리트와 같은 재료로 덮여 있거나 옥탑·물탱크·냉각탑·창고 등 시설이 놓여 있어 불량한 경관을 연출하는 경우가 많으므로 녹지와 수목, 세련된 조경시설로 처리하여 건물을 아름답게 꾸밀 수 있어 도시경관의 개선에 큰 도움을 줄 수 있다. 이용의 측면에서도 한정된 지상면적을 연장하여 여러 가지 도시기능을 수행할 수 있다. 이곳에서 휴식을 취하거나 전시회·음악회·바자회 등을 열기도 하며, 실내의 레스토랑이나 스카이라운지 기능과 연결시켜 옥외식사공간으로 사용할 수도 있다. 환경개선효과로서 옥상정원은 녹지를 제공하여 기온을 조절함으로써 도시의 열섬화현상을 완화하고 도시의 탁한 공기를 정화해주며, 옥상층의 차열 및 단열에 의해 건물의 냉난방 에너지를 절약할 수 있도록 해 준다. 마지막으로 옥상정원은 훼손된 도시생태계를 회복하는 주요한 거점공간이 될 수 있다. 옥상 위에 토양층을 조성하여 식물과 동물이 살 수 있도록 생태계를 복구하여 비오톱을 조성함으로써 삭막해져가는 도시자연을 살릴 수 있어 최근 중요한 관심사로 대두되고 있다.

지상부와 달리 옥상정원은 건물 위에 있기 때문에 전체건물의 건축계획·구조계획·기계설비계획을 고려하여 상호 연관성 있게 계획해야 한다. 정원 자체의 계획은 조경분야이지만 그것이 놓이는 바탕이 인공지반이므로 이에 관련된 타 분야 전문가와 기술적 검토를 할 필요가 있다. 아울러 옥상정원은 대부분 높은 곳에 설치되므로 지상부와는 다른 독특한 환경을 고려해야 한다. 이러한 독특한 환경은 지상의 정원과 달리 옥상정원을 계획하는데 있어 제약조건이 될 수 있다.

구조적 측면에서 옥상정원을 조성하면서 건물의 적재하중이 증가하므로 구조체의 안정성과 수목의 생육을 위해 관수해야 하므로 방수성능이 중요하다. 옥상지반과 건물은 흙을 놓고 수목을 심거나 조경시설물을 설치하더라도 충분히 견딜 수 있는 구조와 강도를 가져야 하며, 아울러 하중을 줄이기 위하여 경량토양을 사용하거나 연못의 깊이를 얕게 하고, 시설물의 재료를 가볍게 하는 주의가 필요하다. 토양 및 수목의 중량, 시설물의 하중, 풍하중 등의 작용하중을 고려하여 안정성을 확보하도록 해야 한다. 아울러 수목의 생육을 위해 공급되는 물이나 우수를 배수시키기 위한 배수처리시설이 필요하며, 수목을 심는 경우에는 뿌리의 성장이나 토양의 화학적 반응에 의해 훨씬 철저한 방수 및 방근시설이 설치되어야 하며 급수를 위한 시설도 필요하게 된다.

식물생육측면에 옥상은 특수한 기후 및 토양조건을 고려해야 한다. 옥상은 지표면과 비교해 볼 때, 표면의 온도변화가 크고, 바람이 강하며, 자연상태와 같은 충분한 토심을 확보할 수 없는 경우가 많다. 그러므로 수목 선정시 바람·토양·기온변화 등을 고려하여야 하며, 특히 계절에 따라 햇빛이 강할 때에는 복사열에 의하여 온도가 쉽게 올라가 수분이 부족하고 겨울에는 토양이 얼게 되므로 주의해야 하며, 식물생육이 가능한 적정한 생육토심을 확보하도록 해야 한다.

이용의 측면에서 옥상은 상대적으로 높기 때문에 훌륭한 조망공간이 될 수 있으나 이용자의 안전을 고려해야 하며, 인근으로부터 시각적으로 쉽게 노출되므로 사적인 프라이버시를 지키기 위해서는 담장이나 차폐시설이 필요하며, 위로부터 보호를 위해 녹음수를 심거나 정자 및 퍼걸러를 설치할 필요가 있다.

지상부에 적절한 녹지공간을 확보하기 어려운 현실에서 옥상을 정원으로 조성하는 것은 매우 바람직한 해결책이다. 그래서 건물을 신축할 때 일정면적 이상의 조경의무면적에 옥상조경을 포함하고 있다. 예를 들어, 「건축법 시행령」 제27조(대지의 조경) 제3항에서 '건축물의 옥상에 조경, 기타 필요한 조치를 하는 경우에는 옥상부분 조경면적의 3분의 2에 해당하는 면적을 조경면적의 100분의 50 이내에서 대지안의 조경면적으로 산정할 수 있도록 하고, 서울시의 경우 바닥면적 330㎡ 이상 건축물의 옥상을 푸른 정원으로 바꾸면 최대 50%의 용적률 인센티브를 받을 수 있도록 하고 있다. 아울러 녹화가능 옥상면적이 50~200평 이하인 공동주택과 어린이집, 유치원, 병원, 복지 · 문화시설, 업무용 건물에 대해서 건물 옥상을 정원으로 꾸미는 건물주에게 옥상녹화사업비의 50%를 지원해주고 있다. 이러한 옥상정원에 대한 제도적 뒷받침에 따라 정부나 자치단체와 같은 공공부문뿐만 아니라 민간부문에서도 옥상을 정원으로 만들기 위하여 다양한 노력을 기울이고 있다.

사진 3-1-1 전정광장 사례

사진 3-1-2 옥상정원 사례

3. 실내정원 및 조경

부족한 도시의 녹지를 확장하고 사람들의 일상생활에 가까이 할 수 있는 방법으로 실내정원은 매우 중요한 대상이다. 더욱이 겨울철에 삭막한 경관을 완화하고 푸르름을 지속적으로 유지시킬 수 있다는 측면에서 실내정원의 중요성은 더욱 커지고 있다. 최근에는 오피스빌딩 · 호텔 · 미술관 · 주거단지 · 요양시설 등에 아트리움(atrium)이라는 양식으로 정원적 요소가 도입되고 있다.

실내정원의 양식으로 아트리움은 매우 오랜 역사를 갖고 있어 이미 2000여 년 전부터 대규모 출입공간 · 중정 · 천개(天蓋)가 있는 반공적(半公的)인 공간으로 지중해 연안과 중동지방 건축의 중심공간에 사용되기도 하였다. 한편으로는 1856년 만국박람회를 위해 만든 수정궁(Crystal palace)에서 오늘날 실내정원의 유래를 찾을 수 있다. 이것이

1960년대 후반에 근대적인 기술의 발달과 대규모 건물이 등장하면서 감각적이면서 실내조경의 효과를 더욱 높이는 새로운 개념이 도입되었다. 우리나라에서는 1980년대 교보빌딩에 아트리움이 만들어진 이후 1988올림픽을 전후로 호텔, 대형빌딩, 쇼핑센터 등에 실내정원을 조성하는 사례가 늘어났으며, 현재는 아파트 등 다양한 공간을 대상으로 확대되고 있다.

그러나 실내환경은 인공적이기 때문에 대체로 식물이 자라는 환경으로서는 적합하지 않아 정원 조성시 여러 가지 문제점이 발생하므로 다음과 같은 주의가 필요하다.

1) 실내정원의 위치 및 조경요소의 배치는 건물 내부의 전체적인 동선의 흐름, 이용패턴, 내부공간의 성격 등을 면밀히 검토해야 한다.
2) 실내정원은 외부공간과는 달리 제한된 환경조건을 갖게 되는데, 인공적 환경으로서 인테리어, 전기, 기계 등 건물 내부의 환경 및 구조적 조건을 고려해야 한다.
3) 정원을 남향에 배치하고 정창(頂窓, top-light)을 통하여 실내에 밝은 자연광선을 끌어들임으로써 식물의 광합성에도 효과적이며 조명의 효과를 높일 수 있다.
4) 일반적으로 실내는 건조하고 인간의 쾌적한 생활조건과 식물의 생육조건이 다르므로 식물의 생장에 필요한 습도의 제공 및 관수에 의한 수분 제공이 필요하다. 더구나 겨울철에는 난방으로 인하여 공기가 더욱 건조해지므로 식물에게는 더욱 불리한 조건이 되므로 주의해야 한다.
5) 실내에서 잘 자라는 난대 및 열대식물류가 좋다. 그러나 정원의 기능이나 목적상 다소 성장에 불합리한 점이 있어도 크게 자란 교목을 심기도 하는데, 이때는 호르몬제를 주거나 증산억제제를 사용하여 식물이 생육할 수 있는 환경을 만들어야 한다.
6) 실내정원은 단순히 계획과 시공으로 끝나는 것이 아니라 지속적으로 식물이 생육해나갈 수 있도록 하는 유지관리가 필요하므로 계획단계에서 미리 주의하여 유지관리가 잘 될 수 있도록 해야 한다.

실내정원계획은 일반적으로 건축내부공간의 환경 및 구조분석, 대상건물의 용도 파악, 계획요소의 구체화, 계획안 결정의 단계로 진행이 된다. 건축내부공간의 환경 및 구조분석에서는 건물의 형태, 내·외부 동선 및 연결, 출입구, 채광상태 등 건축 인테리어, 조명방식 및 전기공급상황, 환기, 냉난방, 상하수도 등에 대해서 분석이 이루어져 실내정원과 관련된 조건을 파악해야 한다. 건물의 용도 파악에서는 단독주택, 아파트, 백화점, 은행, 일반오피스, 호텔, 전시장 등 용도에 따라 요구되는 실내정원의 특성을 파악하고 적용 가능한 기법을 검토하게 된다. 계획요소의 구체화를 위해 공간배치의 합리성, 건축설비조건과의 일치 여부, 주변 이미지의 조화, 독창성 여부, 식물재료 및 시설재료의 적정성, 유지관리의 효율성 등의 평가조건을 고려해야 한다. 계획요소가 명확해지고 계획안이 결정되면 고객에게 계획안을 설명하고 설득을 얻어내어야 하며, 최종적인 결정의 단계를 밟게 된다.

조경의 대상으로 실내정원은 많은 제약요소를 가지고 있지만 외부공간의 정원을 실내로 끌어들일 수 있다는 매력 때문에 더욱 활발하게 도입될 것으로 예상된다. 특히 치료, 공기정화, 웰빙 등 인간의 삶을 위한 생활환경 조성이라는 측면과 더불어 첨단기술과 결합된 실내정원의 조성이 늘어날 것으로 예상된다.

사진 3-1-3 하노버 크론스베르크 실내정원

사진 3-1-4 나고야 난정원 실내정원

제4장 주제정원계획

건물에 부속된 정원과 달리 주제정원은 특수한 목적으로 주택이나 건물로부터 독립적으로 만들어진 정원이다. 정원계획과 관련하여 의도적으로 정원의 주제와 기능을 부여하여 만들게 된다. 예를 들어, 식물을 이용하여 방문객의 정신을 치료하는 치료정원, 조각을 정원에 배치하여 조각과 정원의 통합을 시도한 조각정원, 허브, 야생화, 장미 등을 주제로 하여 조성된 식물주제정원 등이 해당된다.

1. 치료정원

치료정원은 인간이 정신적, 육체적으로 건강한 삶을 유지하며 살아갈 수 있도록 도모해주는 정원을 말한다. 치료정원의 역사는 고대로부터 시작되었다. 다양한 문명에서 치유의 온천, 신성한 동굴, 효험이 있는 바위 등으로부터 치유를 받고자 한 사례는 찾아 볼 수 있다. 고대 이집트에서는 의사가 환자를 정원에서 일하게 하거나 산책을 하도록 하여 치료하였고, 중세 수도원에서 허브를 이용하여 만든 수도원 정원에서 병들거나 심신이 유약한 사람들에게 정원에서 즐길 수 있는 감각적 즐거움을 통하여 치료를 하였다.

현대에 들어와서 치료정원은 어린이 치료정원, 요양원, 정신병원, 알츠하이머 병원, 호스피스 병원의 정원 등으로 다양한 유형으로 나타나게 되었다. 특히 어린이 치료정원은 장애아동을 치료하기 위하여 자연체험을 통하여 심신을 건강하게 하고 미적인 아름다움을 느낄 수 있도록 하여 시각 발달을 도와주며, 놀이치료를 통하여 지적 호기심을 자극하고 창의력을 증진시키도록 하기 위해 만든 정원이며, 요양원은 노인들의 편안한 노후생활을 위해 생활, 문화, 건강, 의료서비스가 복합적으로 제공되는 공간으로 때로는 만성적인 질환으로 고통을 받는 노인을 보호하기 위한 목적을 가지고 있다. 여기서 정원은 노인들의 정신적, 감정적, 육체적 건강의 악화를 방지하기 위하여 친숙하고 편안하며, 다양한 감각기관을 자극하고, 운동할 수 있도록 하여 육체적, 정신적 치료를 할 수 있으며, 가족 및 동료들과 다양한 접촉이 가능하도록 해야 한다. 최근 노령인구의 증가로 인하여 공공 및 민간부문에서 요양원에 대한 관심이 높아지고 있어 요양원 정원 역시 많은 관심의 대상이 되고 있다.

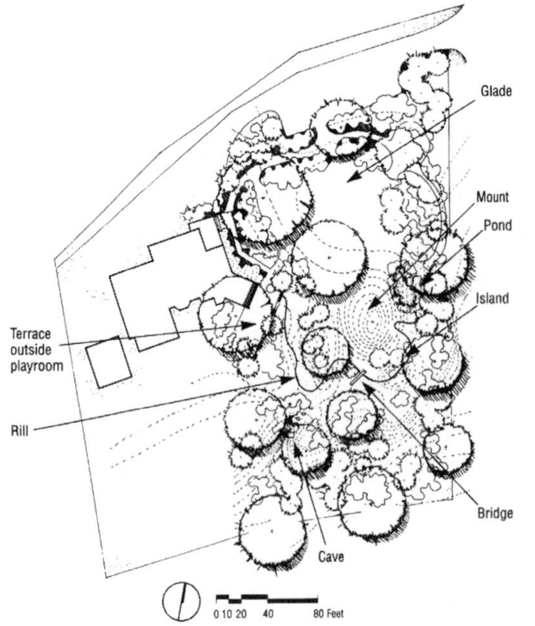

그림 3-1-3
매사추세츠주 웰레스레이(Wellesley in MA)에 있는 어린이 및 청소년 개발원
(p.337 Healing gardens)

이와 같이 정원의 치료효과는 육체적 증세의 완화, 스트레스의 감소, 그리고 삶의 건강성 증진이라는 측면에서 살펴 볼 수 있다. 정원은 다양한 메커니즘을 통하여 육체적 또는 정신적 병을 치료하는데 도움을 줄 수 있다. 그 중에서 가장 명백한 것은 자연의 아름다움이다. 정원에서 햇볕을 쬐고 나무와 꽃을 기르며, 물과 새소리를 듣는 것은 스트레스를 줄여주는데 효과적이라는 사실은 다양한 사례로 입증되었다.

치료정원을 계획하는데 있어서 조경가들은 공간의 특수성을 이해해야 한다. 우선 치료정원은 다른 정원과 달리 이용자를 위하고 치료공간의 프로그램을 지원할 수 있어야 한다. 그래서 치료정원을 잘 만들기 위해서는 환자나 전문가의 의견을 적극적으로 수렴해야 하고 심지어는 적용이 가능한 연구결과를 계획에 반영하도록 하는 것이 중요하다. 그러나 아직까지 치료정원에 관한 연구가 불충분하여 계획을 위한 안정된 이론적 기반이 마련되어 있지 못한 상태이다.

정원에 관한 자료와 행태과학 및 건강관련분야에서의 연구와 이론을 기초로 하여 보면, 접근 및 이동의 편리성, 교제활동의 지원, 육체적 운동, 자연의 접촉 등이 주요한 개념으로서 고려해 볼 수 있다. 치료정원을 이용하는 환자나 장애인들이 정원을 이용하는데 어려움을 겪는다면 이것은 또 다른 스트레스의 원인이 될 수 있다. 환자나 장애인들이 독립적으로 정원을 편리하고 안전하게 이용할 수 있도록 하는 것으로 실내공간으로부터 정원의 연계와 정원에서 안전하고 자유로운 이동이 보장되어야 하는 것이다. 정원에서 환자, 방문객, 직원들의 상호간 접촉을 늘릴 수 있도록 교제활동을 지원하는 것은 치료와 복지를 위해 중요하다. 이들이 다양하게 교제할 수 있는 공간과 시설을 제공해야 한다. 그러나 오히려 이로 인하여 프라이버시를 침해받는다면 또 다른 스트레스의 원인이 될 수 있다. 육체적 운동은 환자의 치료를 위해 매우 중요한 역할이다. 환자들이 걸을 수 있도록 하고, 휠체어 운동을 늘릴 수 있도록 하게 되면 그 효과는 매우 크다. 특히 겨울철에는 외부공간에서 운동하기 어려우므로 아트리움 형태의 실내정원이나 회랑으로 둘러진 정원은 매우 효과적이라고 볼 수 있다. 마지막으로, 자연의 접촉은 치료정원의 가장 기본적인 개념이기도 하다. 자연의 꽃과 잎, 열매, 향기, 새들의 소리, 물소리, 바람의 촉감, 햇빛 등은 모두 치료에 도움이 되는 중요한 요소이다. 치료정원에서 이러한 요소를 접할 수 있는 것은 치료효과 이외에도 삶의 활력을 불어 넣어 주는 중요한 요소이다. 치료 프로그램과 연계하여 다양한 자연의 요소를 도입하고 체험할 수 있도록 하는 것이 필요하다. 앞에서도 언급한 것처럼 주제정원으로서 치료정원의 가치는 더욱 커질 것으로 판단된다. 단지 환자를 치료하는 공간으로 뿐만 아니라 건강한 삶에 대한 욕구의 충족을 위해서도 치료정원은 매우 중요한 가치를 갖는다고 볼 수 있다.

2. 조각정원

조각정원이란 조각을 주제로 하여 다양한 예술적인 조각품을 설치하여 아름다운 자연경관과 조화를 이루도록 조성한 것이다. 조각정원(sculpture garden)과 관련하여 조각공원(sculpture park)이 혼용되어 사용되고 있다. 오늘날 조각을 주제로 하여 많이 조성되고 있는 야외에 조각이 놓인 공간의 공공성을 고려해 볼 때, 조각공원도 타당하지만 미술관이나 박물관의 뜰의 개념으로 보거나 섬세하게 주변경관과의 조화를 추구한다는 점에서 여기서는 조각정원이라 부르고자 한다.

또 하나의 논점은 조각을 위한 정원인가, 정원을 위한 조각인가이다. 이것은 조각가와 조경가가 현장에서 겪게 되는 갈등의 원인이 되기도 한다. 마크 트레이브(Marc Treib)가 조각과 정원의 관계를 정원을 위한 조각(sculpture for the garden), 조각을 위한 정원(the garden for sculpture), 그리고 조각적 정원/정원적 조각(sculpture as a garden/ the garden as a sculpture)의 3가지 유형으로 조각정원을 분류한 것처럼, 정원을 위한 조각인가 조각을 위한 정원인가는 예술사와 정원사를 살펴봐야 하는 거대한 담론의 주제가 될 수 있다.

어떠한 유형의 조각정원이더라도 조각과 정원이 서로 조화를 이루며 어우러져 있어야 한다. 그냥 조각이 있는 공원이 되어서도 안 된다. 조각공원은 거기에 놓인 작품, 그것을 안고 있는 경관을 통해서 예술적이며 시적인 감동을 느끼는 곳이다. 오브제가 경관을 점령해서도, 경관이 오브제를 압도해서도 안 된다. 루이지애나 미술관이나 스톰킹 아트센터가 조각공원으로서의 명성을 유지한데에는 조각가와 조경가의 협업, 그리고 이들 사이의 큐레이터 역할이 절대적이었다. 조각가가 오브제를 조각하는 사람이라면 조경가는 대지를 조각하는 사람이고, 큐레이터는 이 둘의 관계와 프로그램을 조각하는 사람이다. 조각가는 주변경관과 대상지의 특성에 대한 깊은 성찰을 통해 자신의 작품세계를 펼치고 조경가 역시 조각가의 자유로운 사고를 뒷받침할 수 있는 경관을 제공해 주어야 한다.

오늘날 조각을 주제로 한 정원이 활발하게 조성되는 이유에는 조각과 정원에서의 새로운 변화가 맞아 떨어진 결과이다. 현대 미술에서 조각분야의 비약적인 발전은 보수적인 성격을 가졌던 미술관들이 벽으로 에워싸인 전시실 밖의 공간을 조각을 위한 새로운 장소로 인식하게 되었다. 여기에는 조각 자체의 형태, 재료, 규모가 회화와 다르게 3차원 예술의 특성을 가지고 있기 때문에 실내보다는 경관이 우수한 열려진 외부공간에서의 역할이 한층 크기 때문이다. 정원에 있어서도 단순히 휴식 및 운동기능뿐만 아니라 조경에서 추구하는 예술성을 구현하기 위해서는 조각과 같은 실험이 불가피하였으며, 그 주제로서 조각은 시의적절한 대상이 되었기 때문이다.

조각정원을 입지적 조건에 따라 분류해보면 도시에 위치하는 도시형, 도시 외곽에 광대한 자연을 배경으로 한 전원형, 미술관이나 박물관의 부속형 등으로 구분할 수 있다. 도시형은 도시 내의 공원 또는 광장에 만들어진 것으로 대학로와 마로니에 조각광장, 유달산 조각공원이 여기에 포함된다. 전원형은 비교적 이상적인 야외조각 전시장의 조건을 갖춘 완만한 구릉지대나 풍광이 뛰어난 지역에 조성되는 경우로 여기에 놓여 있는

사진 3-1-5 올림픽 조각공원

사진 3-1-6 워싱턴 D.C. 허쉬혼 조각공원

작품들은 이러한 자연의 배경과 어우러지면서 동시에 자신의 독특한 존재를 부각시키는 특징이 있다. 김포조각공원, 남망산 조각공원, 제주조각공원이 여기에 해당된다. 부속형 조각정원은 미술관이나 박물관과 조화를 이루어 연계된 뜰의 개념으로 국립현대미술관 야외조각 전시광장, 서울올림픽미술관 조각공원, 미국의 워싱턴 D.C에 있는 허쉬혼 조각정원[17]이나 스탠포드대학교의 로댕조각정원이 이에 해당된다. 이밖에도 특정한 예술가나 개인의 기호에 의해 만들어진 조각정원이 있다.

조각정원의 계획은 공원계획과 다른 특성을 가지고 있는데 전시 및 관람과 관련하여 몇 가지 중요한 고려사항이 있다.

1) 조각의 전시기능과 정원의 기능을 함께 가져야 한다. 조각정원은 전시라는 특정한 목적을 가지고 만들어진 정원이므로 조각 관람에 방해가 되는 요소는 배제해야 한다. 아울러 정원 역시 조각의 배경인 동시에 주체이며 관람자가 조각을 감상할 수 있는 환경으로서 중요하다.
2) 관람자가 전시코스를 따라 조각을 연속적으로 감상할 수 있도록 연속적인 공간의 전개가 필요하다. 조각의 특성에 따라 점적배치, 선적배치, 면적배치로 구분하여 조화로운 연속적인 배치가 이루어져야 한다.
3) 조각은 크기, 색, 질감, 추상과 구상 등 작품의 특성이 다양하므로 많은 작품을 설치장소의 특성이나 경관을 고려하여 적절히 배치한다. 이 때 조각가와 조경가의 교감을 통한 협력작업은 매우 중요하다. 작품에 어울리는 최적의 장소를 찾기 위해서는 작품의 구상단계부터 작품이 놓일 장소에 대한 고려가 필요하다. 조경가 역시 작가의 작품세계를 면밀히 분석하여 그 작품에 적합한 장소를 제시할 수 있어야 한다.

조각정원은 자연과의 조화 속에서 휴식과 감상을 즐길 수 있는 공간으로 그 중요성이 점차 커지고 있는 추세이다. 조각작품을 단순히 야외공간으로 옮겨놓는 것이 아니라 조각이 자연의 일부가 되고 또한 자연이 배경으로서 작품의 미적 가치를 잘 드러낼 수 있을 때 조각정원은 새로운 미적 체험의 장이 될 수 있다.

3. 식물주제정원

다양한 식물을 이용하여 정원을 꾸밀 수 있다. 대표적으로는 허브를 이용한 허브정원, 우리나라에 자생하는 야생화를 이용한 야생화 정원, 장미나 튤립과 같은 특정한 식

17) 사진 워싱턴 D.C. 허쉬혼 조각공원

물을 심은 정원, 사람들이 먹을 수 있는 야채를 심어 경작하는 채소원 등이 있다. 때로는 이러한 식물과 함께 돌이나 바위를 함께 놓아 암석원을 만들 수 있다.

허브정원(herb garden)은 이 중에서 가장 대표적인 정원이다. 허브란 건강, 식용, 미용, 심신 충전을 위해 인간에게 매우 유용한 식물로서 잎, 줄기, 씨앗, 뿌리부위를 식용, 약용, 미용, 방향, 방충, 향신료 등으로 널리 이용되는 식물의 총칭이며. 우리나라에도 다양한 약초가 자라고 있어 정원으로서의 가치는 매우 크다고 볼 수 있다.

중세의 수도원에서 정원에 약용식물, 과수류와 함께 허브를 재배하였는데 이것이 허브정원의 시작이라고 볼 수 있다. 중세초기에 허브는 제한적으로 식용이나 약용으로 사용되었으며, 13세기가 되면서 치료를 목적으로 한 허브가 재배되기 시작하였고 개인주택에서도 정원을 만들어 허브를 재배하기 시작하였다. 르네상스 시대 프랑스에서는 꽃과 허브로 구성되고 낮게 전정된 헤지로 둘러친 파르테르(parterres)가 널리 보급되기 시작하였다. 이것이 영국으로 건너가 가장 성공적인 허브가든의 하나로 평가받는 노트가든(knot garden)으로 나타나게 되었다. 15세기에 나타난 영국의 노트가든에서는 라벤더나 로즈마리의 장식적이고 향기가 있는 헤지를 사용하였으며, 16세기부터 17세기 초까지는 대부분 영국의 정원에 도입되었다. 각 노트는 정방형이나 장방형으로 구획되었고 창이나 테라스 밑에 만들어졌다. 1545년 파두아대학을 시작으로 하여 16세기에는 대학에서 식물학이나 약학을 가르치기 위해 허브가든을 조성하고 재배하였으며, 17세기 말에는 유럽의 전 대학에 약용 허브가든(medicinal garden)이 만들어지게 되었다.

허브정원을 계획하면서 먼저 정원의 조성목적과 어떠한 유형의 정원을 만들 것인가를 결정해야 한다. 앞서 언급한 것처럼 허브정원은 시대를 달리하여 다양한 종류가 나타났는데, 대표적인 허브정원의 종류로는 야생허브가든, 저관리형 허브가든, 농가형 허브가든, 식용허브가든, 약용허브가든, 향기허브가든, 곤충을 위한 허브가든, 염료허브가든 등을 들 수 있다. 이것이 결정되면 허브정원의 형태를 결정해야 한다. 허브정원은 정형적이거나 부정형으로 계획될 수 있다. 정형식 허브정원을 계획하기 위하여 전통적인 허브정원의 형태를 적용할 수 있으며, 전지를 했을 때 원하는 형태를 얻을 수 있는 식물을 사용하고 주변의 경계나 보행로도 형태와 일치되도록 명확하게 계획해야 한다. 한편, 부정형은 경계가 불분명하므로 식물이 자연스럽게 성장할 수 있도록 하는 장점이 있으며, 식물이 넝쿨을 만들도록 유도할 수 있어 자연스러움을 더할 수 있다. 아울러 식물이 자연스럽게 번식할 수 있는 것을 식재할 경우 자연스러운 경관을 연출하는데 도움이 된다. 다음으로는 도입할 허브식물을 결정하고 각 식물의 생육특성, 미적가치, 약용 및 방향 효과 등 허브식물로서의 특성을 파악해야 한다. 특히 허브정원을 조성한 후 이를 적절히 관리하기 위해서는 허브식물에 대한 다양한 정보가 필요하다. 아울러 허브와 함께 심을 식물의 특성을 파악하여 적절한 조화가 이루어질 것인지를 검토해야 한다. 마지막으로 허브식물과 조화를 이루게 될 포장, 울타리, 쉘터, 트렐리스를 결정해야 한다. 이것은 허브가든을 방문하는 사람들에게 이용의 편리함을 가져다주기도 하지만 허브식물의 생육을 도와주고 경관적 가치를 높이는 역할을 하게 된다.

현대 도시에 만들어진 정원은 규모가 작고 울타리로 둘러 쳐지는 경우가 많으므로 이러한 소규모 공간에서 허브정원은 적용하기 용이하다. 건강한 삶에 대한 사람들의 관심이 높아지고 있어 다양한 유형의 허브가든이 선호되고 있는 실정이므로 조경의 대상으로 허브정원에 대한 많은 관심이 필요하다.

사진 3-1-7 정형식 허브정원

사진 3-1-8 부정형 허브정원

III

site planning

PART 2

단지계획

김성용

제1장 서 론

제1절 공간환경이론

조경계획은 설계를 지향한다. 공원이나 녹지 등 주어진 공간을 계획하는 일은 설계를 전제로 하는 것이다. 그러나 조경을 단순히 주어진, 구획된 공간을 수식하는 일로 치부해서는 아니 된다. 왜냐하면 이러한 공간들이 얼마만한 규모로, 어디에 자리해야 하고, 어떻게 연계되어야 하느냐가 더욱 중요하기 때문이다.

조경은 계획의 대상인 물리적 공간을 도시계획 및 건축과 공유하고 있기 때문에 상호 긴밀한 관계를 유지하고, 서로 넘나들기를 터부시하지 않아야 한다. 최근 들어 경관을 종래의 회화적·양식적 관점에서 벗어나 도시의 인프라스트럭처와 시스템으로 이해한다는 것은 곧 건축·도시·조경 사이의 전통적 영역구분이 유예됨을 의미한다. 계획과 설계라는 실천의 지형이 변하고 있는 양상에 대응하는 실천적 움직임으로서의 Landscape Urbanism은 단지 경관을 고려하는 도시설계라던가 도시 내 부지를 다루는 조경이 아니라 조경과 건축, 도시 사이를 관통하는 혼성의 영역이라고 잠정적으로 정의하는 유연성을 발휘할 필요가 있다.

1. 장소와 장소성

행동하기 위해서는 한정된 틀이 필요하며, 인식하고자 하는 대상을 포괄적인 공간

(space)에 인식시키고자 하는 대상을 공간에 위치시킴으로써 특정 장소(place)와 인식된 대상을 연결시키게 된다. C. N. Schulz는 “공간은 장소를 형성하는 3차원적인 조직을 의미한다.”라고 정의하고, 실존적 공간이 중심성 · 장소성 · 방향성 · 통로 · 영역성으로 이루어지며, 이러한 중심과 통로 및 영역 3가지를 그 실존적 공간구성 요소로 보았다. 또한 현상학적 측면에서 장소를 정의한 Edward C. Relph는 인간의 활동(activity)과 의미(meaning), 그리고 정적인 물리적 장치(physical setting)를 장소를 구성하는 3가지 요소로 보고, 시간과 공간의 맥락이 결합되고 요소들 간의 상호조합이 이루어져 다른 환경과 구분되는 장소의 특성을 갖는다고 설명하고 있다.

여기서, ‘공간’과 ‘장소’에 대한 개념적 의미를 명확히 이해할 필요가 있다. ‘공간(space)’은 특정한 사물이 들어 있지 않은 비어 있는 곳이나 자리 또는 어떤 일을 하기 위한 특정한 ‘장소’를 의미하며, 기본적으로 하나의 물체와 그것을 지각하는 인간과의 사이에서 생기는 상호관계에 의해 형성된다. 그리고 ‘장소(place)’는 의식적으로 인식되고 창출되어 특정한 위치와 의미가 있는 ‘공간’을 의미한다. 결국 장소는 ‘무명의 공간’이 아니고 ‘구조적이고 구체적인 공간’을 의미하는 것이다. 문화적 독자성 속에서 이해되는 장소는 한 문화권이 오랫동안 공유하고 있던 공간구조를 통하여 재현된다. 흔히 문화적 산물로서 유형이라고 부를 수 있는 이 공간구조를 유지하고 재해석하는 것이 역사적 뿌

그림 3-2-1 ‘열린 터’라는 복합공간개념을 제시한 행정중심복합도시 첫마을사업 국제현상공모당선작 (LH, 2006. 8)

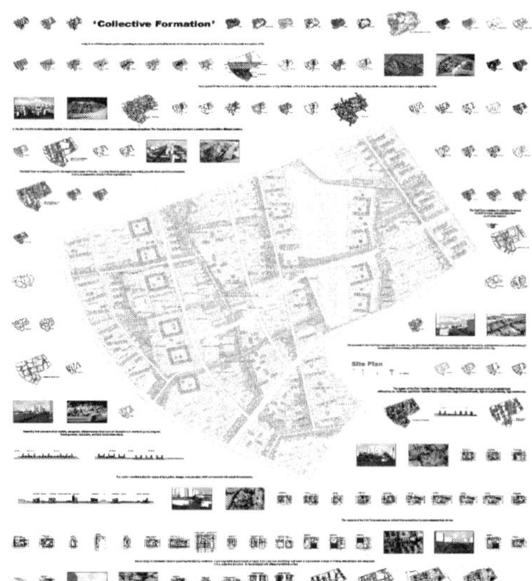

그림 3-2-2 ‘열린 터’라는 복합공간개념을 제시한 행정중심복합도시 첫마을사업 국제현상공모당선작(LH, 2006. 8)

리와 문화적 독자성을 달성하는 하나의 수단이 될 수 있다.

인간은 직접적으로나 간접적으로 다양한 경험을 하며, 이러한 경험을 통하여 미지의 공간은 친밀한 장소로 바뀐다. 그리고 어떤 지역이 친밀한 장소로서 우리에게 다가올 때 비로소 그 지역에 대한 느낌, 즉 장소감(sense of place)을 가지게 된다. 인간이 정주하면서 특별한 의미를 갖게 되거나 부여하게 된 인식환경을 갖는 장소적 특질로서의 장소성(placeness)은 복합적인 구성원들을 공간 속에 모아서 장소를 창출하거나 수용한다는 연결성(connectivity)을 그 속성으로 하고 있으며, 주거단지의 연결성이란 공공공간(public open space) 확보와 쾌적하고 인간적인 근린(neighborhood)체계에서 찾을 수밖에 없다.

2. 개인적 공간과 영역성과 혼잡

개인이 환경 내에서 점유하는 공간은 개인 주변의 보이지 않는 공간을 포함한 경계를 지니며, 보이지 않는 경계를 타인이 침입하면 물러서거나 심하면 침입자와의 다툼이 일어날 수 있다. 이와 같이 개인과 개인 사이에 일상적으로 유지되는 간격을 개인적 거리(personal distance)라 하며, 개인 주변에 형성되어 개인이 점유하는 공간을 개인적 공간(personal space)이라 한다. 개인적 공간의 크기는 개인에 따라서 또는 상황에 따라서 변화된다.

개인적 공간은 사람이 움직임에 따라 이동하며 보이지 않는 공간인데 비하여, 영역(territory)은 주로 집을 중심으로 고정되어 볼 수 있는 일정지역 또는 공간을 말한다. Irwin Altman은 인간의 영역을 주로 사회적 단위의 측면에서 일상생활의 중심이 되는 반영구적 점유공간으로서의 1차적 영역과 1차적 영역보다는 배타성이 낮으며 사회적 특정그룹 소속원이 점유하는 공간으로서의 2차적 영역 및 배타성이 극히 낮아 거의 모든 사람의 접근이 허용되는 공적 공간 3가지로 구분하고 있다. 이 영역성(territoriality)은 다양한 사회적 그룹의 형태와 직접적인 관련이 있으므로 근린관계를 공간적으로 설명하는 대표적인 개념으로 영역성에 대한 분석은 주거 커뮤니티 계획 시 필수적인 사항이 된다.

한편, 도시화가 진행됨에 따라 한정된 지역에 많은 사람이 모여 살게 되어 과밀로 인한 문제점이 늘어남에 따라 혼잡에 대한 관심이 높아지고 있다. 혼잡(crowding)은 기본적으로 밀도(density)에 관계된 개념이다. 인간사회에서 밀도는 보통 물리적 밀도와 사회적 밀도 2가지로 구분된다. 물리적 밀도는 일정 면적에 얼마나 많은 사람이 거주하는가 혹은 모여 있는가 하는 것이고, 사회적 밀도는 사람 수에 관계없이 얼마나 많은 사회적 접촉이 일어나는가 하는 것이다. 우리나라 아파트의 경우 물리적 주거 밀도는 매우 높지만 사회적 밀도, 즉 아파트 주민간의 대화 또는 접촉의 정도는 매우 낮은 바, 이는 현대 도시주거 문제의 핵심과제가 되고 있다.

이웃간의 대화 또는 접촉은 공동체 의식에서 비롯되며, 공동체 의식은 공동의 유대와 공동의 관심사를 전제로 형성되며, 상호간 의사소통할 수 있는 시간과 장소가 주어져야 한다. 주거단지계획의 중요한 목적 중 하나가 공동체의식 증진에 두고 있는 이유가 된다.

제2절 단지계획이론

1. 근린주구이론

산업혁명 이후 열악한 주거환경으로 인한 다양한 도시문제를 해결하기 위해 1898년 Ebenezer Howard(1850~1928) 경이 그의 유명한 저서인 "Tomorrow : A Peaceful Path to Real Reform(1989)"을 통해 주창한 '전원도시론'은 이후 근린주구이론과 나아가 신도시개발의 기틀을 마련하게 되었다. 한편, 제1차 세계대전 이후 미국은 자동차시대를 맞이하면서 급속한 자동차 증가에 따른 문제 해결책으로 1923년에 제안된 슈퍼 블록(super-block) 개념은 기존의 격자형 도로를 없애고, 12~20만㎡ 규모의 자동차 없는 주거환경을 건설하고자 한 것이다. 이어 1924년 Clarence A. Perry(1872~1944)는 어린이들이 위험한 도로를 건너지 않고 걸어서 통학할 수 있는 단지규모에서 생활의 편리성과 쾌적성 및 주민들 간의 사회적 교류 등을 도모할 수 있도록 조성된 물리적 환경으로서의 '근린주구(neighborhood unit)' 이론을 제안하게 된다.

이러한 근린주구 조성을 위한 6가지 원칙은 다음과 같다. 첫째, 규모(size)에 있어서 주거단위는 하나의 초등학교를 유지할 수 있는 인구를 가져야 하고, 면적은 인구밀도에 따라 달라진다. 둘째, 주구의 경계(boundaries)는 주구 내 통과교통을 배제하고 차량을 우회시킬 수 있는 충분한 폭원의 간선도로로 계획한다. 셋째, 오픈스페이스(open space)와 관련하여 주민의 욕구를 충족시킬 수 있도록 계획된 소공원과 레크리에이션 체계를 갖춘다. 넷째, 공공시설(institute site)로서의 학교와 교회 등은 주구 중심부에 통합 배치한다. 다섯째, 근린상가(local shop)는 주구 내 인구를 서비스할 수 있도록 1개소 이상 설치하되, 인접 근린주구와 면해 있는 주구 외곽의 교통결절점에 배치한다. 여섯째, 내부도로체계(internal street system)로 순환교통을 촉진하고 통과교통을 배제하도록 일체적인 가로망으로 계획한다.

이러한 원칙에 따라 Perry가 제시한 근린주구의 모델은 다음과 같다. 규모는 하나의 초등학교 학생 1,000~1,200명에 해당하는 거주인구 5,000~6,000명, 어린이들이 걸어서 통학할 수 있도록 주구의 반경은 400m, 면적은 약 64만m²로 하여, 10%의 오픈스페이스를 확보하고 커뮤니티 시설과 학교 등은 중심부에, 상가는 1~2개소를 주구 외곽에 배치한다. 그리고 단지 내부의 교통체계는 쿨데삭(cul-de-sac)과 루프형 분산도로로, 주구 외곽은 간선도로로 계획한다.

근린주구이론의 특징을 공간계획적 차원과 사회적 차원에서 살펴보면 다음과 같다. 우선 공간계획적 특징으로 첫째, 친밀한 사회적 교류가 어린이들 간의 친근감을 통하여 시작된다는 전제에서 하나의 초등학교를 근린생활의 중심으로 하는 일상생활권 단위로 하고 있다. 둘째, 통과교통이 주구외곽에 계획된 충분한 폭원의 간선도로로 우회하도록 하고 내부는 차량동선과 보행동선이 조화를 이룬다. 셋째, 최소한의 오픈스페이스를 확보하여 환경보전을 꾀한다. 넷째, 주구면적이나 주구내부의 최대거리에 대한 계획기준이 보행권이라는 측면에서 인간중심의 계획이라는 것이다. 그리고 사회적 차원에서의 특징으로는 첫째, 커뮤니티센터를 중심으로 사회적 교류를 촉진시키고 공동체 의식을 회복시켰다는 점이며, 둘째, 인간의 일차적 교류를 촉진하는 주구계획을 통하여 익명성과 유동성으로 인한 도시의 사회문제를 해결하려 했다는 것이고, 셋째, 이러한 교류를 통하여 자연스럽게 지역사회에 대한 주민의 관심을 끌어내고 적극적인 참여를 유도한다는 점이다.

그림 3-2-3 Clarence A. Perry's 'Neighborhood Unit' of 1929

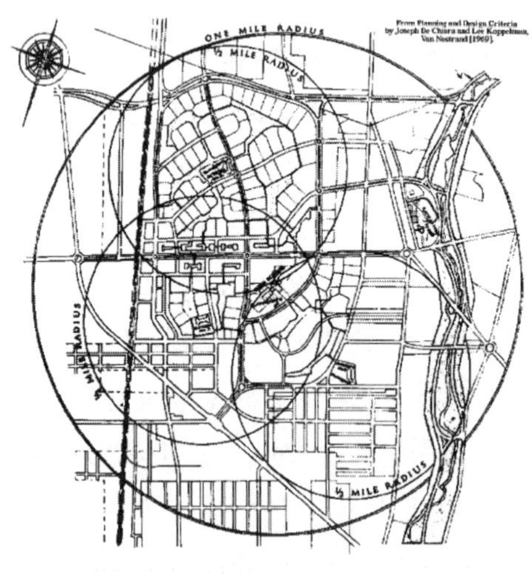

그림 3-2-4 Radburn Plan of 1929

Perry의 근린주구이론은 1929년 Clarence S. Stein(1882~1975)과 Henry Wright(1878~1936)의 래드번(Radburn)계획에서 구체화된다. 뉴욕에서 약 25km 떨어진 뉴저지주의 농장지대에 세워진 래드번은 7,500~10,000명의 주민이 거주하는 3개의 근린주구를 결합시켜 주구 교차점에 보다 큰 규모의 커뮤니티시설을 배치하여 한 단계 높은 생활권 위계를 설정하였다.

2. 근린주구이론의 한계

근린주구이론은 1960년대 들어 점차 그 매력을 잃어간다. 근린주구에 대해 대표적으로 비판을 제기한 Reginald R. Isaacs(1911~1986)은 근린주구계획의 특징인 고립성과 도시패턴으로서의 주거단지, 가로에 적대적인 폐쇄성 등을 비판하면서 생활권계획에 있어서 연결성과 도시구조 내에서 질서를 갖는 주거지, 가로공간에 개방적인 주거단지계획을 주장하였다. 이러한 주장은 1960년대 영국의 Hook, Irvine, Redditch 신도시 등을 계획하면서 중첩과 연계이론(agglomeration and interconnective theory)으로 구체화되었다. 이들 신도시계획에서는 하나의 지역중심이 모든 욕구에 대한 서비스를 제공하는 Perry의 폐쇄적인 단지구성에 대한 대안으로 지구중심을 하나의 센터가 아니라 거리와 같이 선형이면서 동적인 공간으로 계획할 것을 주장하였다. 또한 차량을 계획의 필수사항으로 고려하여 위계적인 가로공간의 구성을 도모하고 이를 통한 가로의 활성화와 이용의 편의 및 선택의 다양성을 부여하는 한편, 시설의 배치는 이질적이고 다양한 욕구를 반영할 수 있도록 위계적·반복적으로 계획하였다.

그림 3-2-5 Hook Newtown 토지이용계획

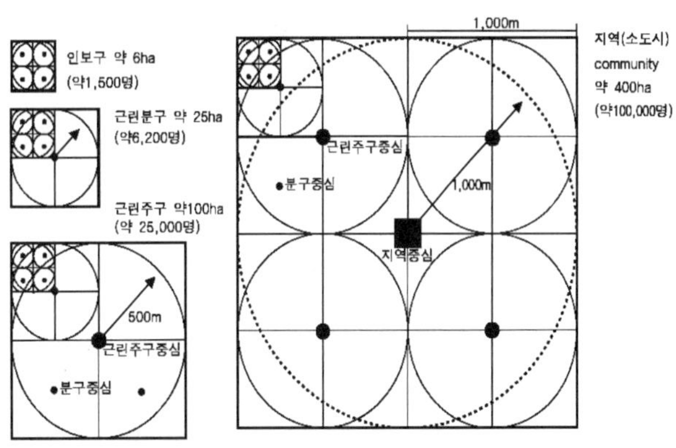

그림 3-2-6 생활권의 위계구성

한편 이웃한 일본은 센리(千里)뉴타운을 계획하면서 이러한 영국의 뉴타운계획의 생활권계획을 철저히 분석하여 주구를 공동주구, 근린주구, 분구 등 단계별로 구성하는 히가사 다다시(日笠 端)의 주구구성 모델을 만든 바 있다. 오늘날 근린생활권은 그 규모에 따라 1차 생활권(소생활권), 2차 생활권(중생활권), 3차 생활권(대생활권)으로 구분할 수 있다. 소생활권은 근린주구 규모의 단위로 인구 1만 명 내외이고, 지역 간 도로 또는 간선도로로 구획되어 있으며, 중생활권은 3~5개의 근린생활권을 이루고 인구는 5~10만 명 정도이다. 대생활권은 주로 구(區) 단위의 행정구역과 일치시키는 것이 생활권 형성에 유리하며 인구는 20~30만 명 정도이다.

사진 3-2-1 잠실지구 전경

우리나라의 경우, 근대적 의미에 있어서 주거단지이론의 효시라 할 수 있는 근린주구이론은 1960년대 한강아파트, 반포아파트에 처음 도입되었으며, 1970년대 잠실지구에서 가구단위의 생활권 개념으로 확대되어 주거단지의 중심적인 이론으로 발전해 왔다. 이 이론은 계획의 최소단위를 물리적인 범위로 분절하여 이를 공간에 효과적으로 배분할 수 있는 효율적인 계획수단을 갖고 있어 계획가 모두가 주거단지가 갖고 있는 특성이나 한계와는 상관없이 계획관행으로 활용해 왔다. 도시를 초등학교를 중심으로 한 기초단위로 분절하여 계획하도록 강요함으로써 동질적인 도시공간의 확산과 기초단위 중심의 자기완결적이고 폐쇄적인 공간계획을 수립하는 데 근본적인 원인을 제공하였다. 또한 근린주구론은 계획의 범위를 일정범위 내로만 한정함으로써 도시차원의 연계성에 대한 계획적 고려를 하지 못하였고, 물리적 범위로 한정한 계획단위가 결국 블록단위로 이어져 도시공간의 분절화를 초래하였다는 비판을 받고 있다.

3. 뉴어버니즘과 신전통주의계획

자동차 위주의 도시개발로 인해 나타난 도시의 외연적 확산(urban sprawl), 보행환경의 악화, 도심공동화 현상, 인종·소득계층간 갈등, 공공공간의 상실 등의 문제들을 해결하는 노력으로 미국에서는 1980년대 후반에 뉴어버니즘(New Urbanism)이라는 새로운 운동이 전개되었고, 도시문제들을 해결하는 방법으로 제2차 세계대전 이전의 전통적인 근린모델을 제시하며, 공공공간의 부활, 보행자 위주의 개발, 도심활성화 등을 주장하였다. 1995년 제정된 뉴어버니즘헌장(Charter of the New Urbanism)에 의한 기본이념은 근린주구 구성기법에 근거한 걷고 싶은 보행환경 구축, 편리한 대중교통체계 구축, 복합적인 토지이용과 다양한 주택유형의 혼합, 질 높은 도시·건축 디자인, 고밀도 개발, 녹지공간의 확충 등이다. 이러한 목표달성을 위해 건물, 가로, 블록, 근린, 지구, 타운, 도시 및 지역에 이르는 다양한 분야에 대한 세부적인 지침을 제안하였고, 이러한 원칙과 지침들은 뉴어버니스트(New Urbanist)들의 프로젝트를 통해 실현되고 있다.

뉴어버니즘은 근대도시계획의 영향을 받지 않은 제2차 세계대전 이전 소도시의 전통적인 도시형성 원리를 유추하여 현대의 도시여건에 맞도록 재구성한 신전통주의계획(new-traditional planning)에 의한 전통적 근린개발(Traditional Neighborhood Development ; TND)을 지향한다. 전통적인 소도시는 근린(neighborhood)으로 구성되고, 근린은 한정된 경계와 중심에 의하여 물리적인 크기가 제한된다. 이러한 근린은 혼합용도로 이루어지고 소득수준이 비슷한 사람들로 구성되며, 건물은 기능면에서 다양하지만 주변 건물이나 가로와 서로 대응하여 이웃들은 모두 친근하게 알고 지내는 커뮤니티가 된다. 근린에서 가로는 주민과 방문자가 한 부분에서 서로 다른 부분으로 이동하는 데 많은 대안적 길을 창조할 수 있도록 그리드형 가로체계로 구성되며, 가로에서 자동차는 허락되지만, 인간적인 요구에 우선하지 않는다.

한편, 뉴어버니즘은 지구나 도시 혹은 지역 차원에서 중심(town center)을 고밀화하고, 외곽(edge)으로 가면서 점차 저밀화하는 트란섹트 개발(transect-oriented development)을 지향한다. 트란섹트는 자연 서식처와 도시 활동공간이라는 상호 대립되는 일련의 계획요소를 동시에 구성하는 전략으로 서식처 평가방법과 공동체 구성을 지역지구제(zoning) 기능을 통합하는 개념으로, 도심에서 교외변두리로 이어지는 일련의 위계에 따라 건축물과 가로의 적절한 유형을 제시한다.

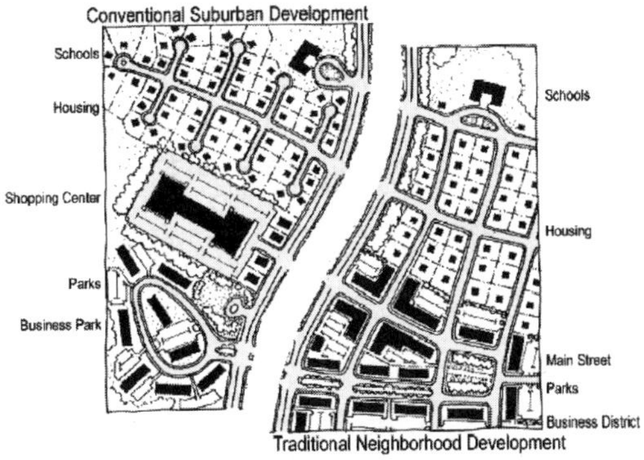

그림 3-2-7 기존의 도시근교개발과 전통적 근린개발 비교(Smart Code 6.5)

뉴어버니즘은 도시미화운동 이래 상대적으로 그 가치가 소홀히 다루어져온 미적인 측면을 재발견함으로써 도시민이 보다 윤택한 생활을 누릴 수 있도록 하는 물적 토대를 제공하고, 환경가치를 중시하여 환

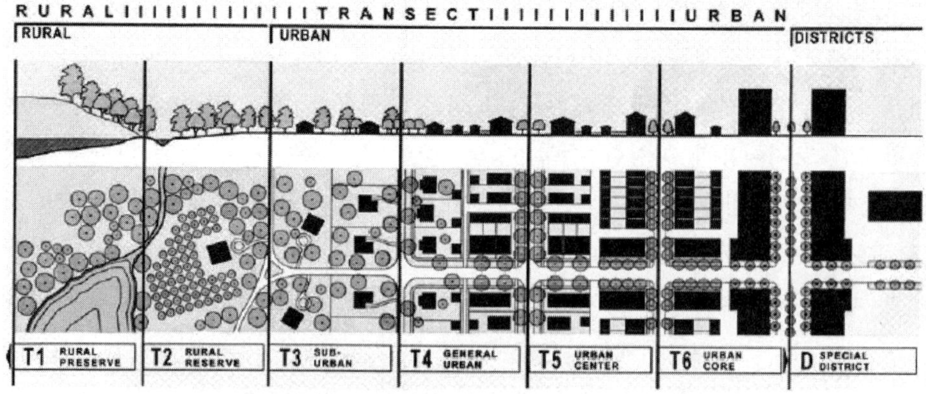

그림 3-2-8 Transect planning by A. Duany

경친화적 도시설계의 모범을 보여주고 있으며, 많은 도시행정가들이 고민하는 도시마케팅 전략의 구체적인 모습을 보여준다는 측면에서 긍정적 의미를 담고 있을 뿐만 아니라 뉴어버니즘이 내세우는 사회적 슬로건이 현실에서는 상업주의에 의해 희석되고 있지만 오히려 상업주의를 활용하여 사회적 이상을 실현하는 방안을 모색한다는 점에서 그 가능성을 엿볼 수 있다. 한편으로 그 접근이 도시설계로서 매우 좋은 아이디어를 담고 있음에도 불구하고 사회적 의의를 지나치게 강조하고 있으며, 현실에서 일부 계몽주의적이고 권위주의적인 시도로 인한 부작용 역시 지나친 과욕에 기인한다는 한계를 드러내고 있는 바, 설계기법적인 측면에 보다 집중하고 주민참여와 소통을 중시하는 접근이 모색되어야 한다.

최근 우리나라에서는 과거 개발연대의 물량 위주 도시개발 및 주택공급 방식에서 삶의 질을 중시하는 방식으로 개발방식에 있어서 패러다임의 전환이 이루어져야 한다는 주장이 제기되면서부터 뉴어버니즘은 적지 않은 관심의 대상이 되고 있다. '지속가능한 신도시 계획기준'이나 '살기좋은 도시만들기'는 그 구체적인 제안이라고 할 수 있다. 주목할 만한 측면은 이러한 제안들이 제시하는 비전이 환경·생태, 경관, 공동체, 자족성, 대중교통 등 이미 20년 전에 제시한 미국의 뉴어버니즘이 제시한 비전과 상당 부분 중복된다는 것이다.

제2장 지구단위계획

제1절 지구단위계획 수법

우리나라에서 지구차원에서의 계획적 접근은 1980년「건축법」개정을 통하여 도심부 내의 건축물에 관한 특례조항을 신설하면서 시작되었다. 도심부 또는 간선도로변 등 시장·군수가 도시의 기능 및 미관의 증진을 위하여 필요하다고 인정하여 도시계획에 의한 도시계획시설 및 토지이용계획 등을 구체화하고 건축물 및 공공시설의 위치·규모·용도·형태와 공간의 활용 등에 관한 장기종합계획으로서의 '도시설계'를 수립·작성하여 공고한 구역 내에서 건축하는 건축물은 도시설계에 적합하도록 하였다. 이어 1991년에는 '도시설계지구'를 하나의 용도지구로 지정하는 근거를 마련하는 동시에, 도시설계가 지닌 도시계획상의 한계극복을 위하여「도시계획법」개정을 통하여 도시계획구역 안에서 토지이용을 합리화하고 도시의 기능·미관 및 환경을 효율적으로 유지·관리하기 위하여 '상세계획구역'을 도시계획으로 결정할 수 있도록 하였다.

2000년 들어 도시적 차원에서의 계획규제 필요성이 점차 늘어나면서「건축법」에서 규제하던 건축물의 용도나 건폐율·용적률 등 건축제한에 관한 사항을「도시계획법」으로 규제하는 동시에 독창성 및 차별성이 모호해진 '도시설계'와 '상세계획'을 '지구단위계획'으로 통합하고 도시계획 절차에 의해 수립되고 있다. 국토이용관리와 도시계획을 통합하여 국토이용체계를 일원화한 현행「국토의 계획 및 이용에 관한 법률」에 의한 지구단위계획은 도시계획 수립 대상지역 안의 일부에 대하여 토지이용을 합리화하고 그 기능을 증진시키며 미관을 개선하고 양호한 환경을 확보하며 당해 지역을 체계적·계획적으로 관리하기 위하여 수립하는 도시관리계획이다.

따라서 지구단위계획은 물리적 계획을 위한 규제수단과 계획이 완료된 지역에 대한 사후관리수단으로서의 기능을 동시에 가지고 있다. 그러나 지구단위계획의 성격이 점차 관리적 성격에서 사업 유도적 성격, 개발 허가적 성격으로 확대 변화되면서 지구단위계획의 고려요소도 기존의 관리적 계획요소 이외에 사업성에 대한 부분이나 재정적인 측면에 대한 부분, 지역의 역사나 문화, 그리고 지역공동체에 대한 고려 등의 필요성이 증가하고 있으며, 최근에는 지구단위계획에 대한 환경적 측면의 고려 요구도 점증하고 있는 실정이다. 이러한 흐름에 비추어 볼 때 계획규제수단으로서의 지구단위계획은 그 결과만큼이나 과정이 더욱 중요한 의미를 지니며, 이러한 과정에 조경가의 적극적인 참여가 기대되는 바, 도시개발이나 택지개발 등 지구단위의 개발사업과 관련한 계획규제 내지 수법을 중심으로 살펴보기로 한다.

1. 지구단위 규제수법

지구단위계획은 도시계획절차를 무시했던 과거 상세계획과는 달리 도시계획의 일종으로 도시계획절차에 의해 수립된다. 따라서 의지에 따라서는 대상 지역의 구체적인 3차원적 형태를 결정지을 수 있는 힘 있는 도시관리장치이며, 그 의지의 주체는 계획전문가가 될 수도 있고 승인권자가 될 수도 있다. 문제는 지구단위계획이 도시관리장치인 동시에 개발사업을 위한 실시계획승인 이후 곧바로 시작되는 공동주택단지의 계획규제수단이 된다는 점이다.

그림 3-2-9 지구단위계획 개념도

「도시개발법」에 의한 도시개발구역, 「택지개발촉진법」에 의한 택지개발예정지구, 「도시 및 주거환경정비법」에 의한 정비구역 등 각종 개발사업을 위한 지역은 물론 개발제한구역 · 도시자연공원구역 · 시가화조정구역 또는 공원에서 해제되는 구역, 녹지지역에서 주거 · 상업 · 공업지역으로 변경되는 구역과 새로 도시지역으로 편입되는 구역 중 계획적인 개발 또는 관리가 필요한 지역의 전부 또는 일부에 대하여 지구단위계획구역을 지정하고 지정된 구역에는 지구단위계획을 수립하여 관리하게 된다. 최근에는 도시지역의 체계적 · 계획적인 관리 또는 개발이나 양호한 환경의 확보, 기능 및 미관의 증진 등을 위하여 필요한 지역은 물론 도시지역 내 주거 · 상업 · 업무 등의 기능을 결합하는 등 복합적인 토지이용을 증진시킬 필요가 있거나 유휴토지를 효율적으로 개발하거나 교정시설, 군사시설 등을 이전 또는 재배치하여 토지이용을 합리화하고 그 기능을 증진시키기 위하여 집중적으로 정비가 필요한 지역 등 기존 도시의 정비 및 개발에도 지구단위계획 수립이 보편화되고 있다.

구역의 지정목적을 달성하기 위하여 기반시설의 배치와 규모, 도로로 둘러싸인 일단의 지역 또는 계획적인 개발 · 정비를 위하여 구획된 일단의 토지의 규모와 조성계획, 건축물의 용도제한 · 건축물의 건폐율 또는 용적률, 건축물의 높이의 최고한도 또는 최저한도, 교통처리계획을 포함한 건축물의 배치 · 형태 · 색채 또는 건축선에 관한 계획,

사진 3-2-2 분당신도시 시범단지 모형사진

환경관리계획 또는 경관계획 등을 포함하는 지구단위계획을 수립한다. 신도시 또는 대규모 부지를 공간적 범위로 하는 택지개발이나 도시개발을 위한 계획수립 및 도시정비·재정비를 위한 계획에 따른 지구단위계획은 도시공간의 입체적인 질서를 부여하고 접점공간의 도시적 풍요로움을 제공하기 위한 공공을 위한 계획이다. 이러한 공공을 위한 공간형성에 있어서 경관 및 생태, 친환경 관련 계획은 도시 또는 지구의 정체성을 결정하는 매우 중요한 역할을 수행하게 되며, 특히 개발과 관련한 환경계획 또는 영향평가와 직접 연계하여 수행되는 특징을 가진다.

한편, 공동주택단지의 계획적 규제의 시초는 제1기 신도시 개발 당시 도입한 도시설계제도라고 할 수 있다. 분당신도시 시범단지는 현상공모에 당선된 계획안에 따라 서로 다른 4개의 사업주체가 공동으로 단지계획안을 작성하여 단지 간 정합을 이루는 이를테면 '계획안 선정 후 분담설계' 방식으로 진행되어 바람직한 선례를 남겼다.

그러나 현재 개발사업과 관련하여 실시계획 단계에서 수립되는 지구단위계획은 개별법에서 정한 개발계획에 의해 배분된 별도지침에 따라 결정된 토지이용계획을 근간으로 각종 영향평가나 심의 등을 반영하여 수립하는 데 그침으로써 절차이행의 보조적 수단으로 작성되고 있다고 해도 과언은 아니다. 지구단위계획 자체가 부실한데다 도시의 골격과 이미지를 형성하는 측면에서 입체적 도시구조와 형상을 제어하지 못함은 물론 최소한의 규제를 통한 다양한 건축행위가 가능해야 하나, 오히려 너무 세밀한 부분까지 규제함으로써 일률적 혹은 왜곡된 경관을 형성하는 등 본래의 목적을 달성할 수 없을 뿐만 아니라 창의적인 계획을 저해하기도 한다.

2. 지구단위 계획수법

지구단위계획을 수립함에 있어 보전·생태, 장소, 경계, 생활이라는 개념이 각 부분에 어떻게 관여할 것인가를 보여주기 위해 계획 및 시설과의 개괄적인 상관관계를 나타낸 디자인 가이드라인의 매트릭스를 설정하는 것이 매우 중요하며, 지구 전체와 기반시설 및 개별시설별 디자인 가이드라인에서 구체적으로 실현되어야 한다.

공간계획의 기본방향 및 공간구조계획에 의거하여 지구 전체에 대한 대지조성·경관 · 친환경계획, 기반시설로서의 도로 · 공원녹지 및 블록 또는 개별시설로서의 공동주택 · 단독주택 · 근생시설 · 공공시설 · 교육시설 · 상업시설 · 도로지원시설과의 얼개를 매트릭스로 나타낸 다음 이 매트릭스에 의거 구체적인 실현방안을 구현한 디자인 가이드라인은 크게 계획부문과 시설부문으로 나눌 수 있으며, 시설부문은 다시 기반시설과 개별시설로 나눌 수 있다. 의왕 포일2지구를 사례에 의한 매트릭스 구조의 디자인 가이드라인 실현항목은 다음과 같다.

표 3-2-1 디자인 가이드라인에 의한 지구단위계획

구 분		보전 · 생태	장 소	경 계	생활(교류)
지구계획	대지조성 계획	• 기존수림대 보전 • 녹지축 형성 • 수체계 정비		• 기존능선 변화 최소화 • 자연비탈 처리	
	경관계획	• 녹지경관 창출 • 친수환경 조성	• 생활가로변 연도형 배치 • 통경축 확보 • 교차점 주거동 입면특화		
	친환경 계획	• 기존 녹지 보전 • 기존 수계 보전 • 비오톱 조성	• 생태통로 설치 • 입체녹화 • 바람길 형성		
기반시설	도로시설			• 생활가로체계 구성 • 보도연계형 공지조성 • 인접보도와 단차 불허	• 생활가로변 커뮤니티시설 배치 • 자전거도로망 형성
	공원녹지 시설	• 기존 수림 · 습지 보전	• 유수지 설치	• 보도연계형 공지조성	• 관찰데크 설치
개별시설	공동주택	• 자연지형을 이용 • 외부녹지축과의 유기적 연계 • 친환경 재료 사용	• 저층 클러스터형 및 고층 주거동 조합배치 • 바람길 고려 • 소음완화	• 식재 등 자연형 경계 도입	• 보행네트워크 연계 • 연도형 근생시설 및 부대복리시설 배치
	단독주책			• 건축선 • 벽면한계선 지정	• 보행자우선 도로 구조
	공공시설			• 건축한계선 지정 • 공원경계 자연경사활용	• 가로공원 조성
	교육시설			• 생활가로 연접부 진입광장 조성 및 주민 이용가능 시설배치	• 스쿨존 설정 • 완화차선 확보
	상업시설			• 건축선 • 건축한계선 지정 • 담장설치 불허	• 건축지정선에 의한 보도연계형공지 조성
	도시지원 시설		• 주변 연계 녹지조성 • 통경축 확보		

지구단위계획은 친환경주거단지개발을 위한 기능적이고 입체적인 계획수립과 거주민과 이용객을 위한 사회적 활동공간을 확보하고 구체적이고 실천적인 계획을 통해 체계적·계획적 도시관리를 도모하는 방향으로 수립되어야 한다. 용도지역계획을 제외한 부문별 계획은 공간계획에 의한 디자인 가이드라인 내용을 대부분 받아들이고 있으며, 관련 법령이나 기준 내지 각종 평가 및 심의 또는 협의 사항을 추가·보완하고 있기 때문에 디자인 가이드라인이 지구단위계획의 실효성을 담보한다고 할 수 있다. 따라서 주거단지 개발을 위한 공간계획을 수립하여 지역특성에 부합하고 자연과 공존하는 공간조성을 위한 입체적 마스터플랜을 작성하고, 이를 발전시켜 계획의 일관성을 유지할 수 있는 구체적인 디자인 가이드라인을 마련하여 실효성을 담보하는 경우 계획적 개발을 유도하기 위한 하나의 툴(tool)로서 기능한다고 볼 수 있다.

한편, 그동안 개발과정에서 자연생태계의 질서와 생태자원의 가치에 너무 무관심했고 외면해 온 것도 사실이다. 생태자원의 보존과 복원을 전제로 환경에 부담을 적게 주는 자연의 생태적 질서와 생태자원에 기초한 계획적 접근이 필요하며, 기존의 토지이용 및 교통 위주의 개발계획 수립방식과는 달리 생태계 보존을 최우선으로 하는 경관생태학적 접근방식을 수용함으로써 환경계획과 공간계획 간의 연계를 도모하여야 한다. 기존 접근방식이 수목 위주의 생물적 요소 각각에 대한 절대적 가치평가에 의해 보존 여부를 결정하고 보전 가치가 있는 경우 면적으로 구획하는데 그친 반면 생태학적 접근방식은 생물적 요소 외에 지형이나 기후적 요소 등의 가치를 종합적으로 평가하여 보전적지를 찾아내고 녹지의 유기적 통합과 연계에 의해 그린네트워크화함으로써 생태계의 지속성을 유지시키고 나아가 인간과 자연이 조화롭게 공존할 수 있도록 한다.

현행 도시개발은 사전조사를 통한 지구지정; 개발계획 및 실시계획 수립 및 승인이라는 일련의 과정에서 환경성 검토는 입지에 대한 대안별 환경성 검토와 계획내용의 공간배치 및 토지이용과 관련된 예방적 차원에서의 검토가 이루어지지 않는 등 공간계획과 별개로 진행됨으로써 개발지구의 공간계획과 환경계획이 실질적으로 연계되지 못하고 있다. 공간계획과 환경계획 간의 연계성 확보는 공간계획에서 환경가치의 내재화 및 공간단위의 환경계획 수립이라는 양방향적 움직임에 의해 더욱 강화될 수 있다. 환경계획과 연계한 공간계획을 근간으로 가이드라인을 설정하고 이를 지구단위계획에 반영함으로써 개발 지향적 접근이 아닌 환경 우선의 개발계획을 수립함은 물론, 사전환경성 검토단계에서의 친환경 계획적 전제를 뒷받침하고 향후 환경영향평가에 내실을 기하기 위한 관련 제도의 개선이 필요하다.

3. 지구단위 조정수법

오늘날 기존의 자족적 생활단위로서의 단지계획에서 탈피하여 주변과의 연계는 물론 접점공간의 활성화를 통하여 공간의 품격을 높이고 삶의 질을 향상시키고자 하는 방향으로 계획 패러다임이 변하고 있으며, 전문분야간·학제간 유기적인 의사소통을 지향한다. 이러한 계획 패러다임의 변화에 따라 주거단지계획에서도 기존의 토지이용이나 교통 위주의 천편일률적 계획에서 벗어나 경관형성이나 친환경·친보행 위주의 계획으로 바뀌고 있으며, 이러한 일련의 계획수립에 건축이나 도시계획 전문가는 물론 경관·환경·생태 등 조경분야 전문가의 참여도 더욱 활발해지고 있다.

최근 들어 도시개발이나 도시재생을 위한 각종 계획수립과정에 프랑스의 지구건축가 제도를 차용한 일본주택도시정비공단(현 도시재생기구)의 마스터아키텍트(Master Architect ; M.A) 설계방식을 벤치마킹한 전문가 협력방식이 도입되어 부지의 정합성을 높이고 공공성과 환경성을 중시하는 경향이 대세를 이루고, 필요한 경우 별도의 경관형성계획이나 환경계획을 별도로 수행하게 되면서 조경분야 전문가의 역할이 크게 주목받고 있다.

2000년 들어 용인신갈 새천년단지에 처음 도입된 전문가 협력 설계방식은 수도권 택지개발지구는 물론 그린벨트 해제지구에 입지하는 주택단지와 뉴타운 개발에 본격 도입

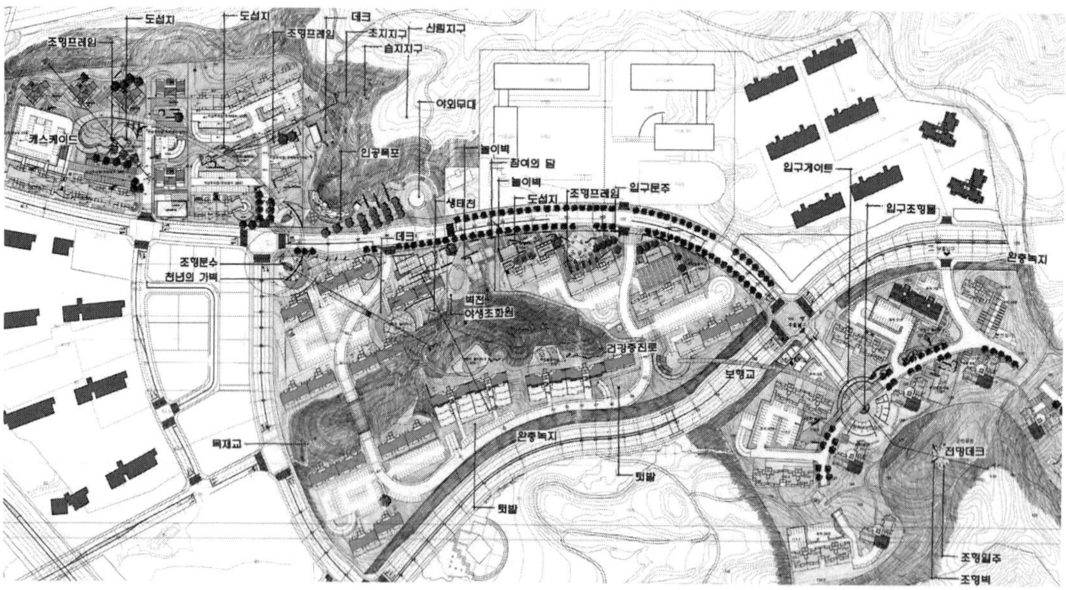

그림 3-2-10 최초로 M.A방식으로 진행된 용인신갈 새천년단지 기본계획안

그림 3-2-11 MLA방식을 도입한 성남 판교신도시 공원녹지 현상설계공모 당선작 (LH, 2007. 1)

되고 있다. 이와 같은 경험을 바탕으로 지구단위계획의 입안권자가 지구단위계획을 작성할 때에 도시계획 · 건축 · 토목 · 조경 · 교통 등 필요한 분야의 전문가의 협력을 받을 수 있도록 함은 물론, 제2기 신도시를 개발함에 있어 택지조성계획과 주택건설계획 등이 연계되지 않을 경우 도시 전체의 토지이용 효율이 저하되거나 주변경관 또는 단지 간의 부조화가 발생할 우려가 있다고 보고, 계획 및 설계를 체계적으로 관리하고 일관성을 유지함으로써 계획의 집행력을 확보하는 방안의 하나로 개발 초기단계부터 토지이용계획과 건축계획에 계획지도위원(Master Planner ; M.P)을 활용토록 하였다.

그리고 생활권단위 정비를 목표로 하는 뉴타운사업을 보다 안정적이고 효율적으로 추진하기 위한 「도시재정비 촉진을 위한 특별법」이 제정되면서 도시재정비촉진계획 수립 전 과정을 총괄 진행 · 조정하는 총괄계획가(Master Planner ; M.P)를 위촉토록 함으로써 기존의 뉴타운 개발 기본계획 수립 시 도입된 바 있는 M.A 제도에 대한 법적 근거가 처음으로 마련되기에 이르렀다. 이는 도시계획 · 건축 · 조경 등 분야별 전문가들이 모여 서로 협의와 조정을 통하여 공간질서를 형성해 가는 과정으로 볼 수 있다.

이와 같은 전문가 협력방식은 조경분야에도 도입되어 단지와 공원녹지 간 연계는 물론 단지와 단지 간 디자인 조정을 통하여 지구 전체의 조화로운 환경조성을 도모하고 외부환경의 질적 수준을 제고하기 위하여 실무경험과 설계조정능력이 뛰어난 총괄조경가(Master Landscape Architect ; MLA)를 임명하여 운영되기도 한다.

나아가 사업지구 전반에 관한 통합 이미지 구현을 위하여 지구계획은 물론 공원녹지, 건축물, 공공시설물 등의 설계를 통합조정하는 총괄조정가(ULD ; Urban & Landscape Designer)를 두고, 도시계획 · 조경 · 건축 · 토목 등 관련 실무자가 모여 구체적인 대안을 마련하는 방식도 시도되고 있다.

제2절 지구단위계획 수립

지구단위계획을 입안할 때에는 도시환경의 질적 향상이라는 궁극적 목표가 완성될 수 있도록 첫째, 지형·지세와 기후, 장소성, 문화적 경관, 건축재료 등의 자연적인 요소와의 조화, 둘째, 지명색 등의 사회적인 요소의 반영, 셋째, 미적 가치 등 역사·문화적인 가치를 가지고 있어 후대를 위하여 보존하여야 하는 시설물이나 지역의 특성을 살릴 수 있는 요소의 보전, 넷째, 교통흐름을 원활히 할 수 있는 교통계획, 다섯째, 공공공지의 보전 등을 고려하여야 한다.

지구단위계획은 용도지역·지구, 환경관리, 기반시설, 교통처리, 가구 및 획지, 건축물 용도, 건폐율·용적률·높이 등 건축물의 규모, 건축물의 배치와 건축선, 건축물의 형태와 색채, 공개공지 등 대지 내 공지, 공원 및 녹지, 경관 등 각 부문별 계획을 포함한다. 지구단위계획구역 지정목적 및 유형에 따라 지구단위계획에 포함할 내용은 다음 표와 같으며, 지역 실정에 따라 포함될 사항을 추가하거나 제외하는 등 선택적으로 정할 수 있다.

표 3-2-2 지구단위계획 수립기준

계획에 포함할 내용	신시가지개발	기존시가지정비	기존시가지관리	기존시가지보존
용도지역·지구 지정	●		●	
기반시설의 배치와 규모	●	●	●	
가구 및 획지	●			
건축물의 용도	●	●	●	●
건폐율·용적률·높이 등 건축물 규모	●	●	●	●
건축물의 배치와 건축선	●	●	●	●
건축물의 형태와 색채	●			●
공동개발 및 맞벽건축		●	●	
경관계획	●		●	
교통계획	●	●	●	
환경계획	●			

1. 건축물 배치계획

건축물의 구모는 지구단위계획구역 내의 인구 수용규모와 기반시설용량을 감안하여 건폐율·용적률·높이 등을 정하게 된다. 건폐율은 대지 내 공공공지 확보와 인접대지 경계선에서 띄워야 할 거리, 전면 건축선 후퇴, 조경확보 면적기준, 옥외주차장 확보기준 등을 고려하여야 하며, 용적률은 가구(街區) 단위로 최대한도를 명시하고, 필요한 경우 동일 가구 안에서도 허용범위를 다르게 제시하여 융통성을 부여하도록 한다. 건축물의 높이는 입지적 특성, 주변 환경과의 조화 등을 고려하되, 구역 전체의 단계적 스카이라인을 형성하도록 한다.

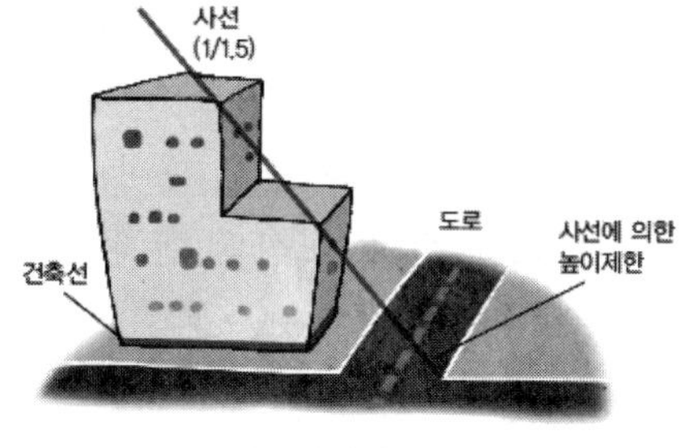

그림 3-2-12 지구단위계획에 의한 건축제한

한편, 공개공지 등 대지내 공지의 경우 휴식공간이 부족하고 전면공지가 잇달아 형성되지 않아 쾌적한 보행 공간 확보가 어려운 경우, 가구·획지 간 동선체계가 미비한 경우, 가구·획지 간 보행활동 및 휴식공간 확보가 어렵고 외부공간의 질 저하가 우려되는 경우, 전면 공지에 체계적이고 일체적인 조경을 실시하여 외부환경의 질적 향상을 도모하고자 하는 경우, 이용인구가 많이 몰리는 도심부의 대형건축물 등에 이용자의 휴식을 위하여 옥외공간을 확보할 필요가 있는 경우에는 건축선 지정 등을 통하여 대지 내 공지를 확보하는 방안을 검토한다.

주택건설사업을 위한 지구단위계획을 수립하는 경우 「주택법」에 의하여 설치하는 기반시설과 건축물의 용도, 건폐율, 용적률 및 건축물 높이의 최고한도 또는 최저한도만을 필수적인 수립항목으로 하되, 아파트 등의 건축에 따라 직접 혹은 간접적으로 영향을 미칠 것으로 예상되는 최소한의 영향권을 검토구역으로 하여 주변지역과의 조화, 피해 정도, 기반시설용량 등의 관계를 검토하여야 한다. 영향권 검토에 의거 대지면적의 일부가 도로·공원 등 공공시설부지로 제공되거나 공개공지 또는 공개공간의 의무면적을 초과하여 설치하는 경우 지구단위계획에 의거 행위제한을 완화하여 적용할 수 있다.

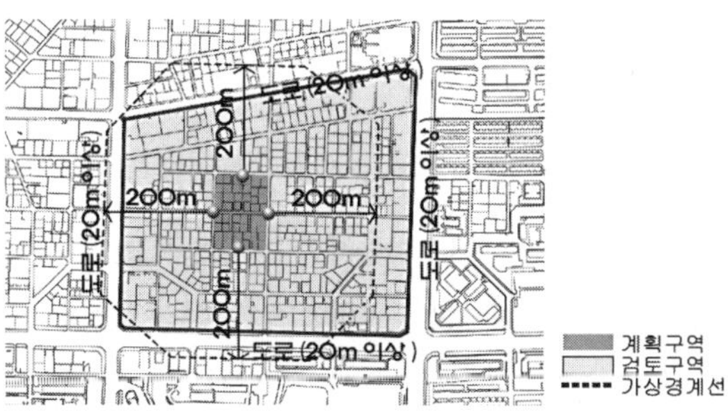

그림 3-2-13 검토구역 적용 예시

공공시설부지로 제공하는 경우 건폐율은 조례로 정하는 건폐율에 당초 대지면적 대비 공공시설부지로 제공하는 면적 비율 이내, 용적률은 조례로 정하는 용적률에 공공시설부지 제공 후 대지면적 대비 공공시설부지로 제공하는 면적 비율의 1.5배에 가중치를 곱한 비율 이내, 높이는 조례로 정하는 높이에 당초 대지면적 대비 공공시설부지로 제공하는 면적 비율 이내에서 각각 이를 완화하여 지구단위계획을 수립할 수 있다. 또한 공개공지를 의무면적을 초과하여 설치하는 경우 용적률은 조례로 정하는 용적률에 의무면적 초과 공개공지 면적의 절반을 곱하고, 대지면적으로 나눈 비율 이내, 높이는 「건축법」에 의한 높이에 의무면적 초과 공개공지 면적의 절반을 곱하고 대지면적으로 나눈 비율 이내에서 각각 이를 완화하여 지구단위계획을 수립할 수 있다.

한편, 옥상녹화, 빗물이용시설 설치, 신재생에너지 사용 등 친환경 계획요소를 도입하는 경우에는 기준용적률에 추가 용적률을 더한 허용용적률을 규정하여 친환경개발을 유도하고 있다.

2. 경관계획

경관이란 본질적으로 지역·지구별로 고유한 특성을 갖는 것이므로 지역·지구경관관리는 지역별로 그 구체적 목표와 내용이 달라질 수밖에 없다. 그러므로 지역·지구마다의 경관계획이 필수적이다. 지역경관계획은 도시계획적 스케일을 바탕으로 지역적 차원에서 경관의 골격을 형성하는 것으로 자연적 조건과 역사 문화적 조건, 사회적 조건을 바탕으로 지역의 경관자원을 유효하게 관리하는데 초점이 맞추어진다. 따라서 인공환경의 조성에 의한 경관형성보다는 자연경관과 역사적인 경관의 보존과 관리가 주된 계획의 대상이 되고 있다. 택지개발지구 등 지구단위의 경관계획은 자연환경의 보전과 관리보다는 이들과 조화되는 새로운 인공환경의 창조에 초점이 맞추어진다. 지구단위 경관계획에서는 복수건축의 종합적인 조정에 의한 가로경관의 형성이 주된 업무가 된다. 따라서 지구단위의 경관계획에서는 가로공간을 구성하는 건물형태, 재료, 색채 등의 조정, 공개공지의 확보, 인접한 공공공간과 건축물의 일체적인 설계 등이 주된 계획의 내용이 되어야 한다.

우리들이 기대하는 경관은 어떤 것이어야 하는가? 첫째, 지역이나 지구마다 독자적이고 고유한 경관을 만들어내야 한다. 시골은 시골답고, 도시는 도시다운 경관을 만들어야 한다. 이러한 경관은 과거에 그 동네에 있었던 것뿐만 아니라 앞으로 만들어 가는 것을 포함하여 그 시골 혹은 그 도시에서만 맛볼 수 있다는 것이 중요하다. 둘째, 경관은 멈추어 있는 것이 아니고 변해 가는 것이므로, 경관이란 당연히 지역 속에서 시대와 함께 변해가야 할 것이다. 그러나 변화는 혁명적이기보다는 점진적으로 기존의 것들과 자연스럽게 어울리며 변해가야 한다. 셋째, 자연과 공생한다. 우리들의 생활환경은 점점 인공환경화되어 간다. 그에 따라 자연의 기본적인 요소와 직접 접촉하는 기회가 점점 줄어들고 있다. 자연과 접촉을 늘리고, 자연의 변화에 따라 계절마다 다양한 표정을 나타내고 있는 경관을 만들 필요가 있다. 마지막으로 경관은 원경 · 중경 · 근경 등 각 레벨에 따라 그에 상응하는 특성을 가져야 하며, 이들은 상호 연속적이어야 한다. 도시경관으로서의 원경은 주로 조망형 경관이다. 이 레벨에서는 주로 시각적으로 인지되는 경관이다. 따라서 외부에서 바라보는 원경이 자연환경과 인공 환경의 조화에 의해 지구의 고유한 경관이 형성되도록 해야 한다. 가로경관으로서의 중경은 지구의 통일 컨셉트에 기초하여 각 가구마다 지형, 입지조건, 개발지에서의 역할, 공급하는 주택의 거주자상 등을 고려한 건물 파사드와 옥외공간의 독자적인 경관을 창출한다. 생활경관으로서의 근경은 보행자의 눈을 즐겁게 하는 생동감 있는 공간창출을 통해 생활영역의 소속감을 높이고, 거주자 스스로 생활공간을 창조적 공간으로 가꾸기를 기대하는 경관이다. 경관은 레벨에 따라 원경의 경우 시각적인 미가 중시되지만, 중경과 근경은 오브제로서의 시각적인 미보다는 오감을 통해 느낄 수 있는 생활경관이 중시되어야 한다.

3. 환경계획

단지개발을 인위적인 시스템으로만 유지하는 것은 장기적으로 지속가능하지도 않으며 막대한 유지관리비용이 소요되므로 계획단계에서 생태적인 자연자원을 적극 도입하여 활용하는 공급자의 인식전환이 필요하며, 이와 더불어 그동안 장식적인 아름다움, 기계적인 기능과 편리함이 곧 가치 있는 것이라는 거주자들의 주거에 대한 인식도 바뀌어야 한다. 생태적인 미는 하나의 절대적인 미의 기준에 내재되어 있는 것이 아니라 장소 고유가 갖는 생태적 질서가 표출되는 다양성과 건강성에 있기 때문이다.

환경계획은 환경성 검토 결과에 기초하여 수립하고, 자연환경을 보전하기 위하여 구릉지 등의 개발에서 땅깎기를 최소화하고 땅깎기 면이 드러나지 않게 대지를 조성하여 전체적으로 양호한 경관을 유지시키고, 습지나 지하수면이 높은 지역, 야생동식물의 서식처 등은 개발행위로 인하여 환경에 큰 영향이 가해질 수 있는 생태민감지역이므로 이를 보존하여 오픈스페이스체계에 연결시키며, 구릉지에는 가급적 자연지형을 살릴 수 있도록 저층 위주로 계획한다. 또한, 에너지 및 자원 재활용을 위하여 태양열 · 풍력 · 지중냉열 등의 자연 에너지의 이용률을 높이고, 지역에 산재한 서수시 · 호수 · 마을연못 등의 자원을 조사하고 구역 내 수자원의 보전과 전체적인 수자원의 순환체계를 고려한 수자원계획을 수립하고 생태연못이나 하천, 우수저류시설 등을 도입하며, 환경오염방지를 위하여 대기오염원이 되는 생산 활동은 주거지 안에서 일어나지 않도록 하고, 강우 시 유출수에 의한 환경오염을 저감하기 위하여 투수성 포장 등 비점원오염(non-point source pollution) 물질을 줄일 수 있는 방안을 고려하여야 한다.

최근 정부는 신도시를 생태도시로 조성하기 위해 환경계획 수립을 의무화하고, 대규모 개발사업 추진 시 보전지역 및 생태특성을 반영한 환경계획 수립 의무화를 확대 추진하고 있다. 「환경정책기본법」에 근거한 행정단위의 환경계획과는 달리 사업단위의 '환경계획(Green Plan)'은 오염이 없는 청정 환경, 자원 및 에너지의 생태적 순환, 녹지보전을 통한 자연과의 공생, 자연감성 · 체험을 배려하는 어메니티 도시 등에 대한 비법정 기술적 계획으로, ①사업지구 환경계획 개요, ②대상지 환경생태적 특성 파악, ③환경목표 및 실천수단의 설정, ④지생태 · 자연공생 · 청정환경 · 생태순환 · 어메니티 · 생태공간구조 등 부문별 환경계획, ⑤계획의 집행 및 추진체계로 구성되며, 환경성 평가와 개발계획을 조정하고, 환경성 평가과정의 내실화를 강화하며, 개발계획 자체의 환경성을 제고하는 기능을 가진다.

이러한 환경계획이 개발계획과 연계되기 위해서는 개발계획이 통상 실시계획 승인 시까지 진행된다는 점을 감안하여 환경계획도 개발 · 실시계획과 시기 및 내용에 있어 정합성을 이루도록 작성할 필요가 있으며, 환경계획과 사업계획 간 연계를 위하여 생태적 지구단위계획 지표를 도출하고 이를 일반적 지침과 도면표현형 지침으로 구분 적용함으로써 생태적 지구단위계획을 수립하게 된다.

환경계획 관련 지표로 '생태면적률'은 개발로 인해 훼손되기 쉬운 도시공간의 생태적 기능, 즉 자연의 순환기능을 유지 또는 개선을 유도하기 위한 지표로 사전 환경성 검토 및 환경영향평가 대상 중 신도시 등 대규모 택지개발이나 공동주택건설과 관련되는 개

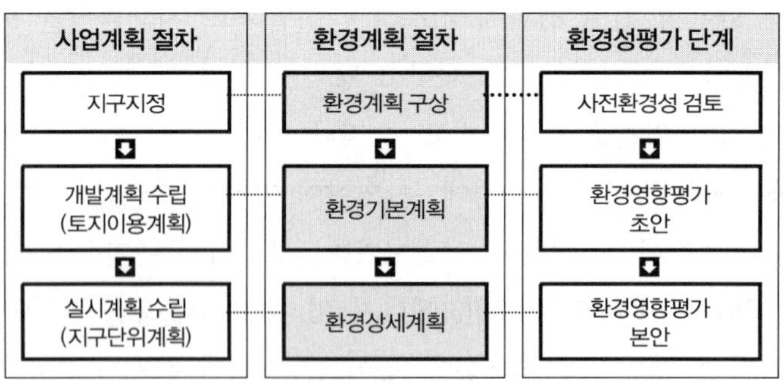

그림 3-2-14 환경계획과 사업계획의 정합성도

발사업에 우선 적용되고 있다. 사전 환경성 검토 시 대상지의 생태적 가치를 판단할 수 있는 현장조사 자료로서 비오톱평가도와 토양포장분석도를 작성하고 생태면적률 산정도면 및 산정표를 별도 제출하여야 하며, 환경영향평가협의 시 구체적인 개발계획의 토지이용계획을 반영한 토지이용별 · 블록별 생태면적률 산정도면 및 산정표를 추가로 제출하여야 한다. 「주택법」에 의한 주택성능등급표시제도 시행에 따른 공동주택단지 내 외부환경 성능 관련 생태면적률은 "제3장 주거단지계획"에서 자세히 다루기로 한다.

4. 공원녹지계획

'공원녹지'란 쾌적한 도시환경을 조성하고, 시민의 휴식과 정서함양에 기여하는 도시공원 · 녹지 · 유원지 · 공공공지 및 저수지 등을 말하며, 택지개발계획, 도시개발계획, 주택건설사업계획 등 각종 개발계획을 수립하는 경우 일정 면적 이상의 도시공원 또는 녹지의 확보계획을 개발계획에 포함하여야 한다. 「도시공원 및 녹지 등에 관한 법률」에 의하면 쾌적한 도시환경의 조성을 위하여 해당 도시지역 안에 거주하는 주민 1인당 6㎡ 이상, 개발제한구역 및 녹지지역을 제외한 도시지역 안에 거주하는 주민 1인당 3㎡ 이상의 도시공원을 확보하여야 한다.

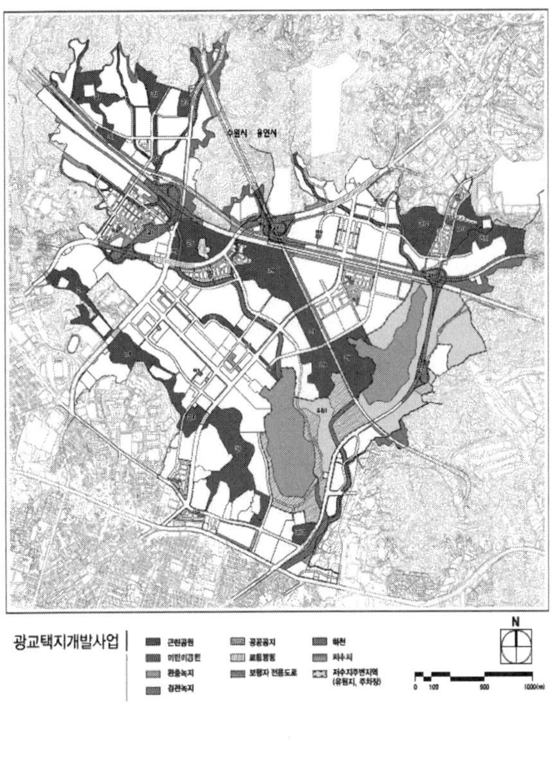

그림 3-2-15
광교신도시 공원녹지계획

지구차원에서의 공원녹지계획은 공원녹지를 그 기능과 위계에 따라 분산 배치하는데 그치지 않고, 공원과 녹지를 포함한 보다 광역적 의미에서의 공원녹지체계계획으로 이해되는 것이 바람직하다. 공원녹지체계계획은 산발적이고 자족적인 공원녹지의 한계를 넘어 일종의 체계라는 개념으로 파악하여 전체적 도시구조 속에서 광역적인 배치와 조직에 관한 사항들을 다루는 계획으로, 도시의 물리적 계획과 긴밀한 관계를 전제로 거시적이고 포괄적인 수준의 지침을 제시한다. 공원녹지체계계획은 현대 도시의 특성을 충분히 받아들이고 자연환경요소 중에서 보호해야 하는 곳은 적극 보존하되, 변경이 가능한 것은 그 체계 속에 적극 수용함으로써 인공환경의 질을 높이고자 하는 합리적 접근방법이다.

공원 및 녹지를 계획하는 경우, 생물서식공간이 있는 경우에는 이를 보호하고 조성하며 가급적 이들이 서로 연결되도록 하는 한편 구역 내의 물과 공기가 순환되는 경로 등을 고려하여 자연친화적인 공원·녹지가 조성되도록 하고, 지구단위계획구역 안에서는 가급적 녹지축이 단절되지 않고 이어지도록 하며 나무의 종류·크기 등이 서로 조화를 이루도록 하며, 공원 또는 녹지는 단지 내에서 발생되는 비점오염 물질의 외부 유출을 저감할 수 있는 시설이 되도록 위치 및 규모를 고려하여 계획하여야 한다.

제3장 주거단지계획

제1절 단지배치계획

주거단지계획은 주택단지에 정착하는 인간의 거주 및 생활환경, 자연환경 등을 향상시킬 수 있도록 물리적 환경에 인위적 계획을 접목시키는 것으로, 공간구조와 거주인의 요구 및 시각·지각작용 등을 조화시키는 기술이며, 환경설계요소인 가로망·녹지·주거동·근린시설·소음·조망 등을 구성하여 계획하는 것을 말한다.

이 계획의 목적은 토지이용의 효율성을 도모하고, 도시의 구조적 변화, 주민의 성향 변화 등에 적용 가능하고 장래 변화에 대응할 수 있는 융통성과 적응성 부여를 전제로, 공공복리증진과 복지후생의 관점에서 건강성과 쾌적성을 높이고, 주거환경에 대한 기본적인 기능을 충족시킬 수 있어야 하며, 다양한 주민의 요구와 선호에 따라 자유로운 선택이 가능하도록 하는 것이다. 이러한 주거단지계획은 도시·건축·조경·토목 등의 경계영역에 속하며, 이러한 전문가 집단에 의해 이루어지고 있다.

인간의 정주환경 틀을 형성하는 주거단지계획은 물리적 환경에 대한 복합적이고 가변적인 여러 가지 요소를 합리적으로 배치하기 위한 일련의 작업과정인 바, 단지계획의 수립과정은 크게 다음과 같은 5단계로 구분된다. 그렇다고 나중의 단계가 앞의 단계에 곧바로 이어지는 직선적인 과정은 아니며, 사실상 순환적(feed back)인 과정이라 할 수 있다. 첫 번째, 계획의 전제가 되는 목표를 세우고, 그 계획목표에 따라 궁극적으로 달성하고자 하는 목적을 규정하고 그것을 구체화하는 과정으로서의 목표설정단계, 두 번

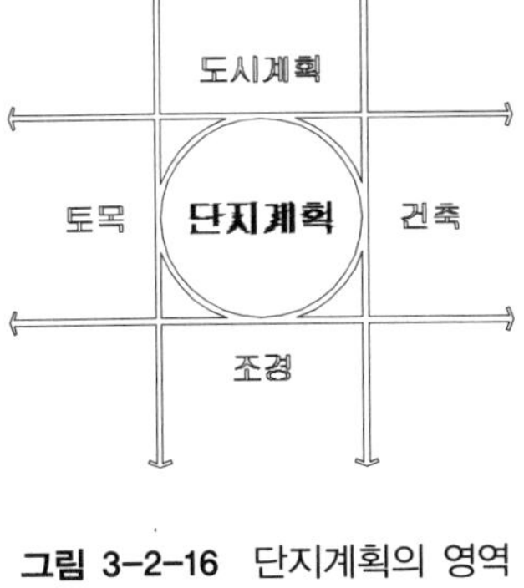

그림 3-2-16 단지계획의 영역

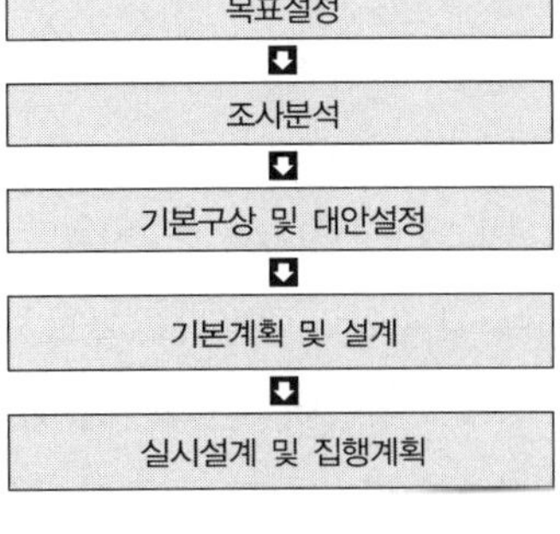

그림 3-2-17 단지계획수립과정

째, 부지답사 및 기초조사에 의한 분석을 통하여 주요 문제점 및 잠재적 가능성을 분석하는 조사·분석단계, 세 번째, 계획목표에 기초한 기본골격을 작성하고 합리적 대안(alternatives)을 설정하고 구체화하여 최종대안을 마련하는 기본구상 및 대안설정단계, 네 번째, 기본계획 지침을 설정하고 분야별 계획지침 및 기본설계를 작성하는 기본계획·설계단계, 마지막으로 작성된 계획을 실제 행동으로 옮기는 실시설계 및 집행계획단계를 거치게 된다.

한편, 주택단지를 계획함에 있어 주거동의 배치와 형상은 옥외공간의 장소성을 어떻게 구현할 것인가의 문제와 동일하게 다루어져야 한다. 옥외공간의 성격에 부합하는 주거동의 형상과 형태가 만들어져야 하며, 배치 또한 이 같은 전제에서 출발하여야 한다. 옥외공간이 가지는 위치적인 잠재력과 그 안에 담길 생활의 모습이 물적인 형태조건으로 재구성되어야 한다.

공동주택단지의 건축물 배치계획에 관한 계획규제의 근간은 「국토의 계획 및 이용에 관한 법률」에 근거한 지구단위계획이며, 그 외에도 「주택법」과 「건축법」 및 관련 지방자치단체의 조례는 물론 택지개발계획이나 실시계획 수립과정에서의 환경·교통·재해 등 관련 영향평가에 의한 규제와 승인권자 또는 협의권자와의 승인 또는 협의과정에서 관련 자체 지침이나 기준 등에 의한 규제도 있을 수 있다.

따라서 단지계획에 앞서 단지 및 주변현황을 면밀히 파악해야 함은 물론, 용도지역·지구에 따른 규제사항이나 상위 개발계획 및 지구단위계획의 내용, 기타 영향평가 또는 각종 심의내용을 면밀히 파악하고, 해당 지방자치단체의 조례를 포함한 관련 법규내용을 숙지하여야 한다. 주택건설사업을 위하여 별도의 지구단위계획을 수립하는 경우에는 「주택법」에 의하여 설치하는 기반시설과 건축물의 용도, 건폐율·용적률 및 건축물의 높이의 최고·최저한도를 필수항목으로 하여야 한다.

1. 대지안의 공지

건축물을 건축하는 경우 「민법」에 근거하여 경계로부터 0.5m 이상 거리를 두어야 하며, 「건축법」에 근거하여 용도지역·지구, 건축물의 용도 및 규모 등에 따라 건축선 및 인접대지 경계선으로부터 건축물의 각 부분까지 6m 이내의 범위 내에서 일정거리 이상을 띄어 대지안의 공지를 확보하여야 한다. 여기서 '건축선'은 '건축한계선'과 '건축지정선'으로 구분되는데, 건축한계선은 도로와 대지의 경계선이 되고, 건축지정선은 대지 안에서 건축물의 위치를 지정한 선이 된다.

2. 건축물의 높이제한

「국토의 계획 및 이용에 관한 법률」에 의거 용도지역 · 지구 안에서 건축물의 건축제한에 근거하여 제1종 일반주거지역의 경우 4층 이내, 제2종 일반주거지역의 경우 15층 이내에서 지방자치단체 조례로 정하는 층수 이내로 제한되며, 쾌적한 환경조성과 토지의 고도이용 및 증진을 위하여 지정하는 고도지구의 경우 건축물 높이의 최저한도 또는 최고한도를 정하는 경우 그 한도에 따라야 한다. 또한 지방자치단체의 장이 도로로 둘러싸인 일단의 지역, 즉 가로구역을 단위로 건축물의 최고높이를 지정하는 경우 가로구역별 최고높이에 따라야 하며, 최고 높이가 정해지지 않은 가로구역의 건축물 각 부분의 높이는 그 부분으로부터 전면도로 반대편 경계선까지의 수평거리 1.5배를 초과할 수 없다.

전용주거지역 또는 일반주거지역 안에서 건축하는 경우 일조 등의 확보를 위하여 인접대지 경계선에 의한 높이 제한을 받게 되는데, 건축물 각 부분의 정북방향으로의 인접대지 경계선으로부터 높이 4m 이하 부분은 1m, 높이 8m 이하인 부분은 2m, 높이 8m를 초과하는 부분은 당해 건축물 각 부분 높이의 2분의 1 이상을 띄워야 하며, 채광을 위한 창문 등이 있는 벽면으로부터 직각방향으로 인접대지 경계선까지의 수평거리의 2배 이상 높이로 해야 한다.

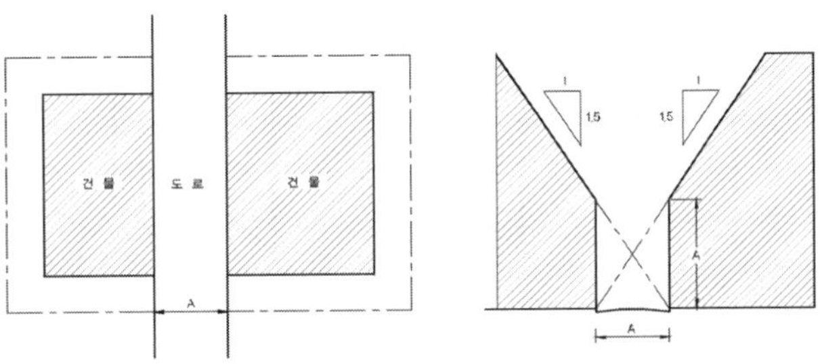

그림 3-2-18 건축물의 사선제한

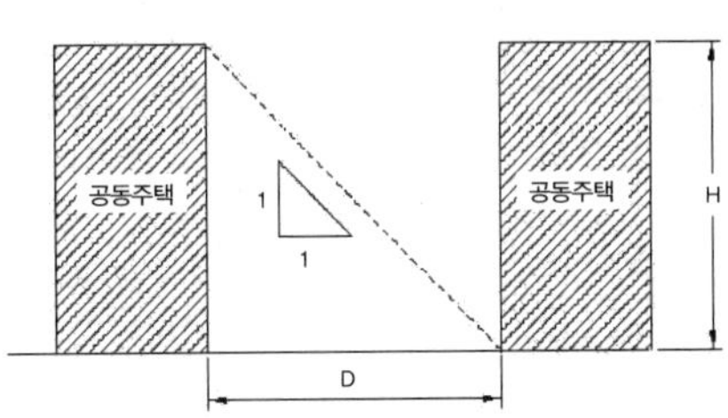

그림 3-2-19 공동주택의 인동거리(D)

그리고 '인동거리(隣棟距離)'에 의한 높이제한과 관련하여 동일 대지 안에서 2동 이상의 건축물이 마주보는 경우 채광을 위한 창문 등이 있는 벽면으로부터 직각방향으로 건축물 각 부분의 높이의 1배 이상, 채광창이 없는 벽면과 측벽이 마주보는 경우 8m, 측벽과 측벽이 마주보는 경우 4m 이상 띄워야 하며, 당해 대지 안의 모든 세대가 동지일 기준으로 9시부터 15시 사이에 2시간 이상 계속하여 일조를 확보할 수 있는 거리 이상 띄워야 한다.

3. 입면적과 입면차폐도

공동주택 배치로 인한 위압감을 없애고 조망축을 확보하기 위하여 '입면적'과 '입면차폐도'를 설정하여 규제하고 있다. '입면적'은 건축물 1개 동의 입면 상 가장 넓은 면적으로, 건축물 높이(H)에 건축물 벽면의 직선거리(D)를 곱한 값으로 표기하며, '입면차폐도'는 대지 주위의 주요 조망축 방향에서 건축물 입면적이 차지하는 정도로, 조망축 방향에서 건축물 입면적의 합계(A1+A2+A3+A4+A5)를 그 주요 조망축 방향의 단지의 가장 긴 길이(L)로 나눈 값으로 표기한다. 그 외에도 도시경관 및 스카이라인을 보호하기 위해 일정 높이 이상의 구릉지에서의 건축물의 높이 최고한도를 정하여 운영하기도 한다.

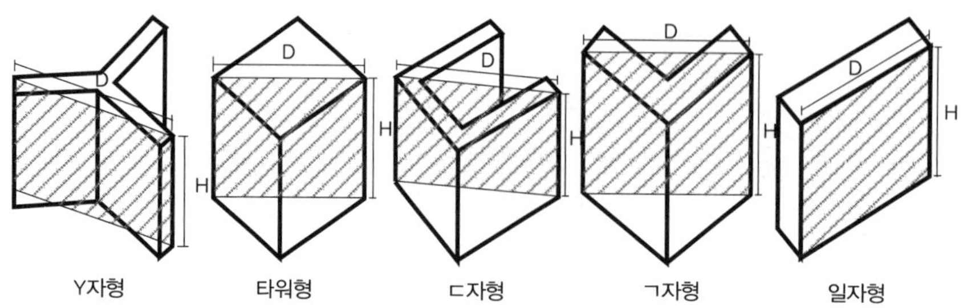

그림 3-2-20 공동주택의 입면적

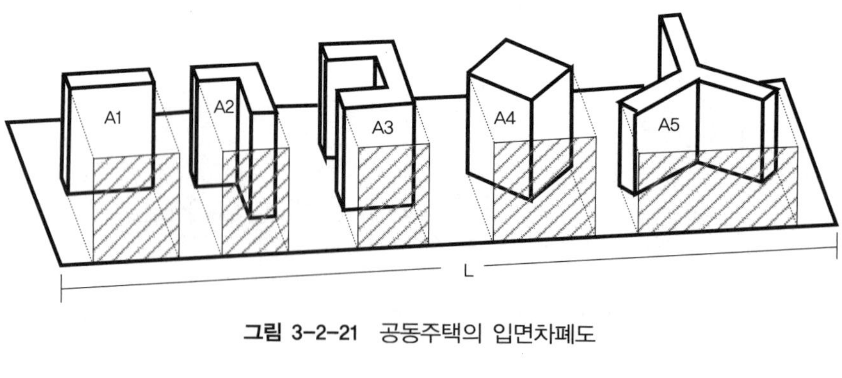

그림 3-2-21 공동주택의 입면차폐도

4. 소음 등으로부터의 이격

공동주택을 건설하는 지점의 소음도가 65㏈ 이상인 경우에는 공동주택을 철도, 고속도로, 자동차전용도로, 폭 20m 이상인 일반도로, 기타 소음발생시설로부터 수평거리 50m 이상 떨어진 곳에 배치하거나 방음벽·수림대 등의 방음시설을 설치하여 당해 공동주택 건설지점의 소음도가 65㏈ 미만이 되도록 하여야 한다. 방음벽이나 방음둑은 그 높이가 높고 음원에 근접되어 있을수록 또한 수음점이 이들 시설에 가까울수록 소음저감 효과가 증가하여 약 20㏈까지 감소하는 것으로 추정하고 있으며, 거리효과를 제외한 수림대 자체에 의한 소음저감은 보통 2~3㏈, 최대 10㏈로 그 효과가 크게 높지 않지만 인간의 귀에 민감한 음향을 차단하는 데 효과가 있는 것으로 조사된 바, 방음벽 설치보다는 방음둑을 설치하고 수림대를 조성하는 것이 바람직하다.

또한, 대기유해 또는 대기오염 물질 배출 공장이나 위험물 저장 및 처리시설과 인접하는 공동주택이나 어린이놀이터, 보육시설 및 경로당 등은 해당 시설로부터 수평거리 50m 이상 떨어진 곳에 배치하고 그 사이에는 수림대를 설치하여야 한다.

5. 주민공동시설기준

「건축법」 제42조에 의거 면적 200㎡ 이상인 대지에 건축을 하는 건축주는 용도지역 및 건축물의 규모에 따라 당해 지방자치단체의 조례가 정하는 기준에 따라 대지 안에 조경 기타 필요한 조치를 하여야 한다. 한편, 「주택건설기준 등에 관한 규정」 제55조의 2에 의거 공동주택을 건설하는 주택단지에는 주민공동시설을 설치하도록 규정하고 있다. 즉 100세대 이상 1000세대 미만의 경우 세대당 2.5제곱미터를 더한 면적, 1000세대 이상인 경우는 500제곱미터에 세대당 2제곱미터를 더한 면적을 의무설치면적으로 규정하고 있다.

세대수가 150세대 이상인 경우는 경로당과 어린이놀이터, 300세대 이상인 경우는 경로당과 어린이놀이터, 어린이집, 500세대 이상은 경로당과 어린이놀이터, 어린이집, 주민운동시설, 작은 도서관이 포함되도록 규정하고 있다. 어린이 놀이터는 채광이 양호하면서도 주택단지 내의 녹지와 어우러지며 인접대지경계선, 도로 및 주차장과 3미터 이상 이격하도록 규정되어 있다.

제2절 옥외공간계획

1. 의의 및 방향

공동주택단지의 옥외공간은 단지라는 하나의 생활형태를 확립하는 데 필요한 반공공적 존재로 인식될 수 있다. 즉 단지주민의 프라이버시의 확보와 불특정 다수의 다양한 옥외생활환경을 동시에 제공할 수 있어야 하기 때문에 그 중요성에 있어서 옥외공간이 차지하는 비중은 상당히 높다. 대규모 택지개발이나 도시개발 또는 도시재정비에 의한 주거단지 공동주택은 물론 기존의 용도지역 내 혹은 주거환경개선이나 주택재개발·재건축에 의한 공동주택 건설사업을 위한 단지계획에서의 옥외공간계획은 단지의 이미지를 결정하고 공동체 의식을 제고하는 데 중요한 역할을 수행한다.

바람직한 공동주택의 모습은 환경에 순응하면서도 독자적인 공간체계가 있는 주택, 문화적인 고유성을 지닌 주택, 외양적인 형태미보다는 공간적인 풍요로움이 있는 주택이라는 3가지 전제를 바탕으로 하며, 바람직한 공동주택의 옥외공간을 위해서는 첫째, 동적 공간과 정적 공간을 기능적으로 분리하며, 어느 정도의 폐쇄성을 부여하여 구심적으로 공간질서를 확보한다. 이를 위해서는 벽이나 수목, 포장 등을 이용하여 영역성(territoriality)을 확보한다. 둘째, 공간적 질서를 위한 연속성(sequence)을 확보하고 시각적 연속성을 동시에 부여한다. 정적 공간에서 중간적 공간을 거쳐 동적 공간으로, 외부공간에서 반외부적 공간을 거쳐 내부적 공간으로, 공적 공간에서 반공적 공간을 거쳐 사적 공간으로 공간적 질서를 위한 연속성이 주어져야 하며, 이동에 따른 변화감 조성이나 Vista 또는 Visual corridor 형성, 차경수법을 도입하는 등 시각적으로 연속성을 부여토록 한다. 셋째, 지형을 최대한 활용하여 지형변화를 최소화하며, 공간활용을 극대화한다. 경사로, 계단, 벽천, Sunken Garden, Roof Garden 등 지형에 적합한 경사지 활용기법을 사용한다. 넷째, 단지중심부는 차량통과를 배제하고 공공공지 확보하여 단지핵심공간(중앙광장 등)으로 계획한다. 다섯째, 효율적이고 체계적인 동선계획을 수립한다. 신속성, 안전성, 쾌적성, 경제성 및 바람직한 가로경관의 창출을 목표로 통행(traffic)·접근(access)·공간(space)의 기능과 더불어 방재공간, 피난로, 공급처리시설의 매설공간으로서 역할을 수행하도록 한다.

주거환경의 본질적인 의미 속에는 지역이 가진 고유의 문화적·역사적·자연적 특성에서 기인하는 특수해로서의 '장소'라는 뜻이 함축되어 있다. 앞으로 주거환경계획이 추구해야 할 또 다른 목표의 하나는 지역성에 바탕을 둔 주거환경의 조성에 있다.

2. 동선계획

주거단지 내 도로는 주택이나 각종 시설이 입지하기 위하여 반드시 필요한 시설로, 사람과 물건의 교통수요를 충족시키는 역할을 수행할 뿐만 아니라 각종 공급처리시설을 설치하고 매설하는 공간으로 활용되며, 단지 내의 오픈스페이스 및 경관구성 요소로서 중요한 역할을 수행하고 있다. 최근에는 도로 폭원의 축소와 보행자공간의 확보 등 차량 중심에서 보행자 우선의 계획으로 전환됨에 따라 단지 내 차량동선은 중심부를 관통하지 않도록 하여 단지 중심공간이 보행과 커뮤니티 활동이 이루어지는 공공공간으로 조성되고 있다.

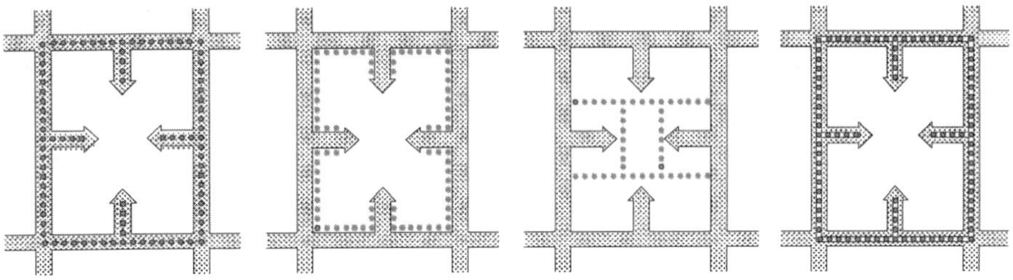

그림 3-2-22 보행자와 차량의 관계

단지 내 도로는 차량과 보행자의 관계에 따라 보차혼용, 보차병행, 보차분리, 보차공존 등 다양한 방식으로 구성된다.

보차혼용방식은 보행자 통행에 대한 개념이 도입되지 않은 방식으로 보행자와 차량 동선이 전혀 분리되지 않고 동일한 공간을 사용하기 때문에 보행자의 안전이 위협받을 가능성이 크며, 보차병행방식은 보행자는 도로의 측면을 이용하도록 차도 옆에 보도가 설치된 방식이다. 그리고 보차분리(步車分離) 방식은 보행자전용로를 일반 도로와 평면적으로, 입체적으로 혹은 시간적으로 분리하여 별도의 공간에 설치하는 방식이며, 보차공존(步車共存)방식은 차와 사람을 단순히 분리한다는 개념에서 한걸음 더 나아가 보행자의 안전을 확보하면서 차와 사람을 공존시킴으로써 주택단지 내부도로를 단순한 교통시설이 아닌 주민생활의 중심장소로 만든다는 개념이다. 따라서 폭이 좁은 단지는 I자형(선형)을, 폭이 넓은 단지는 Loop형을 기본으로 하여 단지의 형상과 규모 등에 적합한 형태를 택하도록 한다.

한편, 주택단지 안에는 「주차장법」 등에 의거 적정 주차장을 확보하고, 그 중 일정 주차대수는 지체장애인용으로 하여야 한다. 주택단지의 주차장은 옥외주차방식이 가장 경제적 · 효율적이고, 녹지공간에 피해를 적게 주며, 전체적인 환경의 질에 영향을 덜 미친다. 주차장의 설치규격은 차량의 주차형식과 이동 동선(動線) 등의 모든 여건을 감안하여 일정한 규격으로 정하고 있다. 일반주차장 1대의 구획은 너비 2.3m × 길이 5.0m이나 지체장애인인 경우 3.3m × 5.0m, 평행주차인 경우는 2.3m×길이 6.5m 이상을 확보하여야 한다.

3. 옥외생활공간계획

도시 및 주거단지 내 녹지·공공공간·공용공간의 절대적 부족이 주요 문제로 꼽히고 있는 우리나라 상황에서 공동생활공간의 양적 확대가 우선적인 과제다. 또한 주거공간 확충의 압력을 받고 있는 고층고밀도 단지에서는 주민들의 휴식·놀이·근린교제 등의 일상적인 활동이 행해지는 단지 내 옥외시설들을 차량으로부터 안전하고 주민들의 이용에 적합한 장소에 적정 규모로 설치하기 점점 어려워지고 있다. 따라서 한정된 단지 내 옥외시설물들과 옥외공간의 효율적 이용을 위한 대안으로 외부시설과 공간의 접점화·연계화를 들 수 있다.

단지 내 옥외공간을 집단화하고 연계시킬 수 있는 방안 중의 하나로 보행자전용로 구축을 들 수 있다. 보행자전용로는 그 자체가 훌륭한 외부공간으로 기능함은 물론 동시에 여러 시설들을 연계함으로써 시설이용도를 높이고 보행자의 안전을 확보할 수 있다. 주거단지개발 등 도시차원에서 공원이나 녹지, 보행자전용도로 등 보행을 위한 공공공간의 양적 확충을 기하여 인접한 주거단지의 보행 공간 등과 연계한 생활동선공간으로 기능하도록 하고, 주거단지 차원에서 보행자전용로, 녹지, 놀이터 및 운동시설, 휴게시설 등을 확충하고 산울타리 담장이나 수림대 조성 등을 통하여 단지 외곽과의 연계를 도모할 필요가 있다. 앞으로 우리 주거환경이 지향해야 할 가장 중요한 목표는 공동체의 삶을 회복하는 것이다. 이러한 측면에서 주거환경계획의 가장 중요한 대상을 공유공간에 두어야 하며, 결국 주거환경의 풍요로움은 이 공유공간의 다양함과 풍부함에 있다. 공유공간의 효율적인 계획을 통하여 건물의 획일성을 탈피하고 풍요로운 생활환경을 창출하는 동시에 이웃과 더불어 사는 공동체 의식을 고양시킬 수 있게 된다.

근린 커뮤니티는 기본적으로 보행생활을 매개체로 형성되며, 특히 보행생활 의존도가 높은 어린이·노인들의 보행생활을 중심으로 촉진되는 경향이 있다. 따라서 커뮤니티를 지원하는 주거환경의 목표는 주로 편리하고 쾌적한 보행생활공간의 조성을 통해 달성된다고 할 수 있으며, 편리한 보행공간 조성을 위해서는 첫째 거주자의 일상 생활동선의 보행전용공간화를 도모하고 둘째 단위주거 - 주거동 - 단지 내 옥외공간 - 주변도시공간으로 이어지는 일상생활동선의 연계를 원활히 할 필요가 있다. 최근 들어 가로활성화를 위해 도입된 생활가로는 일상생활공간으로 주거동과 연접한 가로에서 건축물 내부 또는 앞마당에서 행해졌던 보편적 행위를 거주민 스스로가 참여하여 자유롭고 활발하게 조성할 수 있도록 기본적 환경이 조성된 가로이다. 생활가로는 주변 환경에 대해 개방성, 중첩성, 연계성을 가지며, 가로의 활력증대를 위해 보행로의 쾌적성 및 장소성이 요구된다. 또한 거주민 간의 커뮤니티 형성 및 교류를 추구함과 동시에 반공공공 특성을 지니며, 매개적 기능과 도시성을 지닌다.

4. 친환경계획

지구환경의 지속성에 대한 경고와 우려가 높아지면서 주택단지 개발과정에서도 지속가능 개념을 적용한 친환경 단지조성은 당연한 시대적 요청이 되고 있으며, 주택단지계획에서 첫 번째 고려사항이 되고 있다. 건축물 설계가 단순한 구조물 만들기 차원을 넘어 에너지 절감, 친환경 자재 사용, 주변 생태계의 배려 등 친환경 건축물 계획으로 전환되고 있으며, 생태면적률 도입, 빗물침투시설 의무화, 친환경 용적률 인센티브제 확대 등 자연환경 보전 및 순환기능 증진을 위한 환경친화적 계획과 구체적 실현은 이제 선택이 아닌 필수가 되고 있다. 특히 친환경 건축물 인증제도에 이어 최근 「주택법」을 개정하여 '주택성능표시제'를 도입하면서 무늬만 친환경으로는 외부공간의 친환경 성능을 충족할 수 없게 됨에 따라 구체적인 계획수립이 요구되고 있다.

「주택법」 제21조의2에 의한 '주택성능등급표시제도'는 일정 세대수 이상의 주택을 공급하고자 할 때 소음, 구조, 환경, 생활환경, 화재·소방 등 5개 부문에 대한 등급을 인정받아 이를 입주자 모집공고안에 표시하는 제도로, 이 중 생활환경부문의 외부환경(조경) 분야의 경우 외부공간 및 건물 외피의 생태적 자연순환기능과 관련한 생태면적률과 자연토양 및 자연지반의 보존과 관련한 자연지반녹지율을 그 지표로 하고 있다.

표 3-2-3 외부환경 관련 주택성능등급

생태면적률	등급	자연지반녹지율
50% 이상	1급	25% 이상
40% 이상~50% 미만	2급	20% 이상~25% 미만
30% 이상~40% 미만	3급	15% 이상~20% 미만
30% 미만	4급	15% 미만

여기서 생태면적률은 계획대상 면적 중 자연적 순환기능을 가진 토양면적의 비율로, 공간유형별 면적에 가중치를 곱하여 전체 면적으로 나눈 값을 말한다. 생태면적률을 높이기 위해서는 인공지반녹화, 옥상 및 벽면녹화 외에도 투수포장이나 빗물 저류 및 침투 등 다양한 친환경 계획기법이 적용되어야 함을 알 수 있다.

생태면적률 확보를 통한 친환경계획은 설계경기 평가 시에 반영되기도 하고, 용적률 인센티브가 주어지기도 하며, 분양가 산정 시 가산비용으로 인정받을 수 있다. 서울상암2지구 공동주택 설계경기(SH공사, 2005) 당시 친환경계획과 관련하여 자연지반녹지율, 생태면적률, 빗물유출증가율을 평가항목으로 하고 업체별로 상대평가한 바 있다.

그리고 성남판교신도시 공동주택단지 설계경기(LH, 2005)에서는 "지구단위계획 시행지침"에 의거 친환경계획을 준수토록 하되, 자연지반녹지율(기준율 20%)과 생태면적률(기준율 40%)에 기초한 친환경계획 적용 정도에 따라 기준용적률을 최대 5%까지 완화해주는 용적률 인센티브를 적용한 바 있다. 당선된 업체의 3개 단지 설계안을 분석한 결과 생태면적률은 55% 내외로 최대 2%까지 주어지는 용적률 인센티브를 모두 적용받았으나, 자연지반녹지율은 35% 내외로 2.2~2.6%의 용적률 인센티브를 적용받아 용적률 인센티브 최대 3%를 적용받지 못한 것으로 나타난 바, 이는 녹지율 30% 이상을 확보하면서 주차장의 80% 이상을 지하에 확보해야 하는 지침에 따라 인공지반이 크게 증가한 때문으로 최적공사비를 고려한 것으로 판단된다.

한편, 국토해양부의 "지속가능한 신도시 계획기준(2010.1)"에 의하면 단지 내 자동차도로를 제외한 포장면적의 30~40% 정도를 투수성 포장재료로 활용하고, 조경대상지에서 자연지반녹지율은 20% 이상 확보토록 하고 있으며, 「건축법」 제42조에 근거한 "조경기준(2009.1)"에 의하면 조경의무면적의 10% 이상은 자연지반이어야 하고, 그 표면을 토양이나 식재된 토양 또는 투수성 포장구조로 하도록 규정하고 있다.

5. 어메니티계획

최근 주거단지계획에서는 장소에 내재된 시간적·공간적 가치를 중시하여 기존의 역사·문화적 자원을 발굴하고 보존하고 이를 새롭게 창조함으로써 단지별 정체성을 확보하고 옥외공간을 차별화·특성화하는 경향이 나타나고 있다.

기존의 도시 정비 또는 재정비 사업을 추진하는 과정에서 장소성 개념을 도입한 원주민 추억공간(Town-History Plaza) 조성계획을 사례로 살펴보기로 한다. 우선 '추억'은 '시간의 흔적'으로, '추억요소'는 '현존 여부와 관계없는 원주민의 삶과 삶터에 대한 흔적'으로 파악하고 '추억요소로 구성된 장소 또는 장소감을 일으키는 대상'으로 '추억공간'을 설정한 다음 추억요소를 보전 또는 재구성하는 방법으로 구체화하는 전략을 담고 있다.

추억공간 조성계획에 따라, 전북익산의 옴솟골지구는 기존의 대나무 숲을 보존하고 주변 지형과 연계하여 옴솟마당을 조성함은 물론 우물터 재현을 통한 우물쉼터 조성 등 다양한 추억공간을 조성하였으며, 서울 관악구 신림동 난곡재개발 지구의 경우 개발 이전의 구릉지 지형을 그대로 살리고 보다 정감 있는 공간을 조성하기 위해 경계부위에 담장 대신 전통흙담을 설치하고 열린 곳에는 황매화를 식재하여 추억이 깃든 공간으로 조성한 바 있다.

표 3-2-4 공간유형별 가중치

공간유형	가중치	설 명	사 례
자연지반녹지	1.0	자연지반이 손상되지 않은 녹지 식물상과 동물상의 개발잠재력 보유	자연 상태의 지반을 가진 녹지
수공간 (투수기능)	1.0	자연지반 기초 위에 조성되고, 투수기능을 가지는 수공간	투수기능을 가지는 생태연못 등
수공간 (차수)	0.7	자연지반 기초위에 조성되고, 투수기능이 없는 수공간	바닥면이 차수 처리된 생태연못
인공지반녹지 > 90㎝	0.7	토심이 90㎝ 이상인 인공지반 상부 녹지	지하주차장 상부, 지하실 상부 녹지
인공지반녹지 < 90㎝	0.5	토심이 90㎝ 이하인 인공지반 상부 녹지	지하주차장 상부, 지하실 상부 녹지
옥상녹화 > 10㎝	0.5	토심이 10㎝ 이상인 옥상녹화시스템이 적용된 공간	저관리 경량형 옥상녹화면
부분포장	0.5	자연지반 위에 조성되고 공기와 물이 투과되는 포장, 식물생장 가능	잔디블록, 목판 또는 판석 부분포장
벽면녹화	0.3	창이 없는 벽면이나 옹벽(담장)의 녹화, 최대 10m 높이까지만 산정	벽면이나 옹벽녹화 공간
전면투수포장	0.3	공기와 물이 통과되는 전면투수 포장, 식물생장 불가능	자연지반위에 시공된 마사토, 자갈, 모래포장 등 투수성 전면포장
틈새투수포장	0.2	공기와 물이 통과되는 틈새를 확보한 포장	틈새를 가지는 바닥포장, 사고석 틈새포장 등
침투시설 연계면	0.2	지하수 함양을 위한 우수침투시설 또는 일시적 저류시설과 연계된 면	녹화가 되어 있지 않은 옥상 중 침투시설과 연계된 공간, 저류옥상
포장면	0.0	공기와 물이 투과하지 않는 포장, 식물생장이 없음	콘크리트, 아스팔트 포장, 불투수 기반에 시공된 투수 포장

표 3-2-5 추억요소 조사항목 및 조사방법

조사항목			조사목적	조사방법			
				예비조사	관찰조사	문헌조사	면담조사
유형요소	경관	지형 · 지세, 대상지 전경	경관적 맥락이해 및 특성도출	●	●		
		주요 경관요소	양호한 경관요소 보존		●		
		외부 조망경관	양호한 조망경관 보존		●		
		경관선호도	주민의 선호경관 파악		●		●
	공간구조	가로폭원과 패턴, 골목길	공간구조 특성파악	●	●		
		건물 유형별 입지특성		●	●		
		커뮤니티 공간	공간이용행태, 보존여부 판단		●		
	상징물	역사유적 · 기념물	보존 또는 기념공간 조성 가능성 조사		●	●	
		특정 건축물			●		
	구조물	건축물 외관	특징적 설계모티브 도출 및 시설요소 설계반영		●		
		담장 · 옹벽 · 계단 · 포장 등			●		
	자연요소	정자목	보존 및 커뮤니티 공간조성	●	●	●	
		마을숲 · 수림대 및 기존 수목	보존여부 파악 및 도입수종 선정		●		
		계류 · 연못 · 암석	보존 및 활용	●	●		
무형요소	역사요소	지역의 형성과 변화	기록물 제작			●	●
		지명유래	추억요소 모티브, 공간명칭 부여		●	●	●
	문화요소	마을행사 · 지역축제	단지 커뮤니티공간 조성			●	●
		놀이문화, 설화 · 전설	특징적 놀이공간 조성, 기록물 제작			●	●
	주변맥락	주변 토지이용 · 도로 · 시설	입지적 특성 및 인지도 파악	●	●		
	사업환경	인구 · 가구수 · 단지규모	공간조성 규모 및 현장적용 가능성 파악	●			
		원주민 현황, 사업진척		●	●		●

III

urban park planning

PART 3 도시공원계획

박문호

제1장 서 론

아시아의 도시들은 21세기에 들어서 급격하게 이루어진 서구화로 인하여 많은 도시문제를 노출시켜 왔으며, 특히 기존의 자연발생적으로 형성된 도시구조와 거대도시로 성장한 현대의 도시시스템이 접목되지 못하여 체계화되지 못한 도시환경이 형성되어 왔다. 개발지향적인 도시성장 시스템 속에서 생활환경의 질은 간과되었으며, 주거 및 상업·업무공간 등의 인공공간이 급속도로 증가하는데 비하여 공원녹지는 양적, 질적인 면에서 상대적으로 열악한 상태에 있다. 그런데 최근에는 '지속가능한 발전'으로 도시성장의 패러다임이 전환되면서 도시환경에 있어서 자연환경, 생태공간의 중요성이 강조되고 있다. 또한 국민들의 소득수준이 높아지고 주5일제가 시행되면서 생활환경의 질과 다양한 공원녹지에 대한 욕구가 증대되고 있다. 이러한 도시환경 변화에 대응한 도시공원녹지계획의 과제로는 체계적인 공원녹지체계의 구축, 다양한 공원녹지의 창출, 공원녹지계획의 질적인 수준향상, 민간 참여체계의 구축 등을 들 수 있다.

1883년 계획된 보스턴 공원체계는 오늘날까지 확장, 유지되고 있으며, 토론토의 그린웨이계획도 장기적인 기본계획 속에서 단계적으로 추진되고 있다. 우리나라는 2005년 처음으로 법정계획으로 공원녹지기본계획이 도입되었으며 도시계획시설로서의 공원, 녹지뿐만 아니라 도시녹화 등 도시 내의 오픈스페이스를 대상으로 장기적이고 체계적인 공원녹지계획이 수립되게 되었다. 미래의 쾌적한 도시환경을 구축하기 위하여 실천적인 전략을 수반하는 장기적이고 체계적인 공원녹지계획이 수립되어야 한다.

주5일제가 실시되면서 도시민들의 요구는 다양화되고 있으며, 도시공원에도 문화, 역사, 생태, 등 다양한 주제가 도입되고 있다. 도시공원이란 이름의 공간뿐만 아니라 업무, 정수장들의 타 용도의 시설들이 도시민을 위하여 개방되면서 도시공원과 같은 기능을 가지고 혼합적으로 사용되고 있다. 또한 공장 이전적지를 공원화한 파리의 시트로엥공원, 폐철도 부지를 공원화한 광주 푸른 길, 정수장을 재활용한 선유도공원, 쓰레기매립장을 공원화한 월드컵공원과 같은 사례는 과거의 산업화되었던 기능의 공간을 공원이란 도시민을 위한 문화적 공간, 공원으로 재생(Revitalization)되고 있다. 향후 도시공원녹지계획의 과제는 이와 같은 용도나 주제, 기능 등의 다양성을 가진 공원과 녹지를 적극적으로 창출함으로써 도시공원녹지의 질적인 수준을 향상시킬 뿐만 아니라 공원의 매력을 제고해 주는 것으로 설정할 수 있다.

가든시티로 널리 알려진 싱가포르의 새로운 전략은 새로운 공원을 조성하는 것뿐만 아니라 공원 이용자들에게 적합하도록 기존의 공원을 업그레이드시키는 것이다. 공원은 커뮤니티의 상상력을 자극할 뿐만 아니라 창조력을 불러일으키도록 디자인하고 있다. 즉 자연자산이 우수한 공원은 자연 본연의 질을 더욱 향상시키고, 자연자산이 부족한 공원은 많은 사람들의 관심을 끌 수 있도록 공원에 조각품을 설치한다든가 모험놀이시설을 설치한다든가 새 같은 야생동물을 유인하는 서식처를 만들어 주는 등 차별화하는 정책을 추진하고 있다. 이처럼 획일적인 공원녹지계획을 지양하고 지역적, 장소적 특성에 따라 개개 도시공원별로 적합한 방식으로 공원을 계획해야 한다.

21세기 도시의 경쟁력은 환경적으로 건강하고 시민들이 보다 '살기 좋은 도시'(Livable City)를 만드는 것에서부터 나온다. 지방의제 21에서는 살기 좋은 도시를 만들기 위하여 민간과 기업, 공공이 함께 노력하는 지방협치체제(Local Governance System)를 구축하는 것을 의무화하고 있다. 도시공원녹지계획에 녹지활용계약, 녹화계약 등의 민간참여 제도가 도입된 것도 이러한 민관협력시스템 구축의 일환이라고 할 수 있다. 특히 도시공원의 이용이나 관리와 같은 전통적인 공원서비스 공급이나 사유지의 녹화 등에 있어서 성공적인 민관 파트너십은 살고 싶은 도시 만들기로 이어진다. 또한 주민들이 공원녹지를 사랑하도록 하는 다양한 활동과 프로그램을 만들어 지역사회와 주민이 직접적으로 가꾸고 체험하는 도시환경을 창출해야 한다.

1. 도시공원녹지의 개념

일반적으로 도시에 있어서 공원녹지라 함은 인공적인 시가지와 대비되는 자연공간을 상징하며, 도시의 쾌적성을 나타내는 주요한 요소이다. 도시 내에서 공원녹지가 갖는 가장 큰 환경적 특성은 개방성(Openness)과 자연성(Naturalness)이다. 도시 내에서 공원녹지는 건축물이나 구조물의 외연(外緣)을 형성하고 있는 것으로, 공간적으로는 개방성이 있으며, 형상적으로는 나무 등의 식생으로 피복되어 있는 특징을 가지고 있다. 이러한 특성 때문에 공원녹지는 오픈스페이스, 도시녹지 등으로 다양하게 정의되고 있다.

영국의 오픈스페이스법(Open Space Act, 1920, 제 20조)에서는 1/20 이하로 건폐되어 있으며, 전부 또는 일부가 정원 또는 위락적 목적으로 사용되거나 자연 상태 그대로인 토지를 오픈스페이스라고 정의하고 있다. 영국의 도시녹지공간(Urban Green Space)은 공원이나 정원, 옥외 체육공간, 어린이놀이터 등의 레크리에이션 기능의 녹지와 주거지의 녹지, 개인정원의 녹지, 생산기능의 녹지, 묘원, 시설지 주변 녹지, 습지, 산림, 초지, 선적인 녹지 등을 모두 포함한다. 독일에서도 시가화구역에서 휴양, 여가이용, 도시골격을 유지하는 비건축지이며, 대부분 식생으로 덮여 있는 부지(예를 들면, 공원, 사유정원, 소정원, 묘지공원, 스포츠시설 공원 등)를 도시녹지로 정의하고 있다. 이처럼 도시공원녹지는 오픈스페이스와 유사한 개념으로 사용되고 있는데, 도시지역(때로는 비도시지역을 포함) 내에서 건물로 덮이지 않은 개방 공간으로, 형상적으로는 식생으로 피복되어 있으며, 위락적 또는 여가·휴양적 목적으로 이용되는 공간이라고 정의할 수 있다.

도시공원녹지는 도시 내의 다른 공간들과 마찬가지로 공간구조 체계 속에서 기능하게 되므로 각 국가의 도시구조 체계에 따라 다양한 형태의 '공원녹지'가 존재하며, 이에 대한 분류도 다양하다. 미국은 여가활동에 대한 시민들의 수요가 클 뿐만 아니라 정부가 공공서비스의 하나로 레크리에이션을 제공해야 한다는 행정적 전통이 확립되어 있기 때문에 공원과 위락활동을 동일한 차원에서 고려하여 같은 기구(Department of Park & Recreation)에서 관리하고 있으며, 국립공원을 제외한 다른 공원녹지를 개별적으로 관리하기 위한 법률은 없다. 일본은 우리나라와 유사한 공원녹지 관리를 위한 법체계를 가지고 있는데, 「도시녹지법」에서는 지역제 녹지 및 녹화 등 도시의 기반이 되는 '도시녹지'를, 「도시공원법」에서는 도시정비를 위한 도시계획시설로서의 '도시공원'을 관리하고 있다.

우리나라는 1980년 『도시공원법』이 제정되면서 도시계획시설로서의 도시공원 및 녹지, 즉 도시를 이루는 기반시설의 하나로서 공원과 (시설)녹지를 규정해 왔다. 그런데 2005년 10월 「도시공원 및 녹지 등에 관한 법률」이 시행되면서 '공원녹지'는 도시공원 및 녹지뿐만 아니라 도시자연공원구역(「국토의 계획 및 이용에 관한 법률」에 의한 용도구역), 유원지, 공공공지, 저수지, 광장, 보행자전용도로, 하천 등의 유사 녹지공간, 옥상녹화·벽면녹화·테라스녹화 등의 특수 녹화공간, 나무·잔디·꽃·지피식물 등의 식생이 자라는 공간 등 모든 녹지공간(Green Space)을 통칭하는 개념으로 전환되었다. 이 같은 공원녹지의 개념 변화는 도시 내에서 점적으로 남아 있는 (시설)공원 및 녹지뿐만 아니라 주변의 산림, 유원지, 운동장, 유수지 등 도시민들이 생활을 영위하는 접하는 녹지공간을 공원녹지의 범주에 포함시킴으로써 도시 내의 모든 녹지공간을 통합적으로 조성, 관리하기 위한 것이다.

2. 도시공원녹지의 역할 및 가치

도시공원은 도시민들에게 레크리에이션 공간을 제공할 뿐만 아니라 생태계 및 환경을 보전해주며, 도시 공간구조의 얼개를 형성하고, 도시경관의 질을 높이는 역할을 한다. 특히 공원녹지는 '환경적으로 건강하고, 지속 가능한 개발(ESSD)', 생태도시(Ecopolis)를 이루기 위한 도시기반으로서도 중요한 가치를 가진다.

도시공원의 역할 중 가장 중요한 것은 옥외운동, 레저 등 여가활동을 즐길 수 있는 기회를 제공함으로써 도시민들이 건강한 삶을 영위할 수 있도록 하는 것이다. 최근에 주5일제가 도입되면서 여가활동에 대한 수요가 더욱 급증하고 있으며, 일상적으로 도시민들이 휴식하고, 놀고, 스포츠나 산책을 즐기는 여가공간으로서의 공원녹지 역할이 더욱 중요하게 인식되고 있다.

공원녹지는 물, 식생 등 자연환경으로 구성되어 있기 때문에 다양한 생물들의 서식처(Habitat)가 되고, 이는 종다양성(Biodiversity)을 유지시켜 지역의 생태적인 건강함을 나타내는 지표가 된다. 도시화와 함께 인공 면이 증가하면서 도시 내의 공원녹지는 생태적 거점으로서 육성·보전·창출해야 할 필요성이 증대되고 있다. 더군다나 녹지는 신선한 공기를 공급함으로써 열섬화(Heat Island)현상을 완화시키고, 자동차 등의 분진을 저감시킬 뿐만 아니라 토양이나 수질의 악화를 방지함으로써 도시환경 보전에 기여한다. 최근에는 일시 강우에 의한 도시형 수해 및 여름철 열대야가 발생하는 일수가 증가하면서 도시열섬 효과를 낮추고, 이산화탄소를 흡수하는 저탄소 도시를 위한 환경적 가치에 대한 관심이 증대하고 있다.

최근의 도시에서는 도로나 주택 등과 같은 전통적 기반시설뿐만 아니라 공원녹지와 하천 등 오픈스페이스도 그린인프라로 그 중요성이 강조되고 있다. 2008년 필라델피아에서 열린 미국 조경가협회 연례회의 및 엑스포의 주제는 "그린 인프라스트럭처 : 랜드스케이프와 커뮤니티의 연결"이었으며, 2009년 시카고에서 열린 주제는 "지속가능성을 넘어 : 인간과 장소의 재생"이었다. 공원녹지는 지역사회의 재생을 도모하기 위한 전략적 거점으로서 지역사회 공동체를 지속하게 해주는 연대망을 이루는 참여와 소통의 장으로서의 가치가 강조되고 있다.

제2장 도시공원녹지의 유형

도시의 기반을 이루는 도시공원녹지는 시가지와 어울려 공원녹지체계를 형성하는데, 이는 각 국가의 도시화 과정 및 법체계, 지형여건 등에 따라 다양하다. 공원녹지체계를 구성하는 요인도 국가와 도시에 따라 다양하므로 본 계획론에서는 우리나라의 현행 법체계의 근간을 이루는 공원녹지로 한정하여 기술하도록 한다.

1. 도시공원

도시공원(Urban Park)은 지방정부가 시민들의 휴식공간 제공 및 환경보전을 목적으로 설치하는 공공시설이다. 지방정부가 도시공원을 설치하게 된 역사적 배경 및 시기, 지역의 자연여건 등에 따라 도시공원을 분류하는 기준이 각각 다르다. 그러나 일반적으로 일치하는 기준은 주민들이 거주하는 일정 규모의 생활권(Neighborhood, 근린)을 공급의 기본단위로 설정한다는 것이다. 이는 근린주구이론에 의한 것인데, 하나의 근린생활권의 중심은 4개의 소생활권이 모여서 이루어진다. 근린의 중심을 이루는 것은 근린공원이고, 이는 4개 정도의 어린이공원 [나라에 따라서는 어린이공원이라고 칭하지 않고 어린이놀이터(Play Lot)로 칭하는 경우도 많다.]으로 이루어진다. 따라서 생활권을 기준으로 할 경우 어린이공원(놀이터), 근린공원, 지구공원, 지역공원 등으로 나뉘고, 공원의 규모에 따라서는 소공원, 대공원으로, 공원개설 목적에 따라 특수한 주제를 가진 특수공원과 모든 이용자가 함께 쓰는 일반공원으로 나누기도 한다.

현행 「도시공원 및 녹지 등에 관한 법률」에 규정된 도시공원은 생활권공원과 주제공원으로 나누어진다. 생활권공원은 근린생활의 거점으로 근린공원을 설정하고, 근린공원보다 위계가 낮은 공원으로는 어린이공원과 소공원을 도입하고 있다. 근린공원은 다시 규모에 따라 근린생활권 근린공원과 도보권 근린공원, 도시지역권 근린공원, 광역권 근린공원으로 세분된다. 주거지역인 경우는 생활권내 250미터 반경의 어린이공원을 기본적으로 설치하도록 하되, 도심지나 업무지역, 상업지역 등과 같이 이용할 어린이 인구가 적거나 도시민의 휴식에 더욱 적합할 경우 소공원을 설치할 수 있다. 일정 규모 이상의 주택공급사업 시 복리시설의 하나인 어린이놀이터가 설치되는 경우에는 주거지역 일지라고 소공원으로 대체 조성할 수 있다. 소공원은 이용권과 규모에 제한 없이 설치할 수 있기 때문에 1만 ㎡ 미만의 비교적 큰 근린형 소공원도 조성될 수 있다. 또한 현행 법규상의 근린공원은 이용권과 면적의 범위가 지나치게 광대하여(광역권, 도시지역권 근린공원) '근린'이라는 개념과 잘 부합하지 않으므로 근린생활권이나 도보권 근린공원 이상(10만m^2 이상)의 근린공원은 지구공원 또는 지역공원(Regional Park)으로 구분하여 조성·관리할 필요가 있다.

주제공원(Theme Park)은 도시민의 이용권과는 관계없이, 다양한 위락적 욕구에 적합하게 특수한 주제를 모티브로 조성되는 공원이다. 주제공원으로는 문화재나 역사적 가치가 큰 유적·유물 등을 활용하여 조성되는 역사공원, 지역적 특색을 나타내는 문화적 가치를 갖는 문화공원, 호반이나 호수 등 수변지역의 친수공간을 활용하는 수변공원, 묘지이용자들의 휴식을 위한 묘지공원 및 체육공원, 특별시·광역시·도의 조례로 규정하는 공원으로 나누어진다. 특별시·광역시·도의 조례로 정하는 공원으로는 생태공원, 놀이공원, 가로공원, 해안공원, 도시생태공원, 애완동물공원, 산림휴양공원, 과학공원, 효공원 등이 있다. 도시공원 유형별로 설치 목적 및 설치기준, 규모 등은 다음 표와 같다.

표 3-3-1 도시공원 유형별 특성

유 형			목 적	설치기준	유치거리	규 모	공원시설 부지면적
생활권공원	소공원		도시민의 휴식 및 정서함양	제한 없음	제한 없음	제한 없음	20/100 이하
	어린이공원		어린이 보건 및 정서생활 향상	제한 없음	250m 이하	1,500m^2 이상	60/100 이하
	근린공원	근린생활권 근린공원	인근 거주자의 이용	제한 없음	500m 이하	1만m^2 이상	40/100 이하
		도보권 근린공원	도보권 내 거주자의 이용	제한 없음	1,000m 이하	3만m^2 이상	40/100 이하
		도시지역권 근린공원	도시거주자 전체 종합적 이용	공원기능 발휘장소	제한 없음	10만m^2 이상	40/100 이하
		광역권 근린공원	도시를 초과하는 광역적 이용	공원기능 발휘장소	제한 없음	100만m^2 이상	40/100 이하
주제공원	역사공원		역사 활용 도시민의 휴식, 교육	제한 없음	제한 없음	제한 없음	제한 없음
	문화공원		문화특징 활용, 도시민의 휴식, 교육	제한 없음	제한 없음	제한 없음	제한 없음
	수변공원		하천, 호수변 활용 여가, 휴식	하천호수 등 수변 인접지	제한 없음	제한 없음	40/100 이하
	묘지공원		묘지공원 이용자의 휴식	정숙한 장소, 자연녹지	제한 없음	10만m^2 이상	20/100 이하
	체육공원		체육활동을 통한 건전한 신체와 정신의 배양	공원기능 발휘장소	제한 없음	1만m^2 이상	50/100 이하
	조례로 정하는 공원		조례로 정하는 목적	제한 없음	제한 없음	제한 없음	제한 없음

자료 : 「도시공원 및 녹지 등에 관한 법률」 시행규칙 별표 3 및 별표 4를 기초로 재작성

2. 녹지

현행 법규상 녹지로는 공해·재해·사고의 방지와 완화를 위하여 설치하는 완충녹지와 자연경관의 보전과 훼손된 자연을 복원·개선하여 도시경관을 향상시키기 위하여 설치하는 경관녹지, 공원·하천·산지 등을 유기적으로 연결하는 선형(線型)의 연결녹지(통칭 녹도)가 있다.

완충녹지는 해당지역의 풍향과 지형 등을 감안하여 '해당 공해가 주변지역에 미치는 영향 정도에 따라 녹지의 기능을 충분히 발휘할 수 있는 규모'로, 지역의 특성(공장·사업장 등)에 따라 녹화면적률 50%~80% 이상, 폭원은 최소 10m 이상 확보하도록 규정하고 있다. 경관녹지는 '원칙적으로 해당 녹지의 기능발휘를 위하여 필요한 (조경시설)면적' 이내로 설치하도록 하고 있으며, 연결녹지는 폭원 10m 이상, 녹지율 70% 이상 확보하도록 규정하고 있다(「도시공원 및 녹지 등에 관한 법률」시행규칙 제18조 참조).

이처럼 (시설)녹지는 지정 목적은 분명하지만, 완충기능, 경관보전기능, 연결기능을 수행하기에 '충분한 또는 필요한 규모' 등 설치기준이 애매모호하다. 따라서 녹지의 규모와 구조가 기능유지에 적정한지 판단이 어려우므로 원인시설(공장, 사업장, 철도, 고속도로 등) 및 녹지의 종류에 따라 '기능유지에 필요한' 적정한 기준을 정량적으로 제시할 필요가 있다.

3. 도시자연공원구역

도시계획구역 내에서 '도시의 자연환경 및 경관을 보호하고 도시민에게 건전한 여가·휴식공간을 제공하기 위하여 도시지역 안의 식생이 양호한 수림의 훼손을 유발하는 개발을 제한할 필요가 있는 지역'은 도시자연공원구역으로 지정·관리할 수 있다. 도시자연공원구역은 도시지역에 있어서 양호한 자연지역의 보전을 주목적으로 하면서 등산 등 한정된 자연자원 이용활동을 하던 기존의 도시자연공원(도시계획시설)을 대체하는 용도구역 [개발제한구역과 마찬가지로 「국토의 계획 및 이용에 관한 법률」에 근거한 용도구역] 이다.

신규로 도시자연공원구역을 지정할 경우에는 '양호한 자연환경 및 경관의 보호' 목적을 달성하기 위한 자연자원·경관자원으로서의 자원적 가치, '도시민의 여가·휴식공간의 제공'을 위해서는 도시민의 여가적(특히 공원적) 수요와 이에 부응하는 공간의 공급 및 배치라는 계획적 적합성을 종합적으로 고려하여야 한다. 도시자연공원구역은 우선 지역주민들에게 가까운 동식물의 시식처 또는 생육지로 되어 있는 녹지, 즉 생내적 보전가치가 높은 지역을 대상으로 지정할 수 있다. 생태적 자원성, 즉 '식생의 양호함'을 판단할 수 있는 기준으로는 「환경정책기본법」에 따른 환경성평가지도, 「자연환경보전법」에 따른 생태·자연도, 녹지자연도, 임상도 및 「국토의 계획 및 이용에 관한 법률」에 따른 토지적성에 대한 평가 결과 등을 고려하여 지정할 수 있다. 또한 녹지가 훼손되어 자연환경의 보전 기능이 현저하게 떨어진 지역이나 도시민의 여가·휴식공간으로서의 기능을 상실한 지역은 도시자연공원구역을 해제할 수 있다.

4. 기타 도시공원녹지

「도시공원 및 녹지 등에 관한 법률」에 의한 공원녹지의 범위는 유원지·공공공지·저수지, 나무·잔디·꽃·지피식물 등의 식생이 자라는 공간, 광장·보행자전용도로·하천 등의 유사 녹지공간, 옥상녹화·벽면녹화·테라스녹화 등의 특수 녹화공간 등 도시 내에서 이른바 오픈스페이스로서의 역할을 하고 있는 공간을 포함하고 있다. 이러한 공간들은 도시공원이나 (시설)녹지는 아니지만 도시 내에서 공원녹지와 같은 기능을 수행하고 있으며, 고밀 인공환경 속에서는 존재의 중요성이 강조되고 있다. 시카고나 토론토, 도쿄, 싱가포르 등 세계의 고밀 도시들은 도시경관의 질을 향상시키고 도시환경의 풍요로움과 녹지를 유지하기 위하여 건축물의 옥상 등을 활용하는 입체적 공원화 전략을 구사하고 있다.

최근에는 하수처리장, 유수지, 정수장 상부공간이나 사유지의 전면공지, 하천변의 공원화 등 도시공원이나 녹지로 결정되지는 않았으나 공원녹지의 역할을 수행하고 있는 공간이 증대하고 있는 추세이다. 이러한 공간들은 유수지나 하수처리장 정비사업, 주택개발사업, 하천정비사업 등의 개별 사업에 의해 추진되지만 공원녹지기본계획의 대상공간에 포함되어 도시 내 전체 공원녹지체계 구축에 있어서 중요한 거점공간이 된다.

제3장

공원녹지계획

1. 공원녹지 기본계획

1) 공원녹지 기본계획의 성격

도시 내의 공원녹지 전반에 대한 기본구상 및 정책을 담고 있는 상위의 기본계획으로는 공원녹지기본계획과 도시기본계획의 부문계획인 공원녹지계획이 있다. 도시기본계획(「국토의 계획 및 이용에 관한 법률」 제2조 제3호의 규정에 의한 계획)의 부문계획인 공원녹지계획은 토지이용계획 및 교통계획, 기반시설계획 등의 다른 부문의 계획과 아울러 작성된다. 공원녹지기본계획은 「도시공원 및 녹지 등에 관한 법률」 제5조 및 제6조의 규정에 의한 계획으로 도시기본계획 및 광역계획 등 상위계획과 부합되고, 도시기본계획의 부문별 계획과 조화되어야 한다. 도시기본계획은 20년을 단위로 하여 장기적인 도시개발 및 발전의 방향과 도시관리계획 입안의 지침을 제시하는 계획으로, 도시계획 입안권자인 시장·군수 및 행정기관에게만 구속력이 있다. 이때의 계획도면은 축척 1/25,000~1/50,000 정도의 개략적 기본구상도이므로, 도시의 발전의 형태를 제어하고 보완하는 오픈 스페이스체계를 나타낸다. 공원녹지기본계획도 목표년도(20년)의 공원녹지(공원, 녹지, 지역지구, 기타 유사녹지 등)의 배치계획을 1/25,000(일반 시) 또는

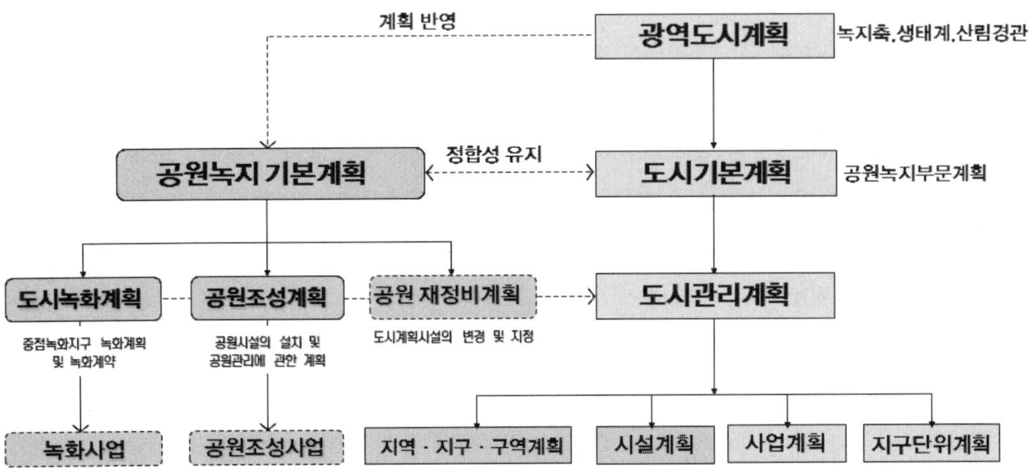

그림 3-3-1 공원녹지기본계획의 지위 (자료 : 「2030 서울시공원녹지기본계획」, 2010)

1/50,000(특별시, 광역시) 축척의 도면에 표시하므로 기존의 도시기본계획보다 구체적인 형태의 공원녹지계획을 수립할 수 있다. 따라서 시 또는 군은 공원녹지기본계획을 수립하고 그 내용을 도시기본계획에 반영함으로써 계획의 정합성을 확보할 수 있다.

2) 공원녹지 기본계획의 내용

공원녹지기본계획은 특별시 · 광역시 · 시의 자연 · 인문 · 역사 · 문화 · 환경 등의 지역특성과 여건을 충분히 감안하여, 공원녹지의 확충 · 관리 · 이용 · 보전에 관한 중장기적인 계획을 수립함으로써 지속가능하게 도시를 발전시키는 정책방향을 제시하고 공원녹지의 구조적인 틀을 제시하는 계획이다. 이 계획은 전체 도시구조 속에서 공원녹지체계가 가져야 할 성격 · 기능 · 구조 · 규모 · 질적 수준 · 개발 프로그램 · 집행 등에 관한 얼개를 제시하며, 해당 시 또는 군의 공원조성계획 및 사업계획의 기준이 되는 지침계획이다. 공원녹지기본계획은 5년마다 타당성을 재검토해야 하며, 기초조사, 장래의 목표 및 지표 설정, 공원 · 녹지기본계획, 도시녹화계획, 도시자연공원구역계획 등의 부문별 계획, 관리 및 이용 주민참여계획 등을 수립하여야 한다.

3) 공원녹지 기본계획의 수립과정

현황조사는 자연환경, 인문환경/경관, 공원/녹지/녹화현황, 주민의식조사, 관련계획 및 법규, 국내 · 외 사례 조사로 나눌 수 있는데, 식생이나 야생동물, 레크리에이션 시설, 주민의식조사 등은 직접 조사하고, 관련법규나 지질, 인구, 토지이용, 토지소유 등의 자료는 기존자료를 활용하여 간접적으로 조사한다.

공원녹지에 대한 수요는 녹피율, 공원녹지율, 1인당 공원면적, 공원서비스 수준, 이용자 수요, 레크리에이션 추세분석 등을 통하여 기 표출된 수요뿐만 아니라 잠재적 수요, 기준에 따른 수요 등을 파악한다. 현황조사 및 수요분석 등을 통하여 계획목적, 목표 등을 나타내는 미래상을 설정하고, 이를 구현할 구체적인 목표, 전략. 행동계획(Action Plan)을 제시한다. 계획의 목표로는 목표년도까지 달성해야할 녹피율, 공원녹지율, 1인당 공원면적, 공원서비스율, 도시녹화율 등 정량적 지표를 설정한다. 공원녹지 기본구상은 도시의 골격형성 및 자연환경 보전을 위한 보전체계 구상과 다양한 수요에 대응할 수 있는 확충체계구상, 유기적 네트워크화를 통한 효율적인 이용체계구상, 지역경관향상을 위한 경관체계구상을 각각 도면화하고, 이를 종합화하여 도시의 골격을 이루는 공원녹지축, 녹지의 핵 및 거점 등을 표시하는 공원녹지 종합구상도를 작성한다.

공원녹지기본계획에는 공원조성계획 등 관리계획 수립 시 지침이 되는 공원기본계획, 녹지기본계획, 도시녹화계획, 도시자연공원구역기본계획이 포함된다. 공원기본계획에는 기존공원에 대한 정비계획과 아울러 공원서비스 소외지역 및 이전적지 등에 대한 연차별 공원확충계획이 포함된다. 녹지기본계획에는 시설녹지에 대한 정비계획뿐만 아니라 생태적 측면에서 보전해야할 지역에 대한 보전계획, 민간부문 등의 단계별 녹지확충계획, 단절되거나 훼손된 녹지에 대한 복원계획, 가로수계획, 녹도 및 보행자전용도로계획, 생태통로계획, 자전거도로계획, 경관도로계획이 포함된다. 도시지역에서 녹지의 보전 및 확충이 특별히 필요한 지역은 중점녹화지구로 설정하고 이에 대한 도시녹화계획을 수립한다. 도시자연공원구역 기본계획은 구역별 세부적인 정비 및 관리지침, 장래의 확충계획 등 구역별 관리계획을 수립하기 위한 계획을 제시한다.

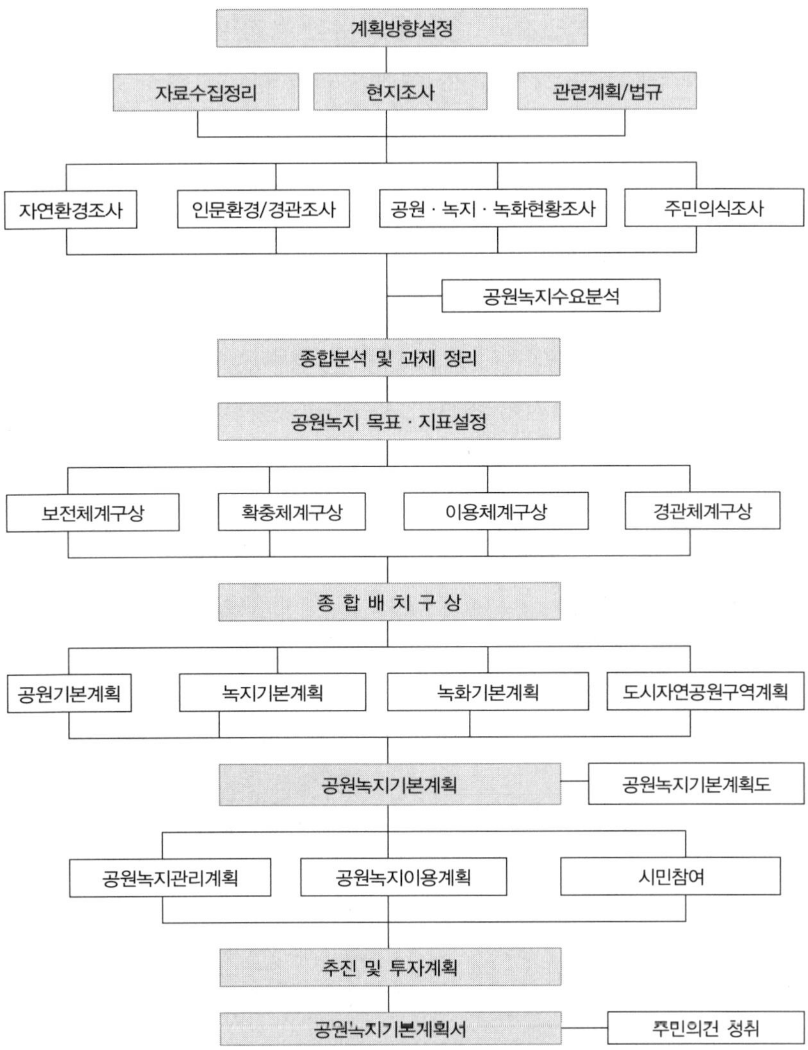

그림 3-3-2 공원녹지기본계획 작성과정 (국토해양부, 2010.1, 「공원녹지기본계획수립지침」)

4) 공원녹지기본계획 사례

(1) 하남시 공원녹지기본계획

경기도 하남시 공원녹지기본계획은 법 개정 후 법정계획으로 최초로 수립된 계획으로, 공원녹지의 효과적인 조성전략과 녹지축의 보호를 위한 계획과 대안, 녹지 미래상, 공원녹지의 보전·복원 및 창출 전략 등을 제시하고 있다. 구체적으로는 미래상을 "CIVIC GREEN 하남시"로 설정하고, 이를 달성하기 위하여 목표까지 산림감소율을 최소화하고, 도시공원은 2015년까지 계획공원면적 20㎡/인(조성공원면적 6㎡/인) 수준으로 확보하고, 시가지에는 녹화특화지구를 설정하여 녹화면적을 확충해 가는 지표를 설정하고 있다. 이러한 목표를 달성하기 위하여 보전녹지축 및 바람길 확보를 통한 녹지축 구축, 구릉지의 보전, 녹지보전지구 설정 등을 통한 녹지의 보전 및 활용, 도시공원 및 가로수, 수공간 녹지대 등의 녹지 정비, 생태면적률 확보 및 특수공간 녹화 등을 통한 녹지의 창출, 참여형 녹화프로그램 도입 및 효율적 수목원 이용 등을 통한 녹지 관리 등의 계획을 제시하고 있다.

(2) 파주시 공원녹지기본계획

파주시 녹지기본계획은 "숲의 도시, 물의 도시, 공원의 도시, 파주시"를 목표로 목표연도까지 산림감소율을 절반 수준으로 줄이고, 계획공원면적을 20㎡/인(조성공원면적 6㎡/인)으로 확충하고, 시가지내 가로의 녹지율을 현재의 약 2배 수준인 20~30% 수준

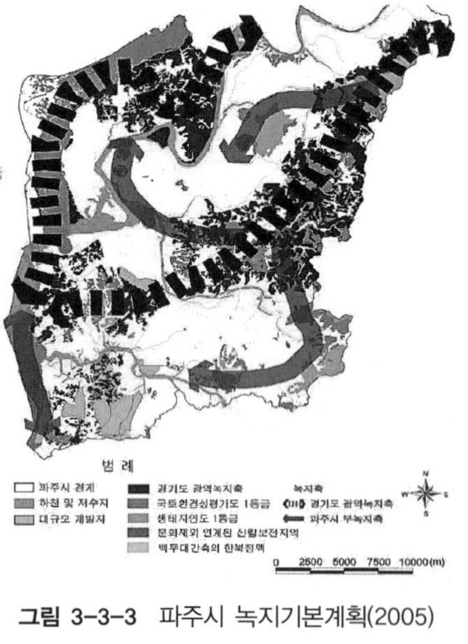

그림 3-3-3 파주시 녹지기본계획(2005)

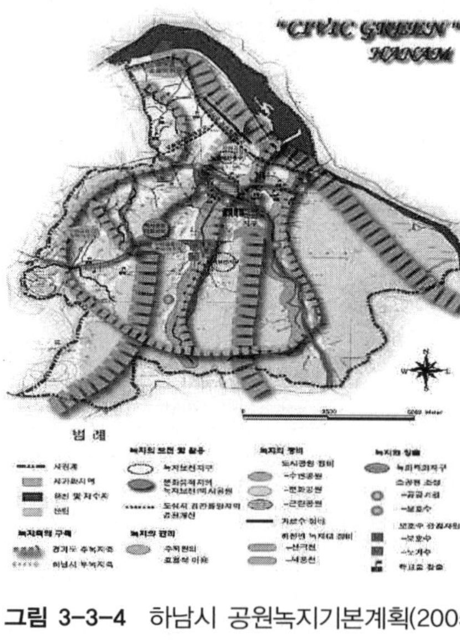

그림 3-3-4 하남시 공원녹지기본계획(2005)

으로 상향시키는 것으로 목표를 설정하고 있다. 이러한 목표를 달성하기 위하여 골격적 녹지축 설정 및 네트워크 구축, 녹지의 보전, 녹지정비, 녹지의 창출, 녹지의 복원, 녹화요소별 녹화계획, 가로수 관리 계획을 수립하고 있다. 녹지축 설정에 있어서는 경기도 광역녹지축의 부녹지축, 보전해야 할 녹지(생태자연도 1등급지, 국토환경성평가도 1등급지)를 고려하여 보전해야 할 녹지축을 설정하고 있다.

2. 공원녹지 조성계획

1) 공원녹지 조성계획의 성격

공원(녹지)조성계획은 개별 공원 또는 녹지를 조성하기 위한 기본계획으로 도시계획시설로서의 실시계획에 준하는 도시관리계획(「도시공원 및 녹지 등에 관한 법률」 제16조 2항)의 성격을 갖는다. '계획'(「국토의 계획 및 이용에 관한 법률」 제30조의 규정에 의하여 도시관리계획으로 결정)공원에 대하여 공원조성계획을 수립·인가를 받으면 '조성'공원으로 분류된다. 공원조성계획에는 공원의 이용 및 관리 등에 관한 사항뿐만 아니라 집행에 소요되는 재원조달계획도 포함되므로 조성공원은 사업계획 기간(5년) 내에 집행된다는 것을 전제로 하고 있다. 그러나 임야가 많은 자연보전 목적의 대규모 공원은 면적이 방대하여 부분적으로 시설의 설치가 이루어지거나 그대로 방치되어 이른바 '장기 미집행' 공원이 발생하게 되었다. 그런데 공원이나 녹지는 도시계획시설이기 때문에 20년 이상 장기 미집행일 경우 도시계획시설 결정이 자동 실효되므로 계획기간 내에 집행 가능한 공원조성계획을 수립해야 한다.

2) 공원녹지 조성계획의 내용

공원은 도시민들의 활발한 이용을 전제로 하므로 공원의 효용을 높이기 위한 다양한 시설들이 필요하다. 도시공원에 설치할 수 있는 시설은 다음 표와 같이 도로 또는 광장, 화단분수·분수 등과 같은 조경시설, 휴게소·긴 의자 등과 같은 휴양시설, 테니스장·수영장과 같은 운동시설, 식물원·동물원과 같은 교양시설, 주차장·화장실과 같은 편익시설, 공원관리시설 등이 있다. 공원시설 중에는 문예회관이나 도서관, 박물관과 같은 규모가 큰 건축물이 포함되어 있는데 규모가 작은 공원에 입지할 경우 해당 공원의 자연보전 및 휴양기능이 저해된다. 따라서 공원별로 공원시설을 설치할 수 있는 시설부지 면적규모의 한계를 설정하고 있으며, 건축물의 층수도 4층 이하로 제한하고 있다.

공원조성계획 수립 시에는 공원녹지기본계획의 내용을 반영하여야 하며 녹지공간배치 등과 연계성이 있어야 하며, 세부적인 공원시설 설치계획에 대하여는 주민의 의견을 최대한 반영하여야 한다. 공원조성계획에는 개발목표 및 개발방향, 자연·인문·관광환경에 대한 조사 및 분석 자료, 공원조성에 따른 토지의 이용, 동선, 공원시설의 배치, 상수도·하수도·쓰레기처리장·주차장 등의 기반시설, 조경 및 식재 등에 대한 부문별 계획, 공원조성에 따른 영향 및 효과, 투자계획 및 재원조달방안 등이 포함되어야 한다.

표 3-3-2 공원시설의 종류

구 분	「도시공원 및 녹지 등에 관한 법률」 제2조	「도시공원 및 녹지 등에 관한 법률 시행규칙」 제3조 별표 1
	도로, 광장	
조경시설	화단, 분수, 조각 등	관상용 식수대, 잔디밭, 산울타리, 그늘시렁 및 못, 폭포 등 공원경관을 아름답게 꾸미기 위한 시설
휴양시설	휴게소, 긴 의자 등	야유회장, 야영장 등 도시민에게 휴식공간을 제공하기 위한 시설 경로당, 노인복지회관
유희시설	그네, 미끄럼틀 등	시소, 정글짐, 사다리, 순환회전차, 모노레일, 삭도, 모험놀이장, 발물놀이터, 뱃놀이터, 낚시터 등 여가선용을 위한 놀이시설
운동시설	테니스장, 수영장, 궁도장 등	「체육시설의 설치·이용에 관한 법률 시행령」별표 1에서 정하는 운동종목을 위한 시설(다만, 무도학원·무도장 및 지동차경주장은 제외, 사격장은 실내사격장에 한하며, 골프장은 6홀 이하의 규모에 한함.), 자연체험장
교양시설	식물원, 동물원, 수족관, 박물관, 야외음악당 등	도서관, 독서실, 온실, 야외극장, 문화회관, 미술관, 과학관, 청소년수련시설(생활권 수련시설에 한함), 보육시설(「영유아보육법 제 10조 1호의 규정에 의한 국공립보육시설에 한함.), 천체 또는 기상관측시설, 기념비, 고분·성터·고옥, 기타의 유적 등을 복원한 것으로 역사적·학술적 가치가 높은 시설, 공연장, 전시장, 어린이교통안전교육장, 재난·재해안전체험장, 생태학습원, 민속놀이마당 등 도시민들의 교양 함양을 위한 시설,
편익시설	주차장, 매점, 화장실 등	우체통, 공중전화실, 휴게음식점, 일반음식점, 약국, 수화물예치소, 전망대, 시계탑, 음수장, 다과점, 사진관 등 공원이용객에게 편리함을 제공하는 시설
공원관리 시설	관리사무소, 출입문, 울타리, 담장 등	창고, 차고, 게시판, 표지, 조명시설, 쓰레기처리장, 쓰레기통, 수도, 우물 등 공원관리에 필요한 시설
기타	–	장례식장, 납골시설, 화장장 및 묘지

3) 공원녹지 조성계획의 수립절차

공원(녹지)조성계획은 공원이나 녹지의 종류나 이용자, 대상지의 성격이나 주제 등이 다양하므로 개별 대상지에 따라 조성계획의 내용이 상이하지만 일반적인 공원조성계획의 틀과 수립과정은 유사하다. 먼저 대상지의 지역 및 자연, 인문환경 등의 여건분석을 통하여 개발의 방향을 설정하고, 이용자 수요추계를 통하여 도입활동 및 시설을 배치하는 기본구상을 하고, 토지이용과 시설물 배치 및 포장계획, 식재계획, 시설물 상세계획 등을 수립하고 재원조달 및 관리운영계획을 작성한다.

개별 공원의 계획여건으로는 대상지 주변의 도시기본계획 및 개발계획 등의 지역계획과 공원녹지기본계획 등 상위계획 속에서 해당 공원의 역할 및 위상을 검토한다. 또한 주변지역의 토지이용현황 및 접근성, 이용자분포 및 인접 공원녹지의 분포, 관광자원 등의 계획여건을 조사·분석하고, 대상지의 지형·지세, 기상, 수문, 토양, 식생, 경관 등의 자연환경현황과 토지이용 및 소유, 이용행태 등의 인문사회현황을 조사·분석한다. 대상지 및 주변지역에 대한 여건분석을 통하여 해당 공원의 성격 및 조성방향을 설정하고, 예상되는 공원이용자의 규모 및 행태를 예측하고, 이를 수용하기 위하여 도입해야 할 시설의 종류 및 공간규모를 산정한다. 공원 내에 시설을 배치할 때는 대상지의 비오톱 등을 고려하여 자연을 훼손하지 않도록 개발가용지에 시설(기능)을 배치하도록 한다. 공간배치에 있어서는 기능별로 2~3개의 대안을 작성하여, 시설상호간의 연계성이 좋고 공원기능을 최적화할 수 있는 안을 기본구상안으로 선정한다.

공원 이용자의 수요분석은 기존의 유사한 유형의 공원 및 주변지역에 대한 설문조사 등을 통하여 이루어지는데, 대부분의 공원에서 이용자를 사전에 파악하는 것이 쉽지 않을 뿐만 아니라 이용자의 일반적 요구 사항을 정량화된 지표로 산정할 수 없기 때문에 정확한 이용자 수요분석은 곤란하다. 더욱이 대규모 개발계획 시에 설치되는 공원은 대상지 주변에 거주자가 없기 때문에 이용자가 불특정 다수가 되므로 일반적인, 정형적인 형태의 공원을 조성하게 된다. 또한 이용자의 수요(Needs)는 시대에 따라 다양하게 변화되기 때문에 이에 부응하여 공원조성계획도 일정기간이 경과하면 부분적 또는 전면적인 재정비가 요구된다. 예를 들어 어린이공원의 경우 10여년이 경과하면서 놀이시설이 노후하고, 놀이 행태가 변화되면서 어린이공원 현대화사업이 추진되고 있는 것처럼 공원도 부분적 또는 전면적인 재정비(Renovation)가 필요하다.

공간계획에 있어서는 진입공간, 운동공간, 휴식공간, 서비스공간, 관리공간 등의 공간기능에 따라 공원 내의 토지이용을 계획하고, 각 공간기능을 연결하는 주동선과 보조동선, 산책로, 관리 및 이용자 동선을 배치한다. 공간별로 필요한 시설을 선정, 지형여건 등을 고려하여 적재적소에 배치하는 시설물계획도 및 상세도, 포장계획을 수립한다. 식재계획은 기존의 식생구조와 조화되는 수종을 선정하도록 하며, 교목과 관목계획도를 각각 작성하고 도입되는 수종 및 규격, 수량시설설치로 인하여 훼손된 지역에 대해서는 식생복원계획을 수립한다. 공원조성계획도 일단의 토지에 대한 관리계획이므로 부지에 대한 절·성토계획, 상하수도계획, 쓰레기처리계획, 건축계획, 전기(조명)계획 등의 기반 시설계획이 수반된다.

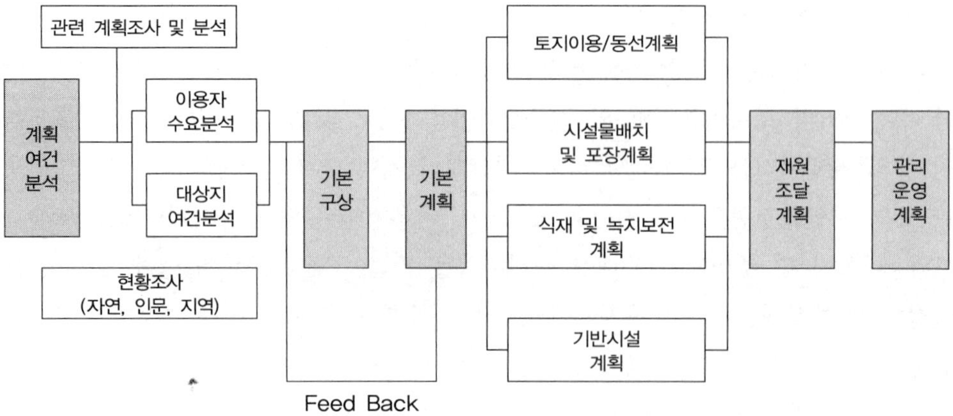

그림 3-3-5 공원조성계획의 수립과정

4) 공원녹지 조성계획 사례

(1) 만리동 소공원 조성계획

서울시 중구 만리동 2가 39-1번지 일원의 면적 3,389㎡인 소공원으로, 만리동 제2가 주택재개발사업과 연계하여 지역주민의 휴게, 유희, 모임 등을 위한 장소로 계획되었다. 주요 계획내용으로는 기반시설(도로 363㎡, 광장 114㎡), 조경시설(솔라퍼걸러 15㎡, 평의자 2개, (수변)데크 103㎡, 벽천 및 캐스케이드 64㎡), 공원관리시설(보안등 11개), 시설률 19.45%로 법정 시설률 20%를 만족시키고 있다.

남북으로 경사진 단차를 고려하여 도로변에 벽천 및 캐스케이드를 설치하여 시원하고 청량한 느낌을 줄 수 있도록 계획하고 있다. 도로변으로는 소나무 43 그루를 군식하여 소나무숲을 조성하고 있으며, 산책로에는 청단풍을 열식하고 있다. 경사면에는 이팝나무, 산사나무, 층층나무 등의 교목과 백철쭉, 영산홍 등의 관목, 개미취, 구절초, 마가렛 등의 초화류를 복층식재하여 도심 속의 숲으로 계획하였다.

소공원에는 조경시설, 유희시설, 휴양시설(긴 의자에 한함), 편익시설(음수장·공중전화에 한함) 등의 공원시설을 설치할 수 있지만 시설률이 20% 이하로 규정되어 있기 때문에 산책로나 입구광장 등 기반시설을 제외하면 다른 시설을 도입할 수 있는 시설공간이 제한되어 있다. 따라서 우리나라의 소공원은 소공원의 대명사로 알려진 뉴욕의 페일리 파크와 같은 도심 속의 휴식광장과 같은 형태가 아니라 녹지가 풍부한 자연형태의 공원으로 조성되고 있다.

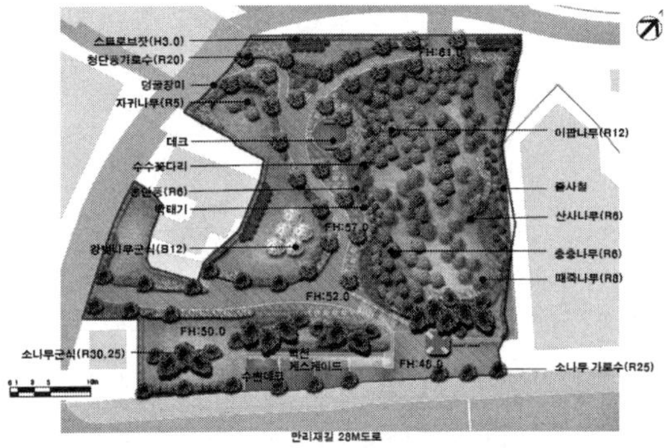

그림 3-3-6 만리소공원 계획도

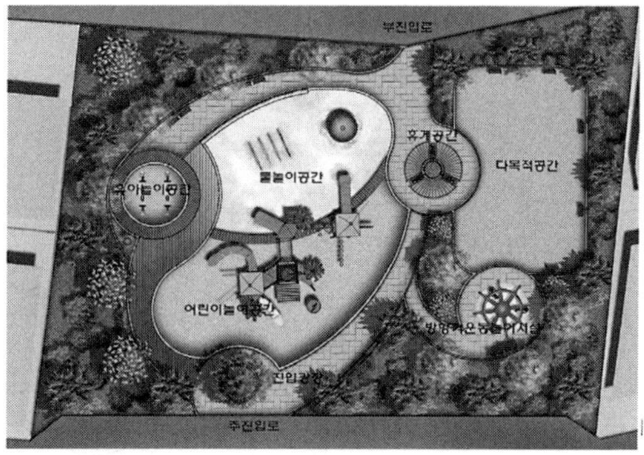

그림 3-3-7 석촌어린이공원 계획도

(2) 석촌어린이공원 조성계획

석촌어린이공원은 서울특별시 송파구 석촌동 27번지에 위치한 공원으로 1974년 최초 지정되었으며, 2010년 '상상어린이공원' 사업의 일환으로 재정비된 공원이다. 기 조성된 공원이지만 시설이 노후화하고 어린이놀이 시설 안전기준(「어린이놀이시설 안전관리법」의 제정으로 어린이놀이시설 설치 검사의 의무화)에 부적합한 공원을 대상으로 재정비를 실시하고 있다. 공원재정비 시에는 어린이들의 상상력을 북돋아주기 위하여 상상어린이공원 아이디어공모, 디자인워크숍 등 전문가와 어린이들의 참여를 통한 공원조성이 이루어졌다.

석촌어린이공원은 창의적 문화가 있는 놀이공간으로 재조성하여 아이들의 창의성 개발에 일조할 수 있는 새로운 형태의 어린이 공원을 조성하고자 하였다. 주요 계획내용으로는 산책로(246㎡), 광장 1개소(36㎡), 휴게소 1개소(516㎡), 어린이놀이터 2개소(360㎡), 놀이시설 2종, 체력단련시설(182㎡)이 설치되었으며, 전체 면적(1638.4㎡) 중 시설률은 53.71%(법정 60% 이하)이다.

계획개념은 무인도에 표류한 로빈슨 크루소가 미지의 숲 속 탐험을 떠나는 모험과 아이들의 미지에 대한 호기심 자극과 바다에 대한 동경을 표현하고자 하였다. 구체적인 설계내용은 순환동선 계획(바람의 모양 상징), 다양하고 색다른 놀이꺼리를 제공하는 놀이기구(운동과 놀이를 함께 하는 눈맞춤 회전놀이대), 나무그늘아래 마련한 주민 휴게공간 조성(퍼걸러, 앉음벽, 벤치 등), 아이들이 마음껏 뛰어 놀 수 있는 공간(다목적 운동 공간)을 마련하고 있다.

어린이공원에 도입되는 시설은 원칙적으로 어린이 전용시설로 설치해야 하지만 주변 커뮤니티의 중심공간으로서의 기능 및 보호자들의 휴식을 위한 시설들을 포함하고 있다. 놀이시설은 획일적인 놀이시설 위주로 계획하기 보다는 다양한 행태의 놀이가 가능하도록 계획하고, 연령별(유아, 유년) 놀이특성을 고려하여 유아용 놀이공간을 별도로 도입하고 있다.

(3) 선유도근린공원 조성계획

서울시 영등포구 양화동 95번지 일원으로, 기존 선유도 정수장(110,407㎡)을 공원으로 재생시킨 근린공원으로, 설계경기를 통하여 조성계획안을 작성하였다. 선유도는 침전지, 여과지 등 하부에 거대한 수조를 가진 정수장의 핵심공간을 개조하여 녹색기둥의 정원, 수생식물원, 시간의 정원 등 다양한 소주제를 가진 새로운 공간으로 재활용하였다. 기존의 송수실, 취수장 등의 건축물은 수질정화원, 방문자 안내소, 한강전시관, 전망대 등으로 재활용하였다. 한강이 흐르는 방향으로 옹벽 일부를 절개하여 한강으로의 조망을 확보하였으며, 주위의 호안 및 둔치는 습생초지를 일부 조성하고 사람의 간섭을 최소화하여 생태적 지속성을 유지하도록 고려하였다. 북한산을 배경으로 한 한강의 조망, 정수장이라는 독특한 기능을 적극적으로 설계에 반영하였다. 즉 정수장 기능의 핵심공간인 지하수조를 공원활동을 담고 주제를 전달하는 공간으로 재활용하였으며, 수생식물로 공원의 우수와 생활하수를 정화하는 시스템을 도입함으로써 식물의 정수 기능과 역할을 현장에서 체험할 수 있도록 계획하였다.

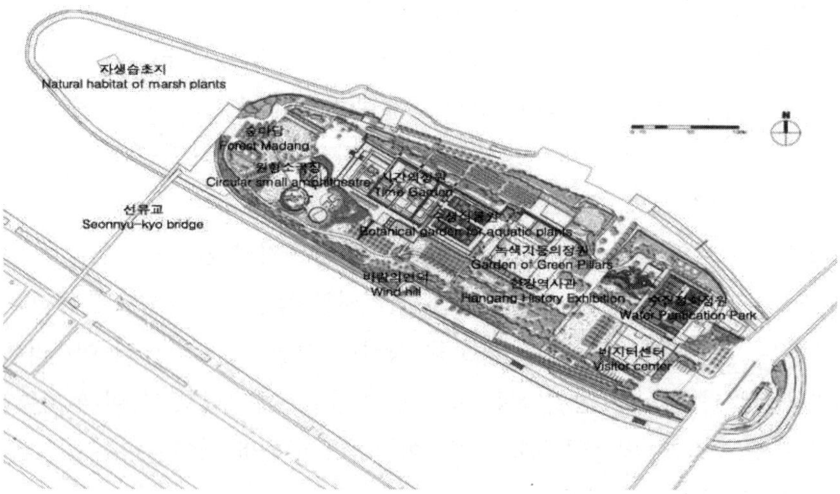

그림 3-3-8 선유도공원 평면도 (서울시, 2002, 「생명의 나무 천만그루심기」80쪽)

선유도는 정수지 이적지를 활용한 평지형 근린공원으로, 근린 및 광역적 이용을 위한 조경·휴양·유희·운동·교양·편익시설 등의 설치가 비교적 용이하다. 그러나 우리나라의 근린공원은 구릉지형으로 법적으로 허용 가능한 면적까지 시설을 설치하거나 도서관이나 구민회관, 보육시설 등과 같은 대형 공공시설이 공원시설로 입지하는 경우 원래 지형이나 식생의 훼손을 초래할 수 있다. 구릉지형 근린공원의 조성 시에는 가용지에 시설을 집단화하여 설치하여 기존의 식생, 지형과 공원이용시설이 조화를 이루도록 고려하여야 한다.

(4) 용인동백지구 내 호수공원 조성계획

한국토지개발공사가 시행한 용인동백지구 택지개발사업지 내에 위치한 인공호수(90,106㎡) 주변을 수변공원으로 계획한 것이다.

택지개발지구 단지 중앙에 입지한 중앙공원으로 광역적 이용을 위한 수변여가 및 도시생태공간을 조성하고, 주변여건 및 이용성, 경관성, 생태성을 고려하여 공간별 시설배치 방향을 설정하였다.

공간구성을 보면 문화전시, 휴게공간에는 도섭지, 문화전시장, 목재데크, 쉼터를 도입하고, 야외공연장, 분수, 수변산책 및 휴게, 초화류학습장 등 종합여가 휴식공간을 조성하고, 도로변에는 길거리 행사를 할 수 있도록 인라인, 농구 등의 운동시설을 도입하였다. 수변공원에는 수변과 조화를 이루는 조경시설, 휴양시설(경로당, 노인복지회관 제

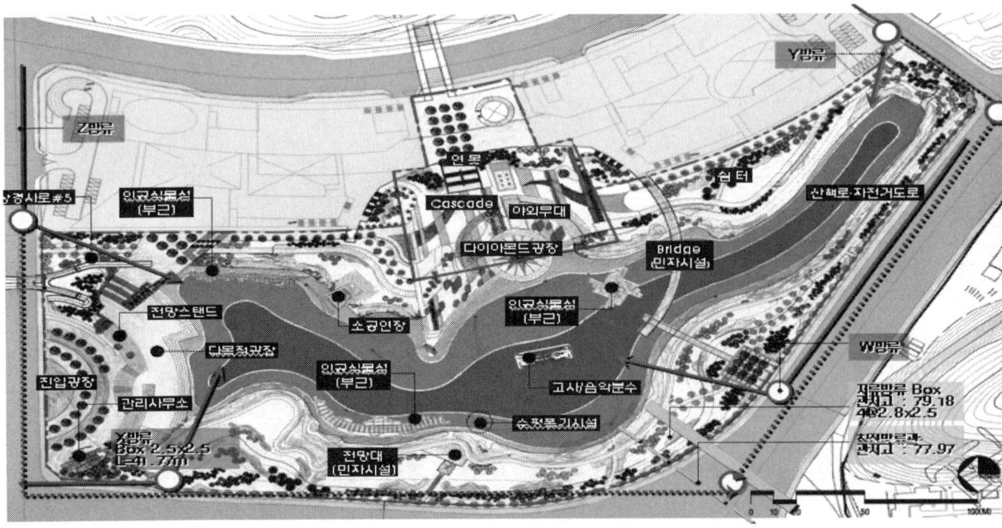

그림 3-3-9 용인동백지구 호수공원 계획도 (한국토지공사, 2004, 용인동백지구 택지개발사업)

외), 운동시설, 편익시설을 설치할 수 있는데, 대상지에는 관찰 및 학습을 위한 관찰 데크, 수변생태원, 휴게광장, 진입광장 등의 시설을 도입하였다.

수변공원은 하천이나 호수, 저수지, 댐, 바다 등의 수변공간을 활용하여 설치하는 공원으로, 인공적으로 호수를 만들어 수변을 조성할 수도 있고 하천, 후수, 갯벌, 습지 등과 같이 기존의 생태적 가치가 높은 지역에 조성될 수도 있다. 수변공간은 공원조성으로 인하여 생태계에 미치는 부정적 영향이 최소화되도록 계획하고, 하천 등 자연적 범람이 발생할 경우를 대비하여 안전성을 확보하여야 하며 기존의 하천의 흐름 등을 유지하여야 한다. 하천변은 하천환경계획에서 하천의 친수적인 활용의 일환으로 둔치에 대한 공원적 활용이 검토되고 있다. 따라서 둔치를 도시계획시설인 수변공원으로 중복 결정할 경우에는 공원시설의 도입과 이용자의 안전성, 홍수시 하천의 유속 및 계획고 등을 종합적으로 고려하여야 한다.

(5) 중랑생태문화공원 조성계획

중랑생태문화공원은 서울특별시 중랑구 망우동 241-20 일대의 개발제한구역에 위치하고 있으며, 생태문화를 주제로 하는 동북권의 특화거점공원, 시민의 휴식, 문화공간이다. 공원의 총면적은 146,507m²으로 청소년문화공간, 가족캠프공간, 생태학습공간으로 구성되어 있다.

청소년문화공간에 위치한 양호한 기존건물 5개 동은 관리사무소, 커뮤니티센터(예능교육실습장), 어린이도서관, 야생조류전시관(치료소 겸용)로 모두 재활용하고 야외무대 및 야외갤러리를 특화하여 계획하였다. 가족캠프공간은 기존의 숲을 활용하여 데크형과 자유형 캠핑장 206동, 824명을 수용하도록 계획하였다. 생태학습공간은 기존의 약수터

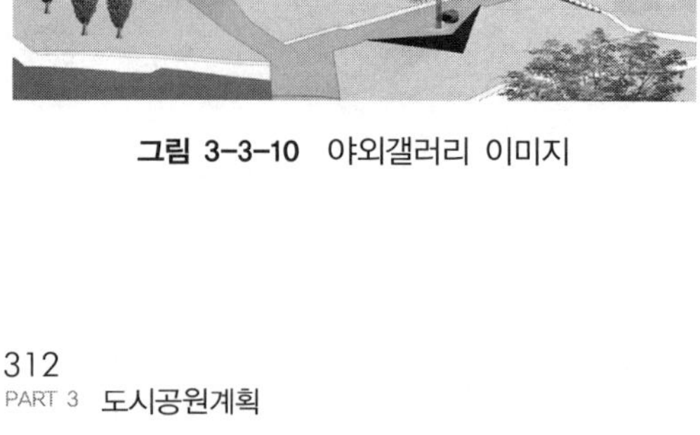

그림 3-3-10 야외갤러리 이미지

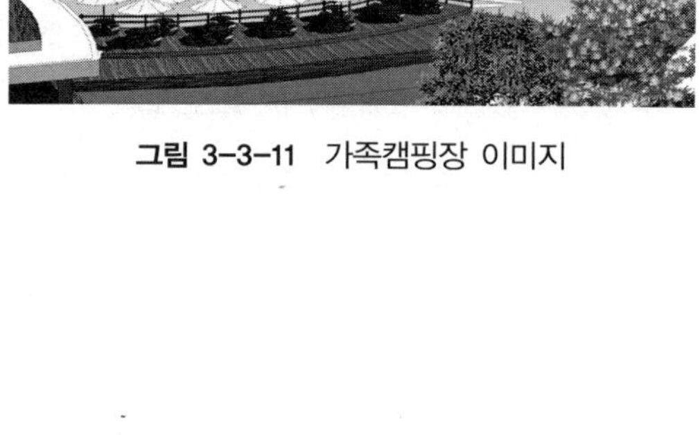

그림 3-3-11 가족캠핑장 이미지

그림 3-3-12 중랑생태문화공원 조성계획도

의 퇴수를 활용한 수생식물원 및 조류방사장, 및 숲속관찰원 등 생태환경 복원 및 학습 공간을 위한 공간으로 계획하였다.

3. 도시녹화계획

1) 도시녹화계획의 성격

도시녹화계획은 공원녹지기본계획의 하위계획으로 도시전체가 아닌 일부지역을 대상으로 구체적인 녹화장소, 방법 등 녹화에 관한 계획을 수립하는 것이다. 즉 도시 지역에서 녹지의 보전 및 확충이 특별히 필요한 지역과 도시녹화가 가능한 장소를 추출하고, 이에 대한 구체적인 녹화계획을 수립한다. 도시녹화계획은 공원녹지배치계획 및 체계(Network)형성에 관한 계획(공원녹지기본계획)과 상호연계성을 갖도록 해야 하며, 도시녹화의 목표량, 목표기간 등 기본방향을 설정·제시한다.

일본에서는 「녹의 기본계획」의 주요 계획내용 중에 '녹화중점지구의 녹화추진'항목이 포함되어 있다. 녹화중점지구를 설정할 때에는 공원녹지의 정비나 녹화를 종합적으로 추진하기 위하여 중점적으로 실시할 녹화추진시책을 가능한 상세하고 구체적인 정비계획으로 작성한다. 녹화중점지구의 녹화목표나 정비방향을 설정하고, 지구 내 공원녹지의 정비, 공공시설의 녹화, 사유지의 녹화 등에 관한 구체적인 실천계획을 책정한다. 예를 들면 도시공원녹지의 정비, 녹화협정의 체결, 특색 있는 가로수 녹화, 하천 및 수로의 정비, 교차점의 녹화, 사유지 도로변의 생울타리화, 대규모 재개발계획 등에 있어서 공개공지나 공원녹지 확보, 녹화 방침 등 녹화수법을 기술한다. 녹화계획도는 주민들이 알기 쉽도록 표현하고, 도시공원녹지, 보전녹지 및 녹화중점지구 등의 배치계획도를 작성하고, 이를 실현하기 위한 녹화시책을 명기하고 있다.

우리나라의 중점녹화지구는 조례에 의해 정할 수 있는데, 도시의 상징이 되는 지역, 녹지가 적은 밀집시가지, 경관지구 또는 미관지구 등 경관유지에 필요한 지역, 지구단위계획구역, 재개발 및 개발제한구역, 도시자연공원 내 취락지구, 녹지보전의 실효성이 높은 지역 등을 중점녹화지구로 지정하고 녹화정비계획을 수립할 수 있다.

2) 녹화정비계획의 내용 및 수립절차

녹화정비계획의 수립절차는 우선 녹화정비계획의 방향을 설정하고, 대상지의 녹지 현황을 파악한 후 이를 기초로 중점적으로 녹화가 필요한 장소, 녹화가능 장소를 유형별로 분류하고 녹화추진 과제를 도출한다. 다음으로 구체적인 녹화 목표(목표량, 목표기간 등)를 설정하고, 각 구역별로 구체화하는 도면(투시도나 조감도, 스케치 등)을 작성하여 녹화방침 및 배치방침을 수립한다. 녹화계획의 효율성을 높이기 위하여 민간과 기업, 행정이 참여하는 녹화프로그램 도입과 더불어 녹화계약 체결을 유도한다.

녹화 대상으로는 관공서, 교육 및 의료시설, 역사(지하철)주변, 철도변, 주차장, 도시구조물녹화, 가로변녹지대 등의 공공시설과 공업지, 상업업무지, 주택지 등의 사유지로 나눌 수 있다. 공공시설녹지의 녹화지침은 우선 양적 질적인 녹화 목표를 설정하고 이를 실현하기 위한 사업주체, 목표량, 사업방법, 시업시기 등을 구체적으로 작성하고 주요 공공시설별로 녹화지침을 작성한다. 사유지 녹화는 주민들의 협력이 필요하므로 목표를 명료하게 설정하고, 녹화사업의 기법과 조성방침, 주민참여 지침 등을 작성한다. 또한 녹화계획의 실천방안으로서는 관민의 역할 분담을 명확히 하는 녹화프로그램을 책정하고, 녹화보급 활동 등 시민의 참여를 유도하기 위한 방안을 강구한다.

3) 도시녹화계획 사례

(1) 명동 중점녹화지구

서울시는 「2030 공원녹지기본계획」에서 도시녹화정비계획 시범대상지를 지구단위계획구역(가리봉 중점녹화지구), 고밀시가화지역(역삼 중점녹화지구), 미관지구(명동 중점녹화지구)로 선정하여 도시녹화정비계획을 수립하고 있다.

표 3-3-3 녹화정비계획 수립항목

구 분		수립항목
구역 전체		지구명, 지정목적, 지구면적, 도시관리현황(토지이용) 등
중점녹화 지구	공공녹화사업구역	중앙분리대, 보행자도로, 전면부건축선 등
	민간녹화유도구역	구역범위, 민간건축물에 대한 녹화 등

명동중점녹화지구의 도시녹화정비계획 지침은 위의 표와 같으며, 녹화정비계획도는 다음의 그림과 같다.

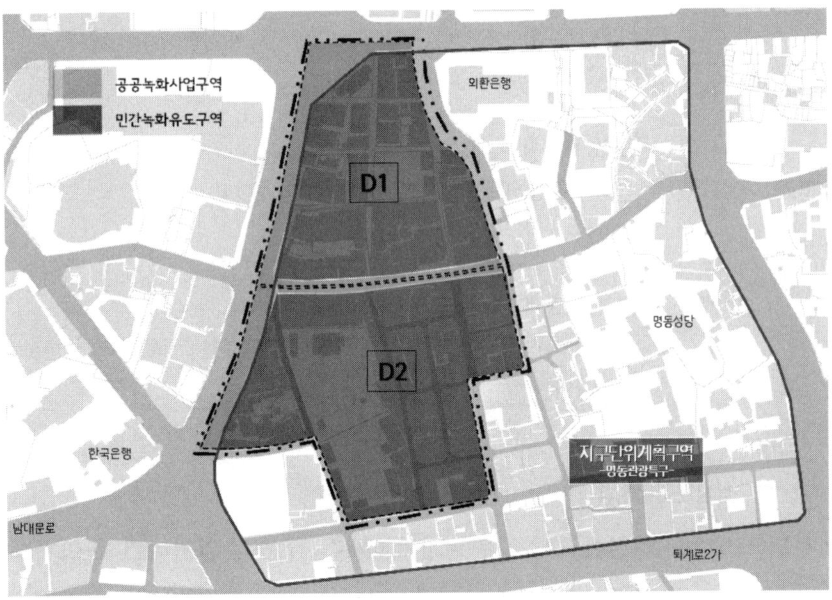

그림 3-3-13 명동 중점녹화지구 도시녹화정비계획

표 3-3-4 명동 중점녹화지구 도시녹화정비 지침예시

구분			D1	D2
지구명			명동 중점녹화지구	
위 치			중구 을지로2가 198 일대	
지정목적			부족한 녹지량 확충, 가로변 녹화 증진, 공원서비스 소외지역 해소	
지구면적			약 115,860㎡	
용도지역			일반상업지역	
구역구분			D1	D2
계획결정내용	공공녹화사업 구역	건축선후퇴	계획 3m(지구단위계획)	계획 3m(지구단위계획)
		보행자도로	띠녹지 조성 보행자도로 확폭(미관지구)	띠녹지 조성 보행자도로 확폭(미관지구)
	민간녹화유도 구역	민간건축물	신축건물 옥상공원 의무조성 기존건물 타당성 검토 후 사업추진 벽면녹화사업 권장	신축건물 옥상공원 의무조성 기존건물 타당성 검토 후 사업추진 벽면녹화사업 권장
		공공건축물	판매상업시설부지 공원화 검토 -중구 명동1가 54 일대	판매상업시설부지 공원화 검토 -중구 명동2가 88-2 일대
		공간시설	-	명동서길 가로녹화사업 추진 전면부 공개공지 조성
인센티브 내용			• 대지내 공지 조성(최대 10%) -기준용적률×{(설치면적-의무면적)/대지면적}×0.2a • 공공보행통로 조성(최대 10%) -기준용적률×(조성면적/대지면적)×0.1a • 옥상공원 조성(최대 5%) -기준용적률×(조성면적/대지면적)×0.05 • 벽면녹화 조성(최대 5%) -기준용적률×(조성면적/대지면적)×0.05 • 사유지내 가로녹화사업시 세제 완화 • 국공유지내 민간건축물 공원화사업을 위한 건축물 이전 협조시 이전부지 상한용적률+공익요소 인센티브 제공	

(2) 연안부두 중점녹화지구

인천시는 「2020년 인천광역시 공원녹지기본계획」에서 공원서비스 소외지역(연안부두, 박촌동지구), 택지정비계획지(검암1, 2지구, 경서 1지구), 산업단지(서구, 부평, 남동 산업단지지구)를 중점녹화지구로 지정하고 있다. 중점녹화지구는 지역별, 녹지특성별, 주변여건에 따라 가로변 수벽조성, 화단조성, 담장녹화, 벽면녹화, 수목 및 초화류 조성, 쉼터 등으로 구분하여 각각의 특성에 맞는 녹화방안과 기법을 제시하였다.

연안부두 중점녹화지구는 인천광역시 중구 항동 6가 58-42번지 일원의 서해안과 인접해 해안경관이 우수한 지역으로 연안부두터미널에 조성되어 있는 해안변 친수공간을 거점공원화하는 녹화사업을 계획하고 있다. 중점녹화의 주요내용은 가로변 수벽조성(길이 16,600m, 면적 7,320㎡), 수목 및 초화류 조성(길이 10,280m, 면적 10,280㎡), 담장녹화(길이 2,660m, 면적 3,990㎡)이며, 친환경건축물인증제를 도입하여 벽면 · 옥상녹화, 우수 · 중수활용, 투수포장사용으로 생태면적률을 제고시키고 있다.

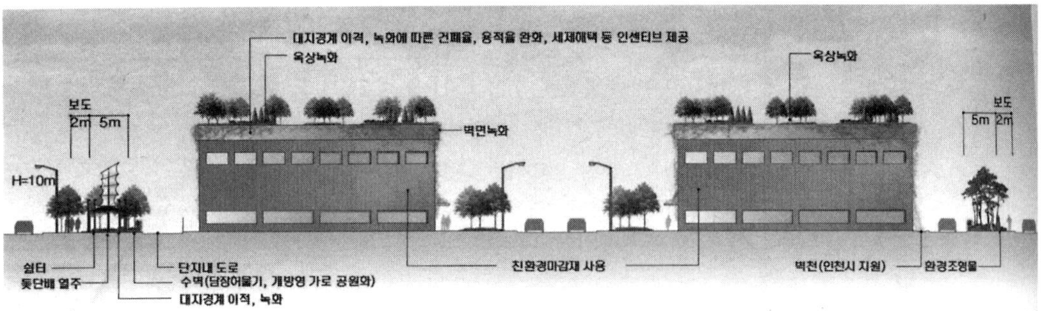

그림 3-3-14 연안부두지구 녹화단면도

4. 도시자연공원구역 관리계획

1) 도시자연공원구역 관리계획의 성격

도시자연공원구역의 관리계획의 수립 시에는 도시의 발전의 기반이 되고 골격을 형성하는 양호한 자연환경 및 산지를 보전하기 위하여 인접 지자체를 포함하는 광역적인 녹지 보전 체계를 강구해야 한다. 또한 도시 안의 다양한 동식물상이 서식하고 있는 도시공원, 녹지 및 유사 공원녹지 등의 생태계 보전과 경관형성을 위하여 도시자연공원구역이 유기적으로 연계되도록 네트워크화하고, 도시의 전체적인 공원녹지의 목표 및 지표, 녹지보전 체계 및 경관체계 구상에 따라 기존의 도시자연공원을 구역으로 정비하고, 장래 수준에 달성하기 위한 신규 확보할 구역의 배치계획을 수립한다.

도시자연공원구역과 부분적으로 중복되는 개발제한구역의 관리계획에는 계획목표와 기본방향, 현황 및 실태의 조사, 개발제한구역의 토지이용 및 보전, 구역 안에서 도시계획시설의 설치, 구역 안에서의 대통령령이 정하는 규모 이상 건축물의 건축 및 토지의 형질 변경, 취락지구의 지정 및 정비, 주민지원사업, 개발제한구역의 관리 및 주민지원사업에 필요한 재원의 조달 및 운용, 도시기본계획 또는 광역도시계획에 의하여 개발제한구역의 해제대상으로 설정된 지역, 방치된 폐기물의 수거, 훼손된 환경의 복구 등 환경정비, 관리의 전산화, 경계표석의 설치 및 관리 등 구역의 체계적인 관리를 위한 사항이 포함되어 있다.

도시자연공원구역은 기존의 도시자연공원에서 전환되는 곳으로 도시민들의 등산 등의 일상적인 여가의 장으로서의 이용 및 구역 내 행위제한이나 시설의 허가, 자연환경의 보전, 매수청구, 출입제한 등 체계적인 관리가 별도의 관리계획수립을 의무화할 필요가 있다. 향후 「도시공원 및 녹지 등에 관한 법률」에 공원조성계획에 대한 사항과 마찬가지로 도시자연공원구역의 관리계획 수립에 대한 구체적인 규정 및 내용(①관리 목표 및 기본 정비방향, ②토지이용 및 실태조사, ③자연환경 및 경관 보전이 필요한 구역의 설정 및 녹지의 관리, ④도시민의 여가 휴식 시설의 정비, ⑤행위허가 시설의 정비 및 관리, ⑥취락지구의 지정 및 정비, 토지매수에 필요한 재원조달계획, ⑦ 녹지활용계약 및 이용프로그램 등)이 포함되도록 개정하여야 한다.

2) 도시자연공원구역 관리계획의 수립절차

도시자연공원구역은 개발제한구역과 마찬가지로 「국토의 계획 및 이용에 관한 법률」에 의하여 규정된 용도구역으로, 구역의 지정 및 관리 등 구체적인 사항은 개별법인 「도시공원 및 녹지 등에 관한 법률」 및 「개발제한구역의 지정 및 관리에 관한 특별조치법」에 위임되어 있다. 그런데 도시자연공원구역의 지정 및 변경에 대한 도시관리계획의 수립에 관한 사항은 별도로 언급되어 있지 않기 때문에 도시자연공원구역의 지정 및 변경에 대한 관리계획은 「국토의 계획 및 이용에 관한 법률」에 의한 도시관리계획 수립 절차대로 이행해야 한다.

일반적인 도시관리계획은 특별시장·광역시장·시장 또는 군수가 입안하며, 기초조사(환경성 검토/토지적성평가), 주민의견 청취, 지방의회 의견청취, 관계기관협의를 거쳐 시·도 도시계획위원회에서 결정하게 된다. 도시공원은 도시계획시설 결정(도시관리계획) 후 공원조성계획을 수립해야하며, 별도의 공원위원회에서 심의 하게 되지만, 도시자연공원구역은 구역 지정을 위한 도시관리계획 수립시 구체적인 관리계획 내용을 포함하여야 하고, 필요시 도시공원위원회의 자문을 받도록 규정하고 있다.

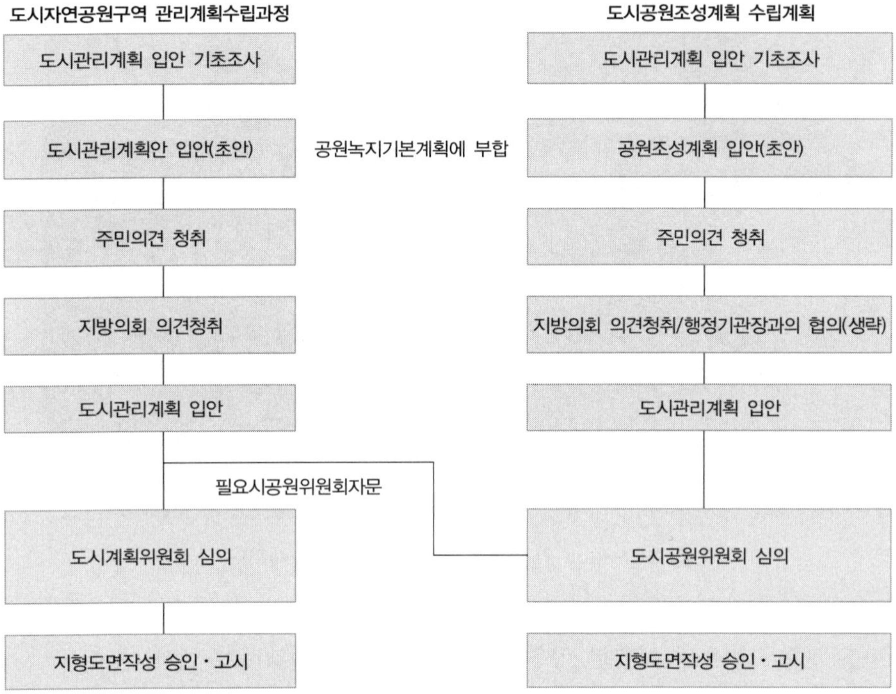

그림 3-3-15 도시공원 및 도시자연공원구역 관리계획수립절차

3) 도시자연공원구역 관리계획의 내용

도시자연공원구역에는 취락지구 이외의 시설을 집단화하여 관리하는 시설지구의 개념이 없고, 산책로나 휴게소 등의 이용자 편익시설도 체력단련시설 및 여가활용시설로 설치하여야 한다. 따라서 기존의 도시자연공원조성계획에 의해 설치된 일부 공원시설(광장 및 유희시설, 편익시설 등)은 구역 내에 허용가능한 시설이 아니므로 도시자연공원구역과 구별하여 별도의 도시공원(생활권공원 또는 주제공원 등)이나 녹지 등으로 변경하는 관리계획을 수립하여야 한다.

예를 들면 관악산도시자연공원(낙성대지구)의 경우는 도시의 각종 문화적 특징을 활용하여 도시민의 휴식 및 교육에 기여할 수 있는 운동시설(체력단련장, 정구장, 배드민턴장, 골프연습장, 대운동장, 스포츠센터), 교양시설(도서관, 낙성대, 과학전시관, 유물전시관, 청소년회관, 야외놀이마당, 온실, 전통야외소극장), 조경시설, 편익시설, 공원관리시설이 설치(시설면적 38.8%)되어 있다. 운동시설 및 휴게시설은 구역 내에서 허용가능한 시설이지만 교양시설과 조경시설, 편익시설, 공원관리시설은 대부분 허용가능한 시설이 아니다. 따라서 기존의 도시자연공원의 시설지구는 도입된 시설의 성격 및 건폐율,

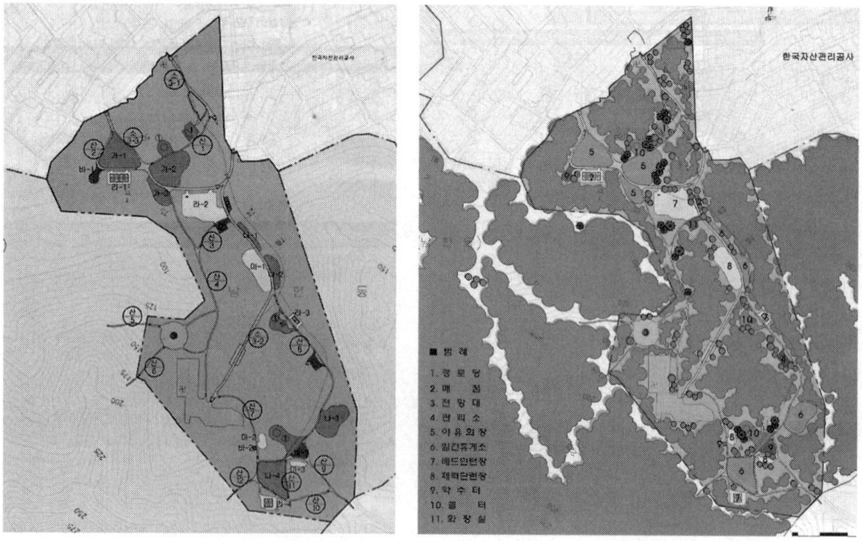

그림 3-3-16 (구)관악산 도시자연공원 조성계획도

시설률 등을 고려하여 적합한 공원이나 녹지 등으로 변경해야 한다.

도시관리계획은 일반적으로 입지여건 및 자연현황, 인문현황, 관련계획검토 및 주민 의견 수렴, 기본구상 및 부문별 기본계획, 사업계획의 순서로 추진된다. 도시자연공원구역 관리계획은 기존 도시자연공원 조성계획과 개발제한구역 관리계획이 융합된 형태로 제안될 수 있는데, 공원조성계획과 개발제한구역 관리계획의 가장 큰 차이점은 공원이용에 따른 시설의 설치에 관한 사항이다.

도시자연공원구역 관리계획은 공원녹지기본계획 및 도시기본계획을 반영하여야 하며, 대상지 및 주변지역에 대한 여건분석을 통하여 공원구역별 정비방향 및 공간별 관리목표를 설정한다. 등산 등의 이용자의 접근로 및 이용행태를 분석하고, 주요 접근로별로 정비해야 할 시설의 종류(산책로, 휴게소 등) 및 공간규모를 산정한다. 시설배치에 있어서는 비오톱 등을 고려하여 자연을 훼손하지 않도록 시설을 배치하도록 한다.

부문별 계획으로는 토지이용계획, 주요 시설 배치계획, 취락지구 정비계획, 녹지보전 및 복원계획, 기반시설계획으로 나눌 수 있다. 토지이용계획은 지형적, 생태적 특징을 공유하는 공간별로 녹지보전지역, 이용지역, 경관보전지역, 취락지구 등 정비구역 및 관리지역 등을 설정한다. 주요 시설배치계획은 이용자의 주요 접근로, 이용시설의 설치(주변에 주제공원 등이 입지할 경우에는 동선의 연계 및 시설의 공유방안 등을 우선적으로 고려하여야 한다.), 행위허가 시설의 정비 및 관리계획을 수립한다. 보전해야 할 녹지, 훼손 및 복원지역별로 식생구조 회복 등 산지관리 및 정비방안을 수립하고, 부지에 대

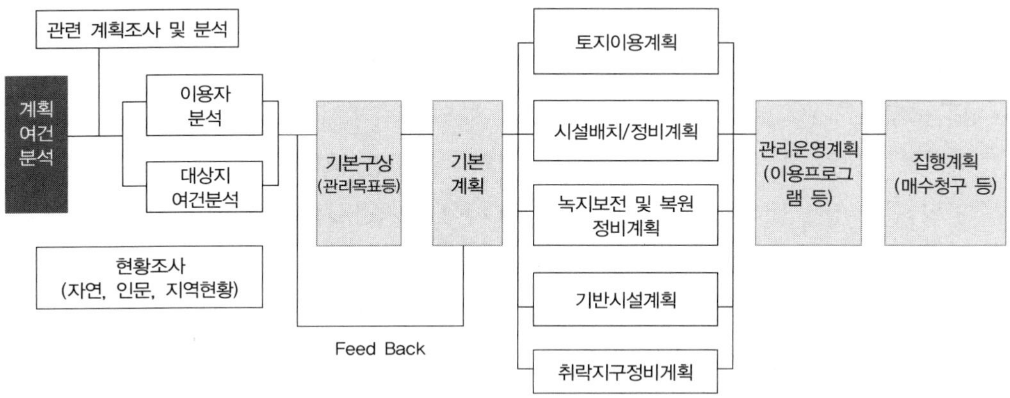

그림 3-3-17 도시자연공원구역 관리계획 수립 과정

한 절·성토계획, 상하수도계획, 쓰레기처리계획, 건축계획, 전기(조명)계획 등의 기반시설계획을 수립한다.

관리 및 운영계획에는 자연체험 및 학습 등 이용자 프로그램, 녹지활용 계약 등의 녹지활용 방안, 주요 접근로의 휴식년제도입 등이 포함되어야 하며, 정비에 소요되는 예산 및 매수청구 대응재원 등의 집행계획을 수립한다.

4) 기존의 도시자연공원의 관리계획 변경 사례

(1) 서울시의 도시자연공원구역 기본계획 [2030 공원녹지기본계획(안)]

서울시는 기존의 도시자연공원에 대하여 생태적으로 양호하다고 판단되는 지역에 한해 도시자연공원구역으로 존치하며 공원이용, 토지이용 및 시설물에 따라 일부 도시공원이나 취락지구로의 변경하는 관리계획을 검토하였다. 도시자연공원구역의 관리·이용은 자연환경을 비롯한 경관보호 및 보존을 그 기본방향으로 하며, 관리이용의 원칙은 ①자연환경 및 경관보호를 위한 개발행위 제한, ②도시자연공원구역 내 녹지보전 등을 위해 녹화계약 유도, ③과도한 답압에 의한 훼손 우려 지역은 자연휴식년제 도입, ④도시자연공원구역 생태계 모니터링 및 교육 프로그램 운영, ⑤민간단체 및 시민이 참여하는 관리 프로그램의 개발 및 운영을 설정하였다.

기존의 도시자연공원을 도시자연공원구역으로 변경하는 과정은 1단계로 우선 환경성 검토를 통하여 환경성 우수 및 양호지역은 도시자연공원구역 전환 가능지역으로 환경성 양호 미만 지역은 도시공원 변경 가능지역으로 추출한다. 2단계는 도시자연공원의 이용지역에 대한 이용성과 서울시 및 자치구 등의 공공계획이 존재하는 지역에 대한 정합성

검토를 통하여 공원검토지역을 추출한다. 3단계에서는 지역 및 지구차원에서의 검토를 통해 추출된 '공원변경지역'을 대상으로 필지차원의 검토를 통하여 공원변경지역의 인접한 필지의 규모, 토지소유자, 각종 관련법에 의한 규제사항 등 인접필지의 현황을 종합적으로 고려하여 '공원변경지역에서의 제외', '공원변경지역으로의 편입', '공원변경지역간의 병합기준' 등의 경계획정기준을 적용하여 공원경계를 확정한다. 4단계에서는 공원변경지역 내에 입지한 공원시설의 유형 및 시설률 등의 검토를 통하여 공원의 주요기능을 검토하여 도시공원 유형을 세분화한다. 5단계에서는 네 단계의 검토결과, 세분화된 공원의 유형이 법정기준을 충족하는 경우, 도시공원의 경계를 최종 확정한다.

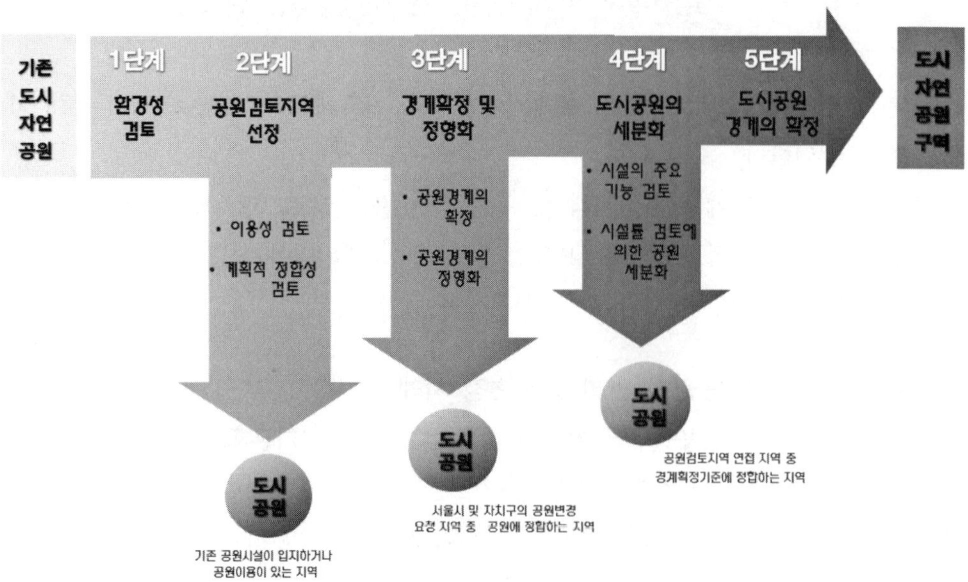

그림 3-3-18 기존 도시자연공원의 도시관리계획 변경 과정

위와 같은 프로세스를 적용한 결과 기존 도시자연공원은 82개소(약 481만㎡, 2,261개 필지)의 도시공원으로 변경되며, 이는 기존 도시자연공원 면적대비 약 7.2%의 비율을 차지하고 있다. 도심 속 중앙공원으로 활발하게 이용되고 있으며 기존 조성되어 있는 공원시설이 많은 남산 도시자연공원은 도시공원 변경률 38.4%에 이르고 있다. 또한 공원이용자가 많은 북한산, 인왕산, 안산, 용마 도시자연공원, 관악산, 우면산, 일자산, 온수 도시자연공원 등은 공원변경 비율이 7.5%를 상회하고 있다. 청계산, 인능산, 천왕 도시자연공원과 같은 이용자가 적고 자연환경이 우수한 도시자연공원은 전체면적을 도시자연공원구역으로 변경하는 것으로 검토하였다.

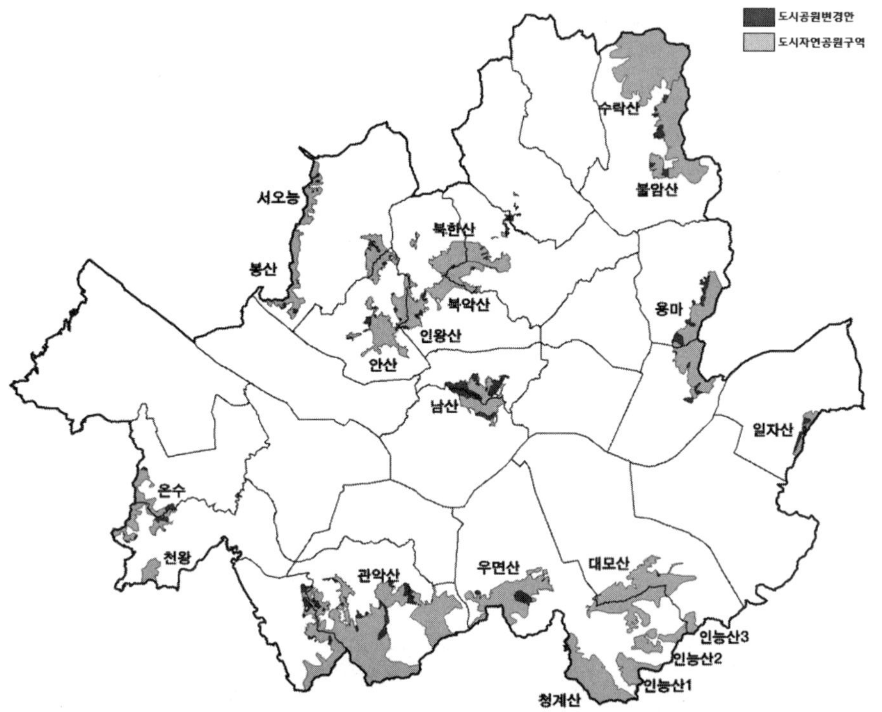

그림 3-3-19 도시자연공원별 경계 변경(안)

(2) 인천시 원적산 도시자연공원구역

인천시 부평구(산곡, 청천동), 서구(가좌, 석남, 가정동) 철마산 일원(2,578,609㎡, 부평구 : 1,773,609㎡, 서구 : 805,000㎡)에 위치하고 있으며, 대상지 주변으로 주거지역, 공업지역이 위치한 시가화된 지역으로 내부는 공원으로 조성되어 공원시설로 사용되고 있다. 공원은 대부분 임야로 구성되어 있으며, 보전지역 및 복원 등으로 관리해야 하는 지역이 전체의 약 3/4 이상을 차지하고 있다. 시설지구로 결정되어 있는 지구는 석남동, 백련사, 석천, 생태숲지구의 4개소로 전체면적의 약 1할을 차지하고 있다. 시설은 퍼걸러나 휴게소 같은 휴양시설과 게이트볼장이나 족구장과 같은 운동시설, 자연교육센터 등의 자연휴양활동을 지원하기 위한 시설 위주로 설치되어 있다.

표 3-3-5 원적산 도시자연공원 시설지구 현황

구 분		면 적(㎡)	구성비(%)	주요시설
계		2,578,609.0	100.00	
보전지역		1,310,526.0	50.82	산림생태계, 야생동물서식지
복원 등의 관리지역		684,747.0	26.55	중간지역, 보조적 공간
시설 지구	석남동지구	18,199.0	0.71	파고라, 휴게소, 야외무대, 잔디광장, 야유회장, 약수터 등
	백련사지구	22,518.0	0.87	광장, 게이트볼장, 족구장, 트림코드, 놀이터 등
	석천지구	53,950.0	8.25	광장, 축구장, 인라인스케이트장, 어린이놀이터, 나무동산 등
	생태숲지구	17,749.0	0.69	자연교육센터, 온실, 양묘장, 습지원 등
	기타	168,230.0	6.52	유보지역
대상예외지역		144,006.0	5.58	

그림 3-3-20 원적산 도시자연공원 시설지구 기본계획

원적산도시자연공원은 평균경사 20도 미만의 완만한 가용지는 전체의 42.7%를 차지하고 있으며, 표고 60m 이하가 25%를 차지하고 있다. 임상도 4영급과 환경성 1등급의 자연환경이 양호한 지역이 분포되어 있으며, 사유지는 68%를 차지하고 있다.

원적산도시자연공원은 주변여건 및 가용지 분석, 경계검토, 소유권 등을 고려하여 도시자연공원구역 1,689,883㎡, 원적산 근린공원(기존의 석천지구) 226,692㎡, 산마루 근린공원(기존의 백련사지구) 60,019㎡, 맑은내 도시생태공원(기존의 생태숲지구) 207,489㎡로 변경관리계획을 수립하였다.

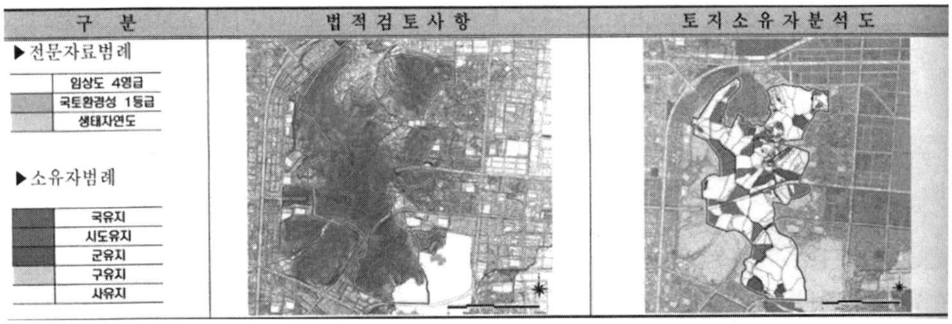

기정	면적(㎡)
도시자연공원	2,578,609.0

변경	면적(㎡)
합계	2,578,609.0
도시자연공원구역	1,689,883.0
생활권공원	681,237.0
원적산공원	226,692.0
산마루공원	60,019.0
구로지공원	211,499.0
서달공원	183,027.0
주제공원	207,489.0
맑은내공원	207,489.0

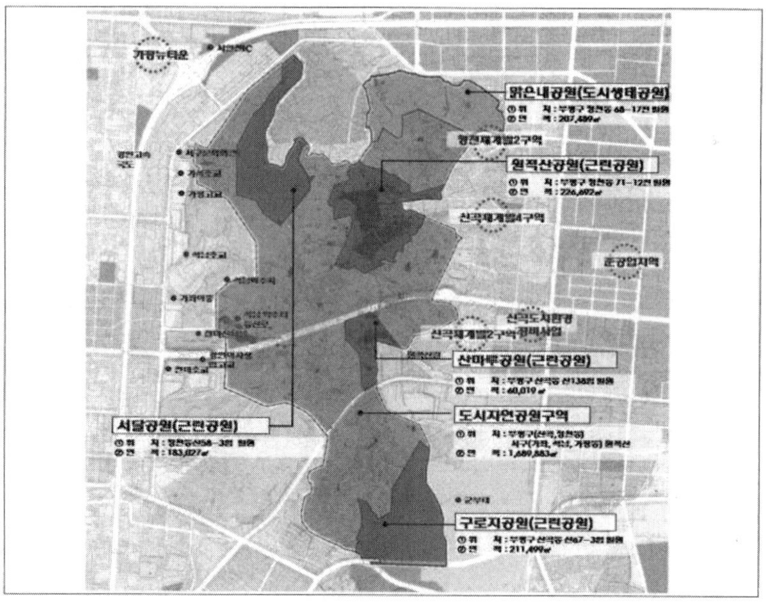

그림 3-3-21 원적산 도시자연공원구역(변경) 관리계획도

제4장 공원녹지의 운영 및 관리

1. 도시공원녹지의 관리운영 체계

1) 도시공원 운영 주체

도시공원녹지는 시민 모두가 소비혜택을 누릴 수 있는 공공재로, 조성주체인 공원관리청(특별시장·광역시장·시장·군수)이 관리하는 것이 원칙이지만, 도시공원 또는 시설의 관리를 공원관리청이 아닌 자에게 위탁할 수 있도록 규정(「도시공원 및 녹지 등에 관한 법률」 제19조 제1항 및 2항, 제20조)되어 있다.

Wilkstrom & Stephens(1999) 등에 의하면, 행정서비스는 일상생활유지서비스(Life-Maintenance Service)와 삶의 질 관련 서비스(Quality of Life Service)로 나뉘는데, 도시공원 운영서비스는 시민들의 일상생활 유지와 관련되기보다는 시민여가 및 삶의 질 향상과 더 밀접한 관련을 가진다고 할 수 있다. 또한 자연자원인 공원을 바탕으로 하는 서비스는 시민들의 거주지에 상관없이 모든 시민에게 동질의 서비스를 제공하는 것을 형평성(Equality)을 원칙으로 하므로 공원서비스의 광역적인 공급(조성)이 중요하다. 하지만, 과거와는 달리 공공재가 모두 정부에 의하여 일괄적으로 공급되지는 않는다. 특히 도시공원은 공급(조성)은 정부(시 등)가 담당하지만, 운영 및 관리는 공공영역뿐만 아니라 민간이나 준공공영역이 담당하는 위탁경영이 점차로 많아지고 있는 추세이다.

2) 도시공원 운영방식

공원운영방식은 서비스의 제공주체에 따라 공공의 직영방식과 준공공영역이라 할 수 있는 공단(재단)방식, 민간위탁방식으로 나누어진다. 직영방식은 공공이 행정기관 자체인력 또는 사업소 등을 통하여 관리하는 방식으로 관련 행정과의 일체성을 확보할 수 있을 뿐만 아니라 이용자인 시민들의 의사를 신속하게 반영할 수 있기 때문에 행정서비스의 대응성(responsiveness)과 감응성(efficacy)을 높여 갈 수 있는 장점이 있다. 그러나 복합적인 시설의 전문적인 관리나 창의적인 이용프로그램 개발 등이 어렵고, 관리인력의 효율적 운용이 어렵다는 단점이 있다. 준공공영역인 공단(시설공단)방식은 인천대공원, 울산대공원 등과 같은 대규모 공원을 도로, 주차장과 같은 공공시설과 함께 (시설관리) 공단에서 관리하는 것이고, 재단방식은 일본의 (재)동경공원녹지협회와 같이 전체 공원을 관리하는 조직을 별도로 만들어 전문적으로 관리하는 것이다.

한편 '작은 정부구축의 시대적 요청과 조직관리 비용의 절감과 관리의 효율성, 관리운영의 전문성 제고를 위해 관리행정의 많은 부분을 아웃소싱이나 민간위탁하고 있다. 특히 직영방식에서 대처하기 어려운 이용프로그램 등의 이용자 관리와 전문적 관리가 요구되는 업무에 대하여 점차 민간위탁이 확대되고 있다. 일본은 2003년 공공시설의 '지정관리자제도'를 도입하여 공공뿐 만 아니라 주식회사나 영리기업 · 재단법인 · NPO법인 · 시민그룹 등 법인과 그 외의 단체에 포괄적으로 도시공원을 관리 · 운영을 위탁하고 있다.

표 3-3-6 도립공원 지정관리자 선정 현황

공원수	면 적	지정관리자 종류						
		재단법인	사단법인	외곽단체	민간기업	NPO	자치회	기타
8,308	32,976ha	8,317 (76%)	75 (1%)	157 (2%)	1,396 (17%)	78 (1%)	124 (2%)	160 (2%)

* 자료 : (사)한국조경학회 특별강연(2010), 히라타후지오, "일본의 지정관리자제도와 보다 좋은 공원녹지 관리의 실현을 위한 활동", 64쪽

3) 도시공원 운영 및 관리의 내용

도시공원의 관리는 운영관리와 유지관리, 이용관리로 구분될 수 있다. 운영관리는 공원계획의 변경이나 인부관리 등 전체적인 공원운영 사항을 총괄하는 것이고, 이용관리는 공원이용객의 질서유지 및 공원이용프로그램 및 행사기획 등을 포함한다. 유지관리는 시설관리와 녹지관리로 나누어지는데, 시설관리는 화장실이나 운동시설, 편익시설 등 공원시설의 청결유지 및 안전성 확보를 위한 것이고, 녹지관리는 식수대 및 수목 · 녹지, 야생초화류 및 잔디 등을 유지 · 관리하는 것이다.

서울시 동부푸른도시사업소(서울숲 등 8개 공원관리)의 공원운영관리 내용을 보면 업무계획수립, 용역 및 인력관리, 공원시설운영, 회계 관련업무, 물품 등의 관리, 홍보 및 민원처리 업무 등의 운영관리와 이용프로그램 관리, 행락질서유지, 공원출입통제관리, 녹지공원점용허가, 공원이용종합안내 등의 이용관리, 시설물 유지보수, 수목 및 식재지 관리, 야생동물관리, 재난방지대책 등의 유지관리를 행하고 있다.

일본의 공원 지정관리자가 담당하는 업무는 식물관리, 수선관리, 청소관리, 안내업무, 홍보, 민원대응, 이용지도, 이벤트 개최, 요금징수 등으로 대부분의 공원운영 및 관리업무를 공공으로부터 위임받아서 수행하고 있다.

도시공원 서비스는 조성하여 공급하는 것으로 완료되는 것이 아니라 공원시설을 이

용하는 사람들이 체감하게 될 공원이용 서비스의 질을 지속적으로 유지·관리해야 하는 특징을 가지고 있다. 최근 주민들의 공원시설 수준에 대한 요구가 높아지면서 도시공원의 운영 및 관리에 대한 수요는 점차 증가하고 있다. 그러나 우리나라의 대부분의 지자체의 공원관리는 예산 부족 등의 이유로 기본적인 공원시설의 유지관리 수준에 머물고 있으며, 이용자들의 만족도를 향상시킬 수 있는 질 높은 공원관리는 이루어지지 못하고 있다.

2. 민관 파트너십에 의한 공원운영 및 관리

1) 민관 파트너십에 의한 공원의 운영관리

도시공원의 운영·관리에 있어서 선진적 사례로 손꼽히는 미국에서는 도시공원을 위한 연방정부, 주정부 등의 공적 자금의 지속적인 감소와 함께 공원 프로그래밍과 운영을 강화하기 위한 민과 관의 창조적인 파트너십에 대한 목소리가 점점 더 커지고 있다. 민관파트너십의 대표 사례로 2000년 비정부단체와 정부기관, 재단 등이 참여하여 결성한 도시공원연맹(CPA)가 있다. 도시공원연맹은 공공기관에서부터 지역 내의 작은 단체까지 네트워크를 형성하여, '2020년까지 미국 도시의 모든 사람들이 걸어서 갈 수 있는 거리에 깨끗하고, 안전하고, 활기찬 공원이 있는 곳에 살자'는 비전을 공유하고 있다. 도시공원의 비전을 달성하기 위하여 지역의 공원관리기관과 협업하고, 도시공원을 만들고, 관리하고, 공원을 지속시키는 혁신적인 민관파트너십을 촉진시키고 있다.

공공과 민간의 파트너십은 1970년대 뉴욕시의 센트럴공원보호회가 조직되면서 처음 이루어졌는데, 이 보호회의 공원운영 활동에 의하여 폐허와 같았던 공원이 다시금 시민들의 품으로 돌아올 수 있었다. 뉴욕시와 공원보호회는 각각 자금을 모아서 경관 복원과 유지 관리 프로그램을 수행하고 있는데, 뉴욕시에는 공식적인 공원 파트너십이 19개 존재하고 있다. 공식적인 것 이외에 뉴욕시내에 작은 공원에도 공원을 가꾸는 풀뿌리 공원모임이 많이 있어 대부분의 공원을 시민들이 가꾸고 있다.

도시공원이 지역사회에서 성공적으로 작동되기 위해서는 짜임새 있는 계획과 수준 높은 공원설계뿐만 아니라 공원 프로그램과 관리를 위한 지속적인 공공과 민간의 파트너십이 있어야 한다. 가장 성공적인 파트너십은 이용 주민을 포함한 다양한 이해관계자(Stakeholder) 모두를 포함하는 협력체계를 갖추어야 한다. 즉 시민참여에 있어서는 단순한 녹지서비스의 소비자 입장에서 탈피하여 도시공원을 적극적으로 만들고 관리하는 프로슈머(Prosumer)로서의 역할변화가 요구되고 있다.

2) 공원이용 프로그램

도시공원은 시민들의 이용을 전제로 하는 공간으로, 공원의 질을 향상시키기 위해서는 레크리에이션에 대한 수요(Needs)를 충족시킬 수 있도록 다양한 공원이용 서비스를 제공해야 한다. 기존의 공원녹지의 활용상태 및 프로그램, 장래의 수요분석에서 실시한 레크리에이션 추세, 시설, 행태 등을 바탕으로 공원녹지공간에서 시행 가능한 적절한 레크리에이션 프로그램을 제시한다.

일본 동경도의 공원이용프로그램은 자연교실, 강좌, 전시, 행사 등의 환경학습프로그램과 「녹의 상담소」 중심으로 자연에 대한 강습회나 관찰회 등의 이용프로그램을 운영하고 있다. 미국은 공원이 레크리에이션 서비스의 하나로 공급되고 있기 때문에 지역사회의 레크리에이션 프로그램 차원에서 제공되고 있다. 취미, 교양, 생활체육 등의 프로그램, 지체부자유자나 노인 등의 특수집단을 위한 프로그램, 학교프로그램, 아동 레크리에이션 프로그램, 환경교육프로그램, 미술이나 음악 등 예술프로그램 등 다양한 프로그램이 운영되고 있다.

레저활동 프로그램은 경험을 바탕으로 육체적, 지적, 문화적, 사회적, 환경적, 자기개발적 프로그램으로 나눌 수 있다. 프로그램 패턴별 이용프로그램의 예시를 보면 다음 표와 같이 음악회, 영화상영, 각종 놀이공연 등 각종 문화적 이벤트를 공원에서 개최함으로써 주민들의 문화적 욕구에 부응할 수 있으며, 각종 지역축제의 장이 됨으로써 공원이 커뮤니티의 중심공간의 역할을 할 수 있다. 또한 농구 등이 각종 운동프로그램을 개설하고, 식물이나 곤충 등의 자연을 체험할 수 있는 환경교육의 장을 제공함으로써 공원의 이용은 더욱 증진될 것이다.

표 3-3-7 프로그램 패턴별 이용 프로그램

프로그램 패턴	이용프로그램
문화적 프로그램	음악회, 영화상영, 연극, 인형극, 탈춤, 사물놀이, 풍물놀이공연, 마당놀이공연, 판소리공연, 댄스, 회화, 도예, 조각, 사진, 역사적 유적, 어린이교통안전교육 등
사회적 프로그램	알뜰장, 바자회, 우리집맛자랑대회, 가족걷기대회, 마라톤대회, 꽃축제, 애완동물경연대회, 기념일 축제, 명절축제, 자치구 축제
육체적 프로그램	축구, 농구, 배구, 야구, 핸드볼, 테니스, 탁구, 수영, 활쏘기, 에어로빅, 배드민턴, 게이트볼, 아이스스케이팅, 롤러스케이팅, 저전거타기
환경적 프로그램	식물, 꽃, 곤충, 새, 야생동물, 수생생물, 자연체험

출처 : 양진희, "도시공원의 이용프로그램 개발에 관한 연구, 1998. 2. 서울시립대학교 조경학과 석사학위논문, 59쪽

3) 민관파트너십의 형태

도시공원의 운영관리에 민간이 참여하는 형태는 다음의 그림과 같이 공공이 공원관리 업무를 주관하며 시민은 자원봉사 등의 활동을 통해서 도움을 주는 공공주도-민간참여 방식과 공공과 민간이 파트너십을 구축하며 각각의 특성에 따라 업무를 분담하는 민-관 파트너십 방식으로 나눌 수 있다.

공공주도-민간참여 방식은 기존의 공공이 공원의 관리운영 업무를 주관하는 형태를 그대로 유지하면서 시민의 참여를 통하여 인원과 예산의 부족한 부분을 보완하는 방식이다. 민-관 파트너십 방식은 공공과 시민이 서로의 장점을 통하여 파트너십을 구축하고, 업무를 분할하여 공원을 관리·운영하는 방식으로 서로의 전문성을 바탕으로 업무의 분담이 가능하여 효율적인 공원 관리가 가능하다.

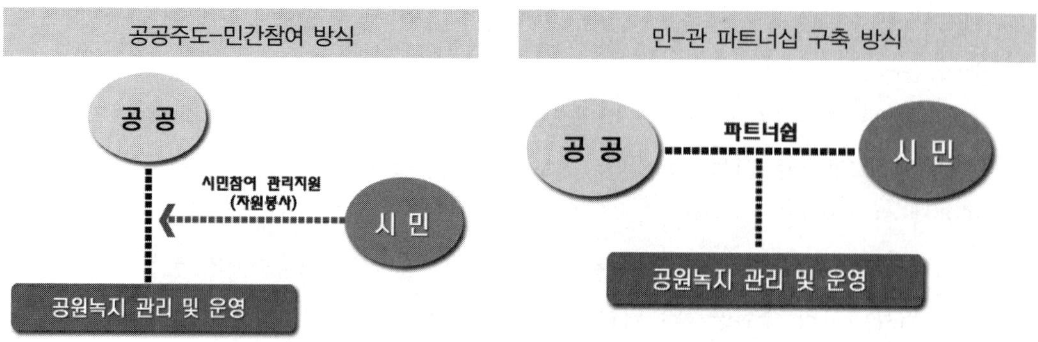

그림 3-3-22 민-관 파트너십의 형태 (출처 : 서울특별시, 「2030 공원녹지기본계획」, 398쪽)

기존 도시공원에의 시민참여는 운영의 극히 일부분에 국한되어 있거나 일부프로그램의 운영, 공원관리 사업에의 1회성 참가 등 공공주도-민간참여 수준에 그치고 있다. 그러나 최근 시민조직에 의한 공원관리, 기업공원 등 다양한 형태의 민-관 파트너십이 시도되고 있다. 북서울 꿈의 숲은 세종문화회관이라는 문화전문기관에 문화행사 및 시설을 위탁하여 운영수익을 높이고 있으며, 청주 두꺼비 생태공원과 광주 푸른 길은 시민운동으로 공원을 확보하고 지속적으로 관리운영에 참여하고 있다. 울산대공원은 기업의 사회공헌사업으로 도시공원을 조성하였으며, 시흥시 옥구공원은 2010년 정원박람회를 통한 리모델링과 공공근로사업을 통한 공원조성의 사례로 공공근로사업으로 공원을 조성하고 있다.

표 3-3-8 다양한 민-관 파트너십 형태

공원명	북서울 꿈의숲	청주 두꺼비생태공원	울산대공원	시흥 옥구공원
조성일자	2009.10.17	2006.12.	2006.4.	2000.12.
위치	서울시 강북구 본동	청주시 산남지구	울산 남구 신정동	시흥시 정왕동
면적	662,627㎡	33,301㎡	3,653,285㎡	347,117㎡
공원관리 모델	시직영관리+세종문화회관 일괄위탁	위탁관리형(사)두꺼비친구들 민간자부담 46%	준정부기관위탁관리+SK일부 운영지원	시직영관리+공공근로+정원박람회
주요성과 특성	전체운영관리비 60%자급모델	시민운동에 의한 조성, 관리까지 참여	지자체 토지 제공, 기업공원 조성	공공근로사업, 정원박람회를 통한 리모델링

출처 : 김인호, "도시공원 운영관리의 새로운 방향" 2011.2.11 한 · 일 도시공원정책 세미나집, 67쪽

3. 시민참여에 의한 공원관리운영 사례

1) 공공과 시민단체의 파트너십-서울숲

서울숲은 당초 골프장, 승마장 등이 있던 뚝섬 일대를 주거업무지역으로 개발할 경우 약 4조 원에 달하는 개발이익이 예상되었으나 서울 시민들의 웰빙공간으로 영국 하이드파크, 뉴욕 센트럴파크에 버금가도록 공원조성사업비 235,259백만 원을 투자하여 서울숲을 조성하였다. 문화예술공원, 자연생태숲, 자연체험학습원, 습지생태원, 한강수변공원의 5개 테마공원으로 이루어져 있으며, 야외무대, 서울숲 광장, 환경놀이터, 자전거도로, 산책로, 이벤트마당, 곤충식물원 등의 시설이 있다.

서울숲은 공공기관이 시민들을 위하여 일방적으로 제공하는 방식을 벗어나 최초로 시민이 계획, 조성 및 관리운영의 전 과정에 참여한 공원이다. (재)서울그린트러스트와 서울시는 '시민이 중심이 되는 공원 운영시스템'을 도입할 것을 협의하고 '서울숲 사랑모임'을 결성하여 서울 숲을 운영하고 있다. 서울시는 시설물과 재산관리 등과 같이 시설관리 등 일상적인 관리를 담당하고, 생태교육, 홍보, 마케팅, 프로그램운영 등 프로그램개발 및 운영, 자원봉사자의 모집운영 등 새로운 공원가치창출을 담당하도록 업무를 분담하고 있다. 한편 시민들의 참여는 프로그램이나 캠페인의 참여와 같은 소극적인 참여와 회원가입, 자원봉사활동 등 적극적인 참여에 이르기까지 단계적으로 이루어진다. 이러한 시민들의 자발적인 조성된 공원서비스를 '손님'처럼 받기만 하던 태도로부터 숲과 공원을 즐기고 가꾸는 '주인'으로 역할변화가 일어나고 있음을 의미한다.

2) 시민운동-광주 푸른길 가꾸기

광주시 도심의 광주역에서 동성중학교에 이르는 7.98km, 넓이 107,915m²로 이 중 현재까지 조성된 구간은 3.5km이다. 경상도와 전라도를 잇는 "경전선" 철도부지로 광주주민들의 도심철도 이전 요구를 수용하여 2000년 8월 철도가 이설되었으며, 폐선부지를 푸른 길로 가는 프로그램이 진행 중이다.

폐철도 부지를 녹지공간으로 조성하고자 하는 것은 시의회, 구청과 구의회, 일반시민, 주변지역주민, 전문가, 시민사회단체 등 대다수 광주시민의 커다란 바램이었다. 광주환경연합과 광주녹색교통을 비롯한 시민단체는 푸른길 가꾸기 시민회의를 결성해 다양한 활동을 전개하였으며, 전문가들은 10여 차례의 토론회에서 주제발표와 토론을 통해 푸른길 조성 여론을 형성하여 2000년 12월 광주시는 폐선부지를 녹지공간으로 조성하기로 최종 결정했다.

2001년 광주시는 「폐선부지 녹지공간 조성위원회」를 구성하고, (사)시민환경연구소가 주체가 되어 「광주 도심철도 폐선부지 녹지공간 조성에 대한 분야별 토론회 및 워크숍을 개최하였다. 2002년 「광주 푸른길 가꾸기 시민운동본부」를 결성하여 시민대토론회, 간담회, 각종 푸른 길 축제, 푸른길 100만 그루 헌수운동(2006년), '푸른길 내나무 심기' 시민이 설계하는 참여의 숲 워크숍, 광주역~조선대구간(2.8km) 푸른길 설계방향 제안을 위한 설계 워크숍 등 구간별 설계에 대한 자문 등을 주체적으로 추진하고 있다.

녹지공간은 기본적으로 전 구간에 걸쳐 산책로와 자전거도로가 있는 녹지공간으로 조성하는 것을 원칙으로 하고, 기본구상, 기본계획, 실시계획 및 설계, 건설, 사후관리에 이르는 일련의 과정에 주민, 일반시민, 전문가, 지방의회, 지방행정부 등 다양한 집단의 참여가 촉진되도록 하는 것을 원칙으로 하고 있다. 또한 다양한 특성을 가지고 있는 주변지역의 도시개발을 위한 견인차 역할을 할 수 있도록 유도하고 있다.

폐선부지 푸른길 조성사업은 아직도 진행 중에 있다. 구간별 기본구상 수립단계에서부터 기본계획, 실시계획, 집행, 사후관리에 이르는 일련의 과정에서 시민참여적 도시계획의 새로운 모델이 되도록 추진하고 있다.

3) 시민단체 활동-고덕 수변생태복원지(생태보전시민모임)

서울시 한강변 고덕 수변생태복원지는 서울시 강동구 고덕동 392번지 일대에 위치하고 있으며 암사취수장부터 고덕천 구간으로 총 면적이 168,300m²이다. 한강종합개발계획에 영향을 받지 않은 지역으로 자연성이 유지되어 각종 습지성 식물과 야생조류를 비롯한 동식물이 서식하고 있는 자연생태계의 원형이 남아 있는 지역이다. 고덕 수변생태복원지를 중심으로 경작지가 있어 하천생태계가 훼손되어감에 따라 서울시에서는 2001년에 한강 수변생태계 관리를 위해 복원계획을 수립하여 토양환경개선, 식물식재 등을 실시한 후 2003년 7월 개원하였다.

고덕 수변생태 복원지는 3월부터 8월까지 총 19가지의 프로그램을 진행하며 총 3,233명이 그 기간 동안 프로그램을 이용하였다. 주변 산림지역과 연계한 생물종 다양성 증대로 시민들의 여가와 생태체험을 통한 자연학습장으로 제공되도록 만들었으나, 생태교육 중심의 길동생태공원과는 달리 생태복원이 주안점이 되도록 설계한 지역으로 환경원형을 그대로 유지하는 선에서 생태교육 프로그램을 적극 개발하여 운영하도록 하였다.

고덕수변생태복원지의 관리주체는 한강시민공원사업소로 고덕수변생태지가 외진 지역에 위치하여 일반시민의 접근이 상당히 어렵고, 전문적인 인력확보 및 배치가 어려워 지속적인 유지관리와 프로그램 운영이 이뤄지지 않고 있었다. 이러한 문제점을 해결하기 위한 하나의 방편으로 현재는 생태공원의 관리운영 경험이 풍부한 민간단체인 생태보전시민모임에 위탁을 주고 있다. 모니터링은 서울시립대학교 에코플랜연구실에서 야생조류, 수변식생변화, 고위습지 모니터링 등을 수행하며 유지관리는 수풀지기라는 전문관리팀에서 수행하고 있다. 프로그램 운영에 있어서는 자원봉사활동 모임인 '새가람'에서 하고 있으며 자원봉사를 하기 위해서는 일정기간 생태관련 교육을 받아야 한다. 다른 여느 공원보다 가장 많은 부분에서 시민 참여로 유지관리, 프로그램을 운영하고 있다.

4. 도시공원 일몰제에 따른 과제

1999년 헌법재판소의 도시공원시설에 대한 재산권 침해판결 후 20년 장기미집행 도시공원 실효제가 2020년 7월부터 시행된다. 그동안 우리나라에서는 이로 인해 예상되는 문제점을 보완하고자 했던 제도가 2005년 도시자연공원구역제도 도입, 2009년 10% 민간공원특례사업 등이다. 이때 예상된 공원지정 실효시 가장 큰 문제는 "도시기능 유지를 위한 Green Infra 최소 면적확보"이다. 이를 위해 지역균형 특별회계 사용 등 도시공원에 대한 국가재정투입 방안을 적극적으로 활용할 필요가 있다. 장기적으로는 독일의 자연침해제도와 같이 침해평가를 통한 원인자 복구책임, 일본의 도시국영공원 및 임차공원 상속세감면, 영국의 National Trust와 같이 시민에 의한 신탁제도 등에 대한 심도있는 검토가 필요할 것이다.

III

nature park planning

PART 4 자연공원계획

조태동

제1장 서 론

제1절 개념 및 정의

전 세계적으로 최초의 자연공원은 1872년 미국의 옐로스톤 국립공원(Yellowstone National Park)이다. 미국은 광대하고 원시적인 지역을 보호하면서 국민의 이용을 제공하는 국립공원(National Park)을 정점으로 하면서도 국립공원체계(National Park System)로는 ① 자연적 야생지역, ② 역사 · 문화재지역, ③ 야외 레크리에이션 지역의 3범주로 구분한다. 현재 세계적으로 보면 140여 개 나라에서 국립공원제도를 도입하고 있으며 아시아에서는 일본이 1931년 국립공원법을 기초하여 1934년 지역제 국립공원제도를 도입하였다. 스위스, 독일, 몽골, 소련의 자연공원은 자연보호연구지구로서 성격이 짙고, 아프리카 지역의 자연공원은 야생동물 보호지구로서의 성격이 크다.

국제자연보전연맹(IUCN)에서는 1969년에 국제적으로 통용되는 National Park를 정의하였다. 국립공원은 ① 일정면적 이상이 인간의 영향을 받지 않은 뛰어난 자연지역, ② 그 지역에서의 개발과 거주를 방지하며 가능한 한 빨리 배제할 수 있도록 국가의 책임으로 관리하고, ③ 사람들에게 미적, 교육적, 문화적 이용을 제공할 수 있어야 할 것을 골자로 하고 있다.

현재 IUCN은 보호지역에 대하여 자연자원의 보호와 이용 및 관리방법을 대상으로 6개 카테고리로 구분하고 있는데, 국립공원(National Park)은 카테고리 Ⅱ에 해당된다.

IUCN의 카테고리 Ⅱ는 생태계보호와 위락적 이용을 위해 보호·관리되는 지역, 육지와 해역의 자연지역으로서 다음과 같은 목적을 위하여 지정된 지역으로 ① 현재와 미래의 세대를 위하여 한 개 또는 그 이상의 생태계의 생태학적 특성을 보호, ② 지역의 지정목적에 반하는 자원의 채취나 토지이용을 배제, ③ 환경적으로, 그리고 문화적으로 공존할 수 있는 정신적, 학술적, 교육적, 위락적인 요소와 탐방의 기회를 제공해야 한다는 것이다. 이는 우리나라 자연공원법에서 명시하고 있는 국립공원의 목적과 동일하지 않다. IUCN의 구분에 따르면 우리나라의 국립공원은 생태계, 경관, 문화재의 세 가지 유형구분이 가능한데, 설악산과 오대산, 월악산, 지리산, 소백산국립공원 등은 IUCN의 카테고리 Ⅱ이며, 나머지는 카테고리 Ⅴ에 등록되어 있다.

–IUCN 카테고리에 따른 우리나라 국립공원의 구분

- 자연생태계 보전목적의 공원(IUCN의 Category Ⅱ : 5개소) : 설악산, 오대산, 월악산, 소백산, 지리산
- 자연경관 보존목적의 공원(IUCN의 Category Ⅴ : 14개소) : 속리산, 북한산, 주왕산, 계룡산, 내장산, 월출산, 가야산, 한려해상, 다도해해상, 변산반도, 태안반도, 한라산, 치악산, 덕유산
- 문화자원보존목적의 공원(IUCN의 Category Ⅹ : 1개소) : 경주

제2절 변천과 현황

우리나라에서는 1967년 공원법을 공포하고 지리산이 제1호 국립공원으로 지정되었다. 지리산 국립공원이 지정된 다음해인 1968년에는 경주, 계룡산, 한려해상의 3개 국립공원이 추가·지정되었으며, 그해 지리산은 공원면적 438.85㎢에 대하여 공원계획으로서 용도지구계획, 시설계획, 관리계획을 공포하였다.

1972년부터 국책사업으로 제1차 국토종합개발계획을 실시하여 도로건설, 공업단지조성, 관광지개발, 댐건설 등의 대규모건설을 시행하였다. 국립공원도 이러한 영향 속에서 공원정책을 시행하여 각 국립공원마다 이용자 유치를 위한 공원진입로건설, 공원집단시설지구정비, 공원편의시설설치 등 각종 개발을 우선하여 관광수익을 도모하여 1974년 공원입장료, 시설사용료 등을 징수하기 시작했다. 우리나라의 국립공원제도는 경제수익을 위한 지역개발이라는 차원에서 시작되었다고 해석할 수 있다.

1970년대 중반부터 시작된 자연보호 및 자연보전의 필요성으로 인해 각 국립공원의

자연보존지구가 대폭 확대되었다. 지리산국립공원의 경우는 자연보존지구 43km²의 면적에 대하여, 1974년 77km²를 추가하여 3배에 가까운 120km²까지 확대 지정하였다.

1982년부터 제2차 국토종합개발계획이 실시되었고, 이와 함께 국립공원 정책도 당시의 자연공원법 제13조를 근거로 개발정책에 우선했다. 1985년에는 지리산국립공원의 경우 자연보존지구를 자연환경지구로 용도를 변경하여 천은사지구와 산내면지구간의 약 20km에 이르는 횡단도로공사를 시행하였다. 1988년에 완성된 이 도로는 이용자를 급증시키면서 심각한 환경파괴를 유발하였다. 이와 같은 상황은 지리산뿐만이 아니고, 덕유산 국립공원도 용도지구를 변경하여 자연보존지구를 대폭 축소시키고, 변경된 자연환경지구에 스키장, 골프장을 건설하여 대규모 환경파괴를 발생시켰다. 이러한 환경파괴에 대한 대책으로 1987년 7월 건설부 산하에 국립공원관리공단을 창설하였으며, 각 국립공원마다 관리공단 현지사무소를 설치하였다. 공원정책을 새롭게 시행하는 관리공단은 현업관리가 주업무로서 이용자에 대한 이용행태, 레크리에이션질서, 쓰레기 되가져가기 운동, 계곡청소 등과 이용에 관한 계몽 활동을 전개하였다. 1991년부터는 이용자에 대한 이용규제제도로 허가지 이외에서는 등산, 야영, 취사 등의 행위를 강력하게 규제하여 이용자로부터 발생하는 환경파괴에 대응하였다. 이러한 상황에서 국립공원관리공단은 1990년 건설부에서 내무부로 이관되었으나 국립공원이 차지하는 환경의 중요성에 따라 1998년에 다시 환경부로 이관하게 되었다.

2001년 자연공원법이 개정되면서 용도지구의 변경과 더불어 자연보존지구가 확대·지정되었다. 2003년에는 환경부와 산림청이 협약하여 국립공원 내 임도설치, 임산물의 채취 매각 등을 허용하였다. 2007년에는 국립공원 내 특별보호구 제도를 수립하여 보전적 측면의 대상을 제도화 하였다. 2011년 자연공원법을 개정하여 기존한 공원자연마을지구·공원밀집마을지구를 「공원마을지구」로, 통합하였으며 「공원문화유산지구」를 신설하였고, 「공원집단시설지구」는 삭제하였다.

표 3-4-1 국립공원성립에 관한 주요 연표

연 도	주요 변천
1961	산림법 제정
1962	미국에서 개최된 제1회 세계국립공원대회에 한국대표참가
1963	지리산지역 개발에 관한 14개부분의 전문가 논의, 4명의 전문가 현지조사 및 보고서 간행 전남지역주민 : 국립공원 지정을 위한 서명 운동 및 건의서
1965	국립공원의 관리행정은 건설부가 주무부서로서 결정 제11회 태평양학술대회에서 한국의 국립공원지정 등에 관한 권고 IUCN에 의한 국립공원에 관한 관리지도

(표 계속)

연 도	주요 변천
1967	공원법 공포 및 지리산 국립공원 제1호 지정(공원관리청, 건설부 공원과) 국립공원위원 9명 위촉(위원장 : 건설부차관) 국립공원의 특별보호지구를 위한 특별위원회 개최 : 주관부서인 건설부에 위임
1968	공원계획 공고, 경주 · 계룡산 · 한려해상을 국립공원으로 지정
1970	설악산 · 속리산 · 한라산을 국립공원으로 지정 공원계획 실시 (용도지구계획 수립 : 자연보존지구, 보통지구, 제한완화지구 설정) 도립공원 제1호인 금오산 지정
1971	내장산을 국립공원으로 지정
1972	제1차 국토개발종합계획, 가야산을 국립공원으로 지정
1973	공원보호구역 변경
1974	공원계획수립(용도지구는 자연보존지구, 자연환경지구, 농어촌지구, 집단시설지구 등으로 변경) 지리산국립공원의 자연보존지구 43km²에 대하여 120km²로 확대지정 입장료 및 시설사용료 징수
1975	덕유산 · 오대산을 국립공원으로 지정
1976	주왕산을 국립공원으로 지정
1977	공원관리청 : 건설부 자연공원과
1978	태안해안을 국립공원으로 지정 자연보호헌장 공포 내무부 자연보호과 신설
1980	공원법에서 자연공원법 분리 분포, 환경청 발족
1981	다도해상을 국립공원으로 지정
1982	설악산국립공원이 유네스코 생물권보전지역으로 지정 건설부 : 제2차 국토종합개발계획, 지리산지구 등 국립공원 개발계획
1983	북한산을 국립공원으로 지정 교통부 : 국민관광기종합개발계획
1984	치악산 · 월악산을 국립공원으로 지정 공원계획 변경(용도지구는 자연보존지구, 자연환경지구, 취락지구, 집단시설지구 등으로 변경) 덕유산 국립공원 무주리조트 개발계획수립((주) 쌍방울)
1985	건설부 : 88고속도로 주변 특정지역개발 중 지리산 횡단도로건설 지리산 천은사지구에서 산내면지구의 20km 횡단도로착공 한국관광공사 : 국립공원장기종합개발계획
1986	건설부 : 국립공원장기개발계획 건설부 : 국립공원 야영장, 주차장 개발계획 교통부 : 8대 이용권 및 26개발권 : 지리산 등 국립공원 개발지구 공원계획 변경 지리산국립공원의 자연보존지구 120km² 면적에 대하여 24km²로 대폭 축소지정
1987	소백산을 국립공원으로 지정 건설부 산하 국립공원 관리공단 설립(국가 직접 관리) 전 국립공원에서 입장료 및 문화재 관람료를 합동 징수
1988	변산반도 · 월출산을 국립공원으로 지정 지리산 성삼재 횡단도로 완공 덕유산 국립공원 무주리조트 건설 국립공원 심의 위원회 심의 통과

(표 계속)

연도	주요 변천
1990	국립공원 내에서 등산 · 취사 및 야영에 대하여 허가지 외에서는 전면금지 인 · 허가 관계에 의한 불교계와 마찰 국립공원 관리공단 내무부로 이관 덕유산 국립공원 무주리조트 개장 가야산 국립공원 내 해인 골프장 건설계획 발표 환경처 승격
1991	공원관리청 : 내무부 지역개발과 자연휴식년제 실시
1992	비지터센터 설치운영
1995	자연공원법 개정 공포 : 공원지정 목적에 대하여, 자연생태계와 풍경지를 보호하고 지속가능한 이용을 도모하여 국민의 보건 및 여가와 정서생활의 향상으로 규정함. 여기에서 자연생태계가 추가되고 적절한 이용이 지속가능한 이용으로 수정됨 환경부 승격
1996	자연공원법의 개정에 따라 국립공원 시설에서 골프장, 스키장이 제외됨 북한산 국립공원 관통도로 민자유치 대상 사업지정 속리산 국립공원 문장대 · 용화온천 관광지구 조성 승인
1997	북한산 국립공원 관통에 대한 시민단체 반대운동 시작 1997~2000 공원계획 타당성 조사 실시
1998	공원관리청 : 환경부 자연공원과로 이관 국립공원 특별 사법 경찰관 발대식 건설교통부는 지리산에 2개의 식수댐 건설계획 발표
2001	자연공원법 개정(취락지구가 공원자연마을지구, 공원밀집마을지구로 분리됨, 산나물채취 법적으로 가능) 자연보존지구, 자연환경지구, 집단시설지구는 모두 공원자연보존지구, 공원자연환경지구, 공원집단시설지구로 명명됨. 건설교통부 지리산댐 건설계획 백지화 속리산 국립공원 문장대 용화온천 개발 불가, 대법원 최종 판결 2001~2003 제 1차 구역조정 실시
2003	환경부 · 산림청 협약 : 국립공원내 우량천연보호림, 임도설치, 임산물의 채취매각 등 허용 가야산 국립공원 해인골프장 건설 불가, 대법원 최종 판결 제1차(2003~2012년) 자연공원 기본계획 수립 국립공원 구역조정 확정 · 고시
2007	자연공원법 제86조 국립공원특별보호구 제도 수립
2008	환경부 국립공원 타당성조사 기준 및 자연공원제도 개선 마련 제 2차 구역조정 타당성 조사
2011	자연공원법 개정(공원자연마을지구, 공원밀집마을지구를 공원마을지구로 통합, 공원 집단시설지구 삭제, 공원문화 유산지구 신설)

2012년에는 지질공원제도가 도입되었고, 2018년 이후 자연환경해설사 제도가 도입되었다.

제3절 전망 및 과제

환경부의 자연보전국 자연자원과에서는 공원관리에 관한 공원기본계획, 정책수립 및 제도개선, 시설, 국립공원의 지정 및 폐지 등 모든 업무를 담당하고 있다.

국립공원 관리공단은 자연공원법 제44조를 근거로 환경부장관의 위탁을 받아 본부에 6처3실11팀과 25개 공원현지 관리사무소(40개 분소)를 두고 전문기관으로써 국립공원의 보전, 공원자원의 조사 · 연구, 야생 동식물 보호 및 멸종위기종의 복원, 공원시설의 설치, 관리, 청소, 이용에 관한 지도 · 홍보와 공원관리사업 등 업무를 수행하고 있다. 당초 설립된 1987년보다는 조직과 체계 등 모든 면에서 향상되었다고 할 수 있지만 환경보전에 관한 예산문제, 전문가확보문제 등과 정부로부터의 국립공원정책에 대한 권한위임이 아직 충분히 이루어지지 않아 본래의 설립취지에 맞는 업무수행이 과제로 남아 있다.

한편, 지자체를 중심으로 관리되고 있는 도립공원은 1970년 금오산을 최초로 지정하여 현재 23개소가 있으며 군립공원은 1981년 전라북도 순창군의 강천산이 최초의 군립공원으로 지정된 이후 33개소가 지정 · 관리되어 오고 있다. 도립공원의 경우 국 · 공유지가 약 28%, 사유지가 약 59%, 사찰소유지가 약 13%로서 사유지가 대부분을 차지하고 있어서 국립공원과는 상반된 토지소유현황을 알 수 있다. 토지소유 현황으로부터 보전적 측면의 국립공원 관리는 용이하다고 할 수 있으나 사유지가 많은 부분을 차지하고 있는 도립공원에서는 재산권보장이라는 측면에서 특히 많은 갈등을 고조시키고 있다. 이와 더불어 용도지구상 마을지구의 분포현황을 보게 되면 국립공원에 비해 도립공원은 면적상 3배 이상을 차지하고 있다. 도립 · 군립공원 모두가 국립공원을 주대상으로 하는 자연공원법에 의해 규제를 받지만 지방자치단체에서 관리하는 도립 · 군립공원의 경우 현실적으로 많은 부분이 상충된다는 문제가 있다.

특별보호구제도는 전술한 바와 같이 2007년 1월 15일부터 국립공원내 보호할 가치가 높거나 인위적 · 자연적 훼손으로부터 보호 필요성이 있는 야생동물서식지, 야생식물군락지, 습지, 계곡 등 주요 자원의 보호를 위해 일정기간 사람의 출입을 통제하기 위하여 특별보호구제도를 시행하게 되었다.

제2장 자연공원 유형

자연공원은 뛰어난 자연경관을 대상으로 하는 공원이다. 이러한 자연공원은 보호와 이용 및 조화를 꾀하기 위해 자연공원법을 근거로 자연공원의 제도가 정해져 있으며 자연공원법 제2조에 근거하여 국립공원, 도립공원, 군립공원, 시립공원, 구립공원, 지질공원으로 분류하여, 제4조를 근거로 자연생태계, 생물자원, 경관의 현황·특성, 지형, 토지이용상황 등을 지정기준으로 선정·조사하여 지정하고 있다.

제1절 국립공원

국립공원은 우리나라의 풍경을 대표함과 더불어 세계적으로도 자랑할 수 있는 뛰어난 자연풍경지로서 환경부장관이 지정한다. 1967년 공원법이 제정된 이후 1960년대 4개 국립공원, 1970년대 9개 국립공원, 1980년대 이후 9개 국립공원이 지정되어 2019년 현재 우리나라 국립공원은 총 22개소, 전체면적 6,700km²로 국토면적의 약 6.7%, 자연공원면적의 약 85.0%를 차지하고 있다. 국립공원 중 육지면적 약 4,000km², 해면면적 약 2,700km²로서 한려해상국립공원 등 4개 국립공원을 제외한 18개 국립공원이 모두 육지로 구성되어 있다.

표 3-4-2 자연공원의 지정기준(자연공원법 제4조 관련)

구 분	기 준
자연생태계 및 생물자원	자연생태계의 보전상태가 양호하거나 멸종위기 야생동식물·천연기념물·보호야생동식물 등이 서식할 것
자연경관	자연경관의 보전상태가 양호하여 훼손 또는 오염이 적으며, 경관이 수려할 것
문화경관	문화재 또는 역사적 유물이 있으며, 자연경관과 조화되어 보전의 가치가 있을 것
지형보존	각종 산업개발로 경관이 파괴될 우려가 없을 것
위치 및 이용편의	국토의 보전·이용·관리측면에서 균형적인 자연공원의 배치가 될 수 있을 것

지정순위	국립공원명
1	지리산
2	경주
3	계룡산
4	한려해상
5	설악산
6	속리산
7	한라산
8	내장산
9	가야산
10	덕유산
11	오대산
12	주왕산
13	태안해안
14	다도해해상
15	북한산
16	치악산
17	월악산
18	소백산
19	변산반도
20	월출산

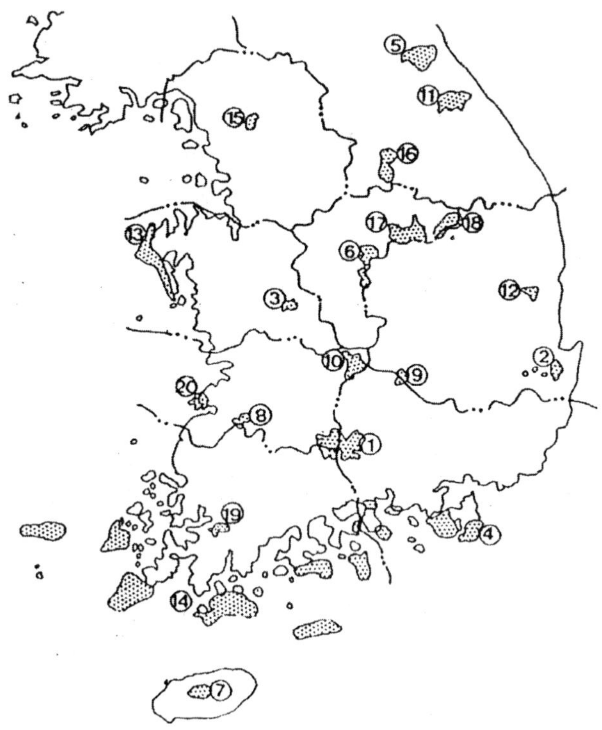

그림 3-4-1 우리나라 국립공원의 지정현황

우리나라 국립공원은 산악형국립공원 17개소, 해안·산악혼합형 국립공원 1개소, 해안형 국립공원 1개소, 해상형 국립공원 2개소, 사적형 국립공원 1개소로 구분된다. 이 중 한라산 국립공원과 한려해상국립공원 오동도지구는 지방자치단체(여수시)가 직접 관할하고 있다. 2013년에 무등산국립공원, 2016년에 태백산국립공원이 지정되었다.

표 3-4-3 국립공원 지정현황

(단위 : ㎢)

지정순위	공 원 명	위 치	공원구역		비 고
			지정년월일	면 적	
계				6,579.85 (1,994)	육지 : 3,898.948(3.9%), 해면 : 2,680.902(2.7%) ※ 전 국토의 6.6%
1	지 리 산	전남·북, 경남	67.12.29	471.758	
2	경 주	경북	68.12.31	138.715	
3	계 룡 산	충남, 대전	68.12.31	64.683	
4	한려해상	전남, 경남	68.12.31	545.627	해상 395.479
5	설 악 산	강원	70. 3.24	398.539	
6	속 리 산	충북, 경북	70. 3.24	274.541	
7	한 라 산	제주	70. 3.24	153.386	
8	내 장 산	전남·북	71.11.17	81.715	
9	가 야 산	경남·북	72.10.13	77.074	
10	덕 유 산	전북, 경남	75. 2. 1	231.650	
11	오 대 산	강원	75. 2. 1	303.929	
12	주 왕 산	경북	76. 3.30	107.425	
13	태안해안	충남	78.10.20	326.574	해상 289.543
14	다도해상	전남	81.12.23	2,321.512	해상 1,986.684
15	북 한 산	서울, 경기	83. 4. 2	79.916	
16	치 악 산	강원	84.12.31	181.631	
17	월 악 산	충북, 경북	84.12.31	287.977	
18	소 백 산	충북, 경북	87.12.14	322.383	
19	변산반도	전북	88. 6.11	154.715	해상 9.196
20	월 출 산	전남	88. 6.11	56.100	

제2절 도립공원

도립공원은 서울특별시, 광역시 및 도(이하 "도"라 한다)의 풍경을 대표할 만한 국립공원 이외의 수려한 자연풍경지로서 시·도지사가 지정한다. 금오산도립공원이 1970년 6월에 최초로 도립공원으로 지정된 이후 2005년 9월 연인산 도립공원 지정까지 총 23개소가 지정되었다. 도립공원 전체 면적은 779.618㎢이며, 이 중 팔공산도립공원의 면적이 122.080㎢로 가장 넓으며, 문경새재도립공원이 면적 5.300㎢로 면적이 가장 작다.

표 3-4-4 도립공원지정현황

(단위 : ㎢)

지정순위	공 원 명	위 치	공원구역		공원보호구역		비고
			지정년월일	면적	지정년월일	면적	
		계		779.618		10.734	
1	금 오 산	경북 구미(21.33), 칠곡(8.3), 김천(8.02)	'70. 6. 1	37.650			
2	남한산성	경기 광주시(25.612), 성남시(4.23), 하남시(6.605)	'71. 3. 17	36.447			
3	모 악 산	전북 전주(3.13), 김제(28.22), 완주(10.87)	'71. 12. 2	42.220			
4	무 등 산	광주 동구(7.85), 북구(19.18), 전남 화순(2.4), 담양(0.8)	'72. 5. 22	30.230			
5	덕 산	충남 예산(20.671), 서산(0.353)	'73. 3. 6	21.024			
6	칠 갑 산	충남 청양군(32.946)	'73. 3. 6	32.946			
7	대 둔 산	전북 완주군(38.1)	'77. 3. 23	38.100			
8	낙 산	강원 양양군(8.665)	'79. 6. 22	8.665			
9	마 이 산	전북 진안군(17.221)	'79. 10. 16	17.221			
10	가 지 산	경남 밀양(14.161), 양산(61.069), 울산광역시 울주군(30.199)	'79. 11. 5	105.429			
11	조 계 산	전남 순천시(27.380)	'79. 12. 26	27.380	'81.12.31	0.250	
12	두 륜 산	전남 해남군(33.390)	'79. 12. 26	33.390			
13	선 운 산	전북 고창군(43.7)	'79. 12. 27	43.700			
14	팔 공 산	대구광역시 동구(30.593), 경북 칠곡(30.146), 군위(21.695), 경산(10.608), 영천(29.038)	'80. 5. 13	122.080	'80. 5.13	10.484	
15	대 둔 산	충남 논산(16.774), 금산(8.086)	'80. 5. 22	24.860			
16	문경새재	경북 문경시(5.3)	'81. 6. 4	5.300			
17	경 포	강원 강릉시(9.555)	'82. 6. 26	9.555			
18	청 량 산	경북 봉화(40.34), 안동(8.42)	'82. 8. 21	48.760			
19	연 화 산	경남 고성군(22.260)	'83. 9. 29	22.260			
20	태 백 산	강원 태백시(17.44)	'89. 5. 13	17.440			
21	팔 영 산	전남 고흥군(9.881)	'98. 8. 4	9.881			
22	천 관 산	전남 장흥군(7.606)	'98. 10. 13	7.606			
23	연 인 산	경기 가평군(37.474)	'05. 9. 12	37.474			

2011년 현재 23개이던 도립공원은 무등산, 태백산이 국립공원으로 되고 군립공원이던 고복, 마라도해양공원 등이 도립공원으로 승격되어, 2019년 현재 총 29개소가 지정되어 있다. 도립공원의 수는 국립공원보다 많으나 면적이 협소하고 이울러 관리 주체가 일원화되지 않아 전문적인 관리가 이루어지고 있지 않다. 예를 들면 팔공산도립공원은

경상북도와 대구광역시로 분·관리되고 있어 공원 전체계획을 세울 수 없는 상태로서 공원의 체계적 관리가 어려운 상태이다.

제3절 군립공원

우리나라 군립공원은 1981년 1월 전라북도 순창군에 위치한 강천산 군립공원이 처음으로 지정된 이후, 2011년 현재 33개이던 군립공원은 제주도의 마라해양공원 등이 도립공원으로 승격되고, 강원정선의 병방산군립공원이 포함되면서 2019년 현재 27개가 되었다.

군립공원 중에 해양지역이 포함된 곳은 경남 고성군의 상족암, 제주도 마라해양, 성산일출해양군립공원 등 총 6개이며, 이를 제외한 27개 지역은 모두 육지에 위치하고 있고, 전 국토면적의 약 0.3%를 차지하고 있다.

군립공원의 시·도별 지정현황은 경상남도가 13개로 가장 많으며, 경상북도 5개, 제주도 6개, 경기도·전라북도·강원도 각 2개소, 대구광역시·울산광역시·충청남도 1개소이며 전라남도는 현재 군립공원이 지정되어 있지 않다.

표 3-4-5 군립공원지정현황

(단위 : ㎢)

지정순위	공원명	위 치	공원구역		공원보호구역		비 고
			지정년월일	면적	지정년월일	면적	
		계		88.317		0	육지 : 232.333 해면 : 208,960
1	강 천 산	전북 순창군 팔덕면	'81. 1. 7	15.844			
2	천 마 산	경기 남양주시 화도읍, 진천면, 호평면	'83. 8. 29	12.714			
3	보 경 사	경북 포항시 송라면	'83. 10. 1	8.509			
4	불 영 계 곡	경북 울진군 울진읍, 서면, 근남면	'83. 10. 5	25.140			
5	덕 구 온 천	경북 울진군 북면	'83. 10. 5	6.050			
6	상 족 암	경남 고성군 하일면, 하이면	'83. 11. 10	5.106			해면 : 3.772
7	호 구 산	경남 남해군 이동면	'83. 11. 12	2.869			
8	고 소 성	경남 하동군 악양면, 화개면	'83. 11. 14	3.177			
9	봉 명 산	경남 사천시 곤양면, 곤명면	'83. 11. 14	2.645			
10	거 열 산 성	경남 거창군 거창읍, 마리면	'83. 11. 17	4.252			
11	기 백 산	경남 함양군 안의면	'83. 11. 18	2.011			

(표 계속)

지정 순위	공원명	위 치	공원구역		공원보호구역		비 고
			지정년월일	면적	지정년월일	면적	
12	황 매 산	경남 합천군 대명면, 가회면	'83. 11. 18	17.988			
13	웅 석 봉	경남 산청군 산청읍, 금서·삼장·단성	'83. 11. 23	17.250			
14	신 불 산	울산광역시 울주군 상북면, 삼남면	'83. 12. 2	11.585			
15	운 문 산	경북 청도군 운문면	'83. 12. 29	16.200	83.12.29	0.277	
16	화 왕 산	경남 창녕군 창녕읍	'84. 1. 11	31.283			
17	구 천 계 곡	경남 거제시 신현읍, 동부면	'84. 2. 4	5.871			
18	입 곡	경남 함안군 산인면	'85. 1. 28	0.995			
19	비 슬 산	대구 달성군 옥포면, 유가면	'86. 2. 22	13.000			
20	제 주 조 각	제주 남제주군 안덕면	'86. 5. 30	0.370			
21	장 안 산	전북 장수군 장수읍	'86. 8. 18	6.246			
22	의 성	경북 의성군 춘산면	'87. 9. 25	0.840			
23	고 복	충남 연기군 서면	'90. 1. 20	1.949			
24	아 미 산	강원 인제군 인제읍	'90. 2. 23	3.160			
25	명 지 산	경기 가평군 북면	'91. 10. 9	12.730			
26	방 어 산	경남 진주시 지수면	'93. 12. 16	2.588			
27	대 이 리	강원 삼척시 신기면	'96. 10. 25	3.665			
28	마 라 해 양	제주 남제주군 대정읍 안덕면	'97. 8. 23	49.755			해면 : 49.175
29	성산일출해양	제주 남제주군 성산읍	'97. 8. 23	16.156			해면 : 16.156
30	서귀포시립해양	제주 서귀포시 보목동, 강정동	'99. 1. 5	19.540			해면 : 19.540
31	추 자	제주 북제주군 추자면	'00. 8. 31	95.292			해면 : 94.481
32	우도해양	제주 북제주군 우도면	'00. 8. 31	25.863			해면 : 25.836
33	월성계곡	경남 거창군 북상면	'02. 4. 25	0.650			

제4절 지질공원

우리나라 지질공원은 2012년 울릉도, 독도와 제주도를 시작으로 지정되어 부산, 청송, 강원평화지역과 강원고생대지역, 무등산권역, 한탄강, 경북동해안, 전북서해안권 등 2019년 현재 10개소가 지정 관리되고 있다.

제3장 자연공원 계획 · 관리

제1절 자연공원 용도지구계획

우리나라의 자연공원은 국토의 계획 및 이용에 관한 법률에 근거한 지역제형 국립공원으로서, 자연환경보전지역에 지정되게 된다. 현행 용도지구는 공원자연보존지구, 공원환경지구, 공원마을지구, 공원문화유산지구로 구분된다. 이 중에서 환경보전을 위한 직접적인 지구로서는 공원자연보존지구와 공원자연환경지구의 2로 구분되어 있다.

1. 용도지구계획의 개황

용도지구계획은 자연공원법 총칙 제2조 7항을 근거로서 법 제18조에 용도지구계획을 명시하고 있다. 보호계획을 주체를 이루는 「공원자연보존지구」의 지정요건에 대해서는 생물 다양성이 풍부한 곳, 자연생태가 원시성을 지니고 있는 곳, 특별히 보호가치가 있는 높은 야생동 · 식물이 살고 있는 곳, 경관이 특히 아름다운 곳 등 자연생태계와 경관이 우수한 지역을 대상으로 하며, 「공원자연환경지구」는 완충공간으로서 보전가치가 있는 지역을 대상으로 하고 있다.

「공원마을지구」는 자연공원 내 마을이 형성된 지역으로서 주민생활을 유지하는 데에 필요한 지역이다. 2011년 신설된 「공원문화유산지구」는 「문화재보호법」 제2조제2항에 따른 지정문화재를 보유한 사찰(寺刹)과 「전통사찰의 보존 및 지원에 관한 법률」 제2조 제1호에 따른 전통사찰경내지 중 문화재보전 및 불사(佛事)에 필요한 시설을 설치하고자 하는 지역을 말한다.

2. 용도지구의 기준과 문제점

국립공원의 용도지구계획은 현행자연공원법 제18조에 의거하여 지정하고 있지만 지정 당초의 용도지구상 자연보존지구를 지정함에 있어 고려된 요인은 다음과 같다.

가. 자연자원 경관보전에 크게 비중을 두고 있지만, 내장산 가야산 이외의 12개 국립공원에서 그 지정요지를 보면 「이용증대에 따른 자연자원의 파괴가 우려되는 지역」, 「파괴된 경관의 회복을 위한 지역, 또는 일정기간을 보호한 후 원상회복이 가능한 지역」등 이용자 증가에 따른 자연과 경관파괴에 있어서 그 회복과 복원을 의도하고 있다.

나. 14개 국립공원의 생태학적 관점에서 보면, 귀중한 동 식물의 개별생육 환경보전을 중심으로 하여 전 생태계의 유지를 목표로 한 예가 비교적 적은 것을 알 수 있다. 그러나 전 생태계의 보전을 지정요인으로 하지 않고 있는 7개 국립공원에 있어서도 보전상 중요한 지구가 존재하고 있다는 것을 생태학적 관계보고서를 통해 알 수 있다.

다. 수자원관리와 이용자에 의한 오염을 우려한 수질관리, 문화재중심의 사적보존 등도 지정기준이 되고 있다.

보전적 측면에서의 생물다양성이 풍부한 곳, 자연생태계가 원시성을 지니고 있는 곳, 특별히 보호할 가치가 높은 야생 동·식물이 살고 있는 곳, 경관이 특히 아름다운 곳 등을 근간으로 자연휴식년제 및 지속가능한 이용 등을 추진하고 있고, 2007년에는 특별보호구제도를 수립하여 멸종위기 종서식지, 산림습원, 계곡을 특별히 보호하고 있다.

국립공원의 개발에 관한 사항은 자연공원법 제8조와 시행령 제4조를 근거로 자연공원의 폐지 또는 구역변경이 가능하다. 2001년 개정된 자연공원법에 따라 20개 전 국립공원의 공원자연보존지구 비율은 약 22%로 확대 변경하여 그 이전(당시 8.6%)과 비교하면 전체적으로 2배 이상으로 많은 면적을 지정하고 있어서 보전적 측면이 반영되었다.

국립공원이 엄정한 자연과 경관의 보전을 목표로 하는 것보다도 오히려 현상의 환경유지를 중심으로 하고 있다고 판단한다. 국립공원의 자연환경보전을 위해서는 용도지구의 지정기준에 대하여 공원자연보존지구와 공원자연환경지구는 세분화할 필요가 있다.

표 3-4-6 용도지구의 지정기준

지 구 명	지정 기준
공원자연보존지구	다음 각 목의 어느 하나에 해당하는 곳으로서 특별히 보호할 필요가 있는 지역 가. 생물다양성이 특히 풍부한 곳 나. 자연생태계가 원시성을 지니고 있는 곳 다. 특별히 보호할 가치가 높은 야생 동식물이 살고 있는 곳 라. 경관이 특히 아름다운 곳
공원자연환경지구	공원자연보존지구의 완충공간(緩衝空間)으로 보전할 필요가 있는 지역
공원마을지구	마을이 형성된 지역으로서 주민생활을 유지하는 데에 필요한 지역
공원문화유산지구	「문화재보호법」 제2조제2항에 따른 지정문화재를 보유한 사찰(寺刹)과 「전통사찰의 보존 및 지원에 관한 법률」 제2조제1호에 따른 전통사찰의 경내지 중 문화재의 보전에 필요하거나 불사(佛事)에 필요한 시설을 설치하고자 하는 지역

제2절 자연공원 시설계획

1. 자연공원시설유형

자연공원법 시행령 제2조에 따라 자연공원 시설에는 7개 유형으로 구분하고 있는데, 공원자연보존 지구 내에서도 공공시설이나 안전시설, 조경시설, 휴양 및 편의시설, 교통·운송시설 등을 지정할 수 있다. 자연공원지정의 취지에 적합하도록 자연공원법 시행령상 시설의 종류에 대한 재분류와 함께 공원자원보호를 위한 생물이동통로, 식생복원시설, 생물보호시설 등이 추가될 필요가 있다.

표 3-4-7 자연공원 시설 종류(자연공원법 시행령 제2조)

시설 종류	시 설 명
1. 공공시설	공원관리사무소, 탐방안내소, 매표소, 우체국, 경찰관파출소, 마을회관, 경로당, 도서관, 환경기초시설 등
2. 보호 및 안전시설	사방, 호안, 방화, 방책, 방재, 조경시설 등
3. 휴양 및 편익시설	체육시설(골프장, 골프연습장 및 스키장을 제외한다)과 유선장, 수상레저기구, 계류장, 어린이놀이터, 광장, 야영장, 청소년수련시설, 휴게소, 유어장, 야생동물관찰대, 해중관찰대, 전망대, 대피소, 공중화장실 등
4. 문화시설	식물원, 동물원, 수족관, 박물관, 전시장, 공연장, 자연학습장 등
5. 교통 · 운수시설	도로(탐방로를 포함한다), 주차장, 교량, 궤도, 무궤도열차, 경비행장(수상경비행장을 포함한다) 등
6. 상업시설	기념품판매점, 약국, 식품접객업소(유흥주점을 제외한다), 미용업소, 목욕장, 유기장 등
7. 숙박시설	호텔, 여관 등
8. 기타	위 시설종류 1~7의 시설의 부대시설

자연공원에서의 시설물 설치는 주변의 경관유지를 위하여 위치를 신중하게 결정하고 경관을 파괴할 우려가 있는 장소는 피하도록 해야 한다. 시설의 설계에 있어서는 주변 경관과 조화를 이룰 수 있는 형태나 색채·질감 등을 선정하여야 한다.

2. 공공시설의 특성과 설치기준

1) 비지터 센터(visitor center)

비지터 센터는 자연공원 탐방객에게 공원이용에 대한 정보를 제공하거나 공원의 자연이나 인문의 특징을 해설하는 시설이다. 비지터 센터는 전시실, 강연실, 휴게실, 화장실, 사무실 등으로 구성한다. 전시실에서는 화판·모형·사진 등을 사용해서 공원의 특징을 알아보기 쉽게 해설하고 강연회관에서는 시청각 기구 등을 사용하여 설명한다. 전시실의 구성이나 해설, 강연실에서의 설명 및 주변 안내 등은 관리원이나 비지터 센터의 직원, 박물학 전문가(내추럴 리스트)가 맡는다.

표 3-4-8 공공시설의 표준 단위규모와 이용률

<table>
<tr><th>시 설 명</th><th>단 위</th><th>표준 단위 규모</th><th colspan="2">이 용 률</th></tr>
<tr><td>주차장(승용차)</td><td>1대</td><td>30~50 m^2</td><td colspan="2">주차형에 따라 다르다(주차수 · 통로)</td></tr>
<tr><td>주 차 장(버스)</td><td>1대</td><td>70~100 m^2</td><td colspan="2">주차형에 따라 다르다(주차수 · 통로)</td></tr>
<tr><td>원 지</td><td>1인</td><td>15 m^2</td><td colspan="2"></td></tr>
<tr><td>휴 게 소</td><td>1인</td><td>1.5 m^2</td><td colspan="2">원지이용자의 13 %를 예상</td></tr>
<tr><td>공 중 화 장 실</td><td>1인</td><td>3.3 m^2</td><td colspan="2">원지이용자의 0.0125 %, 숙사수용력의 0.1~0.05 %</td></tr>
<tr><td>급 수 시 설</td><td>1인</td><td>75~100 l/일</td><td colspan="2">숙박객은 1인당으로 하여 1일 이용자는 1/3로 한다.</td></tr>
<tr><td>운 동 광 장</td><td>1인</td><td>60 m^2</td><td colspan="2"></td></tr>
<tr><td>야 영 장</td><td>1인</td><td>30~50 m^2</td><td colspan="2">급수에 관해서는 위와 같이 한다</td></tr>
<tr><td>해 수 욕 장</td><td>1인</td><td>15~30 m^2</td><td colspan="2">해변 모래사장 면적</td></tr>
<tr><td>스 키 장</td><td>1인</td><td>100~150 m^2
150~200 m^2</td><td>초 · 중급향
상급향</td><td>이용률 7~35 %</td></tr>
<tr><td>비 지 터 센 터</td><td>1인</td><td>1.5~2.0 m^2</td><td colspan="2">이용률 30~50 %
평균체재시간 30분
회전율 1/7~1/10</td></tr>
<tr><td>원지내탐방로</td><td>폭원</td><td>2 m</td><td colspan="2">원지면적의 15 %</td></tr>
<tr><td>지구내차도</td><td>폭원</td><td>5~6 m</td><td colspan="2">지구면적의 1.5 %</td></tr>
<tr><td>지구내보도</td><td>폭원</td><td>2 m</td><td colspan="2">지구면적의 0.5 %</td></tr>
</table>

2) 원지(園地)

자연공원에 있어 기본적인 시설로 이용자의 산책, 야유회, 경관감상과 시설주변의 수경 때문에 설치된다.

표 3-4-9 원지의 종류와 계획

원 지 명	계획상의 유의사항	설치할 시설
피크닉원지	운동 · 산책 · 휴게 등을 위한 시설을 설치한다. 전망의 시선을 고려한다. 이용자 1인당 15 ㎡ 이상	야외시설(테이블 · 벤치 등) · 야외 바비큐장 · 공중화장실 · 휴게소 · 잔디광장 · 원로(園路) · 식재
전망원지	지형상 높으며 전망이 좋은 곳에 설치한다. 전망방향 · 피전망방향을 고려한다. 이용자 1인당 5 ㎡ 이상	도달도로 · 주차장 · 전망대 · 방향지시판 · 해설판 · 전망광장 · 출입방지책
수경원지	자연환경의 융화를 꾀하기 위한 식재를 한다.	식재
보존원지	자연환경보전을 위한 원지이며 이용시설을 넣지 않는다.	출입방지책 · 안내판

3) 휴게소

휴게소는 원지의 중심적 시설로서 첨경 또는 비나 햇빛을 피하는 장소의 차양 역할과 전망을 겸한 장소로 설치한다. 설비시설은 음수대, 벤치, 방향지시대, 화장실 등을 설치한다.

휴게소 중에도 특히 전망을 목적으로 하여 만들어진 것을 전망휴게소라 하고 전망이 좋은 장소를 선택한다. 전망지점은 피전망지점이 될 때도 많으므로 시설과 주변경관과의 조화가 중요하다. 자연의 지형을 교묘하게 이용하고 수림지 속에 설치할 경우에도 주변건물이 나무 높이 보다 지나치게 높지 않도록 한다.

4) 야영장

야영장은 이용자가 자연을 주변 가까이 느끼고 활동하는 시설이다. 자연의 분위기를 유지하도록 시설을 정비하는 것이 중요하다. 야영지의 종류는 다음과 같다.

(1) 야영 지정지 : 공원 내에서 무제한으로 야영을 하면 환경파괴와 화재 등의 위험이 있기 때문에 야영할 수 있는 지역을 지정한다. 시설로서는 취사장이나 화장실 등을 설치한다.

(2) 고정 야영장 : 캐빈(cabin)이나 방갈로(bungalow) 등 숙박시설을 중심으로 하는 고정적 시설을 정비한다.

(3) 오토(auto) 캠핑장 : 캠핑카 등 자동차로 이용하는 시설이다. 차도나 주차장을 정비하고 테이블, 벤치, 급배수, 전기 등 설비를 해둔다.

제3절 자연공원 관리계획

자연공원은 이미 전술한 바와 같이 수려한 자연생태계와 자연풍경지를 보호하고 동시에 지속가능한 이용을 도모하며 보건 및 여가와 정서생활 향상을 목적으로 하여 지정되어 있다. 자연공원은 공원 전용의 토지이용이 특별히 이루어지는 것이 아니고, 각종 토지이용이 다양하게 존재한다. 이와 같이 현실적인 토지이용의 상황 속에서 공원의 지정목적을 달성하기 위해서는 공원 이외에 다른 공익이나 개인적인 것과의 조정을 꾀하면서 관련된 여러 제도를 효과적으로 운용하는 것이 중요하다.

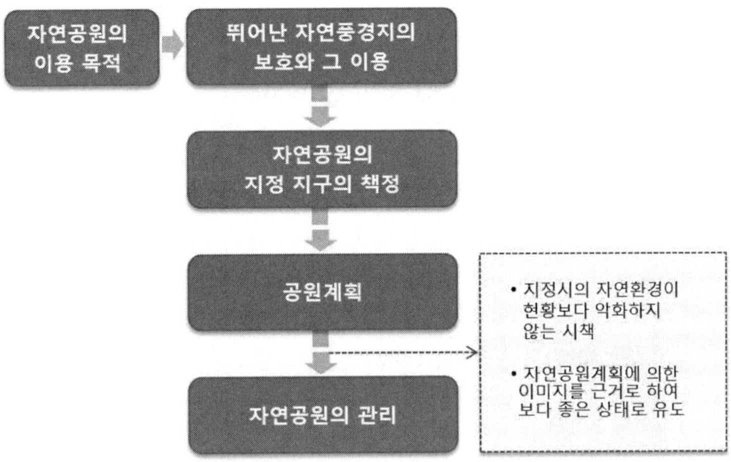

그림 3-4-2 자연공원의 관리 목표

1. 자연공원의 관리체계

1) 관리주체

자연공원의 관리는 자연공원법을 근거로 이루어진다. 구체적으로 말하면 국립공원의 관리는 국가이며 환경부장관에 해당된다. 도립·군립공원은 시·도의 조례를 근거로 하여 시·도지사 및 군수에 해당된다. 또 국립공원 관리의 일부는 한라산 국립공원, 경주국립공원, 한려해상국립공원 오동도지구와 같이 시·도지사에게 위탁되어 있는 것도 있다. 그러나 자연공원에 대하여 양자가 동시에 관리에 해당하는 등 관리자가 복수(複數)가 되는 예도 많이 있다. 또 자연공원 내의 토지·산림 등의 관리는 각각 소유자가 직접 재산권 관리를 하고 있다.

2) 현지관리체제

자연공원은 각각의 공원마다 성격, 면적 등 그 특성이 다르다. 그 때문에 관리를 획일적으로 실시하면 안 되고 공원마다 그 특성에 대응하여 실시할 필요가 있다. 이에 따라 국립공원관리공단에서 환경부장관으로부터 20개 국립공원 중에 18개 국립공원에 대한 관리업무를 위탁받아 각 국립공원마다 1~3개소의 관리사무소를 설치하고 현지관리를 실시하고 있는데 그 내용은 다음과 같다.

가. 자연공원법의 규정에 의한 인 · 허가 등의 수속에 관한 업무

나. 자연공원법의 규정에 의한 인 · 허가 등에 관계하는 사항의 이행상황 또는 위반행위의 감시 및 지도에 관한 업무

다. 공원의 청소에 관한 업무

라. 환경부 소관 국유재산의 관리에 관한 업무

마. 탐방객 지도에 관한 업무

바. 국립공원의 보호관리를 위하여 필요한 기초자료수집과 조사에 관한 연구

사. 공유사업에 관계하는 시설정비에 관한 조사업무

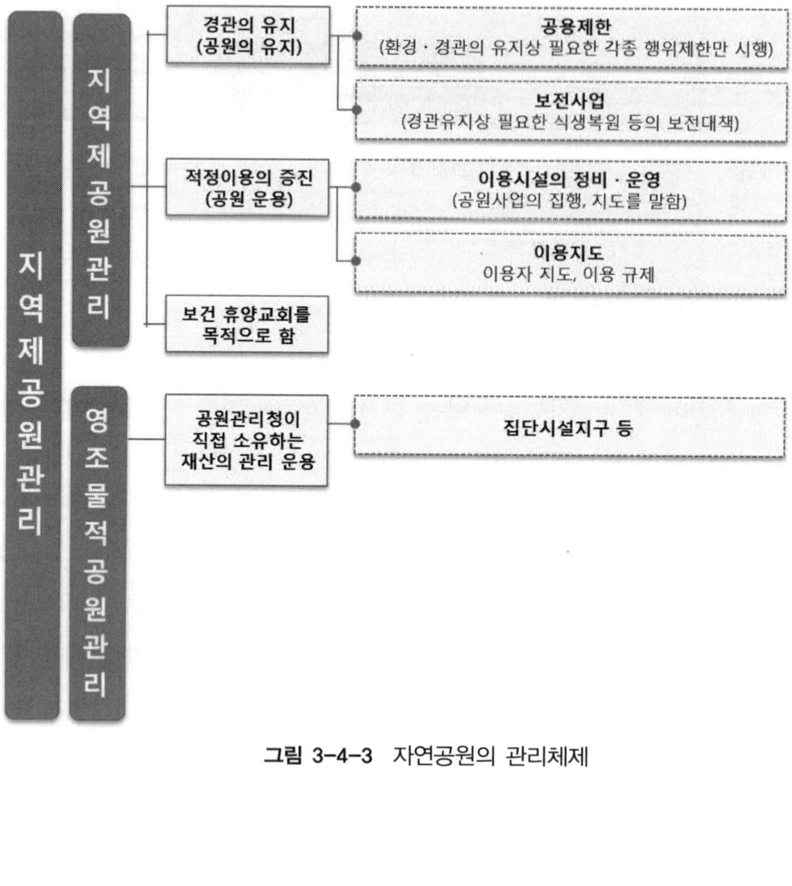

그림 3-4-3 자연공원의 관리체제

2. 자연공원의 경관관리

자연공원은 토지소유권을 전제하지 않는 지역제 공원이므로 공원구역 내에서 일정 범위 내의 개발행위, 토지이용은 인정되고 있다. 그러나 자연경관에 중대한 지장을 미치는 공작물의 신축, 목죽(木竹)의 벌채 등에 관해서는 공원의 자연경관을 보호하기 위하여 규제할 필요가 있고, 경우에 따라서는 경관을 육성할 필요가 있다. 이를 위해 구체적으로 첫 번째, 공용제한으로 불리어지는 개발행위의 규제와 두 번째, 자연경관을 유지·육성하기 위한 보전사업이 있다.

1) 각종 개발행위의 규제

자연공원법에서는 각종 개발행위와 자연경관 보전과의 조정을 하도록 한다. 이 내용에는 첫 번째, 각종 개발행위가 자연공원의 자연경관에 지장이 없는 일정한 범위 내에서 해결될 것을 기대한 행위의 규제와 두 번째, 이러한 개발행위에 대한 가부(可否)의 판단을 하는 규제 등 두 가지로 대별된다.

① 자연공원법에 의한 규제

용도상 공원자연보존지구에서는 공작물의 신축·개축, 증축, 목죽의 벌채, 토석(土石)의 채취 등 자연을 변경시키는 행위를 규제하고 있다. 그러나 문화체육부 장관의 추천이 있으면 사찰의 복원과 사찰경지 내에서의 불사를 위한 시설 및 부대시설의 설치가 가능하다. 또 산림법에 의한 조림·육림 및 임도의 설치는 허용하고 있는 실정이다.

② 인·허가에 대한 판단

자연공원에서의 각종 개발행위에 대하여 자연공원법의 용도지구상 허용행위기준에 따라 허용할 것인가 금지할 것인가에 대해서는 공원관리청의 판단에 의한다. 국립공원에서의 개발행위의 허가에 대한 국립공원관리공단과 관련지방자치단체의 판단은 개발신청의 규모 및 내용에 따라 자체적으로 허가할 수 있는 것과 환경부장관으로부터의 판단을 받게 되는 것 등이 있다.

③ 사유권과의 조정

공용제한(행위규제)의 운용은 일방적으로 사유권을 제한하는 것이 된다. 특히 공원자연보존지구에서는 엄중한 보전을 꾀하므로 개발행위는 거의 허가되지 않는 등 사유권은 대폭으로 제한된다.

우리나라 자연공원에서의 사유권에 대한 논란이 일고 있고 환경부에서는 국립공원의 재조정을 실시한바 있다. 따라서 자연공원 내의 생태적 가치가 높은 지역 등은 국가가 배상하는 제도를 도입·실시하는 것이 향후 국립공원정책상 바람직할 것으로 판단된다.

2) 경관보전사업

① 경관관리

다양한 경관을 구성하고 있는 자연은 미생물로 시작하여 동물은 물론이고 지형이나 식생에서도 끊임없이 변화하고 있다. 이 때문에 비록 인위적인 간섭을 적극적으로 배제(排除)했다고 하여도 자연공원의 경관은 서서히 변화하여 가는 것이다. 이 변화의 방향이 보호방침에 반(反)하지 않는 경우, 예를 들면 자연림을 자연상태의 변화에 맡길 때 등에는 문제가 적게 발생하지만, 변화의 방향이 자연공원의 보호방침에 따르지 않을 경우에는 생태학적 조사를 실시하여 신중한 자세로 어느 정도의 인위적인 행위를 가하여 자연의 변화를 제어하거나 변화의 방향을 수정하여 양호한 자연경관을 유지하는 것이 필요하다.

경관관리의 실례를 들어보면 다음과 같은 것이 있다.

ㄱ. 천이 도중에 있는 특정식물경관의 보호

ㄴ. 병충해 등으로부터 동·식물 경관의 보호

ㄷ. 토사유출 등으로부터 식물경관의 보호

이 외에 산사태에 의한 붕괴, 하상(河床) 상승에 따른 경관변화의 대책, 동물의 생식밀도 컨트롤 등이 있다.

② 식생복원

습원이나 고산식물군락과 같이 인위적인 영향을 받기 쉬운 자연지역에 무질서하고 많은 이용자가 대거 이용하게 되면 습원식물이나 고산식물은 답압(踏壓) 등에 소멸하고 나지로 나타난다. 여기서 발생한 나지를 방치하게 되면 침식 등에 의해 더욱 확대될 우려가 있으므로 조속히 대책을 세워야 한다. 식생의 복원에 있어서는 복원해야 할 원식생의 구성종(構成種)을 직접 파종하거나 식재하는 수법만이 아니고 우선 원식생(原植生)의 천이에 대한 전 단계 또는 전전단계(前前段階)의 식생회복을 목표로 한다.

이러한 식생복원은 지리산국립공원의 노고단지구나 한라산 등에서 실시되고 있었는데 자연공원의 관리에서는 이와 같은 사태가 발생하지 않도록 인위적인 영향에 약한 자연지역에 대하여 사전에 충분한 대책을 세우는 것이 중요하다.

3. 탐방시설의 이용관리

1) 탐방시설관리계획

자연공원의 탐방시설은 공원계획단계에서 계획되어 공원사업으로서 집행된다. 공원사업의 집행은 단지 공원탐방시설을 정비한다고 하는 것을 말하는 것이 아니고 정비된 탐방시설을 관리·운영해 나가는 것도 포함하고 있다. 적정한 공원탐방의 기본은 공원계획에 근거하여 정비된 각종 탐방시설이 공원계획의 방침에 따라 바르게 관리·운영되는 것이다. 이 때문에 공원의 관리자는 스스로 집행하는 공원사업을 공원계획의 방침에 따라 바르게 관리·운영하는 것뿐만 아니라 다른 공공단체나 민간이 집행하는 공원사업에 관해서도 수속을 통하여 충분한 지도·감독을 하지 않으면 안 된다.

자연탐방로(nature trail)는 자연을 이해하고 자연에 친근해지기 위한 시설인데, 미국이나 일본 등의 자연공원에 많은 자연탐방로가 시설되어 있다. 자연탐방로의 조성목적은 등산을 비롯한 단순한 국립공원의 이용행태를 다양하게 변화시키고 자연환경교육을 통하여 탐방객의 공원생태계에 대한 이해와 관심을 증진시키는 것으로써 자연을 이해하고, 자연보호의 중요성을 배우는 탐방코스로 정의된다. 일반적으로 자연탐방로는 해설판 또는 인쇄물 등에 의하여 주변의 식생, 경관, 동물 등을 이해하도록 하고 있는데, 코스마다 주제를 결정하여 설정하는 것이 바람직하다.

이 자연탐방로는 1992년 내장산국립공원을 시작으로 지리산, 설악산, 북한산, 치악산, 소백산, 가야산, 월악산, 다도해해상, 변산반도국립공원 등에 조성되어 있다. 이 자연탐방로는 기초조사의 미비, 도입시설 계획 및 설계에 대한 전문성 부족, 시설에서의 프로그램 빈약 등이 해결해야 할 과제이다.

표 3-4-10 우리나라 자연탐방로 조성현황

국립공원명	대 상 지	조성 년도(년)	비 고
내장산	내장사일주문-사랑의 다리-일주문	1992	
치악산	구룡사-세렴폭포	1998	
지리산	화엄사입구-서어나무터	1998	'99보완조성
설악산	비룡교-비룡폭포	1998	'99보완조성
다도해해상	매점-할머니당-갯돌	1998	'99보완조성
월악산	만수계곡	1998	'99보완조성
가야산	허덕교-선유교	1998	'99보완조성
소백산	연화봉 일원	1998	'99보완조성
북한산	수유동~우이령길	2010	둘레길로서 70km 중 44km 개통

국립공원관리공단에서는 탐방로에 대하여 '진입도로가 끝나는 곳에서 국립공원의 탐방자원과 목적지를 연결하는 보행자 도로'로 정의하고, 국립공원 내 이용행태와 탐방·산행 문화개선을 위해 1980년대 후반부터 등산로를 '탐방로'로 명명하였다.

국립공원관리공단에서 직접 유지·관리하는 것을 법정탐방로라 하고, 탐방객이나 주민들에 의해 자연발생적으로 생겨난 숲길은 비법정탐방로 혹은 비정규탐방로 구분하고 있다.

현재 20개 국립공원의 법정탐방로는 전체 264개 노선으로 연장길이는 총 1,109.37km에 이르며, 이 중 국립공원관리공단이 관리하는 탐방로는 252개 노선, 연장길이는 총

표 3-4-11 국립공원별 법정탐방로 · 비법정탐방로 현황

국립공원	법정탐방로 *		비법정탐방로 * *	
	노 선 수	노선길이(km)	노 선 수	노선길이(km)
지리산국립공원	27	197.00	25	120.8
계룡산국립공원	10	29.30	–	–
한려해상국립공원	9	17.51	1	2.3
설악산국립공원	15	77.00	10	59.1
속리산국립공원	12	90.10	16	67.7
내장산국립공원	15	61.50	2	2.7
가야산국립공원	9	21.70	2	7.8
덕유산국립공원	11	68.80	3	10.2
오대산국립공원	5	29.80	2	23.0
주왕산국립공원	7	38.00	–	–
다도해국립공원	11	31.50	–	–
치악산국립공원	7	45.30	–	–
월악산국립공원	12	51.90	5	44.8
북한산국립공원	74	160.26	30	25.8
소백산국립공원	12	97.40	2	8.6
월출산국립공원	6	19.90	–	–
변산반도국립공원	10	29.00	–	–
한라산국립공원	6	41.80		
경주국립공원	6	1.60		
계	264	1109.37	98	372.8
국립공원관리공단 관리노선 계	252	1,065.97		

자료 : 국립공원관리공단 공원관리계획(2003), 국립공원관리공단 *, 국립공원 탐방로관리 종합계획(2002), 국립공원관리공단 * *

1,065.97km이다. 국립공원관리공단은 2000년과 2002년에 국립공원내 훼손지등급실태조사를 실시하였다. 2000년 당시에는 각 국립공원관리사무소의 관리실무자들이 240개소 탐방로를 대상으로 훼손수준에 따라 강, 중, 약으로 구분하여 노선별 훼손현황을 조사하였고, 이 조사결과를 근거로 국립공원 탐방로 및 주변 훼손지에 대한 정밀실태조사에 따라 중·장기적인 탐방로 정비 및 훼손지 복구공사에 대한 체계적인 계획을 수립하였다. 그 후 2002년에 지리산, 계룡산을 비롯한 17개소 국립공원의 탐방로 수 252개소에 대하여 강·중으로 훼손된 노설길이가 약 278km이며, 주변 훼손지 면적은 약 70만㎡에 이르고 있다고 조사·발표하였다.

2) 탐방지도

자연공원에서 어울리는 이용을 증진시키는 데는 공원계획에 함께 포함되어 있는 내용을 공원사업에 따라 실현하고 공원탐방객이 안전하고 쾌적한 행태가 가능하도록 해야 한다.

① 탐방객 지도

공원탐방객에 대한 공공적인 서비스 활동에는 다음과 같은 분야가 있다.

ㄱ. 공원탐방에 필요한 정보제공 : 탐방시설, 흥미대상, 탐방루트 등에 관한 팸플릿, 포스터의 제작 등 각종 홍보활동

ㄴ. 레크리에이션 지도 : 등산지도, 야영지도, 수영 또는 수중 잠수지도

ㄷ. 자연해설 : 실내·외에서의 자연해설

ㄹ. 안전대책 : 위험지역 표시 등

이러한 여러 활동은 공원의 관리청, 자연공원지도원, 봉사활동원, 각종 협력단체 등에 의해 실시된다. 공원집단시설지구 등 공원의 탐방거점장소에 정비된 비지터 센터는 자연공원에서 탐방객에게 공공적인 서비스의 중심이 된다.

② 이용규제

자연공원의 생태계 유지와 쾌적한 탐방환경을 유지하기 위해 자연을 손상시키는 탐방객에 대해서는 엄격한 규제를 가하지 않으면 안 된다. 자연공원은 수려한 자연환경 그 자체를 감상하거나 즐겨야 하며, 자연을 손상시키거나 변형시키는 행위, 쓰레기나 오물을 투기하는 행위 또는 소음을 발생시키는 행태 등은 자연공원의 탐방에 바람직하지 않다.

따라서 자연공원의 이용에 대한 룰을 탐방객에게 이해시키기 위해서 안내판을 설치

하거나 팸플릿 등을 배부할 필요가 있다. 또 각 공원마다 실시하고 있는 '쓰레기 되가져가기' 운동과 같은 활동을 전개할 필요가 있다. 공원탐방객의 이용매너와 관련하여 이용규제 외에 자연환경 유지, 쾌적한 이용환경 유지를 위한 과잉이용에 대한 규제의 필요성도 있다. 그러나 각 국립공원마다 적정수용력을 정하여 과잉이용을 규제한다고 하는 것은 올바른 공원관리법이지만 적정수용력을 정한다고 하는 것이 매우 어렵다는 것과 탐방객의 이용규제를 한다는 것은 사실상 현실적으로 불가능하다는 것이다. 이에 따라 이러한 일환의 하나로서 자연휴식년제 또는 봄·가을에 산불예방을 목적으로 한 입산통제를 실시하고 있다.

일본의 경우 자동차에 의한 이용규제를 하고 있는데, 통칭 마이카규제로 불리고 있는 '국립공원에서 자동차 이용의 적정화 요강'을 만들어 이를 실시하고 있다.

Ⅲ

streetscape planning

PART 5 가로조경

제1장 가로공간계획

이상석

제1절 보행공간계획

1. 보행공간의 성격

보행자공간은 보행자의 안전 및 쾌적한 활동을 제공하기 위한 차량제한구역으로, 도시민과 방문객이 일상적으로 생활하는 공공영역이다. 따라서 그 규모와 기능은 보행과 관련된 행위들인 이동, 휴식, 집회, 위락활동을 수용하고 촉진시킬 수 있어야 하며, 도시경관에 기여토록 고려되어야 할 것이다. 보행이라는 일상 활동이 집적되면서 도시의 골격을 형성하는 보행자공간은 조경계획상 가장 기초적인 대상이므로 주구(住區)-도시(都市)-지역(地域)-전국토(全國土)로 이어지는 모든 공간 속에 존재한다.

그동안 자동차 교통의 효율성을 우선한 나머지, 보행자 공간체계를 자동차 교통의 부대시설 정도로 인식하는 경향이 있어 왔다. 이는 교통체증과 환경오염을 가중시켜 걷기에 불편하고, 안전하지 않으며, 경관이 불량한 공공보행환경을 야기케 하였다. 근래 이에 대한 반성으로 걷고 싶은 도시 만들기, 가로경관관리, 가로녹화사업, 장애인과 노약자를 위한 보행환경 조성, 가로환경의 공공디자인 등 가로와 연계된 사업들이 활발하게 시행되었지만 아직도 많은 가로환경이 열악한 채로 남아 있는 실정이다.

건강한 삶의 방법으로서 걷기의 중요성이 부각되면서 가로상에 보행활동이 증가하고, 쾌적하고 안전한 보행에 대한 수요가 증대되고 있다. 이렇듯 제2의 생활공간으로서 가로공간에 대한 관심은 더욱 커지고 있는 오늘날, 가로공간은 도시생활을 위한 필수적인 조건인 동시에 삶의 질을 결정짓는 중요한 요인으로 인식되고 있다. 이에 보행공간은 보행의 접근성 향상, 경제활동 촉진, 환경보호, 생활공간 제공 등 다양한 역할을 충실히 수행할 수 있도록 다음과 같은 측면을 감안한 위상의 재정립이 요구된다.

1) 보행의 접근성 향상과 경제활동 증가

자동차를 사용하지 않는 사람들에게 편의를 제공할 수 있도록 저렴한 가격의 공공교통수단을 효율적으로 운영하고 충분한 보행공간을 조성한다면 사람들은 더욱 안락하고 용이하게 이동할 수 있다. 이는 결과적으로 도심지로의 접근성을 향상시키고 도시에서 보행의 편리함을 제공한다.

보행자공간을 조성하여 연도의 상점상태를 개선하고 새로운 건물과 옛 건물을 조화있게 연결시켜 다양한 도시환경을 창출한다. 이러한 작업을 통해 구매의욕을 높이고 토지가치를 상승시켜 도심의 경제성을 회복시켜 준다.

2) 환경보호 및 생활공간의 제공

보행자공간에서는 자동차의 통행을 억제하기 때문에 자동차의 유해한 배출가스에 의한 공기오염을 줄이고, 소음을 낮출 수 있다. 또한 도시의 녹지나 역사적 건물을 연계하여 조성함으로써 녹지보전, 문화재보전, 경관 향상에 많은 도움을 주게 된다.

혼잡한 도시에 보행자공간을 제공하게 되면 사람들에게 사회적 활동을 촉진하는 역할을 하고, 주거단지에서는 산책 및 휴식, 어린이 놀이, 이웃과 대화 장소로 이용될 수 있어 지역주민의 공동체 의식을 높일 수 있어 생활공간의 질적 향상을 꾀할 수 있다.

2. 보행공간계획

1) 계획목표

보행자공간의 조성을 위해서는 안전성, 편리성, 쾌적성을 달성해야 할 뿐만 아니라 보행자 공간을 연속적으로 통합하는 일관성 있는 계획이 요구된다.

(1) 안전성

보행자공간에서 가장 기본적인 고려사항 중 하나가 사람과 자동차의 접촉을 최대한으로 줄이는 것이다. 이러한 목표를 위해 공간적이나 시간적으로 분리하여 자동차의 출입을 제한하게 된다. 아울러 보행인을 범죄로부터 보호하거나 장애물로부터 보호하기 위해 적정조도의 조명, 양호한 시계 확보 등에 대한 고려가 필요하며, 특히 보행밀도가 낮은 야간에 보행자의 통행을 보호하는 것이 중요한 과제이다.

(2) 편리성

보행자가 필요로 하는 용무를 원활하게 수행할 수 있도록 보행공간을 조성하고 각 시설을 용도에 따라 적절히 배치해야 한다. 이러한 체계구성에는 단거리로 보행할 수 있는 통로의 설치, 장애인 및 노약자를 위한 무장애(barrier free)보행체계구축, 이용 증진을 위해 경관 및 구조적 측면에서의 세심한 고려가 필요하다.

(3) 쾌적성

보행자의 흐름이 단절되지 않고 원활하게 이어지는 통행의 연속성이 확보되어야 하며, 쾌적하고도 매력적인 보행환경이 제공될 수 있어야 한다. 이를 위해서는 다양한 보행자공간이 체계화되어 적절한 보행밀도가 유지되어야 하며 보행, 자전거, 자동차 등 교통수단이 서로 상충되지 않고 원활하게 이어져야 할 것이다. 아울러 가로구간 내 친환경적인 가로수와 녹지의 설정, 매력적인 환경장치물의 유치, 전신주와 간판 정비 등의 연계사업이 요구된다.

2) 보행공간의 유형

보행자공간에는 다양한 유형이 포함되어 있으며 나라마다 다르게 불리고 있다. 우리나라의 보행자공간과 관련된 법적 근거로는 국토의계획및이용에관한법률시행령 제2조 제2항에서 기반시설로서 일반도로와 함께 도로의 한 요소로서 보행자전용도로를 정의하고 있다. 이와 같이 현행 법규상 도시계획시설로서 보행자전용도로인 보행자공간은 외국에서는 몰이나 녹도 등으로 다양하게 정의되고 있다.

(1) 보도

보행자의 통행을 위하여 연석 또는 울타리, 기타 이와 유사한 공작물로 구획하여 설치되는 도로의 부분으로서, 일반의 자동차도로로부터 독립된 보행자전용도로와는 구별된다. 보도의 효용은 보행자의 안전, 자동차의 원활한 교통로 확보, 도시시설로서의 연도서비스 등 여러 가지가 있으나 무엇보다도 안전하고 원활한 교통을 유도하기 위하여 보행자와 자동차의 통행을 분리하는 것이다. 보도는 도로의 양측에 설치하는 것이 일반적이지만 장소에 따라서는 도로의 편측에만 보도를 설치할 수 있다.

(2) 몰(mall)

주로 도심부에서 철도역, 공원, 기념광장, 상업지역의 중요지점을 상호 연결하는 도로로 대부분 폭이 넓고 길이가 짧은 것이 특징이다. 이러한 몰에는 크게 나누어 자동차의 통행을 완전히 차단하여 포장, 수목, 벤치, 조각, 분수대 등을 설치하는 풀 몰(full mall), 버스나 택시 등 공공교통수단을 통과시키고, 기타 차량의 통행을 금지시키는 트랜싯 몰(transit mall) 또 이와 비슷하지만 개인차량의 통행을 금지시키지 않고 통과교통의 속도와 차량접근을 제한하는 세미 몰(semi mall) 등이 있다.

(3) 녹도(綠道)

일본에서 널리 사용되는 용어인 녹도는 지진, 화재시의 피난로 확보 등 시가지에 있어서 도시민의 안전성이나 쾌적성을 확보하기 위한 것으로 근린주구 내부 및 근린주구 상호간, 공원, 문화시설 등을 연결하는 폭 10~20m의 녹지 또는 안전하고 쾌적한 보행환경의 조성을 위하여 지역 내에 통과교통 출입을 방지 또는 억제하고 식재대를 특별히 추가 설치한 일종의 도로로 정의하고 있다. 그러므로 녹도는 계획 시 보행의 기능적인 측면과 주민의 휴식을 고려한 녹지가 풍부한 보행공간으로 계획하여야 하며, 선형의 녹도를 체계화하면 도시의 공원녹지체계를 구성하는데 효과적이다. 우리나라에도 도시공원및녹지등에관한법률의 개정과 함께 연결녹지의 개념이 도입되어 상기유형의 활성화가 도모되고 있다.

(4) 보행자전용도로

보행자의 안전과 자동차의 원활한 주행을 위해 보행자만의 통행을 위해 제공되는 도로를 말한다. 기계적 교통수단의 발달로 인해 야기되는 환경오염 등의 제 문제를 동시에 해결하는 경제적, 기술적 방법으로서 사람과 자동차라고 하는 본질적으로 상이한 것에 내해서는 통행 장소를 개별로 설치하는 방법이다. 현행 도시계획시설기준에 관한 규칙 제10조의 2 및 제10조의 3의 규정에 의하면 차량통행에 대한 보행자의 안전 및 쾌적성 제고, 도심지역, 부도심지역, 학교 또는 하천주변지역 등에서 일반도로의 기능을 보완유지하기 위하여 버스 및 택시정류장, 지하철역, 철도역, 유치원, 초등학교, 쇼핑센터 등과 체계적으로 연결되는 도로로 정의하고 있다.

(5) 보행광장

보행광장의 물리적, 심리적 기능은 그 규모에 의해 결정되는 것이 아니며, 보행자를 위한 집합장소, 상호교류의 장소, 교통사고 및 복잡한 도로의 긴장감으로부터의 해방을 위한 장소로서 역할을 갖는다. 보행광장은 주로 도심지역에서 보행밀도가 높고 사람들이 많이 모이는 장소인 철도역 앞, 공공건물 주변, 역사적 유적지 주변, 도심상업지 등에 설치하게 된다.

3) 고려사항

(1) 보행환경구역의 설정 및 활동체계구축

도시공간에서 보행에만 의존해야 하는 곳이나 상대적으로 보행이 유리한 공간, 즉 보행활동이 활발한 지역을 보행환경구역으로 지정하여 보행자전용도로의 구체적 위치 및 규모를 설정한다. 일반적으로 일상생활권인 근린주구, 지구 간선도로에서 각 주거지로 가는 통로, 산책 및 달리기 등과 같은 레크리에이션 활동을 위한 곳, 보행자와 시설과의 상호활동이 중요한 곳이 대상이 된다.

주구 내 뿐만 아니라 각 주구 간, 지구센터 및 이용도가 높은 지점과 연결하여 전체로서의 체계화를 도모하며, 구체적으로 녹지체계, 위락공간의 체계, 보행자공간의 체계를 이루어야 한다. 녹지공간은 지구내·외를 통해 보행자전용도로에 의해 유기적으로 연계되어야 하며, 지구 내 녹지의 거점은 근린공원과 공동주거단지 내의 오픈스페이스 등으로 녹지의 중심적 핵이 된다. 또한 유치원, 초등학교, 중학교로의 통학, 근린중심으로의 구매 등 거주자의 일상생활의 생활동선계와 각 공원을 중심으로 한 위락동선계를 고려하여 이들을 상호 연결하면서 각 주택으로 연결되는 보행공간의 네트워크가 이루어져야 한다.

(2) 공간 이미지 창출 및 접근성 강화

주변의 공간구성과 보행자전용도로의 일체감 있는 계획을 위해 공간 이미지를 구체적으로 고려해야 한다. 따라서 동일 구간에서는 통합된 이미지를 반영하여 포장, 가로시설, 수목 등을 계획 및 설계하도록 해야 한다. 한편 보행자전용도로의 유형이 다양하고 구간이 많은 경우에는 각각 특화된 이미지를 반영하여 계획하고 주요 지점의 장소성을 높일 수 있는 공간 이미지를 창출할 수 있는 계획이 필요하다.

대중교통수단이나 공공주차장, 오픈스페이스 등은 보행거리(400~800m) 내에 배치되어야 하며, 이들 시설과 보행자전용도로 사이의 접근로는 시각적, 기능적 측면을 배려하여 계획한다. 각 주택에서 주구 내의 주요시설(버스정류장, 학교 등)까지는 최단거리로 연결되어야 하고, 지형의 기복을 최대한 줄이고 이용가치가 높도록 한다.

(3) 보행의 안정성 고려 및 시각환경 개선

보행자전용도로와 차량공간의 교차지점에서는 보행자가 우선권을 갖는 입체교차가 바람직하며, 입체교차가 불가능할 경우 횡단보도를 필수적으로 설치하도록 한다. 긴급시 차량의 진출입이 가능하도록 하며, 차량이 효과적으로 이동이 가능하도록 4m 이상의 도로폭과 회전반경이 확보되도록 한다.

보행자의 체험공간으로서 보행자전용도로의 시각환경은 매우 중요하다. 보행자전용도로에 쾌적하고 경관의 연속성을 줄 수 있도록 도로 바닥면의 포장, 식재, 건물의 벽면 식재, 간판, 건물의 출입구 등을 조화롭게 계획하여야 한다.

(4) 다양한 환경연출 및 시설공간 확보

보행자전용도로의 규모 및 다양성 증진을 위해 선형에 변화를 주거나 보행자전용도로 내의 오픈스페이스를 포함시켜 설치한다. 특히 각 보행자전용도로가 교차하는 결절점 주변에 광장을 설치하면 더욱 효과를 높일 수 있다.

보행자의 다양한 요구와 보행자의 행태를 고려한 시설 및 공간이 확보되어야 한다. 통근, 구매, 위락 등 보행의 형태, 어린이, 학생, 노인, 신체장애인 등 이용자의 특성을 고려하여 계획하고, 이에 적합한 휴게공간, 전시공간, 놀이공간, 위락공간 등을 계획하고 적합한 시설을 설치한다.

(5) 장애인과 노약자를 위한 공간창출

외부공간은 주로 일반적인 이용자를 대상으로 계획되지만 선천적 또는 후천적으로 시각·운동·청각·신체·정서적 측면에서 어려움을 겪고 있는 사람들을 배려할 수 있는 환경이 되어야 한다. 즉 무장애공간(barrier free zone)이나 어린이 보호구역(school zone) 등에 대한 관심이 그것으로서 이는 유도 및 경계용 점자블록, 위험예고와 경고시설, 점자안내판이나 안내방송, 경사로와 엘리베이터 등의 시설로 구체화된다. 최근 부분적으로나마 휠체어 이용자와 시각장애인, 여성과 어린이 등 보행약자의 측면이 감안되고 있으나 보다 적극적인 네트워크체계가 구성되어야 할 것이다.

3. 보행공간계획 사례

서울시의 경우 쌈지공원·마을마당 등의 소규모공원을 확충하던 1990년대의 경향은 시민의 보행권 확보와 일상 생활환경에서 삶의 질 향상을 위해 '걷고 싶은 도시 만들기 사업'으로 이어졌다. 이 사업은 세부적으로 걷고 싶은 거리 만들기 사업, 보행자 안전과 편의증진 관련사업, 지하철 이용편의를 위한 사업, 기타 관련 사업으로 구성되었다.

이 중 걷고 싶은 거리 만들기 사업은 지역특성에 부합하는 가로조성을 위한 시·구의 시범가로 조성사업과 4대문 안을 중심으로 정체성 있는 거리조성을 위한 역사문화 탐방로 조성사업, 가로경관 향상과 보행자 편의도모를 위한 걷고 싶은 녹화거리 조성사업, 지하철 복구구간 정비사업, 조망가로 조성사업 및 보도정비 시범사업으로 구분되어 시행되었으며 보행자의 안전 및 편의증진을 위한 사업은 훼손된 횡단보도를 복원하는 횡단보도 복원사업, 자동차로부터 방해받지 않는 안전한 보행공간 조성을 위해 차 없는 거리조성과 지하 보차도의 보행환경 개선을 위한 사업으로 구성되었다. 이 밖에 지하철 이용편의 개선사업은 지하철 출입구 등에 에스컬레이터, 엘리베이터 등을 설치하는 사업을 들 수 있으며, 기타 관련 사업으로는 기성시가지 환경개선사업과 옥외광고물정비사업을 들 수 있다.

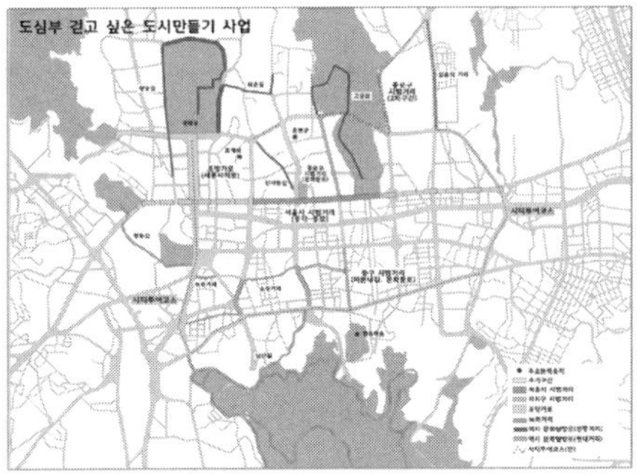

그림 3-5-1 걷고 싶은 도시 만들기 사업

표 3-5-1 걷고 싶은 거리 만들기 시범가로 조성사업 구간

구 분	세 부 사 업	주 요 내 용
걷고싶은 거리만들기	시범가로조성사업	• 시 · 구별 시범가로를 선정하여 경쟁적으로 추진하여 시너지 효과 기대 • 자치구별로 특색 있고 지역실정에 맞는 가로를 구 자체에서 선정하여 설계완료 후 서울시 승인, 자치구 시행
	역사문화탐방로 조성사업	• 역사문화도시로서의 문화정체성을 확립하고, 서울을 찾는 내외국인에게 볼거리를 제공하는 문화관광자원으로 활용 • 탐방로별 전통문화요소 개발 및 지역특성에 맞는 가로포장, 사인시스템 개선, 조경 · 조명 · 교통편의 시설과 역사문화적 상징물 등 설치 및 개선, 관광안내소, 화장실 등 시민편의시설을 마련
	걷고싶은 녹화거리 조성사업	• 가로 경관 향상과 보행자 편의도모 목적 • 차량 위주의 도로를 보차공존형 도로구조로 기능을 개선하는 것과 주변 시설을 연계한 수목식재를 통해 녹지량을 확충하고, 보행자의 휴식과 안정을 위한 편의 시설 설치
	지하철 복구구간 정비사업	• 2기 지하철 공사 완료구간을 대상으로 복구구간에 대한 보행환경 정비사업 • 보도 확장 · 정비, 횡단보도 개선, 장애인편의시설, 자전거이용시설 설치, 가로수 및 녹지공간 조성, 가로등 · 안내판 · 가로시설물설치 · 보강 등을 통해 보행자 중심의 가로를 조성
	조강가로 조성사업	• 조망권을 확보함으로써 시민의 삶의 질과 도시품격을 높이기 위해 추진
	보도정비 시범사업	• 녹지와 소공원 등이 있는 보도를 조성하고, 인접 공공용지 · 건축선후퇴 · 옥외공간 등과 연계 조성 • 기존 25m 도로를 35~38m로 확장하고, 10m 확장 구간에 대한 녹지대 및 보도 조성과 고가구조물 하부공간에 대한 공원 조성

(표 계속)

구 분	세부사업	주요내용
보행자 안전 및 편의 증진	횡단보도 복원사업	• 훼손된 횡단보도를 복원하여 보행환경이 열악한 지점의 보행환경을 개선하여 안전하고 쾌적한 보행환경을 조성
	차 없는 거리 조성사업	• 자동차로부터 방해받지 않고, 안전하고 쾌적한 보행환경 조성을 위해 전일제 또는 시간제 차 없는 거리를 운영 • 신호등 · 횡단보도 · 노면표시 등 교통안전시설의 설치 및 보도 정비 · 장애인 점자블록 설치 · 지장물 이설 등의 사업이 서울 지방경찰청과 자치구 관련부서의 협조 하에 추진
	지하보차도 환경개선사업	• 지하보차도를 대상으로 지하보차도의 차량소음 및 매연 등으로부터 보행자를 보호하고, 쾌적하고 걷기 편한 보행환경을 조성하기 위해 분리벽(투명방음판), 등기구 등 보행자 보호시설 설치
지하철이용 편의개선	보행 편의시설 확충	• 장애인과 노약자 등 누구나 쉽고 편하게 지하철을 이용할 수 있도록 지하철 승강장의 환승과 승강 편의시설을 대폭 확충
기타 관련사업	기성시가지 환경개선사업	• 신축이 어려운 기성시가지 상업가로의 환경여건에 적합한 환경개선을 위해 기존의 관주도형 도시설계 관행에서 탈피하여 계획수립부터 주민이 직접 참여, 실현성 높은 실천적 사업방안을 수립하여 종합적인 가로환경 개선
	옥외 광고물 정비사업	• 도로 양쪽에 접하는 모든 토지 건물을 대상으로 옥외광고물의 표시제한, 업소당 표시 가능한 간판의 총수량 규제, 허가신고대상광고물의 사전심의 등

걷고 싶은 도시 만들기 사업의 일환으로 추진된 '시범가로조성사업'은 서울시 전역으로 확산을 목표로 정책적으로 추진되었다. 이 사업은 1998년 7월 서울시에서 시 · 자치구별로 각 1개소씩 걷고 싶은 거리 만들기 선정(총연장 26,450m, 21개 구간)하고, 시의 예산지원으로 자치구에서 주도적으로 추진하였다. 사업 활성화를 위해 서울시는 현상설계공모를 통해 설계안을 평가하고, 평가결과에 따라 사업비를 차등 · 순차적으로 지원함으로써 경쟁적으로 사업을 시행하였으며, 돈화문길 시범가로뿐만 아니라 강동구 방아다리길, 송파구 석촌호수길 등 자치구 시범가로들도 속속 조성되었다.

걷고 싶은 거리사업의 주요한 계획요소는 보도확장과 차선축소, 포장재료 및 패턴, 조경 및 휴식공간의 조성, 차도구조 및 통행방식의 개선, 차도와 보도의 차단, 보행자편의시설 도입, 특징 있는 거리조형물과 다양한 가로시설물 설치에 초점을 두었다. 이 사업을 통하여 도시환경과 보행환경의 질을 높이고, 보행공간을 양적으로 확충하였으며, 위험한 도로구조를 개선하며, 보행자 안전을 위해 횡단보도와 차량출입시설을 정비하여 기초 보행환경 개선에 큰 기여를 하였다. 또한 일부 가로사업에서는 주민참여의 기회를

사진 3-5-1 강동구 방아다리길

사진 3-5-2 송파구 석촌호수길

제공하기도 하고, 상가 활성화에 크게 기여하기도 하였다. 그러나 사업추진체계의 구성이 미흡하고, 기존 유사사업과의 차별성이 낮으며, 부적합한 사업대상지의 선정으로 인하여 사업 자체가 어려워지는 문제가 발생하였다.

도시 내 보행공간 개선에 주목한 이러한 경향과 사업영역은 이후 보차공존도로의 개념을 적극적으로 활용한 덕수궁길, 역사문화탐방로로서의 인사동길, 고가도로 하부 보행환경 개선에 기여한 능동로 등의 사업으로 확산되다가 후술(後述)할 공공디자인의 등장과 함께 더욱 주목받게 된다. 일례로 최근의 '디자인 서울 거리조성사업'은 이제까지 진행되어온 거리관련 사업들이 기능적 관점에서 개별적으로 추진됨에 따라 거리를 구성하는 요소들의 유기적 통합성이 부족했다는 인식에서 출발한다. 즉 거리환경의 구성요소를 통합적으로 디자인함으로써 문화와 소통의 요소를 함유하고 삶과 지역문화가 공존하는 거리로 만들어나가는 데 목적을 두고 있으며, 공공시설물 통합디자인 및 개선으로 쾌적하고, 아름답고, 기능적인 거리환경 조성을 목표로 하고 있다. 실제로 간판개선, 보도조성, 펜스정비, 맨홀뚜껑 개선, 가로등 기초부분 정비, 시설안내판, 공중전화 부스 디자인, 휴식공간개선, 가로판매대 개선, 미디어 폴(media pole) 설치 등으로 사업내용이 확충되어 거리환경이 탈바꿈되고 있다.

제2절 가로경관계획

1. 대상과 원칙

도로 주변의 경관계획을 통하여 주행의 안전성과 이용자에게 쾌적한 시각적 경험을 유도할 수 있게 된다. 일반적으로 도로 주변의 경관은 차량의 주행방향에 따라 도로의 위치와 구조를 고려하여 구간별로 특색 있게 처리하는 것이 좋으며, 자연경관은 평지부와 산지부로 구분하여 보전이 필요한 곳은 적극 관리하고 인공적인 경관은 도시부와 시설물 부근지로 구분하여 동질감을 얻을 수 있도록 한다. 일반적인 도로주변경관의 대상과 원칙은 다음 표와 같다.

표 3-5-2 도로주변경관의 대상과 원칙

대 상			원 칙
자연적 경 관	평 지 부	직 선 부	• 주위의 경관과 연담 되는 녹지를 유도하며 연속성을 최대로 확보한다. • 주위보다 높은 도로의 경우 시야를 가리지 않도록 한다. • 시선의 높이 아래에 각종 보호책을 설치하도록 한다.
		곡 선 부	• 주위의 경관과 독특하게 뛰어나는 녹지를 유도하되 균질성을 갖도록 한다. • 시계보다 아래에 시설물을 설치하고 시선의 높이에는 수평적인 경관이 유도되도록 한다.
	산 지 부	직 선 부	• 주위의 경관과 조화를 이루도록 균질성이 있는 관목중심의 식재를 유도한다. • 지형의 변화가 심한 곳은 인공적인 시설에 의한 수평적인 경관처리가 유리하다.
		곡 선 부	• 주위의 경관과 특색 있게 변화되는 수법의 경관처리가 필요하다. • 균질하고 통합된 인공시설물을 설치하도록 한다.(보호책, 방향표지대 등)
인공적 경 관	도 시 부	건물전정	• 건물의 전정인 동시에 가로변 경관요소로서의 기능을 갖도록 한다. • 건축물과 조화된 공간을 조성하되 규모가 큰 건축물의 경우 수직적인 변화를 크게 하거나 수평적인 공간단위를 크게 구분하여 조경공간을 조성한다.
		광 장	• 도시의 도로체계와 주변 토지 이용을 고려하되 건축물에 의해 공간이 폐쇄적인 경우 녹지를 수직적으로 처리하고, 공간이 개방적인 경우에는 수평적으로 확산된 녹지를 확보하도록 한다. • 보행동선을 유도하도록 포장하고 활동의 종류별로 구분되도록 한다.
		주변녹지	• 도시녹지체계 내에서 공간을 확보하도록 하고 이용자 중심의 편익시설을 확보하도록 한다. • 녹지의 기능에 따라 식재하도록 한다.
	시 설 물 부 근	주변광장	• 시설물 중심의 경관처리기 이루어지도록 시설물의 재료, 형태구성 등을 고려한 계획을 한다. • 녹지와 이용편익시설은 이용자에게 편리하도록 하되 개방 공간으로 처리 한다.
		주변녹지	• 녹지기능별로 구분하여 식재하도록 한다. • 수직적인 높이차를 강하게 한다.

2. 가로경관 기본계획의 지침과 사례

도로가 한 장소에서 다른 장소로 이동하는 통행의 목적이 강한 반면, 가로는 건물 사이에 나 있는 도시의 도로이며, 대부분 차도 및 인도를 포함하고 주변에 건물과 결합된 도로이다. 따라서 가로는 건물과 분리될 수 없으며 장소적인 성질이 강한 특성을 갖고 있다. 가로경관계획은 비교적 도시화가 진행된 지역이나 신도시를 조성할 경우 시행되므로 계획의 내용적 특성이나 대상이 달라진다. 예를 들어 도시의 새로운 상징가로를 조성하거나 가로경관을 정비하고 새로운 가로경관을 형성하며, 가로에서 주요한 조망경관을 확보하기 위한 조망가로경관계획이 있다. 이밖에도 「경관법」 제13조 (경관사업의 대상 등)에서 "① 시 · 도지사 또는 시장 · 군수는 지역의 경관을 향상시키고 경관의식을 높이기 위하여 경관계획이 수립된 지역 안에서 다음 각 호의 사업(이하 "경관사업"이라 한다)을 시행할 수 있다."고 규정하고 여기에 '1. 가로환경의 정비 및 개선을 위한 사업'을 포함시키고 있다.

1) 가로경관계획의 지침

이러한 가로경관계획에서 계획방향으로는 도시의 정체성을 확보, 세련되고 참신한 가로경관의 조성, 주요 조망경관의 확보, 친환경적인 도시환경의 조성 등을 계획방향으로 검토해 볼 수 있다.

(1) 도시의 정체성 확립

도시의 역사성과 고유한 분위기를 연출하는 것은 가로경관계획에서 가장 중요하게 다루어져야 한다. 제각각인 건물이나 간판, 삭막한 가로환경 등으로는 도시의 정체성을 구현할 수 없으므로 통합적이면서 특화된 경관관리지침을 적용하여 가로경관에 특성을 부여하며, 필요하다면 상징가로나 주제형 가로를 조성하여 도시의 정체성을 높일 수 있다.

(2) 세련되고 참신한 가로경관 조성

통합된 이미지를 갖는 가로환경디자인을 통하여 참신한 가로경관을 조성할 수 있다. 여기에는 가로경관의 색채, 가로시설물디자인, 보도포장계획, 안내정보시설계획, 환경조형물, 건물의 외관 등에 대한 내용이 종합적으로 검토되도록 해야 하며, 쾌적성, 생명성, 기능성, 심미성, 조화성, 가시성, 첨단성 등을 주요한 평가요소로 검토할 수 있다.

(3) 주요 조망경관 확보

조망경관은 가로에서 조망이 가능한 산, 지형, 바다 등의 자연경관의 조망성을 확보하거나 도시의 주요한 건물이나 상징조형물에 대한 시야를 확보하기 위한 계획이다. 따라서 가로로부터 조망요소를 조망할 수 있도록 하는 구도설정이 중요하므로 이들 사이에 개방적인 시각축을 확보하는 것이 필요하다.

(4) 친환경적인 도시경관의 조성

도시의 친환경성은 조경가가 관심을 가져야 하는 미래도시의 중요한 가치이며, 도시와 인간, 그리고 자연이 함께 공존함으로써 도시에 생명력을 불어넣을 수 있다. 친환경적인 도시환경의 조성은 가로경관계획보다 큰 범역을 대상으로 하지만 가로경관계획차원에서 자연환경을 보전·복원한다.

2) 가로경관계획의 사례

오송생명과학단지 가로환경디자인은 오송생명과학단지내 남측 주거지역 및 상업지역을 대상으로 통합적인 도시환경을 조성하고 특색 있는 도시환경을 구축하여 혁신 시범도시로서의 위상을 정립하고자 쾌적한 도시가로경관 창출을 통한 삶의 질 향상 및 어메니티의 극대화, 생명과학단지라는 특성을 살린 도시상 및 아이덴티티 정립, 지속가능한 유지관리를 위해 표준화된 디자인 매뉴얼 개발 등의 목적을 가지고 계획이 이루어졌다.

가로경관계획과 관련된 쾌적한 도시가로경관 창출을 통한 삶의 질 향상 및 어메니티

그림 3-5-2 오송생명과학단지 가로경관계획도

사진 3-5-3 테마형가로 DNA Street Park

자료 : 한국토지공사(2007.2), 오송생명과학단지 가로환경디자인보고서, p.44, p.267.

의 극대화라는 목적을 위해 기존의 획일적인 도시이미지에서 탈피하여 인간, 자연, 과학, 문화, 도시기반시설물이 조화를 이루어 지역주민에게 쾌적하고 아름다운 도시환경을 제공하고자 하였다.

오송생명과학단지의 가로는 시각적 경관요소를 강화한 상징형가로와 체험적 경관요소를 강화한 테마형가로로 구성되었다. 상징형가로는 외부로부터 접근빈도가 높으며, 전체로 연결되는 단지 축선형 도로로 차량중심의 경관구성이 요구되는 가로에 오송 바이오 단지의 상징적 이미지를 강하게 전달하고, 차량 진·출입시 단지에 대한 강한 인상을 전달할 수 있도록 설정하였다. 한편 테마형가로는 주거 및 상업단지로부터 접근이 용이한 생활권 도로로서 보행 중심의 경관구성이 요구되는 가로이다. 여기서는 가로에 공원과 같은 분위기를 제공함으로써 보행 중 휴식을 취할 수 있는 가로체계를 형성하고 즐길거리가 많으며 다양한 이벤트가 일어날 수 있는 분위기를 유도하여 체험적 경관요소를 강화하였다.

제3절 광장·자전거도로계획

1. 광장계획

광장은 도시, 지역 또는 특정 건물의 상징적 이미지를 증대시키고, 시민들의 휴식, 오락, 집회 등의 제반 활동을 담는 생활공간의 하나로 이용되는 도시의 공공공간이다. 사적 공간과는 다르게 도시민들의 자유로운 만남이 이루어지는 공간으로 공적, 종교적, 상업적, 정치적인 행위 등이 이루어지는 곳이다. 우리나라의 경우 전통적으로 서구의 도시공간에서 볼 수 있는 광장은 발달하지 않았지만, 근래에 서울시청 앞 잔디광장과 세종문화회관 광장이 조성되면서 관심이 고조되다가 최근 광화문 일대가 시민광장으로 탈바꿈하면서 도시의 공공영역으로서 광장에 대한 사회·문화적 관심이 급증하고 있다.

우리나라에 있어 광장에 관한 법적 근거로는 「국토의계획및이용에관한법률시행령」제2조 제2항에서 광장을 정의하고 있는바, 여기에는 교통광장, 일반광장, 경관광장, 지하광장, 건축물부설광장으로 세분하고 있다. 우리나라에서는 광장을 도시계획시설 중 기반시설로서 교통시설로서 분류하고 있는데, 이것은 광장의 교통요소로서 역할에 큰 비중을 두기 때문이다. 도시의 보행활동을 적극 수용하는 광장의 환경이 독특한 장소성(sense of place)을 확보하기 위해서는 기본적으로 다음과 같은 고려가 선행되어야 할 것이다.

사진 3-5-4 세종문화회관 광장

1) 공간구성 방법

광장은 원칙적으로 주변이 건물로 차단되어 폐쇄감 및 위요감을 느낄 수 있는 공간으로 조성하며, 진입공간-주공간-전이공간이 명확히 구분되도록 한다. 이때 주공간은 모든 사람에게 열려진 공간을 단지 바닥 포장으로만 처리하거나 중심부에 사람들의 주의를 집중시킬 수 있는 분수, 야외조각 등의 시설물을 배치하여 구심력을 높이도록 한다. 또한 광장의 보행자 영역과 인접하여 자동차 영역이 위치할 경우에는 1~2단의 고저차, 연못, 낮은 담, 볼라드 등을 설치하여 각 공간이 구분될 수 있도록 하는 한편, 시각적으로는 연결시킨다.

2) 식재 및 바닥 포장

도시 내 광장은 식물생장에 불리한 환경이므로 대기오염 및 병충해와 건조에 강하며 제한된 지상 및 지하부의 공간에서도 충분히 생장할 수 있는 수목을 선정해야 한다. 배식은 광장에 식재하는 수목은 수형이 단정하고 아름다우며, 초화류는 밝고 원색적인 색채의 꽃이 바람직하며, 개화기간이 긴 것이 추천된다.

광장의 바닥포장은 색채, 질감, 균일도 등에 적절하게 변화를 주어 안락하고 쾌적한 환경을 조성하도록 하며, 포장재료는 가급적 견고하고 보수 및 운영 관리가 편리한 재료를 사용한다.

2. 자전거도로계획

1) 자전거도로의 정의

자전거도로란 도시의 교통체계를 구성하는 요소 중 하나로서 자전거가 다닐 수 있도록 마련된 길을 말하며, 넓은 의미로는 횡단로, 육교, 지하도, 신호대, 조명시설을 포함하는 종합적인 자전거 통행체계를 말한다. 자전거도로와 관련된 법적 근거를 보면 법적 근거로는 「국토의계획및이용에관한법률시행령」 제2조제2항에서 기반시설로 일반도로, 보행자전용도로 등과 함께 도로의 한 요소로서 자전거전용도로를 정의하고 있으며, 자전거 이용자의 안전과 편의를 도모하고 자전거이용의 활성화에 기여하기 위해 제정된 「자전거이용 활성화에 관한 법률」에서는 제3조(자전거도로의 구분)에서 자전거도로를 자전거전용도로, 자전거보행자 겸용 도로, 자전거전용차로 등으로 구분하고 제4조(국가 및 지방자치단체의 책무)에서는 ① 국가 및 지방자치단체는 자전거이용시설의 정비 및 자전거이용자의 안전과 편리를 도모하는 등 자전거이용 활성화를 위한 종합적인 시책을 마련하도록 하고 제5조(자전거이용 활성화계획의 수립)에서는 ① 특별시장·광역시장·도지사·제주특별자치도지사(이하 "시·도지사"라 한다) 및 시장·군수·자치구의 구청장(이하 "시장·군수·구청장"이라 한다)은 대통령령으로 정하는 바에 따라 지방경찰청장·경찰서장 또는 지방국토관리청장 등의 의견을 들어 자전거이용 활성화계획(이하 "활성화계획"이라 한다)을 5년마다 수립하도록 하고 이 활성화계획에는 '1. 자전거이용시설정비의 기본방향, 2. 연도별 활성화계획, 3. 자전거이용자의 안전성 확보를 위한 방안, 4. 기타 대통령령이 정하는 사항'이 포함되도록 하였다.

2) 자전거도로의 유형

자전거도로를 설치유형에 따라 분류하면 도로의 양쪽에 설치된 양측형과 도로의 한쪽에만 설치된 편측형으로 구분할 수 있다. 한편, 「자전거이용 활성화에 관한 법률」에서는 제3조(자전거도로의 구분)에서 자전거도로를 자전거만이 통행할 수 있도록 분리대·연석 기타 이와 유사한 시설물에 의하여 차도 및 보도와 구분하여 설치된 자전거전용도로, 자전거 외에 보행자도 통행할 수 있도록 분리대·연석, 기타 이와 유사한 시설물에 의하여 차도와 구분하거나 별도로 설치된 자전거보행자 겸용 도로, 다른 차와 도로를 공유하면서 안전표지나 노면표시 등으로 자전거 통행구간을 구분한 차로로서 자전거전용차로 등으로 구분하고 있다.

영국의 밀턴 케인즈(Milton Keynes)에서는 보행자 및 자전거가 겸용할 수 있는 레드웨이 시스템(the Redway system)을 적용하여 로컬(local), 지구(district), 도시(city) 차원에서 도로와 분리된 안전하고 효율적이며, 매력적인 보행자 및 자전거도로시스템을 구축하였다. 이러한 레드웨이 시스템은 시민들의 일상생활 및 통학 및 출퇴근을 위한 이동, 여가활동을 위한 중요한 수단으로 활용되고 있다.

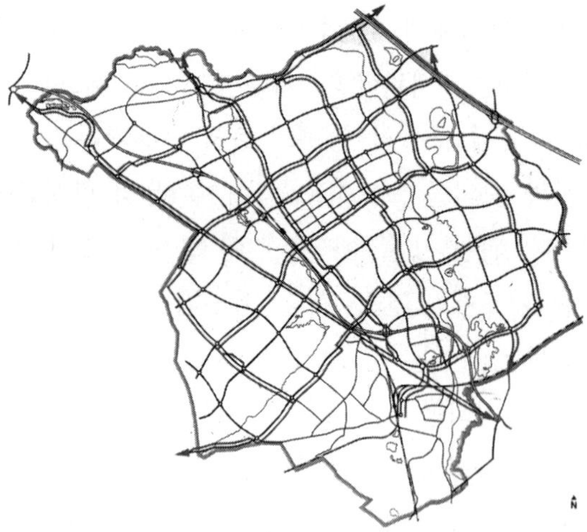

그림 3-5-3 영국 밀턴 케인즈 레드웨이 시스템

(자료 : Milton Keynes Development Corporation(1992), The Milton Keynes Planning Manual, p.53.)

3) 계획기법

(1) 자전거도로망체계는 보행교통 및 자동차교통과 분리된 하나의 시스템으로 계획되어야 한다. 가능하면 국지도로나 주요한 보행자도로에 면하여 설치하는 것이 좋으며, 안전성을 보장하기 위하여 보행자전용도로와 병행하는 것이 바람직하다.

(2) 자전거도로를 합리적으로 설계하기 위해서는 자전거의 속도, 이용자가 필요로 하는 공간, 도로의 최소 폭, 경사, 회전반경, 도로의 포장, 배수시설, 안전시설 등을 고려해야 한다.

(3) 자전거도로 내 원활한 소통 및 안전성을 확보하기 위해서 분리대나 단차를 두어 경계를 명확히 표시하며, 색채, 질감, 규모, 무늬, 디테일 등으로 다른 공간과 구분될 수 있도록 하는 것이 좋다.

(4) 자전거 보관시설은 각 건물로부터 30m 이내에 설치하는 것이 바람직하며, 건물의 주 출입구 근처에 배치하여 감시에 용이하도록 한다.

제2장 가로 · 공공디자인

홍윤순

제1절 공공디자인 개념과 성격

1. 공공디자인의 개념

최근 '디자인 코리아(Design Korea)', 디자인 서울(Design Seoul) 등의 구호가 회자되는 것에서 알 수 있듯이 공공디자인(Public Design)이 국가나 지자체의 정책 아젠다(agenda)로 대두되면서 새로운 전문분야와 업역으로 확산되고 있다. 단기간 내에 붐처럼 번지고 있는 이러한 상황은 정부 · 지자체 · 관련학계의 노력이 응집된 결과라 할 수 있다. 즉 공공디자인과 관련된 업역의 확장은 2005년 12월 한국공공디자인학회의 창립, 2006년 3월 문화체육부 산하 비영리법인 등록, 2007년 서울시 공공디자인위원회의 설치 · 운영 등을 기반으로 지금은 다양한 공공디자인 사업들이 전국의 디자인본부조직을 통해 기획 · 시행되고 있다.

실제 영어권에서는 공공디자인(Public Design)이라는 용어가 사용되는 예는 거의 없는 것으로 알려진다(조경진, 2008). 그럼에도 불구하고 우리나라에서 공공디자인이라는 용어가 집중적으로 조명되는 배경에는 우리의 특수한 상황을 되돌아보아야 할 것 같다. 즉 주지되듯 서구에서는 오래 전부터 관습적으로나 일상적으로 공공영역의 디자인이 중요하게 다루어져 왔으며, 공공영역과 민간영역의 디자인 차이 역시 크지 않았다. 반면에 이와는 대조적으로 국내 도시의 공공환경과 그 디자인 수준은 그동안 매우 열악한 채로 방치되어왔다. 이러한 점에서 국민소득이 증대되고 삶의 질의 개선되며, 급속히 국제화가 이루어지는 상황 속에서 공공부문 디자인에 대한 혁신과 변화의 요구가 일시에 분출된 것으로 보아야 할 것이다.

이러한 점에서 우리가 현재 사용하는 공공디자인이란 용어에는 공공영역이 민간영역의 디자인 이상으로 중요하고 디자인 측면에서 새로운 인식과 처방이 요구된다는 시대적 요구가 내포되어 있는 것이라 할 수 있다.

2. 공공디자인과 가로조경

공공디자인에서 거론되는 '공공'의 개념을 좁은 의미로 파악하면 공공이 소유하는 환경으로 국한시킬 수 있다. 그러나 대부분의 경우 공공디자인이라는 용어는 공공을 위한 환경이라는 진전된 공공성으로서의 경관이나 환경을 의미한다(최신현, 2010). 이러한 점에서 경관이라는 공공적 환경을 다루는 조경분야와 공공디자인은 분리될 수 없는 관계를 이룬다.

물론 공공디자인의 사회적 이슈화와 제도화 과정에서 많은 논란이 있기도 하였다. 공공디자인에 관한 법률안 제2조에서는 '공공기관이 조성 · 제작 · 설치 · 운영 및 관리하는 공간 · 시설 · 용품 · 정보 등의 심미적 · 상징적 · 기능적 가치를 높이기 위한 행위와 그 결과물'로 공공디자인을 정의하고 있다(권영걸, 2010). 공공적 공간과 시설, 용품, 정보를 다룬다는 공공디자인의 영역은 실로 방대한 관계로 조경뿐만 아니라 건축, 토목, 도시계획 등 인접학문 및 산업분야와의 이해관계가 충돌될 수 있는 여지가 충분하다.

학문과 업역이 끊임없이 분화되면서 새롭게 융합되는 오늘날, 새로이 등장한 공공디자인 영역은 건강하고 아름다운 공공환경을 구축하기 위해 노력하는 조경분야에 도전과 성찰을 요구하고 있다. 본 서에서는 도시환경 속의 대표적 공공환경인 가로환경을 중심으로 진행되어온 공공디자인 개념과 기법 등을 위주로 살펴보기로 한다.

제2절 가로구성요소와 가로시설물

1. 가로환경의 구성요소

가로환경은 다양한 환경에 의해 형성된다. 물리적 환경측면에서 볼 때 보도와 차도, 녹지 등은 바닥의 환경을, 가로변에 도열하는 건물과 가로수 등은 입면과 지붕면으로 한정한다. 또한 가로환경에는 상기한 기반환경 위에 간판과 다양한 종류의 가로시설물이 집적되고 도열한다.

반면 도로(road)와 대비되는 개념상의 측면에서 볼 때의 가로(street)는 전술하였듯이 교통의 소통이라는 고유기능 이외에도 보행친화적 측면에서의 다양한 활동을 유발시키고 이를 수용한다. 즉 독특한 경관을 형성하면서 도시의 문화를 드러내는 가로환경의 구성요소는 물리적인 환경뿐만 아니라 도시민의 경험과 이미지 등과 같은 비물리적인 측면도 포함한다. 본 서에서는 이렇듯 다양한 가로환경의 구성요소 중 일반적으로 street furniture로 지칭되는 가로시설물을 중심으로 살펴보도록 한다.

2. 가로시설물의 개념과 유형

1) 가로시설물의 개념과 성격

가로시설물이라는 용어는 산업사회를 촉발시킨 영국에서 거론되기 시작하였는데, 외부공간에 있어서 인간의 행위를 조절하고 보조하는 기능을 갖는 장치라고 정의할 수 있다. 여기에는 도시민의 옥외생활과 밀접한 관련이 있는 공공적 시설환경들로서 각종 정보를 제공해주는 안내체계, 가로등, 의자 및 퍼걸러와 같은 휴식시설 등이 포함된다. 로렌스 핼프린(Lawrence Halprin)은 가로시설물을 '도시를 무대로 활동하는 사람들을 위한 무대장치로서 모든 사람들에게 공통으로 이용되며 활동을 편하게 해주고 예술적 감흥을 불러일으키기도 하며, 도시생활을 풍요롭게 해주는 것으로 단순한 형태 이상의 것'이라고 하기도 하였다.

도시환경을 구성하는 가로시설물은 도시경관을 구성하는 주요한 요소이면서 도시생활에 미치는 영향이 큰 시설이다. 그러나 무분별하게 설치된 가로시설물은 오히려 이것으로 인해 도시미관을 훼손하고 시민들에게 시각적 공해를 유발하는 경우가 적지 않으므로 가로시설물을 계획할 때는 쾌적하고 편리하며, 뛰어난 가로경관을 형성할 수 있도록 한다.

일반적으로 가로시설물은 인간의 행위를 담고, 경관적 측면에서 주변 환경과 조화를 이루어야 한다. 또한, 가로시설물이 자체적으로 형태, 색채, 질감 등 미적 측면에서 아름다워야 하며, 동시에 전체적인 배치와 구성에 있어서도 연속성과 통일성을 갖도록 해야 한다. 이를 통하여 이용자들에게 미적 즐거움과 가로활동의 편리함을 주어야 하며, 궁극적으로는 도시의 이미지를 고양하고 아름다운 가로경관을 창출할 수 있도록 해야 한다.

또한 차량 및 보행의 통행을 원활하게 하기 위해 가로시설물에 다양한 설치기준을 규정하고 있는데, 이와 관련하여 도로교통법 제3조 도로표지판의 규칙, 도로법 제24조에 근거한 도로조명의 설치 및 관리에 관한 규정, 도로법 제40조의 도로의 점용, 도로법 제52조의 도로표식 등의 규정을 반영하여야 한다.

2) 기능측면에서 본 가로시설물

가로시설물의 유형은 대부분 기능적인 측면에 의해 구분된다. 즉 의자, 쉘터, 퍼걸러, 음수대 등 휴식계, 가로등, 정원등과 같은 조명계, 키오스크, 자동판매기, 옥외카페와 같은 판매계, 현수막, 포스터, 공중전화 등 정보계, 버스정류장, 자전거 주차대, 아케이드 등 교통계, 전주, 소화전, 우체통 등 관리계, 가로수, 분수, 화단, 인공폭포, 환경조각,

슈퍼그래픽 등 조경계 등으로 구분할 수 있으며, 이를 다시 가로기능 측면에서 교통기능과 공간기능으로 재분류할 수 있다. 기능측면에서 구분한 가로시설물의 유형과 그 내용은 다음 표와 같다.

표 3-5-3 가로시설물의 유형

분류영역	가 로 시 설 물	내 용
휴식계	의자, 탁자, 쉘터, 퍼걸러, 휴지통, 재떨이, 음수대	• 보행자 환경은 단지 보행이라는 기능을 만족시키는 것으로는 끝나지 않고 보행기능에는 통상 휴식 행위가 포함됨 • 육체적 휴식뿐 아니라 혼자 사색에 잠기거나 사람들과 이야기를 나누고 또한 풍경을 즐기는 내용까지 포함
조명계	연출조명, 도로조명, 정원등, 안전등, 투과조명	• 보행공간에서의 조명은 어둠을 밝히는 실용적 목적 외에도 환경연출의 목적도 지님 • 일반적으로 조영의 용도는 자동차 및 보행자의 안전한 교통을 위한 환경 제공 랜드마크 및 시설물들을 시각적으로 강조하고 돋보이게 하며 매력 있는 야경을 연출하여 상업 활동을 보조
판매계	키오스크, 자동판매기, 신문판매대, 이동매점, 옥외카페 등	• 판매계 가로시설물은 상행위에 의해 거리에 활기를 주고 보행자의 편익을 도모하기 위한 것으로 가로체험의 장소가 되기도 하고 시민의 '이벤트' 공간 연출
정보계	각종사인, 현수막. 포스터, 게시판, 교통사인, 스피커, 공중전화, 시계, 온습도계, 풍향계 등	• 복잡한 도시생활환경을 쾌적하고 편의성이 높게 만드는데 큰 비중을 차지 • 기능과 목적에 따라 다양하며 여러 개가 모여 정보를 정확하게 전달하는 기능을 바탕으로 하여 보행자와 자동차의 교통을 정리
교통계	버스정류장, 택시 승차장, 자전거주차대미터기기, 모래함, 육교, 아케이드, 볼라드, 계단램프, 에스컬레이터 등	• 보행자와 공공수송기관이 접하는 곳에 설치되는 시설로서, 기다림의 장으로서의 역할 • 공간에 리듬과 방향성 등의 변화를 주는 포장 및 볼라드 등으로 보행자의 통행을 안전하고 쾌적하게 함
관리계	전주, 전기조절시설, 소화전, 우체통, 맨홀 등	• 시민생활을 유지하는 가로시설물로서 거의 대부분 도로를 중심으로 하여 실외에 설치 • 다른 시설물과 조화를 이루도록 함
조경계	가로수, 화단, 온실, 분수, 인공폭포, 케스캐이드, 연못, 다리, 조각, 동상모뉴먼트, 슈퍼그래픽, 부조 등	• 보행공간의 환경에 변화를 주며 경관을 갖추게 함으로써 보행자에게 쾌적한 환경을 제공하기 위해 설치 • 보행자의 심리적 안정성, 쾌적성, 편의성 등과 밀접하며 인공적인 도시공간에 예술적 아름다움과 자연을 공급하여 윤택함과 풍요로움 부여

3) 형태와 구조측면에서의 본 가로시설물

다종다양한 가로시설물은 그 기능과 구조, 형태적 측면을 감안하여 다음과 같이 구분할 수 있다. 즉 가로환경에 있어 보행자를 위한 위치정보 제공을 목적으로 하는 시설물들은 대부분 판(plate)과 이를 지지하는 구조체로 구성되는바, 이를 안내계의 시설로 분류할 수 있다. 반면, 버스 및 택시정류장 등과 같은 비와 바람, 강한 직사광선 등으로부터 보행자를 보호하는 쉘터(shelter)계 시설유형은 지붕과 이를 지지하는 입면요소를 필요로 한다. 또한 가판점이나 공중전화와 같이 시설 내부에 인간의 행위가 수용되는 키오스크(kiosk)계의 시설은 전술한 쉘터 보다도 더욱 폐쇄적인 공간의 형성이 요구된다. 아울러 작은 규모로 공간적 볼륨을 형성하는 시설유형들도 다수 존재한다. 휴지통, 볼라드, 벤치, 화분대, 자전거보관대 등이 그것으로, 인체척도와 비교할 때 소규모 입체계로 지칭할 수 있는 이들 시설의 구조와 형태는 매우 다양하다.

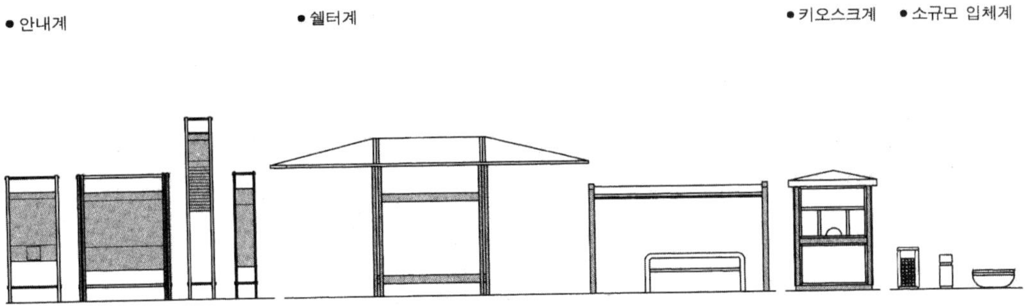

그림 3-5-4 형태측면으로 구분한 가로시설물의 유형 (일산신도시 사인시스템 및 가로시설물 설계 사례)

제3절 가로환경요소의 공공디자인

1. 기본적 고려사항과 목표

가로시설물을 계획할 때, 배치 · 관리 · 설계요소의 관점에서 기능적 측면, 교통적 측면, 경관적 측면에서 각각 적정성을 검토해 보아야 하는데, 각각의 관련성은 표 3-5-4와 같다.

표 3-5-4 가로시설물 계획시 고려사항

구 분	기능적 측면	교통적 측면	경관적 측면
배 치	설치장소 및 설치 위치에 따른 기능의 발휘 여부	가로시설물 설치에 영향을 받게 될 보행자 공간의 확보 여부	경관에 연속성과 리듬감 부여 여부
관 리	기능수행에 적합하고 원활한 유지관리 및 경신계획 여부	파손된 가로시설물의 방치에 의한 교통장애 여부	파손, 오손(汚損)된 가로시설물의 방치에 의한 경관의 손상 여부
디자인	형태, 재료, 스케일 등과 역할과의 적합성 여부	형태, 형상 및 집합형태에 의한 교통 장애 여부	개개 가로시설물의 디자인, 상호 통일성 및 주변 환경에 대응에 의한 가로의 개성 표현 여부

이러한 기본적인 고려의 측면 이외에도 공공환경인 가로에 요구되는 질을 유지하기 위해서는 공공디자인 측면에서의 고려가 요청된다. 다음에 예시한 목표는 최근 서울에서 추진되고 있는 공공디자인의 전략을 중심으로 이를 보완하여 설명한 내용이다.

1) 비우는 디자인

가로공간에는 상황에 따라 다양한 행위가 유발되고 집적된다. 더구나 가로경관을 구성하는 환경요소의 유형과 종류 역시 매우 다양하다. 가로환경 공공디자인에 있어 과도한 디자인은 가로상의 다양한 활동을 저해하고 이용자의 안전을 위협하고 가로경관의 혼란을 야기할 우려가 있으므로 신중하게 억제되어야 할 것이다. 이를 위해 시설물의 기능을 가급적 통합하고 적재적소에 한해 시설 도입을 꾀하기 위한 노력이 요청된다. 저밀도·고효율의 공공환경을 지향하는 '비우는 디자인'은 쾌적하고 여유로운 공공공간으로서의 가로를 담보할 수 있는 가치기준이 된다.

2) 통합(Integrated) 디자인

전술한 다기능, 다목적(multi-use)의 공공시설 확보를 위해서는 시설물 관리부서단위로 미분화되어 운영되어온 시행체계가 극복되어야 할 것이다. 즉 행정조직 내 통합된 도시디자인 실행체계를 근간으로 부서 간 의견조정과 협조가 요구된다. 통합디자인의 구체적인 방법론으로는 유사한 기능과 구조, 형태를 갖는 시설요소 간 복합화를 꼽을 수 있으며, 나아가 시설요소(element)와 장소환경(place)을 통합적으로 고려하는 설계(total design)가 이루어져야 할 것이다. 아울러 서로 다른 기능과 형태를 갖는 요소들 간의 이미지 역시 연계 또는 동질화될 수 있도록 구체적인 노력이 이루어져야 할 것이다. 즉 다종다양한 시설요소들을 일관된 디자인 어휘(design vocabulary)로 통합하여 계획하고 시행하기 위한 노력을 기울여야 할 것이다.

3) 시민본위의 디자인

오늘날 성숙한 시민사회에서의 디자인은 행정부나 디자이너가 기안하고 이를 일방적으로 하달하는 시혜적 환경이 아니라 시민과 더불어 협력하며 만들어 나가는(collaborative) 환경이어야 한다. 이를 위해 가로공공디자인의 추진체계 내에 시민, 전문가, 공무원 간의 유기적인 파트너십(partnership)이 형성되어야 할 것이며, 특히 참여형 또는 체험형 디자인사업이 적극적으로 추진되어야 할 것이다. 이러한 참여 디자인은 공공사업의 기획 · 실행 · 평가과정 전반에 시민참여를 제도화하고 시민공모와 의견반영, 시민이나 단체의 기부 등을 활성화하는 등의 다각적인 노력을 통해 이루어질 수 있을 것이다.

4) 지속가능한(Sustainable) 디자인

자연 및 인간과 친화력을 갖는 소재는 쉽게 싫증을 느끼지 않을뿐더러 미래지향의 순환 가능한 디자인이 된다. 따라서 소재나 적용방범에 있어 신중을 기하며, 디자인과 시행 이후에도 지속적인 사후평가 및 환류(feed back)시스템을 구축하여 계획과 설계당시 미처 예측하지 못한 점을 지속적으로 보완토록 한다.

2. 공공디자인으로서의 가로시설물 계획

1) 형태와 이미지

특정 가로환경단위의 특화된 이미지 구축이 요구되는 경우가 있다. 이 시설물 디자인 모티브의 추출과정상에서 가장 중요하게 판단되는 설계상의 가치는 대상 환경의 이미지를 막론하고, 효율적으로 표현하면서도 시설고유의 기능발휘를 가능케 할 것인가 하는 점이다. 이러한 측면에서 시설물의 디자인모티브는 지역의 역사, 문화 등 상징요소로부터 추출될 수 있으며, 무엇보다도 입지적, 경관적 맥락과 부합되어야 할 것이다.

한편 다종다양한 시설간의 디자인 연계화(design co-ordination)에 있어 무리한 형태적 동질화를 꾀할 경우, 자칫 시설 고유기능을 충분히 발휘하기 어렵거나 어색하고 조잡한 느낌이 제공될 수 있다. 이러한 측면에서 다종다양한 가로시설물을 통합적으로 고려할 때, 형태와 구조 측면에서 같은 계(系)에 속하는 시설 간에서는 적극적인 형태적 동질화를 꾀하는 한편, 다른 계의 시설과는 소재와 색채를 가급적 반복 적용하는 방식을 감안할 수 있다.

2) 재료와 규격

대부분의 가로시설물은 인간척도와 관련하여 적정한 재료와 규격범위를 갖는다. 가로시설물의 디자인에 있어 재료와 규격을 감안한 모듈(module)화와 규격화(standardization) 방안을 적극 고려한다. 즉 합당한 소재와 그 생산치수를 근거로 한 단위치수를 설정하고, 이를 응용하면서 반복하여 적용함으로써 사용부재의 낭비를 최소화하고 시설간의 이미지 연계화와 동질화를 꾀한다. 아울러 기능이나 형태가 유사한 시설물은 가급적 통합함으로써 시설물의 난립을 방지하고 이용 및 관리의 효율성을 확보토록 한다.

3) 내용 및 콘텐츠

최근 공공디자인의 시행 사례에 있어 오늘날의 기술진보를 감안한 시설들이 다수 개발된바 있다. 공공디자인 시범가로사업인 강남대로에 설치되어 양방향의 정보교환을 가능케하는 미디어 폴(media pole) 등이 그것이며, 이러한 디지털화, 첨단화 경향은 도시의 공공공간에 대해 유비쿼터스(ubiquitous)화가 강화되고 있는 미래사회에 더욱 촉진될 것으로 여겨진다. 즉 이미 상암 디지털미디어시티(DMC) 내의 중심가로인 디지털미디어스트리트는 세계 최초로 디지털기술과 도시의 환경 및 활동이 융합되는 공간을 목표로 추진되고 있다(김도년, 김정훈, 2004).

이렇듯 디지털시대의 가로는 정보교환 및 접촉, 문화향유의 장소로서 의미가 강화되므로 가로시설의 내용구성에 있어 시설과 이용자가 상호교류하는 양방향적 콘텐츠의 적극적인 개발이 요청된다.

아울러 오늘날은 감성을 파는 시대로 알려진다. 이러한 측면에서 디자인경영상 좋은 디자인에 대한 고민[18]이 이루어지고 있는데, 그 하나의 형식으로 유머와 위트가 있는 이른바, 재미있는 디자인(Fun Design)에 주목하고 있다. 이러한 전략은 가로상에 특징적인 경관을 형성할 뿐만 아니라 장소성과 활력을 부여함으로써 작게는 도시방문객을 위한 포토존(photo-zone) 역할을 수행하면서 나아가 시민의 자긍심을 고취하기 위한 방안이라 할 수 있다. 그러나 이러한 고려는 즉흥적인 접근을 넘어 지역의 전체적인 환경과 장소성의 맥락을 감안한 면밀한 고려가 수반되어야 할 것이다.

---

18) 정경원(2003)은 굿디자인을 평가하는 기준으로 조형성, 합목적성, 경제성, 제작성, 사용성, 만족성, 적합성, 환경친화성의 8가지 기준들을 언급하였다. 아울러 그는 이들 기준 중 조형성, 합목적성, 경제성, 제작성은 주로 디자인의 물리적인 특성의 형성에 큰 영향을 끼치는 일차적인 요인이며, 이들은 주로 초기단계에서 이루어지는 평가에서 특히 중요시 된다고 하였다. 반면 사용성, 적합성, 만족성, 환경친화성은 디자인과 사용자, 시장, 사회, 환경 등과의 상호 관련성에 악영향을 미치는 이차적인 요소이며 디자인의 후기 단계에서 높은 비중을 차지한다고 하였다.

미디어폴 설치

사진 3-5-5 강남대로의 가로시설물로서 미디어 폴 도입 사례 (자료 : 서울특별시 디자인총괄본부 홈페이지)

4) 색채와 그래픽

가로시설물 간의 이미지 동질화를 꾀할 수 있도록 적용 색채의 대상과 내용에 따라 위계적인 구성과 반복적용의 원칙을 수립한다. 예를 들어 특정 부위에 한정적으로 적용하는 강렬한 색상으로서의 강조색, 많은 면적에 보편적으로 무난하게 적용하는 주조색, 앞선 두 색채간의 완충과 보완 역할의 보조색 등의 활용 사례 등이 그것이다. 아울러 국제화된 오늘날 보행환경에서 높은 가독성을 유지할 수 있도록 영문을 포함한 서체를 위계적으로 적용하고 그림문자인 픽토그램(pictogram)을 적극 활용한다. 한편, 대상환경의 주 이용대상을 감안하여 이들의 흥미 유발을 겨냥한 내용구성과 그래픽 처리를 꾀할 수 있는데, 다음 그림은 과거 일산신도시에서 행해진 어린이공원의 안내시스템 적용 사례를 보여준다.

● 어린이공원안내의 구조와 그래픽 시안

그림 3-5-5 어린이에게 친근한 느낌을 제공하기 위한 안내시설 디자인 사례 (일산신도시 사인시스템 및 가로시설물 설계)

3. 시설배치계획

1) 시설배치 측면의 일반기준

(1) 조명시설, 안내시설 등의 가로시설물은 일정한 간격으로 적재적소에 설치하되, 이용행태와 상충을 피하고 보행자의 통행과 시계에 방해되지 않도록 한다.

(2) 휴게시설, 편익시설 등의 가로시설물은 이용자의 동선을 고려한 장소를 선택하여 보행자의 통행에 방해되지 않도록 한다.

(3) 교차로, 횡단보도 등 도로의 구조가 변하는 곳에는 교통안전시설, 신호등, 안내시설 및 조명시설을 집중 설치하도록 한다.

(4) 가로광장 및 가로공원의 진입부, 도로 모서리의 여유공간, 버스정차대 등의 위치에는 조명등, 단주, 수목, 벤치 등을 하나의 군이 되도록 배치하여 공간이 형성되도록 한다.

(5) 안내판과 가로등의 통합지주, 단주와 벤치 겸용 시설 등과 같이 가능한 한 가로시설물은 복수의 기능을 갖도록 통합설계하여 그 수량을 최소화시키도록 한다.

(6) 안내시설, 조명시설, 퍼걸러, 벤치 등의 휴게시설과 우체통, 휴지통, 전화박스 등의 편익시설 및 수목 등은 집단화시켜 배치하고, 이러한 시설물들은 통합된 계획에 따라 일관성 있는 형태로 설계한다.

2) 배치측면의 체계구축계획

특정 지역단위가 기반이 된 보행공간 내 가로시설물이 체계적으로 배치되기 위해서는 도시공간맥락에 대한 이해를 바탕으로 한 위계적 구성이 요구된다. 즉 지역단위의 환경에 있어 대중교통의 최초 도착지점으로부터 최종목적지까지의 다양한 활동분지유형을 추론하여 대·중·소 거점의 장소위계를 감안한다. 예로서 광역권으로부터 최초의 도착지점인 지하철 역사와 광역 버스정류장을 대거점 장소로, 여기에서 2차적으로 분지되는 생활권 중심을 중거점 장소로, 세부 목표지점을 소거점 장소로 감안하는 등의 방법이 그것이다. 다음에서 보이는 그림의 사례는 일산신도시 도시사인시스템 및 가로시설물 통합설계시 감안된 다이어그램과 배치원칙의 시안이다.

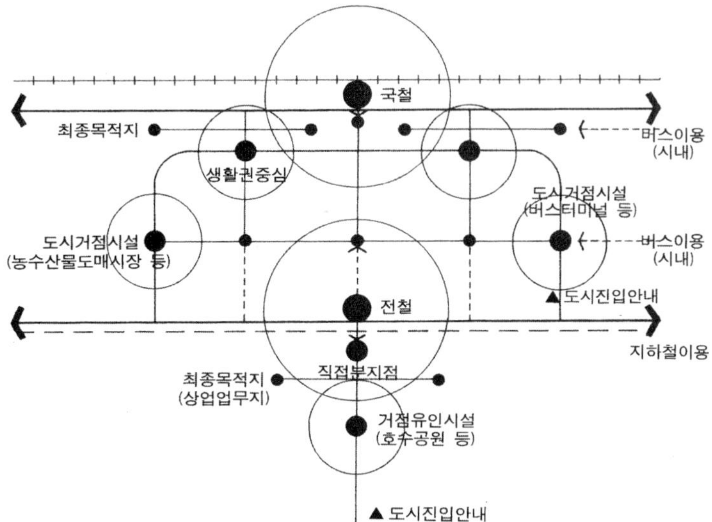

그림 3-5-6 가로의 위계를 고려한 시설배치기준의 다이어그램 (일산신도시 사인시스템 및 가로시설물 설계 사례)

● 신도시 공간구조상의 거점구분

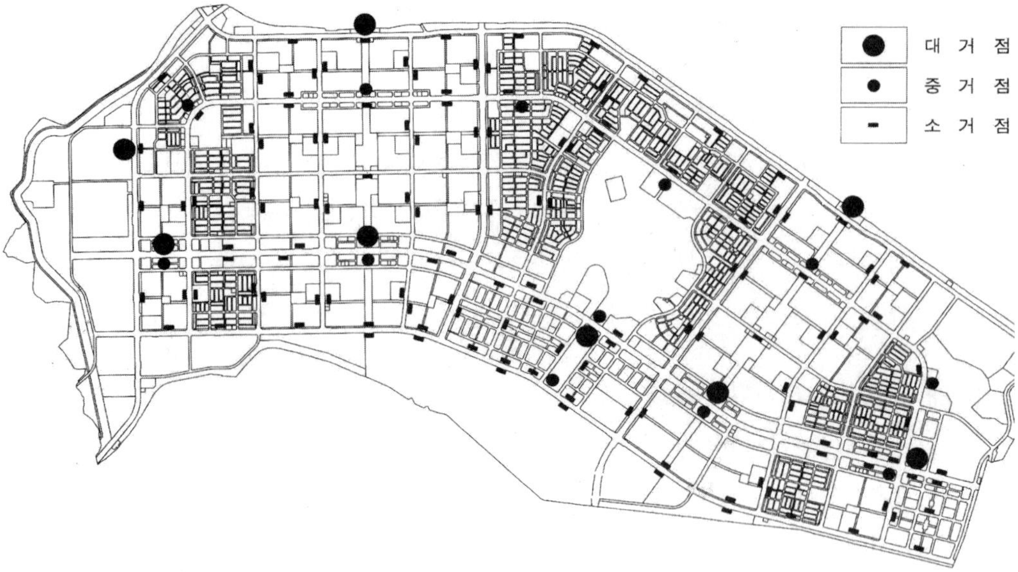

그림 3-5-7 가로의 위계를 고려한 시설배치 시안 (일산신도시 사인시스템 및 가로시설물 설계 사례)

tourism planning

PART 6 관광계획

제1장 관광과 관광지

김현

제1절 관광의 개념

1. 관광, 여가, 레크리에이션

관광은 본인의 의사로 비일상 공간으로 이동하여 자유시간을 활용하는 여가활동이다. 단순히 활동만을 지칭하는 것이 아니라 사회·문화·경제의 복합현상으로서 여가, 레크리에이션, 리조트 등과 같은 유사한 개념과 비교해 보면 보다 명확하게 구분될 수 있다.

우선 여가란 노동과 반대되는 개념으로써 노동시간과 생활시간을 제외한 자유시간, 자유재량시간에 행해지는 활동을 일컫는 가장 포괄적 개념으로서 생활의 만족과 가장 관련성이 높은 개념이다. 관광과 위락과는 달리 활동, 경험과 함께 시간, 그리고 이들을 포괄적인 종합적 측면 등 다양한 현상으로 나타나는 복잡한 개념으로 어른과 어린이 모두에게 적용될 수 있다.

레크리에이션은 여가에 속하는 개념이나 의미상 취미, 교양, 체육, 사회체육, 오락, 유흥 등을 위미하며 주로 역동적인 활동을 지칭한다(Mill, 1990 : 21). 따라서 관광과 레크리에이션의 차이점은 레크리에이션이 관광에 비하여 신체적 활동의 비중이 크고 반복적, 계속적인 일상성이 강하며 관광의 필수적인 요소인 '이동'의 의미가 미약하다는 것이다.

이에 비하면 관광은 레크리에이션보다 견문획득을 통한 지식의 향상 혹은 자기계발

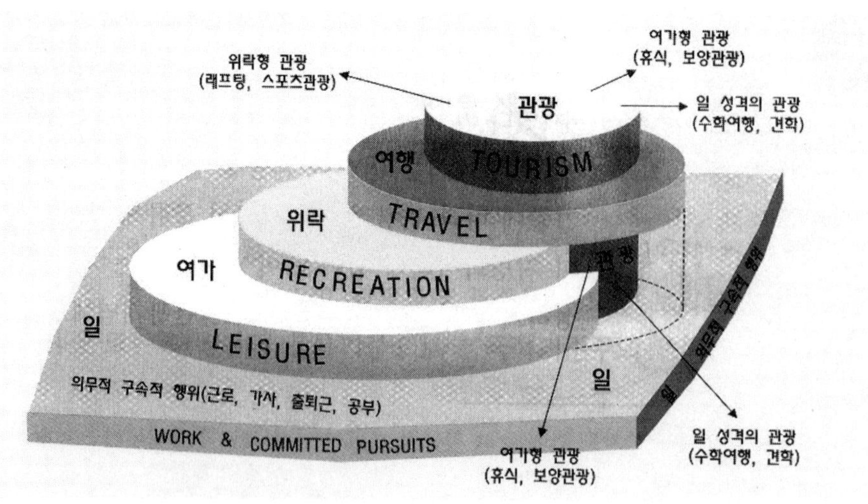

그림 3-6-1 관광의 개념 (주 : 김사헌(2003) 관광경제학, 백산출판사)

이라는 성취욕 추구의 성향이 더 크고(김사헌, 2003), 일상을 탈피하는 성격이 강하며 자기계발적 측면이 피로회복적 측면보다 강하고 효과성에서는 생산적 측면이 소비적 측면보다 강하다(박석희, 2003).

한편, 관광은 여가의 범주에 포함되지만 여가의 성격을 갖지 않을 수도 있다. 예를 들어, 출장이나 수학여행, 산업시찰과 같이 작업시간의 할애도 가능하다는 점에서 일의 성격을 가지며 활동이 이루어지기 위해서는 일정 수준 이상의 프로그램과 조직화가 필요하다. 또한 관광은 레크리에이션과 겹치지 않고 단지 여가 행위와 겹치는 부분도 있을 수 있다. 휴양과 같이 소극석이고 비활동적인 관광은 '역동적 활동'인 레크리에이션의 속성을 띠지 않기 때문이다.

2. 관광의 체계

관광을 구성하는 구성요소간의 상호관계에 대해서는 관광발생, 관광계획, 관광마케팅, 관광산업 측면에서 각각 설명할 수 있다. 각 견해에는 장단점이 존재하지만 관광계획에 주안점을 두고 관광체계를 설명한 쿤(Gunn)은 관광객, 매력물, 서비스 및 시설, 교통기관, 정보 및 지도체계의 5개 요소와 각 요소간 기능이 충분히 발휘될 수 있도록 관광계획이 수립되어야 한다고 주장하였다.

- 관광객(tourist) : 관광욕구는 물론 참여 의지와 능력을 지닌 관광객을 의미한다. 관광객의 거주지, 선호도, 관광행태, 지출 규모를 고려하여 계획을 수립한다.

• 매력물(attraction) : 관광객의 다양한 욕구를 충족시키기 위한 관광대상으로 관광개발의 주요 소재가 되는 관광자원을 의미한다. 현대사회에서는 관광활동이 증가하면서 매력물이 관광의 경제적·문화적·사회적 효과를 산출하는 원천으로 인식하는 경향이 강해지고 있다. 이에 따라 매력물을 보존 또는 창조하기 위한 관광개발계획의 중요성이 강조되고 있다.

• 서비스 및 시설(service-facilities) : 관광 개발시 가장 많은 투자 시설은 숙박시설, 식음시설 등 의 서비스 및 시설이다. 매력물도 그렇지만 이러한 서비스 및 시설의 경우 관광객의 이용률과 재방문율을 제고하기 위한 최상의 방안이 강구되어져야 하며, 이를 감안한 공급규모가 추정되어야 한다.

• 교통(transportation) : 관광객의 주거지역과 관광목적지를 연결시켜 주는 교통기능은 매우 중요하다. 관광계획에서 접근성이란 육상, 항공, 수상에 갖추어진 교통수단의 다양성과 편의성을 일컫는다. 88올림픽 이후 국민관광이 급격한 성장을 할 수 있었던 배경은 바로 도로를 중심으로 한 교통수단의 발달이었다.

• 정보(information-direction) : 관광주체와 관광대상이 결합되기 위한 관광매체로서 위에서 언급한 교통수단 이외에도 정보활동이 중요하다. 관광객은 관광 경험에 관한 정보를 수집하고 가치를 평가하여 이를 근거로 관광활동을 결정한다. 관광객에게 정확하고 유익한 정보를 제공하는 것은 관광수요를 창출할 수 있으며 만족도를 높이고 물론 관리도 용이하게 할 수 있다.

각 요소는 기본적인 기능을 수행하지만 의존성이 매우 높으며 복합적으로 기능한다. 예를 들면, 호텔은 숙박 서비스를 제공할 뿐만 아니라 따로는 주요한 매력물이 되기도 하며, 케이블카나 유람선은 교통수단인 동시에 매력물이 되기도 한다.

3. 관광 욕구

매슬로(A. H. Maslow)는 인간의 기본적 요구를 생리적 요구, 안정요구, 귀속요구, 자존요구, 그리고 자아실현요구의 5단계(needs hierarchy)로 구분하였다. 이를 근간으로 룬트버그(D. E. Lundberg)는 변화 및 오락요구를 포함시켰고, 골드(S. M. Gold)는 자아실현요구와 자존요구 사이에 창조 및 심미요구를 추가하였다. 각 단계는 하부단계가 충족되어야 상위단계로 요구되는 경우도 있지만 겹쳐지는 경우도 발생한다.

관광의 관점에서 바라보면 인간의 요구 대부분을 관광으로 충족시킬 수 있다. 변화 및 오락요구는 일상을 벗어나서 새로운 것을 접히는 가운데 충족 가능하고, 자아실현요구는 등산을 통해서도 충족 가능하며, 자존요구를 충족시키기 위하여 관광여행을 떠나

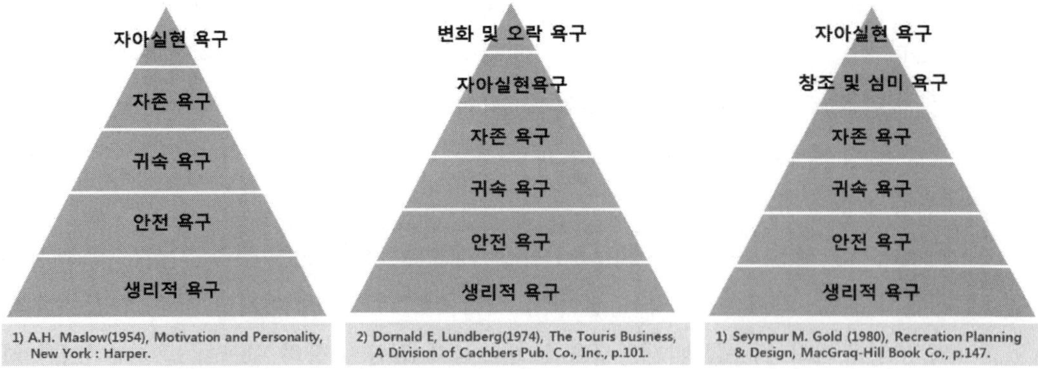

자료 : 1) A.H. Maslow(1954), Motivation and Personality, New York : Harper.
2) Dornald E, Lundberg(1974), The Touris Business, A Division of Cachbers Pub. Co., Inc., p.101.
3) Seympur M. Gold(1980), Recreation Planning & Design, MacGraq-Hill Book Co., p.147.
4) 박석희, 신관광자원론(2003)

그림 3-6-2 자연공원의 관리체제 (자료 : 박석희, 관광자원론(2001))

고, 좀 더 완전한 인간이 되고자 더 많은 견문을 넓히려고 관광을 나서는 등 관광을 통하여 사람들은 여러 가지 요구를 충족시킬 수 있다(박석희, 2003).

제2절 관광지 정의와 분류

1. 관광지의 정의 및 역할

관광지의 개념은 어떤 측면에서 접근하느냐에 따라 정의가 상이해질 수 있다.

일반적으로 관광지는 '관광행위가 일어나는 모든 공간'을 지칭하며, 관광진흥법상의 관광(단)지를 포함하여 농어촌휴양단지, 자연휴양림, 자연공원의 집단시설지구, 도시공원, 유원지, 비지정 관광지, 국립·도립·군립공원, 농어촌휴양지역, 자연휴양지역, 온천지구, 유원지 등을 통틀어 일컫는(한국관광연구원, 2001) 포괄적 개념이다. 반면 법적인 관광지는 1994년 개정된 관광진흥법(제1조 6항)에서 "자연적 또는 문화적 관광자원을 갖추고 관광객을 위한 기본적인 편의시설을 설치하는 지역"으로서 문화체육관광부의 지정관광지제도에서 지정되는 관광지를 의미한다. 2010년 3월 현재 230개소가 지정되어 있다. 학술적으로는 '관광객이 그의 일상생활공간을 떠나 자신의 관광욕구를 충족시키면서 일정 시간동안 체재하는 지역으로서 자연관광자원, 인문관광자원의 이용가치를 제고시키기 위한 숙박시설, 식음료시설, 편의시설 등이 갖추어져 있으며, 이러한 관광자원에 접근할 수 있는 교통시설이 설치되어 있고, 정보제공 서비스가 이루어지는 일정한 지역

공간'을 의미한다(박석희, 1997).

이와 같이 관광지의 법적 정의와 학술적 정의를 종합해 볼 때 관광지란 자연 및 문화자원을 보유하고 있으며, 지역주민 또는 관광객들에게 관광 및 휴양을 즐길 수 있도록 일정 수준의 시설을 갖춘 지역으로 정의할 수 있다.

한편 관광지는 국민의 복지향상이라는 측면과 기본적인 편의시설 설치, 자연 및 문화자원 활용 등의 측면에서 그 성격이 자연·도시공원과 유사하며, 지역주민의 여가활동 공간이라는 측면에서는 유원지, 공원(집단시설지구)과의 개념적 유사성을 가진다. 그러나 환경적 측면에서는 개발적 사고가 가장 큰 것이 관광지라 할 수 있다.

관광지의 역할에 대해 살펴보면 다음과 같다. 첫째, 관광지는 국민의 관광욕구를 충족시킬 수 있는 다양한 기회의 장이자 건전한 여가활동 공간으로서 국민과 지역주민의 삶의 질을 증진시킨다. 둘째, 환경적으로 수려한 지역을 관광지로 지정·개발함으로써 장기적인 측면에서 자연훼손을 최소화하고, 난개발을 방지한다. 셋째, 지역 유휴지의 적극적인 개발과 이용을 통한 지역의 관광진흥을 도모하는 지역개발을 위한 수단이자 지

표 3-6-1 관광지, 유원지 및 공원의 기능 비교

구 분	법적 정의	기능				
		복지향상	환경보전		오락휴양	편의
			자연	인문		
관광지	• 자연적 또는 문화적 관광자원을 갖추고 관광객을 위한 기본적인 편의 시설을 설치하는 지역(관광진흥법 제2조 6항)	△	×	○	○	○
유원지	• 주로 주민의 복지향상에 기여하기 위하여 설치하는 오락과 휴양을 위한 시설(도시계획시설의결정 · 구조및설치기준에관한규칙 제4절 56조)	○	×	△	○	○
자연공원	• 자연공원 : 국가, 시 · 도 단위, 시 · 군 단위의 자연생태계나 경관을 대표할 만한 지역으로 자연공원을 보전관리 또는 이용하기 위하여 공원계획에 따라 자연공원에 설치하는 시설(자연공원법 제2조 1항~8항) • 집단시설지구 : 공원의 효율적인 보호와 이용을 도모하기 위한 용도지구로서 공원입장자에 대한 편의제공 및 공원의 보호 · 관리를 위해 공원시설이 집단화되었거나 집단화되어야 할 지역(자연공원법 제16조)	△	○	○	×	○
도시공원	• 도시지역 안에서 자연경관의 보호와 시민의 건강 · 휴양 및 정서생활의 향상에 기여하기 위한 시설(도시공원및녹지등에관한법률 제2조 1항, 국토의계획및이용에관한법률 제30조)	○	△	△	△	○

주 : ○ 높음, △ 보통, X 높지 않음

역경제 활성화를 통해 지역간 균형발전을 이루는 밑거름이 된다. 넷째, 관광지개발은 지역산업구조가 가지는 경제적 한계를 극복할 수 있는 대체산업으로서의 역할을 수행하며, 지역상권의 매출 성장, 지역 특산물 구매 및 증대 등 관련 산업의 부가가치 창출과 지역산업구조 개선을 통해 지역경제를 활성화한다. 다섯째, 청소년, 근로자, 장애인 등 관광소외계층에 대하여 관광활동의 기회를 제공함으로써 국민복지 증대 실현을 유도하고 전 국민의 균등한 삶의 질 향상을 위한 수단으로 활용되고 있다.

2. 관광개발자원 분류

관광자원에 대한 분류는 크게 법제도적 측면과 학문적 측면에서 이루어진다.

법·제도적 측면에서 본다면 관광자원은 크게 공공주도형 관광개발자원과 민간주도형 관광개발자원으로 구분된다. 공공주도형 관광자원개발이란 공공부문이 개발주체가 되어 개발계획과 개발사업 시행을 주도하는 관광지개발을 의미하며, 관광진흥법상 관광

표 3-6-2 관광자원별 관광사업법

관 광 자 원	법 규	내 용	부 처
관광지·관광단지, 관광특구, 관광숙박시설, 관광객이용시설, 카지노·유원시설	관광진흥법	관광객을 위하여 다양한 관광, 휴양, 숙박 및 레크리에이션시설 설치·운영	문화체육관광부
박물관·미술관	박물관 및 미술관진흥법	문화, 예술, 학문의 발전과 일반 공중의 문화향수 증진에 이바지	문화체육관광부
등록체육시설 (골프장, 스키장 등)	체육시설의설치·이용에관한법률	체육시설의 설치 이용을 권장하고 체육시설업을 건전하게 발전시켜 국민의 건강증진과 여가선용에 이바지	문화체육관광부
청소년수련시설	청소년활동진흥법	청소년의 체력증강 및 수련활동 지원	문화체육관광부
온천원보호지구 온천공보호구역	온 천 법	온천의 적절한 보호와 효율적인 사용개발을 위함	행정안전부
유원지	국토의계획 및 이용에관한법률	도시민의 복지향상을 위한 오락과 휴양시설 설치	국토해양부
자연휴양림, 삼림욕장, 치유의숲, 숲길	산림문화·휴양에 관한 법률	산림문화와 산림휴양자원의 보전·이용, 관리 산림문화·휴양서비스 제공	농림수산식품부 (산 림 청)
농어촌관광휴양단지 관광농원, 주말농원, 농어촌민박	농어촌정비법	농어촌지역의 자연경관 보존 및 농어촌 소득증대를 위한 농어촌 휴양자원 개발	농림수산식품부
수목원	수목원조성 및 진흥에관한법률	산림보존, 산림소유자의 소득 증대, 국민보건휴양 및 정서함양, 자연학습교육	농림수산식품부 (산 림 청)
자연공원 (국·도·군립공원)	자연공원법	수려한 자연풍경지의 효율적인 보호와 이용	환 경 부

지와 관광단지, 자연공원법에 의한 자연공원, 도시공원 및 녹지 등에 관한 법률에 의한 도시공원, 도시계획법에 의한 유원지 등 각 개별 법규가 규정하고 있는 다양한 종류의 관광지와 관련시설이 이에 해당된다.

한편 민간주도형 관광개발은 민간이 국가 또는 지방자치단체가 개발사업 승인을 받아 개발계획 수립과 사업시행을 전담하는 개발방식이다. 관광진흥법에 따른 관광단지, 전문휴양업, 종합휴양업 개발과 체육시설 설치·이용에 관한 법률에 따른 골프장업, 스키장업 등의 체육시설업 등은 민간개발업자가 개발할 수 있으며, 각 관광사업별로는 개별 사업계획 승인절차가 관광진흥법에 명시되어 있다.

학문적 분류는 합리적인 어떤 기준에 의해 분류되기 보다는 관광자원이 갖고 있는 특성을 대상으로 공통적인 것을 상식적 수준에서 이루어지고 있어 한정적이고 실무적인 의미만을 지니고 있다.

표 3-6-3 관광자원 분류

연구자	분류방식
津田昇(1964)	자연적 관광자원 - 기후, 풍토, 풍경, 온천, 천연자원, 동식물, 도시공원 문화적 관광자원 - 유형문화재, 무형문화재, 민속자원, 기념물 사회적 관광자원 - 인정, 풍속, 행사, 국민성, 생활, 예술, 문화, 교육 산업적 관광자원 - 공장시설, 농공장, 사회공공시설, 견본시(見本市)
日本國際觀光年記念行事協力會(1967)	이동 그 자체 자연적 관광자원 유형 - 지형, 지질 등 무형 - 기후, 풍토 등 문화적 관광자원 유형 - 사적, 도시 등 무형 - 생활, 민속, 행사 등 행동(위락, 스포츠)
안종윤(1972)	자연자원 - 산악, 평원, 해안, 도서, 하천, 호·소, 폭포, 계곡, 지질, 기상, 온천, 동식물 문화자원 - 미술공예품, 건축물, 조각 인적 자원 - 국민생활, 풍습, 습관, 인정, 가정생활 새로운 관광사원 및 기타 - 공장, 생산공장, 기술, 공원, 음식, 토산품
일본관광협회(1976)	자연자원 - 산악, 고원, 원야, 습원, 소·소, 협곡, 폭포, 하천, 해안, 곶, 도서, 암석, 동굴, 식물, 자연현상 인문자원 - 사적, 절, 성곽, 정원, 공원, 역사경관, 향토경관, 연중행사
한국관광공사(1983)	유형관광자원 자연적 관광자원 - 천연자원, 천문자원, 동식물 문화적 관광자원 - 고고학적 유적, 사적, 사찰공원 사회적 관광자원 - 풍속, 행사, 생활, 예술, 교육, 스포츠 산업적 관광자원 - 공업단지, 유통단지, 광업소, 농장, 목장, 백화점 관광·레크리에이션 자원 - 수영장, 놀이시설, 어린이 공원 무형관광자원 인적 관광자원 - 국민성, 풍속, 관습, 예절 등 비인적 관광자원 - 고유종교, 사상, 철학, 역사, 음악 가곡 등

제2장 관광개발

김현

제1절 관광개발체계

1. 관광개발 관련 법제

관광지 개발 관련 법제는 광의의 법제와 협의의 법제로 구분된다. 광의의 법제는 관광활동을 간접적으로 촉진·보호하는 법으로서 국토계획법제, 관광사업법제, 개발특례법제, 건축법제, 영향평가법제, 재정·세제법제 등이 포함된다.

- 국토계획법제 : 일반적 관광개발이 가능한 용도지역 등 입지관련 내용을 포괄
- 관광사업법제 : 도입시설의 종류와 기준 등을 규정
- 개발특례법제 : 특정요건을 갖고 있는 지역 또는 자원의 개발촉진을 위한 특례 및 지원사항
- 건축법제 : 개별시설물의 구조·안전기준 등에 관한 사항
- 영향평가법제 : 관광개발자원의 환경·교통·재해 등의 영향을 최소화 또는 방지하기 위한 각종 영향평가에 관한 사항
- 재정·세제법제 : 공공 및 민간 재원조달과 세제 및 부담금 부과, 감면에 관한 사항

표 3-6-4 광의의 관광개발 법규

관 련 법	주 요 내 용
국토계획법제	국토의계획및이용에관한법률, 도시개발법, 수도권정비계획법 등
관광사업법제	관광진흥법, 체육시설의설치·이용에관한법률, 온천법, 자연공원법, 박물관및미술관진흥법, 청소년활동진흥법, 산림보호법, 산지관리법, 농어촌정비법, 수목원조성및진흥에관한법률 등
개발특례법제	지역틀별화발전특구에관한규제특례법, 사회간접자본시설에대한민간투자법, 외국인투자촉진법, 지역균형개발및지방중소기업육성에관한법률, 제주국제자유도시특별법, 폐광지역개발지원에관한특별법, 접경지역지원법 등
건축법제	건축법, 주차장법 등
영향평가법제	환경정책기본법, 환경영향평가법 등
재정·세제법제	예산회계법, 보조금의예산및관리에관한법률, 지방재정법, 공익사업을 위한토지등의취득및보상에관한법률, 개발이익환수에관한법률, 법인세법, 소득세법, 조세특례제한법, 지방세법 등

협의의 관광개발 법제는 관광활동을 직접적으로 촉진·보호하는 법으로서 관광기본법, 관광진흥법, 관광진흥개발기금법, 한국관광공사법, 국제회의산업육성에관한법률 등이 포함된다. 이 중 가장 모범적 성격이 강한 관광진흥법에서는 관광사업, 관광여건, 관광개발 등 관광진흥의 방향과 시책에 관한 사항을 규정하고 있다.

실제 관광자원 개발계획을 수립하기 위해서는 광의의 관광개발법규체계하에서 각 개별법규의 연계성에 대한 복합적인 이해가 필요하다.

또한 관광개발체계는 "관광개발계획체계"와 "관광개발집행체계"로 구분된다.

관광개발계획체계는 관광개발과 관련한 계획 간의 관계를 명시하며, 계획의 공간적 범위(전국, 지역, 지구단위)와 계획의 수립근거에 따라 전국 수준의 관광개발기본계획, 지역수준의 권역별 관광개발계획, 광역권 관광개발계획, 지구 수준의 관광(단)지 조성계획으로 분류된다. 이 중 광역권 관광개발계획을 제외한 관광개발계획은 법정의무계획에 해당된다.

반면, 관광개발 집행체계는 계획을 실현시키는 수단 간의 관계를 명시하며 관광진흥법 외의 각종 관련법에서 다양한 시설 및 지구, 지역이 규정되어 지역의 실정과 도입시설의 유형에 맞게 실행수단으로 적용된다. 현재 집행수단 중 관광(단)지, 관광특구를 제

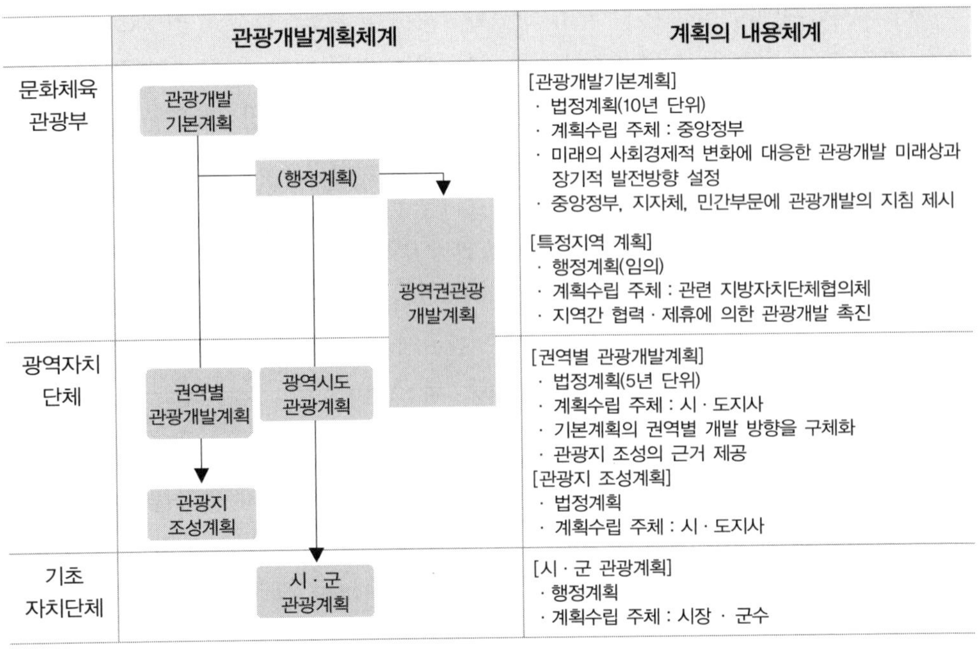

그림 3-6-3 관광개발계획체계 (한국관광연구원(2000), 제2차 관광개발기본계획(안))

외한 관광명소, 관광마을, 관광도시 등은 법적 근거가 없이 해당 부처 및 해당 시·도에서 자체적으로 추진하고 있다.

1) 관광개발기본계획과 권역별 관광계획

관광개발기본계획은 전국의 관광자원을 효율적으로 개발·관리하기 위하여 문화체육관광부장관이 10년마다 수립하는 법정 계획으로서 제2차 관광개발기본계획(2002~2011년)이 완료되었으며 제3차 관광개발계획이 수립중이다. 관광개발기본계획에서는 환경분석, 관광수급분석, 권역 설정 및 권역별 관광개발 방향을 정립하며 본 계획에서 제시하는 관광권역별 관광개발방향을 기초로 하여 각 지방자치단체별로 권역별 관광개발계획을 수립·시행한다.

기본계획에 의하여 구분된 권역을 대상으로 하여 5년마다 수립되는 권역계획의 성격은 다음과 같다. 첫째, 기본계획 등 상위계획의 기본방향을 수렴하여 권역차원에서 이를 구체화하는 계획이다. 둘째, 권역의 관광여건과 관광잠재력을 최대한 반영하여 권역의 특성화를 유도하는 계획이다. 셋째, 관광(단)자원 개발의 토대가 되는 계획이다.

최근 관광개발이 환경에 미치는 영향이 사회문제화되면서 제3차 권역계획부터는 사전환경성 검토가 도입됨으로써 권역계획의 확정 공고 이전에 환경부장관과의 협의절차를 이행해야 한다. 각종 개발계획이나 개발사업을 수립·시행함에 있어 타당성 조사 등 계획 초기단계에서 입지의 타당성, 주변환경과의 조화 등 환경에 미치는 영향을 고려토록 함으로써 「개발과 보전의 조화」, 즉 「환경친화적인 개발」을 도모하고자 1999년 12월 31일 환경정책기본법을 개정하여 사전환경성 검토 제도를 법정제도로 도입하였다.

2) 관광지조성계획

지정 관광지가 일반적, 학술적 의미의 관광지와 가장 다른 점은 중앙정부의 관광진흥법에 의한 정책사업으로 실시된다는 점이다. 관광진흥법에서 규정하고 있는 관광지와 관광단지의 경우 과거에는 상위계획인 권역계획에 포함되어야 지정될 수 있었으나 2011년 관광진흥법 개정에 따라 대상지가 계획관리지역인 경우에는 문화체육관광부장관 및 관련 행정기관의 장과 협의가 이루어지면 지정이 가능하도록 간소화되었다. 관광지 지정 이후에는 관광지 조성계획 승인, 조성계획 시행 등의 과정을 거친다.

지정 관광지의 경우 관광객의 관광활동에 필수적인 진입도로, 주차장, 상·하수도, 식음료대, 공중화장실, 오수처리시설, 관리사무소, 관광지 안내도 등 기반시설과 야영장, 어린이 놀이시설, 청소년수련시설, 체력단련장, 샤워·탈의장, 물품보관소 등 편익시설을 공공사업으로서 지원되며 이외의 이용객의 편의를 위한 운동·오락시설, 휴양·문화시설, 숙박시설, 상가시설 등은 민간자본을 유치하여 개발하게 된다.

관광지개발사업은 토지 위에서 이루어지며 국토의 모든 토지는 각종 법규에 의하여 사용용도가 결정되어 있다. 우리나라의 국토계획법제상 토지용도의 근간이 되는 내용은 국토의계획및이용에관한법률에 의한 용도지역이며, 따라서 관광개발을 위해서는 토지용도에 적합하도록 일련의 절차를 거쳐 도입시설에 적합한 토지용도로 결정되어야 한다.

관광지는 관광자원이 풍부하고 관광객의 접근이 용이하며 개발제한요소가 적어 개발이 가능한 지역과 관광정책상 관광지로 개발하는 것이 필요하다고 판단되는 지역을 대상으로 하며, 일반적으로 국토의계획및이용에관한법률상 도시지역(주거지역, 상업지역, 공업지역, 농업지역), 관리지역으로 결정·고지된 지역 외에는 토지이용계획 변경을 위한 협의를 거쳐야 한다.

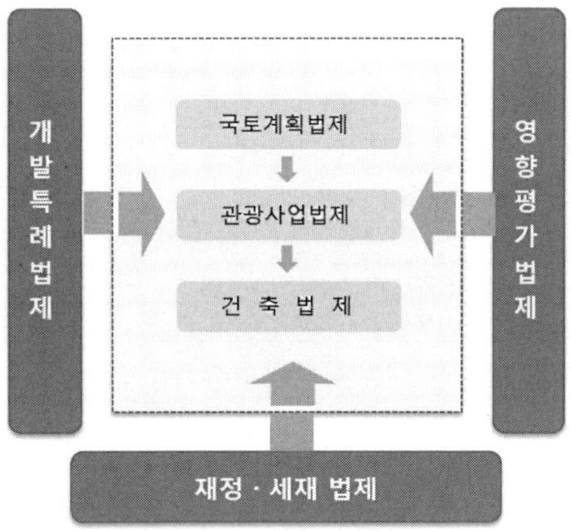

그림 3-6-4 관광지 개발절차 관광개발 관련 법제

관광지 개발계획의 주요 내용은 다음과 같다.

① 사업개요 및 기초자료 분석
 - 기초자료 분석 : 자연환경 및 인문환경, 사회경제적 환경 등의 분석

② 개발계획 수립 : 규모 산정, 기본계획(안) 수립, 투자계획 수립

③ 개발사업 타당성 자료 작성
 - 경제적 타당성 분석 : 수요추정 및 편익추정, 비용분석, 재무적 타당성 등
 - 정책적 타당성 분석 : 지역경제 파급효과, 지역낙후도, 재원조달 가능성평가, 지역 선호도 및 추진의지평가 등

그림 3-6-5 지정 관광지 개발절차

1994년 6월 지역특성을 살린 관광지 개발을 촉진하기 위해 관광지 지정 및 조성계획의 승인권한을 문화체육관광부장관에서 시장 및 도지사로 이양하였으며, 관광지 지정 등의 실효제도를 도입하였다. 관광지 지정 후 2년 이내 조성계획 승인신청이 없거나 승인 후 2년 이내에 사업에 착수하지 않으면 관광지의 지정 승인 효력이 상실되도록 하여 계획의 추진력, 실현 가능성을 제고하기 위한 장치를 마련하였다.

또한 자연 및 도시공원 등과는 달리 환경적 위해 염려가 가장 높은 개발사업인 점을 감안하여 관광지 지정시에는 사전환경성 검토를 받아야 하며, 관광지 등의 조성계획 승인시에는 환경영향평가를 받도록 되어 있다.

2010년 12월 현재 관광진흥법에 의하여 지정된 관광지는 총 230개소이며 총면적은 148.093㎢에 이른다. 1969년 부산의 태종대공원이 최초의 관광지로 지정된 이래 매년 지속적인 증가 추세를 보이고 있으며, 관광지 지정 및 승인 업무가 시·도지사에게 위임된 이후 관광지 지정 개소 수가 급증하는 양상을 보였으나 최근 들어서는 증가 추세가 둔화되고 있다.

표 3-6-5 관광(단)지 시설 종류와 기준

시설구분	시설종류	기 준
공공편익시설	화장실, 주차장, 전기시설, 통신시설, 상하수도시설 또는 관광안내소	각 시설이 관광객이 이용하기에 충분할 것
숙박시설	관광호텔, 수상관광호텔, 한국전통호텔, 가족호텔 또는 휴양콘도미니엄	관광숙박업의 등록기준에 부합할 것
운동 · 오락시설	골프장, 스키장, 요트장, 조정장, 카누장, 빙상장, 자동차경주장, 승마장, 종합체육시설, 경마장, 경륜장 또는 경정장	체육시설의 설치 · 이용에 관한 법률 제10조에 따른 등록체육시설업의 등록기준, 「한국마사회 법 시행령」 제5조에 따른 시설 · 설비기준 또는 「경륜 · 경정법 시행령」 제5조에 따른 시설 · 설비 기준에 부합할 것
휴양 · 문화시설	민속촌, 해수욕장, 수렵장, 동물 원, 식물원, 수족관, 온천장, 동굴자원, 수영장, 농어촌휴양시설, 산림휴양시설, 박물관, 미술관, 활공장, 자동차야영장, 관광유람선 또는 종합유원시설	관광객이용시설업의 등록기준 또 는 유원시설업의 설비기준에 부합할 것
접객시설	관광공연장, 외국인전용관광기념품판매점, 관광유흥음식점, 관광극장유흥업점, 외국인전용유흥음식점, 관광식당 등	관광객이용시설업의 등록기준 또는 관광편의시설업의 지정기준에 적합할 것
지원시설	관광종사자 전용숙소, 관광종사자 연수시설, 물류 · 유통 관련 시설	관광단지의 관리 · 운영 및 기능 활성화를 위해서 필요한 시설일 것

주) 관광지의 경우 공공편익시설만을 갖추면 지정가능하며 그 외 시설은 임의로 갖출 수 있다.

한편 관광단지는 관광지와 마찬가지로 관광진흥법 시행규칙에서 제시하고 있는 공공편익시설을 갖추어야 하지만 숙박시설 중 1종 이상의 필요한 시설과 운동·오락시설 또는 휴양·문화시설 중 1종 이상의 필요한 시설을 갖추어야 하며 기본적으로 50만㎡ 이상의 면적이 요구된다. 다만, 시·도지사가 그 지역의 개발목적·개발·계획·설치시설 및 발전전망 등을 고려하여 일부 완화하여 지정할 수 있다. 한국관광공사 또는 한국관광공사가 관광단지 개발을 위하여 출자한 법인, 한국토지주택공사, 지방공사 및 지방공단, 제주국제자유도시개발센터와 같은 문화체육관광부령으로 정하는 공공법인이 주로 개발주체가 되고 있으나 민간사업자도 개발이 가능하다.

제2절 관광계획

1. 관광계획과정

일반적인 관광개발은 ①기획/타당성검토 ➜ ②사업인허가 ➜ ③시공 ➜ ④운영/관리 절차를 거치면서 개발을 위한 지침을 발전시키는 지속적이고도 점진적, 반복적 과정을 거친다. 관광계획과정은 관광자원의 특성과 개발목적에 따라 개발절차는 다르게 진행될 수 있으나 계획목표 설정, 지역환경 및 시장분석, 적지 선정, 개발규모 검토, 개발 콘셉트 설정, 기본계획 작성, 사업규모 결정, 개발프로그램 수립, 수요예측과 투자비 산정, 관리방안 수립의 과정이 반복(feedback)되면서 수정되어 최적안을 도출한다.

관광계획은 조경계획과 유사하게 진행되지만 차이점으로는 다음의 3가지를 지적할 수 있다. 첫째, 실제 관광계획이 공공 필수 시설이 아닌 경우가 많고 그러한 경우 사업주체나 계획가의 주관적 판단에 의하여 계획안이 도출될 가능성이 높다. 둘째, 공간개발뿐만 아니라 서비스의 보존 혹은 개발이 반드시 포함되어야 한다는 점이다. 셋째, 막대한 재화가 투입되고 관광객이 지출한 비용에 따라 흥망이 이루어지는데 철저한 시장조사와 수요예측, 이에 따른 공급규모 산정이 요구된다.

관광개발의 유형과 규모, 성격에 따라 차이가 있을 수 있지만 충분한 토지확보 가능성과 지역자연환경의 훼손 문제, 투자비의 안정적 회수를 위한 수요확보 및 미래 이용자시장의 행태변화에 따른 매력상실 가능성, 지역활성화에 대한 기여도 등 여러 가지 문제에 봉착할 수 있다. 따라서 변화하고 있는 관광의 욕구와 문제점, 그리고 기회를 분석하여 새로운 사회가치, 생활양식 패턴에 대응할 수 있어야 하며 법제도, 기술, 자원의 보존 및 유용성, 지역의 문제점과 해결방안, 경제성을 충분히 감안하여 사업자가 의사결정을 도울 수 있는 계획안을 도출하여야 한다.

또한 계획과정에서는 다음 사항을 준수하여야 한다.

첫째 개혁적인 것보다는 진전적인 것이어야 한다. 일반 공공개발사업에 비하여 관광은 이용자의 트렌드를 이끌어나가야 하는 문화산업이지만 일반대중은 급진적인 변화보다는 점진적이거나 시범적인 프로그램을 쉽게 받아들인다. 관광지와 같은 대중관광을 목표로 하는 공공프로젝트를 계획할 때 외국 사례를 그대로 적용하기 보다는 한국의 동향변화 분석을 통하여 개장시점에서 가장 유효한 프로그램을 적용하는 것이 바람직하다. 둘째, 권위적인 접근보다는 다원적 접근이 필요하다. 올바른 선택이란 서로 다른 목적을 가진 개인이나 집단으로부터 대안을 고려하는 가치의 문제이지 사실의 문제가 아니라는 점을 주지해야 할 것이다. 셋째, 주관적인 것보다 객관적인 것이어야 한다. 대안을 기술하는데 이용되는 기준이나 방법론은 객관적이고 과학적이어야 한다. 비록 최종결정이 주관적 가치에 토대를 두고 있더라도 사실의 왜곡을 최소화하여야 한다. 넷째, 가장 현실적인 안을 채택해야 한다. 예산 또는 집행 과정에서 경쟁력을 확보할 수 있도록 사업타당성을 제고하여야 한다. 마지막으로 인본주의적 사고를 잃지 않아야 한다. 계획안, 설계, 프로그램은 정부기관, 사업자에 봉사하기 위한 것이 아니라 이용자와 지역주민을 위한 것이어야 한다.

관광계획과정은 과정적 계획이며 합리적·종합적 계획이고 규범적 계획의 성격을 가지고 있다(한국관광학회, 2005). 그러나 실제로는 전통적 시각과 새로운 시각이 존재하며 이들 접근방법 간에 나타나는 괴리로 마찰이 일어나기도 한다. 전통적 접근방법에서 강조하고 있는 것은 정성보다 정량, 사회적 목적보다 물리적 목적, 기능보다 형태, 자연자원의 보존보다 개발, 개인보다 공동의 의견이다. 새로운 접근방법은 반대로 정성, 사회적 목적, 기능, 자연자원의 보존, 개개인의 의견을 강조한다.

전통적 접근방법의 최대목표는 비용과 효율성이며 새로운 접근방법은 편익과 효과성이다. 새로운 접근방법은 전통적 접근방법보다 방법에 있어 정량적이며 그 행동목표에 있어서는 정성적이다. 따라서 새로운 접근방법은 관광 프로그램 대안을 개발하기 위해 정교한 조사방법, 게임모의실험, 체계분석 등의 다양한 분석을 통해 프로그램과 예산을 편성하고 대변적 계획안을 확정하고자 한다. 반면에 전통적 접근방법은 급속한 변화를 겪고 있는 현재와 미래의 문제에 대처하기 어렵다는 문제점이 있다. 관광계획은 과거의 전통적 접근방법과 미래의 새로운 접근법 간의 과도기에 있다. 현재 대부분의 관광계획에서는 두 가지 접근방법을 혼합하려 노력하고 있지만 시간, 비용, 변화에 대한 대응능력 등의 부족으로 전통적인 접근방법이 지배적으로 적용되고 있다.

2. 관광계획의 주안점

1) 창의적인 계획

관광계획에서는 계획가의 창의성이 요구된다. 일반적으로 창의성은 과학자나 예술가에게 필요한 자질로 인식되어 왔으나 쿤(Gunn)은 전문 계획가에게도 창의성이 요구된다고 지적하였다.

관광활동이 성숙해지면서 관광객은 스키, 골프 이외의 다양한 활동을 즐기고 싶어하며 이와 함께 자기계발과 자기발전을 원한다. 무한한 활동프로그램의 창의적 개발과 함께 새로운 관광트렌드를 제공해야 한다. 전국의 관광지가 획일화되어 가고 있는 우리나라의 현실을 감안할 때 계획가의 창의적 계획 수립은 매우 절실하다.

요코하마(横浜)의 아카렌가(赤レンガ, 붉은벽돌의 창고)의 경우 메이지 말기에서 다이쇼 초기까지 하역창고로 이용해왔던 외관을 그대로 존치하면서 야간경관을 보완하고 내부를 쇼핑몰로 개조하였다. 옛 시절의 인간미 넘치는 감성과 현대 젊은이들의 취향을 반영한 설계로 도시의 명물로 자리잡은 성공 사례이다. 오사카(大阪)의 쓰레기소각장은 훈데르트 바서((Friedensreich Regentag Dunkelbunt Hundert Wasser)의 독특한 환경디자인을 채택하여 기피시설에 대한 이미지 제고는 물론 관광명소로 각광받는 등 지역 명소화에 성공한 사례이다.

그림 3-6-6 훈데르트 바서가 디자인한 오사카 쓰레기 소각장

2) 지속가능한 관광계획

1992년 유엔환경개발회의를 기점으로 지속가능한 발전은 온 인류가 지향하고 실천해야 하는 행동강령이 되었다. 관광분야에서도 지속가능한 관광은 새로운 패러다임으로 정착하였고, 생태관광은 지속가능한 관광을 위한 최적의 실행대안으로 부상하였다.

(1) 생태관광

생태관광은 관광의 새로운 트렌드로 주목받고 있으며, 현대관광이 지향해야 할 관광유형으로 간주되고 있다. 생태관광에 대한 정의는 다양하지만 자연을 대상으로 한 모든 관광, 즉 자연관광이 생태관광에 포함될 수 있다. 그러나 협의의 의미에서 본다면 자연을 대상으로 하는 갯벌, 산호초 등을 대상으로 한 해양관광, 희귀동물과 멸종위기의 동식물을 관찰하는 야생관광, 원시림 등의 생태지역을 방문하는 탐험관광 등이 이 범주에 속한다(한국관광학회, 2009).

생태관광은 다음의 세 가지 요소를 강조한다. 첫째, 생태관광은 생태자원의 보전 및 지속가능한 이용에 기여하기 위한 관리시스템이 구축되어야 한다. 둘째, 지역주민이 주도가 되고 사회경제적 편익이 지역에 환원되어 지역경제를 활성화하고 주민복지를 증진시켜야 한다. 셋째, 관광객들에게 방문지역의 자연, 문화자원에 대한 환경교육 및 해설을 통해 지역에 대한 이해와 환경보전에 대한 인식을 제고시켜야 한다. 이를 위하여 자연보전을 위한 철저한 조사분석과 이에 따른 환경친화적 토지이용, 이용자 관리와 해설 프로그램 구축, 지역 중심의 관리체계 구축이 요구된다.

(2) 농촌관광

농촌관광은 도시민들이 농촌다움(rurality)이 보전된 농산어촌에 머물면서 그곳의 자연과 생활문화를 체험하고 여가를 즐기는 관광이다. 현재 우리나라에서는 그린투어리즘 녹색관광, 농촌관광 등의 용어가 혼용되어 사용되고 있으나 최근에는 농촌관광이 주로 사용되고 있다. 농촌관광은 관광자원 보호에 기여하고 지역사회가 주도적으로 참여하는 소규모 관광이라는 원칙에서 생태관광과 본질적인 차이는 없지만 농어촌체험을 강조하고 농가의 소득증대를 추구하는 특징을 가진다.

농업의 쇠퇴, 과소화 등으로 침체되어 있는 농촌에서 농촌관광은 지역경제를 활성화시킬 수 있는 새로운 대안으로서 각광받고 있다. 세계 각국의 정부 및 지방자치단체가 농촌관광에 주목하고 있는 이유는 지역발전 기여도가 높기 때문이다.

다만, OECD도 지적했듯이 농촌관광이 지속적으로 성장하기 위해서는 지역의 특성에 기반을 두면서 자원을 보존해야 할 것이다(한국관광학회, 2005).

(3) 문화유산관광

문화유산관광(heritage tourism)은 지역 내 문화자원, 자연자원을 기반으로 이루어지는 관광을 일컫는다.

생태관광, 농촌관광과 함께 지속가능 관광에 속하는 문화유산관광은 지역 내 문화유산과 자연유산을 보존하고 지역경제 발전에 직접 기여하는 것을 강조한다. 문화유산자원이 관광객에게 과도하게 노출되었을 경우 훼손될 우려가 있으며, 적절히 관리되지 못할 경우 원형이 손상될 수 있기 때문에 자원의 보존이 더욱 중요하다. 특히 전통문화와 같은 문화유산은 관광상품화 과정에서 진정성(authenticity)이 사라져 원래의 문화적 의미를 상실할 수 있기 때문에 전통문화의 보전을 위해 지나친 상품화는 지양하는 것이 좋다(한국관광학회, 2005).

이와 함께 문화유산관광은 지역 내 소규모 자본만으로도 운영할 수 있기 때문에 관광수입이 외부로 유출될 위험이 적다. 따라서 역사성이 높거나 독특한 문화유산을 지닌 소규모, 낙후지역에 적합한 관광형태이다.

3. 공급규모 산정

1) 의의 및 개념

관광개발 규모를 결정하는 방법은 수요를 추정하여 수요에 맞는 적정한 개발규모를 결정하는 유형과 공급에 의한 수요를 창출하는 방법으로 마케팅 능력이 우수한 경우에 택하는 방법 등 2가지 유형이 있다. 대부분의 관광지개발은 공급에 의하여 수요를 창출하는 전자의 방법으로 추진된다.

전국 또는 권역별 개발계획의 경우 관광지, 자연휴양림, 수목원 등과 같은 공간단위의 관광자원과 박물관, 미술관, 수족관 등과 같은 시설단위의 관광자원을 중심으로 공급규모가 산정되며, 관광(단)지 개발계획의 경우 주차장, 화장실, 관광안내소, 공동취사시설 등과 같은 단위시설을 중심으로 공급규모가 추정된다.

공급규모 산정은 관광개발계획시 초기 공급규모를 결정하여 개발 초기투자와 사업비 및 향후 유지관리는 물론 관광개발계획, 관광지재개발사업, 관광지개발평가 등의 다양한 정책사업의 파단기준이 된다.

2) 공급규모 산정

일반적으로 공급규모는 공급지표를 활용한 산정방법, 기존 개발 유사 사례 비교에 따른 규모 산정방법, 제반 평가방법을 통한 규모 산정방법, 생태적 수용력을 고려한 규모 산정방법을 적용하여 산출한다.

① 공급지표를 활용한 규모 산정방법

공급지표를 활용하는 산정방법은 공급지표인 계획일 집중률, 동시체재율, 원단위를 적용하여 규모를 산출하는 것이다.

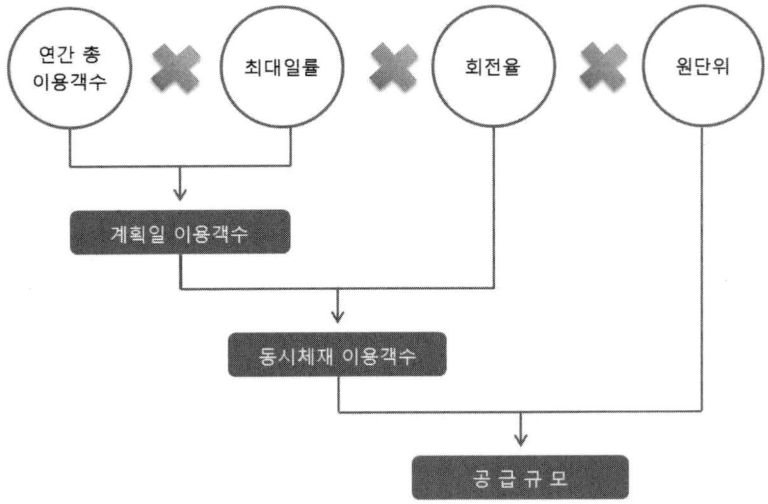

그림 3-6-7 공급규모 산정 방법 (구체적인 내용은 제2편 제2장 기본구상 제3절 수요예측 및 시설규모 산정 참조.)

수요예측에 따른 시설 규모 산정은 연간 총 이용객수에 관광자원 및 시설 유형분류에 부합하는 최대일률, 회전율, 원단위를 통하여 산정한다.

② 유사 사례 비교에 따른 규모 산정방법

유사 사례 비교에 따른 규모 산정방법은 개발대상지역 및 개발사업의 특성과 성격에 가장 유사한 사례분석 등을 통하여 공급규모를 결정하는 수법이다. 관광자원 중 박물관, 미술관, 식물원과 같은 건축물 및 구조물을 개발할 때 주로 활용된다.

그림 3-6-8 제반 평가방법을 통한 규모 산정

③ 제반 평가방법을 통한 규모 산정방법

제반 평가방법을 통한 규모 산정방법은 환경영향평가(Environmental Impact Evaluation), 수용능력평가(Carrying Capacity Evaluation), 비용편익분석(Cost Benefit Analysis), 계획대차대조표(Planning Balance Sheet), 목표성취행렬(Goals Achievement matrix) 등을 비교·분석하여 공급규모를 산출하는 수법이다. 평가방법 중에서는 수용능력 평가와 환경영향 평가의 중요도가 상대적으로 높다.

환경영향평가는 우리나라에서 현재 실행되고 있는 동명의 제도와 유사한 성격으로, 환경보전과 경제성장의 조화를 위한 의사결정수단이다. 수용능력 평가는 관광 수용력, 레크리에이션 수용력, 기타 수용력 등으로 다양하게 분류될 수 있으며, 수용능력 평가에 영향을 미치는 요소는 다음과 같다.

표 3-6-6 제반 평가방법을 통한 규모 산정 수용능력에 영향을 미치는 요소

요 소	내 용
물리적 기준	부지규모, 접근 가능한 공간, 시각적 영향, 기후, 심미성, 숙박업소의 수준, 시설의 가용성, 교통, 수용가능 인원 등
생태적 기준	보전의 필요성, 환경의 자생성, 야생자원, 지형, 식생분포, 다양성, 종(種) 행동의 민감성, 종(種)의 희귀성, 은폐 정도, 생태계회복력, 부지이용의 영향 등
경제적 기준	투자, 관광객의 규모, 휴가비용, 경제적 편익의 수준, 거주자에게 맞는 즐거움의 수준 등
문화적 기준	무해한 영향을 미치는 관광객의 규모, 문화자원, 음식의 수준, 지역사회 및 주민의 관련 정도 등
사회적 기준	방문자들의 선택, 방문자들의 의견, 방문자들의 태도와 행동, 방문자의 만족도, 이용수준 증가에 대한 반응 등
자원 및 기반시설의 가용성	현금장려, 공공시설, 고통시설, 수도공급의 가용성, 쓰레기처리 등
행정 및 정치적 요인	관리의 수준, 법적 구속력, 정책 장려 등

(UNEP(1999), 『Carrying Capacity Assessment for Tourism Development : coastal Area Management Programme(CAMP)』, Fuka-Matrouh-Egypt. Priority Actions Programme, Regional Activity Center. UNEP)

④ 생태적 수용력을 고려한 규모 산정방법

생태적 수용력(ecological carrying capacity)이란 방문객수와 이용특성으로 인하여 생태시스템이 파괴되기 시작하는 시점의 수용능력으로, 관광개발로 인하여 대상 지역환경의 질이 저하되지 않고, 자연자원(식생·토양·수자원·야생동물)이 자기치료능력이나 자기정화능력을 상실하기 이전의 이용수준을 의미한다. 따라서 생태적 수용력을 고려한

규모란 식생, 동물, 토양, 물, 공기 등의 자원에 장기적인 영향을 미치지 않는 관광 규모를 의미한다. 21세기 지속가능한 관광개발시대를 지향하기 위해서는 생태적 수용력이야말로 관광자원계획 수립시 최우선시 되어야 하는 가치관이라 할 수 있다.

자연자원을 이용한 관광개발계획의 개발규모는 생태적 수용능력을 중심으로 원단위를 추정하는 것이 가장 바람직하지만 생태수용력을 감안한 시설 기준에 관련된 연구결과가 미흡하여 자연을 활용하여 개발하는 시설 중 개발면적이 가장 넓은 자연학습원 점유면적 또는 해외 사례, 계획가의 경험치를 기준으로 공급규모를 산출하고 있는 실정이다.

표 3-6-7 자연자원을 활용한 시설의 원단위

구 분	수변공간	야외원지	자연식물원	자연학습장
원단위(m²/인)	30	40	300	300~600

(김희우(2003), 「생태공원 조성에 있어서의 문제점과 해결방안」)

표 3-6-8 공급규모 산정방식별 특징 비교

구 분	특 징	비 고
공급지표를 활용한 규모 산정 방법	• 공급규모를 산출하기 위해 개발계획 및 개발범위에 따라 개발된 지표를 활용하여 적정 면적을 도출함 • 세부시설별로 공급규모 산정식이 다르게 적용 • 개발하고자 하는 대상에 대한 공급규모를 직접적으로 산출할 수 있으므로 신뢰성이 높음	• 연간 총이용객수, 회전율, 원단위를 활용
기존 개발 유사 사례 비교에 따른 규모 산정 방법	• 현황분석, 수요예측, 사례 분석 등을 통해 수요를 도출하고 원단위를 활용하여 공급규모를 산정하는 방법	• 박물관, 미술관, 식물원과 같은 건축물 및 구조물을 개발할 때 주로 활용
제반 평가방법을 통한 규모 산정 방법	• 환경영향평가, 수용능력평가, 비용편익 분석, 계획대차대조표, 목표성취행렬의 평가방법을 비교·분석하여 산정하는 방법	• 수용능력 평가는 다양하게 구분되며 평가방법 중 수용능력 평가와 환경영향 평가의 중요도가 높아지고 있음
생태적 수용력을 고려한 규모 산정 방법	• 생태적 수용능력을 중심으로 원단위를 추정함 • 공급규모를 산정할 때는 위험요소를 고려하며 수자원과 쓰레기 대처능력에 대한 평가가 이루어짐 • 우리나라의 기준은 미흡하여 자연학습원 점유면적을 기준으로 산출	

제3장 골프장계획

임상신

제1절 서론

1. 골프의 역사

1) 골프의 기원 등

골프의 기원은 스코틀랜드 지방에서 양을 기르던 목동들이 끝이 구부러진 나뭇가지로 돌멩이를 날리는 민속놀이가 구기로 발전했다는 설과 기원전 네덜란드에서 어린이들이 실내에서 즐겨하던 콜프(kolf)라는 경기에서 비롯되었다는 설이 있다. 네덜란드의 콜벤이라는 오늘날의 크리켓과 비슷한 구기가 14세기경 스코틀랜드에 전래되었다는 설도 있다. 1860년 제1회 영국오픈선수권대회가 열렸으며, 1885년에는 전영아마추어선수권대회가 시작되었다. 골프는 19세기 후반에 영국에서 신대륙으로 건너가 1873년 캐나다에 아메리카 대륙 최초로 로열몬트리올골프클럽이 창설되었으며, 1887년 미국 최초의 클럽과 코스를 자랑하는 폭스버그골프클럽이 발족되었다. 1894년 미국골프협회(USGA)의 전신인 미국아마추어골프협회가 창립되었고, 1895년 제1회 아마추어선수권대회가 개최되었으며, 같은 해에 전미(US) 오픈선수권대회도 시작되었다. 현재 미국에 있는 3,500개 이상의 골프클럽이 미국골프협회에 가입해 있고 세계 골프시장의 주류를 이룬다.

그림 3-6-9 골프장 그림과 사진

2) 한국의 골프

한국골프는 1900년경 원산세관에 있던 영국 고문들이 6홀의 골프코스를 만들고 공놀이를 했다는 기록을 통해서이다. 1921년 1월 지금의 서울 효창공원자리에 경성골프 구락부가 파 70의 18홀인 골프장이 개장되어 1929년 폐장될 때까지 활발히 운영되었다. 본격적으로 한국 골프가 궤도에 들어선 것은 1929년 군자리(오늘날 어린이대공원 위치)

골프장이 개장되면서부터이다. 이후 1964년 1966년에 이어 개장된 한양컨트리클럽과 태릉컨트리클럽이 개장되면서 한국 골프는 견고한 뿌리를 내리게 되었고, 1966년 5월 한국골프장협회(KGA)가 발족했으며, 1968년 12월 한국프로골프협회(KPGA)가 창립되어 현재까지 활발한 활동이 계속되고 있다.

표 3-6-9 전국 골프장 현황 〈2011.1.1〉 한국골프장협회

총계			운영중			건설중			미착공		
총계	합계	515	운영중	합계	382	건설중	합계	100	미착공	합계	33
	회원	271		회원	213		회원	43		회원	15
	대중	274		대중	169		대중	57		대중	18

2. 골프장의 특징

1) 골프장의 구성요소

골프 코스는 일반적으로 길이가 서로 다른 18개 홀로 구성되어 있다. 장소에 따라 18홀, 27홀, 36홀 또는 9홀 단위로 추가되어 108홀 코스도 계획된다. 하나의 홀은 볼을 맨 처음 샷(Shot)을 하여 내보내는 티잉 그라운드(Teeing Ground), 티 샷한 공이 떨어지는 페어웨이(Fairway) 혹은 러프(Rough) 지역, 그리고 볼을 넣는 홀 컵(Hole Cup)이 있는 그린(Green)을 말한다.

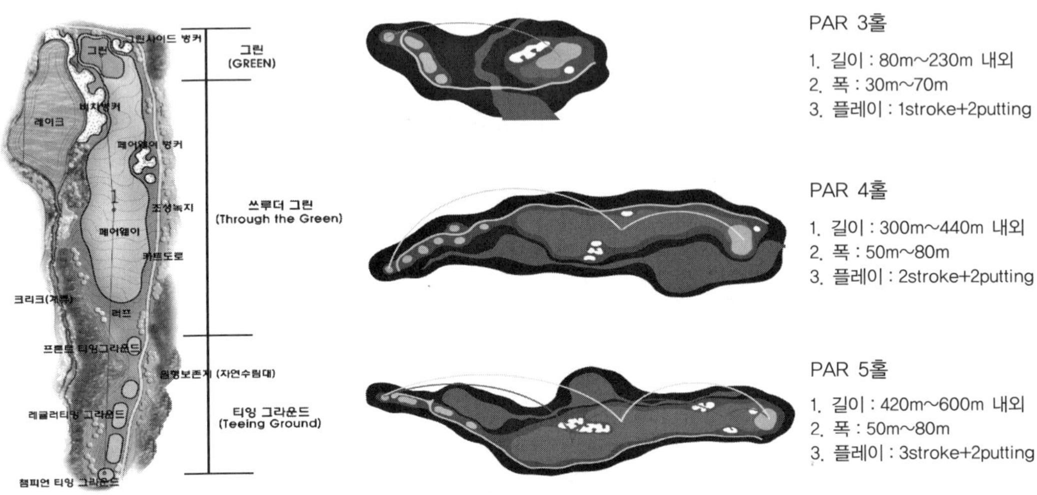

그림 3-6-10 홀의 구성

2) 골프 경기(Play)

각 홀은 다양한 환경과 길이를 가지고 있는데, 보통 Par5×4개=20타(Par), Par4×10=40타(Par), Par3×4=12타(Par)로 18개 홀은 72타(Par)를 기본으로 길이는 약 6,500m 내외이다. 골프에는 다양한 경기방식이 있지만 볼을 치는 타수를 적게 하여 홀 컵에 넣는 선수가 승리하는 스트로크(Stroke) 플레이가 가장 일반적이다. 매치(Match) 플레이는 1홀마다 그 홀의 승자를 결정하고 18홀을 끝낸 단계에서 이긴 홀수가 많은 사람을 승자로 결정하는 경기이다. 각자의 기량과 성별에 따라 거리조건을 다양하게 사용할 수 있다는 점에서 다른 스포츠에 비해 남녀노소의 동반 플레이이가 가능하다. 일반적으로 프로 골퍼는 챔피언 티(블루 티)를 사용하고 일반 아마추어 골퍼는 레귤러 티(화이트 티), 여성 골퍼는 프런트 티(레드 티)에서 플레이를 하게 된다.

홀번호	1	2	3	4	5	6	7	8	9	계
Par	4	4	4	3	5	3	4	4	5	36
Blue	393	374	370	174	576	170	367	346	498	3,268m
White	357	346	356	138	545	146	335	307	470	3,000m
Red	270	294	230	115	412	110	267	230	364	2,292m
홀번호	10	11	12	13	14	15	16	17	18	계
Par	4	4	3	5	4	3	4	4	5	36
Blue	395	337	193	486	325	181	375	368	543	3,203m
White	373	303	172	442	314	157	360	341	502	2,964m
Red	260	254	100	323	205	107	305	274	391	2,219m

그림 3-6-11 골프장 조감도와 스코어카드(Score Card) – 청우골프장

3. 골프대회와 골프코스

1) 4대 메이저(Major) 대회

세계 메이저 대회라 하면 각 나라별로 수많은 대회가 있지만 그 중에서 역사가 깊고 대회의 권위와 상금면에서도 규모가 큰 대회를 메이저 대회라 하고 남녀 각각 4개의 대회가 대표적이다.

표 3-6-10 남자 4대 메이저 대회

마스터스 (The Masters)	매년 오거스타 내셔널 골프 클럽에서만 개최되는 마스터스는 바비 존스가 설립하였다. 1935년부터 마스터스로 불리고 아멘홀로 더 유명하다.
US 오픈 (The US Open)	1895년 Newport CC에서 개최된 US 오픈은 50년 이상된 골프 코스에서만 열고 우승자를 가리는 연장전이 '서든데스' 방식이 아니라 18홀로 다음 월요일에 끝난다는 것이다.
PGA 챔피언십 (PGA Championship)	4대 메이저 대회 가운데 유일하게 프로 선수들만 참가한다. 1958년부터 매치 플레이에서 스트로크 플레이로 방식을 바꾸었고 PGA 투어 성적으로 참가자들을 결정한다.
디 오픈-브리티시 오픈 (The Open)	1860년 첫 경기를 시작으로 이 대회는 해안을 끼고 있는 8개의 코스(스코틀랜드에 5곳과 잉글랜드에 3곳)를 순회하는데 불규칙한 바운드와 악명 높은 러프와 기상이 특징이다.

표 3-6-11 여자 4대 메이저 대회

나비스코 다이나 쇼 (Nabisco Dinah Shore)	1972년에 시작되어 LPGA 투어 대회 가운데 최대 규모를 자랑한다. 1982년부터 스폰서가 콜게이트에서 나비스코로 바뀌었다.
LPGA챔피언십(McDonald's LPGA Championship)	여자 오픈에 이어 두 번째로 오래되어 1955년 창설되었다. 또한 이 대회의 전통으로는 골프 코스를 한 곳에서 치르거나 매년 바꾸지 않고 사용 기간을 연장하는 것이다.
US 여자 오픈 (US Women's Open)	1946년에 창설되어 4대 여자 메이저 대회 가운데 최고의 전통과 권위를 갖추었다는 평가를 받는다. 150명의 선수 중 60명은 LPGA투어의 성적으로 90명은 지역예선으로 선발된다.
브리티시 여자 오픈 (British Women's Open)	미국 외에서 열리는 LPGA 투어라는 점에서 아주 중요하게 여겨진다. 2001년까지 명칭이 듀모리에오픈대회였지만 명칭이 바뀌면서 개최국이 캐나다에서 영국으로 변경되었다.

2) 세계 유명 골프코스

세계적으로 유명한 코스는 많지만 그 중에서도 골프의 발상지인 올드 코스와 대중 골프장이면서 관광명소가 된 해안에 있는 페블 비치, 반대로 가장 회원제적인 내륙에 있는 오거스타 내셔널이 대표적이다.

세인트 앤드루스 올드 코스(St. Andrews Old Course)

1754년 설립되어 골프의 발상지이면서 성지가 되었다. 골프장의 원조격인 세인트 앤드루스 올드 코스(파 72, 7115야드)는 400년의 역사를 가진 옛 모습 그대로 보존되어 있는 골프 박물관이라 할 수 있다.

페블 비치 골프 링크스(Pebble Beach Golf Links)

미대륙 캘리포니아 몬테레이 반도에 위치하고 있는 페블 비치는 기암절벽을 따라 위태로운 벼랑 끝에 일렁이는 바람, 까마득한 저 아래 빛나는 에메랄드빛 바다, 그 바다를 치닫고 있는 페어웨이 등의 이미지가 페블 비치를 만든다. 모든 명코스들이 그렇듯 페블 비치 또한 아름다운 만큼 까다롭다.

오거스타 내셔널 골프 클럽(Augusta National Golf Club)

미국 조지아 주 오거스타에 있는 오거스타 내셔널 골프 클럽은 세계에서 가장 아름다운 골프 코스라는 평을 받고 있다. 마스터스는 한 클럽에 의해 한 코스에서 개최되는 유일한 메이저 경기이기도 하고 골퍼들도 진땀을 흘릴 만큼 '살인적인' 코스로도 그 명성이 드높다. 특히 골퍼들로 하여금 절로 "아멘" 소리가 나오게 만드는 '아멘코너(Amen Corner)'는 이 코스의 백미라 할 수 있다.

사진 3-6-1 세계 유명 골프코스 사진

제2절 골프코스 설계(Lay-Out)

1. 골프코스 설계(Lay-Out)

골프코스는 크게 3가지의 기능이 만족되어야 하는데, 경기적인 측면, 미적인 측면, 경제적인 측면의 골프코스로서 기능이 만족되어야 한다. 첫째 경기적인 측면에서는 즐겁고 재미있는 경기가 되고 모든 골퍼들의 기량이 발휘될 수 있어야 한다. 따라서 장애물이 많은 벌타형의 홀보다 기술과 두뇌 플레이가 가능한 전략형의 홀을 위주로 하며 초보자로부터 프로까지 같이 즐길 수 있도록 설계되어야 한다. 둘째 미적 측면에서는 코스 자체의 조형미와 주변 경관과의 조화를 이루어 자연적인 경관미를 갖게 하여 스코어와는 별도로 골퍼들에게 코스의 아름다움이 오래 기억되도록 한다. 셋째 경제적인 측면에서는 아무리 훌륭한 코스를 설계하였더라도 이에 부응하는 코스건설과 관리가 따르지 못하면 제 기능을 발휘하지 못하므로 합리적이면서 경제적인 설계가 되도록 한다.

1) 골프코스 설계의 기본 기준

① 안전성(Safety) : 골프채 및 골프공에 의한 플레이어 및 관리자의 안전성을 확보하는 설계를 한다. 개개의 홀에서 플레이할 때 인접 홀에 영향을 받지 않도록 적절한 넓이를 가질 수 있도록 설계한다.

② 융통성(Flexibility) : 모든 수준의 골퍼를 수용할 수 있도록 각 홀마다 코스 길이에 변화를 주는 설계를 한다. 각 Par3, Par4, Par5 등의 길이와 공략 등을 다양하게 할수록 좋다.

③ 샷 밸류(Shot Value) : 주어진 샷에 대한 거리, 목표지역, 공이 놓인 조건에 따라 허용될 수 있는 실수의 범위를 나타낸다. 샷 밸류는 샷의 거리, 목표 지역의 크기, 해저드의 위험 정도 및 샷을 할 지점에 따라 달라지므로 다양한 샷 밸류가 나올 수 있는 설계를 한다.

④ 공정성(Fairness) : 도전에 대한 위험과 보상이 가능한 해저드의 적절한 배치로 플레이어가 선택할 공략방법이 다양해질 수 있는 설계를 한다.

⑤ 진행과 흐름(Flow) : 각 홀의 플레이 흐름이 원활하게 진행되도록 하여 18홀 라운드를 마치는데 걸리는 시간이 4시간 이내가 될 수 있도록 코스를 설계하도록 한다.

⑥ 균형(Balance) : 18홀의 인코스와 아웃코스가 파 수, 샷 밸류 및 골프코스 길이 등이 균형 있게 배분되어 플레이의 난이도가 균형을 이루도록 한다.

⑦ 관리비용(Maintenance cost) : 유지관리비용은 골프코스를 어떻게 설계하느냐에 따라 좌우되므로 유지관리가 편리할 수 있도록 경제적이고 합리적인 코스를 설계한다.

⑧ 공사계획(Construction Planning) : 자연지형과 지물을 최대한 활용하여 공사비와 공사시간이 단축될 수 있도록 설계한다.

⑨ 대회 유치에 관련된 기준(Tournament Quality) : 대회 개최를 위한 코스의 길이는 남성대회인 경우 약 6,200m(6,800yd) 이상, 여성대회인 경우 약 5,400m(6,000yd) 이상이어야 한다. 갤러리를 위한 배려로 관람석 설치, 주차장, 이동통로, 화장실, 음식점, 응급실, 전화, 고객 안전시설 등을 고려하여 설계한다.

2. 골프장 조성계획

1) 골프장 개발에 따른 인허가 과정

골프장 개발을 위해서는 필수적으로 관계법에 저촉되지 않는 법적 검토 과정이 필수적이다. 인허가 기간은 지역의 여건에 따라 차이가 날 수 있으나 2년에서 공사까지 5년 정도가 소요된다.

표 3-6-12 골프장 개발 인허가 절차

절차	주체 및 내용	단계
기초조사	시행자 : 도시관리계획(안), 토지적성평가, 환경성, 교통성, 재해성 검토서, 문화재지표조사, 임목축적조사	기본계획
▼ 관리지역 및 도시계획시설 결정입안 제안	시행자 : 토지면적 80% 확보 또는 동의서	
▼ 관리지역 및 도시계획시설 결정 여부 통보	시장, 군수 : 제안자에게 60일 이내 통보	
▼ **관리지역 및 도시계획시설 결정 입안**	**시장, 군수**	
▼ 공람, 공고(주민의견 청취)	2개 이상 일간신문 공고/14일 이상 일반 공람	기본설계
▼ 관리지역 및 도시계획시설 결정 입안 확정	시장, 군수	
▼ 관리지역 및 도시계획시설 결정(변경)신청	시장, 군수 ➜ 도지사	
▼ 관계행정기관 장과 협의	30일 이내 의견 제시(산림청, 환경청 등)	
▼ 도 도시계획위원회 심의		
▼ **결정고시**	**도지사**	
▼ 일반공람	시장, 군수	실시설계
▼ 사업시행자 지정신청	사업시행자(환경, 교통, 재해영향평가, 사업계획승인신청서)	
▼ 도시계획시설 사업시행자 지정고시	시장, 군수	
▼ 도시계획시설 실시계획 인가신청서 작성	사업시행자(농림, 산림형질변경 허가 및 기타 허가 등)	
▼ 도시계획시설 실시계획 인가 신청	사업시행자	
▼ 시 · 군 관련실과 협의	30일 이내 의견 제시	
▼ 실시계획인가신청서 전달	시장, 군수	
▼ 관계행정기관장과의 협의	인허가의제처리(체시법에 의한 사업계획승인)-30일 이내	
▼ 공람 · 공고(주민의견 청취)	2개 이상 일간신문 공고, 20일 이상 일반 공람	
▼ **결정고시(사업승인)**	**도지사**	
▼ 사업시행	사업시행자 - 공사 착공	공사
▼ 준공신청	사업시행자(시장, 군수 전달) - 공사완료	
▼ 준공공고	**도지사**	
▼ **체육시설업 등록**	골프장 영업	

3. 골프코스 설계(Lay Out) 검토

1) 현황분석

입지여건에 따른 법적인 검토에서 문제가 없으면 경사도, 표고, 향, 주변의 환경 등 다양한 조건의 현황분석을 통해 가장 적합한 설계가 이루어지도록 한다. 18홀을 기준으로 부지면적은 약 1백만 m² 내외로 9홀 단위를 추가할 때마다 50만 m²을 확보하면 되고 형상은 장방형이 좋고 경사도는 완만할수록 좋다. 특히 고속도로, 지방도, 국도의 연결이 원활히 이루어질 수 있는 위치면 사업성에 있어서도 더욱 좋다.

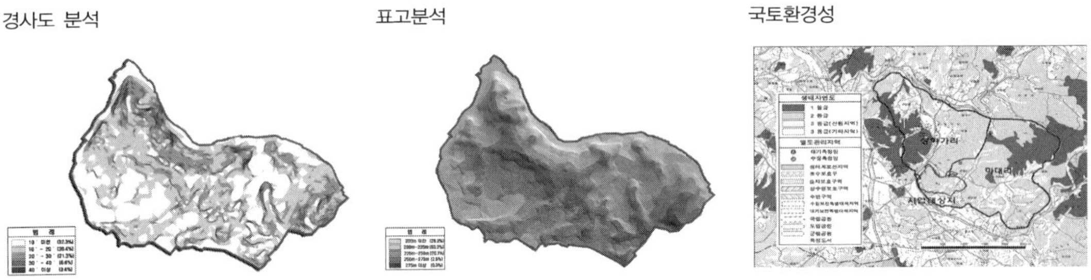

그림 3-6-12 현황분석 – 청우골프장

2) 레이아웃(Lay Out) 검토 및 최종안 선정

처음 코스 배치를 검토하는 과정의 설계를 레이아웃(Lay Out)이라 하며 여러 가지 요소들을 고려해 배치한다는 의미로 대안들을 검토한 후 최종안을 계획한다.

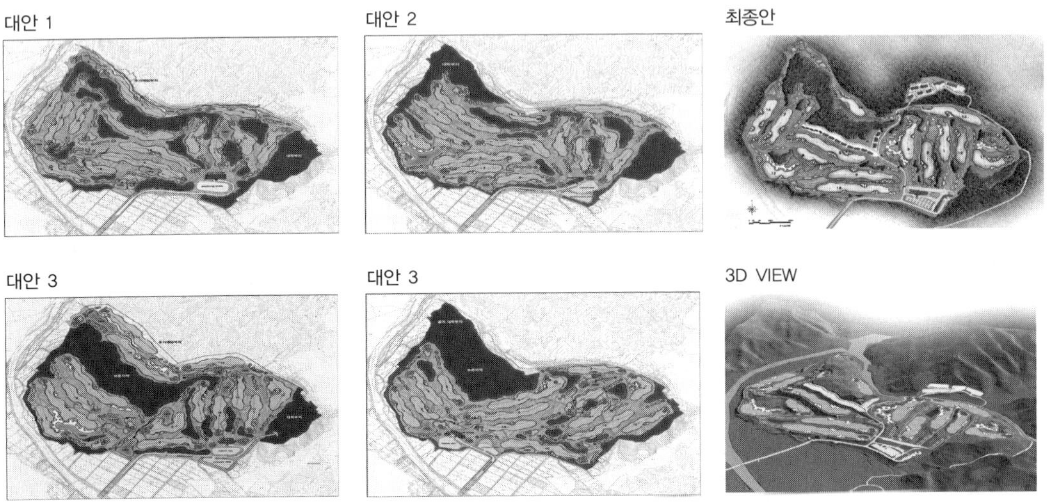

그림 3-6-13 설계(Lay Out) 검토 – 청우골프장

3) 골프코스 레이아웃(Lay Out)

레이아웃 결정시 가장 영향을 미치는 요인은 사업부지의 환경적, 지형적 여건이다. 모든 동선의 중심이 되는 클럽 하우스의 위치 선정이 가장 우선시 되고 그에 따른 주변 도로에서의 연결성을 확보할 수 있는 도로계획을 하게 된다. 클럽 하우스는 경관이 좋은 곳, 부지의 활용도가 좋은 곳의 위치에 계획하게 된다. 사업목적에 따라 골프코스 이외에 시설들은 코스의 안전성에 문제가 없으면서 좋은 경관을 확보할 수 있는 곳에 계획하면 좋다. 클럽하우스를 중심으로 1번에서 9번홀까지 아웃코스(Out Course-Front Nine)와 10번부터 18번홀까지 인코스(In Course-Back Nine)를 배치하게 된다. 이렇게 시작홀과 마지막홀을 연결하는 동선계획을 루트 플랜(Route Plan)이라고 한다. 루트 플랜시 염두에 두어야 할 것은 특히 국내와 같은 산악지형에서는 각 홀의 높이 차이에 대한 문제를 해결해야 한다. 가장 좋은 홀은 내리막과 평지로 이루어진 홀이겠지만 현실상 불가능하므로 적절한 파배열로 최대한 지형적인 요소를 활용하여 각 홀의 고저 차이를 최소화해서 편안한 플레이를 할 수 있도록 계획해 주어야 한다. 파배열의 루트 플랜이 끝나면 설계기준에 맞는 각 홀의 안전성, 샷 밸류, 공정성, 위험과 보상에 대한 전략성을 고려한 티에서 그린까지의 각 요소들을 계획한다. 여기에 홀의 아름다움을 배가시

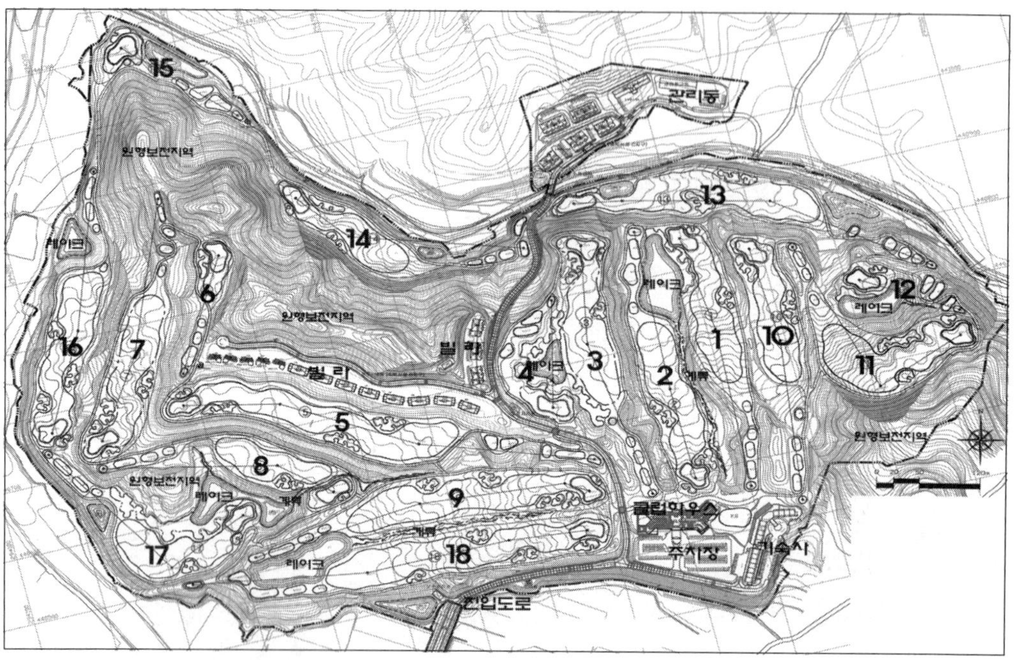

그림 3-6-14 골프코스 설계(Lay Out) – 청우골프장

킬 수 있는 연못(Lake)과 계류(Creek), 수목식재를 통한 조경계획을 하게 된다. 코스 레이아웃은 자연환경을 최대한 보존하면서 설계 기준에 적합한 코스를 배치하는 것이 가장 중요한 요소임을 잊지 말아야 한다.

4. 구성요소별 설계

1) 그린(Green)

그린은 골프코스의 구성에 있어 가장 중요한 위치를 차지하는데 경기의 50% 이상이 그린에서 이루어지기 때문이다. 그린은 4.25인치의 홀과 일정의 면적(보통 600~800㎡)을 가지고 있으며, 에이프런(Apron), 그린에지(Green Edge), 그린칼라(Green Collar)로 구성되어 있다. 그린에서 중요한 것은 그린의 면적과 그린의 기복, 그린의 입구, 그린주변의 구성 등이다. 보통 그린의 형태를 보면 비슷해 보이지만, 저마다 각기 다른 특징들을 가지고 있으며 특이한 개념으로 구성된 그린들은 게임에 흥미를 더해준다. 주변지형 및 마운드, 그린단면의 언듈레이션 등이 자연스럽게 곡선처리되고, 상호조화를 이루도록 계획한다. 그린은 원그린으로 조성하고, 모양은 부정형으로 각 홀마다 변화를 주도록 계획한다. 그린의 구배는 페어웨이쪽에서 잘 보일 수 있도록 5% 정도의 구배로 계획하고 배수를 고려하여 설계한다. 그린면은 페어웨이면보다 약 50㎝ 정도 높게 하여 배수 및 통풍이 원활하도록 계획하며 그린 공략의 묘미도 가미토록 설계한다. 면적은 일반적으로 원그린일 경우 600~900㎡ 정도이나 플레이 및 유지관리, 공사비, 전략적 측면을 고려한다.

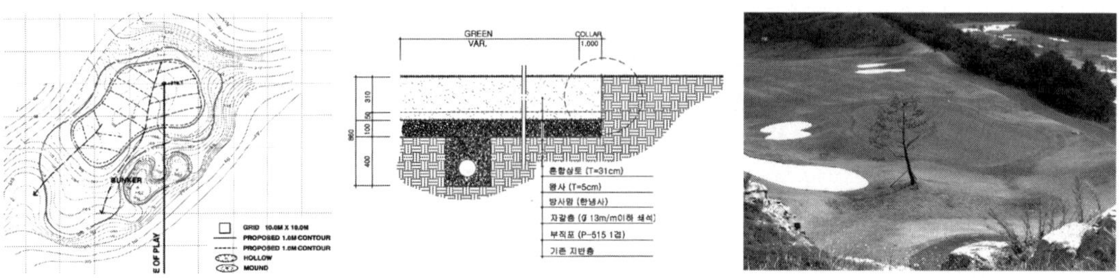

그림 3-6-15 그린 조성계획 – 서라벌골프장

2) 티잉 그라운드(Teeing ground)

우리가 흔히 티라고 부르는 것은 티잉 그라운드(Teeing ground)의 줄임말로 홀의 처음 샷을 해서 출발하는 곳으로 티는 주변보다 약간 높으며 사각형 또는 원형 모양이다.

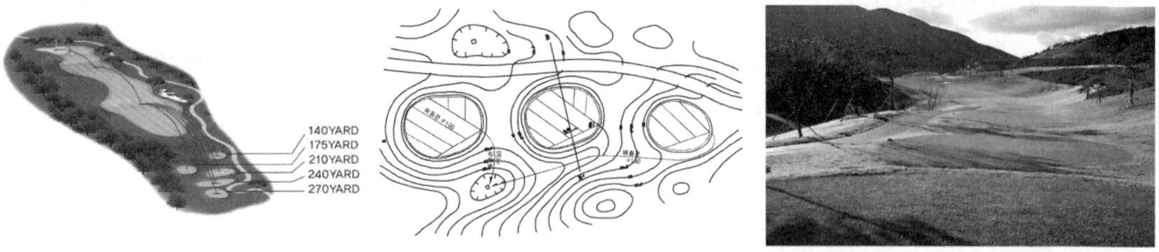

그림 3-6-16 티잉 그라운드 조성계획 - 서라벌골프장

티는 그린과의 떨어진 거리 차이에 따라 챔피언 티(Champion tee-Blue tee), 레귤러 티(Regular tee-White tee), 프런트 티(Front tee-Red tee) 등으로 구분된다. 4~5개의 티를 지형적 조건과 경기자가 자기 기량에 맞게 티샷의 위치를 정할 수 있도록 거리조건에 맞게 배치한다. 모양과 형상은 주변 지형과 조화되도록 부정형 또는 장방형의 타원으로 계획한다. 동선이 한 방향으로 집중됨에 따른 답압 피해 등을 줄일 수 있도록 기능별, 형태별 크기, 면적 등을 적절히 조정하여 설계한다. 면적은 350~800㎡(평균 500㎡) 범위 내에서 적절히 기능별, 형태별로 조성한다. 티의 구배는 원활한 배수를 목적으로 종구배를 1~1.5%, 횡구배는 수평으로 계획한다.

3) 벙커(Bunker)

벙커는 골프코스의 구성요소에서 해저드 중 하나이며, 보통 모래로 이루어져 있는데 잔디나 풀로 덮여져 있는 잔디벙커도 있다. 일반적인 의미의 벙커란 모래로 이루어져 있는 해저드라고 할 수 있다. 벙커는 배치된 위치에 따라 페어웨이 벙커, 어프로치 벙커, 그린사이드 벙커 등으로 나눌 수 있다. 벙커에서는 모래가 가장 중요하며, 벙커의 설치 목적은 전략성, 보존성, 안전성, 방향성, 심미성 등에 따라 설치된다. 전략적 측면과 미적인 측면을 고려한 해저드로서의 벙커를 설계한다. 벙커의 위치에 따라 형태 및

그림 3-6-17 벙커 조성계획 - 청우골프장

기능을 고려하여 설계한다. 벙커의 조성은 마운드와 함께 주변 시설과 조화되도록 계획하며, 외부의 우수가 유입되지 않도록 벙커둘레를 높게 조성한다. 페어웨이 벙커는 30~50㎝ 깊이, 그린벙커는 50~120㎝ 깊이로 조성하여 코스공략의 난이도를 부여한다.

4) 페어웨이 및 러프(Fairway & Rough)

페어웨이는 티에서 그린 사이의 잔디를 1.5~2cm 정도로 짧게 깎은 지역을 말하며, 잔디의 밀도가 매우 높은데 이는 티잉 그라운드에서 정상적으로 샷을 했을 때 낙하되어 제2타 또는 제3타를 하는데 있어 원활하게 플레이할 수 있도록 하기 위해서이다. 러프는 페어웨이 바깥쪽에 있는 비관리지역으로 페어웨이보다 긴 잔디, 잡초, 관목, 수림 등으로 이루어져 올바르지 못한 샷을 유도하여 다음 타구를 어렵게 만드는 지역이다. 페어웨이는 배수를 위한 할로우(Hollow)와 시각적인 효과를 주는 마운딩(Mounding)을 적절히 조성하여 플레이에 문제가 없도록 하고 자연지형 및 수목과 조화되도록 한다. 페어웨이의 조형(Shaping) 선형은 부드러운 곡선처리가 되도록 하여 배수를 위한 적절한 구배가 이루어지도록 한다. 사면에 접한 러프지역은 페어웨이에서부터 조형이 자연스럽게 이루어져 사면의 경사를 최대한 완화시키고 플레이지역이 넓게 보이도록 한다. 조형은 1차 조형과 2차 조형으로 구분하여 1차 조형(조형토)은 양질토로 포설하고 2차 조형(복토)은 표토 및 양질토를 혼합하여 잔디 및 식물생육에 지장이 없도록 한다.

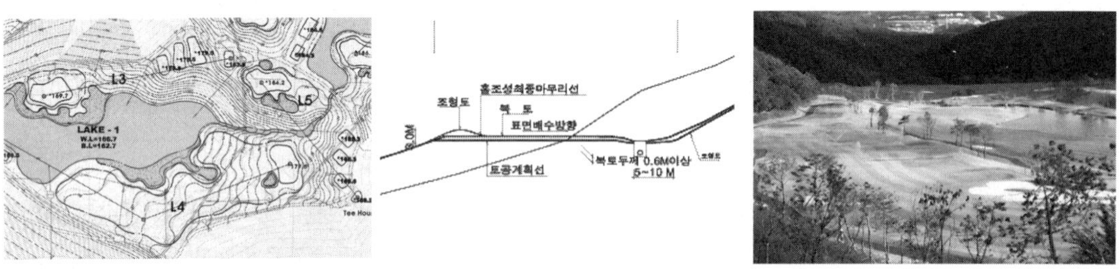

그림 3-6-18 페어웨이 및 러프 조성계획 – 서라벌골프장

5) 워터 해저드(Water Hazard)

골프코스에 있어 워터 해저드는 경관형성의 미적 측면과 전략적 측면에서 중요한 구성요소이며, 플레이어를 감동시키기도 하며, 수질정화, 수원제공 등의 기능을 가지고 있다. 워터 해저드의 종류는 인공연못, 유수지, 조정지, 자연연못 등이 있으며 바다, 호수, 늪, 계류 등도 이에 속한다. 홀에 병행되어 있는 래터럴 워터 해저드(Lateral watcr hazard)와 비가 온다거나 물이 고이면 웅덩이 형태로 되는 해저드도 있다. 골프코스에

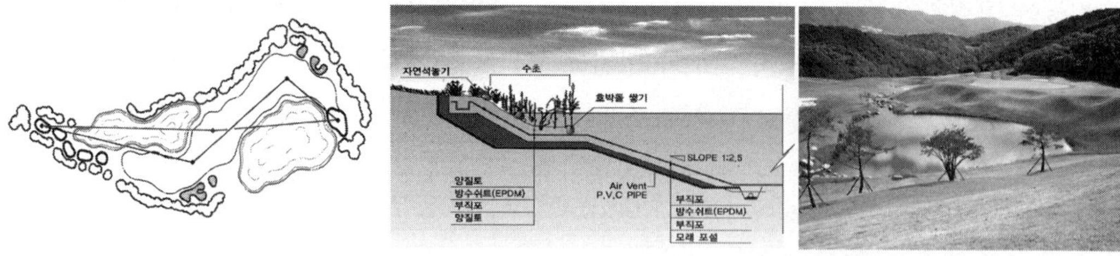

그림 3-6-19 워터해저드 조성계획 – 서라벌골프장

서 언제나 물이 없어도 워터해저드로 지정된 곳은 해저드의 기능에는 변함이 없다.

6) 식재계획

일반적으로 골퍼들은 나무를 해저드로 생각하는 경향이 많은데 나무는 시각적이고 청각적인 방어막이 되고, 미적 가치를 부여하고, 동물의 서식지를 보호하고, 실수한 샷을 막아주는 등의 다양한 기능을 가진다. 나무는 적당한 샷 라인을 지시하거나 거리 계

표 3-6-13 유형별 식재 계획 – 청우골프장

구분	내용	사진
1. 독립수 경관 식재		
1) 적용부위	: 자연림 수림지 인접부 보완식재, 페어웨이 주변 방향 및 거리 인지목으로 요점식재, 티주변 그늘목 기능	
2) 사용수목	: 수형이 아름다운 대교목 (느티나무, 참나무, 소나무, 벚나무, 단풍나무 등)	
3) 식재기법	: 단독식재 또는 2~3주 조합식재	
2. 자연수림대 조성 식재		
1) 적용부위	: 기존 수림지 연장, hole의 구분, 진입도로변	
2) 사용수목	: 부정형적 형태, 다간형 수목, 인접수림과 유사수종 (소나무, 참나무 등 기존 수목의 수종)	
3) 식재기법	: 여러 가지 규격, 다양한 수종의 군식, 야생 관목류의 저밀도 하부식생, 가장자리 키큰 초본류 군락조성	
3. 초지 및 관목 수림대 조성 식재		
1) 적용부위	: 코스 외곽지, 성토사면, Play 외 지역에 조성 (Tee주변, Tee와 Fairway 사이)	
2) 사용수목	: 초지 – 억새, 띠풀, 수크령 – SF파종, 포기식재 관목 – 싸리, 개쉬땅나무, 조팝나무, 불두화 등	
3) 식재기법	: 교목류를 배제하고 단수수종으로 넓게 조성 지형미와 조화도모	

산을 도와주는 등 골퍼에게 긍정적인 기능도 부여한다. 그러나 골퍼가 피하고 싶은 지역이므로 해저드와 비슷하다고는 할 수 있다. 조경을 통해 기존의 자연과 조화를 이루어 자연미가 돋보이는 코스가 되도록 하며, 원활하고 흥미로운 플레이를 유도할 수 있는 기능성과 친환경적인 생태환경이 조성될 수 있는 조경설계를 한다. 부지가 갖고 있는 잠재자원과 특징을 활용하여 플레이어에게 독특한 경관체험을 느끼도록 하며, 수목을 위주로 한 종래의 차폐식, 정원식, 수목원식의 조경에서 탈피하여 골프코스의 고유한 개성을 부각시키고 새로운 개념의 자연스러운 환경친화적 코스 경관을 조성한다.

7) 잔디계획

잔디종류는 원산지 생육적온과 생육형 및 광합성기작의 분류 요인에 의해 나누는데 크게 난지형 잔디와 한지형 잔디로 나뉜다. 난지형 잔디는 지상부 생장 적정온도가 27~35℃이고, 한지형 잔디는 상대적으로 낮은 15~24℃에서 왕성한 지상부 생장이 이루어지는 초종이다. 생육 환경조건과 운영·관리 조건에 따라 난지형 잔디와 한지형 잔디를 적절하게 선정한다.

표 3-6-14 잔디 종류

구 분	난지형 잔디(Warm-Season Grasses)	한지형 잔디(Cool-Season Grasses)
1) 그린	버뮤다그래스, 비로드잔디, 금잔디	크리핑벤트그래스, 애뉴얼블루그래스
2) 티잉 그라운드 페어웨이	버뮤다그래스, 들잔디(중지, 야지), 금잔디, 세인트 오거스틴그래스	크리핑벤트그래스, 애뉴얼블루그래스, 켄터키블루그래스, 퍼레니얼라이그래스, 코로니얼벤트그래스, 추잉훼스큐, 레드훼스큐
3) 러프	버뮤다그래스, 들잔디, 세인트오거스틴그래스, 버팔로그래스, 센티페데그래스, 카펫그래스, 바이하그래스, 휘트그래스, 러브그래스, 블루그라머	크리핑벤트그래스, 켄터키블루그래스, 퍼레니얼라이그래스, 추잉훼스큐, 레드훼스큐, 쉽훼스큐, 하드훼스큐, 메도우훼스큐, 톨훼스큐

8) 친환경적인 계획

(1) 지형변화의 최소화 및 표토 활용

원지형의 변화를 최소할 수 있는 설계와 공사를 통해 과도한 토공량의 이동이나 절토고, 성토고의 높이가 최소화되도록 하여 사면의 안정에 문제가 없도록 한다. 공사시 우수한 양질토인 표토를 최대한 확보하여 잔디와 수목의 생육환경을 최상으로 만들어 주도록 한다.

(2) 완충녹지조성과 자생수목 활용

훼손되는 지역과 원형보존녹지 사이의 공간에 원지형 변화는 없으나 조성녹지와 원형보존녹지를 연결하는 지역에 완충 역할과 사면안정을 담당하는 완충녹지를 조성토록 하여 공사시 자연환경에 미치는 영향을 최소화하도록 한다. 사업부지내 훼손수목을 최대한 활용하여 자생수종 및 지역생태계에 부합되도록 하여 녹지생성 및 식물상의 복원을 유도하도록 한다.

(3) 생태축 연결

개발시 최대한 주능선의 축은 보존하여 생태계가 단절되지 않도록 하며, 훼손이 필요할 경우에는 생태통로의 개념이 도입된 터널을 조성하여 생태축의 흐름이 단절되지 않고 연결되도록 한다.

(4) 생태습지

오염물 저감시설이 도입된 생태형 저류지를 조성하고 수생식물 서식공간을 충분히 확보하여 수질정화뿐만 아니라 생물서식처 기능을 도모할 수 있도록 조성한다. 갈대, 고랭이, 꽃창포 등을 식재함으로써 수변공간을 확보하고 생태통로 역할과 생태적 거점화가 이루어지도록 한다.

(5) 자연형 하천복원

사업지구 내외 상류와 하류의 수계 연결성을 확보하기 위해 비오톱을 조성하고 각 계류의 특성에 맞게 자연형 하천복원공법을 도입하여 다양한 육상 및 육수공간의 창출이 발생하고 이에 따른 수층부에 식물의 종다양성의 상승효과와 연계되어 어류, 양서류, 파충류 및 곤충류의 산란과 식공간을 확보할 수 있도록 한다.

Ⅲ

traditional landscaping

PART 7

전통조경

홍광표

제1장 서 론

제1절 전통의 개념과 과제

1. 전통의 개념과 창조적 계승

전통(傳統)이라는 말은 시간의 흐름과 함께 형성되어 특정의 문화권 속에 내재하는 어떤 계통적 질서의 흐름을 의미한다. 그런데 이 전통이라는 말의 의미에는 다분히 창조적 개념이 포함되어 있어야 하며, 창조성 없이 전해지는 유물과는 구별되어야 한다. 여기에서 말하는 창조성이란 특정시대, 특정장소에서 존재해온 사람들의 새로운 가치와 취향들이 바탕이 되어 겉으로 표출되는 것이다(홍광표, 1995 : 142-147). 따라서 전통은 그것을 계승하고자 하는 주체의 창조적 노력에 의해서만이 변화·발전될 수 있는 것이다. 그러나 이러한 노력이 아무리 활발하더라도 과거에 이루어진 전통 속에 내재되어 있는 어떤 질서나 표현양식에 대한 이해 없이는 전통의 창조적 계승은 불가능하다.

전통은 특정문화권 내에서 독특하게 나타나는 문화적 특성이므로 문화의 흐름을 통해서 그 계통성이 형성된다. 사실상 한 민족의 고유한 전통문화는 처음부터 일정한 형식으로 고정될 수는 없다. 그러므로 변화가 없는 문화란 존재하지 않으며, 설령 있다고 하더라도 그것은 사람들의 요구에 부응하지 못하는 뒤떨어진 문화가 된다. 따라서 혼합되지 않은 순수무염의 문화란 거의 없다고 해도 과언이 아닌데, 이 경우 문화는 물의 흐름과도 같이 높은 수준으로부터 낮은 수준으로 전이가 이루어지며, 이 둘은 상호접촉을 통해서 새로운 문화를 형성하게 된다.

전통의 창조적 계승이란 단순히 외래문화로부터 전이된 외형적 형식의 재현만으로는 불가능하며, 전래되어 내려오는 고유문화가 조형의 내용으로서 작용할 때 비로소 달성될 수 있다. 그렇기 때문에 디자이너에게는 조형의 내용으로서 작용하게 되는 고유문화에 대한 성립배경 및 역사성에 대한 철저한 고찰이 요구되는 것이다.

최근 들어 전통조경분야에서는 단순히 물리적인 형태나 규모, 그리고 시각구조 등 외형적인 형식에 대한 연구의 태도에서 벗어나 그 형식에 내재되어 있는 의미를 찾으려고 하는 노력이 끊임없이 이루어지고 있다. 이러한 유형의 연구들은 전통조경에 표현된 본유적 속성을 이해하고자 하는 의도에서 수행되는 것으로서 결국 조형의 내용성을 파악하고자 하는 노력의 일환으로 보인다. 이러한 현상은 현대조경이 전통성을 회복하는데 있어 크게 도움이 될 수 있을 것으로 판단된다.

2. 전통조경분야의 과제

전통조경의 창조적 계승을 위해서는 우선 지나온 사건에 대한 인문학적 이해를 바탕으로 조경이라는 행위를 통해 이루어져 시공 속에 지속적으로 노출되고 있는 역사경관에 대한 철저한 이해가 선행되어야 한다. 역사경관의 이해는 그것의 형식과 내용, 양자 모두를 가리키는 것으로 어느 것 하나라도 소홀하게 취급할 경우 전통조경의 창조적 계승은 기대하기 어렵다. 이때 역사경관이 형성되는 과정에서 이루어진 디자인적 해결방법이 주요한데, 결국 전통조경에 대한 이해는 그것이 형식화되는 과정에서 나타나는 조경가의 설계의도와 그 설계의도를 구체적으로 표현하기 위한 설계원리 등에 대한 실제적 측면에 초점이 맞추어져야 한다.

한편, 전통조경의 보다 분명한 이해를 위해서는 그것이 만들어낸 역사경관을 설명할 수 있는 풍부한 자료가 요구된다. 여기에서 말하는 자료는 직접적으로 나타나는 물리적 실체인 유적, 유물, 유지(遺址) 등은 물론이고, 그것과 연관된 간접자료 또한 포함된다. 이렇게 특정 역사경관의 정확한 해석을 위해서 요구되는 풍부한 자료들을 얻기 위해 조경가는 다양한 분야의 전문가들과 더불어 역사경관을 바라보아야 할 것이며, 무엇보다도 역사경관에 대해서 애정을 갖고 그것을 진지하게 탐구하는 자세가 요구된다.

지금까지 대학에서의 전통조경에 대한 학습은 많이 부족하고 허술하였다. 즉 교과과정이나 교육시간 모두 전통조경을 충분히 학습하기 어렵도록 되어 있어 학생들이 전통조경을 연구하는데 절대적인 한계가 있어왔다. 그 결과 문화재 관련 프로젝트를 수행함에 있어서 조경가들이 고건축이나 미술사학, 고고학분야의 전문가들과 더불어 작업할 수 있는 전문성을 확보할 수 없었던 것이다. 그것은 곧 유적발굴이나 역사경관의 보존, 복원, 정비 등 다양한 프로젝트에서 조경가가 참여할 수 있는 기회를 제한하는 요인이 되었으며, 심지어는 조경유적의 발굴조차도 타 분야의 전문가들이 주도하는 이해할 수 없는 일이 일어나고 있는 것이다. 따라서 지금부터라도 전통조경에 대한 폭넓고 깊이 있는 연구가 있어야 하며, 관련 전문분야와의 지속적인 학제적 교류를 통해 전통조경의 전문성이 인정받을 수 있도록 노력해야 할 것이다.

제2절 전통조경의 내용

1. 전통조경의 성격

조경이 경관을 만드는 일이라는 관점에서 본다면 전통조경은 과거에 만들어진 경관으로서 중간에 소멸되어 사라지지 않고 지금 우리 시대에 살고 있는 사람들에게 전해져 내려와 우리들에게 읽혀지고 있는 역사경관 혹은 역사환경을 말하는 것이다.

역사경관이라는 것은 과거에 살았던 사람들의 삶의 미학 자체가 물리적으로 표현된 결과이며, 특정 시대, 특정 장소에서 삶을 이루어가던 사람들의 다양한 이야기가 담겨져 있는 하나의 용기로 이해된다. 그런데 경관이라는 것이 인간이 가진 삶의 미학이 구체적으로 표현된 결과이며, 고정된 것이 아니라 끊임없이 변화되면서 전 시대의 경관에 다음 시대의 경관이 덧붙여져서 나타나는 4차원적인 산물이라는 측면에서 본다면, 역사경관은 층위를 이루며 우리들에게 입체적으로 인식되는 살아 숨 쉬는 존재이지 죽어서 박제화된 존재는 아니다.

전통조경이 역사경관 혹은 역사환경을 과업의 대상으로 한다는 관점에서 볼 때, 전통조경의 연구는 조경학분야에서 단독적으로 이루어질 수 없다는 한계가 있다. 즉 전통조경을 위해서는 고고학적 지식과 미술사학적 지식, 그리고 건축이나 토목과 같은 기술적 지식 등이 동시에 요구되며, 이러한 분야의 전문가들이 같이 고민하고 같이 풀어나가야만 제대로 접근할 수 있는 특별한 분야인 것이다. 이러한 점 때문에 전통조경은 조경가들에게 접근하기 힘든 영역으로 취급되고 있으며, 지금까지 연구성과가 크지 않았던 원인으로 작용하고 있는 것이다.

전통조경이 유물로만 취급되지 않고 현대조경을 위한 교본으로 작용하기 위해서는 겉으로 드러난 형식적 측면에 대한 이해는 물론 그 형식에 내재되어 있는 사상적 배경이나 그 형식을 만들어낸 조경가의 창작의도도 함께 이해되어야 한다. 이렇게 전통조경을 통해서 나타난 역사경관의 내용과 형식이 동시에 이해될 수 있다면, 특정한 시대, 특정한 장소에서 적용되었던 문제해결방식을 찾을 수 있으며, 이러한 문제해결방식은 현대조경이 풀어야 할 다양한 문제들을 해결할 수 있는 단서를 제공하는 중요한 의미와 가치를 가지게 된다. 바로 이러한 점이 전통조경을 연구하는 의의가 되는 것이다.

2. 범위

전통조경에 대한 연구가 본격적으로 이루어진 것은 1970년대 이후로 우리나라에 체계적인 조경학이 도입된 것과 궤를 같이 한다고 할 수 있다. 특히 정원학회(현 전통조경학회의 전신)가 창립된 1982년부터는 전통조경을 연구하는 학자들이 정례적으로 학술회의를 개최하였고, 정원학회지가 창간되어 전통조경에 대한 연구결과를 발표할 수 있게 되었다.

지금까지 이루어진 전통조경관련연구들은 대부분 전통조경을 통해 이루어진 역사경관에 대한 경관적 혹은 공간적 연구가 대부분이었으며, 주로 현상을 통해서 이루어지는 형식적 측면에 대한 것이었다. 그러나 최근에는 특정 역사경관이 만들어지게 된 시대성이나 장소성에 대한 연구, 역사경관 조영자의 조영철학이나 의도, 더 나아가서는 한국성이라는 측면에서 파악한 전통조경의 정체성에 대한 연구까지 매우 광범위한 범위를 가지고 연구가 진행되는 경향을 보이고 있다. 또한, 역사경관의 보존과 활용에 대한 연구도 심도 있게 이루어지고 있는데, 지금까지 이 분야는 조경학분야에서 이루어지지 못하고 고고학분야나 미술사학분야, 그리고 건축학분야에서 주로 이루어져 왔다. 그러다 보니 역사경관에 대한 보존, 정비, 복원과 같은 작업과정에서 조경의 역할이 무시될 수밖에 없었다. 이러한 사실은 중앙문화재위원회에 조경전문가가 소수 배정되어 있다는 것을 보면 쉽게 알 수 있으며, 아직까지도 조경관련 문화재 설계를 건축설계사무소에서 담당하고 있음을 통해서도 확인할 수 있다. 따라서 지금부터라도 조경분야에서 전통조경의 중요성을 깨닫고 전통조경에 대한 다양하고 심도 있는 연구를 진행해야 할 필요가 절실한 입장이다.

전통조경의 공간적 대상은 역사도시에서부터 민가의 작은 정원에 이르기까지 매우 폭넓은 범위를 포함하게 되며, 내용적 대상은 역사경관의 보존과 활용에 대한 전반적인 일들은 물론 현대조경에서 전통의 창조적 계승을 위한 작업을 동시에 포함하여야 한다. 따라서 전통조경계획의 범위는 최근 많은 관심을 보이고 있는 고도보존계획과 같이 광역적 계획은 물론 전통마을과 읍성에 대한 계획, 한옥보존지구에 대한 계획, 그리고 궁궐이나 전통사찰, 별서, 민가, 서원, 능묘에 대한 계획에 이르기까지 모든 범위를 포함하여야 할 것이다.

제2장 역사경관계획

제1절 용어 및 개념

1. 용어의 정의

1) 역사경관

일반적으로 역사경관은 당해 시대와 장소의 역사를 이해하기 위하여 보존할 가치가 있는 경관을 의미한다. 이것을 보다 구체적으로 설명하면 역사경관은 독립적으로 위치한 역사적 가치가 높은 구조물과 주변의 공간이 이루는 경관이며(진영환, 1979), 한편으로는 역사유적이나 한옥보존지구와 같이 현대경관 속에 잔존하는 보존대상으로서의 경관을 의미한다(심승희, 1995). 한편, 역사경관은 과거 어떤 시대의 인물, 기술, 문화, 사건 등 과거의 자취와 사연이 깃들인 역사적 가치와 미적 가치를 지닌 경관이며, 넓은 의미로 볼 때 인간이 보전해온 자연경관도 역사경관의 범주에 포함될 수 있다(Fein, 1988 ; 최형석, 2001 : 101에서 재인용, 안동만, 1988 : 104).

따라서 역사경관은 협의의 측면에서 문화재를 비롯하여 전통건조물, 한국고유의 건축양식을 지니는 건조물과 같이 미적 기준, 전형성, 희소성, 역사적 중요성, 최상의 것 등을 가치기준으로 하여 현행법하에 보존되고 있는 경관을 의미하며, 넓은 개념으로 확대할 경우 비록 법적인 보호는 받지 못하고 있지만 역사성을 간직하고 있는 지역중심의 문화유적 및 문화유산 등의 문화요소와 지역적 특성을 반영하는 자연요소(산, 하천, 호수, 바다 등) 등을 모두 포함하는 개념으로 해석된다(최형석, 2001 : 101).

역사경관은 과거로부터 현재로 이어지는 연속성을 유지하기 위하여 주어진 환경하에서 일어날 수 있는 부정적 또는 유해한 변화로부터 이전의 귀중한 문화유적과 역사를 지키기 위해 다양한 보호행위를 하게 되는데,[19] 보존유형에는 보존, 보전, 복원, 개수, 복제 혹은 모사, 이전 등이 있다(Attoe, 1979 ; 안동만, 1993 : 23에서 재인용).

(1) 보존(Preservation)

현재 상태의 엄격한 유지를 지향하는 것으로서 더 이상의 훼손을 억제하는 것은 물론 개선을 목적으로 변경을 시도하지 않는다. 역사의 충실한 보존을 목적으로 하기 때문에 간섭을 최소화하는 것이다.

---

19) 현행법에서는 문화재의 보존 · 관리 및 활용은 원형유지를 기본원칙으로 삼고 있다(「문화재보호법」 제 3조).

(2) 보전(Conservation)

과거의 개념이 상대적으로 적으며, 현재 상태의 파괴나 바람직하지 않은 상태로의 변화를 방지하기 위하여 적극적으로 개입하는 것이다. 물리적인 요소뿐만 아니라 거주자와 생활양식까지 대상에 포함하기도 한다.

(3) 복원(Restoration)

역사적 원형의 회복을 목적으로 하며, 파괴된 부분을 복구하고 첨가된 것을 제거한다. 어려운 점은 역사상 어느 시점의 상태로 복원하느냐를 결정하는 것이며, 따라서 사학, 고고학적 분석이 필요하다.

(4) 개수(Rehabilitation, Renovation)

개수는 역사적 시설물을 현대적 시설기준에 맞게 고치되 중요한 역사적 특성은 유지하고자 하는 것이다. 시설물에 유용한 새로운 용도를 부여하되 역사적 연속성과 장소성을 유지시켜야 한다.

(5) 복제, 모사(Replication, Imitation)

복제나 모사는 파괴되어 없어진 것을 재현하거나 주변의 역사적 시설물들과 유사하게 신축하는 것이다. 시대에 맞는 양식, 규모, 용도 등을 고려하여 역사적 맥락을 유지하여야 한다.

(6) 이전(Relocation)

이전은 위치 여건상 부득이한 경우 다른 곳으로 옮겨 보존하는 것이다. 그러나 모든 역사요소는 그 고유한 위치가 중요함은 말할 것도 없다.

한편, 역사경관(특히 문화재) 주변의 자연경관이나 역사적·문화적인 가치가 뛰어난 공간으로서 역사경관과 함께 보호할 필요성이 있는 주변 환경을 역사문화환경이라고 한다(「문화재보호법」 제2조 제6항).

2) 문화재

문화재라 함은 인위적, 자연적으로 형성된 국가적, 민족적, 세계적 유산으로서 역사적, 예술적, 학술적, 경관적 가치가 큰 것을 의미한다. 문화재는 다음과 같이 유형문화재, 무형문화재, 기념물, 민속문화재로 구분된다(「문화재보호법」 제2조 제1항). 한편, 문화재 중에서 지정문화재는 국가지정문화재, 시·도지정문화재, 문화재자료로 구분하여 지정하고 있다(「문화재보호법」 제2조 제2항).

(1) 유형문화재

건조물, 전적, 서적, 고문서, 회화, 조각, 공예품 등 유형의 문화적 소산으로서 역사적·예술적 또는 학술적 가치가 큰 것과 이에 준하는 고고자료.

(2) 무형문화재

연극, 음악, 무용, 놀이, 의식, 공예기술 등 무형의 문화적 소산으로서 역사적·예술적 또는 학술적 가치가 큰 것.

(3) 기념물

- 절터, 옛무덤, 조개무덤, 성터, 궁터, 가마터, 유물포함층 등의 사적지와 특별히 기념이 될 만한 시설물로서 역사적·학술적 가치가 큰 것.
- 경치 좋은 곳으로서 예술적 가치가 크고 경관이 뛰어난 것.
- 동물, 식물, 지형, 지질, 광물, 동굴, 생물학적 생성물 또는 특별한 자연형상으로서 역사적·경관적 또는 학술적 가치가 큰 것.

(4) 민속문화재

의식주, 생업, 신앙, 연중행사 등에 관한 풍속이나 관습과 이에 사용되는 의복, 기구, 가옥 등으로서 국민생활의 변화를 이해하는데 반드시 필요한 것.

제2절 법제도적 보전관리

1. 면적(面的) 보호구역지정

역사경관의 보존을 위해 문화재 주변부에 면적 개념의 보호구역을 확보하여 문화재를 보호하는 것은 우리나라는 물론 외국의 일반적인 경향이다. 면적 보호구역의 유형을 살펴보면, 「문화재보호법」에서는 문화재구역, 문화재보호구역, 역사문화환경보존지역을 지정하고 있고, 「국토의계획및이용에관한법률」에서는 특화경관지구, 역사문화환경보호지구, 고도지구, 지구단위계획지구 등을 지정하고 있으며, 「서울시 도시계획조례」에서는 문화재주변경관지구, 사적 건축물보존지구 등을 지정하고 있다.

1) 문화재보호구역

(1) 문화재구역

문화재구역은 국보, 보물, 중요민속문화재, 사적, 명승, 천연기념물, 보호물 등 국가지정문화재로 지정된 구역을 말하며, 전적류, 도자기류, 금속공예류 등 동산문화재의 경우에는 적용되지 않고, 사적, 명승, 천연기념물, 중요민속문화재 등 주로 부동산문화재인 경우에 적용된다. 이와 같이 '문화재로 지정된 구역'을 줄여서 '지정구역'으로 부르기도 한다. 탑 또는 부도만 보물이나 국보로 지정한 경우에는 당해 문화재만 있고 문화재구역은 없을 수도 있다.

(2) 문화재보호구역

문화재보호구역은 지상에 고정되어 있는 유형물이나 일정한 지역이 문화재로 지정된 경우에 해당 지정문화재의 점유면적을 제외한 지역으로서 당해 지정문화재를 보호하기 위하여 지정된 구역을 말한다(「문화재보호법」 제2조 4항). 문화재보호구역은 국보, 보물, 사적, 명승, 천연기념물, 중요민속문화재의 보호물 또는 보호구역에 따라 다음 표와 같이 지정기준이 정해져 있으며(「문화재보호법 시행령」 별표 2), 보호물 또는 보호구역을 지정하거나 조정한 경우에는 지정 혹은 조정 후 매 10년이 되는 날 이전에 해당 문화재의 보존가치, 보호물 또는 보호구역의 지정이 재산권 행사에 미치는 영향, 보호물 또는 보호구역의 주변 환경 등을 검토하여 지정의 조건 및 적정성을 검토하도록 법으로 정하고 있다(「문화재보호법」 제27조 제3항).

표 3-7-1 보호물 또는 보호구역의 지정기준(「문화재보호법 시행령」 제13조 제1항 관련)

문화재의 종별	지 정 기 준
1. 국보 · 보물 및 중요민속문화재의 보호구역	1. 해당 문화재의 최대 돌출점에서 수직선으로 닿는 각 지점을 서로 연결하는 선에서 10m부터 최대 100m까지(해당 문화재가 사찰, 사지, 서원, 향교, 관아, 객사, 전랑지 등 문화유적지와 연결될 경우 그 유적지 외곽경계에서 10m부터 100m까지) 2. 그 밖에 해당 문화재 보호에 필요하다고 인정되는 구역
2. 사적의 보호구역	1. 선사시대 유적 1) 선사시대 유적 중 역사적 가치가 규명되지 아니한 유물산포구역 2) 선사시대 유적과 역사문화환경적으로 밀접한 관련성이 있는 구역으로서 그 보호에 필요한 최소한의 구역 2. 정치 · 국방에 관한 유적 1) 궁터 : 궁궐의 외부지역 중 해당 사적과의 관련성 및 경관보호 등을 고려하여 보호에 필요한 최소한의 구역 2) 성터 : 성곽의 외부지역 중 전술적 측면을 고려하여 그 외곽경계로부터 50m 이내의 구역

(표 계속)

문화재의 종별	지 정 기 준
2. 사적의 보호 구역	3) 봉수대, 관아, 병영 등 : 해당 사적에 수반된 자연지형을 고려하여 보호에 필요한 최소한의 구역 4) 전적지 : 그 성격과 특성 등을 고려하여 보호에 필요한 최소한의 구역 3. 산업 · 교통 · 주거생활에 관한 유적 1) 역사, 가마터 : 해당 사적과의 관련성 및 경관보호 등을 고려하여 보호에 필요한 최소한의 구역 2) 교량, 제방, 원지, 우물, 수중유적 등 : 역사문화환경적으로 해당 사적과 관련성이 있는 보호에 필요한 최소한의 구역 4. 교육 · 의료 · 종교에 관한 유적 : 현재의 여건을 고려하여 해당 사적의 외부지역 중 경관보호에 필요한 최소한의 구역 5. 제사 · 장례에 관한 유적 : 현재의 여건을 고려하여 경관보호 등에 필요한 최소한의 구역 6. 인물 · 사건 등의 기념에 관한 유적 : 현재의 여건을 고려하여 그 보호에 필요한 최소한의 구역 7. 그 밖의 사적의 보호구역 : 그 보호상 필요하다고 인정되는 구역
3. 명승의 보호구역	경승지의 보호에 필요하다고 인정되는 구역
4. 천연기념물의 보호구역	1. 동물 · 지질광물 · 천연보호구역 · 자연현상은 그 보호에 필요하다고 인정되는 구역 2. 식물은 입목을 중심으로 하여 반경 5m 이상 100m 이내의 구역
5. 보호물	1. 지상의 건축물 또는 그 밖의 시설물은 보호책 · 담장 또는 그 밖에 해당 문화재의 보호를 위한 시설물 2. 동종 · 석비 · 불상 등은 종각 · 비각 · 불각 3. 그 밖의 문화재는 그 보관되어 있는 건물이나 보호시설
6. 보호물이 있는 경우의 보호구역	1. 보호물이 건조물로 되어 있는 경우에는 각 추녀 끝 또는 이에 준하는 부분, 그 밖에 최대 돌출점에서 수직선으로 닿는 각 지점을 연결하는 바깥으로 5m부터 50m까지의 구역 2. 보호물이 보호책 · 담장 등으로 되어 있는 경우에는 그 하부 경계에서 2m부터 20m까지의 구역

(3) 역사문화환경보존지역

역사문화환경보존지역은 시도지사가 지정문화재(동산에 속하는 문화재와 무형문화재는 제외)의 역사문화환경보호를 위하여 문화재청장과 협의하여 정하는 것이다. 역사문화환경보존지역의 범위는 해당 지정문화재의 역사적 · 예술적 · 학문적 · 경관적 가치와 그 주변환경 및 그 밖의 문화재 보호에 필요한 사항 등을 고려하여 그 외곽경계로부터 500m 안으로 정하고 있다. 그렇지만 문화재의 특성 및 입지여건 등으로 인하여 지정문화재의 외곽경계로부터 500m 밖에서 건설공사를 하게 되는 경우에도 그 공사가 문화재에 영향을 미칠 것이 확실하다고 인정될 경우에는 500m를 초과하여 범위를 정할 수 있도록 규정하고 있어 문화재보호에 대한 영향을 사전에 검토하도록 하고 있다.

「문화재보호법」에서는 건설공사의 인가·허가 등을 담당하는 행정기관은 지정문화재의 외곽경계 외부지역에서 시행하려는 건설공사로서 역사문화환경보존지역에서 시행하는 건설공사에 관하여는 그 공사에 관한 인가·허가 등을 하기 전에 해당 건설공사의 시행이 지정문화재 보존에 영향을 미칠 우려가 있는 행위에 해당하는지에 대한 여부를 반드시 검토하도록 규정하고 있다(「문화재보호법」 제13조).

2) 용도지구

(1) 특화경관지구

특화경관지구는 문화재와 문화적으로 보존가치가 큰 건축물 등의 미관을 유지·관리하기 위하여 지정한다(「국토의 계획 및 이용에 관한 법률 제37조, 「동법 시행령」 제31조). 역사문화미관지구의 지정은 도시관리계획을 통해서 결정된다.

(2) 역사문화환경보호지구

역사문화환경보호지구는 「국토의 계획 및 이용에 관한 법률」 제37조(용도지구의 지정) 및 「동법 시행령」 제31조(용도지구의 지정)의 규정에 의하여 문화재·전통사찰 등 역사·문화적으로 보존가치가 큰 시설 및 지역의 보호와 보존을 위하여 지정하는 지구이다.

역사문화환경보호지구 안에서는 「문화재보호법」의 적용을 받는 문화재를 직접 관리·보호하기 위한 건축물과 문화적으로 보존가치가 큰 지역의 보호 및 보존을 저해하지 않는 건축물로서 도시계획조례로 정하는 것 이외의 건축물은 건축이 제한된다(「국토의 계획 및 이용에 관한 법률 시행령 제76조).

(3) 고도지구

고도지구는 「국토의 계획 및 이용에 관한 법률」 제37조, 「동법 시행령」 제31조의 규정에 의하여 환경과 경관을 보호하고 과밀을 방지하기 위하여 건축물 높이의 최고한도를 정할 필요가 있는 지구에 지정한다. 문화재 주변에 최고고도지구를 지정하게 되면 문화재를 중심으로 자연스러운 스카이라인이 형성되며, 문화재의 왜소화를 방지하게 되어 문화재의 시각적 보호효과가 극대화된다.

(4) 문화재주변경관지구

문화재주변경관지구는 도시의 역사와 문화를 보전·유지하기 위하여 문화재 주변의 경관유지가 필요한 지구로서 「국토의 계획 및 이용에 관한 법률」 제37조(용도지구의 지정), 「서울특별시 도시계획조례」 제8조의 규정에 의해 서울특별시장이 도시관리계획으로 결정할 수 있는 경관지구(경관을 보호·형성하기 위하여 필요한 지구)이다.

(5) 사적건축물보전지구

사적건축물보전지구란 고유의 전통건축물 및 근대건축물의 보전을 위하여 필요한 지구로서 「국토의 계획 및 이용에 관한 법률」 제37조, 「서울시도시계획조례」 제9조 제3호의 규정에 의하여 서울특별시장이 도시관리계획으로 결정한다. 사적건축물보전지구 안에서 건축물의 용도·종류 및 규모 등의 건축제한에 관하여는 그 지구의 지정목적달성에 필요한 범위 안에서 별도의 조례가 정하는 바에 따른다.

3) 지구단위계획구역

지구단위계획은 「국토의 계획 및 이용에 관한 법률」 제51조의 규정에 의하여 지정되며, 동법 제52조의 규정에 의하여 건축물의 용도제한, 건축물의 건폐율 또는 용적률, 건축물 높이의 최고한도 또는 최저한도를 제한하거나 건축물의 배치·형태·색채 또는 건축선에 관한 계획이 이루어지고 더 나아가서는 환경관리계획과 경관계획이 이루어진다.

2. 건축물의 높이제한

1) 높이제한의 목적

문화재보호구역이나 역사문화환경보존지역에서의 현상변경 심의시 역사경관보존·관리를 목적으로 검토하는 항목으로는 신·증축 건축물의 형태, 규모와 높이, 위치, 재료, 조경, 용도, 색채, 비례, 조명 등이 있다. 이 중 가장 우선적으로 검토하는 항목은 건축물의 규모와 높이가 되는데, 이것은 역사경관의 보존·관리에 있어서 역사경관 주변 건축물의 규모와 높이가 중요한 영향인자가 된다는 것을 의미하는 것이다. 이러한 까닭에 역사경관의 보존·관리방안으로서 역사경관 주변 건축물의 높이를 제한하는 것은 매우 중요한 과제가 된다.

역사경관 보존·관리를 위한 건축물의 높이제한은 첫째, 주변 건축물의 고층화로 인한 보존대상문화재의 왜소화방지, 둘째, 보존대상문화재의 스카이라인형태 보존, 셋째, 주변지역으로부터 보존대상문화재로의 조망확보, 넷째, 문화재 주변의 배경보존 등 네 가지 목적을 지니고 있다.

(1) 보존대상 역사경관의 왜소화방지

주변 건축물들의 고층화로 인한 보존대상 역사경관의 왜소화방지는 문화재 주변지역에 위치하는 건축물들이 고층화되어 상대적으로 보존대상 역사경관이 왜소하게 보이는 것을 방지하기 위하여 역사경관 주변 건축물들이 형성하는 스카이라인을 '통일된' 혹은

'완만하게 변화하는' 형태로 유지하는 것을 목적으로 한다. 이것은 역사경관이 독립하여 존재하거나 또는 각각의 대상들이 인접하여 군을 형성하는 경우에 적용할 수 있는 개념이다.

역사경관의 왜소화방지를 목적으로 하는 제도는 문화재구역, 문화재보호구역, 역사문화환경보존지역의 지정 및 그 구역 내에서의 현상변경심의(「문화재보호법」), 문화재보호구역경계로부터 500m 이내 지역의 건축물에 대한 건축위원회의 건축물 높이에 대한 심의(「건축법시행령」), 문화재와 문화적으로 보존가치가 큰 건축물 등의 미관을 유지·관리하기 위한 역사문화미관지구의 지정(「국토의 계획 및 이용에 관한 법률」), 문화자원보존지구의 지정(「국토의 계획 및 이용에 관한 법률」) 등이 있다.

(2) 보존대상 역사경관의 스카이라인 형태 보존

보존대상 역사경관의 스카이라인 형태 보존은 보존대상인 역사경관의 배경에 고층의 건축물들이 입지하여 역사경관의 형태가 갖는 고유한 스카이라인의 윤곽을 명확하게 지각하지 못하는 것을 방지할 목적으로 보존하고자 하는 역사경관 스카이라인 형태의 배경에 건축물이 보이지 않도록 하는 것이다. 이것은 주로 독립적으로 위치하는 역사경관이 대상이 되며, 특히 역사경관이 도시 내에서 랜드마크적 역할을 하고 있는 형태로서 윤곽선이 보존할 가치가 있는 경우에 적용할 수 있다.

역사경관의 스카이라인 형태 보존을 위한 후면 건축물 높이규제를 목적으로 하는 제도는 문화재구역, 문화재보호구역, 역사문화환경보존지역의 지정 및 그 구역 내에서의 현상변경심의(「문화재보호법」)를 통해 이루어진다.

(3) 보존대상 역사경관으로의 조망 확보

주변지역으로부터 보존대상 역사경관으로의 조망 확보는 도시 내 또는 도시외곽에 위치하는 역사경관을 도시 내 공공성 및 역사성이 높은 장소에서 조망하기 위하여 조망시점과 역사경관 사이에 위치하는 건축물 높이의 전체 혹은 일부를 규제하는 것이다.

보존대상이 그 형태나 규모로 인하여 인지도가 높은 역사경관이고, 그것을 조망하는 시점이 의미가 있는 장소일 때 조망 확보의 필요성은 높아진다.

(4) 역사경관 주변의 배경 보존

역사경관 주변의 배경 보존은 보존대상인 역사경관이 면적인 특성을 지니는 경우 역사경관의 경계를 중심으로 내부에서 외부를 바라볼 때, 역사경관의 배경에 위치하는 고층의 건축물들이 지각됨으로써 역사경관의 분위기가 훼손되는 것을 방지하기 위함이다.

높이규제의 목적상 역사경관 경계부의 스카이라인 윤곽을 보존하고자 함이 아니고 스카이라인 위로 보이는 현대식 건축물을 규제하여 역사적인 분위기 보존을 목적으로 한다는 점에서 보존대상 역사경관의 스카이라인 형태 보존과는 다른 개념이다.

2) 역사경관 주변 건축물의 높이제한방식

(1) 건축물 높이규제방식

문화재 주변 건축물의 높이를 규제하는 방식은 다음과 같이 크게 다섯 가지로 구분된다(문화재청, 2006).

- 건축 가능한 최고한도 높이를 지정하여 그 이내로 건축물의 높이를 제한하는 절대고도규제방식
- 기준이 되는 지점의 해당 높이에서 특정 앙각을 적용시키는 앙각규제방식
- 절대고도규제와 앙각규제방식을 혼합하여 높이를 규제하는 방식
- 조례에 건축물의 높이를 규정하고 이를 통해 규제하는 방식
- 문화재보호법에 규정한 문화재보존영향 검토구역의 범위 안에 건축행위를 할 때, 문화재전문가들이 심의를 거쳐 허가 여부를 결정하는 방식

이와 같은 몇 가지 방식 가운데에서 절대고도를 규제하는 방식, 앙각에 의한 사선규제를 통해 건축물의 높이를 제한하는 방식, 조례에 건축물의 높이를 규정하는 방식들은 건축물의 높이제한을 일률적으로 적용하기에는 편리하지만 현실적으로 나타나는 다양한 문제점들을 고려할 수 없다는 문제점이 있다. 또한 문화재 전문가들의 심의만을 통해서 높이규제를 하는 경우에는 허가 여부를 결정하는 데 일관성이 없고, 기준이 모호할 수 있으므로 형평성을 지키기 어려운 경우가 발생할 수 있다.

(2) 국내의 건축물 높이규제제도

현행 국내의 역사경관보존을 위한 건축물 높이규제제도는 보존목적에 따라 '왜소화방지'와 '스카이라인 형태보존'으로 구분하고, 규제의 유형에 따라 심의에 의한 간접적 규제와 지구지정 및 계획에 의한 직접적인 규제로 구분한다.

「문화재보호법」에 의한 문화재보호구역 및 보호구역경계로부터 500m 지역에서는 문화재현상 변경에 대한 문화재위원회의 심의를 통하여 건축행위를 허가하므로 이는 개별 건축물에 대한 간접적인 규제의 형태로 볼 수 있으며, '왜소화방지'와 '스카이라인 형태보존'을 목적으로 시행한다. 「국토의 계획 및 이용에 관한 법률」에 의한 제도는 직접적인 규제의 형태로 볼 수 있으며, 주로 '왜소화방지'를 목적으로 시행하는데, 다수의 문화

재 및 문화적 가치가 큰 지역의 보존을 목적으로 문화자원지구, 역사문화미관지구, 최고고도지구를 지정하거나 지구단위계획을 수립하며, 도로변 스카이라인을 형성할 목적으로 역사문화미관지구를 지정한다.

제3절 문화재 현상변경

1. 정의

문화재의 보존·관리 및 활용은 원형유지를 기본원칙으로 한다(「문화재보호법」 제3조). 여기에서 문화재의 원형유지란 문화재를 원래의 모습대로 보존하는 것으로 문화재의 현상을 변경하지 않는다는 의미를 내포하는 것이다. 그것은 문화재가 주변의 환경과 함께 무분별한 개발로부터 보호되어야 하며, 임의로 파괴되거나 훼손되어서는 안 된다는 뜻이다. 그러나 자연적인 혹은 인공적인 힘에 의해 문화재가 파괴되거나 훼손될 경우에는 어쩔 수 없이 문화재에 대한 현상변경행위가 일어날 수밖에 없으며, 이 때 문화재보호가 최우선적으로 이루어질 수 있도록 문화재 및 그 주변지역에 대한 현상변경을 하여야 한다.

'문화재의 현상변경행위'란 문화재의 원래 모양이나 현재의 상태를 바꾸는 모든 행위로서 문화재의 생김새, 환경, 경관, 대지 등 문화재와 연계되어 있는 생성인자에 직접 또는 간접적으로 영향을 주는 조건이나 현 상태에 영향을 주는 일체의 행위를 말한다. 문화재의 현상변경행위는 당해 국가지정문화재 자체의 현상변경행위와 당해 국가지정문화재보존에 영향을 미칠 우려가 있는 현상변경행위로 나눌 수 있다(「문화재보호법시행규칙」제15조 제1항, 제2항 참조).

2. 현상변경행위의 내용

문화재의 현상을 변경하는 행위나 그 보존에 영향을 미칠 우려가 있는 행위를 하는 자는 문화재보호법 및 지방자치단체의 조례, 규칙이 정하는 바에 의하여 문화재청장 또는 시도지사의 허가를 받아야 한다(「문화재보호법」 제35조). 그 내용은 「문화재보호법 시행규칙」 제15조에 다음과 같이 규정되어 있다.

1) 문화재 등의 현상을 변경하는 행위

(1) 지정문화재, 보호물 또는 보호구역을 수리, 정비, 복구, 보존처리 또는 철거하는 행위

(2) 지정문화재를 포획 · 채취 · 사육하거나 표본 · 박제 · 매장 · 소각하는 행위

(3) 지정문화재, 보호물 또는 보호구역 안에서 하는 다음의 행위

- 건축물 또는 도로 · 관로 · 전선 · 공작물 · 지하구조물 등 각종 시설물을 신축, 증축, 개축, 이축 또는 용도 변경하는 행위
- 수목을 심거나 제거하는 행위
- 토지 및 수면의 매립 · 간척 · 굴착 · 천공 · 절토 · 성토 등 지형이나 지질의 변경을 가져오는 행위
- 수로, 수질 및 수량에 변경을 가져오는 행위
- 소음 · 진동 등을 유발하거나 대기오염물질 · 화학물질 · 먼지 또는 열 등을 방출하는 행위
- 오수 · 분뇨 · 폐수 등을 살포 · 배출 · 투기하는 행위
- 동물의 사육하거나 번식하는 등의 행위
- 토석, 골재 및 광물과 그 부산물 또는 가공물을 채취, 반입, 반출, 제거하는 행위
- 광고물 등을 설치, 부착하거나 각종 물건을 야적하는 행위

2) 문화재보존에 영향을 미칠 우려가 있는 행위

(1) 역사문화환경보존지역에서 하는 다음과 같은 행위

- 지정문화재의 경관을 저해할 우려가 있는 건축물 또는 시설물을 설치 · 증설하는 행위
- 지정문화재의 보존에 영향을 줄 수 있는 소음 · 진동 등을 유발하거나 대기오염물질 · 화학물질 · 먼지 또는 열 등을 방출하는 행위
- 지정문화재의 보존에 영향을 줄 수 있는 지하 50m 이상의 굴착행위
- 지정문화재의 보존에 영향을 미칠 수 있는 토지 · 임야의 형질을 변경하는 행위

(2) 지정문화재가 소재하는 지역의 수로와 수질과 수량에 영향을 줄 수 있는 수계에서 하는 건설공사 등의 행위

(3) 지정문화재와 연결된 유적지를 훼손함으로써 지정문화재의 보존에 영향을 미칠 우려가 있는 행위

(4) 천연기념물이 서식 · 번식하는 지역에서 천연기념물의 둥지나 알에 표시를 하거나 그 둥지나 알을 채취하거나 손상하는 행위

(5) 그 밖에 지정문화재 외곽경계의 외부지역에서 하는 행위로서 문화재청장 또는 해당 지방자치단체의 장이 지정문화재의 역사적 · 예술적 · 학술적 · 경관적 가치에

영향을 미칠 우려가 있다고 인정하여 고시하는 행위

3. 처리절차

문화재구역, 문화재보호구역, 역사문화환경보존지역 안에서 지정문화재(보호물, 보호구역 등 포함)의 현상을 변경하거나 그 보존에 영향을 미칠 우려가 있는 행위를 하고자 할 때에는 신청인이 허가신청서류를 작성하여 시 · 군 · 구 문화재 담당과에 제출하여야 하며, 다음과 같은 절차에 의하여 처리된다.

1) 현상변경허가신청서 작성 · 제출

신청인(현상변경행위자)이 '문화재현상변경허가신청서'를 작성하여 관할 시 · 군 · 구 문화재 담당과에 제출한다. 이때 기본설계도서(건축계획서, 배치도, 평면도, 입면도, 단면도 등), 현장사진(원경, 전경, 근경 등의 문화재와 신청지의 현상을 볼 수 있는 사진), 토지 및 기타 물건의 소유자 동의서, 사업계획서(위치, 규모/대지 · 부지면적, 건물동수, 건축면적, 연면적, 건물높이, 건물구조), 위치도(대상문화재와 신청지역, 이격거리 표시 등), 기타 신청사유, 건축물관리대장 등 현상변경 신청내용을 파악하는데 필요한 참고자료를 모두 첨부할 수 있다.

2) 문화재보존영향 사전검토

신청인이 문화재현상변경허가신청서를 제출하면 국가지정문화재의 경우 시장 · 군수 · 구청장은 문화재구역이나 문화재보호구역에서 이루어지는 행위인 경우에는 문화재청에 제출하여 문화재위원회의 심의를 받도록 하고, 역사문화환경 · 보존지역에서 이루어지는 행위인 경우에는 문화재현상변경 등의 신청행위가 해당 지정문화재의 현상을 변경하거나 그 보존에 영향을 미칠 우려가 있는 행위로서 문화체육관광부령이 정하는 행위에 해당하는지의 여부를 사전에 관계전문가 3인 이상에게 '역사문화환경 보존지역의 문화재 보존 영향 여부 검토의견서'의 8개 항목에 대한 검토의견을 듣는다.

여기에서 관계전문가는 「문화재보호법시행규칙」 제2조에 의하면 다음과 같다.

- 문화재위원회의 위원 또는 전문위원(1명 이상 포함)
- 시 · 도문화재위원회의 위원 또는 전문위원(1명 이상 포함)
- 학교의 문화재 관련학과 전임강사 이상의 교원
- 문화재 업무를 담당하는 학예연구사 이상의 학예연구직 공무원 또는 7급 상당 이상의 별정직 공무원(1명을 초과해서는 안 됨)

한편, 문화재 보존 영향 여부 검토의견서의 8개 검토항목은 다음과 같다(「문화재보호법시행규칙」 제2조 제2항).

- 해당 국가지정문화재의 경관을 저해할 우려가 있는 건축물 또는 시설물을 설치 · 증설하는 행위인가
- 해당 국가지정문화재의 보존에 영향을 줄 수 있는 소음 · 진동 등을 유발하거나 대기오염물질 · 화학물질 · 먼지 또는 열 등을 방출하는 행위인가
- 해당 국가지정문화재의 보존에 영향을 줄 수 있는 지하 50m 이상의 굴착행위인가
- 해당 국가지정문화재의 보존에 영향을 미칠 수 있는 토지 · 임야의 형질을 변경하는 행위인가
- 국가지정문화재가 소재하는 지역의 수로와 수질과 수량에 영향을 줄 수 있는 수계에서 하는 건설공사 등의 행위인가
- 국가지정문화재와 연결된 유적지를 훼손함으로써 국가지정문화재 보존에 영향을 미칠 우려가 있는 행위인가
- 천연기념물이 서식 · 번식하는 지역에서 천연기념물의 둥지나 알에 표시를 하거나, 그 둥지나 알을 채취하거나 손상하는 행위인가
- 그 밖에 국가지정문화재 외각 경계의 외부지역에서 하는 행위로써 문화재청장 또는 해당 지방자치단체의 장이 국가지정문화재의 역사적 · 예술적 · 학술적 · 경관적 가치에 영향을 미칠 우려가 있다고 인정하여 고시하는 행위인가

이렇게 문화재 영향 여부를 검토한 관계전문가의 검토의견이 문화재현상변경 등의 행위에 해당되지 않거나 보존에 미치는 영향이 없다고 할 경우는 시 · 군 · 구청장이 문화재청장의 현상변경허가 없이 위임된 권한으로 관련사항에 대한 인 · 허가 행정행위를 할 수 있다. 그러나 관계전문가의 1/2 이상이 해당 건설공사의 시행이 문화재보호법 제35조 제1항 제2호에 따른 행위에 해당한다고 판단할 경우에는 허가 등 행정기관은 신청 현상변경해위가 지정문화재의 보존에 영향을 미칠 우려가 있는 행위에 해당한다는 결정을 내려야 한다. 이 경우 허가 등 행정기관은 그 건설공사의 시행자에게 현상변경허가 등의 허가를 받도록 안내하여야 하며, 시장 · 군수 · 구청장은 '역사문화환경보존지역의 문화재 보존 영향 여부 검토의견서'를 첨부하여 관할 시 · 도지사를 경유하여 문화재청장에게 관련서류 일체를 송부하여야 한다.

3) 문화재청장의 신청서류 처리

문화재청장은 허가신청서가 접수되면 관련서류를 검토하고 문화재위원회의 심의 의

결에 따라 허가 여부를 결정하여 신청인에게 통지한다. 서류검토시 설계도서 등 서류보완이 필요한 경우에는 관련 자료를 시·도지사와 시장·군수·구청장을 통하여 신청인에게 보완요청하고, 현지조사가 필요한 경우에는 문화재위원 등 관계전문가가 현지조사를 실시하고 문화재위원회의 심의를 거쳐 허가 여부를 결정한다.

허가 여부 결정 통지는 신청서 접수 처리의 반대 순으로 문화재청장이 시·도지사(시장·군수·구청장)를 경유하여 신청인에게 통지하게 된다.

제3장 고도보존계획

제1절 고도의 개념

1. 고도의 의미와 내용

1) 고도의 의미

「고도보존에 관한 특별법」에서는 고도를 경주, 부여, 공주, 익산으로 한정하고 있다. 이렇게 고도를 4개의 도시로 한정하고 있는 것은 고도를 '우리 민족의 정치·문화의 중심지로서 역사상 중요한 의미를 지니는 곳'으로 정의하고 있기 때문이다(「고도보존에 관한 특별법」제2조의 1).

현재 국내에서는 고도와 역사도시에 대한 명확한 구분의 기준이 없이 혼용되어 쓰이고 있다. 일반적으로 고도는 한나라의 정치·문화의 중심지, 즉 수도로서 기능했던 곳이며, 역사도시는 역사적 가치를 지닌 도시라고 알고 있다. 역사적 가치는 지정문화재나 유물 자체에 있을 뿐만 아니라 유적지나 특정한 지리환경에도 담겨져 있다. 우리나라에서 역사적 가치를 지닌 역사도시로 규정할 수 있는 곳은 신라의 수도였던 경주, 백제의 수도였던 부여와 공주, 후백제의 수도였던 전주, 마한과 백제의 유적이 다수 분포하는 익산, 조선의 수도였던 서울 등을 꼽을 수 있으나 그 중 서울은 역사도시로 꼽기에 옛 모습을 너무 많이 잃어버렸으며, 열거한 다른 도시에 비해 연륜이 비교적 짧은 편이다.

고도는 역사적 가치가 있는 역사도시 가운데에서도 특히 한나라의 수도로서의 지위를 가진 곳이다. 따라서 고도에는 일반도시와 달리 왕도만이 갖는 유·무형의 흔적인 왕궁, 성곽, 사찰, 왕릉, 그리고 국가통치와 관련된 역사적 사실들이 공간상에 녹아 있다. 현재 고도로 지정되어 있는 각 도시의 지정문화재 보유현황을 살펴보면, 경주시 297점, 부여시 187점, 공주시 185점, 익산시 86점이다(박훈, 정재용, 2008).

지금까지 이루어진 고도보존연구들을 살펴보면, 도시의 얼개와 건축물의 보존에 국한되어 왔으며 정책결정이나 예산배정 역시 이 부분에 집중되어 왔다. 그러나 이제부터는 고도의 자연환경보존과 고도의 충진요소인 옛 정원이나 숲 또는 옛길이나 물길과 같은 조경적 흔적들의 복원에 초점을 맞추는 인식의 전환이 있어야 한다.

2) 고도의 구성요소

(1) 고도의 형성

고도는 오랫동안 도시로서의 기능을 하다 수도로 지정된 곳도 있지만, 처음부터 수도로 지정하여 개발한 곳도 있다. 전자가 자생적 개념을 가지고 있다면, 후자는 계획적 개념을 가진다. 우리나라의 고도 4곳을 살펴보면, 신라의 왕도였던 경주가 비교적 안정적으로 도시의 기능을 계획적으로 갖춘 도시였던 것으로 보인다.

고도의 형성은 일단 자연환경이 기반이 된다. 여기에서 자연환경이란 산수를 의미하는데, 고도로 지정된 4곳의 경우 모두 산수가 잘 형성되어 있어서 이를 입증한다. 경주의 경우를 예로 들면, 경주분지를 둘러싸고 있는 오악(동 : 토함산, 서; 선도산, 남 : 남산, 북 : 소금강산, 중 : 낭산)과 경주분지를 흐르는 북천, 남천, 형산강이 도시를 형성하는데 있어 중요한 자연환경으로 작용하였다. 경주의 산들은 신라왕경의 형성에 직접적인 영향을 준 중요한 대상이었다. 그것은 신라의 대표적 사찰인 황룡사가 주변의 산들과 의미 있는 맥락을 가지고 자리를 잡았으며, 이 황룡사가 도시의 중심으로서 작용하고 있다는 것을 통해 확인된다. 한편, 경주분지를 흐르는 세 하천은 경주가 신라의 수도로서 천여 년 간을 지탱할 수 있는 기본적인 여건을 제공해주었으며, 신라인들의 삶의 방식과 정서의 형성에 많은 영향을 주었다. 또한 신라왕경의 범위와 도시구조를 결정짓는데 있어서 하천이 매우 중요한 요소로 작용했다는 것이 여러 연구를 통해서 확인된 바 있다.

(2) 고도의 구성요소

고도의 구성요소는 고도의 정체성을 보여주는데 결정적인 요소가 된다. 역사환경측면에서 살펴본 고도의 구성요소는 환경적 측면에서 도시조직, 도시경관, 시장, 설화를 담고 있는 장소가 있고, 건축적 측면에서는 왕궁, 사찰, 성곽, 왕릉 및 고분이 있으며, 조경적 측면에서는 도시숲, 왕궁이나 사찰 혹은 민가의 옛정원이 있다. 현재 고도로 지정되어 있는 4개의 도시는 모두 이러한 구성요소를 포함하고 있다. 그러나 워낙 오래된 시간성 때문에 원형을 유지하고 있는 것이 많지 않으므로 고도의 보존을 위해서는 이러한 구성요소들의 원형을 확인하는 작업이 필요하며, 그러한 요소들을 보존하는 작업이 있어야 한다.

제2절 고도와 지구의 지정

1. 고도의 지정

1) 지정주체

현재 고도로 지정된 역사도시는 경주, 부여, 공주, 익산 네 곳이다. 「고도보존에 관한 특별법」에는 이상 네 곳과 그 밖에 대통령령으로 정하는 지역을 고도라고 정의하고 있다. 「고도보존에 관한 특별법」에서는 고도의 지정은 문화체육관광부장관이 고도지정을 위해 필요한 기초조사의 결과를 토대로 고도의 지정이 필요하다고 인정되는 지역에 대해서 고도보존심의위원회의 심의를 거쳐 고도로 지정하도록 하고 있다(「고도보존에 관한 특별법」제 7조).

2) 기초조사

(1) 조사목적

기초조사는 고도 또는 지구의 지정을 위해 필요한 여러 가지의 사항을 조사하기 위한 목적을 가지는데, 이 결과를 토대로 고도 및 지구의 지정요건을 마련하게 된다. 기초조사는 문화체육관광부장관이 관할 특별시장 · 광역시장 · 도지사 · 특별자치도지사 또는 시장 · 군수 · 구청장에게 기초조사를 하도록 하여 그 결과를 제출받는다(「고도보존에 관한 특별법」 제6조).

(2) 조사내용

기초조사에서는 고도 또는 특별보존지구 · 역사문화환경지구의 지정 예정지에 대하여 다음과 같은 사항을 조사하게 된다(「고도보존에 관한 특별법 시행령」 제11조).

- 문화재(보호구역을 포함) 현황
- 문화재의 분포예상지역 현황
- 문화재와 문화재의 분포 예상지역 주변 토지의 이용 현황 및 계획
- 지질, 환경, 경관 등에 관한 사항
- 「국토의 계획 및 이용에 관한 법률」제2조 제3호 및 제4호에 따른 도시기본계획 및 도시관리계획에 관한 사항과 같은 조 제6호에 따른 기반시설의 현황 및 계획

(3) 조사방법

기초조사는 그것을 실시하는 행정기관의 장이 관계 행정기관의 장에게 조사에 필요한 자료를 제출하도록 하여 그 자료를 토대로 조사한다. 기초조사자료 가운데에서 다른

법령의 규정에 의하여 조사한 자료가 있으면 이를 활용할 수도 있다. 한편, 문화체육관광부장관, 관할 특별시장·광역시장·도지사 또는 시장·군수·구청장은 조사를 관련전문기관에 의뢰할 수 있다(「고도보존에 관한 특별법 시행령」제11조).

3) 지정절차

(1) 지정신청

고도의 지정을 요청하고자 하는 시장·군수·구청장은 고도지정 요청서에 다음의 사항을 첨부하여 관할 특별시장·광역시장 또는 도지사를 거쳐 문화체육관광부장관에게 제출하여야 한다(「고도보존에 관한 특별법 시행규칙」제3조).

- 기초조사 사항에 대한 개략적인 조사결과서
- 지역주민 등의 의견 수렴결과를 적은 서류
- 관할 특별시장·광역시장 또는 도지사와의 협의결과를 적은 서류
- 고도지정 요청지역의 보존에 대한 기본계획서

(2) 주민의견수렴

문화체육관광부장관, 시·도지사 또는 시장·군수·구청장이 고도를 지정하고자 할 경우에는 30일 이상의 기간을 정하여 당해지역 주민 및 관계전문가의 의견을 수렴할 수 있다. 지역주민의 의견을 수렴하고자 할 경우에는 둘 이상의 일간신문과 특별시·광역시·도·특별자치도 또는 시·군·구의 게시판 및 인터넷 홈페이지에 공고하고 30일 이상 일반이 공람할 수 있도록 하여야 한다. 공람내용에 대하여 의견이 있는 사람은 공람기간 내에 의견을 제출할 수 있으며, 문화체육관광부장관, 시·도지사 또는 시장·군수·구청장은 공람기일이 끝난 날부터 60일 이내에 제출된 의견을 반영할 것인지를 검토하여 그 결과를 의견 제출자에게 통보하여야 한다(「고도보존에 관한 특별법 시행령」 제12조).

(3) 고도보존심의위원회 심의

고도지정 신청을 받은 문화체육관광부장관은 「고도보존에 관한 특별법」 제6조의 규정에 의한 기초조사 내용 등을 검토하여 고도보존심의위원회에 고도지정에 관한 사항을 부의하여 심의를 거쳐야 한다(「고도보존에 관한 특별법」 고도보존법 제5조 제1항 제1호).

(4) 지정고시 및 공람

고도보존심의위원회에서 고도지정으로 가결한 경우 문화재청장은 고도지정에 대한

사실을 관보 등에 고시하는 것이 바람직하나 이에 대한 규정은 없다.

2. 지구의 지정

1) 지정주체

문화체육관광부장관은 관계 중앙행정기관의 장, 관할 시·도지사 및 시장·군수·구청장과 협의한 후 고도보존심의위원회의 심의를 거쳐 대통령령으로 정하는 바에 따라 고도 안에 '특별보존지구'나 '역사문화환경지구'를 지정할 수 있다(「고도보존법」 제8조 제1항).

2) 지구의 종류

(1) 특별보존지구

특별보존지구란 고도의 역사적 문화환경의 보존상 중요한 지역으로 원형이 보존되어야 하는 지구이다.

(2) 역사문화환경지구

역사문화환경지구란 특별보존지구의 주변지역 중 현상의 변경을 제한함으로써 고도의 역사적 문화환경을 유지하고 보존할 필요가 있는 지구이다.

3) 지정절차

지구의 지정절차는 고도의 지정절차를 준용하지만 지구지정의 고시 및 공람을 하도록 되어 있는 것이 고도지정의 경우와 다르다. 지구지정의 고시 및 공람내용은 다음과 같다(「고도보존에 관한 특별법시행령」 제13조).

- 지구의 명칭·위치 및 면적 등 내역
- 지정 등의 사유
- 그 밖에 지정 등에 필요한 사항

지구지정은 관보를 통해 고시하도록 하고, 당해 지구를 관할하는 시·도지사 및 시장·군수·구청장에게 관계서류의 사본을 송부하여야 한다. 이 경우 시·도지사 및 시장·군수·구청장은 관계서류의 사본을 지체 없이 일반에게 공람시켜야 하며, 그 내용을 「국토의 계획 및 이용에 관한 법률」에 따른 '도시기본계획' 및 '도시관리계획'에 반영하여야 한다(「고도보존에 관한 특별법」 제8조 3항). 지구지정 등에 관련된 서류의 사본을 송부 받은 시·도지사 또는 시장·군수·구청장은 2 이상의 일간신문과 시·군·구의 게시판 및 인터넷 홈페이지에 공고하고, 동 계획을 30일 이상 일반이 공람할 수 있도록 하여야 한다(「고도보존에 관한 특별법시행령」 제13조).

제3절 고도보존관리계획

1. 고도보존계획의 수립

1) 기본계획

(1) 계획수립주체

문화체육관광부장관이 특별보존지구나 역사문화환경지구를 지정하면 해당지역의 시장·군수·구청장은 관할 시·도지사와 협의하여 해당 지구에 관한 고도보존계획을 수립한 후 시·도지사를 거쳐 문화체육관광부장관에게 제출하고 승인을 받아야 한다. 이를 변경하는 경우에도 또한 같다. 다만, 특별자치도의 경우에는 특별자치도지사가 보존계획을 수립하여 문화체육관광부장관의 승인을 받아야 한다(「고도보존에 관한 특별법」 제9조 제1항).

특별자치도지사·시장·군수·구청장은 법에 따라 고도보존계획을 수립할 때에는 하고자 하는 경우에는 당해 고도의 주민 및 관계전문가 등으로부터 의견을 들어야 하고, 그 의견이 타당하다고 인정하는 때에는 이를 보존계획에 반영하여야 한다(「고도보존법」 제10조 제1항). 의견청취에 필요한 사항은 대통령령으로 정한다(「고도보존법」 제10조 제2항).

(2) 보존계획의 수립단위

고도보존계획은 10년간의 보존계획을 수립하여야 하고, 5년마다 사회적·경제적 여건 변화를 고려하여 고도보존계획을 재검토하여야 한다. 다만, 지구의 형태와 범위가 변경된 경우에는 지체 없이 변경된 내용을 반영하여 고도보존계획을 정비하여야 한다(「고도보존에 관한 특별법 시행령」 제14조).

(3) 고도보존계획에 포함될 사항

고도보존계획에는 다음의 사항이 포함되어야 한다(「고도보존에 관한 특별법」 제9조 제3항, 「동법 시행령」 제15조).

- 지정지구에서의 역사적 문화환경의 보존에 관한 사항
- 지정지구에서의 토지 및 건물 등의 보상에 관한 사항

- 지정지구에서 시설의 정비에 관한 사항
- 민간자본을 유치할 필요가 있는 경우 대상 사업과 유치방안
- 보존사업의 연도별 추진계획
- 연도별 재원 투자계획
- 보존사업의 추진기구에 관한 사항
- 이주대책에 관한 사항

(4) 계획승인

문화체육관광부장관은 고도보존계획을 승인하려면 관계 중앙행정기관의 장과 협의한 후 위원회의 심의를 거쳐야 하며, 필요한 경우 주민의견을 수렴할 수 있다(「고도보존에 관한 특별법」 제9조 제2항).

(5) 계획공고

문화체육관광부장관은 고도보존계획을 승인한 때에는 이를 관계 중앙행정기관의 장, 관할 시·도지사 및 시장·군수·구청장에게 송부하여야 하며(「고도보존에 관한 특별법」 제9조 제4항), 해당 시장·군수·구청장 또는 특별자치도지사는 보존계획을 둘 이상의 일간신문과 특별자치도·시·군·구의 게시판 및 인터넷 홈페이지에 공고하고 30일 이상 일반이 공람할 수 있도록 하여야 한다(「고도보존에 관한 특별법 시행령」 제16조).

2) 시행계획

(1) 계획수립 주체 및 기한

고도보존계획을 승인 받은 시장·군수·구청장은 고도보존계획의 효율적인 시행에 필요한 고도보존시행계획을 고도보존계획을 승인 받은 날로부터 6개월 이내에 수립하여야 한다.

(2) 시행계획승인절차

각 고도지역의 시장·군수·구청장은 수립된 시행계획을 관할 시·도지사를 거쳐 문화체육관광부장관에게 제출하고 승인을 받아야 한다. 이를 변경하는 경우에도 또한 같다. 시장·군수·구청장은 고도보존시행계획 수립을 위하여 필요한 경우 주민의견을 수렴할 수 있다.

문화체육관광부장관은 시행계획을 승인하고자 하는 때에는 실무위원회 심의를 거쳐야 한다. 시행계획을 변경하는 경우 보존사업의 목표를 변경하지 아니하는 범위 안에서

당해 사업의 세부계획변경, 측량착오, 기재착오, 그밖에 이와 유사한 사유로 인한 변경에 해당하는 경미한 사항의 변경은 실무위원회의 심의를 거치지 아니할 수 있다.

문화체육관광부장관은 시행계획을 승인한 경우 동 계획을 고도보존심의위원회에 보고하여야 한다.

2. 지구 내 행위제한

1) 특별보존지구

특별보존지구 안에서는 다음과 같은 행위를 할 수 없다. 다만, 대통령령이 정하는 바에 따라 문화체육관광부장관의 허가를 받은 행위는 할 수 있다(「고도보존에 관한 특별법」 제11조 제1항).

- 건축물이나 각종 시설물의 신축 · 개축 · 증축 · 이축 및 용도변경
- 택지의 조성, 토지의 개간 또는 토지의 형질변경
- 수목을 심거나 벌채 또는 토석류의 채취 · 적치
- 도로의 신설 · 확장 및 포장
- 그 밖에 역사적 문화환경의 보존에 영향을 미치거나 미칠 우려가 있는 행위로서 대통령령이 정하는 행위

여기에서 대통령령이 정하는 행위는 다음과 같다(「고도보존에 관한 특별법 시행령」 제18조).

- 토지 및 수면의 매립 · 절토 · 성토 · 굴착 · 천공 등 지형의 변경을 가져오는 행위
- 수로 · 수질 및 수량을 변경시키는 행위
- 소음 · 진동을 유발하거나 대기오염물질, 화학물질, 먼지, 열 등을 방출하는 행위
- 오수 · 분뇨 · 폐수 등을 살포 · 배출 · 투기하는 행위
- 「옥외광고물 등 관리법 시행령」 제4조 제1항 각호의 광고물을 설치 · 부착하는 행위

2) 역사문화환경지구

역사문화환경지구 안에서 다음의 행위를 하고자 하는 자는 대통령령이 정하는 바에 따라 해당 특별자치도지사 또는 시장 · 군수 · 구청장의 허가를 받아야 한다(「고도보존에 관한 특별법」 제11조 제2항).

- 건축물이나 각종 시설물의 신축 · 개축 · 증축 및 이축
- 택지의 조성, 토지의 개간 또는 토지의 형질변경
- 수목을 심거나 벌채 또는 토석류의 채취

- 도로의 신설 · 확장
- 대통령령으로 정하는 토지 및 수면의 매립 · 절토 · 성토 · 굴착 · 천공 등 지형을 변경시키는 행위, 수로 · 수질 및 수량을 변경시키는 행위(「고도보존에 관한 특별법 시행령」 제19조)

그러나 건조물의 외부형태를 변경시키지 아니하는 내부시설의 개 · 보수, 60㎡ 이하 토지의 형질변경, 고사한 수목의 벌채, 그밖에 시설물의 외형을 변경시키지 아니하는 개 · 보수는 건조물의 외부 등 대통령령이 정하는 행위는 특별자치도지사, 시장 · 군수 · 구청장의 허가를 받지 않고 이를 할 수 있다(「고도보존에 관한 특별법」 제11조 제3항, 「동법 시행령」 제20조).

제4장 전통조경공간계획

제1절 성격 및 계획과정

1. 성격

우리나라의 전통공간은 궁궐, 별서, 민가, 사찰, 서원, 능원 등에서 나타난다. 역사경관을 볼 수 있는 전통공간은 지금까지 우리 주변에 비교적 많이 남아 있는 편이었다. 그런데 전통조경은 고건축이나 고미술에 비해 훼손 가능성이 높기 때문에 점차 사라져 가고 있는 실정이다. 따라서 지금이라도 조경계에서 전통조경공간에 대한 관심을 가지고 이것에 대한 보존, 복원, 정비를 위해 각고의 노력을 해야 할 것이다.

지금까지 전통공간은 주로 건축이나 미술사분야에서 보존·정비계획을 수립해왔으며, 조경공간에 대한 비중도 크게 다루지 않았던 것이 사실이다. 그러나 조경공간은 건축과는 엄연히 다른 성격을 가지고 있으며, 그것의 조성배경이나 조성의 주체도 특별하다. 과거에는 조경과 건축이 일체가 되어 다루어져왔기 때문에 전통공간에서 조경의 전문성이 잘 나타나지 않을 수도 있었는데, 그것에 대한 연구가 깊어질수록 조경의 정체성이 분명히 나타나고 있으며, 조경은 독자적인 영역을 가지고 있었다는 것을 확인할 수 있다.

현실적으로 전통조경공간의 보존, 복원, 정비계획은 건축의 한 부분으로 취급되어 왔으며, 고건축의 보존·정비계획에 포함되어 이루어져왔다. 그러나 향후 전통조경공간에 대한 보존·정비계획은 조경전문가들이 담당하게 될 것이며, 앞으로 그 양이나 질 모두 지금과는 다른 수준으로 발전하게 될 것이다.

전통조경공간의 보존, 복원, 정비계획은 원형에 대한 이해가 선행되어야 한다. 따라서 전통조경공간계획 시에 지표조사와 시·발굴조사를 하여야 하기 때문에 이 분야에 대한 전문성이 절대적으로 요구된다. 또한 관련분야와의 학제적 연구 역시 중요하다. 따라서 전통조경공간계획은 독자적 연구는 물론 관련분야에 대한 지식이 필요하고 상보적 차원에서 계획을 수립해야 할 것이다.

2. 계획과정

1) 계획의 성격규명

계획의 성격규명 단계는 클라이언트의 요구를 정리하고, 수집된 기본적인 자료들을 토대로 계획의 목적 및 목표를 설정하는 단계이다. 이 단계에서는 설정된 계획의 목적 및 목표를 토대로 계획의 방향과 계획의 내용, 그리고 접근방법이나 절차 혹은 전략을 결정하게 된다.

2) 계획여건 분석

계획여건의 분석단계는 계획을 수립하는데 필요한 모든 자료들을 수집하고 분석하는 단계이다. 이 단계에서는 일반적으로 환경분석이 중심이 되며, 필요에 따라 관련법규의 검토나 관련 및 상위계획의 검토를 하게 된다. 분석결과는 기본구상으로 연결된다.

환경분석은 대상지와 주변지역에 대한 자연환경분석, 인문환경분석, 경관분석을 주요 내용으로 하는데, 일반적인 조경계획과 달리 전통조경공간의 원형에 대한 이해를 위해 지표조사나 시·발굴조사를 실시하는 경우가 대부분이다. 또한 작정자나 전통조경공간을 경영한 사람에 대한 이해도 매우 중요하게 취급하게 된다.

전통조경공간에 대한 관련법규는 매우 다양하며, 경우에 따라 준용하는 법규가 달라진다. 주로 적용되는 법규는 「문화재보호법」, 「국토의 계획 및 이용에 관한 법률」, 「건축법」, 「산림법」, 「도시공원 및 녹지 등에 관한 법률」, 「전통사찰보존 및 지원에 관한 법률」 등이다. 한편, 도시계획이나 지구단위계획, 공원녹지계획 등과 같은 관련, 상위계획에 대한 연구도 필요하다.

3) 기본구상

기본구상에서는 분석의 결과를 토대로 전통공간의 보존과 정비를 위한 다양한 아이디어를 도출한다. 이 단계에서는 도출한 다양한 아이디어를 구현하기 위한 대안들을 제시하게 되는데, 다이어그램이나 개략적인 선으로 표현한다.

대안은 기본방향이 서로 다른 몇 개의 안이 나올 수도 있고, 기본방향이 명백할 경우에는 구체적인 내용에 있어서 서로 다른 몇 개의 안이 나올 수도 있다. 최종안을 선택할 때는 각 대안들의 장단점을 여러 가지 측면에서 비교·분석하여 가장 바람직한 안을 선택한다.

4) 기본계획

최종적으로 선택한 대안을 토대로 기본계획을 수립하게 된다. 기본계획은 기본구상의 내용을 발전시켜 얻어지게 되는 것으로 대체적으로 완성된 후의 분위기가 어떠하며, 프로그램 상호간의 관계성은 어떻게 될 것인가를 보여주게 된다.

기본계획은 몇 개의 부문별 계획으로 나누어지는데, 토지이용계획, 동선계획, 부지정지계획, 식재계획, 수경관계획, 포장계획, 공급처리시설계획 등이 그것이다.

5) 사업계획

사업계획에서는 개략 공사비 산출과 투자계획, 단계별 혹은 연차별 추진계획의 수립, 관리계획의 수립 등과 같은 실제적 내용의 작업을 하게 된다. 사업계획은 실행을 위해 필요한 제반 사항들의 내용을 포함하기 때문에 실행성 여부가 중요하다.

제2절 궁궐조경계획

1. 궁궐의 조경공간

우리나라의 궁궐조경은 신라시대의 포석정, 통일신라시대의 안압지, 조선시대의 경복궁, 창덕궁, 창경궁, 덕수궁 등에서 살필 수 있다. 조선시대의 궁궐조경을 간략히 살피면 다음과 같다.

1) 경복궁

경복궁의 조경은 교태전 후원의 아미산, 경회루 방지, 향원지, 자경전의 화담과 십장생 굴뚝이 대표적이다.

아미산은 경회루 방지를 축조할 때 파낸 흙으로 조성되었으며, 장대석으로 된 화계가 잘 남아 있다. 화계에는 괴석, 석구(石溝), 석지(石池), 앙부일귀대가 남아 있으며, 벽돌로 축조한 6각형의 굴뚝 4개(보물 제811호)가 있다. 아미산의 화계에는 옥매, 황매, 홍매, 매화, 모란, 작약, 산철쭉, 앵두나무 등의 화목류와 소나무가 심어져 있고, 단 위의 동산에는 소나무, 참배나무, 느티나무, 살구나무, 산수유 등 다양한 수목이 식재되어 있다(박경자, 1997 : 82-86).

경회루 방지는 조선왕궁의 수공간 가운데 가장 장엄한 규모를 지니고 있는데, 방지의 규모는 남북 113m, 동서 128m이며, 못 속에 3개의 장방형 섬을 만들고 동쪽의 제일 큰 섬에 경회루를 건립하였다.

향원지는 규모가 4,605m²이며, 모를 약간 죽인 방지(方池)로 못 속에는 원형의 섬(324m²)을 조성하고 그 섬 위에 6각형의 향원정을 건립하였다. 이 섬에 들어가는 다리는 취향교(翠香橋)라 하는데 원래는 북쪽 지안 위에 있어 건청궁에 들어가도록 되어 있었던 것을 1953년 남쪽으로 옮겼다고 한다. 향원지의 수원은 북쪽 호안가에 있는 열상진원(列上眞源)이란 각자가 새겨진 샘물이다. 이 샘은 정석(井石)을 놓고 샘 주위에 판석을 깔았으며, 샘물을 향원지에 유입시키는 시설이 특이하다.

자경전은 대비의 처소인 대비전으로 이곳에는 화담이 조영되어 있다. 이 화담은 담벽 전체를 주황색 벽돌로 축조한 꽃담으로 담장에 중첩되어 가시되는 자경전 건물의 합각 부분에도 같은 기법의 장식을 도입하여 아름다움을 강조하고 있다. 한편, 자경전 뒤뜰에는 보물 제810로 지정되어 있는 십장생굴뚝이 있다. 이 굴뚝은 담장의 한 면을 한 단 앞으로 돌출시켜 만든 것이다. 굴뚝면 중앙에는 십장생무늬를 조형전으로 만들어 배치하였으며, 그 사이에는 회를 발라 화면을 구성하였다.

2) 창덕궁

창덕궁은 이궁으로 건립되었으며, 조경유적이 가장 많이 남아 있는 곳이다. 창덕궁의 조경유적을 보면, 후원의 부용지, 애련지, 반도지와 반월지, 옥류천과 대조전 후원이 대표적이다.

부용지(芙蓉池)영역은 부용지를 중심으로 남쪽에 부용정(芙蓉亭), 동쪽에 영화당(暎花堂), 북쪽 언덕 위에는 웅장한 자태의 주합루(宙合樓)가 자리를 잡고 있다. 부용지는 장방형 형태의 방지이며, 못 속에는 원형의 섬이 배치되어 있다. 못은 동서 34.5m, 남북 29.4m의 크기이며, 방형의 지안은 장대석으로 쌓았다. 원형 섬은 밑단을 다듬은 돌로 쌓고 그 위에 자연석을 놓았는데, 섬에는 노송이 식재되어 있다.

애련지는 숙종 18년(1692)에 조성된 방형의 못으로 동서 약 30m, 남북 약 26m 크기이다. 못은 불로문 북쪽에 있으며, 못의 북쪽가에는 방형 정자인 애련정이 놓여 있다.

반도지는 일제강점기에 일본인들에 의해 의도적으로 변형된 것으로 보이는 한반도형의 지당이다. 동궐도에는 이곳에 크고 작은 원형 3개가 한 곳에 모여든 호리병과 같은 모습을 하고 있는 것으로 그려져 있다. 반도지 북쪽 한 단 높은 곳에는 반월지가 있고 반도지와 반월지 사이의 계간에는 단아한 형태의 홍예석교가 있다.

옥류천은 창덕궁 후원에서 가장 깊은 곳에 있으며, 1636년 인조에 의해서 옥류천을 중심으로 조영된 계정이다. 계류 가에는 청의정, 소요정, 태극정, 농산정 등과 같은 정자들이 배치되어 있다. 계류는 북악의 동쪽 줄기인 매봉의 계곡에서 흘러내리는 것이며, 이 계류 위에는 간결한 판석의 석교들이 여러 개 놓여 있다. 어정 밑의 계류 가에는 거대한 소요암을 'ㄴ'자 형으로 잘라내어 만든 폭포가 있다.

대조전 후원의 화계에는 여러 가지 글씨와 문양이 화려하게 새겨진 굴뚝 2개와 담장이 있으며, 괴석과 석함, 수목, 2개의 홍예문 등이 있다. 현존하는 수목은 살구나무, 밤나무, 감나무, 소나무, 말채나무, 주목, 가이즈까향나무, 단풍나무 등이 있다.

3) 창경궁

창경궁의 조경유적으로는 낙선재 후원과 통명전 옆 석지가 있다.

낙선재(樂善齋)는 문정전의 서쪽에 자리 잡고 있으며, 그 동쪽에는 석복헌(錫福軒)과 수강재(壽康齋)가 연결되어 있다. 이들 건물 뒤편에는 후원이 조성되어 있다. 후원에는 화강암 장대석을 4~5단으로 쌓아 만든 화계가 있으며, 그 위에는 높이 1.5~2.0m의 꽃담이 있어 뒷동산과 구분하고 있다. 화계에는 괴석이 있고, 각기 다른 형태의 굴뚝이 있어 경관요소가 되고 있다.

통명전(通明殿) 서쪽에 있는 지당은 남북길이 12.8m, 동서너비 5.2m, 깊이 4m의 장방형 석지이다. 이 석지는 장대석으로 쌓아 올렸으며, 지안의 둘레에는 석난간을 돌려 일반적인 지당과는 많은 차이가 있다. 이 지당 위에는 남쪽으로 치우쳐서 석교가 무지개형으로 걸려 있다. 지당 속에는 석분에 심은 괴석 2개와 기물을 받쳤던 앙련대석 하나가 서 있다.

4) 덕수궁[20]

덕수궁의 조경유적으로는 석조전 전정이 있다. 석조전은 1910년에 완공된 건물로 건물 앞의 정원과 함께 신고전주의 유럽궁전의 건축양식을 모방하여 건축되었다. 석조전 앞마당은 중정식 정원으로 조성되었는데, 중앙에는 분수대가 있으며, 사방 주위는 관목이나 초화류만 심은 정형식 정원으로 이는 우리나라 왕궁에 조성된 최초의 서양식 정원이다.

2. 계획 사례/경복궁 복원 · 정비기본계획[21]

1) 개요

- 위치 : 서울시 종로구 세종로 1번지 일원
- 규모 : 대지 613,275㎡(약 185,800평)
- 계획연도 : 1994년
- 계획기관 : 우리건축사사무소

2) 계획의 목적 및 내용

경복궁 복원 · 정비계획은 첫째, 조선 정궁의 기본 궁제 보존 둘째, 세종 때의 우수한

20) 덕수궁에 대해서는 2005년에 덕수궁 복원정비 기본계획을 수립하여 일제강점기 동안 훼손, 훼철된 덕수궁의 원형을 복원하기 위한 제반 작업을 마친 바 있다(문화재청, 2005, 덕수궁 복원정비 기본계획).

21) 경복궁 복원 · 정비계획의 내용은 문화재관리국, 1994, 경복궁 복원정비기본계획보고서의 내용을 참고하였음.

과학문화재 재현, 셋째, 경내 시멘트 구조물 등 변형시설물 전면 철거, 넷째, 궁의 변형된 지형 복구, 다섯째, 일제강점기에 이전된 탑, 부도 등을 경외로 이설, 여섯째, 전통궁궐정원의 특성을 살리기 위한 조경공간의 정비를 목적으로 진행되었다. 계획은 단기계획과 장기계획으로 구분하여 수립되었으며, 조경계획은 식재계획에 한정되어 조경의 역할이 제대로 발휘되지는 못하였다.

복원·정비의 시점은 가장 최근까지 조선왕조의 정궁으로 사용되었던 시기로 하는 것을 원칙으로 하여 고종 중건 당시인 고종 5년(1868)으로 하되 중건 후 화재로 소실되어 재복구된 후 훼철된 일부 전각은 재복구 연도인 고종 25년(1888)으로 한다.

복원계획의 내용을 보면 건축물계획, 동선계획, 시설물배치계획, 기반시설정비계획, 지형정비계획, 조경계획으로 구분하여 각각 수립되었다.

3) 계획의 특징

조경계획이라고 해도 종합적인 역사경관계획이 아니라 식재계획이 중심이 되는 계획이어서 조경분야가 본격적으로 참여한 계획이라고 보기는 어렵다. 조경계획의 범위는 외조공간, 연조공간, 상원공간을 모두 포함하였으며, 주요 정원지역으로는 경회루일대, 아미산일대, 향원지일대, 녹산일대 등에 대한 계획을 수립하였다.

아미산일대의 조경계획내용을 살펴보면 화계에 소나무, 매화, 앵두, 살구, 목단, 작

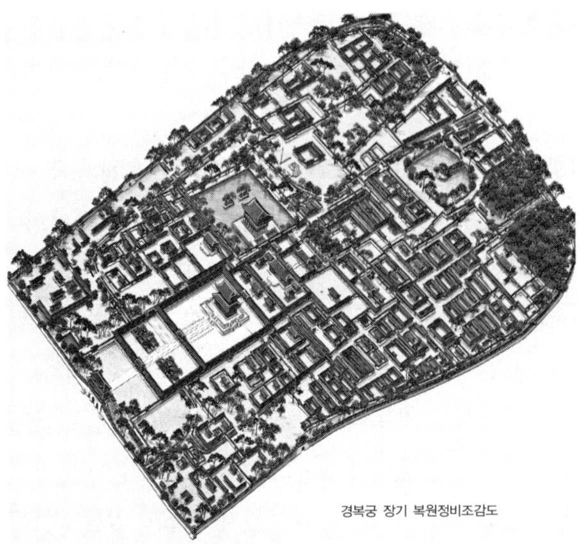

그림 3-7-1 경복궁 복원정비계획 조감도

약, 철쭉 등을 중점적으로 식재하고 제일 상단에는 산돌배나무, 소나무, 철쭉나무를 식재하는 것으로 되어 있다.

4) 계획의 시사점

경복궁 복원·정비계획은 건축이 중심이 되어 이루어진 계획으로 조경은 식재계획을 중심으로 하고 지반정비계획, 동선계획, 배수로정비계획에 부분적으로 참여하고 있다. 그러나 역사경관의 복원·정비계획에 조경이 참여하였고, 조경이 중요하게 취급되어야 한다는 개념을 심어줬다는 측면에서 보면 그나마 의미 있는 일이라고 할 수 있다. 이 계획이 수립된 이후 창덕궁, 덕수궁과 같은 궁궐의 복원·정비계획에서 조경이 의미 있는 내용으로 작업에 참여하게 되었으며, 그 후 점차 전통조경의 영역을 넓혀 2006년에는 '종묘조경정비기본계획'을 수립하는데 있어서 조경이 독자적으로 참여하여 역사경관의 복원과 정비에 대한 계획을 수립하는 수준으로 발전하게 된다.

제3절 별서조경계획

1. 별서의 조경요소

별서(別墅)란 별장형(別莊型)과 별업형(別業型)을 포함하는 제택(第宅)에서 떨어진 인접한 경승지나 전원지에 은둔과 은일 또는 순수하게 자연과의 관계를 즐기기 위해 조성해놓은 제2의 주택이다(이재근, 1992 : 41).

별서에는 계류, 지당, 수목, 화계, 석축이나 석단, 담장, 우물이나 샘, 괴석, 석가산 등의 조경요소가 있다.

계곡에 위치하고 있는 별서들은 대부분 계류와 연계하여 건물을 짓거나 경관요소들을 배치한다. 계류는 별서를 관통하여 흐르기도 하고, 별서의 경계부를 따라 흘러가는 경우가 있다. 우리나라 별서에서는 눈으로 가시되는 계류의 경관성은 물론 흐르는 소리가 경관요소가 될 수 있도록 조성하는 것이 일반적이어서 대부분 소폭포의 형태를 갖춘 계류가 많이 나타난다. 지당이 있는 경우에는 계류와 연계하여 조성하기도 한다.

수목은 별서의 경관요소 가운데에서도 매우 중요하게 취급했던 요소이다. 특히 다른 경관요소에 비해 수목은 생물이라는 측면에서 애호되었던 것으로 생각된다. 많은 별서의 경우 수목이 관상요소로 중요한 위치를 차지하고 있는 것을 보면 별서를 경영하였던 이들이 수목에 대한 관심이 많았던 것을 알 수 있다.

별서에서 전통적으로 많이 도입했던 지당은 대부분의 별서에서 도입하고 있는 인공경관요소이다. 별서에서 보이는 지당의 기능은 영지의 경우와 연지의 경우로 대분된다.

별서는 그것이 조성된 지형적 특성으로 인하여 화계를 조성하는 경우가 흔히 나타난다. 궁궐이나 일반 사대부가의 경우 후원에 화계를 조성하는 경우가 많으나 별서의 경우에는 굳이 건물 후면부가 아니더라도 지형적으로 취약한 장소에 화계를 조성하여 경관요소로 삼는다. 그 대표적인 예가 소쇄원의 경우이다.

석축이나 석단은 경사면을 안정시키기 위해 도입한다. 별서는 입지여건상 경사면이 노출되는 경우가 많아 석축이나 석단이 많이 축조된다. 별서의 석축이나 석단은 소박하면서도 구조적으로 치밀하게 축조되는데 대부분 그 지방에서 흔히 구할 수 있는 재료를 가지고 첩석의 형식을 취하며 쌓아올린다.

별서는 자연을 인공적인 공간 안으로 끌어들이고 한편으로는 자연스럽게 자연 속으로 인공이 스며들도록 만드는 것이 가장 중요한 공간구성원리로 보기 때문에 경계라는 것이 그렇게 큰 의미를 가진다고 보기는 어렵다. 단지 소쇄원의 경우와 같이 수직적인 경관요소로 도입하는 것이 일반적이었다.

별서는 자연환경이 좋은 장소에 입지하고 있으므로 수질이 좋은 경우가 많다. 따라서 별서에는 우물이나 샘과 같은 소규모 수경관 요소들이 흔히 나타난다.

별서에 도입한 괴석은 특별히 요란스럽지는 않았다. 작은 것이라도 의미를 부여하여 경관요소로 삼았으며, 담장 밑에 자연스럽게 배치하였다.

석가산은 수직적으로 돌을 쌓아 경관요소로 만드는 것으로 흔하게 나타나는 것은 아니지만 석가산을 조성하였다는 기록이 담양의 소쇄원이나 강진의 다산초당의 경우에는 남아 전해지고 있다(이재근, 1992 : 95).

2. 계획 사례/소쇄원 복원 · 정비계획[22)]

1) 개요

- 위치 : 전라남도 담양군 남면 지곡리 123번지 일대
- 규모 : 108,560㎡(32,800여 평)
- 계획연도 : 1983년 12월
- 계획기관 : 한국조경학회

22) 소쇄원 복원 · 정비계획의 내용은 문화재관리국, 1983, 소쇄원복원 · 정비계획보고서를 참고하였음.

2) 계획의 목적 및 내용

소쇄원(瀟灑園)은 우리나라의 대표적인 별서정원의 하나로 사적 제304호로 지정된 국가지정문화재이다. 이 소쇄원은 작정자인 양산보가 약 470년 전에 조성한 이래 오늘에 이르기까지 그 원형이 비교적 잘 보존되어 있지만 많은 부분이 인멸, 훼손 또는 변형되어 있어 보존정비가 시급한 실정이었다. 이 계획은 소쇄원의 보존정비사업을 체계적으로 실시하기 위한 기반을 마련하는 것으로 소쇄원의 원형해석, 실측 및 현장조사를 통해 소쇄원의 현황파악, 현존 유적의 보존정비를 위한 기본방침의 정립, 주요 건축물, 구조물 및 식재 등에 대한 기본계획과 설계도서의 작성, 사업계획 및 운영관리방안의 제시를 목적으로 수립되었다.

이 계획에서는 소쇄원에 대하여 복원보존을 원칙으로 하고 있으며, 복원시점은 16세기 말기로 잡고 있다. 한편, 식생의 경우에는 밝혀진 원형을 복원하는 것이 사실상 불가능할 뿐더러 생태학적으로나 경관보존상으로 바람직하지 않으므로 현존 식생을 가급적 존치하면서 원형에 따라 새로 식재할 수 있는 종만 복원한다는 것을 기본적인 방침으로 삼고 있다.

3) 계획의 특징

소쇄원 보존정비계획에서는 원형해석에 많은 비중을 두어 이유 있는 복원이 될 수 있도록 하였다. 원형해석을 위해서 작정자인 양산보에 대한 연구와 소쇄원 조영에 미친 영향인자의 연구를 선행하였다. 원형해석은 소쇄원도의 분석, 소쇄원 사십팔영(四十八詠)의 분석, 고제봉유서석록(高霽峰遊瑞石錄)의 분석을 통해서 이루어졌다. 한편, 소쇄원을 6개 영역으로 구분하여 공간구성을 분석하였고, 동선체계와 주요 건물 및 구조물, 식생, 경관 등에 대한 현황분석을 실시하였다. 현황분석과 원형해석을 토대로 이루어진 기본계획에서는 역사경관의 복원, 보존과 이용의 조화, 장소와 체험의 합일을 기본목표로 건축, 문, 교량, 대, 지당, 수경물에 대한 계획을 부문별로 수립하였으며, 식재계획을 별도로 수립하였다. 한편, 주변지역에 대한 계획도 수립하여 역사경관의 보존이 면적인 차원에서 이루어질 수 있도록 하였다.

4) 계획의 시사점

소쇄원 보존정비계획은 조경분야가 중심이 되어 수립한 최초의 역사경관에 대한 보존과 정비계획이다. 이 계획은 조경가가 연구책임자로 참여하였으며, 건축분야와 긴밀하게 협업을 전개하여 총합적인 보존정비의 내용을 담을 수 있었던 것으로 생각한다. 조경분야에서 연구의 책임과 진행을 맡으면서 건축분야에서 진행하였던 계획보다는 원형의 해석에 많은 공을 들였으며, 경관적인 측면에서 보다 치밀하게 원형을 해석할 수 있었던 것으로 보인다. 특히 단순하게 식재계획만 수립할 경우 전체적인 공간의 성격과 유리되거나 경관적 측면에서 건축과의 조화가 고려되지 못하는 한계를 극복할 수 있었던 것도 이 계획에서 얻어진 시사점이라고 할 수 있다.

이 계획이 수립된 이후 조경을 단순하게 나무만 심는 분야로 생각했던 기존의 분위기에서 조경계획이 곧 경관요소를 총괄적으로 다스리는 경관계획이라는 인식을 갖게 하였으며, 특히 이 계획은 문화재분야에서 건축이나 고고학, 미술사학자들이 조경의 위상을 달리 생각하게 된 중대한 역할을 하였다.

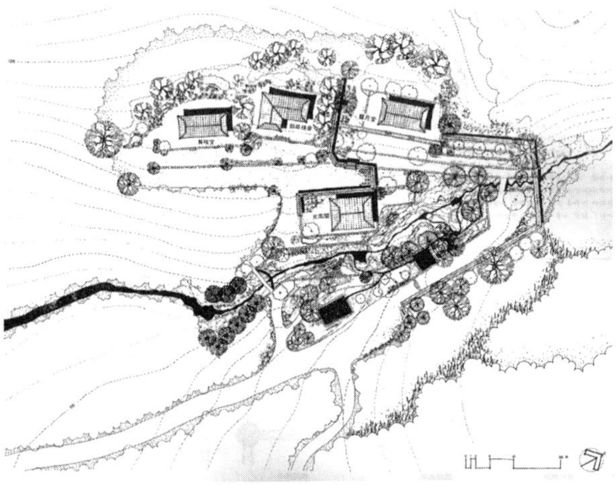

그림 3-7-2 소쇄원 보존정비계획도

제4절 민가조경계획

1. 민가의 공간구성

조선시대의 민가는 여성들의 거주공간인 안채, 남성들의 공간인 사랑채, 기타 공간인 행랑채, 별당, 사당, 고방채, 방앗간채 등 여러 건물로 이루어진다. 안채는 안방, 대청, 작은 방, 부엌 등으로 구성되고, 사랑채는 큰 사랑방과 작은 사랑방을 비롯하여 사랑대청, 마루방 등으로 구성된다.

민가의 특징적 외부공간인 마당은 건물과 건물 또는 담 등으로 둘러싸인 공간으로 기능과 성격에 따라 바깥마당, 사랑마당, 안마당, 별당마당, 뒷마당 등으로 구분된다. 이처럼 우리의 살림집은 채의 분화와 칸의 분화가 발달한 형태로 여러 동의 채와 다양한 성격의 실이 조합되어 특색 있는 살림집을 형성, 발달시켜왔다(한국건축역사학회, 2006 : 294).

한국의 민가에는 예외 없이 정원을 조성하였다. 정원은 아름다움과 즐거움의 대상이 되었는데, 정원을 조성할 때에는 특별한 원칙이 있었다. 특히 정원을 만드는 장소는 엄격히 제한하였는데, 안마당에는 큰 나무 등을 심지 않고 비워두는 경우가 많아 정원을 조성하기 어려웠으며, 정원은 주로 안채의 후원이나 사랑채의 사랑마당 혹은 별채에 조성하는 것이 일반적이었다. 안채의 후원에 조성하는 정원은 배산임수하는 주택의 입지조건에 의해 화계를 중심으로 이루어지는 정원이었으며, 주로 여성들의 완상대상이 되었다. 사랑채의 경우에는 여건에 따라 다양한 정원요소들이 도입될 수 있었으며, 주로 남성들의 전유물이 되었다. 별채가 있는 경우에는 못을 파고 조산을 하는 등 매우 적극적인 정원을 조성하기도 하였다.

2. 계획 사례/안재홍생가 정비보존계획[23)]

1) 개요

- 위치 : 경기도 평택시 고덕면 두릉 2리 646번지 일대
- 규모 : 장기계획규모 97,000㎡(29,300여 평)
- 계획시기 : 2006년 6월
- 계획기관 : 공주대학교 문화재보존과학연구소

2) 방향과 내용

안재홍생가 정비보존계획은 현재 안채와 사랑채로 구성되고 있는 가옥에 대한 현황측량을 실시하여 보존자료를 구축하고, 단기계획으로 마당 및 담장, 안채, 사랑채, 문간채, 화장실에 대한 건축적 차원의 정비보존계획을 수립함과 동시에 생가의 주변에 대한 환경정비를 실시하며, 장기계획으로는 생가가 입지하고 있는 마을에 대한 역사공원, 민족공원 계획을 수립하여 면적인 측면에서의 역사경관보존계획을 지향함을 목적으로 이루어졌다.

정비보존계획의 내용을 살펴보면, 안재홍생가의 건축적 특성을 연구하여 복원계획을

23) 지금까지 우리나라 사대부가에 대한 복원정비계획이 수립된 사례는 흔하지가 않다. 특히 사대부가의 조경계획이 수립된 경우는 없다고 해도 과언이 아닐 정도로 찾아보기가 어려운 실정이다. 향후 사대부가의 조경공간에 대한 본격적인 연구가 필요에 대한 본격적인 연구가 필요하며, 원형의 복원 및 정비에 대한 조경학계의 적극적인 참여가 요구된다 하겠다. 안재홍생가는 특별히 조경공간이 중요한 의미를 차지하는 반가는 아니지만 사대부가에 대한 복원정비계획의 좋은 사례가 없어 이해를 돕기 위해 소개하고자 한다.
안재홍생가의 정비보존계획의 내용은 평택시, 2006, 안재홍생가 종합정밀진단 및 정비보존계획을 참고하였다.

위한 기초자료로 삼고, 현황분석 및 구조안정성 검토를 통해 보존자료를 구축하며, 정비보존계획을 단기계획과 장기계획으로 나누어 수립하였다. 단기계획은 생가의 담장 내부의 건물과 담장에 대한 계획, 주변부에 대한 녹지조성계획을 내용으로 하며, 장기계획은 역사공원, 민족공원조성계획, 주변 가옥의 정비와 활용계획, 완충녹지확보계획 등을 포함한다.

3) 계획의 특징

이 계획은 단순히 사대부가의 담장 내부에 대한 정비보존계획에서 한 걸음 더 나아가 사대부가를 포함한 마을 전체에 대한 정비보존계획의 특징을 보이고 있다. 즉 점적 차원에서의 정비보존계획이 아니라 면적차원의 역사경관 보존정비계획인 것이다. 기존의 마을과 그 속에 문화재적 가치가 있는 가옥을 그 가옥의 기념성과 함께 보존하고 사회적으로 유익한 영향을 줄 수 있는 시설로 발전시키는 것이 이 계획의 기본적인 방침으로 생각된다. 문화재에 대한 보존과 활용을 동시에 고려한 계획의 성격을 지니고 있어 향후 사대부가에 대한 계획의 범위를 확대하는데 중요한 사례가 될 것으로 판단된다.

4) 계획의 시사점

우리나라에는 조선시대 후기에 지어진 민가들이 비교적 풍부하게 남아 있는 편이다. 지금까지 이들 민가에 대한 다양한 차원에서의 조사가 이루어져 있기는 하나 훼손된 환

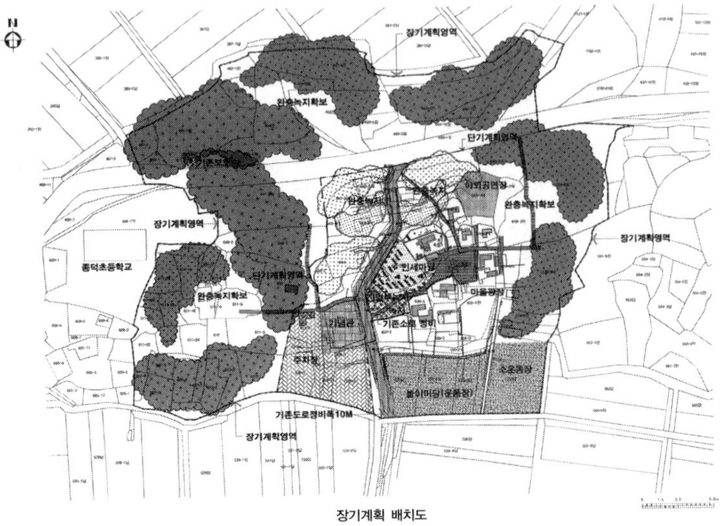

그림 3-7-3 안재홍생가 정비보존계획도(장기계획)

경에 대한 정비보존계획의 수립은 제대로 수행되지 않은 것이 사실이며, 정비보존계획이 수립되었다 하더라도 건물에 대한 부분적인 계획이지 조경을 포함한 종합적 차원에서의 보존정비계획의 수립은 거의 없었다고 해도 과언이 아니다. 특히 보존가치가 뛰어난 정원에 대한 본격적인 조사와 그 조사를 토대로 하는 보존정비계획의 수립은 절대적으로 필요한 일이 아닐 수 없다. 안재홍생가의 정비보존계획은 이러한 필요성을 일깨워 주는 좋은 사례가 되고 있다.

제5절 사찰조경계획

1. 사찰의 경관요소

우리나라 사찰조경의 역사는 불교가 전래되었던 삼국시대부터 시작된다. 물론 그 당시 우리나라의 사찰에서 이루어진 조경은 중국의 조영문화를 흉내 내는 정도의 수준이었을 것으로 생각된다. 그러나 그 당시의 사찰조경문화가 우리나라의 조경문화형성에 미친 영향은 실로 심대하였다. 이것은 지금까지 법등이 끊임없이 이어지고 있는 분황사나 통도사, 불국사, 부석사 등의 사찰에서 확인할 수 있는데, 이러한 사찰들에서 나타나는 석축기법이나 연못의 조영기법 등을 보면, 그 당시 조경 수준이 현대의 조경과 비교해도 손색이 없을 정도였음을 알 수 있다.

한국의 전통사찰에서 발견되는 사찰조경은 단순히 나무와 물 또는 석조 점경물과 같은 경관요소를 도입하는 차원이 아니라 사찰이 입지할 터를 정하고 그 터에 적합하도록 건물과 외부공간을 구성하며, 종교적 상징성을 표상할 수 있는 경관요소를 도입하는 일련의 경관계획으로 이해된다.

한국의 전통사찰에서 발견되는 경관구성요소는 실로 다양하다. 지형경관요소로는 석단, 화계, 계단 등이 있으며, 수경관요소에는 계류와 다리, 연지와 영지, 폭포, 석수조 등이 있다. 그밖에도 문이나 담, 굴뚝과 같은 건축적 요소들이 있으며, 석탑, 부도, 석등, 당간지주와 같은 석조점경물도 있다. 이러한 다양한 경관구성요소들은 모두 부처님의 세계를 현실세계에서 구체적으로 보여주기 위한 장엄물인 것이다.

2. 계획 사례/청평사 선원 복원 · 정비계획[24)]

1) 개 요

- 위치 : 강원도 춘천시 북산면 청평리 오봉산 일대
- 규모 : 43,200㎡(13,000여 평)
- 계획시기 : 2005년 12월
- 계획기관 : 상명대학교

2) 복원 · 정비방향과 내용

청평사 선원 복원정비는 전통 고려정원의 경관계승, 전통문화재의 보존 및 전승, 주변 문화관광자원과의 연계 및 특성화를 위해서 이루어졌으며, 유적복원계획, 시설물계획, 주변경관계획을 내용으로 한다.

유적복원계획은 지표 및 발굴조사와 고증을 통해서 원형복원이 가능한 범위까지 복원계획을 수립하였으며, 시설물계획은 각 공간별로 도입 가능한 시설물을 구분하여 주변공간과 조화되도록 하였고 주변경관계획은 기존의 주변 사찰경관을 유지하면서 외형은 전통적인 수법과 재료를 사용하여 계획하였다.

3) 계획의 특징

전통조경계획에서는 정비 · 복원의 시점이 매우 중요하게 다루어진다. 왜냐하면 전통조경공간은 원형이 그대로 유지되어 지금에 이르는 것이 아니라 계속해서 변형되어 오늘 우리들에게 보이는 것이기 때문이다. 이 계획에서는 정비 · 복원의 시점을 작정자인 이자현이 1089년 선원중심의 사찰로 조성한 시기로 정하고 복원 · 정비방안을 도출하였다.

계획은 현지 여건과 특성을 고려하여 전체 청평사(선원)영역을 7개로 구분하고 각 공간별 특성을 고려한 고증 복원 및 정비방안을 수립하였는데, 그 중 청평사 정원의 중심이 되는 영지권역의 경우 원형을 복원하기 위하여 연못정비, 지안 및 배수로 정비계획을 수립하였으며, 영지 북쪽편의 사모정(초정) 복원, 동선정비, 다리가설, 물방아 복원, 그리고 주변의 어수선한 환경을 정비하는 내용으로 계획을 수립하였다.

4) 계획의 시사점

전통조경계획은 원형의 해석이 가장 중요한 계획의 내용이 된다. 청평사 선원 복원 · 정비계획 역시 원형의 해석을 위해 문헌고찰과 지표조사에 해당하는 현지 환경분석을

24) 청평사 선원 복원 · 정비계획은 춘천시, 2005, 청평사선원학술조사보고서의 내용을 참고하여 정리하였음.

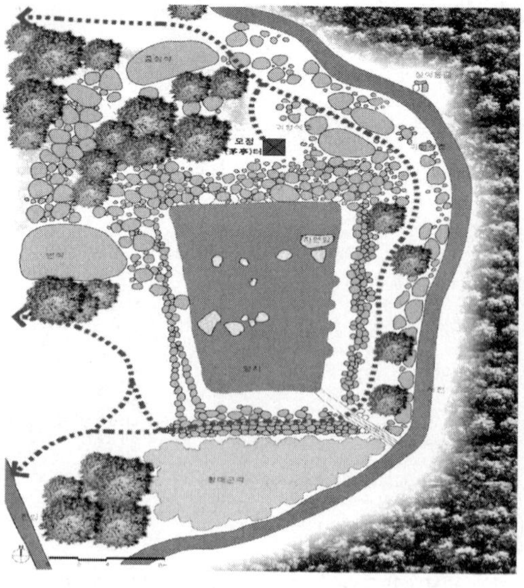

그림 3-7-4 청평사 선원 영지주변계획도

실시하였으며, 그 과정에서 얻어진 자료들을 동원하여 계획을 수립하였다. 물론 시굴이나 발굴조사를 충분히 하여 원형을 해석하면 보다 완벽한 결과를 얻을 수 있겠으나 설계단계에서 발굴조사를 시행할 계획을 가지고 있으므로 현 단계에서는 문헌고찰과 지표조사결과에 의지한 것으로 생각된다.

복원·정비계획의 수립은 역사경관의 원형을 밝혀 그것을 복원하는 것이 가장 큰 과제이겠으나 문화재를 박제화된 개념이 아니라 그것이 훼손되지 않는 범위에서 적극적으로 활용하는 것 또한 중요한 과제가 된다. 이 계획에서는 원형의 복원뿐만이 아니라 활용을 위한 동선의 정비, 다리의 개설, 정자의 신축 등과 같은 내용을 계획에 포함시키고 있다.

III

ecological planning

PART 8 생태계획

제 1 장 생태조경계획

조현길

생태조경은 조경학에서 핵심적으로 다루는 학문분야의 일부이며, 조경학의 태동 이래 지속적으로 학문적인 관심과 발전을 거듭해 왔다. 최근, 생태 또는 환경에 대한 사회적 관심의 증가에 부응하여 생태조경에 대한 수요는 더욱 상승하는 추세이다. 즉 현 사회는 환경과 웰빙을 중시하는 LOHAS(lifestyles of health and sustainability) 사조를 추구하는 시대로 변모하고 있다. 이러한 새로운 생활양식은 21세기 사회 및 산업을 이끄는 주류를 형성할 것으로 예측한다. 건축산업에서도 분양률과 매매가격을 인상시키기 위한 차별화전략으로서, 환경친화적 설계 및 시공을 강조하는 그린마케팅이 산업변화의 중심에 서 있다. 이러한 견지에서 생태조경의 사회적 수요는 도시, 농·산촌, 여가 등 제반 공간을 대상으로 계속 증가할 것이라고 전망한다.

그러나 생태조경이 짧지 않은 역사를 보유하고 실제 사업에 다양하게 적용되어 왔다고 하더라도 극복해야 할 당면과제가 특히 국내에서 적지 않은 상황이다. 예를 들어, 조성한 생태공원이 혹시 자생식물만을 배식해 놓은 식물학습원에 불과하지 않은지 또는 생태도시라는 미명 하에 추진한 신도시 건설사업이 생태적으로 근거 없는 밀도기준이나 녹지 확보의 허울에 불과하지 않은지 자성해 볼 일이다. 엄밀한 의미에서 생태조경은 대상공간의 구분 없이 공통적으로 생태계 구조 및 기능과 관련된 생태적 원리나 이론의 적용을 근간으로 해야 한다.

따라서 우선 생태조경에 필요한 생태원리와 이론을 정립하고, 이를 응용하는 창의적 조경계획 및 시공기법을 개발해야 한다. 그리고 개발기술을 시공현장에 시범 적용하여 의도한 생태기능의 달성 여부를 검증하는 연구를 수행할 필요가 있다. 이러한 과학적 연구의 축적을 통해 실용적 생태조경 기준이나 방안을 구축함으로써 기존 생태조경의 한계성과 허구성을 극복하고 미흡한 학생교육 자료를 보강하여, 생태조경에 대한 사회적 관심도에 적절히 부응해야 할 것이다.

제1절 의의와 원리

1. 의의

생태조경계획이란 생태계의 구조와 기능을 분석하고 그 결과를 조경계획에 적용하여 인간과 타 생물의 건강한 생활환경을 유지 또는 창출하는 응용과학이라고 정의할 수 있다. 생태계의 구조는 공기, 땅 및 물의 무생물 요소와 생산, 소비 및 분해를 담당하는 생물요소를 포함한다. 생태계의 기능이란 이들 무생물 및 생물의 요소 간에 나타나는 에너지, 물질 및 생물의 유동을 의미한다.

과거의 경제지향적인 개발사업은 자연경관의 훼손을 포함한 생활환경의 질을 악화시키는 결과를 초래하였다. 그 대표적인 예가 생물다양성 감소, 도시열섬 현상 및 대기오염, 수자원 고갈 및 수질오염, 생산성 저하, 기후변화 등이다. 생태조경계획은 이러한 환경문제의 발생을 최소화하도록 자연의 질서나 생태적 원리를 반영하여 건전한 생활환경을 조성하고자 하는 학문분야이다.

생태조경계획은 일반 조경계획의 일부로서 모든 조경계획의 과정에서 다루어야 하는 분야이다. 다만, 생태조경계획은 생태적 원리와 이론의 적용에 초점을 두며 생태복원까지 다룬다는 측면에서, 인간 행태적 접근과 경관미적 접근을 포함하는 일반 조경계획과 구별된다. 자연환경이 우점하고 생태적 가치가 높거나 생태기능의 개선을 요구하는 공간에서 특히 생태조경계획이 유용함이 그 예이다.

최근, 삶의 질에 대한 사회적 관심은 조경을 비롯한 도시계획, 건축, 토목 등 환경계획 및 설계분야에서 생태나 환경을 표방한 각종 개발사업을 추진하고 있다. 아울러 생태조경은 21세기 설계 및 시공 산업의 주류를 형성할 것이라고 전망된다. 그러나 생태계의 제현상과 생태적 원리에 대한 분석적 이해를 소홀히 하면서 검증 과정을 무시한 채 관련 개발사업을 시행하여 왔다.

진정한 의미의 경제발전은 회복 불가능한 생태 및 환경문제라는 부산물을 수반하지 않는 사업을 통해 달성할 수 있다. 생태조경계획은 이러한 측면에서 중요한 의의를 지니며, 자연환경 및 경관훼손의 최소화, 개발과 보전의 조화, 건강한 생활환경의 창출 등 생태조경에 대한 사회적 수요에 적절히 대응할 필요가 있다.

2. 원리와 이론

생태계는 거시적으로 보면 땅(지권), 물(수권) 및 공기(기권)로 구성되며, 이를 다시 무생물 및 생물 요소로 구분할 수 있다. 무생물 요소는 기후, 지형, 지질, 토양, 물 등으로 세분되며, 생물 요소는 생산, 소비, 분해를 담당하는 식물과 동물(인간 포함)을 포함한다. 생태조경계획은 이들 생태계 구성요소 간에 나타나는 생태기능의 원리를 이해하고, 토지이용이나 경관유형의 크기, 모양, 연결성, 다양성 등을 포함하는 최적 구조를 모색해야 하며, 아울러 생태계 기능과 구조의 동적 변화를 반영할 필요가 있다.

1) 기능적 원리

(1) 에너지흐름

에너지는 무언가를 할 수 있는 능력을 지칭하며, 모든 생물 및 무생물 시스템은 에너지 전이에 관여한다. 에너지원은 태양, 바람, 물, 바이오매스(biomass) 등의 재생 가능한 에너지와 석탄, 석유 및 천연가스와 같은 재생불가한 화석연료로 구분할 수 있다. 에너지의 흐름은 다음과 같은 몇 가지 원리 또는 법칙을 수반한다(Odum, 1971; Odum and Odum, 1976; Ramade, 1984; Miller, 1990).

① 에너지보전의 원리(열역학 제1법칙) : 에너지는 전이과정에서 별도로 생성되거나 소멸하지 않으며, 단지 한 형태에서 다른 형태로 변형될 뿐이다.

② 에너지저질화의 원리(열역학 제2법칙) : 에너지 변형의 모든 과정은 주변 환경에 불용한 형태의 엔트로피(entropy)를 발생시키면서, 에너지의 부분적 저질화(degradation)를 수반한다.

③ 일방향 흐름(unicyclic flow)의 원리 : 에너지는 일방향으로 흐를 뿐이며 순환하지 않는다.

상기한 원리와 같이 각각의 영양단계(trophic level) 또는 토지이용 간에 양질의 에너지를 재순환시키는 것은 불가능하다. 그러나 신중한 조경계획은 에너지의 효율성을 증진하고 저질화의 속도를 지연시켜 네겐트로피(negentropy)를 최대화할 수 있다. 예를 들면, 에너지절약형 주택조경계획, 공장폐열과 같은 불용에너지의 농경과 양어를 위한 생산적 재이용, 영양단계의 다양화 및 공간 이질성의 증진 등이 그것이다.

(2) 물질흐름

물질이란 환경과 생물 사이에서 오고 가는 양분(nutrient), 물, 오염물 등을 의미한다. 물질의 흐름과 관련된 주요한 생태원리를 요약하면 다음과 같다(Odum, 1971; Miller, 1990).

① 물질보전의 원리 : 모든 물질은 무(無)에서 생성되지 않으며, 전이과정에서 단지 다른 물리적 또는 화학적 형태로 변형될 뿐 무(無)로 소멸하지 않는다.

② 물질순환의 원리 : 에너지는 일방향으로 흐르지만 물질의 흐름은 순환하는 특성을 지닌다.

Odum(1971)에 따르면, 생태계는 자체유지(self-maintenance) 및 자체제어를 통해 어떤 상한 내에서 외부 훼손에 견디며 평형상태(equilibrium state)를 유지하려는 능력을 보유한다(항상성의 원리). 경관유형 간에 그 한계를 초월하는 물질의 흐름은 정상적인 생물지구화학적(biogeochemical) 순환을 와해시켜 대기, 토양 및 수질오염을 초래한다. 따라서 물질의 절약, 폐물질 재순환, 평형수준 계량분석 등을 통해 건전한 물질흐름을 지향하는 조경계획이 필요하다.

(3) 생물이동

야생동물은 확산(dispersal)과 이주(migration)를 통해 한 서식지에서 새로운 서식지로 이동한다(Forman and Godron, 1986). 확산은 새로운 서식지로의 일방향 이동을 의미하며, 이주는 계절에 따라 이용하는 다른 서식지 간 순환적 이동을 지칭한다.

식물 역시 종자, 열매 또는 포자와 같은 번식원의 확산을 통해 이동한다(Forman and Godron, 1986). 식물의 이러한 이동은 바람, 물, 동물 및 인간과 같은 다양한 매체 또는 벡터(vector)에 의존한다.

새로운 서식지에 이동한 종의 성공적인 정착은 제한인자(limiting factor)를 비롯하여 이 제한인자 및 타 환경요인에 대한 종의 내성한계에 의해 좌우된다. 제한인자의 원리란 종의 생존과 성장은 최소한 요구되는 물리적 자원의 양과 변이에 의해 제어된다는 것을 나타낸다.

야생동물의 서식을 위한 3가지 필수자원은 은신처(cover), 먹이 및 물이며, 이들 자원의 유용성이 서식 가능 여부를 결정한다. 특히, 많은 야생동물은 근접하여 분포하는 하나 이상의 서식처를 필요로 한다. 대규모의 개발지나 수체와 같은 장벽은 야생동물의 이동을 제한한다. 식물의 분포와 번식은 광, 온도, 습도, 양분 등 물리적 인자의 적정 범위에 달려 있다. 경합, 포식 및 기생의 생물적 인자도 역시 종의 서식을 제한하는데 작용할 수 있다.

2) 동적 원리

생태계는 정적 상태에 머물지 않고 시간에 따라 계속적으로 동적인 변화를 수반한다. 이러한 동적 과정은 생태천이에 의해 대표된다. Clements(1916)의 천이에 대한 유기체적 견해(organismic view)에 의하면 천이는 어떤 유기체의 발달과정과 같이 동적 평형상태(즉, 극상)에 도달하는 규칙적이고 예측 가능한 발달이다.

그러나 Gleason(1917)은 그의 유기체적 견해를 반박하면서 개체적 견해(individualistic view)를 제시하였다. 즉 천이는 상이한 초기 환경조건, 장소 및 훼손과정과 관련된 개개종의 이주와 정착 특성에 따라 상이한 군집으로 변화한다고 주장하였다.

근·현대의 관련 생태연구(Drury and Nisbet, 1973 ; Noble and Slatyer, 1980 ; Tilman, 1990)는 Clements보다는 Gleason의 견해를 더 지지하는 경향을 보인다. 천이에 대한 여러 견해를 종합하면, 천이란 개개 종의 생활사 특성, 서식지 환경조건과 훼손특징, 자원경합의 상호작용의 결과로 나타나는 시간상의 외관적 변화라고 해석할 수 있다. 즉 식생군집의 동적 변화에 대한 이해는 개개 종의 생장특성, 서식환경 조건, 인간간섭, 자원경합 등의 요인을 파악할 필요가 있음을 시사한다.

생태계가 발달함에 따라 그 구조와 기능이 함께 변화한다. 성숙한 생태계는 성장과정의 경우에 비해 종다양성이 더 높고, 에너지 및 물질이용의 효율성이 증가하고, 훼손에 대한 안정성이 더 높은 경향을 나타낸다(Odum, 1971 ; Ramade, 1984). 이러한 경향은 추가적인 검증을 필요로 하지만, 생태계의 발달이 구조와 기능 면에서 더 바람직한 방향으로 진전된다는 것을 대변한다.

물리적 환경은 자연형성 과정이나 인간간섭에 의해 변형된다. 자연형성 과정은 생물 및 무생물 요소의 변화와 그들 간 상호작용을 통해 나타난다. 자연형성 과정의 속도와 정도는 일반적으로 각각 느리고 가볍지만 인간간섭은 생태계가 적응하기에 너무 빠르고 심한 특성을 보인다. 이러한 인간간섭은 성숙한 생태계로의 발달을 방해하고 생태계의 심각한 훼손을 야기할 수 있다. 자연생태계 발달의 원리에 기초한 조경계획은 경관의 다양성을 증진하고 건전한 생태기능을 확보할 뿐만 아니라, 경관의 유지 및 관리비용을 감소시킨다.

제2절 생태조경계획 지침

1. 에너지절약계획

1) 녹지계획

녹지는 차양, 증발산 및 방풍의 기능을 통하여 건물의 냉난방에너지를 절약한다. 즉 도시수목은 건물에 도달하는 태양복사를 차단하고, 증발산에 의해 현열을 잠열로 바꾸어, 건물 주변 대기온도를 감소시켜 여름철 냉방에너지를 절약한다. 또한, 주거지에 분포하는 수목은 표면마찰을 증가시켜 풍속을 저하시키며, 풍속저하 혹은 방풍은 건물 내부로의 찬바람 침투를 막고 외부로의 열손실을 낮추어 겨울철 난방에너지를 절약한다.

녹지의 차양, 증발산 및 방풍 기능은 춘천시의 경우 수목피도 20%인 주거지구에서 난방에너지를 단독주택의 호당 연간 2%(2,130MJ), 냉방에너지를 19%(180kWh) 각각 절약하였다(조현길, 안태원, 1999a). 그런데 수목차양은 오히려 건물에너지의 연간 소비를 더욱 증가시키는 역효과를 초래하였다. 그 이유는 냉방에너지에 비해 난방에너지의 소비가 많은 춘천시에서 수목을 부적절한 방향에 식재하여 여름철 냉방에너지를 절약하나 그 이상으로 겨울철 태양광선을 차단하여 난방에너지 요구를 부가시킨 것에 기인한다.

난방에너지 요구를 증가시키는 역효과는 남향의 차양수목이 동일 크기의 타 방위 수목들에 비해 가장 크고, 서향의 경우가 가장 적은 것으로 나타났다(조현길, 안태원, 1999a; 2010). 차양을 통한 에너지절약의 효과를 증진하기 위해 건물 주변 모든 방향에 분별없이 많은 수목을 식재하기보다는 적절한 방향에 적정한 수목을 식재하는 전략이 필요하다. 건물에너지를 절약하기 위한 녹지계획 지침(조현길, 안태원, 1999a; 2010; 조현길, 2005)을 제시하면 다음과 같다.

① 수목차양에 의한 냉난방에너지 절약효과가 가장 큰 식재방위는 건물의 서향이다. 건물 서향으로 가급적 창 및 벽면 가까이에 수목을 군식하여 여름철 오후의 태양광선을 최대한 차단해야 한다.

② 건물의 동향 가까이에는 대형 낙엽활엽교목을 식재하여 여름철 오전의 광선은 차단하고 겨울철 오전의 일사는 허락하는 전략이 필요하다. 동향에의 소교목 및 상록수 식재는 겨울철 오전의 일조를 방해하므로 회피한다.

③ 건물의 남향을 비롯한 동남향 및 서남향의 차양수목은 겨울철 광선을 차단하여 난방기간이 긴 중부지방에선 난방에너지 요구를 가중시키므로 식재를 회피해야 한다.

④ 건물의 남측에 식재가 불가피하다면, 태양고도가 높은 여름철엔 지붕에의 일사를

차단할 수 있고(저층 건물에 해당), 태양고도가 낮은 겨울철에는 창 및 벽면에의 광선투과를 최대화할 수고가 큰 태양친화적 교목(solar-friendly tree)을 식재한다. 여기에서 태양친화적 수목이란 봄의 개엽시기가 늦은 반면 가을의 낙엽시기가 이르고, 낙엽 후 가지밀도가 낮아 난방기간 중 광선투과가 양호한 낙엽수를 의미한다. 이러한 수목의 예는 층층나무, 은행나무, 회화나무, 팽나무 등이다.

⑤ 차양과 무관한 건물의 북향, 동북향 및 서북향에는 낙엽수와 상록수를 밀식하여 증발산 효과를 최대화하고, 표면마찰 증가에 따른 겨울철 한풍감속 기능을 증진한다. 북향 건물 벽에 인접하여 상록관목을 식재하면 건물 내부로의 한풍 침투와 외부로의 열손실을 최소화할 수 있다.

⑥ 겨울철 한풍을 차단하여 난방에너지를 절약하기 위해 한풍에 수직으로(예, 서북향) 상록수 위주의 방풍식재를 한다. 여름철 시원한 항풍의 건물 내 유입을 방해하는 식재는 삼가하고, 항풍에 평행으로 바람유도 식재를 하여 적극적으로 통풍을 조장한다.

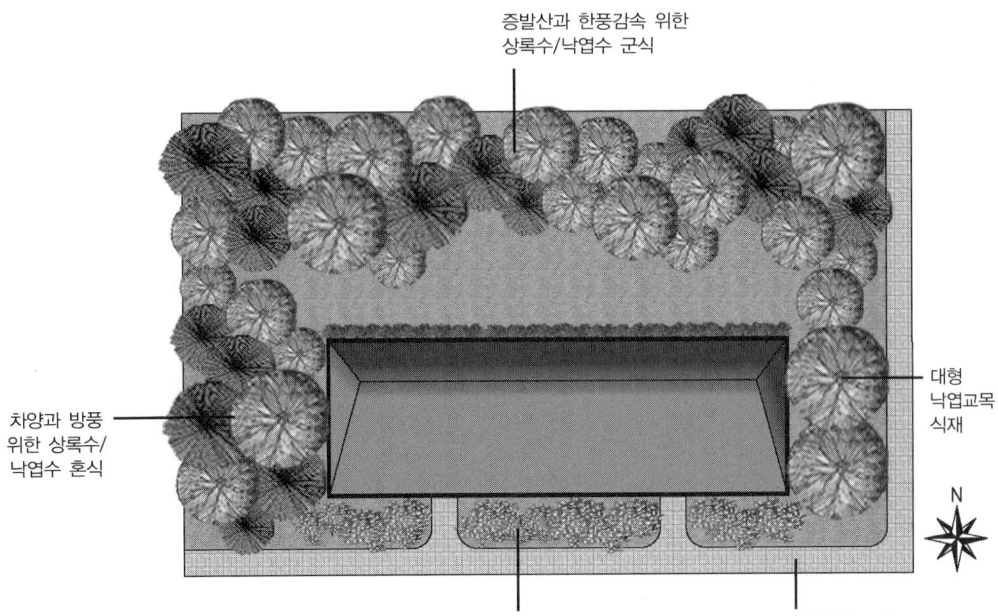

그림 3-8-1 건물 에너지절약형 녹지계획 모델

⑦ 아스팔트 및 콘크리트 포장면적은 가능한 한 최소화하되, 포장도로와 주차장을 포함한 벽면, 옥상 등의 인공지반에 식재하여 열섬현상을 완화하고 건물에너지 절약을 증진한다. 담장이 필요하다면 대신 생울타리를 조성한다.

⑧ 잔디공간은 꼭 필요한 용도 이외엔 축소하고, 자연산림에서 볼 수 있는 자생 초화류, 관목, 교목으로 구성되는 다층군식의 녹지경관을 조성하여 증발산 및 한풍감속 효과를 증진한다. 이러한 다층군식은 대기오염 완화, 물 순환, 생물다양성 유지 등 녹지의 타 환경생태적 기능도 함께 증가시킬 수 있다. 잔디는 예초, 시비, 관수, 제초 등의 관리와 관련된 별도의 에너지소비 요구도가 높은 식물재료이다(조현길, 1999).

⑨ 생태연못, 저류지, 실개천 등 수경을 도입하여 증발에 따른 냉각효과를 유도한다.

2) 건물 및 도로계획

① 도로는 바람의 통로가 되므로 바람길 분석을 통해 여름철 항풍에 도로와 녹지대를 평행으로 배치하여 냉방에너지를 절약한다. 한편, 겨울철 한풍에는 수직으로 도로를 배치하여 건물의 열손실 및 난방에너지 소비를 최소화한다.

② 건물의 장축은 태양고도가 낮은 겨울철 수광(受光)을 최대화하고 고도가 높은 여름철 수광을 최소화하기 위해 남향, 남남동향 또는 남남서향으로 배치해야 한다.

③ 주거단지에서는 동지 전후 오전 10시~오후 2시에 전면 건물에 의한 후면 인접건물 저층의 영구음영을 피하기 위해 중부지방 평지 기준 최소 2H(H : 전면 건물고)의 인동간격을 확보한다(대한주택공사, 1983).

④ 2H 인동간격이 토지이용 효율성 측면에서 불리한 경우, 현행 건축법의 인동간격 최소기준인 1H를 유지하면서 겨울철 하루 최소 4시간 후면 건물의 수광을 확보하기 위해, 건물을 남향교호로 배치한다(이영무, 1991 ; 조현길, 2005). 즉, 오전 10시 및 오후 2시의 태양각 30°(남동~북서 및 남서~북동 방향)를 축으로 남향 건물을 교호 배치하고, 측면 인동간격은 각 축으로의 광선투과를 확보하기 위해 전면 건물길이의 1/2을 이격시킨다. 이 측면 간격의 유지는 인동간격의 경우처럼 약 1H의 건물길이를 요구한다.

⑤ 건물지붕 및 외벽은 겨울철 태양복사의 획득보다 여름철 흡수 축적에 따른 과열이 더 문제이므로 태양복사의 흡수율이 낮은, 즉 알베도(albedo)가 높은 밝은 계통의 색채로 마감한다. 다만, 남측 건물 벽은 겨울철에 비해 태양고도가 높은 여름철 수광량이 적으므로 진한 계통의 색채로 마감하는 것이 난방에너지 절약상

유리하다.

⑥ 건물 주변 도로, 주차장, 담장 등을 포함하는 인공구조물의 표면 역시 밝은 계통의 색채로 처리하여 열섬현상 완화 및 냉방에너지 절약을 도모한다. 단, 표면재료의 백색 마감은 광선반사에 기인한 폐열발생, 눈부심 등의 또 다른 문제를 유발할 수 있으므로 가급적 식물재료를 활용한 바닥면 조성과 벽면 및 옥상녹화가 바람직하다.

⑦ 보행자 중심의 근린생활권(pedestrian pocket)을 분산 계획하되 하나의 생활권 내에 자족형 근린생활시설을 집중 배치하여 원거리 자동차 운행에 따른 에너지소비 및 폐열발생을 최소화하고 토지자원도 절약한다. 즉 반경 400m의 보행척도 내에 상업업무시설, 교육시설, 공원 등을 집중 배치한다.

⑧ 건물은 한풍에 노출된 정상부, 통풍이 불량한 분지, 찬 공기가 모이거나 서리가 발생하는 냉골(frost pocket) 등은 피하여 위치시킨다.

3) 열섬완화 및 바람길계획

① 도시의 열섬현상은 구조물의 태양열 축적과 반사, 인공열 발생, 증발산 미흡, 대기오염물질 운집, 통풍 제한 등에 기인하므로 표면재료의 알베도 개선, 폐열발생 제어, 녹지면적 확충, 바람길 확보를 요구하며 이를 통해 냉방에너지를 절약한다(조현길, 안태원, 1999b).

② 건물과 포장의 표면은 상기한 바와 같이 밝은 계통의 색채로 처리하여 열 흡수 및 축적을 최소화하되 가급적 차양식재 및 녹화를 병행하여 광선반사에 기인한 폐열발생을 제어한다.

③ 하천을 포함한 도시녹지의 공간네트워크 계획과 녹지면적 확충을 통해 현열을 잠열로 바꾸는 증발산 효과를 최대화한다.

④ 계절별 주야간 국지적 항풍의 풍향과 풍속을 분석하되 특히 차고 신선한 바람인 냉기류의 생성원과 이동방향을 파악하고, 항풍과 냉기류를 유도하는 바람길을 조성하여 열섬현상을 완화하며 대기오염물질도 확산시킨다.

⑤ 냉기류를 생성하는 주변의 대형 녹지와 수면을 보전하고, 이로부터 손가락형 녹지를 도시 내부의 또 다른 핵 또는 거점녹지와 연계하는 녹지네트워크 계획으로 바람길을 확보한다.

⑥ 냉기류 및 항풍의 유입을 방해하는 고층고밀 건축을 지양하되 바람길 내 건물의 장축은 풍향에 평행하게 배치한다

⑦ 바람길의 폭은 가급적 50m 이상을 확보하되, 바람길에 위치한 장애건물의 너비는 바람길 폭의 10% 이하이고 그 높이는 10m 이하이어야 한다(송영배, 2007).

4) 재생 가능한 에너지계획

① 태양열, 풍력, 바이오매스 등 재생 가능한 자연에너지를 이용하는 시스템을 계획하여 환경오염을 초래하는 화석연료에의 의존도를 최소화한다.

② 건물의 남향 옥상과 벽면에 태양각 및 태양고도를 반영하여 태양전지판과 태양열 집열기를 설치하고, 냉난방, 온수, 조명 등의 보조에너지로 이용한다.

③ 풍속기준과 소음 및 경관을 고려한 적정 규모의 풍차를 적소에 도입하여 풍력을 공급한다. 풍력터빈의 최저 시동풍속은 3.5m/s이다(Lyle, 1994).

④ 우드칩 및 쓰레기 열병합발전소의 설치를 통해 바이오매스 에너지를 이용한다. 우드칩은 석유 1ℓ /kg 또는 5kWh/kg에 해당하는 난방에너지나 전력의 공급이 가능하다(City of Feiburg, 2005).

⑤ 재생 가능한 자연에너지로 가로등 및 조명등을 가동한다.

2. 물질순환계획

물질순환계획은 물질흐름의 생태원리를 적용하여 수질, 토양 및 대기의 오염을 최소화하는 계획을 의미한다. 즉 우수를 저류하고 지중에 침투시키는 자연배수 계획을 통해, 인공배수 시설비를 절약함은 물론 지하수 충전, 하천유량 확보, 홍수피해 감소, 수질오염 저감 등을 도모한다. 또한, 저류우수와 하·오수를 재순환시키는 계획으로 수자원을 절약하면서 생활하수를 재이용한다. 쓰레기는 자원절약형 생활로 발생량을 최소화하되 전량 수거와 분리를 통해 무해한 유기성쓰레기는 퇴비 등 생산적 용도로 재활용한다. 화석연료 소비에 따른 대기오염물질의 농도를 저감할 녹지계획을 수립한다.

1) 자연배수 계획

① 옥상, 도로, 주차장, 녹지, 공원, 운동장 등 생활공간의 우수를 대부분 집수하여 저류하는 자연배수 시스템을 도입한다.

② 우수 집수 및 침투시설로서 명거형 녹지 및 자갈피복 수로, 지중형 침투통 및 침투트렌치 등을 계획한다. 다만, 급경사지, 투수계수 10−5cm/s 미만, 지하수위 1m 미만, 점토 40% 이상 등 지반 안정성이 문제되는 구역에서는 침투시설을 배제한다(최일홍 등, 2003). 침투시설은 건물의 안전성을 고려하여 인접주택 및 지하실

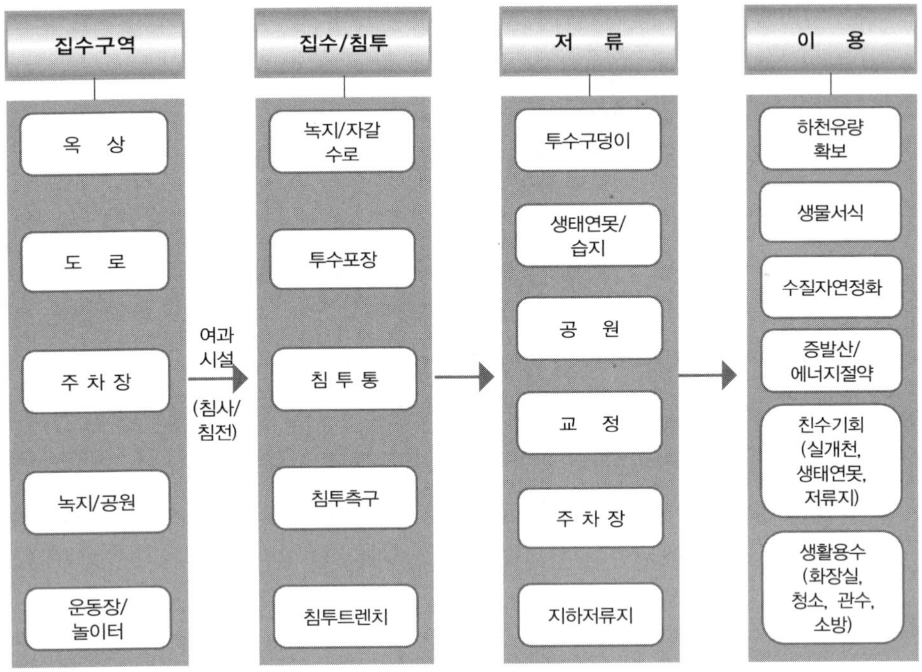

그림 3-8-2 우수침투 및 저류 모식도 (조현길 등, 2006)

로부터 1.0~1.5m, 도로로부터 0.5~1.0m 이격시킨다.

③ 교통량이 많은 차도를 제외한 포장은 용도에 따라 잔디블록, 자연석, 목재블록, 투수콘 등 투수성 재료를 이용한다.

④ 우수저류 시설로서 투수구덩이, 생태연못 및 습지를 비롯하여 주차장, 교정, 공원 등에서의 지상 및 지하저류지를 설치한다. 저류시설별 한계수심은 주차장의 경우 브레이크가 잠기지 않도록 약 10cm로, 그리고 교정이나 공원에서는 어린이의 안전성을 고려하여 30cm로 제한한다(최일홍 등, 2003). 모기 등 해충의 번식을 방지하기 위해, 물이 10일 이상 정체하지 않도록 정기적 배수가 필요하며, 식재를 통한 그늘 조성으로 수온 상승을 제어한다.

⑤ 녹지공간의 점고(spot elevation)를 인근 포장공간보다 낮게 정지하고, 녹지공간 내부의 점고를 가장자리보다 낮게 하여 우수 저류 및 침투기회를 증진한다.

2) 우 · 하수 재순환계획

① 중수처리시설 설치와 더불어 생태연못 및 습지를 도입하여 저류우수와 생활하수를 자연정화하고, 이를 녹지 및 농경관수, 청소, 화장실 등의 용도로 재순환시키

는 시스템을 계획한다. 습지를 조성하여 갈대 및 부들을 식재하고 유입하수를 1.5~2일 체류시키면, BOD, SS, T-N, T-P를 각각 연간 43%, 33%, 31%, 51%씩 제거 가능하다(환경부, 2002).

② 생태연못 및 습지는 지하수위(대수층)가 높은 구역, 저지대, 수변 상습침수지 등을 위주로 유치하고 연못이나 저류지가 현존한다면 보존한다. 생태연못 및 습지의 주요한 계획지침은 다음과 같다(France, 2003; 조현길 등, 2006).

- 대형의 소수보다는 소형의 다수를 배치하는 것이 기능상 바람직하며, 최소크기는 인간 및 포식동물의 간섭을 제한할 200㎡를 확보한다.
- 생물서식의 일조확보가 유리하도록 장축을 동서방향으로 배치하고, 입수부는 출수부보다 넓게 처리하되 입수부에 침사조를 설치해야 한다.
- 너비 : 길이의 비는 수질정화 및 호안공사 효율성을 감안하여 1 : 2~1 : 3으로 조성하고, 수질자연정화에 효과적인 유수거리로서 최소 20~40m를 확보한다.

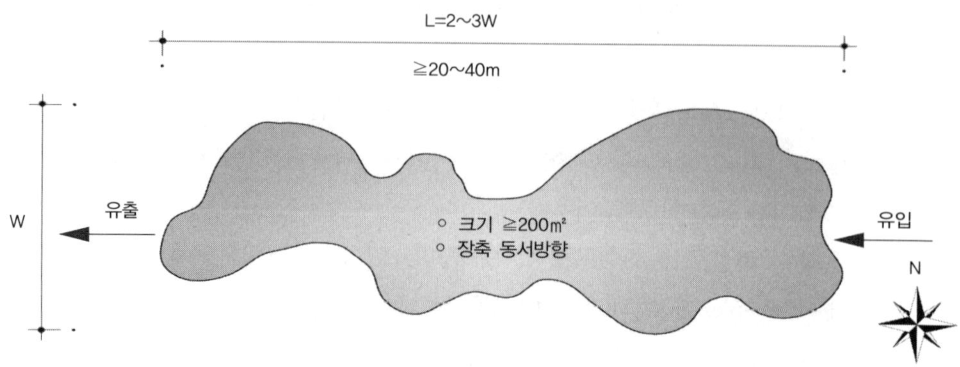

평 면 도

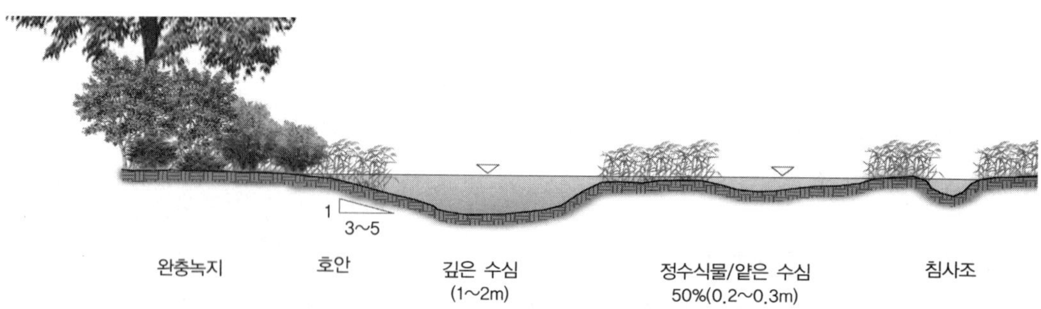

단 면 도

그림 3-8-3 생태연못 및 습지계획 모델 (조현길 등, 2006)

- 수심은 수질자연정화를 포함한 야생동물서식 및 폭우저류의 효과를 함께 반영하여 0.2~0.3m 이하 얕은 수심의 정수식물 생장구간 50%, 나머지 50%는 최대 1~2m의 개수부로 조성한다.
- 호안모양은 자연스런 요철 반복으로 내부면적 대비 주연길이(E/I)의 비율이 높은 불규칙형으로 조성한다.
- 호안사면은 1 : 3~1 : 5 이하의 완경사로 처리하고 육역 측으로 일정 폭의 완충녹지대를 조성하여 생물서식 기회는 물론 오염물질 유입차단, 침식제어 등을 도모한다.
- 바닥은 자갈, 모래, 진흙 등의 자연재를 이용하여 수생생물의 다양한 서식환경을 조성한다.

③ 우수배수와 하·오수관은 분류식으로 배치하여 수질오염 및 하수처리비를 저감하되 상수도, 전기, 통신, 가스 등의 공급시설과 공동구에 지하매설하여 관리편의를 도모한다.

3) 쓰레기 재순환계획

① 대상지에서 발생하는 음식물, 종이, 목재, 섬유, 비닐, 플라스틱, 병, 유리, 철제, 콘크리트 등 쓰레기는 자원절약형 생활로 발생량을 최소화하되, 100% 수거와 분리를 통해 재순환 및 재활용하는 시스템을 계획한다.

② 무해한 분해성 쓰레기는 가축사료 및 메탄가스로 재활용하거나 가정 퇴비시설 또는 퇴비공장에서 퇴비화하여 농경, 녹지관리 등 생산적 용도로 재순환시킨다.

③ 난분해성 쓰레기는 압축, 파쇄 등 용량을 축소하여 자원화하거나 가연성인 경우 소각하고 소각열을 보조 난방에너지원으로 재이용한다.

④ 유해기준치를 초과하는 불연성쓰레기는 운반하여 매립한다.

4) 대기정화 녹지계획

① 에너지절약형 건물 및 녹지계획, 보행과 대중교통 중심의 단지계획, 재생 가능한 에너지계획 등으로 화석연료 소비에 따른 대기오염물질 배출을 최소화한다.

② 녹지는 흡착기능을 통해 분진상 오염물질을, 그리고 광합성 과정의 흡수기능을 통해 가스상 오염물질을 저감하므로, 이들 기능을 반영한 녹지계획을 수립한다.

③ 점 및 비점오염원으로부터 발생하는 대기오염물질을 차단하는 완충녹지대는 항풍에 수직으로, 그리고 확산시키기 위한 녹지대는 항풍에 평행으로 배치한다.

④ 차량운행에 따라 발생하는 대기오염물질을 차단하는 경우 가급적 도로 가까이에

완충녹지대를 조성하는 것이 효과적이다.

⑤ 완충녹지대의 폭은 적어도 15~20m, 수고는 평균 10m 이상으로 조성한다(Warren, 1973).

⑥ 완충녹지대는 교목과 관목을 함께 군식한 다층구조로 조성하되, 분진상 오염물질의 흡착이 주목적이라면 수목밀도를 높게, 가스상 오염물질 흡수의 경우는 수목밀도를 중간 정도로 식재한다.

⑦ 도시의 불량한 생장환경에도 내성이 강하여 광합성능 및 대사율이 큰 수종이면서 (은행나무, 느티나무, 버즘나무 등), 수관과 잎의 내부면적 대비 주연길이(E/I)의 비율이 높고 질감이 거친 향토수종을 선정 식재한다.

⑧ 분진상 오염물질의 저감은 연중 4계절 효과를 고려하여 낙엽수 외에 침엽수를 혼식하며, 낙엽수로서는 가지밀도가 높은 수종을 선정한다. 가스상 오염물질의 흡수는 침엽수보다 낙엽수 위주로 식재하는 것이 바람직하다(조현길, 안태원, 2001).

⑨ 토양은 오염물질의 궁극적 싱크(sink)이므로 가급적 불투수포장을 회피한다.

3. 생물다양성계획

생물다양성이란 식물을 포함하여 곤충류, 조류, 포유류, 어류, 양서류, 파충류 등 가축을 제외한 야생종을 의미한다. 생물이동 및 서식과 연관된 경관생태적 원리에 따르면(Forman and Godron, 1986), 종다양성은 녹지패치(patch)의 다음과 같은 구조적 특성과 함수관계임을 제시하였다. 여기에서 +는 정의 상관을, −는 부의 상관을 각각 나타낸다.

종다양성 = f(+면적, +연륜, +서식처 다양성, +매트릭스 이질성, −(+)훼손, −단절)

녹지공간의 크기와 모양, 수직적 및 수평적 다양성, 연결성과 근접성 등 적합한 구조적 지표를 계획에 적용하여 생물서식과 이동을 원활히 한다. 점적 및 면적 녹지를 대상지 곳곳에 배치하고, 이들을 녹도 조성으로 인근의 자연산림 및 수체에 연결하는 체계적 생태네트워크 계획을 수립한다. 즉 정원이나 소형 공원을 점으로, 대형 공원과 소규모 산림을 거점으로, 종의 공급원이 되는 대규모 자연산림을 핵으로 위계화하고, 이들 핵, 거점, 점적 녹지를 가로, 하천 등의 선적 녹지로 유기적으로 연결한다. 구체적인 생물다양성 계획지침을 자연공원, 습지 등에 서식하는 기존 희귀종 및 멸종위기종의 보전계획, 그리고 도시나 농촌의 개발공간에서 야생동물 서식을 증진하기 위한 녹지계획으로 구분하여 제시하면 다음과 같다.

1) 보전계획

① 희귀종 및 멸종위기종을 조사하여 서식처를 파악한다.

② 그들 종과 서식처를 보호하기 위한 법을 제정한다.

③ 서식처를 대상으로 보호지구를 지정하고 그 주변에 일정폭의 완충구역(buffer zone)을 설치한다.

④ 식물원, 동물원 등을 유치하여 적극적으로 그들 종을 보전한다.

⑤ 자연 서식환경에 악영향을 초래할 수 있는 기후변화에 대비하는 사전 전략을 마련한다.

2) 녹지계획

① 녹지의 수직적 및 수평적 다양성을 증가시킨다. 즉 다층구조 및 다령구조를 조성하고 다양한 식물종을 식재한다.

② 이질적인 녹지경관의 접합지대인 이코톤(ecotone)을 창출한다.

③ 녹지패치의 면적을 가능한 한 크게 계획한다.

④ 녹지패치의 모양은 원형에 가까운 형태로 조성하여 내부종의 서식 기회를 확보하고, 주연부는 요철의 굴곡이 있는 자연형으로 계획한다.

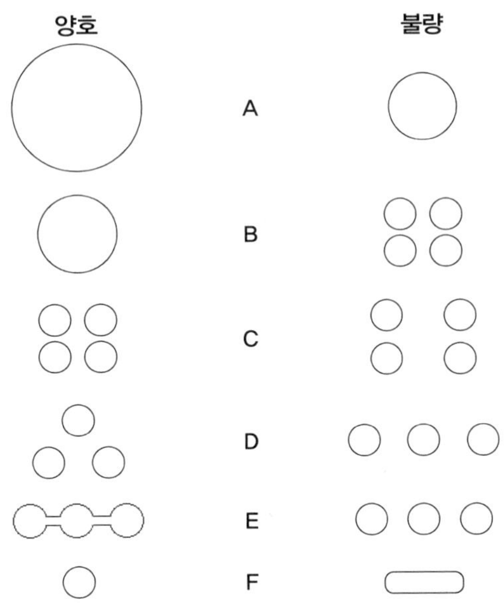

그림 3-8-4 야생동물 서식 및 이동을 위한 녹지계획 지침*

* 지침 B, C, F는 아직 논쟁의 대상이므로 보강연구를 통한 검증 필요 (Shafer, 1990)

⑤ 각 녹지패치는 녹도조성으로 연결시키되 불가능하다면 패치 간 간격을 최대한 근접시킨다. 연결녹지의 폭은 10m 이상을 확보한다(도시공원 및 녹지 등에 관한 법률 시행규칙 제18조).

⑥ 도심 녹지는 주변의 자연산림 및 물에 연결시켜야 한다.

⑦ 야생동물 서식에 필수인 먹이, 은신처 등의 자원을 연중 4계절 공급하는 식재계획을 수립한다.

⑧ 자생 야생동물종을 유인하기 위해 자생 식물종을 식재한다.

⑨ 도로개설이나 건축물 등에 의해 서식처가 단절되는 구간에는 생태통로를 설치하여 야생동물의 이동을 도모한다(환경부, 1995).

- 야생동물은 빛, 소음 등을 싫어하므로 차량통행이 주야로 많은 도로에서는 터널형이나 암거형을, 차량통행이 적은 자연공원 등의 경우에는 육교형을 각각 설치한다. 암거형은 특히 파충류, 양서류, 소형 포유류 등의 이동에 적합하다.
- 폭은 대상종, 횡단거리 등에 따라 다르지만 터널 및 육교형의 경우 약 15m 이상, 암거형의 경우 1~2m로 계획하며, 길이는 짧을수록 좋다.
- 바닥은 흙, 자갈, 낙엽 등 자연재로 처리하고, 터널 및 육교형은 자연스런 식생으로 조성한다.

3) 생태식재 및 자연식생복구 계획

생태식재는 식생의 생태적 기능과 자연경관미를 증진하고 관리에너지를 최소화하면서, 군집의 자체 유지능에 의한 안정성, 다양성, 생산성 등을 추구하는 식재기법이다. 이것은 식생과 환경 간 동적 상호과정 속에서 발날, 형성되는 식생군집구조의 수평적, 수직적 질서와 체계를 반영한다. 즉 생태식재계획은 일반 조경식재계획의 일부이지만 생물다양성을 비롯한 생태적 기능을 확보하는데 초점을 두어 자연식생과 유사한 구조를 창출 또는 복구하는 기법이다.

각종 개발행위에 의해 훼손된 산림생태계의 경우, 생태식재를 통한 자연식생복구는 먼저 등고선에 따른 자연지형의 재생, 안식각 및 배수를 반영한 경사안정, 표토 성토를 통한 식재토심 확보(한국조경학회, 2002) 등을 필요로 한다. 여기에서는 도시 주변의 극상상태에 가까운 자연식생의 구조를 모델로 하여(오구균, 1986) 생태식재 지침을 제시한다.

(1) 목표수종 선정

목표수종은 복구하려는 대상지 주변의 식생군집에서 우세적으로 자생하는 동반종들을 파악하여 인근 자연경관과 조화하는 수종을 선정한다. 도시 주변의 극상상태에 가까운 자연식생군집을 구성하는 우세종들은 다음과 같다.

① 상층 : 참나무류, 산벚나무, 팥배나무, 느티나무, 귀룽나무 등
② 중층 : 때죽나무, 단풍나무, 물푸레나무, 참회나무 등
③ 하층 : 진달래, 국수나무, 싸리류, 병꽃나무, 딱총나무 등

(2) 최소면적과 폭

식재의 최소면적과 폭은 식생군집의 생태적 구조와 자체 기능을 발휘하는 요인이 되며, 다음 표와 같이 인위적 영향의 크기에 따라 상이하게 적용한다.

표 3-8-1 생태식재의 최소면적과 폭

인위영향	최소면적(㎡)	최소폭(m)	주연부폭(m)
약	1,000	15~25	2~4
중	2,000	20~40	3~6
강	10,000	45~80	5~10

(3) 식재거리

식재거리는 목표년도 목표수종의 크기와 밀접한 관계가 있으므로 성숙한 수목이 유지하는 거리를 고려하여 결정할 필요가 있다. 식재효과를 단기간에 달성하기 위해서는 중・대형 묘목을 밀식하고 성숙 직전 목표한 식재거리에 따라 간벌을 실시한다.

표 3-8-2 목표년도 목표수종 간의 식재거리(m)

상 층		중 층		상층 우점종과 중층 수종
우점종	일반수종	우점종	일반수종	
7~8	4~5.5	6~7	2.5~3.5	2

(4) 종구성 및 종수

목표수종이 성장하여 추구하는 경관이 조성되기까지는 장기간이 소요되므로 계획시 조기 식재효과를 달성하기 위해 속성수종 및 보호수종을 포함하는 종구성을 결정해야 한다. 속성수종은 목표수종이 성숙할 때까지의 임시수종으로서 생장이 빠른 내척박성 수종이어야 한다. 보호수종은 목표수종의 유목 생육환경을 조성해 주는 수종으로서, 생장이 빠르고 어느 정도 재생식 능력이 있는 관목으로 선정한다. 속성수종과 보호수종은

질소고정식물 위주로 식재함이 바람직하며, 속성수종의 그 예는 오리나무류, 주엽나무, 다릅나무, 자귀나무 등이며, 보호수종의 경우는 싸리류, 보리수나무 등이다.

표 3-8-3 생태식재의 종구성 및 종수

수 종	목표수종		속성수종	보호수종
	상 층	중 층		
비율(%)	20	10	65	5
종 수	4~5	4~5	1~2	3~4

(5) 목표시기 및 관리계획

교목을 주체로 한 생태식재의 최종 목표연도는 목표수종의 생장속도에 따라 다르나, 단기의 경우 약 20년, 장기의 경우 50년 이상일 수 있다. 중·대형 묘목을 식재하고 생장초기에 인위적 관리로 수목생장을 촉진한다면 목표년도는 더 짧아질 수 있다. 유지관리 계획은 목표시기에 준하여 전기, 중기, 후기로 나누고, 시기별 관리계획과 내용을 구체화한다.

전기에는 수목 식재 또는 파종 후 활착 및 생육의 촉진을 위한 토양개량, 관수, 시비, 멀칭 등의 인위적 관리를 투여한다. 중기에는 일정기간 동안 인위관리 후 자연관리에 의존한다. 중기에는 속성수 및 보호수종의 대부분을 간벌하고 목표수종의 적정 생장거리와 활력 있는 생육을 확보하는 것에 중점을 둔다. 후기에는 남겨진 속성수 및 보호수종 모두를 벌목하는 것 이외엔 인위관리를 배제하고 자연관리, 즉 식물군집의 생태적 변화과정과 자체 유지능에 맡긴다.

4. 자연형 하천계획

하천은 인공구조물이 우점하는 도시환경 내 생물종의 보고로서, 열섬완화의 기여원으로서, 그리고 생태네트워크의 통로로서 중요한 기능을 담당할 기회인자이다. 과거 도시하천의 정비와 관리는 하천생태계를 무시한 채 이수 및 치수 측면에 중점을 두었고, 홍수소통 능력을 강화하기 위해 저수로와 제방을 콘크리트로 정비하면서 하천의 선형을 직강화하였다. 그 결과 생물서식, 수질자정, 친수성 등 하천의 귀중한 환경생태적 기능을 상실하게 되었다.

최근 하천의 이수 및 치수기능에 부가하여 생태 및 친수공간 개념으로서의 하천기능에 대한 사회적 관심도가 증가하고 있다. 그리고 하천정비는 수질자정 능력을 회복하고 다양한 생물종이 서식하면서 사람과 공존할 수 있는 친자연적인 방향으로 추진해야 한다는 공감대가 형성되고 있다.

자연형 하천계획이란 도시화 및 산업화로 훼손된 하천을 원래의 모습에 가깝게 되돌리거나 살아있는 식물을 비롯한 돌, 흙 등 자연재를 최대한 이용하여 하천을 자연에 가깝게 만드는 것이다. 즉 자연형 하천계획은 수질자정능, 생물다양성, 친수기회 등 3가지 목표를 증진하는 사업이다.

1) 자연형 호안조성 계획

저수로 호안은 수역과 육역의 전이지대로서 치수적으로 안전하고 생태적으로 바람직한 환경조성을 필요로 한다. 즉 치수적으로는 홍수에 의한 둔치의 침식을 방지하고 생태적으로는 생물서식 기반을 제공해야 한다. 콘크리트 위주의 무생물 재료로 조성된 호안은 치수적 측면에서 유리할 수 있으나 생태적 관점에서는 동식물의 생존에 불리하고 수질자정능을 저해하며 경관적으로도 불량하다.

하천 구간별 수리특성을 검토하여 치수에 안정한 공법을 선정하되, 식물, 흙, 돌 등의 자연재를 최대한 활용하여 생태적 효과를 증진할 자연형 호안공법을 적용한다. 즉 홍수에 의한 호안의 유실여부 흔적을 현장 점검하고, 유속 및 소류력을 산출하여 하천 구간별 적정한 공법을 계획한다. 수충부 및 유속이 빠른 구간에는 돌망태공법, 자연석쌓기법 등을, 비수충부와 유속이 느린 구간에는 녹색마대법, 욋가지덮기법, 섶나무가지법 등을 이용한다(환경부, 1999; 조현길, 2003).

① 자연석쌓기법 : 비탈면에 자연석을 쌓고 석축 틈새에는 갯버들을 식재 또는 삽목하여 자란 뿌리로 자연석과 배후 토사를 안정시켜 호안을 보호하고 생물서식처도 제공하는 공법이다. 자연석 크기는 직경 약 50㎝ 이상을 이용하고 비탈면 경사는 1 : 1.5~2를 유지하도록 한다. 갯버들 삽목용 재료는 2년생 이상의 직경 1~2cm 가지로서 2~3개의 잎이나 눈을 유지한다.

② 녹색마대법 : 토양을 채운 녹색마대로 호안을 안정시키는 공법으로서 비탈면 경사는 1 : 2~3을 유지한다. 녹색마대 틈새에는 갯버들, 갈대, 달뿌리풀 등의 정수식물을 식재하고 녹색마대의 부식과 더불어 자연적 식물유입에 따른 자연형 호안을 확보한다. 가장 위에 있는 녹색마대는 말뚝으로 고정하고, 기단부 세굴방지 및 비탈멈춤공으로 야자섬유 두루마리(직경 30cm) 등을 설치한다. 야자섬유 두루마리는 나무말뚝과 스테인리스스틸 와이어로프를 이용하여 단단히 고정한다.

③ 욋가지덮기법 : 버드나무 욋가시를 엮어서 비탈면을 덮고 자연적 퇴적과 식생활착

을 유도하는 공법이며, 1 : 4 정도의 완경사 구간에 바람직하다. 기단부 세굴방지 및 비탈멈춤공으로 상기한 바와 같이 야자섬유 두루마리를 단단히 설치한다. 버드나무 윗가지는 생가지와 죽은 가지를 1 : 4~5 비율로 혼용하고, 생가지는 단순히 지표면에 뉘어 두지 말고 아랫부분을 땅속에 묻어 재생을 촉진한다. 윗가지 위에 원목이나 대나무를 가로 눕혀 나무말뚝과 고정하고, 각 나무말뚝은 야자섬유 로프로 팽팽하게 연결한다. 윗가지 고정용 나무말뚝은 땅속에 50㎝ 이상 삽입하여 안정성을 유지한다.

④ 섶나무가지법 : 비탈멈춤공으로 버드나무 섶단을 설치하고 비탈면에 정수식물을 식재하는 공법이다. 직경 약 30cm의 섶단을 가는 갯버들 가지로 엮어서 만들고, 윗부분 1/3은 생가지로, 아랫부분 2/3는 죽은 가지로 구성한다. 각 섶단의 끝은 서로 맞물리게 연결하고 나무말뚝을 일정 간격으로 박아서 고정한다.

2) 수질자정 및 유량확보 계획

① 수생생물 서식, 수경관, 자연관찰 및 산책의 친수성을 동시에 만족시킬 하천의 목표수질을 설정하되, 특히 깃대어종이 서식 가능한 수질을 유지하는데 비중을 둔다. 하천의 국내 수질환경기준에 따르면(환경정책기본법 시행령 제2조), 어류가 서식하기 곤란한 수질등급은 생물화학적 산소요구량(BOD) 기준 10㎎/ℓ 를 초과하는 VI등급이다.

② 목표수질을 달성하기 위해 비용 저렴한 자연정화 시설로서, 저수로는 사행으로 조성하면서 여울 및 소, 경사낙차공, 사주, 중도, 인공부도, 오일펜스 등을 도입한다. 저수로 호안과 중도에는 정화식물을 식재하여 부유 또는 침전 오염물질의 흡수 기회를 부여한다. 여울과 낙차공은 여과 및 폭기에 의해, 소는 침전을 통해, 그리고 사행 저수로나 중도는 유수의 변화로 흡착, 분해 기회를 증진시켜 수질을 자정한다. 이들 자정시설은 자연적으로 형성되어 온 하상 미지형의 현 흔적을 반영하여 적정한 곳에 위치시켜 하도의 수리적 안정성을 확보하고 홍수피해를 방지한다.

- 여울 및 낙차공의 설치에 필요한 거석은 최소한 50년 빈도 계획홍수량의 유속에서 견딜 적정한 규격(직경 및 중량)을 도입한다. 여울은 그 기능과 하상특성에 따라 V형 여울, 외톨이거석 여울, 징검다리 여울, 둔덕여울 등의 유형을 혼용한다. V형 및 둔덕여울을 대상으로 주요 계획지침을 제시하면 다음과 같다(환경부, 1999; 조현길, 2003).
- V형 여울은 호안에서 저수로 중앙까지의 일부분에만 적정규격의 거석들을 V형

으로 배치하여 자연폭기를 촉진하고, 갈수기에는 중앙으로 유수를 모으며 어류 이동을 도모한다. 홍수시 여울 중앙의 직하류부에 수류를 집중시켜 깊은 소를 형성하고 어류의 서식처가 되도록 한다. 중앙부의 여울간격이 좁으면 홍수 월류가 호안 및 둔치를 세굴시킬 수 있으므로, 저수로 폭의 최대 1/2 이하에만 여울을 조성한다. 배치거석의 상류부에는 더 작은 자갈을 채워 홍수의 완만한 흐름을 유도한다. 여울과 상류부 호안과의 각도는 110°로 설치한다.

- 둔덕여울은 직경 20~30㎝의 굵은 자연석으로 조성하여 돌을 통과하는 유수의 폭기와 여과로 수질을 개선하고, 홍수시 하류측에 자연스럽게 소가 형성되도록 한다. 여울의 종단면을 차량 과속방지턱과 유사하게 곡선형으로 조성하되 하류부에는 상류부보다 더 큰 돌을 배치하고, 이들 돌을 직경 12㎝의 나무말뚝으로 고정하여 홍수시 유실을 제어한다. 횡단면의 외형은 하류측으로 기울어진 S형으로 조성하고, 수심이 얕은 구간에서는 큰 돌 사이에 작은 돌을 교대로 배치하여 갈수기 어류 이동로를 확보한다.
- 여울 높이가 호안고와 유사하면 홍수시 월류로 호안 및 둔치의 침식을 유발할 수 있으므로 여울 높이는 호안고보다 낮게 조성하고 여울 호안부는 돌망태공법이나 자연석쌓기법을 적용한다. 홍수침식이 우려되는 V형 여울이나 둔덕여울 인접 둔치의 상·하류부 일정 구간에는 침식제어용 식재공법을 시공한다. 즉 자생식물종을 파종하거나 식재하되 녹색마대로 성토하고 야자섬유망을 2단 피복한 후 이를 길이 약 0.5m의 나무말뚝과 ㄱ형 철근 등으로 단단히 고정하여 침식을 제어한다.
- 인공부도는 유속이 느려 홍수피해가 발생하지 않을 개방수면에 설치하며, 수질정화에 부가하여 생물서식과 경관향상에도 기여한다. 이는 섬을 수면에 띄우기 위한 부체, 식물 지지체(생장기반재), 식물을 식재하기 위한 포트 등으로 구성된다.

③ 둔치에는 하수 유입부와 침수지를 중심으로 생태습지를 조성한다. 그리고 하수의 유도 및 체류를 통해 자연정화를 도모하여 직접적인 하천 유입을 제어하며 생물종의 다양한 서식기반도 마련한다.

④ 도시하천의 주 수질오염원은 유역권에서 유입되는 생활하수로서, 합류식 하수관거와 불완전한 하수차집이 특히 우수기에 수질오염을 초래한다. 따라서 근본적 수질개선은 유역권 내 생활하수 전량차집, 분류식 하수관거 도입, 하수종말처리장의 방류수질기준 강화 및 고도처리, 비점오염원 규제 등으로 오염원의 원천적 제어를 요구한다.

⑤ 깃대어종 서식, 수경관 및 친수성을 함께 고려하여 수폭, 수심, 유속을 포함한 유지유량의 목표기준을 설정한다. 어류서식 및 산란을 위한 수심은 종에 따라 차이가 있으며, 피라미의 경우 0.1~0.3m이다(서울특별시, 1995). 경관적 측면에서 유량의 다소에 대한 느낌은 수면이 차지하는 공간비율의 영향을 받으며, 보통 수폭/하폭의 비가 0.2 이상이면 유량감이 풍부하다고 평가된다(수원시, 1995). 유속은 움직임의 이미지로 유량감을 지배하며 0.2~0.3m/s이면 흐르는 모습을 지각할 수 있다(서울특별시, 1994).

⑥ 향후 건천화를 방지하기 위한 유지유량 확보전략을 강구한다. 즉 유역권 상류에 소규모 하수처리장 설치와 고도처리수 방류, 우수저류 시설의 확보 및 갈수기 방류, 유역권 수원산림 보전 등이 그 예이다.

3) 생물서식 계획

야생동물의 서식은 기본적으로 물을 필요로 하므로 하천은 육상생태계보다 어류, 저서동물 등을 비롯한 더 다양한 생물종의 서식처이다. 식물은 하천 횡적으로 습지, 하안, 고수부지 및 제방에 걸친 수분변화에 따라, 그리고 종적으로 상류 자갈토, 중류 사력토, 하류의 미사 및 점토 등 토성변화에 따라 다양한 종이 서식한다. 습생 및 건생식물은 모두 어류, 곤충, 조류 등 야생동물에게 먹이, 휴식, 은신처를 제공한다.

어류는 상류에서 하류까지 유량, 돌, 모래, 식물 등 다양한 환경을 이용하여 서식하며, 동일한 어종이라도 성장단계, 계절, 주야, 홍수시 등에 따라 서식장소를 바꾼다. 저수로의 여울, 소, 사주, 사행은 어류나 저서동물에게 다양한 흐름형태 및 하상재료를 제공하여, 먹이, 은신, 휴식, 산란의 서식환경 기반이 된다.

유속이 느린 소는 영양물질과 부착조류가 풍부하여 어류 및 저서동물의 바람직한 서식처이고, 홍수시에는 피난처를 제공하며 갈수기엔 유량 확보로 수생동물의 생존을 유지해 준다. 유속이 빠른 여울은 폭기작용으로 용존산소량을 증가시키고, 여기에 정착하는 부착조류 등이 특정 수생동물에게 먹이를 공급한다. 호안을 포함한 중도, 사주의 식물은 그늘을 제공하여 수온변화를 제어하고 홍수에 의한 침수시 어류의 피난처이기도 하다.

조류는 보통 하천생태계 먹이그물의 상위를 점유하므로 그 존재 여부는 생태계 생산성을 나타내는 지표라고 볼 수 있다. 조류는 수면, 사수역과 습지, 경사 완만한 모래 및 자갈밭, 갈대나 버드나무류를 비롯한 수림 등에서 포식, 번식, 휴식을 한다.

개똥벌레나 물방개류는 수변의 수초에 산란하고 수중에서 성장한 유충은 수변 흙속에서 번데기로 지내므로 수변에 흙과 식물이 있어야만 서식할 수 있다(서영기술단 부설 기술연구소, 1996). 잠자리류는 식물조직 내에 산란하거나 비행하면서 수면에 또는 물에 잠겨서 산란하며, 유충기에는 수중에서 지낸다. 나비류는 초화류에 산란하고 유충은 풀을 먹으며 성장한다.

양서류의 대부분은 역시 수변의 풀잎이나 수중에 산란하고, 일정기간 수중생활 후 변태를 통해 육상생활에 적응한다. 동계에는 흙속에서 동면한 후 봄에 번식을 시작한다. 위와 같은 야생동물의 서식조건을 감안하여 저수로, 고수부지, 제방 등 환경구배별로 생물서식 계획지침을 요약하면 다음과 같다.

① 저수로에서는 자연형 호안공법 적용을 통한 그늘과 서식처 제공, 목표수심 및 목표수질 유지, 사행천 도입, 사주와 중도 확보, 여울 및 소 조성, 거석과 수제 배치, 낙차공의 어도확보 등으로 어류, 저서동물, 조류의 다양한 서식환경을 창출한다. V형 여울은 여울과 상류부 호안과의 각도를 110°로 설치하고, 양안의 상·하류부에 유속이 약한 와류형성을 유도하여 홍수 시 어류의 피난처를 제공한다. 콘크리트 수직낙차공이 현존하는 경우 자연석 경사낙차공으로 개수한다. 경사낙차공은 거석으로 단차를 조성하고 각 단의 사이에는 웅덩이 도입으로 유속을 완화하여 어류 도약을 용이하게 처리한다. 홍수피해가 없을 개방수면에는 인공부도를 도입하여 생물서식 기회를 확대한다.

② 둔치는 일시적 범람에 따른 생장교란이 나타나는 공간이므로 다양한 종의 수변식물이 서식 가능한 생장기반을 조성하여 자연유입을 도모한다. 다만, 침식나지 등 조기피복이 요구되는 공간에는 적합한 자생식물종을 인공 식재한다. 침수지나 하수유입부에는 생태습지를 조성하여, 수질정화는 물론 수생 및 육상생물의 서식기회를 확대한다. 생태습지에는 환경구배에 따라 침수, 부유, 부엽, 추수, 습생, 건생식물 등(한국조경학회, 2002) 다양한 식물종의 생장기반 조성으로 생물서식처를 증진한다.

③ 제방 상부 유휴공간이나 제방사면에는 곤충 또는 조류를 유인할 자생초화류 및 식이수종을 식재하고, 수직옹벽에는 덩굴식물을 식재하여 하천의 자연경관도 증진한다. 기존 콘크리트 제방사면의 경우, 구조적으로 콘크리트 철거가 불가하다면 안정성을 저해하지 않는 범위 내에서 식혈조성으로 식재를 추진한다.

④ 고수부지, 호안 등에 분포하는 기존 콘크리트는 제거하여 식물종 유입 및 생장기회를 확보한다. 고수부지는 차량통행이나 인간간섭에 의한 서식위해를 가급적 최소화한다. 교량 하부에는 육상동물이 이동 가능한 육로를 마련하고, 눈지, 고수부

지 및 제방사면을 포함한 하천이 도심과 자연을 연결하는 주요 생태통로로서 본연의 역할을 담당하도록 계획한다.

4) 친수계획

① 하천의 치수 안정성, 생태적 민감성 등을 반영하여 이용 및 보존공간을 배치하되, 이용공간에는 하천 생태환경에 부합하는 자연관찰 및 학습, 경관감상과 산책, 휴식 위주의 정적 친수활동을 도입한다. 생물다양성이 양호하거나 둔치 폭이 협소하여 이용피해가 우려되는 구역 등은 보존공간으로 계획하여 주민의 접근과 간섭을 배제한다.

② 도입시설은 친수활동에 필요한 최소한의 휴식 및 편의시설, 관찰 및 학습시설(관찰데크, 해설판 등)에 국한하여 적지적소에 배치한다. 각 시설은 자연경관과 조화하는 재료와 디자인을 선정하고, 홍수로 인한 유실을 최소화할 유형과 배치를 고려한다.

③ 동적 활동 및 시설이 불가피한 경우 하천생태와 수질의 보전차원에서 가급적 소규모로 국한하되, 홍수피해와 유수방해를 감안하여 가반식 또는 평면적 시설을 도입한다.

④ 수질과 생물서식에 악영향을 미칠 수 있는 수상 레크리에이션 활동은 배제한다.

⑤ 동선은 석재, 목재 등 자연재 위주의 투수포장재로 사행하는 관찰로 또는 산책로를 제공하고, 최대 폭은 비상시 차량이 통행 가능한 정도로 계획한다. 평상 시에는 차량접근과 주차를 배제하여 생태계 및 자연성 회복, 생물서식 등을 도모하고 수질오염의 우려를 해소한다.

⑥ 저수로에는 둔치 양측의 보행동선을 연결하는 징검다리를 필요한 곳에 배치하고 여울로서의 기능도 제공한다.

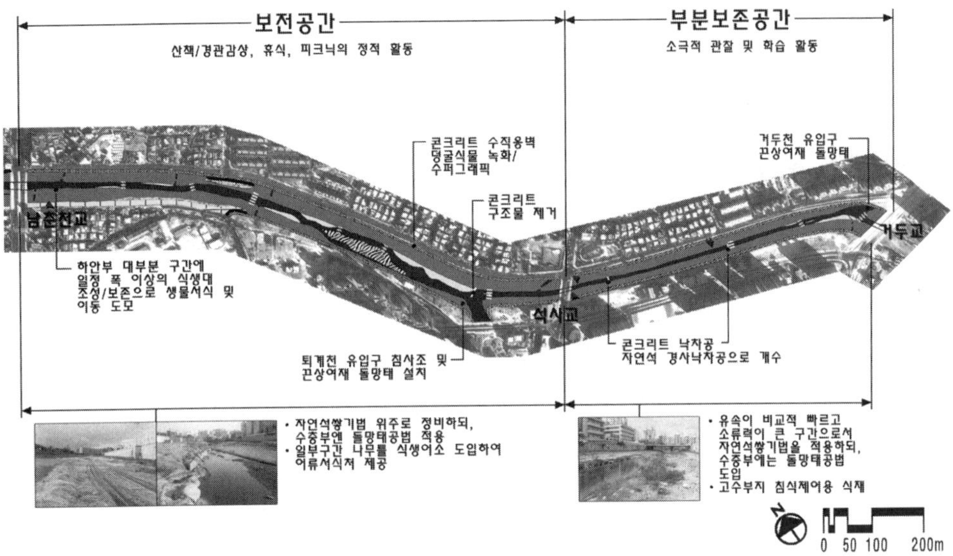

a : 거두교~남춘천교 구간

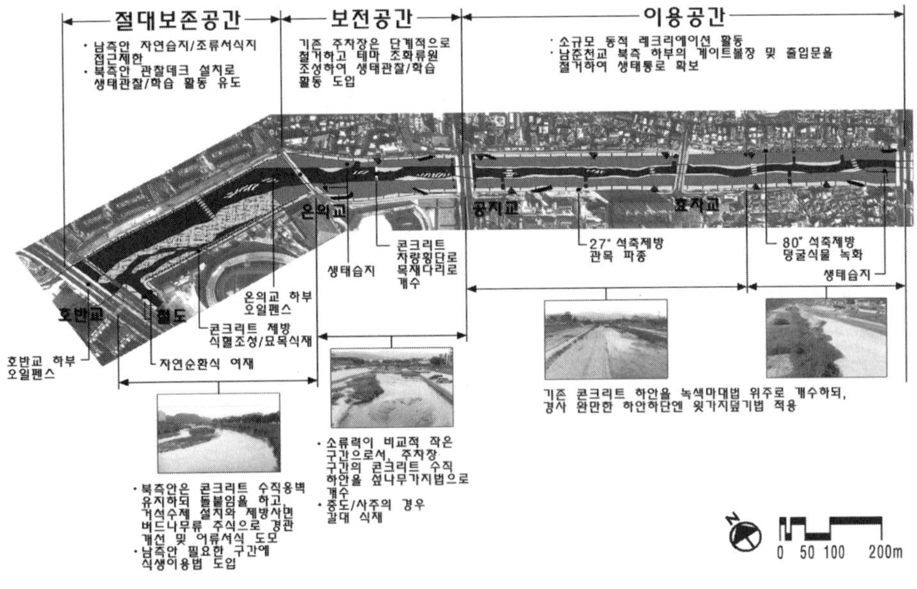

b : 남춘천교~호반교 구간

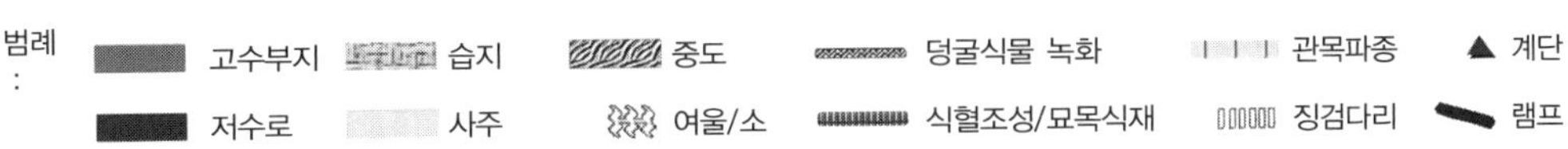

그림 3-8-5 춘천시 공지천의 자연형 계획전략 사례도 (조현길, 2003)

제2장 경관생태계획

나정화

제1절 개념과 목적

1. 기본개념

경관생태학은 Carl Troll이 1938년 처음 사용한 용어로서 지역과 지역환경, 그리고 인간과 환경이 서로 얽혀 있는 인간생태계를 이해하기 위한 분야로 정의하고 있다. 또한 Forman(1995)은 '경관생태학은 넓고 이질적인 패치간의 공간관계와 기능적 상호작용 및 시간의 경과에 따른 구조와 기능의 변화를 연구하는 학문'이라고 주장하고 있다. 1997년 국제경관생태학회(International Association of Landscape Ecology)에서 발표한 성명서에는 '경관생태학은 경관의 불균일성에 기인한 생물적, 사회적인 원인과 결과를 포함하는 다양한 스케일의 경관에 대한 공간적 변화를 연구하는 학문'이라 정의하고 있다.

이러한 경관생태학은 무엇보다 경관의 구조, 기능, 변화의 세 가지 축으로 설명될 수 있다. 경관의 구조적 측면은 생태계와 생태계 사이에 존재하는 경관요소, 즉 크기, 형태, 종류, 물질, 에너지 등의 분포와 이들 경관요소 상호간의 공간적인 관계를 파악하는데 주안점을 두고 있다. 경관의 기능적 측면에서는 상기의 공간 구조적 연구를 토대로 개별적 경관 요소들간의 상호작용, 즉 에너지, 종, 물질 등의 이동을 연구하는데 주안점을 두고 있다. 그리고 경관의 변화는 시간의 경과에 따른 경관의 구조와 기능의 치환으로 설명할 수 있다(Forman and Gordon, 1986; Tuner, 1989 ; Hobbs and Norton, 1996 ; 나정화, 2005).

Makhzoumi(2000)는 '경관생태학은 전체적이고 동적인 뼈대를 조경에 제공하고 이러한 과정에 의해 조경이 유지되고 있다'라고 서술하고 있다. 이러한 맥락에서 경관생태학은 경관디자인의 방법론을 제시해 줄 수 있으며 광역적 혹은 지구단위 계획시 계획의 핵심요소에 대한 과학적인 지식을 제공할 수 있다고 설명하고 있다.

이상과 같은 경관의 구조, 기능, 변화적 측면에서의 경관생태학은 경관의 보전 및 인간의 삶의 질 향상이라는 중요한 목표를 내포하고 있다. 이러한 토대 위에서 각종 무분별한 개발계획으로부터 국토공간을 보호하고 생태적으로 건전한 환경을 지속적으로 유지시켜 나갈 수 있는 공간계획적 도구를 경관생태계획이라고 할 수 있다.

2. 목적

경관생태계획의 목적은 크게 3가지로 요약해 볼 수 있다. 첫째는 지형, 기후, 물, 토양, 동·식물 및 비오톱 등과 같은 경관생태자원들을 지속적으로 보전 및 개선하는데 있다. 둘째는 경관생태자원들의 훼손을 최소화하는 범위 내에서 지역특성에 부합하는 다양한 휴양공간 조성에 있다. 셋째는 경관생태계획의 내용 및 도면을 타 개발계획의 베이스맵으로 활용하여 국토공간을 경관친화적으로 유도하는데 있다.

제2절 기초자료 및 계획항목설정

1. 기초자료

경관생태계획 수립에 필요한 기초자료 및 도면들은 성격 및 특성에 따라 매우 다양하다. 이중 보편적으로 많이 이용되는 기초자료 및 도면들로는 비오톱 분석·평가도,

표 3-8-4 기초자료의 종류 및 주요정보

구 분	도면 및 자료 종류	활용가능한 주요 정보
기초도면 1	비오톱 분석·평가도	• 동·식물, 녹지 및 생물서식 공간(Biotop)에 대한 정보 • 비오톱 유형들의 수, 위치, 분포 • 보전 가치가 높은 지역, 휴양적 가치가 높은 지역 등에 관한 정보 • 특별히 가치 있는 종 및 비오톱 유형에 관한 정보 • 기존의 비오톱들이 갖는 각각의 기능에 관한 기초정보 • 해당 비오톱들의 보전가치 등급 • 관련 비오톱들의 대체성 또는 보충 가능성 등에 대한 해결방안에 관한 정보 • 토지이용계획 및 지구단위계획의 환경친화적 유도를 위한 기초자료 제공
기초도면 2	지형도, 토양도, 기후도, 생태자연도, 임상도	• 지형, 고도 및 경사도, 수리체계, 토지이용유형, 도시전체에 대한 개략적인 토지분류, 행정구역 경계, 도로, 철도, 개발제한구역 등에 관한 정보 • 토지이용 종류와 관리형식에 대한 토양상태, 토양수분 정도, 특별한 현장조건, 희귀한 서식공간에 대한 발전 가능성, 이용강도, 풍식 정도 등에 관한 정보 • 식물 및 식생군락의 자연성 정도, 보전가치 등에 관한 정보 • 보전 및 공익임지의 선별, 산림지역에 대한 주요 수종, 경급, 영급, 소밀도 등에 관한 정보
기초도면 3	휴양경관분석도	• 휴양공간 적지 검토를 위한 기초자료 제공 • 휴양적 가치를 판단할 수 있는 정보 제공
기초도면 4	위성영상자료 및 항공사진 등	• 용도지역 분포 및 면적 변화과정, 비오톱의 형태, 종류, 경계구분 및 뷰포상태, 녹피율, 포장률, 식생형태 등에 관한 정보

지형도, 토양도, 기후도, 임상도, 생태자연도, 휴양경관분석도, 도시계획도 등을 들 수 있다.

특히 비오톱 분석·평가도면은 경관생태계획 수립에 직접적으로 관련 있는 정보들을 가장 많이 포함하고 있다는 점에서 활용가치는 매우 높다고 하겠다. 또한 광역규모의 경관단위에서 위성영상자료 및 항공사진은 계획대상부지 내 경관생태자원들의 분포 및 배열을 한눈에 파악할 수 있도록 해주는 중요한 기초자료로 사용된다.

2. 계획항목

경관생태계획에서 고려해야 할 계획항목은 접근방법 및 계획대상 부지의 자연환경적 조건 및 특성에 따라 매우 다양하게 선정할 수 있다. 따라서 구체적인 계획항목의 선정은 지역적 특성을 고려하여 융통성 있게 적용시켜 나가는 것이 중요하다. 일반적으로 많이 활용되고 있는 기본적인 주요 계획항목을 살펴보면 생태보호지역, 경관보호지역, 소규모 잔여경관요소, 비경작 테두리 띠숲의 개선, 포위된 소규모 수림의 조성, 야생동물 이동통로의 설치, 산책 및 자전거로 조성, 휴양공간의 조성 등으로 요약해 볼 수 있다(나정화, 류연수, 2003a; 나정화 외, 2003b; 홍선기, 김동엽, 2000). 이러한 주요 계획항목들은 한편으로는 서로 독립적이면서 다른 한편으로는 상호보완적 맥락에서 경관문제의 개선방법을 모색하는 것이 중요하다. 즉 계획항목별 각각의 생태적 기능개선 측면과 계획대상 부지 내 계획항목들 상호간의 전체적인 공간적 배열 및 분포적 특성(예 : 형태, 연결성 등) 관계를 종합적으로 파악하여 생태적 기능개선 측면을 모색해 나가는 것이 바람직하다.

제3절 계획지침

1. 생태보호지역

(1) 목적

경관생태계획에서 생태보호지역을 설정하는 가장 중요한 목적 중의 하나는 무엇보다 보전가치가 높은 경관자원의 기능유지 및 지속적인 보전에 있다. 특히 이들 지역은 계획대상 부지 내 생물종 다양성 확보, 종공급원의 중심지 및 생태축의 핵심거점지역으로서 중요한 기능을 수행한다.

(2) 선정기준

생태보호지역의 선정기준은 다음과 같이 요약해 볼 수 있다.

- 주요 생물서식공간으로서 보전가치가 높은 지역
- 학술적, 자연사적, 역사문화사적으로 보전가치가 높은 지역
- 경관의 아름다움, 다양성, 고유성이 현저한 지역

(3) 행위제한 및 준수사항

상기의 기준에 입각하여 계획대상 부지 내에서 선정된 생태보호지역에 공통적으로 많이 적용되고 있는 행위제한 및 준수사항을 살펴보면 다음과 같이 요약해 볼 수 있다.

표 3-8-5 생태보호지역 내 행위제한 및 준수사항

구 분	주요내용
행위제한	• 수목 및 야생식물들을 훼손하거나 성장을 방해하는 행위 • 야생동물들의 손상, 산란 및 서식처를 훼손하는 행위 • 외래 동 · 식물들의 반입 행위 • 고사목을 제거하거나 무분별한 벌목 행위 • 현지 생육환경조건에 적합하지 않은 수목의 식재 행위 • 유해 화학물질 사용으로 인한 토양 및 지하수 오염 행위 • 경관의 훼손 및 외형모습을 변형시키는 행위 • 수자원을 변화시킬 수 있는 배수조치 및 훼손 행위 • 각종 건축구조물, 휴양활동 및 교통관련 시설물들을 설치하는 행위 • 보전목적에 필요한 안내시설물을 제외한 광고용 시설물을 설치하는 행위 • 지정된 도로, 산책로, 조깅코스, 주정차장을 벗어나 활동하는 행위 • 수공간에서 목욕, 수중스포츠, 낚시 등과 같은 각종 위락활동 행위 • 쓰레기 적재 및 방화 행위 등
준수사항	• 생태보호지역의 세부적인 관리 및 개선조치는 별도의 상세계획을 수립 • 수공간의 정비는 반드시 근자연형으로 유도 등

사진 3-8-1 생태보호지역(대구광역시 안심습지 일대)

2. 경관보호지역

(1) 목적

경관보호지역의 설정목적은 생태보호지역과 마찬가지로 보전가치가 높은 자연 및 경관자원의 기능유지 및 지속적인 보전에 있다. 이 지역 역시 계획대상부지 내 생물종 다양성 확보, 종공급원의 중심지, 휴양기능 증진 및 생태축의 핵심거점지역으로서 중요한 기능을 수행한다. 이 중에서도 특히 경관보호지역은 휴양적 기능을 강화하는 수단으로서 가치가 높다고 하겠다.

(2) 선정기준

경관보호지역의 선정기준은 다음과 같이 크게 3가지로 정리해 볼 수 있다.

- 경관자원의 자연잠재적 기능을 증진시킬 필요가 있는 지역
- 경관형상의 아름다움, 다양성 및 고유성이 현저한 지역
- 휴양공간으로서 특별한 가치가 있는 지역

또한 상기에서 언급하고 있는 경관자원의 자연잠재적 기능은 종류와 성격에 있어서 매우 다양하게 이해될 수 있다. 주요기능을 요약해 보면 종과 비오톱 보전, 대기질 보호, 기후조절, 물순환, 토양보전, 자연체험 및 휴양기능 등을 들 수 있다.

(3) 경관보호지역과 생태보호지역의 차이점

경관보호지역과 생태보호지역과의 주요 차이점은 다음과 같이 3가지로 정리해 볼 수 있다.

- 경관보호지역에서는 생태보호지역과는 달리 기존의 합법적인 토지이용은 허용된다.
- 경관자원의 생태적 기능이 생태보호지역보다는 상대적으로 떨어지지만 휴양적 기능 및 가치는 매우 높다.
- 공간규모가 생태보호지역보다 상대적으로 크다.

(4) 행위제한 및 준수사항

상기의 기준에 입각하여 선정된 경관보호지역에서 공통적으로 많이 적용되고 있는 행위제한 및 준수사항을 간추려보면 다음과 같다(한국조경학회, 2004).

표 3-8-6 경관보호지역 내 행위제한 및 준수사항

구 분	주요내용
행위제한	• 수목 및 야생식물들을 훼손하거나 성장을 방해하는 행위 • 야생동물들의 손상, 산란 및 서식처를 훼손하는 행위 • 외래 동 · 식물들의 반입 행위 • 고사목을 제거하거나 무분별한 벌목 행위 • 현지 생육환경조건에 적합하지 않은 수목의 식재 행위 • 유해 화학물질 사용으로 인한 토양 및 지하수 오염 행위 • 경관의 훼손 및 외형모습을 변형시키는 행위 • 수자원을 변화시킬 수 있는 배수조치 및 훼손 행위 • 각종 건축구조물, 휴양활동 및 교통관련 시설물들을 설치하는 행위 • 보전목적에 필요한 안내시설물을 제외한 광고용 시설물을 설치하는 행위 • 지정된 도로, 산책로, 조깅코스, 주정차장을 벗어나 활동하는 행위 • 수공간에서 목욕, 수중스포츠, 낚시 등과 같은 각종 위락활동 행위 • 초지 또는 자연형 다년생 초원지들을 다른 이용목적으로 전환하는 행위 • 도로, 길, 주차장 등을 설치하는 행위 • 정해진 장소가 아닌 곳에서 쓰레기 적재 및 방화 행위 • 기존의 합법적인 이용은 상기의 행위제한과 관계없이 허용됨
준수사항	• 수림 및 산림은 보전하고 동시에 휴양기능을 충족시킴. 단, 수림 및 산림의 휴양적 이용은 생태적 기반 위에서 수행 • 수공간의 정비는 반드시 근자연형으로 유도 • 기타 휴양 및 생태적 기능개선에 필요한 추가적 조치 수행

3. 보호가치가 있는 소규모 잔여경관요소

(1) 목적

소규모 잔여경관요소란 원래 하나의 커다란 원경관으로부터 각종 개발로 인해 분획화 및 축소과정을 거치면서 현재 소규모로 잔존하고 있는 경관요소들을 의미한다. 여기에는 수목군, 띠숲, 습지, 수공간 등과 같은 자연형 경관요소들이 해당된다. 이러한 소규모 잔여경관요소들은 계획대상 부지 내에서 특히 비오톱 연계망 조성에서 징검다리의 기능을 수행하고 있다. 또한 획일화 된 경작지내 중요한 생물서식 공간 제공 및 시각조망적 측면에서의 경관질 개선에 중요한 역할을 수행한다. 따라서 경관생태계획적 수단을 통해 이러한 소규모 잔여경관요소들을 지속적으로 보전 및 개선해 나가는 것은 큰 의미가 있다고 하겠다.

(2) 선정기준

선정기준으로는 아래 3가지 요건 중 한 가지 이상을 충족시킬 경우 보호가치가 있는 소규모 잔여경관요소로 지정한다.

- 경관자원들의 생태적 기능 유지에 필요한 요소로 작용할 경우
- 시각조망적 관점에서 경계구분, 활력 및 충전요소로서 대상공간의 경관질을 향상시키는데 중요한 기능을 수행할 경우
- 토양, 기후, 물 및 오염물질로부터 야기되는 부정적인 영향을 완화시키는데 중요한 요소로 작용할 경우

특히 보호가치가 있는 잔여경관요소들은 계획대상 부지 내에서 생태보호지역 및 경관보호지역으로 지정된 공간을 제외한 나머지 지역에서 지정한다.

(3) 행위제한 및 준수사항

상기 선정기준에 의거하여 지정된 소규모 잔여경관요소들에 대한 행위제한 및 준수사항을 요약하면 다음과 같다.

표 3-8-7 소규모 잔여경관요소 내 행위제한 및 준수사항

구 분	주요내용
행위제한	• 수목, 관목 및 기타 야생식물들을 훼손하거나 성장을 방해하는 행위 • 현지 생육환경조건에 적합하지 않은 수목의 식재 행위 • 잔여경관요소들의 경관형상 변경 및 외형모습을 손상시킬 수 있는 재료나 대상물의 적재, 침전, 반입 및 이와 유사한 행위 • 유해 화학물질 사용으로 인한 토양 및 지하수 오염 행위 • 수자원을 변화시킬 수 있는 배수조치 및 훼손 행위 • 각종 건축구조물, 휴양활동 및 교통관련 시설물들을 설치하는 행위 • 보전목적에 필요한 안내시설물을 제외한 광고용 시설물을 설치하는 행위 • 지정된 길, 주정차장 및 장소를 벗어나 보호지역 내에서 활동하는 행위 • 정해진 장소가 아닌 곳에서 쓰레기 적재 및 방화 행위 • 기존의 합법적인 이용은 상기의 행위제한과 관계없이 허용됨
준수사항	• 생태적 기능개선에 필요한 추가적 조치 수행 (예 : 형태적 특성반영 등) • 시각조망적 기능개선에 필요한 추가적 조치 수행

4. 비경작 테두리 띠숲의 조성 및 관리

(1) 조성목적

비경작 테두리 띠숲은 야생초본식물 중심의 띠 형태로 구성되어 있는 경작되지 않고 있는 부분을 말한다. 여기에는 소규모 띠형 수림을 따라서 형성된 야생 초본테두리와 농노 및 유수지를 따라서 형성된 논·밭두렁이 해당된다. 비경작 테두리 띠숲은 많은 곤충류 및 소형동물들의 산란, 먹이 및 월동장소로서, 민감한 인접비오톱 구조에서 완충공간으로서, 특히 비오톱 연결시스템에서 선적 연결요소로서 중요한 의미를 지니고 있다. 또한 미시각적 측면에서도 경계구분, 활력 및 충전요소로서 경관의 다양성을 증진시키는 중요한 요인으로 작용한다.

(2) 주요 개선지침

① 소규모 띠형 수림을 따라서 형성된 야생 초본테두리의 개선 및 관리

- 야생 초본테두리는 일반적으로 폭 2~3m 정도로 설치한다.
- 해충방제재, 비료 등과 같은 화학물질의 사용은 금지한다.
- 야생초본식생 중심으로 하고, 가급적 자연천이에 따른 식생발달을 유도한다.
- 띠형 수림·야생 초본테두리를 하나의 복합체 서식공간으로 보고 완충기능을 수행할 수 있도록 조성한다.

② 농노 및 유수지를 따라서 형성된 논·밭두렁의 개선 및 관리

- 일반적으로 논·밭두렁의 폭은 4~5m 정도로 설치한다.
- 특히 사면을 중심으로 야생 초본식생 공간을 조성한다.
- 식생발달은 가급적 자연천이에 따른다.
- 해충방제재, 비료 등과 같은 화학물질의 사용은 금지한다.

③ 관리

- 식물생장의 최종단계 도달이후 2~3년 주기로 단계적 예초를 수행하며, 예초시기는 10월 1회 실시한다.
- 예초시 서식동물의 방해를 최소화하고, 또한 지표면에 부착된 야생초본식생들이 손상되지 않도록 기계적 예초작업을 수행한다.
- 인위적으로 씨앗을 뿌리거나 뗏장붙이기 등은 지양하고, 자연발생적 번식을 유도한다.
- 논·밭두렁, 농로사면, 비경작 선형 테두리 띠숲을 태우거나 또는 화학물질을 사용하여 성장을 방해하는 행위는 금지한다.

5. 포위된 소규모 수림의 조성

(1) 설치목적

포위된 소규모 수림은 이질적인 기질면 속에서 섬과 같이 잔존하고 있는 포위된 숲을 의미한다. 대부분 초본, 관목, 교목들이 면적으로 하나의 복합체 비오톱을 형형하고 있으며 규모가 클 경우에는 산림의 특성을 나타낸다. 이들은 획일화된 단일 경관 속에서 생물서식 공간을 제공하는 중요한 경관생태자원이다. 그러나 지난 수십 년간 지속되어온 각종 무분별한 개발 및 과밀 토지이용으로 많은 포위된 소규모 수림들이 이미 소멸되거나 심각한 훼손상태에 놓여 있는 실정이다. 경관생태계획을 통한 포위된 소규모 수림의 보전 및 추가조성은 중요한 의미가 있다고 하겠다.

(2) 기능 및 특성

- 생물종들을 위한 보금자리, 월동, 은신처 및 먹이장소 제공
- 비오톱 연계기능 강화에 기여
- 간선도로변 또는 공업지 주위 놓여 있을 경우 오염물질 완화
- 미기후의 개선 및 풍식으로부터의 토양보전
- 수변 침식보호 및 물 저장기능 증대
- 농경지 경관에서 미시각적 활력 및 충전요소로 작용

(3) 주요 개선지침

- 포위된 소규모 수림은 다층구조로 조성한다. 즉 야생초본 테두리, 관목, 교목을 점진적으로 배치한다.
- 식재수종은 가급적 잠재자연식생을 토대로 선정한다.
- 식재 후 최소 3년 이상은 야생동물 및 방목가축들로부터 보호조치를 마련한다.

사진 3-8-2 포위된 소규모 수림(대구광역시 달성군 옥포면 일대)

• 누락된 부분 및 생육이 불량한 수목들은 유사수종으로 보식한다.
• 원정형 수목, 식이수종 및 열매를 맺는 관목들을 가급적 많이 식재한다.

6. 휴양공간 조성

(1) 조성목적

경관생태계획은 인간의 기본적인 욕구중의 하나인 휴양활동을 위한 충분한 공간의 제공에도 중요한 임무가 있다. 단 여기서 의미하는 휴양공간 조성은 자연의 훼손을 최소화하고, 또한 자연 속에 동화될 수 있는 범위로 제한한다. 가장 중요한 조성목적은 자연과의 동화 및 일체감을 통한 심신의 스트레스 해소와 자연교육 및 학습기회 제공에 있다.

(2) 절차과정

• 도입 가능한 다양한 휴양활동의 종류선정 및 이용자수를 추정한다.
• 비오톱 도면 및 경관분석 도면을 토대로 선정된 휴양활동 종류별 공간의 적합성을 검토한다.
• 각 휴양활동 종류별 성격에 부합하는 공간배치, 동선, 시설물 배치, 식재계획 등을 정립한다.
• 대상부지의 특성에 부합하는 세부적인 내용은 별도의 상세계획을 수립하여 시행한다.

(3) 휴양활동(공간)의 종류

자연의 훼손을 최소화하고, 또한 자연 속에 동화될 수 있는 범위 내에서의 휴양활동 종류로는 생태학습형, 자연감상 및 조망형, 산책 및 운동형, 농·산촌휴양형 및 친수휴양형 등으로 구분해 볼 수 있다.

• 생태학습형 : 생태학습 및 체험장, 비오톱원, 습지원, 생태공원 등
• 자연감상 및 조망형 : 주말농장, 경관작물재배지, 화훼원 등
• 산책 및 운동형 : 산책로, 자전거길, 승마길, 운동장 등
• 농·산촌휴양형 : 녹색 농·산촌체험마을, 자연휴양림, 산림욕장, 야영장 등
• 친수휴양형 : 물놀이 공간, 낚시터, 수변생태공원 등

(4) 적합성 검토

• 비오톱 분석법 : 비오톱은 생태적 동질성을 나타내는 공간단위이다. 비오톱 분석법

은 비오톱유형에 따른 각 휴양공간의 적합성을 분석 및 평가하는 방법이다. 분석과정은 대상부지의 선정 ➜ 비오톱유형 분류 ➜ 평가기준 및 평가지표의 선정 ➜ 정량적 · 정성적 평가 ➜ 기본계획 반영 순으로 정리해 볼 수 있다.

- 격자분석법 : 격자분석법은 우선 대상부지 전체를 적절한 크기의 Mesh로 구분하고, 구분된 격자별 각 휴양공간의 적합성을 분석 및 평가하는 방법이다. 분석과정은 대상부지의 선정 ➜ Mesh에 의한 격자구분 ➜ 평가기준 및 평가지표의 선정 ➜ Mesh별 각 휴양공간의 적합성 검토 ➜ 기본계획 반영 순으로 간추려 볼 수 있다.

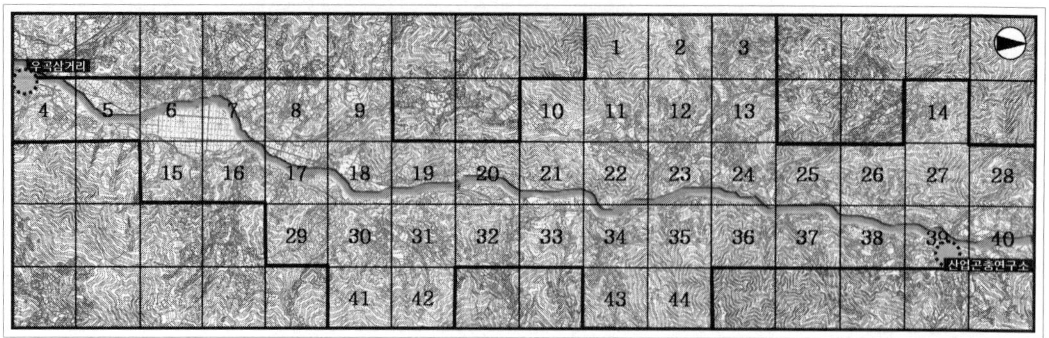

그림 3-8-6 Mesh법에 의한 격자구분도(예천군, 2005)

- 헤메로비 분석법 : 헤메로비(Hemeroby)는 자연에 대한 인간의 간섭정도를 나타내는 척도이다. 순서별로 나열해 보면 a-hemeroby(간섭 정도가 가장 약함), oligo-hemeroby, meso-hemeroby, β-euhemeroby, α-euhemeroby, poly-hemeroby, meta-hemeroby (간섭정도가 가장 강함) 등 총 7등급으로 구분된다. 헤메로비 분석법은 각 휴양공간의 적합성을 상기 언급한 헤메로비 등급과 관련지어 분석 및 평가하는 방법이다.

(5) 기본계획

지역적 특성에 부합하는 휴양공간 조성의 구체적인 공간배치, 동선, 시설물 배치, 식재계획 등에 관한 내용은 별도의 상세계획을 수립하여 시행하는 것이 바람직하다. 다음에서는 각 부분별 계획내용을 기본원칙 제시수준에서 요약해 보고자 한다.

① 공간배치계획

- 대상부지 내 자연환경적 특성을 최대한 고려하여 공간배치를 결정한다.
- 자연지형적 조건을 최대한 살리고, 절 · 성토를 최소화하여 환경친화적 공간배치를 유도한다.

• 각 공간 상호간의 연계성 및 기능성이 충분히 발휘될 수 있도록 한다.

• 성격이 유사한 공간은 인접시키고, 상이한 공간은 분리·배치하여 공간의 활용도를 높인다.

② 동선계획

• 진입동선, 주동선, 보조동선, 원로 등으로 체계화하여 이용객들의 이동 및 흐름에 불편함을 최소화할 수 있도록 배치한다.

• 주접근방향, 이동형태, 이용자수 등을 고려하여 진·출입이 원활하도록 조성한다.

• 각 공간 및 시설지 상호간의 접근성 및 연계성을 높일 수 있도록 한다.

• 자연지형을 최대한 살리고 절·성토를 최소화할 수 있는 노선을 선정한다.

• 포장재료는 가급적 식물생육이 가능한 투수성 재료를 사용한다.

③ 시설물배치계획

• 이용자수 및 수요추정 규모를 고려하여 최소의 시설투자로 최대의 이용효과를 얻을 있도록 계획한다.

• 기존의 자연식생지 및 지형적 조건을 최대한 반영하여 자연환경 훼손을 최소화한다.

• 주변경관과의 조화를 유도하여 이질감을 최소화한다.

• 재료는 가급적 자연친화적인 소재를 사용하고, 내구성 및 경제성이 우수한 것을 선택한다.

④ 식재계획

• 현지 생육환경 및 토양조건에 적합한 적지적수를 선정하여 식재한다.

• 공간별 특성 및 성격에 부합하는 식재수종을 선정하여 배식한다.

• 경관의 변화감, 계절감, 스카이라인 등을 고려하여 식재한다.

• 차폐, 소음방지, 완충기능 등을 고려한 기능식재를 수행한다.

• 생태적 특성 및 녹지네트워크를 고려한 식재계획을 수립한다.

제4절 경관생태계획 사례

1. 일반적 개요

- 위치 : 대구광역시 달성군 옥포면
- 면적 : 3,000,000㎡
- 부지특성 : 사례지는 낙동강을 경계로 대구광역시 달서구 및 경상북도와 접해 있다. 북에서 동으로는 낙동강이 흐르며, 남쪽으로는 대부분 자연산림지가 분포해 있으며 88올림픽 고속도로가 지나고 있다. 대상부지의 기질면은 대부분 경작지로 구성되어 있으나 중간 중간에 소규모수림 및 잔여경관요소들이 산재해 있다. 또한 기세곡천, 본리지 등과 같은 유수지 및 정수지도 다수 출현하고 있다. 그러나 사례지가 달서구와 접해 있으면서 심한 개발압력을 받고 있어 경관생태자원의 훼손이 심해질 것으로 예상된다.

2. 목적 및 기본방향

1) 목적

- 각종 부문별한 개발로부터 경관생태자원의 지속적인 보전 및 개선
- 도시민의 휴양 및 경관이용성 증진
- 자연체험 및 자연학습 기회제공

2) 기본방향

- 경관생태적으로 가치 있는 보전공간의 설정 및 개선유도
- 휴양경관적으로 가치가 높은 공간의 개선방안 모색
- 잔여경관요소의 활성화 방안 모색
- 수공간의 근자연형 유도

3) 기초도면 및 자료

- 기초도면 1 : 경관생태자원 분석 및 평가도
- 기초도면 2 : 지형도, 도시계획도, 위성자료 등

4) 경관생태자원의 현황 및 유형분류

사례지내 출현한 경관생태자원 유형은 크게 식생과 수공간으로 대별된다. 식생은 형태 및 특성에 따라 다시 17개 유형으로 세분화되었으며 이에 귀속되는 개별적 요소는

산림지, 소규모 수림, 초지, 띠형 초본식생지 등 총 86개로 나타났다. 수공간은 유수지와 정수지로 구분되었으며 총 4개가 출현하였다.

5) 경관생태계획 제언

- 생태적 · 휴양적 가치가 우수한 지역은 생태보호지역 및 경관보호지역으로 설정하여 관리할 필요가 있다.
- 가치 있는 잔여경관요소들은 보전하고, 필요할 경우에는 추가적으로 조성하여 전체 경관질 개선에 기여한다.
- 비오톱 연계망 조성에서 징검다리 역할을 수행할 수 있는 띠형 수림, 포위된 소규모 수림, 가로 열식수목 등을 개선하고, 필요할 경우에는 추가적으로 설치한다.

표 3-8-8 사례지 내 출현한 경관생태자원 현황

유형분류			조사된 경관
대	중	소	
식생	점적 요소	단본 수목	1, 19, 24, 25, 67, 68, 70
		단본 관목	2
		관목림	5
		교목림	9, 15, 23, 26, 31, 37, 52, 55, 56, 64, 65, 74, 76, 80, 85, 86, 90
	선적 요소	열식수목	33
		띠형 수림	40, 48
		띠형수림(수변)	35
		키큰 덤불림	34, 42, 73, 75
		키낮은 덤불림	11, 16, 45, 50, 60
		수변 초본군락	12, 17, 29, 38, 46, 79, 89
	면적 요소	소규모 수림	3, 7, 8, 13, 14, 20, 22, 28, 32, 41, 47, 51, 54, 58, 61, 62, 69, 71, 77, 81, 83, 84, 87, 88
		혼효림지	10, 30, 57
		유실수원	4, 43, 82
		자연형 다년생초지	21, 44, 49, 53, 72
		다년생 초본군락	6
		휴경지	66
		폐허지	27, 36, 63
수공간	면적요소	저수지	39, 78
	선적요소	유수지	18
		저수지	59

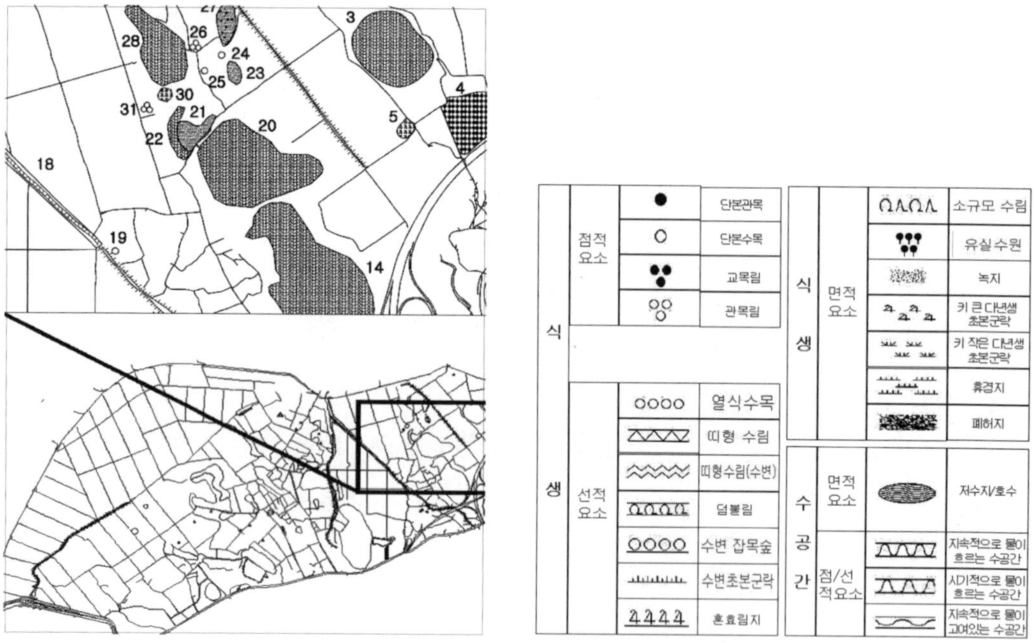

a. 유형분류 세부 상세도　　　　b. 범례

그림 3-8-7 경관생태자원 유형 분류도

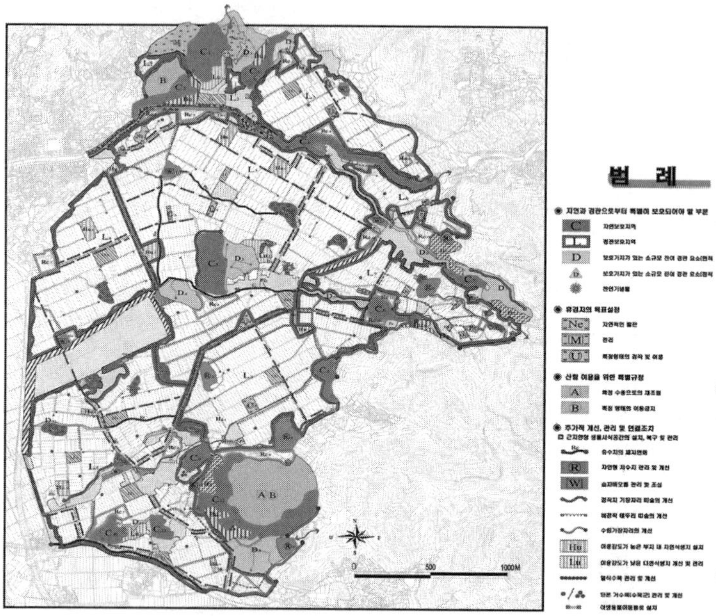

그림 3-8-8 대구 테크노폴리스 지구 경관생태계획도

제3장 생태복원계획

구본학

생태복원(Ecological restoration)이라 함은 생태계의 건강성(health), 종합성(integrity), 지속성(sustainability)을 고려하여 자연적이거나 인위적인 원인에 직접적 또는 간접적으로 훼손되어 기능이 저하되었거나 손상을 입었거나 변형되었거나 대부분 파괴된 상태의 생태계를 훼손 이전의 상태로 회복시키기 위한 노력과 과정을 말한다(SERI 2004).

생태복원계획은 융복합적인 기술과 다학제적 지식이 필요한 계획분야라 할 수 있다. 그러므로 생태적 접근에 의한 조경계획에 기본적으로 고려하던 토양학, 생물학, 생태학, 수목학 등 전통적인 기초 지식 외에도 구조적 검토를 위한 구조역학, 수리수문학, 수질 및 환경안전성을 위한 환경공학, 통계학 등의 복합적 지식이 요구된다.

본 장에서는 이러한 융복합적이고 다학제적 기술과 지식이 생태복원계획의 중요한 영역인 산림(폐광지 및 비탈면 등), 도시(야생동물 서식처, 물순환체계 등), 하천 및 습지(생태하천, 인공습지 등) 등을 대상으로 어떻게 적용될 수 있는지에 대한 논의를 하고자 한다.

다만, 이 책의 목적이 생태복원 유형별 세부적이고 구체적인 기술과 이론을 다루고자 함이 아니며, 조경계획의 다양한 접근 방법의 하나로서 생태적 접근 중 생태복원 계획의 일반적 흐름과 관련 이론, 사례 등을 살펴봄으로써 조경계획 과정에 생태복원 계획이 어떻게 적용될 수 있는지에 대한 논의로 국한하고자 한다.

제1절 생태복원계획 대상 및 원칙

1. 개념

1) 복원생태학과 생태복원 계획

생태복원은 특별한 대상지에 기술적인 방법을 통해 생태계를 복원하는 기술을 말하며, 복원생태학은 그 생태적 기술의 기반이 되는 학술적 이론을 의미한다. 즉 생태복원은 복원생태학이라는 학술적 이론에 근거하여 인위적으로 생태계를 복원하기 위한 개념적 틀과 방법론 등을 포함한 실증적 기술이라고 할 수 있다. 그러므로 생태복원 전문가는 복원생태학에 정통한 이론가이면서 동시에 실무에 능한 전문가이어야 한다는 점이 중요하며 그런 의미에서 생태복원은 실천적 학문 분야라고 할 수 있다.

2) 표준생태계 Reference Ecosystems

생태복원을 위해서는 생태계 고유의 역사성(historic trajectory)과 생태적 전형(prototype)을 찾는 것이 중요하며, 이전 상태로의 온전한 복원보다는 현재의 조건과 제한요인 등을 고려하여 최적의 복원목표를 찾는 것이 중요하다. 이러한 생태복원의 목표를 설정하고 목표 달성 여부를 평가 및 판단하기 위한 기준으로서 표준생태계(reference ecosystem)를 선정하게 된다.

표준생태계는 생태복원계획을 수립하기 위한 모델이 되며, 복원 이후에는 의도대로 복원되었는지를 판단하기 위한 평가의 근거이다. 이러한 표준생태계는 자연원형에 가까운 생태계의 전형으로서, 생태계 유형, 분포지역, 생태권역 등 그 생태계가 자연적 과정 및 인류역사적인 과정을 겪은 생태계이다. 이를 다시 말하면, 자연형성과정(natural process) 또는 생태적 형성과정 (ecological process)과 교란, 그리고 문화의 결과로서 생태계의 유형, 입지, 생태권역의 대표성을 갖는 생태계를 의미한다.

생태적 형성과정은 시간의 경과에 따라 생태계가 발전해가는 방향성 있는 발달과정을 의미하며, 생태복원계획에서는 복원 이전의 교란된 생태계가 발전해나가기를 기대하는 복원 목표를 설정하기 위해 매우 중요한 근거로서, 이렇게 생태적 형성과정에 의해 발달된 최적의 생태계가 표준생태계인 것이다.

이를 요약하면 '표준생태계'란 '자연성을 유지하고 있는 생태계이며 생태복원, 대체생태계 조성, 기능평가, 성능평가 등을 위한 기준이 되는 생태계로서 인위적 또는 자연적 훼손이 적고 생태 기능이 우수하게 발휘되는 생태계'라고 말할 수 있다.

3) 생태권역

생태복원을 위해서는 전 국토를 생태적 판단 기준에 따라 일정한 권역으로 구분하는 것이 필요하다. 이렇게 국토를 생태적 기준에 따라 구분한 것을 생태권역(eco region)이라 하는데, 앞에서 말한 표준생태계는 생태계 유형별 및 각 생태권역별로 선정하는 것이 일반적이다. 즉 어떤 지역에서 고유의 토양, 지형, 기후 등의 복합적 요인에 의해 반복적으로 나타나는 생태 유형 또는 패턴을 말한다.

WWF에서는 생태권역은 최근의 훼손이나 변화 이전의 고유한 생태적 원형을 바탕으로 구분할 수 있다고 하면서 지구생태계 전체를 대상으로 육상 생태권역 867개 및 수생태권역 450개 등의 생태권역으로 구분한 바 있다.

4) 기능평가 및 성능평가

생태계 기능(function)은 생태계가 지니는 고유의 특성을 말하며, 이러한 생태계 고유의 기능을 일정한 원칙에 의해 등급화하거나 점수로 산정하여 중요도와 가치를 판단하는 것을 기능평가(assessment)라고 한다.

생태계 기능은 생태계 유형별로 각각 다르게 나타나며, 습지생태계의 예를 들면 물순환기능, 기후변화기능, 야생동물서식처 기능, 경제적 기능, 사회문화적 기능, 심미적 및 레크리에이션 기능 등으로 나타낼 수 있다.

기능평가는 4계절 이상의 정밀한 답사를 통해 조사, 측정, 분석하여 정밀한 모델을 구축하고 이를 0~1 사이의 지수로 나타내는 정밀평가(comprehensive assessment)와 1, 2회 정도의 답사와 문헌 자료 등을 통하여 상·중·하 또는 1, 2, 3등급 등으로 나타내는 일반평가(rapid assessment)로 구분할 수 있다. 대표적인 정밀평가 모델로는 습지의 종합적 기능을 정밀평가하는 HGM(Hydrogeomorphic Method)가 있고, 일반평가 모델로는 개략적 기능을 평가하는 RAM(Rapid Assessment Method)가 있다.

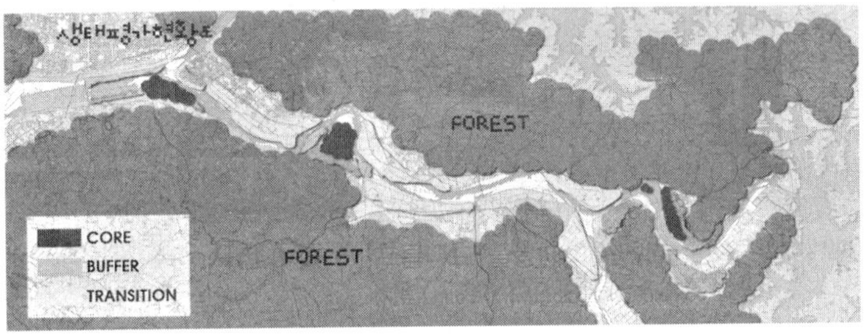

그림 3-8-9 하천생태계(반변천)의 일반기능평가(RAM Method)에 의해 핵심, 완충, 전이지역으로 구분한 사례 (자료 : 한국수자원공사 2004)

성능(performance)은 기능발휘를 위해 갖추어야 할 목적물의 성질과 특성을 의미하며, 성능기준(performance standard)은 성능 달성 여부를 판단하기 위한 근거로서 목적물의 요구수준을 설정하는 요구 성능과 목적물이 목표를 달성했는지를 평가하기 위한 성능평가항목 및 평가기준으로 구분한다.

생태복원 계획과 관련된 성능은 문화·정서적인 관점의 '경관성능', 물과 열, 바람 및 빗물의 저장, 순환, 바람에 의한 열섬효과 완화 등을 다루는 '환경부하 저감성능', 생물종 다양성을 높이고 최소의 에너지를 투입하여 생물 서식처 유지 관리를 도모하는 '생태성능'으로 구분할 수 있다(구본학 등, 2008).

이 중에서 특히 생태성능은 '인공적으로 조성된 생태계가 자연생태계와 유사한 기능발휘를 위해 갖추어야 할 목적물의 성질과 특성'이라고 정의할 수 있는데, 이와 관련하여 구본학 등(2011)은 습지생태계 복원 후 인공습지의 생태성능을 평가하기 위한 평가항목을 선정하고 생태복원 전문가를 대상으로 AHP기법으로 각 평가항목별 가중치를 산정한 바 있다.

표 3-8-9 습지생태계 복원 후 성능평가를 위한 계층별(AHP) 평가항목 가중치 일람표 (구본학 등, 2011)

평가항목	야생동물 서식처 기능			생물 종다양성		
	0.280			0.260		
항목 내 가중치	야생동물 서식처	대체습지 면적비	입지의 적절성	식물종수	야생동물종수	보호종
	0.327	0.250	0.423	0.328	0.301	0.371
최종 가중치 및 순위	0.091	0.070	0.118	0.085	0.078	0.096
	4	11	1	6	8	2
평가항목	생태계 연결			수환경		
	0.261			0.199		
항목 내 가중치	야생동물 이동통로	녹지축 조성	다른 생태계와의 거리	수질	수심	수변부 모양
	0.298	0.345	0.357	0.387	0.218	0.395
최종 가중치 및 순위	0.078	0.090	0.093	0.077	0.044	0.079
	9	5	3	10	12	7

2. 대상 및 유형

위와 같이 생태복원에 대한 접근 방법을 구분해보았다. 이러한 접근 방법에 의해 구체적인 생태복원 유형에 대해 국내외 주요 학회 등에서는 다음과 같이 유형을 분류하고 있다.

먼저, 우리나라의 한국환경복원기술학회의 경우 비탈복원, 도시생태계복원, 수변생태계복원, 생물자원보전, 환경림, 환경계획, 환경교육, 자연경관 등으로 분과를 나누고 있으며, 일본의 녹화공학회에서는 비탈면 녹화, 도시녹화, 환경림, 생태계 보전, 건조지 녹화, 적설 한랭지 녹화 등으로 분과를 분류하고 있는데(增田拓郎, 1998), 이들을 바탕으로 생태계복원 분야의 대상 및 유형을 설정하면 다음 표와 같다.

표 3-8-10 생태계복원 분야의 대상 및 유형

구 분	내 용	대 상
비탈훼손지 복원	산사태, 홍수, 지진 등 자연적 원인이나 각종 인위적 개발에 따른 훼손지로서의 비탈 복원	도로비탈면, 침식 나지, 경석장, 폐석장, 댐, 폐광산지 등
인공지반 녹화복원	자연지반과의 생물학적 교류가 인공구조물에 의해 차단되어 형성된 인공구조물 위 지반의 복원	건물 옥상, 지하주차장, 고가도로, 복개하천, 실내, 테라스 등
하천생태계 복원	하천정비 등 개발에 따라 훼손된 수변생태 자연환경 복원 및 토양 및 식물에 의한 수질정화 기능 강화	자연형 하천, 호수, 우수침투저류조, 생태연못 등
습지생태계 복원	개발사업, 농지전용 등으로 훼손되었거나 소멸된 습지의 생태적 기능을 회복하고 인공습지 조성	연안습지, 내륙습지, 인공습지 등
자생식물종 및 식물보호	멸종위기 · 희귀 식물상을 보호 · 보전하고 종의 보전을 위한 연구 및 기술개발	보호수 관리 및 치료, 자생초본 및 수목 보호, 자생종 번식, 종보전 등
생태숲 조성	도시의 산림을 생태적으로 유지 · 보전하고 관리하기 위한 관리 전략	도시환경림, 생태숲 등
eco-bridge 조성	그린네트워크 연결을 위한 단절된 녹지의 연결	절편화된 녹지, 녹지통로
해양생태계복원	간척지개발로 인해 훼손된 연안습지 및 갯벌생태계의 복원	해안간척지, 강어귀, 기수역, 갯벌 등
오염토양복원	오염부지의 복원 및 방지대책과 매립지, 폐탄광지 등의 생태계복원기술 개발	산업단지, 매립지, 농지, 폐석장, 폐광산지 등의 오염부지
초지생태계복원	생태적인 초지의 조성 및 관리기법, 기존 초지의 유지기법	노출지, 건조지, 척박지 등
서식처 복원	야생동물의 서식처, 비오톱 등의 보전 복원 기술	야생동물 서식처, 비오톱

3. 기본 원칙 및 과정

생태복원은 기본적으로 자연형성과정(natural process)을 따라 천이를 유도함으로써 자연생태계 스스로 회복되어야 한다는 것이다. 이를 위해서는 각 지역의 자연환경과 식생이 형성되는 적정한 단계를 거치도록 하며, 각 단계에서 필요한 환경을 조성하여 여러 가지 식물과 동물이 환경에 적응할 수 있도록 유도해 준다. 이는 자연 생태계는 그곳에서 적응한 여러 가지 생물의 존재와 생명활동에 의해서 만들어지고 변화되는 것이기에 생물이 그 환경 속에서 살고 자랄 수 있는 장소로 조성하여야 한다.

생태복원은 복구(rehabilitation), 저감(mitigation), 새로 조성 및 창출(creation), 불량지반 및 훼손지 매립(reclamation) 및 녹화(revegetation), 생태공학(ecological engineering) 및 다양한 유형의 자원관리(resources management)를 포함한다.

생태복원계획 수립을 위해서는 최소한 다음 조건들을 검토할 필요가 있다.

- 복원 필요성 및 이유에 대한 이론적 근거
- 복원 대상지의 생태적 특성
- 복원계획의 목표 및 목적
- 표준생태계의 선정 및 특성
- 제안된 복원계획을 통해 생태계 내에서 물질과 생명체의 흐름을 통합할 수 있는지
- 복원의 전과정에 걸친 명백한 계획, 일정, 예산 등
- 복원의 결과를 평가할 수 있는 모니터링 방법과 성능기준
- 복원된 생태계를 보호, 유지할 수 있는 장기 전략
- 복원된 생태계를 비교·평가할 수 있는 한 개 이상의 대조구

생태계 복원의 유형은 접근 방법에 따라 몇 가지로 구분할 수 있다.

(1) 기술적 단계에 따른 분류

생태계 복원을 위한 시공 단계는 기술 및 공법에 따라 다르지만 대체로 구조적 안정성 확보, 복원 기반 조성, 식생 도입, 서식처 조성 등의 단계로 구분할 수 있다(구본학, 2004).

첫째, 물리적 구조로서 복원 대상의 구조적 안정성을 확보하는 것이 중요하다. 비탈면의 안정이나 건축물의 하중, 하천의 수리 수문 조건을 만족하는 것 등이 그것이다. 이는 물론 복원의 대상에 따라 안정의 유형이나 요구 수준이 다르며 설계기준이나 시방서 등에 이를 명시한다.

둘째, 식생 도입을 위한 생태계 복원 기반 조성이다. 일반적으로 복원 대상지의 토양을 비롯한 식생 기반이 열악한 경우가 대부분이며 다양한 유형의 환경압(environmental stress)이 작용하므로 적절한 기반조성이 필요하게 된다.

식생을 도입하기 위해서는 수목의 종류에 따른 생육 최소 심도를 확보하는 것이 중요하며 토양성분과 수분, 영양물질, 기타 식생 활착 및 성장에 필요한 요소들을 만족시켜야 한다.

토양환경은 가급적 자연적인 토양구조를 가지고 있는 토양을 이용하여야 한다. 수환경의 경우에는 적절한 수질과 수위가 유지될 수 있도록 조성해 주어야 하는데, 일반적으로 생태연못 등의 인공습지에 물을 공급할 때에는 식물을 이용한 정화시설을 거치는 것이 바람직하다. 그리고 수위의 유지는 수생식물의 발달과 밀접한 관계를 맺고 있으므로 지나치게 수위가 높거나 낮은 것은 지양해야 한다.

셋째, 복원목표에 따른 식생 도입이다. 기반 조성과 마찬가지로 식생 도입을 위한 제한 요인이 매우 다양하기 때문에 복원 대상지의 특성에 따라 적합한 식생의 선정 및 도입이 중요하다. 목표식생은 해당지역의 식생조사를 거쳐 식물개체를 활용하거나 종자를 채취하여 번식·재배한 식물을 이용한다.

넷째, 서식처 조성 등을 위한 복원공사의 경우 조성 목표에 따라 다공질 환경을 비롯한 다양한 서식환경을 조성한다. 여기서 중요한 것은 도입하는 생물종이나 서식처 조성의 목표로 하는 생물종에 대한 충분한 생태적 지식을 습득해야 한다는 것이다. 그래서 목표로 하는 생물종이 선호하는 공간들을 조성해 주어야 한다.

어류서식처 조성을 위한 어소블록이나 식생 도입, 곤충류의 서식환경을 조성하기 위한 돌무지, 폐목, 기타 다공질 재료, 조류 서식처 조성을 위한 덤불숲, 관목숲, 초지, 모래톱, 자갈밭, 얕은 물 등 서식처 조성 목표에 따라 다양한 환경을 조성하는 것이 중요하다.

(2) 기술적용 범위 및 공간적 대상에 따른 분류

생태계 복원 기술 적용 범위 및 대상에 따라 도시차원의 생태도시, 생태주거단지, 생태마을 및 퍼머컬처(permaculture), 생태산업단지, 생태공원, 생태주택, 하천 및 호소, 인공습지 등으로 구분 가능하다.

(3) 복원기술에 따른 분류

생태계 복원 기술에 따라 자연형하천(생태하천) 호안 및 각 구성요소, 인공지반, 비탈면, 생태통로, 야생동물 서식처, 생태연못(우수침투저류연못 포함) 및 서식처, 폐광지 및 훼손지 등으로 구분할 수 있다. 이 분류방법은 앞의 기술적용 범위 및 공간적 대상과 통합하여 구분하는 것이 일반적이다.

(4) 생태복원 재료 및 공법

자연재료 및 생태복원을 전제로 개발된 다양한 재료, 공법 등을 들 수 있다. 예를 들면 다양하게 개발된 비탈면녹화공법, 호안용 친환경 블록, 내침식성 기반재 등이 그것이다.

제2절 생태복원계획지침

1. 도시 생태복원 계획

1) 기본방향

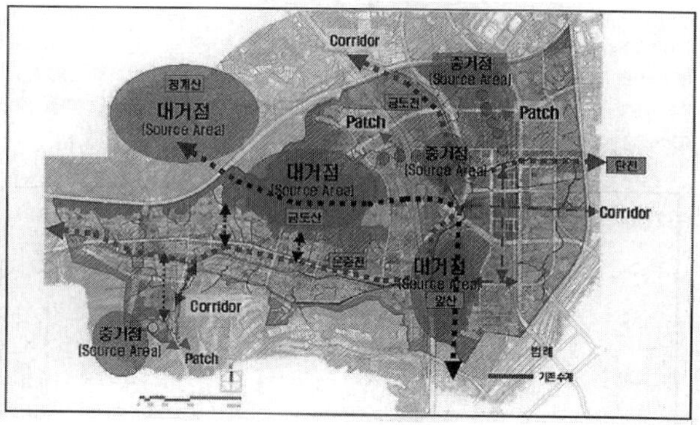

그림 3-8-10 판교신도시에 적용한 물순환체계 및 생태축 통합 네트워크 (김귀곤 등 2005)

도시 등 인조환경에서의 생태복원을 위해서는 도시 전체 및 광역권에 대한 친환경적이고 지속가능한 시스템에 대해 우선적으로 검토하는 것이 중요하다.

이러한 환경적으로 건전하며 지속가능한 시스템을 구현하기 위해서는 자연과 공생할 수 있도록 도시구성요소들이 자연생태계 속의 일부로 존재할 수 있도록 생태환경을 조성하며, 그 외에도 자연생태계에 가까운 구조와 기능을 갖는 녹지 조성, 물과 바람의 활용이 가능한 구조, 에너지 절약형 토지이용, 생활환경의 효율적 처리, 시각회랑의 확보 및 스카이라인 조절 등을 통한 경관 형성, 어메니티 확보 등이 중요한 요소이다.

2) 환경친화적 도시 재생

지속가능한 발전의 이념에 입각하여 지구환경 보전(Low Impact Development & Design), 주변 환경과 친화(High Contact) 등의 접근이 필요하다.

지구환경보전을 위해서는 지구환경이나 순환계, 생태계가 더 악화되지 않도록 지구환경 부하 발생을 최소화한다. 주변 환경과의 친화를 위해서는 도시민의 일상생활을 통해 접근 가능한 범위에서 자연환경이나 생태자원의 혜택을 누리고 조화로운 관계를 유지할 수 있도록 한다.

이와 같이 환경친화적인 도시 등 인조환경 조성 및 재생을 위해 검토해야 할 기본적인 계획 요소는 다음 표와 같다.

표 3-8-11 도시 등 인조환경에서 고려해야 할 생태적 계획요소

계획 유형	주요 구성 요소	세부 내용
생태적 토지이용계획	원형녹지 보전을 통한 생태환경 보전	산림 및 녹지, 수생태, 지형 등을 고려하여 보전 필요한 원형녹지 추출 보전적지 분석 및 보전용도지역 설정 생태축 설정
생태적 교통동선 계획	환경부하 저감 및 저공해 교통 자전거 활성화 및 보차분리	보행자 전용도로, 자전거 전용도로,
생태적 공원녹지 계획	생태적 식재 공원녹지체계 및 생태녹화시스템	다층구조, 종다양성, 식생 연속성 확보 녹지네트워크, 녹도 등
생태 순환 계획	물순환체계 자원절약 및 에너지 순환체계 대기순환 및 바람통로 체계	자연배수, 우수순환, 빗물침투저류 자원절약시스템, 지형, 미기후, 입체녹화 바람통로 확보
생물서식처 조성계획	야생동물 서식처 보전, 복원, 조성	각 분류군별 서식환경 조성
청정환경 조성계획	대체에너지 활용 쓰레기처리 및 폐기물 재활용 정온환경 조성	태양광, 풍력, 수력, 바이오매스, 폐기물 쓰레기 발생량 최소화 및 재활용 소음, 진동 저감 시설, 식재
생태문화 계획	역사자원의 생태적 요소 발굴 어메니티 제공	역사적 흔적, 스토리텔링 쾌적성, 만족도

2. 하천 및 습지 생태복원 계획

1) 생태하천 조성계획 지침

① 기본방향

생태하천 조성계획은 대상 하천의 특성을 분석, 평가하는 등 충분한 조사를 토대로 하천 전체의 연속성과 다양성이 보전될 수 있도록 보전지구, 복원지구, 친수지구로 구분하여 하천조성의 기본방향을 다르게 적용하는 것이 중요하다.

이때 보전, 복원, 친수지구의 구분을 위해서는 하천에 대한 생태기능평가를 수행하여 평가 결과에 따라 보전가치가 높은 구간은 보전지구, 보전가치가 낮고 친수이용이 가능한 구간은 친수, 그 외 보전가치는 낮지만 생태기능을 향상할 필요가 있는 구간은 복원지구로 설정하여야 하며, 보전지구 및 복원지구가 친수지구와 인접한 경우 완충지구를 설정하여 친수지구로부터 보전, 복원지구에 미치는 환경압을 차단 또는 완화할 필요가 있다.

② 보전지구

보전지구는 생태계 역사와 문화, 경관이 우수해 인위적인 정비 없이 보전이 필요한 곳으로, 하천 고유의 특성 보전을 위해 인위기적인 환경조성이나 구조변경은 허용되지 않는다. UNESCO MAB에서 제안하고 있는 핵심지구(Core area)에 준하여 계획을 수립한다. 생태기능평가에서 보전등급이 높게 나타난 구간을 중심으로 설정한다.

③ 복원지구

복원지구의 경우 인간의 간섭이나 자연재해 등으로 훼손되어 자연과 역사, 문화적 가치의 보전을 위해 복원이 필요한 곳으로서 복원된 이후에는 UNESCO MAB에 의한 핵심지구에 준하여 관리한다. 복원계획 수립을 위해서는 과거의 상태와 현재의 상태를 종합 검토하고 치수, 이수, 경관 측면을 종합 평가해 하천 고유의 특성 보전에 영향을 미치지 않는 범위 내에서 계획을 수립하는 것이 중요하다.

하천복원의 모델이 될 수 있는 자연하천 또는 복원 후 자연하천에 가까운 생태적 기능을 갖는 복원하천을 표준생태계(Reference)로 선정하여 구조와 기능을 평가, 분석함으로써 복원될 하천이 지향해야 할 목표로 설정할 수 있고, 복원 이후의 성공 여부를 판단할 수 있는 성능평가의 기준이 될 수 있다.

④ 친수지구

친수지구는 인구 밀집지역과 도심에 인접한 지구로 공공의 이익을 위해 하천 고유의 가치가 훼손되지 않는 범위 내에서 친수활동을 허용하는 구간으로서 하천의 환경기능 보존과 회복, 하천과 인간생활의 바람직한 조화가 이뤄질 수 있도록 계획을 수립하는 것이 중요하다.

친수공간에서는 자연하천 기능을 살릴 수 있도록 계획단계부터 하천의 생태 특성에 맞는 계획과 지역주민·전문가 의견을 수렴·반영토록 하는 것이 중요하며, 친수지구 내에 설치하는 시설은 생태적 교란을 최소화하고 콘크리트 구조물의 사용을 피하고 포장재료를 자연재료 또는 친환경적인 재료로 사용하도록 한다.

특히 홍수소통과 유수 흐름에 영향을 주지 않기 위하여 벤치, 조명, 소규모 체육시설 등을 제외한 기타 고정식 시설물 설치를 제한하여야 하며, 친수지구 내에서는 시설물배치 계획을 통한 과도한 체육시설을 제한하여야 하고, 하천 구역에 주차장 설치를 허용하지 않으며 산책로나 자전거길 등은 하천 제방을 이용하거나 부득이 고수부에 설치하는 경우 제방에 가까운 쪽으로 설치한다.

2) 인공습지 조성 지침

① 인공습지 개념 및 정의

인공습지(artificial, human-made, constructed wetlands)란 인공적으로 조성한 습지로서, 기존 습지의 기능을 향상하였거나 훼손된 습지를 복구, 복원, 대체하였거나 새롭게 조성한 습지를 포함하며, 수질정화를 목적으로 하는 습지, 야생동물 서식처 제공을 목적으로 하는 습지, 기타 기후변화 등 습지의 다양한 기능을 모두 포함한다.

인공습지에 대한 정의와 유형 및 그 범위는 매우 다양하나, 일반적으로 인공습지는 자연습지(natural wetlands)와 구별하여 '인공적으로 조성된 습지'의 한 유형으로서, 특히 '생태적 목적에 의해 인공적으로 조성된 습지'를 지칭한다.

인공습지는 훼손된 습지의 기능을 회복하기 위한 복원습지(restored wetlands)와 새롭게 조성된 습지(created or constructed wetlands)를 의미하며(Hammer, 1992), Ramsar Convension(2008)에서는 "human-made wetlands"로 분류한다. 또한 "created wetlands", "constructed wetlands" 및 "artificial wetlands"를 구별하지 않고 같은 의미로 사용하는 경우도 있다(Mitsch and Gosselink, 1993).

이와 관련하여 구본학 등(2011)은 습지연구자들의 다양한 정의와 습지정책을 담당하는 국제기구 및 국내외 주요 습지 정책 기관 등의 정의를 종합하여 다음 표와 같이 구분한 바 있다.

표 3-8-12 인공습지의 유형 구분 및 습지복원의 범위 (구본학 등 2011)

<table>
<tr><th rowspan="2">구 분</th><th colspan="6">인공습지 artificial, human-made, constructed wetlands</th></tr>
<tr><th colspan="3">복원습지[a] restored wetlands</th><th colspan="3">창출습지[b] created (constructed) wetlands</th></tr>
<tr><td>보상전략 (mitigation) compensation wetlands</td><td>향상습지 enhanced wetlands</td><td colspan="2">복원습지 restored wetlands</td><td colspan="2">창출습지 created wetlands</td><td>대체습지 replaced wetlands</td></tr>
<tr><td rowspan="7">조성목적* (목표로 하는 기능)</td><td colspan="6">수질정화습지 treatment wetlands</td></tr>
<tr><td colspan="2">자유수면형 습지 FWS Free Water Surface Wetlands</td><td colspan="2">지하침투형 습지 SSF Subsurface Flow Wetlands</td><td colspan="2">복합형 습지 Hybrid Treatment Wetlands</td></tr>
<tr><td colspan="6">서식처 습지 habitat wetlands</td></tr>
<tr><td colspan="6">홍수조절 습지 flood control wetlands</td></tr>
<tr><td colspan="6">내수면산업 습지 aquaculture wetlands</td></tr>
<tr><td colspan="6">기타(목적에 따라 세분 가능)</td></tr>
</table>

* 조성목적(기능)에 의한 습지 분류는 주로 창출습지[b]에 적용되며 복원습지[a]의 경우는 제한적으로 적용될 수 있음.

② 인공습지 공통 지침

습지복원 및 새로운 습지 조성을 위해서는 습지의 3요소인 수문, 토양, 식물 등에 대한 검토가 선행되어야 한다.

인공습지 조성을 위해 생태적으로 자연성을 유지하고 있어 생태적 기능이 우수한 자연습지 및 자연화된 습지로서 습지의 전형을 유지하고 있는 습지를 표준습지로 선정하여 습지 복원, 조성을 위한 모델이 될 수 있도록 한다.

수변부는 경계부, 기울기, 바닥의 형태 및 깊이를 다양하게 조성하여 동식물 군집을 풍부하게 유치시키도록 한다. 식물군락에 의한 오염물질의 흡수, 분해 기능을 고려하여 일정 폭의 식생여과대를 조성, 보존한다. 이를 위해서 법적 수변구역 및 일정 폭의 수변지역을 수변완충지역으로 설정하여 VFS기능을 갖는 Riparian 식생대를 조성한다.

또한 습지의 수질오염을 예방하기 위해서 습지뿐만 아니라 습지의 유역까지도 통합·관리하도록 하며 다양한 식생, 산림조성 등으로 수자원을 확보하도록 한다. 이러한 노력은 오염물질의 유입을 차단 또는 완화하고, 야생동물의 서식처 및 이동통로를 제공하며, 친수경관 기능을 제공한다.

③ 야생동물 서식처 제공 목적의 습지

인공습지 조성에서는 최소면적 이상으로 단위 생태 공간을 조성하여 종다양성을 확보하며, 자연형성과정에 바탕을 둔 생태적 배식기법으로 설계하고, 선형공간(corridor)은 생태적 전이공간(추이대 ecotone)으로서 기능을 발휘할 수 있도록 하는 것이 중요하다.

이를 위해서는 생태계 전체를 중시하고 생물다양성의 보전 등 생태계에 대한 전반적인 이해가 전제되어야 하며, 지역 환경특성, 자연재료 및 기존의 생물종 활용, 소생물권을 확보, 생물의 생태적 특징을 고려한 배치 등을 고려해야 한다.

세부적으로는 야생동물 서식처로서의 기능을 위해 먹이채취, 둥지, 급수 등 생존을 위한 이동통로로서 생태통로를 확보하여야 하며, 번식을 위한 둥지, 보금자리, 도피장소 등으로 이용될 수 있는 틈새, 웅덩이, 수목, 덤불 등을 배치한다.

못의 내부에 섬을 만들어 식생기반을 조성하고 야생동물을 유인하여 종다양성을 확보하는 한편, 사방 10m 이상의 폭을 유지하고 주변 식재를 위해 공간을 확보한다. 또한 호안은 곡선으로 처리하고, 바닥에 적정한 기울기를 두어 다양한 생물서식공간을 도입한다.

인위적인 시설로서 소로나 주변 편의시설 등 기존시설을 최대한 활용하여 공사로 인한 생태계에 미치는 악영향을 최소화한다.

④ 수질정화습지

수질정화시설의 유출부에 설치하여 1차 처리된 방류수(방류수 20ppm)를 수원으로 하며, 못 안에 붕어 등의 물고기를 도입하고, 수질정화 기능이 있는 식물을 배식한다.

또한 수질정화를 주목적으로 하더라도 다양한 식생을 도입하며 생물서식공간으로서의 기능을 함께 고려할 필요가 있다.

3) 댐저수지 수위변동구간 복원 지침

자연습지에서의 수위변동구간은 수환경과 육지환경의 전이지대로서 종다양도가 매우 높은 공간이다. 그런데, 댐저수지 등 인공습지에서의 수위변동구간은 제한적 요소가 많아 생태적으로 매우 열악한 환경을 지니고 있는데, 자연생태계의 파괴와 변형 및 경관 악화 등이 그것이다.

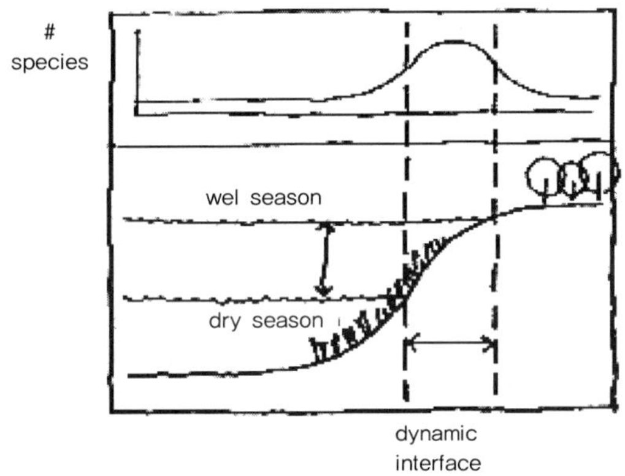

그림 3-8-11 자연습지 수위변동구간은 종다양도가 높음 (자료 : FRANCE)

그 대응 전략의 하나로서 댐저수지 저수위와 홍수위 사이의 수위변동구간에 대한 생태계 복원이 관심을 끌고 있으며, 특히 상시만수위~계획홍수위 사이의 비탈면은 장기간 노출되어 시각적으로 경관 훼손은 물론 생태적으로도 많은 문제를 안고 있으며, 비교적 식생 도입이 용이하다는 점에서 더욱 많은 관심을 끌고 있다.

이러한 수위변동구간은 일종의 전이지대인 추이대(ecotone)로서 육지 특성과 호수 특성이 교차하는 생태적으로 매우 중요한 구간이다. 그럼에도 불구하고 대부분의 댐은 이 구간의 식생을 제거하여 나지로 노출되어 경관을 악화시키고 비탈면의 붕괴 등 구조적 문제와 더불어 생태적 기능을 다하지 못하고 있는 실정이다.

일본의 경우 吉田 等(1993)은 발전용 댐의 저수지 수위변동구간을 생태적으로 복구하기 위한 실험연구 및 실증 시공을 시도하였다. 저수지 비탈면의 구조적 안정, 식생을 도입하기 위한 기반조성, 적합한 식생 도입 등의 과정을 통해 저수지 등 수변 환경에 적응력이 높고 출현빈도가 높은 식물 중 내침수성, 시장성, 향토성을 고려하여 교목류, 관목류, 초본류를 선정하여 실제 댐 저수지에 적용하였다.

침수조건과 척박 조건이라는 극단적 환경조건을 고려하여 뿌리 분포에 따른 뿌리의 결속력 등을 검토하였고, 시공 결과 산뽕나무, 족제비싸리, 갯버들, 버뮤다그래스, 비수리 등의 활착률이 높고 안정적이어서 저수지 비탈면에 도입 가능한 수종으로 파악되었다.

수위변동구간은 건조환경과 침수환경이 반복되어 나타나는 매우 불량한 조건을 갖추고 있기 때문에 수위변동 구간에 식생이 정착하기에 몇 가지 제한점이 있다.

갈수기에는 수위저하로 인해 토양수분이 감소하여 뿌리의 흡수능이 저하되고 식물체 내 수분 증산을 억제하기 위해 낙엽이 지거나 기공이 폐쇄되며 심한 경우 고사하게 된다. 반면에 홍수기에는 침수로 인해 산소농도가 저하되고 토양 중 뿌리분포 구간에 혐기적 환경이 발생한다. 이로 인해 뿌리의 작용이 둔화되고 식물에 스트레스가 작용하며 심한 경우 생육에 영향을 끼친다. 침수된 줄기나 잎은 기공이 폐쇄되어 광합성이 억제되고 증산작용이 제한되어 생육에 영향을 끼치게 된다. 특히 완전 침수된 경우 생육에 결정적 영향을 끼칠 수 있다.

다음으로는 토양조건의 변화와 비탈면의 안정성에 관한 문제로서, 일단 식생이 제거되어 토양이 노출된 경우 빗물이나 파랑 등에 의해 지속적으로 침식되어 비탈면의 안정성에 영향을 준다. 또한 표토층이 제거되어 식물생육에 필요한 영양물질이 부족한 척박한 토양으로 식생도입이 매우 어렵게 된다.

식생이 제거되어 토양이 노출된 구간의 식생도입은 비탈면 안정, 식생기반조성, 적합한 식생 도입 등의 과정을 통해 가능하다. 이 경우 침수조건과 척박 조건이라는 극단적 환경조건을 고려해야 하며, 뿌리 분포에 따른 뿌리의 결속력 등을 고려하는 것이 바람직하다.

신규 댐의 경우 수위변동구간의 식생 제거를 최소화하여 토양의 침식 붕괴 척박화를 억제함으로써 기존 비탈면의 생태계를 유지함은 물론 새로운 식생의 도입 조건을 조성한다.

50년 빈도의 홍수(침수기간 36시간)에 침수된 경우 부분적인 생육장애 현상이 나타날 수 있지만 완전침수가 아니라면 생존이 가능하다. 특히, 갯버들 등 Salix류가 침수조건에 내성이 강한 것으로 확인되었으며, Poplus류도 비교적 침수조건에서 생육이 가능한 것으로 알려져 있다.

독일 등에서 조사된 바에 의하면 은버들, 포플러, 떡갈나무, 느릅나무, 물푸레나무, 단풍나무 등이 장기침수에 생육이 가능했고 소나무도 뿌리부분이 침수되는 정도라면 일정 기간 생육이 가능한 것으로 나타났다. 관목류, 수생식물 등은 홍수기에 완전 침수되므로 도입에 신중해야 하나, 갈대, 등나무, 족제비싸리 등이 침수조건에서 장기간 생존이 가능한 것으로 나타났다.

지속적인 침식을 방지하기 위해 교목류 외에도 관목류 및 지피류의 도입이 필요하다. Hackett(1979)에 의하면 지피식생은 2.3m/sec의 유속에도 견딜 수 있는 것으로 나타났다.

3. 산림훼손지 생태복원 계획

1) 비탈면 생태복원 지침

비탈훼손지 생태복원을 위해서는 먼저 구조적 안정성에 대한 검토가 중요하다. 비탈면이나 옹벽 뒷채움 등의 안정성을 위해서 다음과 같이 토압을 산정하게 된다(구본학 2010).

토류구조물에 작용하는 토압은 주동토압(Active Earth pressure, Pa), 정지토압(Earth Pressure at rest, Po), 수동토압(Passive Earth Pressure, Pp)이 있다. 일반적으로 주동토압이 중요한 고려사항이 된다.

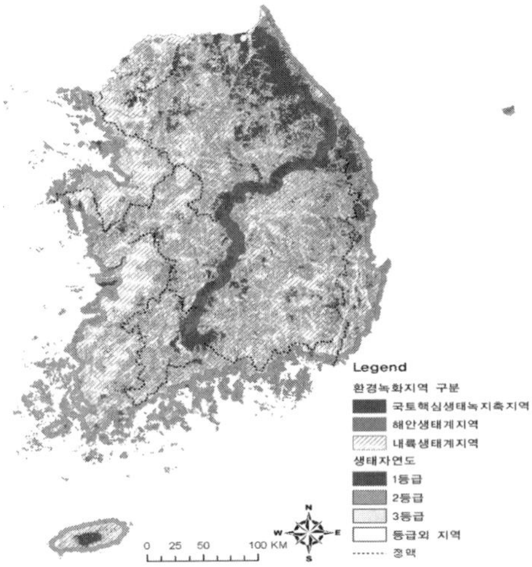

그림 3-8-12 녹화지역 구분 (국토해양부, 2009)

옹벽 뒷면의 토압은 깊이에 비례해서 커지는 삼각형의 분포를 갖는 것으로 간주한다. 뒷채움 backfill에 의한 토압을 주동토압이라고 하며 구조물을 앞으로 밀어내려는 힘이 작용된다.

반면에 옹벽 전면에서 흙 또는 어떤 압력이 구조물을 뒤로 되밀어내는 경우 벽뒷면의 토양을 압축하여 파괴하려는 경우를 수동토압이라고 한다.

비탈훼손지에 대한 구조적 안정성이 검토된 후에는 생태복원을 위한 기반조성, 녹화목표에 따른 식생 도입, 야생동물 서식 환경 조성 등의 절차를 수행하게 된다.

비탈면 녹화공법 선정 시 먼저 녹화대상지역이 녹화지역의 구분 중 어느 지역에 해당하는지를 확인하고 복원목표를 정한다. 국토해양부(2009)에서는 비탈면 녹화공법 선정을 위한 절차를 다음과 같이 정하고 있다.

비탈면 발생 원인에 따라 깎기 비탈면과 쌓기 비탈면으로 구분하고, 비탈면의 토질조건과 식생기반조건에 대한 분석결과를 바탕으로 비탈면 복원목표, 비탈면의 경사도, 토질(암질)조건, 주변 환경, 지역여건 등을 종합적으로 고려하여 최적의 녹화공법을 찾아내어 적용한다.

비탈면 복원목표를 정하기 위해 전 국토를 몇 개의 생태권역으로 구분하고 있는데,

다음 표에 나타난 바와 같이 녹화지역과 생태자연도 등급에 따라 초본위주형, 초본·관목혼합형, 목본군락형, 자연경관복원형으로 구분하고 있다.

생태자연도 1등급지역과 별도관리지역은 자연경관과 생태계 보전가치가 높은 지역이므로 자연경관복원형으로 복원하고, 녹화지역은 기후환경, 지역환경, 산림환경, 토질조건 등을 고려하여 백두대간을 중심으로 한 국토핵심생태녹지축지역, 해안일대와 도서지역을 포함한 해안생태계지역, 내륙생태계지역으로 구분한다.

해안지역에서는 해안생태계의 특성에 적합한 식물을 고려하며, 내륙 지역에서는 경관적인 측면을 고려하여 생태자연도 등급과 녹지자연도등급에 따라 비탈면의 형상과 토질을 고려하여 복원목표를 정한다.

표 3-8-13 녹화지역과 생태자연도별 비탈면 복원목표 (국토해양부 2009)

<table>
<tr><th colspan="2" rowspan="4">복원목표 / 녹화지역 구분</th><th colspan="6">생태자연도 등급별 복원목표</th></tr>
<tr><th>1등급</th><th colspan="3">2등급</th><th colspan="2">3등급</th></tr>
<tr><th rowspan="2">자연경관 복원형</th><th colspan="3">일반 복원형</th><th colspan="2">일반 복원형</th></tr>
<tr><th>목본 군락형</th><th>초본 관목 혼합형</th><th>초본 위주형</th><th>초본 관목 혼합형</th><th>초본 위주형</th></tr>
<tr><td colspan="2">국토핵심생태녹지축 지역</td><td>○</td><td>○</td><td>○</td><td>○</td><td>○</td><td>○</td></tr>
<tr><td colspan="2">해안생태계 지역</td><td>○</td><td>○</td><td>○</td><td>○</td><td>○</td><td>○</td></tr>
<tr><td rowspan="2">내륙생태계 지역</td><td>녹지자연도 8등급 이상</td><td>○</td><td>○</td><td>○</td><td>○</td><td>○</td><td>○</td></tr>
<tr><td>녹지자연도 7등급 이하</td><td></td><td>○</td><td>○</td><td>○</td><td>○</td><td>○</td></tr>
</table>

※ 생태자연도 등급기준은 녹지자연도 등급기준 보다 우선하여 적용한다. 녹지자연도 7등급이라도 생태자연도가 1등급인 경우에는 자연경관복원형의 목표를 정한다.
※ 별도관리지역은 생태자연도 1등급으로 본다.
※ 해안생태계지역은 해안생태계의 식물상을 반영한 식물배합을 하되 주변 자연경관과 조화되는 경관녹화에 주력한다.

제3절 생태복원계획 사례

1. 도시 생태복원 계획 사례

도심 폐철도의 재생 : 뉴욕 하이라인 파크(High Line elevated park, NY) 하이라인 파크는 도심에 버려진 채 남았던 산업화의 흔적을 현대적 이념과 기술에 의해 시민들을 위한 도시공원으로 되돌린 도시재생의 모범적 사례로 알려지고 있다.

하이라인(the High Line)은 뉴욕시내 맨해튼 로어웨스트사이드(Lower West Side)

10번 애비뉴에서 출발하는 1934년 건설된 화물열차용 고가철도를 말하며 지상에서 약 10m 높이에 건설되었다. 한때 뉴욕시의 가장 중요한 기능을 했던 철도였지만 그 기능이 다하면서 더 이상 쓸모없는 버려진 유산으로서 방치되었던 곳이다.

이 지역은 미트패킹디스트릭트(Meat Packing District) 지역으로서 철도 노선은 당시 공장지대였던 현재의 첼시(Chelsea) 지역을 남북으로 관통한다.

교통의 발달로 차츰 이용이 줄다가 1980년에 철도 운행이 중단되고 기능을 상실하면서 도심의 버려진 흉물로 전락하였는데, 1999년 시민단체 '하이라인의 친구들(Friends of Highline)'이 결성돼 하이라인을 보전하자는 시민운동이 공감대를 얻었고, 토지 소유자를 중심으로 하이라인 철거를 통해 지역 개발을 추진하는 그룹과 하이라인을 역사적 유산으로 보존하려는 그룹과의 갈등 속에 시민과 시정부 등의 합의를 통해 마침내 2003년 뉴욕시의 지원으로 철거 위기에 있던 하이라인을 공원으로 재생하는 계획이 세워졌고, 2006년 4월 기공식을 거쳐 2009년 6월 9일 공식 오픈하였다.

하이라인 파크에서 몇 가지 복원계획으로 의미 있는 특징은 다음과 같다.

- 도심에서 일상생활을 통해 자연을 접함.
- 한때 번성했던 산업사회의 유산으로서의 철도노선인 하이라인의 흔적을 단면 그대로 보여줌.
- 하이라인이 방치된 그대로의 폐허 및 야생의 모습을 재현하여 역사의 흔적이 현재와 공존
- 폐철도에 자연적으로 침입하여 자생하는 식물종을 제거하지 않고 활용
- 식물소재, 즉 자연재료와 인공재료인 콘크리트 포장재의 적절한 조화

사진 3-8-3 공원으로 복원되기 이전의 High Line의 모습 (자료 : http://www.thehighline.org/competition/original/)

• 복원 조성 과정에서 시정부, 시민단체 및 시민 등이 지속적인 커뮤니케이션을 통한 의견 조율 및 자발적 참여

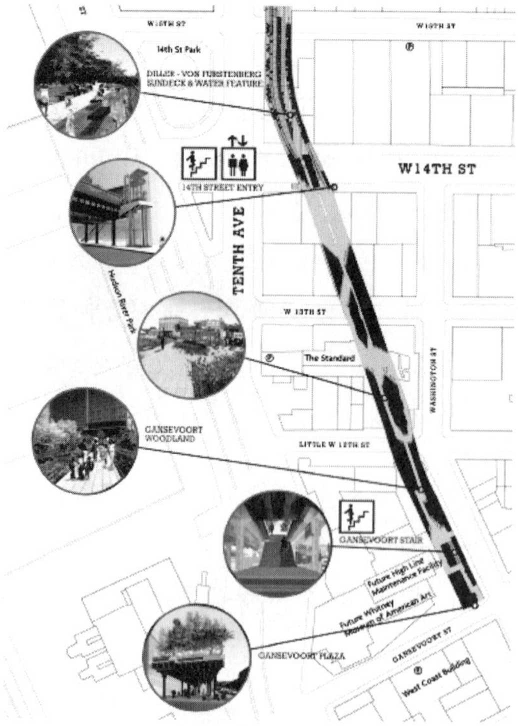

그림 3-8-13 하이라인 파크 개념도 (자료 : http://thehighline.org/ 부분 인용)

사진 3-8-4 하이라인 파크 시공 모습
(자료 출처 : http://thehighline.org/)

사진 3-8-5 하이라인 파크 출입구 부분의 모습
(건물을 관통한 철도를 그대로 활용, 필자 촬영)

이와 유사한 사례로 프랑스 파리시에서 도시 내 철도 유휴 시설을 활용하여 산책로를 조성한 '프롬나드 플랑떼(Promenade Plantèe)'가 있다.

1859년부터 1969년까지 바스티유(Bastille)에서 뱅센(Vincennes)을 연결하는 길이 4.5km의 철길로 이용되었으나, 1969년 바스티유 역이 폐쇄된 이후 1986년 훼으이 개발 중점권역(Z.A.C. Reuily)으로 설정되었으며, 1988년부터 버려진 고가철로의 낡은 철로와 철로 상부에 산책로를 조성하였고, 이로써 '나무가 있는 산책로', 즉 '프롬나드 플랑떼'라는 녹색의 문화공간이 탄생하였다.

사진 3-8-6 프롬나드 플랑떼의 산책로 모습
(자료 : http://www.promenade-plantee.org/)

2. 하천 및 습지 생태복원 계획 사례

1) 시화호 인공습지 : 수질개선과 야생동물서식처 제공

경기도 안산시, 시흥시 해안에 제방을 쌓아 형성된 시화호 유입부에 면적 1,037,500㎡(314,000평)의 대규모로 조성된 습지로서, 2002년 5월에 개장한 국내 최초의 대규모 인공습지이면서 습지를 기반으로 하는 생태공원으로서의 기능도 있다.

시화호로 유입되는 반월천, 동화천, 삼화천의 수질개선을 위해 만든 친환경 하수종말처리장으로 하천, 홍수, 하수처리시설이 갖춰져 있다. 각 하천으로 유입되는 폐수를 인공습지로 유입시켜 식물과 토양을 기반으로 형성되는 미생물과 습지에서 서식하는 동식물들을 통해 자연적인 수질 정화를 유도하는 기능을 한다.

동시에 도시민들에게 휴식처를 제공하고 자연학습의 기회를 가질 수 있도록 생태공원으로 조성되었다.

수질개선시설, 자연생태공원으로 활용되는 습초지와 어류 및 야생동물의 활동공간으로 이용되는 개방수면으로 구성되어 자연관찰·체험, 수질정화기능을 동시에 추구하고 있다.

크게 Island(인공섬)와 어류가 서식하는 개방수면(Open Water), 갈대 등 수생식물 조성지역인 저습지(Close Water)로 나눌 수 있으며, 그 밖에 환경생태관, 생태연못, 야생화 꽃길, 관찰로, 제수문 등이 있다.

그 외에도 이용객 접근을 높이기 위한 진입도로, 습지의 운영을 위한 유지관리 도로를 조성하였고 저류 및 펌핑시설을 설치하여 안정적인 수위유지, 유량확보가 가능하도록 하였다.

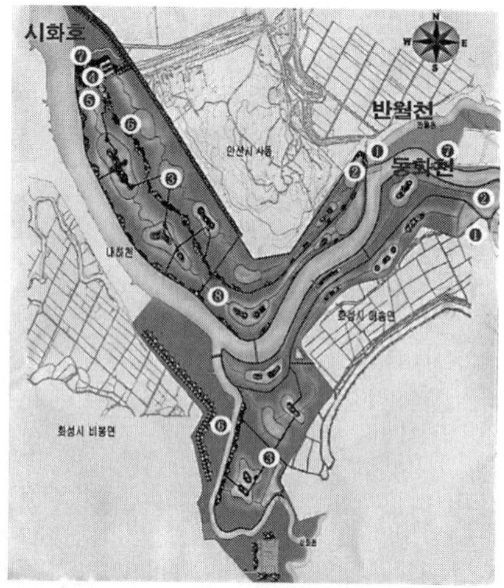

그림 3-8-14 시화호갈대습지 평면도

(자료 : KWATER)

3. 댐저수지 비탈면 생태복원

1) 일본 阿木川 댐

실험 시공지는 급경사 지역으로서 주변으로부터 영향을 줄이고 관리적인 차원에서 바닥을 시멘트 모르타르 멀칭 처리하고 편책 및 식생자루공법을 적용하였다.

시험시공 결과 침수기간과 식물생육은 매우 밀접한 관계에 있으며 토양유실 및 건조방지를 위하여 식생자루를 병행하는 것이 좋은 결과를 기대할 수 있었다. 족제비싸리와 버드나무는 내침수성 및 생존율이 상대적으로 우수한 종들로 나타났다.

사진 3-8-7 시화습지 갈대 군락 전경

그러나 발아된 식생은 대부분 침수시 고사하였으며, 물에 잠겨있던 부분에는 식물들이 전혀 출현하지 않았고, 수위 변동에 따라 노출 및 침수를 반복하는 구간에서 침수 때에는 고사하는 식물들이 노출 시에 다시 생육하는 생활사를 보여 주고 있었다.

2) 일본 高山 댐

식생기반층의 안정을 위한 편책공을 적용하였고 편책공 상부에 일부 매트공을 적용하였다. 토사 유실을 방지하기 위한 내부 멀칭재를 충진하고 대형 앵커로 고정하였다.

멀칭재로는 바크퇴비 등을 생산하여 식생기반층 재료로 일부 배합하였다.

실험시공지는 2곳에 조성하였는데 사람의 접근이 가능한 장소와 사람의 접근이 어려워 배로 접근한 실험 시공지로 구분된다. 편책에 철근을 사용했으나 철근에 녹이 생겨 삼나무 벌근재 등 상부에서 유입되는 유목을 재활용하여 편책용 목재로 재활용하였다. 댐 본체 주변 등 이용자들이 많은 곳부터 녹화를 시도하였다.

초기 파종한 식생의 생육보다는 주변 침입종의 생육이 우세하게 나타나 초기에는 식생을 도입하지 않고 자연천이에 의한 식생유입을 유도하는 것도 유용한 복원 전략으로 판단된다.

3) 국내 사례

국내의 경우 초기에는 구본학(1996)에 의한 연구를 비롯한 대학 및 수자원공사 등의 댐관련 기관에서 수행된 기초연구가 진행되었고, 2000년대 이후에 건설교통부(국토해양부) 친환경댐 또는 자연친화댐 등에 대한 지침이나 기준 등이 제정되면서 대청댐, 보령댐, 임하댐 등 복원가능성을 위한 시험 시공 결과를 바탕으로 제한적으로 도입되고 있다.

한국수자원공사(2003~2005)에서 대청댐에 적용한 시험시공을 간단히 보면, 대청댐 수위변동구간의 식생복원을 위한 실험시공 지역을 선정하기 위해 3회에 걸친 예비답사 결과 대청댐의 수위변동구간은 담수일수에 따라 식생의 활착 정도가 다르게 나타남을 알 수 있었으며, 담수일 외에도 토질, 경사도, 향, 상부식생의 종류, 파랑의 정도, 바람에 의한 영향 등 다양한 요인이 수위변동구간의 녹화와 관련되어 있음을 알 수 있었다.

토질의 경우 사질토, 식양토, 정성토, 리핑 풍화암, 사력토, 경암 등 다양한 토질이 나타나고 있으며, 지속적으로 침식이 진행되고 있었다. 경사도는 토질과 밀접한 관련이 있으며, 향의 경우에는 서향이 동향보다 식생의 활착이 미약함을 알 수 있다. 상부식생으로 활엽수림이 잘 발달된 곳은 상대적으로 침식이 덜 진행되며 식생의 활착도 용이함을 알 수 있다. 파랑이 심하지 않은 계곡부에서 다양한 식물이 생육하고 있는 것을 관찰할 수 있으며, 파랑이 심한 곳은 상대적으로 수위변동구간에서 식물의 생육가능성이 낮아지는 것을 알 수 있다. 바람이 심한 곳에서 식물의 생육가능성이 낮아지는 것을 알 수 있다.

이와 같은 전제에 따라 대청댐에서는 토질조건으로는 사질토, 경질토, 점성토 등, 침수기간별로는 누적침수일 기준 30일, 60일, 90일 이상 등, 적용공법으로는 식생기반재 뿜어붙이기, 식생자루, 식생매트, 시방공(편책공) 등을 적용하였으며, 비교를 위해 바자

얽기, 산돌쌓기 등 사방공법을 적용하여 대조구로 설정하였다.

시험시공 결과 식재 및 삽목과 종자를 복합적으로 사용한 종자타입을 적용하여 60㎡(12m×5m)의 단일 공법을 침수일수 30일~90일 구간에 시공하는 것이 바람직하며 시공공법으로는 식생기반재 뿜어붙이기가 가장 적당할 것으로 분석되었다.

표 3-8-14 댐저수지 수위변동구간 생태복원 사례 (구본학 2010)

댐	조성 사진		
阿木川 댐			
高山 댐		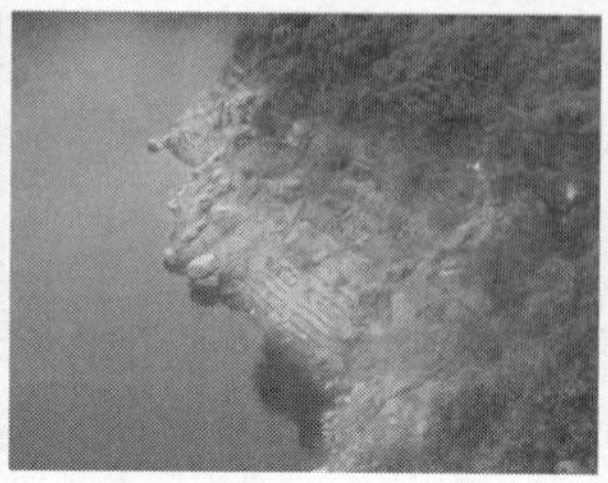	
대청댐			

III

rural community planning

PART 9

농촌계획

허준

제1장 서 론

1. 농촌과 농촌계획의 개념

농촌의 개념은 다음과 같은 몇 가지 관점에서 정의할 수 있다. 경제적인 측면에서 보면 농림어업이 주된 산업구조를 갖는 지역, 정주구조면에서는 특징적인 정주단위로서 마을이 주요한 정주형태를 갖는 지역, 생활 형태적으로는 도시적인 것과 구별되는 농촌적인 생활 형태를 보이는 지역, 토지이용구조면에서는 농업용 토지이용이 주로 이루어지고 있는 지역, 그리고 환경적 특성으로 보면 도시의 건조환경(built environment)과 대비되는 자연 또는 반자연환경(natural or semi-natural environment)이 지배적인 지역 등으로 정의할 수 있다.

우리나라에서 농촌의 범위는 통상 행정구역을 기준으로 구분하여왔다. 과거에는 '시=도시, 군=농촌'이라는 구분이 사용되었으나, 도·농통합시 출현 이후에는 '동=도시, 읍·면=농촌' 혹은 '동·읍=도시, 면=농촌'이라는 구분이 많이 사용된다.

한편, 다른 법제적 의미로 농 촌은 과거의 「도시계획법」이 적용되는 '도시계획구역'을 제외한 나머지 지역이라고 정의할 수 있다. 그러나 읍·면에서도 「도시계획법」의 적용을 받는 도시계획구역이 있고, 또 도시계획구역 내에서도 농지나 농촌적 취락이 존재하고 있어 이 역시 확정적 개념을 제공하지는 못한다.

이와 같이 일반적, 행정구역상, 법제적 의미에도 불구하고 명확한 농촌의 공간적 범위에 대한 기준과 정의는 존재하지 못하고 있다. 따라서 국토공간에서 농촌은 도시를 제외한 '나머지 지역', 언제든 도시로 개발될 수 있는 '후보지역'이라는 인식이 지배적이었다.

이처럼 농촌의 범위를 확정하는 것은 쉽지 않은 일이지만, 행정구역과 몇 가지의 관련 법률(국토의계획및이용에관한법률, 농어촌정비법, 농업·농촌기본법, 농림어업인삶의질향상및농산어촌지역개발촉진에관한특별법 등)에서 규정하는 것을 정리하면, "행정구역상으로 읍·면부와 동(洞)지역 중에서 용도지역상으로 녹지지역에 해당하는 공간"이라고 정의할 수 있으나, 이 역시 시대에 따라 가변적일 수 있다.

농촌계획은 농촌이라는 공간을 대상으로 하는 공간 또는 지역계획(spatial or regional planning)이기 때문에 이를 정의하기 위해서는 일반적으로 공간계획에서 거론되고 있는 계획주체, 계획지역, 계획목표, 계획대상, 계획내용 등과 관련된 검토가 필요하다.

계획주체에 관해서는 농촌계획이 사적 계획이 아닌 공적 계획(public planning)이므로 계획수립 주체는 공적 권능이 부여된 국가, 지방자치단체, 공공기관, 그리고 주민합의체 또는 주민조직 등이라 할 수 있으나 기본적으로 계획의 본질적 주체는 해당지역 주민이다.

계획목표는 지역주민들이 지역에 대한 긍지와 자부심을 가지고 인간다운 삶을 즐길 수 있도록 삶의 터를 가꾸어 주는 것이 될 것이며 이에 필요한 물적 시설정비, 사회경제개발, 문화창달, 환경보전 등 모든 물적·비물적 관련사항이 계획대상이 된다. 그리고 이를 구체적으로 실현하기 위한 방법을 모색하는 것이 계획의 내용이 된다. 따라서 농촌계획은 "공적 기관 및 단체가 해당 농촌지역 주민의 삶을 가능한 바람직한 방향으로 가꾸어 가는데 있어 이의 달성에 필요한 각종 방책을 구상하고, 그 실시규범을 작성하는 일"이라 정의할 수 있다.

국토는 권역 또는 지역으로 구분할 수 있고, 지역은 다시 농촌지역과 도시지역이라는 특성지역들로 구성되어 있으므로 농촌지역을 대상지역으로 하는 농촌계획은 국토계획 - 지역계획 - 도시 및 농촌계획의 위계로 이루어지고 있는 공간계획체계에서 하위계획에 속하고 있다. 그런데 지역이 도시와 농촌으로 구성되어 있음에도 불구하고 도시계획에 대한 관련 법제도나 계획기법은 일찍이 정비 또는 발전되어 온 데 반하여 농촌계획의 경우는 극히 최근에 와서야 관심과 제도정비가 시작되어 양 부문의 균형과 조화에 의한 지역계획의 발전을 크게 제약하여 왔다.

2. 농촌조경계획의 개념

조경의 대상공간은 전통적으로 도시지역의 오픈스페이스나 수림을 주체로 한 자연경관지역을 중심으로 하였으며, 이 양자의 중간부분인 농촌지역에 대한 연구는 소홀히 해온 것이 사실이다.

농촌계획은 정비계획, 시설계획, 사회경제계획(산업계획, 사회계획), 행재정계획(행정합리화계획, 재정기본계획)과 각 부문별 계획 등으로 구성된다. 이 중 농촌조경계획은 "농촌의 외부공간을 대상으로 한 물리적·비물리적 계획을 총칭한다."고 정의할 수 있다. 농촌은 농민과 농업, 농토와 정주공간의 어울림이 중요한 계획요소이며, 농촌조경계획은 이들 요소 상호간의 관계를 만들고 체계적으로 정비하는 일이다. 농촌공간은 생물생산 활동, 주민생활 활동, 환경보전 활동, 지역주민의 사회활동 등이 복합적으로 이루어지고 있으며, 농촌조경계획에서는 이러한 것들과 관련된 주민의 욕구를 충족시켜주기 위해 경제성, 보건성, 안정성, 편의성, 쾌적성 및 환경성을 고려하여야 한다.

종래의 농촌개발전략은 농업 및 농민에 중점을 두고 도시의 편리성을 지향하는 정책이었다. 그러나 농업에 의한 농촌발전의 한계성이 드러나고 도시를 지향하는 농촌의 정주정책은 농촌공간의 획일화를 초래함에 따라 농촌다움이 상실되는 문제점을 야기하고 있다. 농촌다움의 상실은 농촌 자체 매력의 상실을 가져오고, 이는 소비자인 도시민으로부터 외면당하는 결과를 초래하였다. 이에 따라 농업과 농촌이 가지고 있는 잠재적인 기능과 다면적인 기능에 대한 재평가가 이루어지고 이의 활용을 통한 농촌의 활성화를 모색하는 대안이 제기되고 있다. 농촌조경계획은 농촌의 자원과 환경을 활용하여 농촌주민에게는 정주여건을 개선시켜 주고, 도시민에게는 관광 및 방문기회를 증대시켜 농촌의 활성화를 도모하고자 하는 목적을 가지고 있다.

따라서 농촌조경계획의 주요 내용은 생활환경정비 및 쾌적한 농촌공간 조성을 위한 마을계획, 농촌의 지역자원을 활용하여 지역활성화를 도모하기 위한 농촌어메니티자원계획 및 그린투어리즘 계획 , 농촌경관의 보전 및 창출을 위한 농촌경관계획 등으로 구성된다.

제2장 농촌마을계획

제1절 농촌마을계획 패러다임의 변천

농촌마을계획은 1950년대 후반 제2차 세계대전 이후 UN과 미국이 채택한 후진국 개발사업의 하나인 지역사회개발사업(Community Development Program)의 도입과 함께 본격화된 이후 사회·경제적 시대상황과 정부정책방향 등에 따라 사업내용, 추진체계, 지원규모 등이 계속적으로 수정·보완하면서 많은 변화 속에서 추진되고 있다.

시대별 농촌마을계획 패러다임의 주요 특성을 먼저 살펴보면 1950~60년대는 식량생산과 농업의 생산성이 가장 시급한 문제로 대두되어 농지를 정리하거나 새로운 농지를 개간하는 농업기반사업 위주의 농촌계획이 진행되었다. 1970년대에는 상대적으로 낙후된 농촌개발을 위하여 새마을 운동을 활발하게 진행하였으며, 대부분의 농촌계획이 취약한 도로를 건설하거나 노후주택을 개선하는 취락구조개선사업에 집중되었다. 1980년대에는 농가소득과 지역성을 고려한 농업생산정책을 위주로 하는 지역농업계획형의 패러다임이 주류를 이루었으며 농촌지역종합개발사업 등이 활발하게 진행되었다. 1980년대 후반부터 1990년대에는 '농어촌발전특별조치법'에 의거하여 군단위 지역종합개발계획을 수립하여 농업인의 정주생활권제도를 도입하고 지역의 고유한 특성과 정주성을 강조하는 농촌계획이 수립되었다. 2000년대 초반에는 '국토의 계획 및 이용에 관한 법률'이 제정되면서 기존의 도시와 농촌의 이분법적 사고에서 탈피하여 두 공간을 통합하여 계획·관리하기 위한 구체적인 계획안들이 수립되기 시작하였다. 구체적으로 시·군 기본계획 및 관리계획 내에 농촌계획이 포함되어 수립되었으며, 취락지구 조성 및 계획 등도 지속적으로 수립되었다(그림 8-2 참조).

아울러 농촌 마을의 다양한 특성을 반영하는 등 새로운 개념의 농촌마을정비사업들도 이 시기에 나타나고 있는데, 행정자치부의 '정보화 시범마을'과 '아름마을 가꾸기 시범사업' 그리고 '소도읍육성사업', 놀림부의 '녹색농촌체험마을 조성사업'과 '농촌마을조합개발사업', 농림부의 '녹색농촌체험마을 조성사업'과 '농촌마을종합개발사업' 등이 그 예이다. 또한, 기존의 중앙정부에서 추진하는 마을정비사업 외에 강원도, 전남도, 경북도, 진안군, 양평군, 서천군, 등 지방자치단체 차원의 마을정비사업이 시작되고 있다.

최근의 농촌마을계획은 기존의 주거환경개선사업에서 나아가 농촌관광(Green Tourism)과 연계한 사업추진이 부각되고 있으며, 정보화, 친환경농업 등 다양한 형태의 사업으로 발전되어 가고 있다.

2004년부터는 이러한 다양한 마을정비 사업추진의 토대 위에 농림부에서 '농촌마을종합개발사업'을 추진하고 있어 그간의 소규모 개발이 아닌 권역단위의 계획을 추진하였다. 2011년부터는 농어업인 삶의 질 향상 및 농어촌지역개발촉진에 관한 특별법이 제정되어 농어촌 중심지 활성화 사업을 위한 기본계획과 역량강화사업이 진행되고 있다.

또한, 이러한 농어촌마을계획은 주민참여형 어메니티 활용형 마을계획으로 확장·발전하게 되었다. 어메니티 활용형 마을계획은 더 이상 농촌이라는 공간을 식량생산 및 정주생활권으로만 인식하는 것이 아니라 농촌다운 어메니티자원을 활용하여 도시민의 방문을 유도하고, 이를 통해 도농상생 및 농촌 재활성화를 모색하는 계획방식이라고 할 수 있다. 이러한 어메니티 활용형 농촌계획 패러다임은 FTA, DDA 등의 농산물 개방 등의 국제시장 변화를 수용하기 위한 자생적 흐름이라고 할 수 있으며, 무엇보다도 기존의 'top-down' 방식의 농촌계획에서 벗어나 일반시민에 의해 주도되는 'bottom-up'방식으로 진행된다는 점에 큰 의의가 있다. 즉 더 이상 농촌계획은 정부가 주도하는 사업

	(1) 농업기반사업형 ▶	(2) 취락구조개선형 ▶	(3) 지역농업계획형 ▶	(4) 정주생활권형
연도	• 1950~1960년대	• 1970년대	• 1980년대	• 1980~1990년대
계획 내용	• 식량생산증대 • 농지정리 • 개간 및 간척	• 새마을운동 • 취락구조 개선사업 • 마을단위 계획실행	• 농촌지역종합개발계획(지역농업계획) • 농가소득과 지역성을 고려한 농업생산정책	• 군단위 지역종합개발계획 • 농업인의 정주생활권 도입 • 지역성, 정주성강조
관련법	• 토지개량사업법 • 공유수면매립법			• 농어촌발전특별조치법

(6) 어메니티 활용형 ◀	(5) 지역종합계획형	
• 2000년대 중반	• 2000년대 후반	연도
• 지역주민, 전문가, 행정의 유기적 파트너십에 의한 마을계획 수립 • 지역주민의 역할과 참여를 강조 • bottom-up방식 • 자원발굴 및 활용, 관리에 대한 구체적 대안제시	• 시, 군 기본계획 및 관리계획(도시와 농촌의 통합 및 관리) • 취락지구 조성 및 계획(농촌취락단위)	계획 내용
	• 국토의 계획 및 이용에 관한 법률	관련법

그림 3-9-1 농촌계획 패러다임의 변화 (자료 : 농촌진흥청 (2006), 농촌마을 어메니티 계획모델 개발)

에 국한되는 것이 아니라 지역주민과 전문가, 행정조직의 유기적 결합에 의한 자발적 계획방식의 성격으로 변화하고 있으며, 이러한 변화에는 농촌의 자원을 바라보는 시각의 변화, 즉 농업생산, 농촌주민의 정주공간에서 다양한 공익적 기능을 수행하는 어메니티자원의 보고로 인식되는 사회적 시각의 변화에 기인한다.

제2절 농촌마을계획의 방향

1. 농촌마을의 특성화

농촌마을의 특성화는 마을에서 공통적으로 나타날 수 있는 특성을 우선 묶어주면서, 차별화 시키는 방향을 찾아야 한다. 공간 범위가 크고 지역적 측면에서 드러나는 특성을 찾고 점차 범위를 좁혀 마을 특성의 요소들을 찾아야 한다. 이처럼 마을특성은 지역적인 물리적인 요소와 그 내부에 살고 있는 주민의 사회·인구학적 요소, 산업·경제적 요소로 구분해 볼 수 있는데, 여기에 정부의 정책 사업에 따른 마을 유형 등을 함께 고려하여야 한다. 특히 마을의 물리적은 특성뿐만 아니라 농촌에 살고 있는 주민들의 특성 또한 다양하게 분화하고 있으므로 이를 반영할 필요가 있다.

따라서 마을의 특성과 특성별 유형에 관한 내용들을 선행연구를 바탕으로 구분하였으며, 농촌지역의 기능을 크게 물리적, 사회적, 경제·정책적 측면으로 대별한 후 마을의 특성요소와 특성요소에 따른 측면별 기능, 그리고 이에 따른 마을의 유형을 구분하여 정책적인 고려사항들을 정리하면 표 3-9-1과 같다.

농촌마을 계획을 위해서는 지역자원에 대한 자원평가를 바탕으로 위에서 살펴본 특성화 요소를 발굴하여 마을계획의 기본방향을 설정하는 것이 중요한 과제이다. 농촌마을은 입지여건과 주변현황, 사회·경제적 여건, 인적구성 등에 따라 접근방법과 정비목표가 달라야 하며, 마을에 대한 자원평가와 강·약점 분석 등을 통해 마을에 특성에 적합한 개발 비전의 제시와 정비방향을 정립하고 마을의 특성화 계획은 소득 향상과 연계한 정비방안이 중요한 요소인데, 마을의 소득과 관련된 시설 특히 농업인의 비율이 높은 마을은 생산·소득기반시설에 대한 정비확대가 필요하고, 농촌관광으로 연계가 가능한 마을들은 도농교류를 고려한 소득기반시설과 정보화시설 등의 정비가 필요하다.

농촌의 정주공간은 하나의 정주체계를 형성하고 있다. 농촌마을은 하나의 독립된 정주공간이 아니라 상위계층으로는 농촌중심지의 배후지역으로서의 역할을 하고, 하위계층으로는 농촌마을을 구성하고 있는 개별 주택단위의 집합체로서의 역할을 한다(윤원

표 3-9-1 농촌마을의 특성요소와 기능 및 유형 (자료 : 대한국토 · 도시계획학회(2006), 농촌계획의 이론과 실제)

마을특성요소			기능	마을유형		정책고려사항
물리적 측면	자연환경요소	• 기후, 지형, 토지 , 식생, 동물, 하천, 녹지, 경관 등	국토 및 환경 보존기능	자연지리적 유형	• 평야농촌, 산촌, 춘산간촌, 도시, 근교촌	개발방식
	주거환경요소	• 토지이용(농지, 산지, 대지 등) 주택, 교통, 시설, 전통건축물 주변 도시와의 거리 등 입지요인	주거 기능	환경친화형	• 환경보전, 개발형	거주성
				어메니티 거주형	• 접근성	국토보전 및 개발
			휴양 · 관광기능	자원특성유형 (그린투어리즘)	• 여가휴식형, 레저관광휴양형	소득개발
사회적 측면	사회문화요소	• 사회복지시설, 교육, 유무형문화(전통예술, 공예, 공동체, 지역의식 등), 역사, 문화재, 사회조직	사회적 기능	인문사회유형	• 동족마을, 공동체 마을, 신앙촌 • 도농교류형	리더 프로그램육성
	인구학적요소	• 주민특성(연령, 직업, 가족구성, 소득수준 등) • 인구구조(인구규모, 노령화구조, 인구변동 등)	교육문화 계승기능	전통역사 보전형	• 전통농촌형	참여주체
경제 · 정책적 측면	경제구조요소	• 생산기반 및 활동(농업생산, 농지규모, 농업종류 등)	생산 · 경제적 기능	생산기능 유형 (농업, 비농업)	• 농촌, 산촌, 어촌, 관광촌 • 특화 산업형, 최첨단 영농기술형	계획단위 (마을–지역–개별시설)
			정치 · 행정 기능	사업유형	• 신촌형, 기존정비형, 신촌+기존정비형 • 친환경농업형, 정보화마을	형평성 및 특수성

근, 1999).

따라서 지역공간 속에서 마을의 입지적 특성에 따른 마을의 장기발전 방향이 설정되어야 하며, 이러한 정비방향설정에 따라 마을의 구체적인 정비계획이 수립되어야 한다. 즉 마을정비를 위한 지역(권역)단위의 마스터플랜과 마을정비사업을 위한 실행계획(Action plan)이 연계되어 병행되어야 한다.

2. 농촌마을의 종합적 정비

농촌마을 정비는 그간의 하드웨어 중심의 물리적 기방시설 정비에서 진일보하여 마을의 환경, 경관, 생태, 커뮤니티, 주민참여 등 소프트웨어적인 요소들에 대한 고려가 강화되어야 한다. 즉 마을의 경제성 확립, 경관형성, 소득원 개발, 정보화구축, 주민참여에 의한 정비와 유지관리, 커뮤니티 활성화, 생태문화자원의 복원과 활용, 상위의 중심지와의 네트워크 설정, 마을의 향후 발전방향 등에 대한 단기, 중장기적인 계획수립과 단계별 추진방안 등이 마을정비계획에 포함되고 이를 주민주도로 지속적으로 추진토록 하여야하다. 즉 농촌마을의 계획은 물리적 정비계획수립과 함께 지역사회개발차원의 사회 · 경제 · 문화 · 경관 · 복지적 측면을 포괄하는 종합적 접근이 필요하다.

현재 우리의 농촌실정과 정책여건상 농촌마을을 쾌적한 공간으로 조성하기 위해서는 막대한 재정투자와 시간이 소요될 것으로 보이며, 그 기본방향은 기초지자체와 지역주민이 중심이 되어 지역 실정에 맞고 지역특성을 살릴 수 있는 내발적인 정비와 사업추진이 되어야 하며, 이를 위해 단기적, 장기적 추지전략의 수립과 순차적인 시행체계 변화가 필요하다.

단기적으로는 각 부처별로 나누어진 사업들을 지자체 차원에서 종합적인 계획으로 수립하고, 이를 바탕으로 통합 · 조정 · 연계하여 지역특성에 부합되고 환경친화적인 마을정비가 이루어져야 한다.

장기적으로는 주민주도형의 마을정비방식이 유효할 것이며, 지자체는 주민들의 자발적인 마을계획 수립과 사업시행을 위한 행정적, 기술적 지원과 함께 전문가 집단과 협력하고, 중앙정부는 각 지자체의 사업추진을 평가하고 이를 정책화시키는 상향식의 개발을 통해 농촌마을의 종합적 정비를 수행하여야 한다.

3. 환경친화적 농촌마을정비

그간의 농촌마을 정비사업을 통해 울긋불긋한 개량주택에 콘크리트와 아스팔트로 포장된 도로가 있는 편리성, 기능성을 목적으로 한 마을 정비를 추진하였으나 이러한 과정 속에서 '인간성 상실'과 '환경오염', '무질서한 경관'이라는 인간이 쾌적하게 살기 위해서 기본적으로 필요한 기본조건들이 많이 파괴되었다.

이처럼 지금까지의 농촌마을 정비방식은 도시적 편리성과 기능성을 강조한 획일적인 정비방식이 대부분이었고, 농촌마을의 주변 환경이나 지역특성, 농촌주민들의 삶의 양식과 영농형태 등을 고려한 농촌지역에 적합한 마을의 설계 · 정비기법이 정립되어 있지 않아 도시 주거단지를 모방한 획일적 계획경향이 강했다고 할 수 있다. 그 결과 농촌의 풍부하고 깨끗한 자연환경이 지닌 장점을 살리지 못한 채, 도시적 편리함을 강조한 기능주의적 주택과 마을공간계획으로 아스팔트와 콘크리트의 무미건조한 마을공간이 전국의 농촌마을에 보편적인 양식으로 보급되었다.

농촌마을의 환경친화적 정비를 위해서는 기존의 획일적, 기능적, 도시적 마을환경을 자연환경과 주변 생태계, 경관, 어메니티 등을 고려하여 거주자의 쾌적성에 입각한 삶의 질을 향상시키고, 환경의 보존 및 자연 친화성 등 지속가능성의 개념이 부가된 정비를 목표로 해야 한다.

농촌마을에는 많이 약화되었지만 아직까지도 파괴되지 않은 자연환경과 전통적 인간관계를 바탕으로 한 공동체문화와 전통문화가 남아 있으며, 현재 도시에서 지적되고 있는 '인간성상실'과 '환경오염' 보다는 거주환경을 쾌적하게 하기 위한 필요조건이 농촌마을에는 아직 많이 남아 있어 적은 비용으로 환경친화적이며 쾌적한 주거환경을 조성할 수 있다.

환경친화적 농촌마을의 정비는 단순히 마을 내 녹지면적을 확대하거나 마을에 실개천을 정화하는 등 단편적인 접근이 되지 않도록 총체적인 주거문화의 방향전환이 필요하다. 또한, 무엇보다도 농촌마을정비에서 중요한 것은 도시적 생활양식의 추구가 아닌 전통적 농촌의 공동체적 삶의 회복이며 환경친화적인 농촌마을의 정비 또한 이를 뒷받침해줄 수 있어야 한다. 따라서 환경과 생태자원적 측면에 국한되지 않고 농촌마을 주민들의 생활환경을 환경과 조화되며, 주변 자연환경에 순응하고, 주민들의 커뮤니티 활성화, 삶의 질 향상, 경관을 고려한 정비. 어메니티 증대, 공동체적 삶의 회복 추구를 마을 계획의 개념이자 목표로 설정하여야 한다.

또한, 실제적인 마을정비사업에 있어서도 농촌다움의 특성을 살릴 수 있도록 주변 자연환경 및 경관과 조화되는 설계기법의 도입이 필요하며, 이를 위해 기존지형을 최대한 활용하고 자연지형과 조화로운 건축물의 배치와 친환경적 주택정비, 주변 자연생태계가 유지되도록 자연생태계의 복원과 정비 및 생태계 연결통로의 확보, 보행자 우선의 동선체계, 주택과 마을 등 주거공간의 경관정비, 마을의 전통성과 지역특성의 유지보전, 생활의 어메니티 추구 등이 적극적으로 도입되어야 한다.

4. 주민참여 및 유지관리

전통적으로 농촌마을의 정비는 주민들의 자력개량에 의한 점진적인 정비가 이루어져 왔다. 그러나 새마을운동 이후 '80년대를 거치면서 중앙정부 주도의 농촌마을 정비방식이 고착화되었고 이후 지금까지의 농촌마을계획은 주로 계획가(전문가)에 의해 이루어지고 있으며, 최근에 들어서야 주민주도 혹은 주민참여에 의한 마을계획 사례들이 일부 나타나고 있다.

유럽과 일본 등 선진국의 경우 주민참여를 토대로 한 점진적인 마을정비방식이 일반화되어 있으며, 국내의 경우도 민간단체와 지자체가 중심이 되어 생태마을과 관광마을 등을 중심으로 점차 주민참여에 의한 마을계획 수립이 점차 확대되어가고 있다.

따라서 주민참여를 적극 유도하여 내발적(Endogenous) 계획수립과 자율적인 마을정비를 추진하고, 정부와 전문가는 조력자의 역할을 수행하여야 한다.

국가적 차원에서는 농촌마을 정비가 대규모의 사업비가 필요하고 정책적인 지원이 필요한 것은 사실이지만, 마을의 정비는 단기적인 사업추진의 바탕 위에 지속적인 정비가 이루어져야 하므로 주민들의 자발적 참여가 없는 마을에 대한 투자는 실효성을 담보할 수 없기 때문이다.

또한, 마을 정비사업 시행 후 유지관리에 대한 투자가 고려되어야 한다는 점에서도 주민참여의 중요성은 재차 강조될 필요가 있다. 지금까지 시행된 거의 모든 사업들이 각종 시설물에 대한 초기투자만 이루어지는 일회성 사업추진으로 사업 시행 후 유지관리에 대해서는 정책적 지원이 거의 전무한 상태이다. 그 결과 마을정비사업이 시행된 상당수의 마을에서 유지관리에 어려움을 겪고 있으며, 시설의 미활용으로 유휴화 현상이 다수 나타나고 있다. 따라서 지속적인 유지관리를 위한 유지관리비의 지원 내지는 유지관리를 위한 마을기금 확보 방안 등의 수립을 계획단계에서부터 필수적으로 고려하여야 한다.

제3절 농촌마을계획 수립절차

농촌마을계획의 수립은 농촌마을을 대상으로 계획을 작성하고 그것을 집행하고 그리고 실적을 평가하여 차기의 계획에 방영하는 일련의 과정을 의미한다. 마을계획의 수립은 보통 마을이 장래 나아가야 할 바람직한 방향이라고 할 수 있는 목표를 설정하고 이런 목표를 달성할 수 있는 여러 가지대안을 작성하는 것을 말한다(윤원근, 1999).

농촌마을계획의 절차는 크게 목표 및 입지선정, 현황분석, 마을계획 개념 및 방향설정, 부문별 계획수립, 마을종합정비계획(중·단기계획), 사업시행계획(단기계획) 등으로 구분되며, 사업시행 후에는 평가 및 피드백 과정을 거쳐 사후 유지관리를 하게 된다.

주요 현황분석 내용은 환경 및 자원실태 분석을 통한 자원의 평가와 지역의 경관분석, 주민의 요구분석, 상하위 관련계획분석 및 인구, 소득원 등 현지 실태 분석 등을 실시하며, 이를 통해 마을계획의 주요 방향을 설정한다.

마을계획의 주요 방향이 설정되면 구체적인 부문별 계획을 수립하게 되는데, 부문별 계획은 물적 계획과 빗물적 계획으로 구분된다. 물적 계획은 토지이용, S.O.C. 주택 및 건축물, 식재 및 녹지, 공동이용시설 등의 계획을 의미하고, 빗물적 계획은 마을특성화, 산업 · 소득기반, 문화복지, 재정투자, 유지관리 등의 내용을 포함한다.

부문별 계획의 수립 후에는 중장기 마을종합정비계획과 단기 사업계획을 수립하며 실질적인 사업시행을 하게 된다.

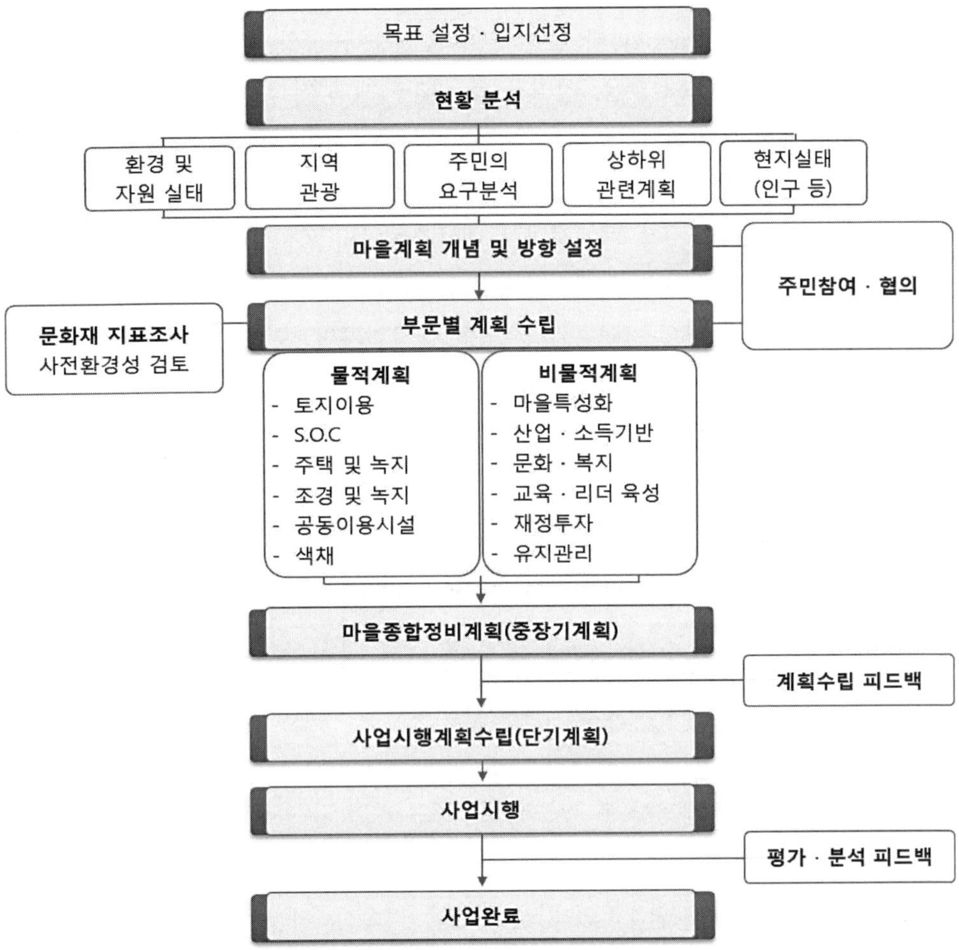

그림 3-9-2 농촌마을계획 수립절차 (자료 : 대한국토 · 도시계획학회(2006), 농촌계획의 이론과 실제)

제3장 농촌어메니티자원계획과 그린투어리즘계획

제1절 농촌어메니티자원계획

1. 개념

농촌어메니티(rural amenity)란 농촌 고유의 장소나 상황에서 나타나는 아름다움, 쾌적함, 즐거움, 건강함, 풍요로움, 친밀감 등 인간에게 긍정적인 감성과 인식을 불러일으키는 환경적 속성을 말한다. 그리고 농촌어메니티자원이란 이런 어메니티의 특성, 즉 생태적·심미적·인문적 가치가 농촌의 사회적 상황과 외부적 수요에 의해 외부경제의 형태로 공익(public good)을 제공하거나 내부경제화의 원리에 의해 사익(private good)을 창출하는 유무형의 자원 일체를 지칭한다.[25)]

농촌어메니티자원계획은 자연자원 문화자원, 사회자원, 오감자원, 감성자원, 인식자원 등 농촌에 존재하는 어메니티자원을 활용하여 부가가치를 창출하는 계획으로 공간개발과 소득창출의 동시적 접근을 추구한다.

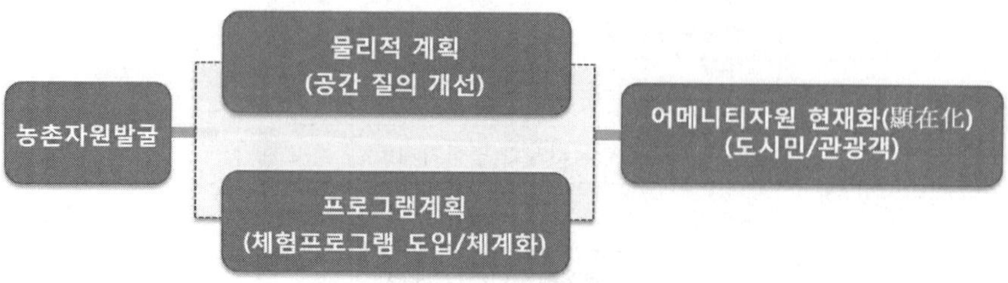

그림 3-9-3 농촌어메니티자원계획을 의한 물리적, 프로그램계획 (자료 : 농림부(2004), 주민참여계획 모델에 의한 농촌어메니티 자원발굴 및 설계기술 현장적용 연구)

따라서 농촌어메니티자원계획의 기본 이념은 지속성, 자발성, 자원활용성, 교류 협력성을 들 수 있다.

① 지속성(Sustainability)

농촌어메니티 자원계획은 근본적으로 지속성을 추구한다. 지속성의 요소로는 사회적

---

25) "An amenity may be defined as a location-specific good.....first of all an amenity ia a good" (Diamond, D.B. & Tolley, G.S., *The Economics of Urban Amenity*, 1982 : 5) 해석하면 '특정 장소(땅)에서 얻는 이로움'이라 할 수 있다.

지속성(Social sustainability), 경제적 지속성(Economic sustaunability), 환경적 지속성(Environmental Sustainability)으로 나눌 수 있다. 사회적 지속성은 인간 기초수요의 충족, 사회적 공평성·정의를 증대시키는 방향으로 자원의 사용을 유도하는 것을 의미하며, 경제적 지속성은 인공적, 사회적 자본을 유지하면서 자연환경과 사회를 바탕으로 생산과 소비과정을 통해 충분하고 다양한 고용기회를 제공하고 장기적으로 경쟁력 있는 경제구조를 이루어 생활의 질 향상을 추구하는 것을 강조한다. 환경적 지속성은 자연이 흡수할 수 있는 범위 내에서 자연자원의 이용으로 주민의 복지를 향상시키는 개념을 의미한다.

② 자발성(Spontaneity)

농촌어메니티자원계획은 농촌의 경제활성화와 함께 농촌지역문화의 활성화, 생활문화의 개선, 지역이미지의 개선 등을 통해 농촌의 활성화를 지향하고 있다. 이러한 목표를 달성하기 위해서는 농촌 지역주민의 욕구를 충족시키고 삶의 만족도를 상승시켜주어야 하며, 이것이 곧 농촌 활성화에 지역주민이 자발적으로 참여하게 하는 중요한 결정요인이 된다. 자발적인 참여를 극대화하여 농촌어메니티자원계획의 지속성을 확보하고, 사업시행과정에서의 주민의 협조와 책임의식을 높이고, 참여자 간의 상충된 이해관계와 요구를 중재·조정할 수 있다.

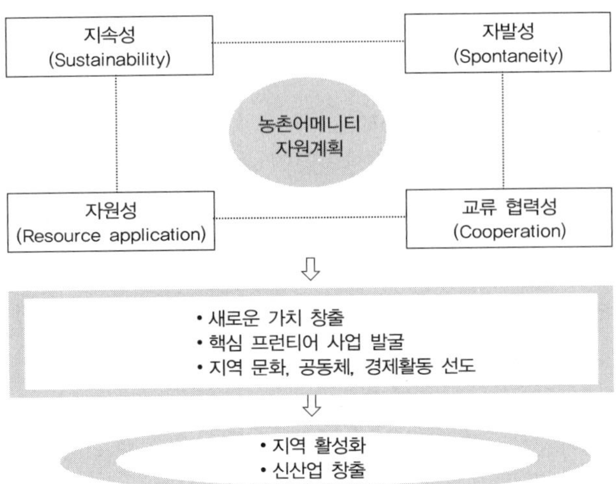

그림 3-9-4 농촌어메니티자원계획 모형의 기본 이념 (자료 : 농림부(2004), 주민참여계획모델에 의한 농촌어메니티 자원발굴 및 설계기술 현장적용 연구)

③ 자원활용성(Resource application)

농촌어메니티 자원계획은 농촌어메니티자원의 특성이나 사업주체의 특성과 소비자의 욕구를 동시에 고려함으로써 지속적으로 농촌의 활성화를 유지해야 한다. 이를 위해서는 어메니티사업의 주체나 자원의 특성을 파악하고 어메니티시장이 원하는 바를 찾아내어 새로운 사업 컨셉을 설정하는 것이 중요하다. 이러한 자원의 활용성을 극대화 하기 위해서는 근원성, 연상성, 의미성, 화제성을 느낄 수 있는 자원의 발굴이 중요하다.

④ 교류 협력성(Cooperation)

농촌어메니티 자원계획은 지역 자체가 가지고 있는 잠재력과 능력도 중요하지만 주변지역, 관련단체, 지방정부, 연구기관, 언론 등과의 교류와 협력이 없이는 성공할 수 없다. 정부의 사회간접자본, 주변지역과의 연계, 농업협동조합이나 지역이익단체의 여론주도, 연구기관의 체계적·전문적 계획, 언론의 홍보 등이 유기적으로 결합하도록 하는 것이 중요하다.

2. 추진주체

농촌어메니티자원계획 수립과 관련된 주제는 크게 주민, 행정그룹, 시민단체, 계획전문가, 사업주체 등 5부문으로 구분할 수 있다. 먼저, 주민은 농촌의 각종 주민조직과 그 대표자 및 의회 등을 들 수 있는데 계획수립시 각자의 이해 여부에 따라 다양한 의견과 태도를 갖고 있다. 행정그룹은 군, 면, 읍의 관련 행정부서의 공무원과 관련 심의 위원회 등이며 어메니티계획 수립을 위해 담당공무원의 파견이나 행·재정 지원 등으로 지원주체로서의 역할을 담당한다. 시민단체는 각종 이익집단이나 NGO 등이며 계획수립에 있어 여론을 형성하고 공개적인 시민참여 프로그램을 통해 의견을 제시하게 된다. 계획전문가는 대학교수, 연구기관의 연구원, 관련 전문가 등으로 구성되며 계획수립의 의사결정 지원역할을 담당한다. 사업주체는 민간개발주체나 공공개발주체 등을 들 수 있으며 사업의 타당성을 검토하고 사업추진을 위한 제반 여건을 정립하게 된다.

농촌어메니티 자원계획 수립의 주체별 협력체계 형성을 위한 협력조직은 상설화가 가능하도록 핵심주체가 참여하는 조직으로 관민협의체, 주민협의체 등 협력조직을 구성하는 것이 바람직하며 주민자체센터 내에 참여지원센터와 같은 조직을 형성하는 것도 하나의 방안이다.

각 주체들은 상호이해 부족으로 이해가 상충될 경우가 많으며, 우호적인 관계가 형성되지 않을 수 있음에 따라 문제가 발생할 소지가 많다. 각 주체들의 중간에서 상충되고

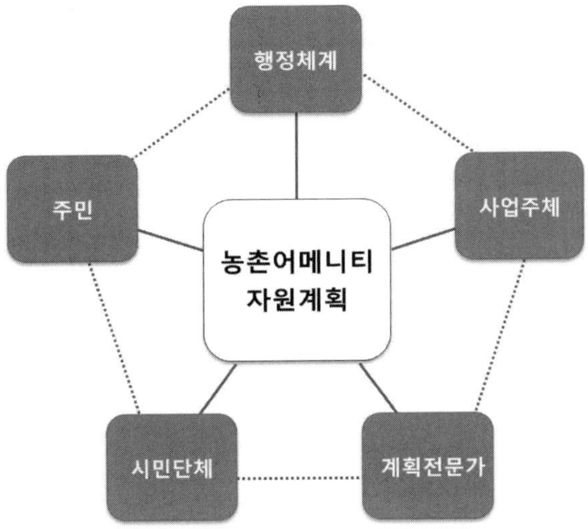

그림 3-9-5 주민참여형 농촌어메니티 자원 계획 수립 관련 주체 (자료 : 농림부(2004), 주민참여계획모델에 의한 농촌어메니티 자원발굴 및 설계기술 현장적용 연구)

있는 문제를 규명하고 조율하여 상호 이해를 높이고 보다 발전적인 대안을 마련하기 위하 협력의 중심주체가 요구된다. 즉 원활한 주민참여를 위해서는 각 주체간의 협력을 유도·제안하여 바람직한 결과를 도출하는 협력체계의 중심주체를 형성해야 한다.

협력체계의 강화방안으로는 함께하면 쉽게 해결할 수 있다는 비전의 공유가 필요하다. 즉 각 주체별로 문제해결은 어려운 점이 많으나 협력하면 쉽게 풀어나갈 수 있다는 것을 실증적으로 보여주는 과정이 필요하다. 이를 위해서는 각 주체들에 대한 교육이 중요하고, 제도적인 근거를 마련하기 위해 어메니티 조례를 제정하여 활동하는 것이 효율적이다. 주요 주체별 협력방안으로 의회와 행정과의 협력체계 구축방안, 행정의 정책 집행에 관련한 노하우와 의회의 주민대표의견을 조화시킬 경우 시너지 효과가 기대된다. 어메니티 정책입안을 위한 사전 정책간담회, 정책조정회의, 공동평가제 등을 활용하여 의견의 교환·수렴이 필요하다.

3. 추진단계

농촌어메니티자원계획은 해당지역에 부존하는 자연자본(natural capital) 및 공동체에 근간한 사회자본(social capital)의 확충을 통해 발전의 동기와 기회를 내부적으로 부여하고 이를 통해 농촌으로 경제자본의 유입을 자연스럽게 유도하는 전략이며, 사회적 자본의 확충을 통해 농촌에 존재하는 다원적·공익적 기능을 더욱 확대·창출하는 수단적 개념이라 할 수 있다.

표 3-9-2 농촌어메니티자원계획의 수립단계

계획단계		계획항목	계획요소	주민참여요소
촉발단계	계획 준비 단계	• 현지관련정보수집 • 대상지개황파악 • 행정 및 주민개황파악 • 계획특성구상		• 주민조직체 현황 파악 • 행정과의 협조체제 파악
	참여체제 형성단계	• 계획팀조직화 • 참여조직네트워킹		• 지역단위 참여조직 구성
	자원발굴 및 평가단계	• 예비조사 및 자원예비목록화 • 자원예비평가 및 본조사 대상자원 선정 • 본조사 및 평가 • 자원이용 및 보전 구상	• 종합조사(일반조사) • 1차 인벤토리 작성 • 자원평가(본평가) • 특별조사(심화조사) • 2차 인벤토리 작성 • 가치창출자원 선정 • 보전 관리자원 선정	• 예비조사시 주민탐문 • 주민직접참여 자원조사 • 주민의식 기초 인벤토리 작성
계획단계	자원 정보화 단계	• 자원정보저장방식설정 • 정보시스템설계 • DB 구축 • 정보활용시스템 준비	• 유형별 정보저장 • 자원도 작성 • 디지털콘텐츠 준비 • e-비지니스 준비	• 주민 정보화시스템 구축 • 주민정보화 교육 • 현지주민 정보직접입력 • 주민참여 전자상거래체계구축
	자원계획 및 컨설팅 단계	• 자원이용 및 지역현황 분석 • 잠재력 분석 • 계획방향 및 구상 • 자원활용 프로그램계획 • 물리적 계획 • 집행계획	• 산업화 계획 • 경영 및 마케팅계획 • e-비즈니스계획 • 자연자원계획 • 역사문화자원계획 • 경관자원계획 • 행정지원계획	• 계획구상에서 주민참여 • 참여형 자원활용 프로그램개발 • 주민참여계획
시행 유지 단계	집행관리 단계	• 자원조성 및 질 개선 • 산업화 실행 • e-비즈니스 실행 • 정책지원 실행		• 자원조성시 현지인력협조 • 현지기업, 주민주도 상품개발 • 주민 전자상거래망 운영

자료 : 농림부(2004), 주민참여계획모델에 의한 농촌어메니티 자원발굴 및 설계기술 현장적용 연구

또한 농촌어메니티자원계획은 다른 농촌계획과 달리 어메니티라는 특수성을 반영한 계획이 되어야 하므로 일반적인 공간계획(지역계획, 마을계획, 도시계획 등)과정과는 차

별화될 수밖에 없다. 즉 자원발굴 및 평가, 자원의 산업화 및 경영, 주민참여 등의 특수한 상황을 반영한 계획이 되어야 한다. 이에 의거 어메니티자원계획의 과정은 ① 계획준비단계, ② 참여체제 형성단계, ③ 자원발굴 및 평가단계, ④ 자원정보화 단계, ⑤ 산업화를 위한 자원계획 및 컨설팅단계, ⑥ 집행 및 관리단계로 구분된다.

1단계 계획준비단계에서는 계획대상 현지의 관련정보수집, 대상지 개황파악, 행정 및 주민개황파악, 계획특성구상 등이 이루어진다.

2단계인 참여체제 형성단계에서는 주민참여의 기반을 조성하는 것으로 계획팀의 조직화, 참여조직네트워킹이 주된 작업이다.

3단계 자원발굴 및 평가단계에는 우선 예비조사를 통한 자원의 예비목록이 작성되고 자원예비평가를 실시하며 본조사대상자원을 선정한다. 그리고 본조사 및 본평가가 이루어지고 이 다음에 자원이용 및 보전의 방향을 구상하게 된다.

4단계 자원정보화 단계에서는 자원정보의 저장방식을 먼저 결정한 후 정보시스템을 설계하며 이어서 구체적으로 DB가 구축된다. 또한 구축된 DB의 활용방안과 활용시스템도 준비하도록 한다.

5단계 자원계획 및 컨설팅 단계에서는 자원이용 및 지역현황 분석, 잠재력 분석, 계획구상 등이 이루어진 후 부문별 계획으로서 자원활용 프로그램 계획, 물리적 계획, 집행계획 등이 작성된다.

6단계 집행 및 관리에서는 계획된 내용대로 어메니티자원의 조성사업이 진행되고, 특히 상품개발, 산업운영체계구축 등 산업화 실행 작업이 중요하게 추진된다. 여기에는 e-비즈니스 실행과 관련 정책지원도 반드시 뒤따라야 한다.

제2절 그린투어리즘계획

1. 개념 및 의의

그린투어리즘은 "농촌이나 어촌, 산촌 지역사회의 풍습이나 일부 지역에서 행해지는 지역전통을 반영한 이벤트 참여 등이 중심이 되는 관광활동"으로서 농촌의 자연환경뿐만 아니라 문화와 전통을 체험하고, 교육적 욕구도 만족시키며, 자연에 바탕을 두고 환경보존을 지속적으로 유지시키면서 행해지는 관광의 형태를 말한다. 즉 농촌의 자연경관과 전통문화, 생활과 산업을 매개로 한 도시민과 농촌주민간의 교류활동이며, 도시민에게는 휴식·휴양과 새로운 체험공간을 제공하고, 농촌에는 농산물 판매(1차), 가공(2

차), 숙박 및 음식물 서비스(3차) 등을 통해 소득원을 제공하는 관광 활동이다.

이러한 그린투어리즘이라는 용어는 다음 표와 같이 국가별로 약간씩 다른 의미로 사용되고 있다. 프랑스에서는 바다지역에서의 관광을 블루투어리즘(blue tourism), 산악지역에서는 화이트투어리즘(white tourism), 전원지역에서는 그린투어리즘(green tourism) 으로 달리 불리며, 영국에서는 루럴투어리즘(rural tourism) 으로 불린다.

우리나라에서는 전원관광, 녹색관광, 농장관광, 농업관광, 농촌관관 등으로 혼용되어 사용되고 있으나 본고에서는 그린투어리즘으로 통일하여 사용한다.

표 3-9-3 나라별 그린투어리즘의 호칭과 개념

국 가	일반적 호칭	개 념
프랑스	Green Tourism	Blue Tourism (바다지역) White Tourism (산악지역) Green Tourism (전원지역)
영국	Rural Tourism	농촌환경, 생명존중, 자원의 적적이용, 다면적 기능의 평가, 생물종의 다양성
독일	Green Tourism	전원지역에서의 휴가 (호텔, 콘도 등) 농가에서의 민박 (휴가)
이탈리아	Agri Tourism	농업인의 관광사업
일본	Green Tourism	농촌지역에서의 즐거운 여가활동

자료 : 류선무(2003), 농촌관광 성공전략, 청농관광농업연구소

2. 그린투어리즘계획 과정

농촌의 관광자원을 활용한 그린투어리즘계획의 단계는 다음과 같다.

1) 계획과제의 정리

그린투어리즘계획 과제로는 첫째, 계획의 주체, 둘째, 계획의 목적, 셋째, 계획대상이 되는 사업의 범위, 넷째, 계획대상 공간, 다섯째, 장기계획과 단기계획의 여부 등을 들 수 있다.

2) 계획대상지의 여건분석

농촌지역에서의 관광계획을 수립하는데 있어 그 대상지의 조건을 면밀히 검토하는 것은 매우 중요하며, 먼저 농촌지역사회의 동향분석이 필요하다. 이는 전국적 또는 계

획대상지역의 지역정책 조건과 사회·경제동향을 정확하게 파악하고 계획에 반영시키는 요인추출을 의미한다. 특히 최근에는 농촌지역에 존재하는 2차산업을 관광 및 리조트 공간으로서 활용하는 경향이 높아지고 있으며 이러한 것에 대한 잠재력을 파악하는 것이 요구된다.

3) 계획대상지의 자원조건 분석

그린투어리즘 대상지역을 계획하는데 있어 지리 및 교통조건, 자연조건(지형, 지질, 식생, 기상, 경관조건 등), 역사조건의 분석과 관광자원의 객관적 평가를 통해 해당지역이 그리투어리즘지역으로 발전할 수 있는 가능성 정도와 중요성을 정확하게 규정할 필요가 있다. 개발적인 관광자원에 대해서는 그 활용도 여부를 평가하고 그 이용부문인 관광관련시설의 신규개발 및 재개발의 유무와 가능성, 분포상의 여부 등에 대해 충분히 검토한다. 관광지로서의 객관적인 평가방법으로는 전국단위에서 조사한 평가기준을 참고하기도 하며, 동일한 조건의 우수 관광지, 경합 관광지를 비교하여 분석하는 방법을 사용하기도 한다.

4) 토지이용구상

그린투어리즘에서의 토지이용이란 지역 내 어느 한정된 지구의 것이 아니라 설정한 주제에 따른 그린투어리즘을 추진함에 있어 지역의 전체적인 관점에서 어떻게 토지이용을 해가는 것이 좋은까? 하는 것이다.

그린투어리즘은 지역자원을 최대한 활용한 운영프로그램중시형의 지역사업으로서 기존의 자연자원을 최대한 보전하는 것을 기본 방침으로 하여 아름다운 경관확보, 자연자원 및 거점시설의 네트워크화 촉진, 지역주민과 도시민의 교류확대 등을 이룰 수 있는 토지이용이 되도록 한다.

5) 시설계획

시설계획은 지금까지 해온 기초조사, 기본구상을 구체화해가는 작업이다. 시설계획은 시설을 운영하는 사람, 이용하는 사람의 입장을 충분히 고려하는 것이 중요하다. 시설계획은 전체를 파악하는 것부터 시작한다. 전체적인 시설개념을 설정하고 지역의 자연환경과 조화를 이루면서 주변환경에 영향을 최소화 하도록 시설의 규모를 결정하고 그 시설규모의 범위 내에서 실제로 수용 가능한 이용자수를 결정한다. 도입시설이 결정되면 전체와 부분의 조화를 고려한 배치계획을 수립한다. 시설운영자와 이용자 모두에게 불편하지 않도록 하여야 하며 지역의 자연조건을 충분히 활용하여 배치계획을 수립한다.

그린투어리즘에서 도입 가능한 시설군으로는 자연체험 시설군(자연관찰로, 생태학습장, 천문대 등), 야외스포츠 시설군(레크리에이션센터, 산악자전거, 등산로, 야외물놀이장 등), 농촌체험 시설군(농산물 가공체험시설, 체험농원, 주말농장, 숯가마 등), 예술창조 체험시설군(공작체험시설, 아트갤러리, 스튜디오 등) 환경보전형 시설군(풍차, 솔라시스템, 수차, 폐기물처리시설 등), 관리운영 및 서비스 시설군(탐방객 안내소, 레스토랑, 상품점 등) 등이 있다.

제4장 농촌경관계획

1. 개념

농촌은 전방에는 논이 있고, 마을입구에는 정자목이나 마을숲, 돌탑, 선돌, 장승, 솟대 등이 있으며, 뒷면과 좌우는 산으로 둘러 싸여져 있고 앞이 비어 있어 앞산을 조망할 수 있는 경관구조를 지니고 있다.

이와 같이 농촌경관은 경관구성요소가 개개의 요소로 보이다가 거리가 멀어짐에 따라 집합체 또는 군(群)으로 보이게 되고 시점과 거리에 따라 경관을 위요경관과 조망경관으로 구분할 수 있는데 위요공간은 시점에서 가까운 장소의 경관으로서 근경 및 중경의 구성요소 특히 개개의 경관요소가 중요시 되는 경관이고 조망경관은 멀리서 보는 원경으로서 여기에서는 자연지형이 중요한 요소가 된다.

전통적인 농촌에 있어서 경관구성요소의 배치나 면적배분은 생산구조를 반영하고 역사성을 갖고 있으며, 농촌의 생물상은 농촌의 역사적인 경관 구조에 의해서 유지되어 왔다. 따라서 경관의 형식과 내용으로 분류하면 농촌경관은 아래 표와 같이 정리할 수 있다.

표 3-9-4 경관의 형식과 내용

형 식			내 용			
자연	문화경관 (인공경관)		생태적 측면	미적 측면	철학적 측면	경제적 측면
	도시	농촌				
산림	가로	취락	지질, 지형, 수문, 식생, 야생동물, 기후	미적 구성원리, 심리적 느낌 상징성 의미전달	해석학 현상학	정성적 가치의 정량화
평야	택지	경작지				
해양	교외	농업생태계				

자연으로 둘러싸인 지역공간으로서 농촌경관은 여러 가지의 변동 및 이동요소를 갖고 있고 시간에 따라 끊임없이 변하고 있지만 이러한 공간내의 변동을 나타내는 시각적인 요소들을 살펴보면 표 3-9-5와 같이 유형별로 정리할 수 있다.

표 3-9-5 농촌경관의 시각적 경관구성요소

구 분	농업생산요소별	자연요소별	구조물요소별
구성요소	- 논 · 밭, 초지 - 농작업 - 비닐하우스 - 논두렁, 밭두렁 - 울타리, 말뚝 - 수로, 도로 - 방풍림, 마을숲 - 축사, 농업창고	- 삼림 - 산, 산맥, 구릉지 - 가로수, 숲 - 황무지 - 들판 - 하늘 - 하천 - 눈, 안개, 미기후	- 가옥 - 전신주 - 담장, 지붕 - 탑, 공장 - 교량, 철교 - 학교 - 전선 - 제방

농촌경관의 시각적 경관구성요소들은 농촌경관을 이루는데 중요한 요소로 작용하며, 그 구성체는 공간의 특성에 따라 달리 정해지고 자연조건, 지형 등과 함께 농지의 이용형태에 따라서도 큰 영향을 받게 된다. 최종적으로 농촌경관요소를 농촌생활공간, 농업생산공간, 자연환경공간을 기준으로 분류하면 5개 영역에 대하여 25개 항목으로 경관요소로 정리할 수 있다.

표 3-9-6 농촌공간별 경관요소

구 분		구성요소
농업생산 공간	농지	논, 밭, 목초지, 과수원, 마을숲, 수목 등
	농업시설	농로, 농업용수로, 농업용저수지 농업시설 및 설비(축사, 정미소, 비닐하우스 등), 등
농촌생활 공간	생활시설	농가주택(담장 등), 공공시설, 상점,, 도농교류시설(마을회관 등), 공장, 도로, 안내시설 등
	문화역사	사적 · 유적, 관광시설, 마을행사 및 시설(동제, 축제, 사당, 당산목 등) 등
자연환경 공간	자연요소	산, 하천, 호수, 바다, 생태계(비오톱) 등

농촌경관계획은 일반적인 경관계획의 원리에 따라 공통적으로 느끼는 농촌경관 이미지에 대한 합의를 바탕으로 공공공간이나 개인공간에서 제도적인 수단을 파지고 경관을 개선하고 새롭게 만들어가는 것이라고 볼 수 있다. 그러나 농촌경관계획에서는 자연적 요소가 많은 부분 차지하고 있기 때문에 인공적인 요소가 많은 도시경관계획과는 주요 과제에서 큰 차이점을 보이게 된다. 도시경관계획은 보전 · 개선 · 창조의 개념 중에서 이미 악화된 경관의 개선에 초점이 맞추어질 수 있으며, 신도시와 같은 경우는 창조의

개념이 주로 적용된다. 이에 반해 농촌경관계획의 경우에는 주로 아직 훼손되지 않은 농촌경관에 대한 보전의 개념이 주를 이루게 되며, 이를 기본으로 하여 생활의 편리성을 도모하고 새로운 자원으로서 경제적 가치를 지닐 수 있도록 경관을 개선하거나 창조해나가는 것이라고 할 수 있다.

농촌경관계획은 토지이용, 농업시설 및 농촌시설 정비 등 농촌의 다양한 공간과 밀접하게 연계되어 있다. 특히, 농촌지역의 주거지와 주변의 농경지 및 농업시설을 포함하여 체계적인 농촌경관 형성을 위하여 경관계획이 수립되지 못한 지역에 대해서는 경관사업, 경관협정 등 경관관련 각종 기술적, 행정적 지원이 불가능하므로 농촌지역의 경관적 관리, 형성이 필요한 경우에는 반드시 경관계획을 수립하여야 할 것이다.

2004년 3월에 제정된 "농림어업인의 삶의 질 향상 및 농산어촌지역개발 촉진에 관한 특별법"에서는 농림어업인 등의 복지증진, 농산어촌 교육여건 개선 및 지여개발을 촉진하기 위하여 5년마다 "농림·어업인 삶의 질 향상 및 농산어촌지역개발 기본계획"을 세우도록 하고 있다. 그 세부내용을 살펴보면, 농산어촌의 자연환경 및 경관보전에 관한 사항을 포함하도록 되어 있어 향후 농촌경관계획의 수립할 수 있는 제도적 근거를 마련하고 있으며, 이는 조경전문가들에게 주지하는 바가 크다고 하겠다. 또한 농촌경관계획의 내용을 조례에 반영하고 건축심의시 기준으로 삼기 위해서는 계획단계에서 지역적 특성에 맞는 구체적인 지침을 설정하는 것이 요구된다. 개발 가능지와 유보지의 결정, 보존지역의 범위 등과 같은 구체적인 지침들은 향후 발생할 다양한 토지이용변화 및 개발사업에 대한 대응책을 모색하는 중요한 동력원이 될 것이다.

농촌경관계획의 기본 방향은 자연적 생태성 추구(자연 본연의 모습이 존재하는 경관으로 생태순환성과 생물공존성을 이용하여 자연화·생물화된 농촌경관을 형성하는 것), 지역적 사회성 추구(지역 특유의 고유성과 주변지역과의 조화성을 추구하여 지역 특색을 살리는 농촌경관을 형성하는 것), 상징적 정신성 추구(평온한 느낌을 가질 수 있는 풍경, 고향, 문화 역사 등과 같이 상징화된 농촌경관을 형성하는 것), 물리적 기능성 추구(친화감을 가진 경관으로서 휴먼스케일과 기능성을 통하여 인간화된 농촌경관을 형성하는 것), 미관적 쾌적성 추구(대지와 같은 넓은 느낌을 주고 자연에 순응하며 자연재료의 이용을 통해 유연성이 보일 수 있는 농촌경관을 형성하는 것)를 들 수 있다.

2. 농촌경관계획 수립 과정

농촌경관계획의 수립 과정은 농촌경관계획의 목표 및 방향 설정, 농촌경관현황조사, 농촌경관 평가 및 과제도출, 농촌경관기본구상, 농촌경관유형별 계획, 농촌경관요소별 계획, 실행계획 등으로 이루어진다.

농촌경관계획의 목표는 지역 정체성 확보를 위한 이미지 연출, 관광환경 조성, 쾌적한 주거환경조성 등을 통한 지역의 경쟁력 향상 등 경관계획을 수립하는 목적을 제시한다.

농촌경관 현황조사는 일반현황조사로 자연환경(지형, 지질, 기후, 수계, 녹지, 동식물상 등)과 인문사회환경(인구, 토지이용, 역사적 유산, 공동체 활동, 토지이용 등 유형/무형적 자원)을 조사하고 농촌경관자원을 조사, 평가하게 된다. 농촌경관자원의 조사는 농촌경관자원을 유형화하고 유형별 경관자원 분포 및 현황조사하게 되는데 수자원, 지형자원, 식물자원, 동물자원, 환경오염자원, 전통자원, 특산자원, 시설물자원, 공동체자원 등을 조사하되 주변지역을 포함하여 진행하며, 부정적 요소, 비물리적 요소를 포함한다.

농촌경관 평가 및 과제도출은 주민의식조사와 경관문제점을 분석하여 도출하는데 주민의식 조사는 설문 및 인터뷰 등을 통해 지역 내 주요 경관요소 등 주민들의 경관에 대한 의식을 조사·분석하고, 주요 경관문제점은 현황분석을 통해 경관 패턴의 추출 및 유형화를 하고 각 분야별로 보전·육성·창조 또는 제거해야 할 과제를 추출한다.

농촌경관 기본구상은 주요경관계획 대상파악, 경관계획 대상별 경관구상, 경관주제설

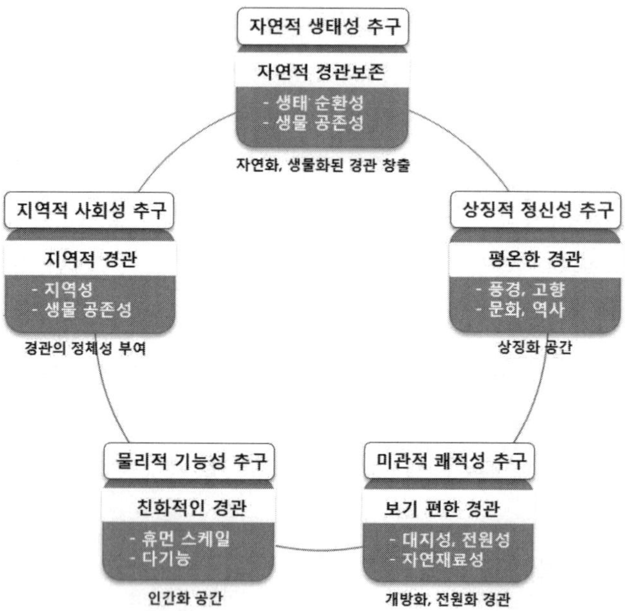

그림 3-9-6 농촌경관계획의 기본방향 (자료 : 김상범, 이상영(2006), 농촌경관계획을 위한 공간별 주요경관요소에 관한 연구)

정, 농촌경관 구조계획의 단계를 거치게 된다. 주요 경관계획 대상파악은 대상지역의 경관문제점을 파악하여 농촌경관계획에서 주로 다루어야 하는 경관계획 대상 설정하고, 이를 토대로 각 대상별 경관계획의 구상을 진행한다. 주요 경관계획 대상별 경관구상에서는 경관 저해요소의 극복수단 및 효율적인 경관형성 전략 제시, 전체지역을 권역별로 구분하고 대상지의 경관 특성을 고려하여 계획의 방향을 제시할 수 있는 경관주제를 설정하고 이를 구체화할 수 있는 방안 제시한다.

농촌경관유형별 계획은 농업생산경관, 자연경관, 농촌주거경관, 농촌가로경관, 역사문화경관, 마을구성요소 경관계획 등으로 구분하여 수립한다.

농업생산경관은 경작지 경관, 농업생산시설경관 등으로 구분하여 경작지 경관은 경관과 조화가 이뤄진 영농조건 확보하고 경관의 보전을 위해 보존 및 관리하는 방안 및 지역의 특산물을 특화하고 활용하는 방안을 제시한다. 농업생산시설경관(하우스, 축사 등)은 자연경관 및 농촌경관과 조화를 이루도록 하며, 축사시설의 오염, 소음, 공해 정비와 생산기반시설의 정비 및 기준을 정한다.

자연경관부문은 질적 측면을 강조하여 녹지별로 개성을 부여하고 보존 및 정비방안을 수립하며, 녹지의 보전 및 확장, 연결을 통한 경관형성, 계절을 고려한 농업생산경관 및 식재조성을 한다. 또한, 생태하천, 생태연못, 호수 등의 수 환경을 조성하되, 수질정화를 고려하며 주거 지역과 일체화된 친환경적, 생태적 경관형성, 생태계를 고려한 자생종 식재, 야생동물과 공존하는 경관을 조성하도록 한다.

농촌주거경관부문은 공적 건축, 주택건축 등이 자연환경 및 농업생산 환경과 조화되도록 통일성 및 조화, 생태적 건축기법 등을 활용하고, 자연 스카이라인과 인공 스카이라인의 조화, 고도기준 및 가이드라인 제시, 랜드마크 요소 도입 및 부정적, 이질적 요소 차폐를 한다.

농촌가로경관은 고유성, 지역성 표현을 위해 주진입로의 이미지를 강조하고, 지역의 상징물을 디자인 요소로 사용(가로시설물, 옹벽 등)한다. 가로수 및 가로시설물의 영향 고려하여 보행공간 및 조망을 확보하고 철도 및 신교통수단 도입시 조화 및 정비방안을 마련한다.

역사문화경관은 물적 요소인 전통 건조물과 비물적 요소인 축제, 놀이(특정한 축제, 마을놀이, 농업공동체활동, 마을문화활동 등)를 대상으로 하여 농촌 경관 훼손 최소와 일상생활을 보존하기 위한 방안을 제시한다. 가치 있는 문화재 보존 및 복원을 도모하고, 주변 지역 정비와 역사문화경관 네트워크 형성을 위해 역사성 담은 역사문화 공간 정비 및 테마설정에 의한 공간 조성, 주변지역의 역사문화경관자원과 조화를 추구한다.

마을구성요소 경관계획은 농촌마을을 구성하는 각종 구성요소에 대한 경관계획으로 정자, 공공건물(마을회관 등), 담장 등 농촌마을 시설물의 경관계획과 마을내부에 도입되는 안내시설, 가로시설물, 조형물 등 시설물에 대한 계획을 포함한다.

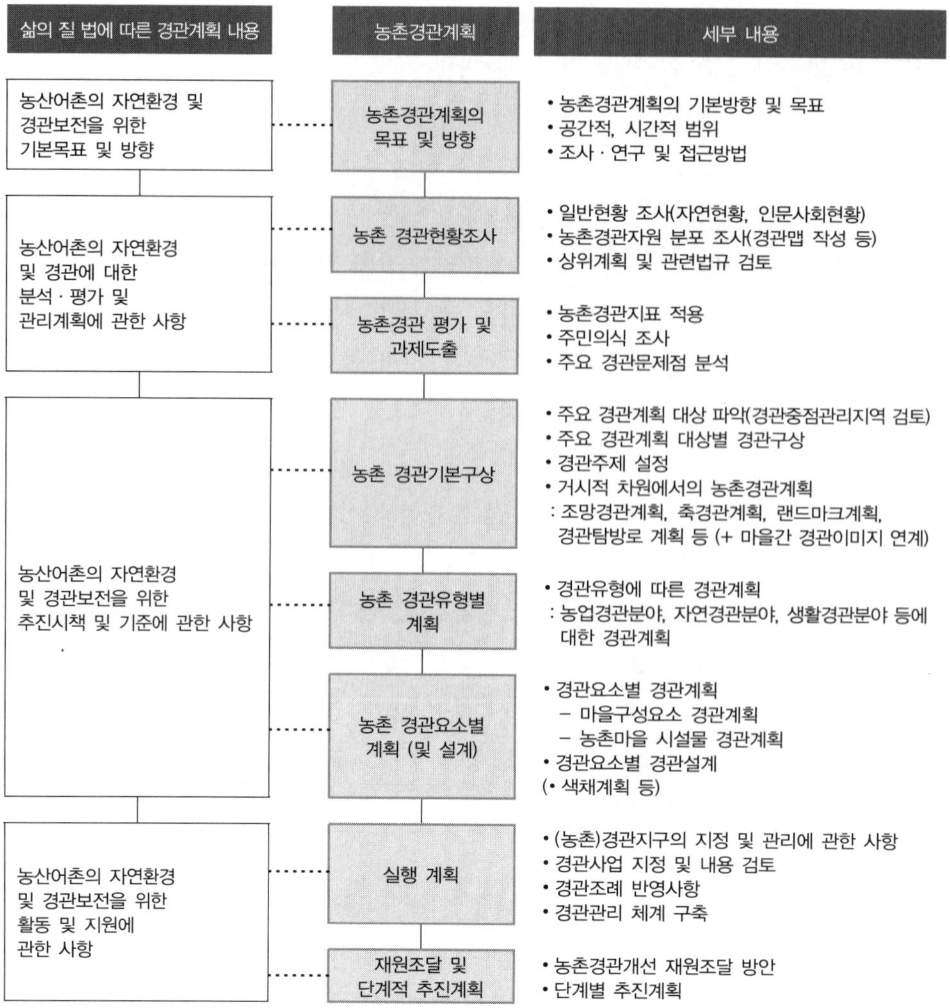

그림 3-9-7 농촌경관계획의 과정

주요용어해설

I부 총론

Part 1 조경계획의 특성 ······························이명우

현대조경 現代造景 (modern landscape architecture) : 현대적 의미의 조경은 19세기 말 미국의 Yellow Stone National Park, New York Central Park 등 도시공원의 조성 및 자연공원의 보존으로부터 시작되었다. 20세기 후반부터 근래에 이르기까지 전 지구적 환경위기와 문화인류학적 다양성을 중시하는 시대사조의 영향을 받아 생태조경, 전통조경 등의 분야가 새로운 의미로 대두되고 있다. 포스트모더니즘과 환경생태주의의 영향 속에 타 전문분야와의 통합적 이론적 체계가 정립되고 있다.

조경계획 造景計劃 (landscape planning) : 조경학 및 조경업 등 조경직능의 한 분야로서 조경공간을 대상으로 환경분석과 대안검토 등의 합리적인 계획과정을 통해서 조경시공을 위한 계획안(설계안)을 만드는 분야를 말한다. 일반적으로 조경분야에서는 계획(planning)의 하위단계를 설계(design)라고 위계화하여, 기본계획을 수립한 후 실시설계를 수립하는 2원화된 구조를 가지게 된다. 그러나 조경계획단계 자체적으로 기본계획과 기본설계를 구분하기도 한다. 이때 기본계획에서는 법제도적토대에 근거를 둔 환경분석과정, 구성원참여과정, 대안검토 등의 합리성(rationality)에 중요성을 두고 진행하며, 기본설계는 공간의 주제성과 경관의 다양성 등 설계안의 창의성(creativity)에 큰 비중을 두게 된다. 따라서 조경계획과 설계를 구분하지 않고 계획설계로 통칭하여 부르기도 한다.

포스트모더니즘 (post-modernism) : 포스트모더니즘이란 산업혁명이후 나타나기 시작한 단순성과 보편성, 대량성과 기능성으로 대변되는 모더니즘적 가치관에 대한 반작용을 나타난 전 세계적 철학사조로서 국지적 다변성과 다양성 등에 가치를 두는 상대주의적 특성을 가지고 있다.

환경생태주의 環境生態主義 (ecological environmentalism) : 현대의 환경문제 해결에 대한 생태지향적 환경론인 환경생태주의는 과학기술지향적 환경론의 대응적 개념으로 현대과학기술과 자본주의적 시장메커니즘의 한계를 인정하면서, 타 생물종과의 공존 · 환경보존에 가치 부여한다는 특징을 갖는다.

Part 2 조경계획의 법적 토대

제1장 법정계획과 조경법규······················ 이명우

법정계획 法定計劃 (legal planning) : 국토계획이나 환경계획 등과 같이 계획의 주관부처, 행정절차 및 단계, 계획기준 등이 법규범화 되어 있는 계획을 법정(행정)계획이라고 한다. 대표적인 조경공간으로서의 도시공원계획 이나 자연공원계획 등도 법정계획이다.

조경관계법규 造景關係法規 (codes for landscape architecture) : 조경계획의 법적 토대가 되는 조경관계법규는 개발계획과 관련된 도시공원 및 국토계획법규와 보전관리와 관련된 자연공원 및 환경계획법규의 2가지로 크게 구분할 수 있다. 조경의 기본이 되는 대지의 조경을 대상으로 한 조경기준 등에 대해 규정하고 있는 것이 건축법이다. 조경업에 대해서는 건설산업기본법과 산림자원의 조성 및 관리에 관한 법률에서 규정하고 있다.

제2장 환경성평가································이관규

사전환경성검토 事前環境性檢討 (preliminary environmental review) : 사전환경성검토제도는 각종 개발계획이나 개발사업을 수립 · 시행함에 있어 계획의 초기단계에서부터 환경친화적인 계획이 수립될 수 있도록 하고 주변 환경과 조화될 수 있는 입지를 선정하고 있는지를 검토함으로써 환경에 미치는 영향을 사전에 예방할 수 있는 개발이 되도록 유도하고자 도입된 제도이다.

환경영향평가 環境影響評價 (environmental impact assessment) : 사업이 환경에 미칠 영향을 미리 예측 · 평가하여 환경에의 악영향을 저감시킬 수 있는 최선의 대안을 선택하는 과정을 말한다.

자연경관심의 自然景觀審議 (review of natural scenic landscape) : 자연경관은 자연환경적 측면에서 시각적, 심미적인 가치를 지니는 지역, 지형 및 이에 부속된 자연요소 또는 사물이 복합적으로 어우러진 자연의 경치를 말한다. 국내의 경우 우수한 자연경관의 관리를 위해서 자연환경법에 근거한 자연경관영향협의제도를 2004년 자연환경보전법의 개정을 통해서 도입하고 2006년 1월 1일부터 운용하고 있다.

경관 시뮬레이션 : 특정 개발사업이 주변경관에 주는 경관영

향을 평가하기 위해 실험적으로 만들어 내는 모의경관을 말하며 모형제작, 사진합성, 컴퓨터 합성사진 및 동영상 등이 이용된다.

광역생태축 : 국가적 차원에서 생태네트워크 체계하에서 형성한 공간적 · 생태적 연속성 및 방향성을 지닌 생태적 서식공간의 흐름을 말한다.

광역생태축 : 국가적 차원에서 생태네트워크 체계하에서 형성한 공간적 · 생태적 연속성 및 방향성을 지닌 생태적 서식공간의 흐름을 말한다.

그린 네트워크 : 야생동식물의 서식처 단편화를 방지하고 생태계보전과 생물다양성 증가를 위하여 주요한 산지 및 구릉지를 거점으로 하여 주위의 농지, 하천, 습지를 체계적으로 연결하는 것을 말한다.

도시생태축 : 인간의 이용이 활발한 도시지역(시 · 군 · 구)의 생태적 가치와 생물 다양성을 보호하거나 확보하기 위하여 생태적 중요 지역을 보전하고 이들을 서로 연결하여 녹지나 자연생태지역의 파편화를 최소화하기 위한 물리적 연결체계를 말한다.

블루 네트워크 : 물순환을 통해 하천의 자정능력을 확보하고 생태면적을 높여 그린 네트워크와 체계적으로 연결하는 것을 말한다.

생태경관보전지역 : 생물다양성이 풍부하여 생태적으로 중요하거나 자연경관이 수려하여 특별히 보전할 가치가 큰 지역으로서 자연환경보전법 관계규정에 의하여 환경부장관이 지정 · 고시하는 지역을 말한다.

수출자유지역 : 세관의 수속 없이 상품을 특정지역 내에 반입할 수 있으며, 그 지역 내에서 자유롭게 상품처리 · 가공 · 제조 등을 할 수 있도록 한 지역을 말한다.

스카이라인 : 지상의 건물이나 지세(山勢)등 모든 지물(地物)이 하늘과 접하는 부분에 생기는 경계선을 말한다.

습지보호지역 : 자연상태가 원시성을 유지하고 있거나 생물다양성이 풍부한 지역, 희귀하거나 멸종위기에 처한 야생동 · 식물이 서식 · 도래하는 지역, 특이한 경관적 · 지형적 또는 지질학적 가치를 지닌 지역을 말한다.

연안구역 : 바다와 육지가 맞닿아 서로 밀접한 영향을 미치는 지역 및 해역을 총칭한다. 연안은 해변, 갯벌, 만, 삼각주 등 다양한 모습을 보이고 있고, 해양 생물 및 철새 등의 산란장과 서식지이자, 사람들에게는 항만, 임해공단, 어항 및 어촌, 관광지 등으로 이용되는 구역을 말한다.

지역균형개발 : 지방의 발전 잠재력을 개발하고 민간부문의 자율적인 참여를 유도하며, 지방중소기업을 육성함으로써 인구의 지방정착을 유도하고 지역경제를 활성화시켜 국토의 균형 있는 발전에 기여함을 목적으로 추진하는 것을 말한다.

지정폐기물 : 사업장폐기물 중 주변 환경을 오염시키거나 인체에 해를 끼칠 수 있는 물질로서 대통령령이 정하는 폐기물을 말한다.

친환경적 자원순환 : 자원의 생산, 소비 등의 활동에서 발생하는 불필요한 것을 자연환경을 오염하지 않는 범위에서 재순환하거나 재이용하는 것을 말한다.

토지구획정리 : 도시계획을 시행할 때 공공시설의 정비개선이나 택지이용률(宅地利用率)을 늘리기 위한 토지의 구획, 형질의 변경, 공공시설의 신설 또는 변경에 관한 사업을 말한다.

화이트 네트워크 : 도시기후와 공기 순환을 위해 도시 또는 단지 외곽의 지형, 식생 및 수변공간 등에서 생성된 차가운 바람의 진입이 용이하도록 바람의 유입 및 유출구를 계획하고 도시 내부의 녹지, 수변공간 등 도시 미기후 및 공기 생성지역과 연계하여 구축한 공간적 네트워크를 말한다.

제3장 토지적성평가와 사업타당성……… 조용현, 김현

토지적성평가 土地適性評價 (land suitability evaluation) : 토지적성평가란 토지분류에 의해 구분된 토지를 토지가 가진 물리적 특성, 사회 · 경제적 특성, 입지적 특성 등에 기초하여 이용 가능성의 관점에서 가치판단을 내려 계층화 또는 등급화한 것을 말한다. 미국에서 시작된 토지적성평가는 토지분류체계에 근거를 두고 토지의 물리적 특성 자체에 대한 평가(Land Evaluation : LE)와 주변 토지들과의 연계성을 고려한 해당 토지의 입지적 특성까지 포함한 입지평가(Site Assessment : SA)를 포함한다. 우리나라에서는 도시관리계획의 입안을 위한 기초조사의 하나로서 국토용도지역 중 관리지역을 세분하기 위한 평가체계 I과 용도지역계획을 위한 평가체계 II로 구분한다.

적지분석 適地分析 (land suitability analysis) : 적지분석이란 합리적인 토지이용 용도의 지정, 토지이용규제지침의 작성 등을 위해 그 지역의 고유한 생태적 특성에 미칠 영향을 바탕으로 다양한 후보지역들의 상대적 가치를 비교 · 분석하고, 그 지역들이 갖는 잠재적 가능성과 위험성을 공간정보로서 구현하는 것을 말한다. 적지분석이라는 용어는 1960년대 Ian McHarg가 일종의 토지이용계획기법으로 사용한 도면중첩에 의한 결과물을 적지분석도(suitability analysis maps)라고 지칭한데서 유래한다. 이 방법은 기존의 경제적 측면뿐 아니라 환경을 각각 분리된 독립체의 집합이 아닌 종합적 연관체로 파악하는 자연생태계와의 조화를 중시하는 체계적 접근방법에 의한 환경분석이 그 특징이다.

사업타당성 事業妥當性 (project feasibility study) : 사업타당성이란 재정이 투입되는 계획을 차질 없이 추진하기 위해서는 계획의 경제적, 정책적, 기술적 타당성을 말한다. 우리나라에서는 국가재정법 등에 근거하여 기획재정부에서 수행하는 예비타당성조사와 건설기술관리법 등에 근거하여 사업주무부처가 수행하는 타당성조사로 구분된다.

감가상각비 : 건축물, 설비시설 등은 시간이 지남에 따라 노후되고 자산가치가 하락한다. 따라서 노후화가 예상되는 시설의 원가에 대해 사용 기간 등에 의한 물리적, 경제적 가치가 하락되는 가격을 감가상각이라 하며, 감가상각된 금액이나 비율로 나온 금액을 감가상각비라 한다. 즉 노후화가 예상되

는 시설 조성에 투입된 자본을, 훼손이 완료되는 기간(년)으로 매년 나누어 비용으로 계산한다.

민감도분석 : 미래의 상황이 불확실한 경우 변수 또한 불확실하므로 정확한 분석이 어렵다. 오차발생을 최소화하기 위하여 다른 조건이 일정한 경우에 어느 한 요소가 변화할 때 순현재가치가 어느 정도 변동하는가를 분석하는 것을 민감도분석이라고 한다. 따라서 민감도가 클 경우 순현재가치의 변동이 심하고 위험성이 높은 투자안으로 평가된다.

산업연관효과 : 한 특정 산업의 발달이 관련 산업에 파급효과를 끼치는 것을 의미한다. 최근 가장 큰 산업연관효과를 누리고 있는 분야는 영화산업으로 예를 들면 영화 '아바타' 흥행 성공으로 3D 시장과 CG산업이 활성화된 되었으며 "반지의 제왕"의 성공으로 영화제작장소는 관광명소가 되었다.

지리정보체계 : 공간정보와 속성정보를 체계적으로 수집, 저장, 관리하며, 궁극적으로 이러한 정보를 처리, 분석하여 필요한 정보를 산출하게 하는 컴퓨터, 자료, 소프트웨어, 인적 자원의 총합체

지불의사액 도출방법 : 지불의사액 도출방법으로는 직접질문법(개방형, open-ended), 경매법, 지불카드방식, 이원선택형 질문법 등이 있다.

II부 조경계획과정

Part 1 환경조사 및 분석

제1장 자연환경분석 ······························ 이관규

자연환경분석 自然環境分析 (analysis of natural environment) : 조경공간의 물리적 환경에 대한 조사 및 평가를 하는 것으로서 크게 유기환경, 무기환경으로 구성되어 있는데 유기환경은 동물과 식물, 무기환경은 대기, 물, 토양으로 구분할 수 있다. 각각의 유기 · 무기환경을 조사 · 분석하고 이들을 종합하여 이들의 총체인 지형, 자연경관, 자연생태계를 종합해석하고 해당 조경계획시 필요한 정보와 고려사항을 도출한다.

무기환경분석 無機環境分析 (analysis of inorganic environment) : 자연환경을 구성하는 무기환경이란 대기, 토양, 물환경 등을 말하며, 이들의 집합체인 지형도 그에 포함할 수 있다.

식생환경분석 植生環境分析 (analysis of vegetation environment) : 자연환경분석 중 대상지 내의 식물의 종과 개체의 수 등에 근거하여 밀도, 피도 등의 식물사회학적 분석과 현존 식생의 분포 등을 분석하게 된다.

동물환경분석 動物環境分析 (analysis of wild life environment) : 자연환경분석 중 대상지 내외에서 발견되는 곤충, 어류, 양서 · 파충류, 조류, 포유류 등 생물분류군별 구성요소에 대해서 조사 및 분석하는 것을 말한다. 이를 바탕으로 밀도(density), 우점도(dominance), 상대밀도(relative density), 종다양도(biodiversity) 등을 측정하여 행동권 및 서식특성을 분석하게 된다.

지하동결선 : 겨울철 토양표면에서 어느 정도 깊이까지 얼게 되는지를 지하 깊이로 표현한 선을 말한다.

비산먼지 : 대기 중에 떠다니는 먼지를 말한다.

하천자정계수 : 하천이 얼마나 깨끗해지는 능력이 있는지를 계수로 표현한 것이다. 자정계수가 클수록 하천의 정화능력이 우수하다.

제2장 인문환경 및 행태분석············ 이관규, 주신하

인문환경분석 人文環境分析 (analysis of human environment) : 조경설계대상지 환경조사를 통한 인문환경분석이란 토지이용 · 관련계획, 인구, 주거, 문화재, 교통, 경관, 일조, 대기질, 악취, 수질, 소음 · 진동, 폐기물(친환경적 자원) 등에 관해 분석하는 것을 말한다.

행태분석 行態分析 (behavior analysis) : 행태분석은 공간 및 환경의 영향을 받으면서 활동하는 사람들의 일정한 패턴에 대해 분석하는 것을 말한다.

일영도 : 태양에 의한 음지와 양지의 변화를 표현한 도면을 말한다.

등농도곡선 : 농도가 같은 지점을 서로 연결하여 만든 분포 곡선을 말한다.

악취공종시험방법 : 악취방지법 제5조에서 규정하고 있는 악취를 분석하는 시험방법을 말하며 정확하고 통일된 악취물질의 측정을 위해 법으로 고시한 방법이다.

정온유지 환경 : 조용한 상태가 유지되는 환경을 말한다.

개인적 공간 : 개인이 필요로 하는 개인 주변의 공간을 말한다. 개개인이 원하는 자유롭고 침범당하고 싶지 않은 적절한 물리적 공간이나 영역을 말하며, 개인마다 사회마다 각기 다를 수 있다.

대안 (alternative) : 설계안을 작성할 때에 하나의 아이디어를 발전시키는 것보다 여러 가지 가능성을 열어 두고 다양한 아이디어를 생각해 보고 이를 비교하여 더 좋은 설계안으로 발전시키는 것이 합리적이다. 이 때 하나의 아이디어를 발전시키는 것 외에 여러 개의 설계안을 작성하는 것을 대안이라고 한다.

지각 (perception) 와 인지 (cognition) : 지각은 외부 자극을 신체적 감각 기관을 통해 감지하는 것을 말하고, 인지는 어떤 대상을 느낌으로 알거나 이를 분별하고 판단하는 의식적 작용을 말한다. 환경심리학 분야에서는 외부 자극을 받아들이는 과정을 지각과 인지로 나누어 설명하는데, 지각이 다분히 생물학적인 감각에 비중을 둔 것이라면 인지는 외부 자극을 분별하는 주체적인 판단에 중심을 두고 설명하고자 한다.

행태 (behavior) : 행태란 동일한 조건 하에서 동일한 집단이 반복적으로 행하는 행위를 말한다. 일시적이거나 돌발적인 움직임을 모두 포함하는 행동(action)이 예측하기 어려운 반면에 행태는 예측하기 쉬우므로 환경에 반응하는 인간의 행

태는 환경설계에 중요한 단서가 된다.

환경적 자극/자극 (stimulation) : 자극이란 인간이 반응하는 외부의 변화라고 할 수 있다. 예를 들어 뜨거운 것을 만졌을 때를 생각해 보면 뜨거운 대상이 자극이고, 뜨겁다고 말하거나 손을 빨리 떼는 것 등이 반응이라고 할 수 있다. 경관분석에서 정신물리학적 측면에서는 경관에 대한 선호도를 이러한 과정으로 설명하고자 하는데, 즉 외부 경관이 환경적 자극이며 이로 인해 생기는 경관을 좋아하거나 싫어하게 되는 선호도를 반응이라고 설명한다.

제3장 시각환경분석,

제4장 종합분석 및 평가························· 조용현

경관특성분석 景觀特性分析 (analysis of scenic landscape) : 경관특성분석이란 경관의 유형, 경관요소, 경관변화요인, 경관단위 등에 대해 조사하는 것으로 중요한 개념에는 가시권, 조망점, 경관시뮬레이션 등이 있다.

이용자반응분석 利用者反應分析 (anaysis of user's responses) : 이용자를 고려한 계획을 수립하기 위해 진행하는 과정으로서 주변 환경에 대한 시각적 선호, 식별성의 특성과 유형을 포함한다. 이 분석에 근거하여 기준의 환경의 질에 대한 가치를 평가하고 이를 바탕으로 부정적 영향을 저감할 수 있는 방안을 강구하게 된다.

종합분석 綜合分析 (comprehensive analysis) : 종합분석이란 조경공간의 문제점 및 잠재력을 도출하기 위해 조사 분석된 자연환경, 인문환경, 시각환경을 종합적으로 분석평가하는 것을 말하며, 여기에는 SWOT분석 등의 기법이 도입되기도 한다. 이러한 조사분석은 몇 차례의 반복(feed back)을 거치게 된다.

SWOT 분석 (analysis of strength weakness opportunity, and threshold) : 어떤 기업의 내부환경을 분석하여 강점과 약점을 발견하고, 외부환경을 분석하여 기회와 위협을 찾아내어 이를 토대로 강점은 살리고 약점은 죽이고, 기회는 활용하고 위협은 억제하는 마케팅 전략을 수립하는 분석기법이다.

이용후평가 利用後評價 (post occupancy evaluation, POE) : 이용후평가란 말 그대로 설계안이 시공된 이후에 실제 이용자들이 경험한 공간에 대한 평가를 말한다. 영향평가제도가 시공되기 전에 해당 사업의 문제를 미리 예측하고자 하는 것과 비교하자면, 이용후평가는 시공된 이후에 이용자들의 평가라고 할 수 있다. 설계가들의 예측과 이용자들의 이용행태가 반드시 일치하는 것은 아니기 때문에 이용후평가에 의한 이용자들의 평가는 설계가들에게는 보다 이용자를 고려하여 향후 설계를 할 수 있게 하는 효과가 있다.

가시권 분석 : 조망 대상의 관찰되는 권역을 찾아내는 분석

경관시뮬레이션 : 특정 개발사업이 주변경관에 주는 경관영향을 평가하기 위해 실험적으로 모의 경관을 만드는 작업으로서 모형제작, 사진합성, 컴퓨터 합성사진, 동영상 등이 이용된다.

경관의 변화요인 : 경관을 변화시키는 요인으로서 운동, 빛, 기후조건, 계절, 거리, 관찰위치, 규모, 시간 등 8가지 인자가 있음

경관의 우세요소 (dominance elements) : 경관을 구성하는데 있어 지배적인 요소로서 형태, 선, 색채, 질감 등이 있음

경관의 우세원칙 (dominance principles) : 경관의 우세요소를 좀더 미학적으로 부각시키고 주변의 다른 대상과 비교가 될 수 있는 것들로서 대조, 연속성, 축, 집중, 공동우세, 조형 등이 있음

대상장 (landscape setting there) : 바라보이는 대상군에서 시점장과 주대상을 제외한 모든 대상을 지칭하는 용어

비스타 (vista) : 좌우로의 시선이 제한되고 일정지점으로 시선이 모이도록 구성된 경관

시각적 선호 : 시각적 환경에 대한 개인이나 일정 집단의 호-불호

시점 (view point) : 경관을 바라보는 자의 시각적 출발점

시점장 (view point field) : 경관이 얻어질 때 시점이 존재하는 장

식별성 : 분별하여 알아볼 수 있는 능력으로서 공간계획에서는 일정 공간 내에서 자신의 위치가 쉽게 파악되는 정도를 지칭함

전망 (view) : 일정 지점에서 볼 때 파노라믹하게 펼쳐지는 경관

주대상 (dominate objects) : 경관의 주제가 물적 대상(군)인 경우 해당 대상(군)을 지칭하는 용어

Part 2 기본구상 ································조용현, 김현

기본구상 基本構想 (concept formulation) : 계획과정에서 기본구상이란 기본계획안을 수립하기 위한 전단계로서, 종합분석 및 평가를 통한 제약요인과 기회요소를 바탕으로 계획방향과 과제, 이용자 수요예측과 시설규모추정을 위한 프로그래밍, 개념적 대안의 평가와 설정 등 공간의 유형, 입지, 조합 등에 대해 검토하는 과정을 말한다.

프로그래밍 (programming) : 기본구상단계의 프로그래밍이란 이용자 수요예측을 통해서 공간과 시설의 규모를 설정하는 것을 말한다. 프로그래밍은 활동프로그램, 공간 및 시설프로그램으로 구분된다.

개념대안 概念代案 (conceptual alternatives) : 공간의 체계성과 상보성 등 공간계획의 목표를 달성할 수 있는 몇 가지 공간의 개념을 개념대안이라고 한다. 이러한 개념대안은 크게 공간개념과 동선개념으로 구분되어 그 장점과 단점이 검토되어 최종안을 설정하게 된다.

수용능력 : 방문자들에 의해 얻어지는 경험의 질에서 받아들이기 어려운 감소 없이, 물리적 환경에서 용납키 어려운 변화 없이 한 지역을 사용할 수 있는 사람 수의 최고치

시계열 : 관측결과를 일정한 기준에 따라 정리한 것을 통계계열이라고 한다. 시간의 움직임에 따라 통계량을 관측하고 그 변화를 계열화하였을 때, 이를 시계열이라고 한다. 대부분의 통계자료는 시간을 중심으로 작성되기 때문에 가장 일반적으

로 사용된다. 예를 들어 실질국민 총생산지수, 총인구 통계 도표는 연도 기준으로 작성되는데 연도가 바로 시간이므로 시계열 도표의 하나이다.

원단위 : 이용객 1인당 활동에 필요한 적정 면적

최대일률(집중률, 최대일집중률) : 연간 방문객수에 대한 최대일 방문객수의 비율

회전율(동시체제율) : 그 날의 전체 방문객에 대한 가장 방문객이 많은 시점의 방문객수의 비율

Part 3 기본계획 ……………………………………이명우

기본계획 基本計劃 (master plan making) : 공간에 대한 종합적인 계획안(설계안)을 작성하는 것을 기본계획이라고 한다. 주제공간을 대상으로 한 조경 기본계획안은 실시설계 및 시공을 위한 기본틀이 된다. 이 기본계획과정은의 토지이용계획, 동선계획, 부지 및 시설물계획, 녹지 및 식재계획으로 구분되어 진행한다. 광역적 규모의 단지계획, 국토계획, 환경계획 등 법정계획에서는 그 하위부문계획으로 인구 및 산업계획, 용도지역지구계획, 교통 및 도로계획, 건축물 주호군 계획, 공원녹지계획 등에 대한 기본계획을 수립하고, 이 계획안이 확정된 후 예산확보 및 추진주체 등이 수반된 집행계획을 수립하게 된다. 이때 법정계획의 하부부문계획으로서 수립되는 조경계획은 보행공간계획 및 시설물계획, 녹지 및 식재계획 및 환경복원계획 등으로 분류하여 계획이 수립된다.

토지이용계획 土地利用計劃 (land use planning) : 조경공간의 이용용도를 설정배치하기 위한 토지이용계획에서는 먼저 토지공간을 건축물공간, 도로 및 주차공간, 녹지 및 보행공간 등으로 구분하여 계획을 진행하고, 공간위계적 특성과 활동특성에 따라 공공적 대규모 토지이용과 개별적 소규모의 공간이용으로 세분화하면서 계획을 수립한다. 도시국토계획에서는 이를 특별히 용도지역계획이라고 하여, 각 공간의 특성에 따라 주거지역, 상업지역, 공업지역, 녹지지역 등으로 구분하고, 이를 세분화하게 된다.

동선계획 動線計劃 (circulation planning) : 차량이동 및 보행자활동 공간을 확보하기 위한 동선계획에서는 도로의 위계 및 특성에 따라 간선도로와 국지도로, 연결도로와 우회도로 등으로 구분하여 수립하게 된다. 이 동선계획에서는 적절한 주차장의 입지, 보행자와 차량과의 충돌을 막기 위한 보차분리, 특화된 보행공간조성 등이 중요 과제이다.

부지 및 시설물계획 敷地 施設物計劃 (site landform and facility planning) : 용어개념상 부지계획(site planning)은 단지계획이라고도 하면서, 흔히 조경계획을 대변하는 용어로 사용된다. 이 교재에서 사용된 부지계획은 협의의 개념으로서 시설물, 건축물 공간의 확보를 위해 수행되는 지반조성계획, 지형경관계획 등 지형(land form)을 조성하는 것을 말한다. 근래에는 자연형 하천 조성 및 생물서식공간 확보를 위해 자연수로, 생태연못 조성 등의 내용을 포함한다.

녹지 및 식재계획 綠地 植栽計劃 (greening and planting planning) : 조경계획의 마지막 단계로서 진행되는 식재계획은 목본류와 초화류 등 식생이 갖는 기능적, 심미적 원칙에 따라 식재공간설정, 식재수종선정, 식재패턴을 결정하는 계획을 말한다. 근래에는 생태식재기법의 도입 등으로 생물 및 생태계 다양성을 주제로 한 숲 조성의 의미로 녹지계획이라는 용어를 사용한다. 법정계획으로서의 녹지계획은 통상 도시공간에 도시계획시설로 설치되는 완충녹지, 경관녹지, 연결녹지에 대한 계획, 도시공원녹지계획상의 도시녹화계획, 도시림을 대상으로 한 공원형 및 경관형 산림녹지계획 등을 포함한다.

III부 분야별 조경계획

Part 1 대지의 조경 : 정원계획 …………………이상석

대지의 조경 : 정원계획 (landscaping on building site : gardening) : 가장 기본이 되는 원형적 조경공간인 정원에 대한 조경계획은 건축법 42조에서 규정하고 있는 대지의 조경 및 조경기준에 의해 규제를 받게 된다. 좁게 보면 개인주택의 뜰을 말하지만 단지 및 도시공간에 대해서 예술적 주제성을 가진 공간을 지칭하기도 한다. 이 교재에서는 정원의 유형을 주택정원, 비주거정원, 주제정원으로 구분하였다.

주택정원 住宅庭園 (housing garden) : 단독주택에 부속된 정원으로서의 현대의 주택정원은 위치에 따라 전정, 후정, 측정으로 구분되고, 그 기능적 특성에 따라 주청과 작업정 등으로 구분된다.

비주거정원 非住居庭園 (non residential garden) : 비주거용 건물에 부속되는 정원은 오피스 · 주상복합건물 · 호텔 · 병원 등 대형 건물에 설치하며, 위치에 따라 전정광장(공개공지) · 옥상정원 · 실내정원 등으로 구분할 수 있다.

주제정원 主題庭園 (theme garden) : 건물에 부속된 정원과 달리 주제정원은 특수한 목적으로 주택이나 건물로부터 독립적으로 만들어지며, 여기에는 식물을 이용하여 방문객의 정신을 치료하는 치료정원, 조각을 정원에 배치하여 조각과 정원의 통합을 시도한 조각정원, 허브, 야생화, 장미 등을 주제로 하여 조성된 식물주제정원 등이 있다.

미니멀 정원 : 단순한 선, 반복적 요소, 기하학적 형태 등을 이용하여 단순함, 간결함, 평온함을 표현한 정원

수정궁 : 1851년 런던의 하이드 파크에서 개최된 제1회 만국박람회의 회장건축물로서 조원가(造園家)이며 엔지니어인 조셉 팩스턴(Joseph Paxton)이 설계한 것으로 철과 유리로 된 거대한 온실풍의 건축물로서 당시 신재료와 신공법을 적용하여 이후 건축물에 큰 영향을 주었다.

정원박람회 : 18세기 중반 영국에서 우수한 꽃에 대한 경연대회를 하는 화훼축제에서 기원하여 1851년 영국의 만국박람회 이

후에는 원예와 정원이 박람회의 주제로 등장하면서 영국을 중심으로 독일과 프랑스에서 번성하게 되었다. 현대에는 정원박람회장을 만들면서 예술적이거나 생태적인 새로운 공원, 도시의 그린인프라, 각 나라 및 지방의 고유한 문화적 정체성 등을 보여주면서 세계 여러 나라에 많은 영향을 주고 있다.

침상원 : 지면보다 낮은 곳에 만들어진 정원으로 아름다운 꽃이나 관목을 식재하거나 조각을 배치하고 수경시설을 설치하여 경관적 효과를 높인 정원

파르테르 : 꽃이나 관목 등을 이용하여 만든 수평면의 장식적인 정원으로 보기 좋은 모양으로 만들기 위해 예리한 모서리의 돌이나 전정된 울타리와 자갈길로 구성된다. 프랑스 베르사유궁원이나 영국의 켄싱턴궁원의 파르테르가 대표적이다.

허브정원 : 향기가 있거나 약용 등의 효능이 있는 허브를 심어 정형적이거나 비정형의 형태로 만든 정원

환경조각 : 도시민의 문화 및 예술적 욕구를 충족시키고 도시환경과 조화를 이루며, 아름다운 도시경관을 창출하는 도시의 건물 앞이나 가로변에 설치된 야외조각이다.

Part 2 단지계획 ……………………………………김성용

단지계획 團地計劃 (site planning) : 주택단지, 관광단지, 산업단지 등 집합적 공간기능의 부지를 대상으로 한 단지계획은 조경계획을 표현하는 전형적인 계획의 유형으로 분류된다. 이 단지계획은 생활권 및 활동권을 중심으로 한 근린주구, 정주생활권, 활동영역권의 공간적 체계를 기반으로 수행되었다. 단지계획의 이론적 기반은 과거의 유사기능 집적을 바탕으로 한 공간분할(space separation)개념에서 근래에는 유형과 기능면에서 복합적인 커뮤니티(mixing community)를 형성해 가는 뉴어버니즘원리에 따라 변천되고 있다.

지구단위계획 地區單位計劃 (special district planning) : 지구단위계획은 도시기본계획에 기반을 두고 수립되는 도시관리계획의 한 유형이다. 이 계획의 대상은 특별용도지역으로서의 용도지구(경관지구, 미관지구 등)뿐만 아니라 구역, 단지 등 계획적 개발과 관리가 필요한 지역에 수립된다. 1종과 2종으로 구분된다.

주거단지계획 住居團地計劃 (residential complex planning) : 주거단지계획은 단독주택단지와 20호 이상의 세대가 거주하는 공동주택단지에 수립되는 계획이다. 주거단지의 유형과 설계기준에 대해서는 주택법과 주택건설기준 등에 관한 규정에서 명시하고 있다. 이 설계기준에는 주택의 배치, 도로 주차장 등의 부대시설 어린이놀이터, 근린생활시설, 유치원, 운동시설 등의 복리시설 등이 포함된다.

Part 3 도시공원계획 …………………………………박문호

도시공원계획 都市公園計劃 (urban park planning) : 도시민의 여가와 휴양을 위해 설치되는 도시공원은 도시계획시설 중 공간시설에 해당된다. 도시공원은 생활권공원과 주제공원으로 구분되며 녹지시설은 완충녹지, 경관녹지, 연결녹지로 구분이 된다. 도시공원계획은 공원녹지기본계획을 수립하고 이에 따라 공원조성계획, 도시녹화계획 및 공원내 정비계획을 수립하게 된다.

생활권공원 生活圈公園 (community park) : 생활권공원은 근린생활의 거점으로 근린공원을 설정하고, 근린공원보다 위계가 낮은 공원으로는 어린이공원과 소공원을 도입하고 있다. 근린공원은 다시 규모에 따라 근린생활권 근린공원과 도보권 근린공원, 도시지역권 근린공원, 광역권 근린공원으로 세분된다. 도시자연공원도 이 생활권공원에 포함되기는 하나 도시계획시설로 결정되지 않으며 용도지역지구제에 따라 "도시자연공원구역"으로 결정된다. 통상 이 구역내 일부구역을 대상으로 근린공원, 취락지구 등이 결정된다.

주제공원 主題公園 (theme park) : 주제공원은 도시민의 이용권과는 관계없이, 다양한 위락적 욕구에 적합하게 특수한 주제를 모티브로 조성되는 공원이다. 주제공원으로는 문화재나 역사적 가치가 큰 유적 · 유물 등을 활용하여 조성되는 역사공원, 지역적 특색을 나타내는 문화적 가치를 갖는 문화공원, 호반이나 호수 등 수변지역의 친수공간을 활용하는 수변공원, 묘지이용자들의 휴식을 위한 묘지공원 및 체육공원, 특별시 · 광역시 · 도의 조례로 규정하는 공원으로 나누어진다. 특별시 · 광역시 · 도의 조례로 정하는 공원으로는 생태공원, 놀이공원, 가로공원, 해안공원, 도시생태공원, 애완동물공원, 산림휴양공원, 과학공원, 효공원 등이 있다.

열섬 (Heat Island) : 도시가 급속히 성장하면서 주거 · 상업 · 공공시설 등이 늘어나 녹지 면적이 줄어들고, 각종 인공열과 대기오염 물질로 인해 도시의 기온이 주변 지역보다 높아지는 현상을 말한다.

공원시설률 : 도시공원 전체면적 중 공원시설이 차지하는 면적의 비율을 말하며, 공원의 유형별 설치할 수 있는 시설율의 상한이 정해져 있다.

공원의 재정비 : 도시공원을 조성한 후 시설의 노후화 또는 이용자의 수요변화에 부응하여 부분적 또는 전면적으로 공원의 기능을 정비하는 것으로, 일반적으로 공원을 리모델링(Remodelling)한다는 표현을 사용하기도 한다.

녹색인프라 (Green Infra-structure) : 도시의 골격을 형성하는 도로나 주택 등과 같은 전통적 기반시설을 회색 인프라라고 할 때 공원이나 녹지, 습지 등과 같이 도시의 기반을 이루는 자연자원을 녹색(그린)인프라라고 칭한다. 최근 도시환경의 쾌적성 증진을 위한 지표로서 녹색인프라에 대한 관심이 증대되고 있다.

녹지율 : 시설녹지로 결정된 전체 면적 중 수목이나 지피식물 등의 식생으로 피복되어 있는 녹지가 차지하는 비율을 말한다.

Part 4 자연공원계획 …………………………………조태동

국립공원 國立公園 (national park) : 동일의 경관형식 중에서 우리나라의 풍경을 대표함과 더불어 세계적으로도 자랑할

수 있는 뛰어난 자연풍경지로서 2010년 현재 우리나라의 전체 국립공원 수는 20개이다. 국립공원은 국립공원관리공단에서 관리하며 또한 국립공원의 자원에 대한 조사연구, 야생동물 보호 및 멸종위기 종 복원, 공원시설의 설치 및 관리, 자연공원의 청소, 자연공원이용에 관한 지도 홍보 등을 수행한다.

자연공원계획 (nature park) : 원형적 탐방기회를 제공하고 자연생태계와 자연문화경관을 보존하기 위해 국토의 용도지역상 자연환경보전지역에 지정되는 공원인 자연공원은 국립공원, 도립공원, 군립공원으로 구분된다.

자연공원시설 自然公園施設 (nature park facility) : 우리나라 자연공원법 상의 자연공원시설은 자연보전과 자연탐방을 지원하기 위한 자연공원시설로서 8가지로 구분된다. 여기에는 공공시설, 보호 및 안전시설, 문화시설, 교통운수시설, 상업시설, 숙박시설, 기타 부대시설이 있다. 이 부대시설에는 공원자원보호를 위한 생물이동통로, 식생복원시설, 생물보호시설 등이 포함될 수 있다.

Part 5 가로조경 ……………………………이상석, 홍윤순

가로공공디자인 街路公共디자인(public steetscape design) : 가로공공디자인이란 공공환경으로서의 가로공간을 대상으로 하여, 공공기관이 조성 · 제작 · 설치 · 운영 및 관리하는 공간 · 시설 · 용품 · 정보 등의 심미적 · 상징적 · 기능적 가치를 높이기 위한 행위와 그 결과물을 의미한다. 공공적 공간과 시설, 용품, 정보를 다룬다는 공공디자인의 영역은 실로 방대한 관계로 조경뿐만 아니라 건축, 토목, 도시계획 등 인접학문 및 산업분야와 상호 중첩되는 성격을 갖는다.

가로환경 街路環境 (streetscape) : 공간적으로는 보도와 차도, 녹지 등의 바닥의 환경 그리고 가로변에 도열하는 건물과 가로수 등은 입면과 지붕면을 말한다. 이러한 가로 환경에는 또한 간판과 다양한 종류의 가로시설물 등이 포함된다. 가로환경은 교통기능 이외에도 보행 친화적 측면에서의 다양한 활동을 유발시키고 이를 수용한다.

보행자공간 步行者空間 (pedestrian space) : 인간의 기본적인 행동을 받아들이는 공간으로서 조경계획상 가장 기초적인 공간으로 주구(住區)-도시(都市)-지역(地域)-전국토(全國土)로 이어지는 모든 공간 속에 일관적으로 존재한다.

모듈 (module) : 일반산업분야에 있어서는 주요 핵심기능의 표준화와 효율적인 관리를 위해 제품의 기능을 중심으로 분류한 내용을 일컫는다. 그러나 건설 및 환경조성분야에서는 작업의 표준화와 효율성 확립, 동질적 이미지의 구축 등을 위해 기준으로 삼는 단위치수 또는 척도를 지칭한다.

무장애공간 (barrier free zone) : 장애인 · 노약자 등과 같은 사회적 약자의 이동에 불편이 없도록 인도와 차도의 턱을 없애는 등의 조치가 시행된 공간이다. 이는 다양한 능력과 인간의 선체 생애주기를 수용하기 위한 유니버설디자인(universal design)개념으로 확대 · 발전되었다.

미디어 폴 (media pole) : 가로시설물과 이를 이용하는 이용자 간의 양방향 소통을 고려한 환경요소이다. 우리나라 최초로 강남대로구간에 설치된 환경은 가로등의 역할과 보행용사인, 교통표지판, 분전함 등의 역할을 통합적으로 수행하면서 유비쿼터스의 첨단서비스 및 콘텐츠를 제공하는 12m 높이의 통합 가로시설물이다. 강남역에서 교보타워 사거리에 이르는 760m 구간에 35m 간격으로 22개소가 위치한다.

보차공존도로 : 위계가 비교적 낮은 도로환경에서 차량으로부터의 보행안전성 확보와 쾌적한 가로환경을 유지하기 위해 차량감속을 꾀하는 도로유형이다. 쾌적한 상태로 보행과 차량을 공존시키기 위한 방안으로, 차량용 노선의 굴곡과 거친 포장재의 도입, 볼라드 · 화단 등의 시설배치와 녹음확충 등을 들 수 있으며, 덕수궁길의 사례를 들 수 있다.

어린이보호구역 (school zone) : 어린이의 교통안전을 위해 도로교통법 제12조제3항에 의해 해당조치의 준수와 의무가 규정된 구역이다. 어린이보호구역의 지정 및 관리에 관한 규칙 제9조제1항은 구간별, 시간대별 조치를 규정하고 있다.

유비쿼터스 (ubiquitous) : 라틴어에서 유래한 이 용어는 '언제 어디서나' '동시에 존재한다'의 의미를 갖는다. 오늘날 정보화 사회의 하나의 목표환경으로 설정된 이 용어는 사람 또는 기기들이 언제 어디서나 네트워크에 실시간으로 연결되어 다양한 서비스를 실현하는 환경을 지칭한다.

자전거도로 : 도시의 교통체계를 구성하는 요소 중 하나로서 좁은 의미로는 자전거가 다닐 수 있도록 마련된 길에 한정되나, 보다 넓은 의미로는 횡단로, 육교, 지하도, 신호대, 조명시설을 포함하는 종합적인 자전거 통행체계를 지칭한다.

픽토그램 (pictogram) : 그림을 뜻하는 픽토(picto)와 전보를 뜻하는 텔레그램(telegram)을 합성한 용어이며, 사물 · 시설 · 행위 · 개념 등을 상징화된 그림으로 단순화하여 불특정 다수의 사람들이 대상의 의미를 시각적으로 쉽고 빠르게 인식할 수 있도록 만든 그림문자이다.

Part 6 관광계획 ……………………………김현, 임상신

관광계획 觀光計劃 (tourism planning) : 관광은 다른 지방이나 다른 나라에 가서 그곳의 풍경, 풍습, 문물 따위를 구경하는 것으로 일상을 탈피하여 견문획득을 통한 지식의 향상 혹은 자기계발이라는 성취욕 추구의 성향이 강하다. 그러므로 관광계획은 공간개발뿐만 아니라 서비스의 보존 혹은 개발이 반드시 포함되어야 하며 이를 위한 철저한 시장 조사가 요구된다. 관광계획을 수립하는데 있어 주요한 요소로는 관광객, 교통기관, 매력물, 서비스 및 시설, 정보 및 지도체계가 있고 각 요소는 높은 상호의존성을 보이며 복합적으로 기능한다.

관광지 觀光地 (tourism site) : 일반적으로 관광지는 '관광행위가 일어나는 모든 공간'을 지칭하며, 관광진흥법상의 관광(단)지를 포함하여 농어촌휴양단지, 자연휴양림, 자연공원의 집단시설지구, 도시공원, 유원지, 비지정 관광지, 국립·도립·군립공원, 농어촌휴양지역, 자연휴양지역, 온천지구, 유원지 등을 통틀어 일컫는 포괄적 개념이다. 관광진흥법에 따른 관광지는 "자연적 또는 문화적 관광자원을 갖추고 관광객을 위한 기본적인 편의시설을 설치하는 지역"으로서 문화체육관광부의 지정관광지제도에서 지정되는 관광지를 의미한다.

계획대차대조표 (balance sheet) : 일정시점의 재정 상태를 파악할 수 있도록 작성된 것으로 손익계산서와 같이 재정상태를 파악하는데 매우 유효하다. 일반적으로 일정 시점에서의 모든 자산을 차변(借邊)에, 모든 부채 및 자본을 대변(貸邊)에 기재하여 대차대조표라는 용어가 생겼다.

마케팅 (Marketing) : 일반적으로는 마케팅이란 용어는 상품이나 서비스를 판매하기 위한 노력으로 이해되지만 실제로는 훨씬 광범위한 의미를 지니고 있다. 실제로는 마케팅 믹스를 통해 이루어진다. 마케팅 믹스는 4가지 요소 즉 상품(Product), 유통경로(place), 가격(price), 촉진(promotion) 등 4P를 합리적으로 결합시켜 의사결정하는 것을 말한다. 마케팅의 효과를 높이기 위해서는 각각의 4P를 마케팅 목표에 결합시키고, 목표에 입각하여 각각을 유기적으로 결합시키면서 전체적인 마케팅 활동을 실시한다. 실제로 이러한 믹스는 개발사업의 종류와 성격, 표적시장에 따라 다르게 적용하여야 한다.

비용편익분석 (cost-benefit analysis) : 사업으로 인하여 얻어지는 편익(직접적 이익과 간접적 이익 포함)과 비용을 금전적 가치로 환산한 다음 이 결과를 토대로 사업의 타당성을 분석하는 방법을 일컫는다. 비용편익비(費用便益比, B/C ratio), 순현재가치(純現在價值, net present value), 내부수익률(內部收益率, IRR) 등으로 판단한다. 자세한 내용은 기본구상의 수요예측 부분 참조

생태관광 (Ecotourism) : 멕시코 도시개발생태부 기술표준국장이면서, 환경단체 PRONATURA의 회장을 겸임하고 있던 세바우스 라스쿠라인(Hector Ceballos-La scurain)이 1983년 유카탄 반도 북부에 위치한 홍학(American Flamingo) 번식지를 보호하기 위해 셀레스툰(Celestun)강 하구의 마리나 개발계획 반대 운동을 주도하면서 생태관광이란 용어를 처음 사용했다(한국문화관광연구원, 2002).

자연관광 (Nature tourism) : 자연관광은 훼손되지 않은 자연지역을 대상으로 한다는 점에서 생태관광과 유사하다. 그러나 자연관광은 자연환경을 강조하는 반면 생태관광은 문화자원 또한 포함하고 있으며 지속가능발전의 개념을 강조한다.

자유시간 (Free Time) : 과거에는 노동과 수면시간, 가사나 면학 등의 일상생활에 소요되는 시간을 뺀 나머지 시간을 일컬었으나 최근에는 본인의 의사에 따라 자유로이 선택한 활동을 할 수 있는 시간으로 사람들의 욕구를 충족시키는 데 적당한 시간을 의미한다.

훈데르트 바서 (Friedensreich Regentag Dunkelbunt Hundertwasser) : 오스트리아의 화가, 건축가이며 환경운동가. 자연에는 직선이 없다는 철학적 배경에 따른 동화 같은 훈데르트 바서의 건축물과 환경운동활동으로 뉴질랜드, 미국 워싱턴, 샌프란시스코에서 '훈데르트 바서 환경주간'이 선포되었다. 대표작으로는 쿤스트하우스빈(Kunsthauswien, 1989~1991, 오스트리아 빈 소재 미술관), 로그너바드 블루마우 호텔 앤 스파(Rogner Bad Blumau Hotel & Spa, 1933~1997, 오스트리아 소재) 등이 있다.

Part 7 전통조경 ······························홍광표

전통조경 傳統造景 (Traditional Landscape) : 과거에 만들어진 경관으로 현재 사람들에게 전해져 내려온 역사경관을 말한다. 과거에 살았던 사람들의 삶의 미학 자체가 물리적으로 표현된 결과이며 특정 시대와 장소에서 삶을 이루어가던 사람들의 다양한 이야기가 담겨져 있는 경관이다. 전통조경의 공간적 범위는 역사도시부터 민가의 작은 정원에 이르는 폭넓은 범위를 포함하며 역사경관의 보존과 활용뿐만 아니라 전통의 창조적 계승을 위한 작업 또한 다루고 있다.

전통조경공간계획 傳統造景空間計劃 (spatial planning for traditional landscape) : 궁궐, 별서, 민가, 사찰, 서원, 능원 등에서 보이는 우리나라의 전통적이고 역사적인 조경공간의 보존, 복원, 정비에 대한 계획으로 토지이용, 동선, 식재 및 시설물계획 등 다양한 분야에서 다루어진다.

Part 8 생태계획

제1장 생태조경계획······························ 조현길

생태조경계획 生態造景計劃 (ecological landscape planning) : 생태조경이란 경관생태학, 유역생태학 등 응용생태학을 이론적 기반으로 하여 생물서식공간의 평가와 보전 관리에 중점을 두는 조사평가, 계획설계 및 시공관리 분야로서 포괄적으로 정의된다. 그러므로 생태조경계획은 이러한 생태학적 원리를 조경계획에 적용하여, 인간과 타 생물의 건강한 생활환경 유지 또는 창출과 함께 생태복원까지 다룬다는 측면에서, 인간 행태적 접근과 경관미적 접근을 포함하는 일반 조경계획과 구별된다.

제2장 경관생태계획······························ 나정화

경관생태학 景觀生態學 (landscape ecology) : 조경과 토지관리 및 계획 그리고 사회학의 결합과 함께 인문지리와 생태학분야의 총체적 접근으로 경관을 다루며 넓은 면적을 연구대상으로 이질적인 요소들로 이루어진 경관 안에서 일어나고 있는 자연적, 인공적 과정을 연구하는 학문이다. 경관생태학은 경관의 공간적인 변이와 관련된 물리적, 생물적, 사회적 동인과 결과를 다루며 구체적으로 여러 가지 경관 요소들의 모양과 크기 그리고 그들이 이루는 종합적인 배열에 의해서 나타나는 유형과 그 안에서 일어나는 에너지와 물질, 생물, 정보의 흐름 그리고 교란 파급으로 매개되는 상호작용에 관심을 가지고 있다.

경관보호지역 (Landscape Conservation Area) : 경관보호지역은 자연환경적 측면에서 시각적, 심미적인 가치를 가지는 지역, 지형 및 이에 부속된 자연요소 또는 사물이 복합적으로 어우러진 수려한 자연경관을 체계적으로 보호 및 관리해 나갈 필요성이 높을 지역을 의미한다. 경관보호지역의 선정 기준으로는, 1) 자연자산의 개선을 통하여 경관보호지역으로서의 가치가 현저하게 향상될 가능성이 있는 지역, 2) 경관형상의 아름다움, 다양성 및 고유성이 현저한 지역, 3) 휴양 및 자연체험 공간으로서 특별한 가치가 있는 지역 등으로 볼 수 있다.

보호가치가 있는 소규모 잔여경관요소 (Landscape Elements) : 자연과 경관으로부터 분획화되어 현재 소규모로 잔존하고 있는 수림, 수목군, 띠숲 및 이와 유사한 식생요소(예 : 습지 및 수공간 등)들을 의미한다. 보호가치가 있는 소규모 잔여경관요소들의 선정기준으로는 1) 경관자원들의 자연잠재성의 유지에 필요한 부분, 2) 시각 · 조망적 관점에서 경관 질을 향상시킬 수 있는 경계구분요소 및 활력 · 충전요소, 3) 토양, 기후, 물 및 오염물질로부터 야기되는 부정적인 영향을 완화시키는데 중요한 잔여경관요소 등으로 볼 수 있다.

비경작 테두리 띠숲 (Uncultivated Stripe) : 비경작 테두리 띠숲은 강도 높게 이용되고 있는 경작지 속에서 종이 풍부한 초본 및 키가 큰 다년생 식물들이 생육하고 있는 선형테두리 및 논(밭)두렁 공간을 의미한다. 이러한 공간은 많은 생물 종들을 위한 한 계절 또는 연중 중요한 서식처를 제공하며, 특히 많은 곤충류, 조류 및 지표면 가까이 서식하고 있는 작은 동물의 산란, 먹이 및 월동장소로서 중요한 기능을 수행한다. 또한 비오톱 연결시스템에서 선적 연결요소, 미 · 시각적 측면에서 경관의 활력 · 충전요소로서의 기능도 수행한다.

비오톱 (Biotop) : 비오톱은 생물 · 생태적으로 동질성을 나타내는 공간단위로 정의된다. 또한 인간의 토지이용 및 이용형태에 의해서 직 · 간접적으로 영향 받거나 특징지어진 지표면의 공간적 경계로서, 현재 동 · 식물군집이 서식하고 있거나 서식할 수 있는 곳으로 주변 기질면과 생태학적으로 구분되는 최소한의 공간단위를 의미하기도 한다. 이와 유사한 맥락에서 Geotop은 무생물 · 생태적으로 동질성을 나타내는 공간단위로, Anthropotop은 인문적 요소를 중심으로 동질성을 나타내는 공간단위로 이해된다. Landschaftstop은 상기 3가지 측면을 통합한 경관생태적으로 동질성을 나타내는 공간단위로 설명되고 있다.

생태보호지역 (Ecology Conservation Area) : 생태보호지역은 어떤 지역을 설정하고 그 범위 내에서 경관, 지형, 지질, 동 · 식물 등의 경관 · 생태자원을 보호하는 목적으로 설정하는 공간으로 이해할 수 있다. 이러한 지역을 계획 및 관리하는데 있어서 크게 2가지로 구분하여 생각해 볼 수 있는데, 하나는 환경에 영향을 줄 수 있는 모든 인위적 간섭을 배제하고 보호에만 주안점을 두면서, 단지 과학적인 연구 및 조사만을 허용하는 것이다. 다른 하나는 자연을 훼손하지 않는 범위 내에서 적절한 휴양적 이용 및 생태공학에 의한 식생복원 등을 포함하여 보호, 보전, 복원 등을 적절하게 이용하는 경우를 들 수 있다. 생태보호지역의 선정기준을 살펴보면, 1) 주요 생물서식공간의 유지를 위해 필요한 지역, 2) 학술적, 자연사적, 역사 · 문화사적으로 보전가치가 있는 지역, 3) 경관의 아름다운, 고유성, 다양성이 현저한 지역 등으로 요약해 볼 수 있다.

야생동물 이동통로 (Wildlife Corridor) : 야생동물 이동통로는 도로, 댐, 수중보의 건설 등으로 인하여 야생 동 · 식물의 서식지가 단절되거나 훼손되는 것을 보완하고 야생 동 · 식물들의 이동을 돕기 위하여 설치하는 인공구조물을 의미한다. 이러한 이동통로는 야생 동 · 식물의 이동로 및 서식지, 대형교란으로부터 피난처, 단절된 생태계의 연속성 유지, 기온변화에 대한 저감효과, 개발억제 효과, 교육적, 위락적 및 심미적 가치 부여 등과 같은 중요한 기능을 수행한다.

포위된 소규모 수림 (Woods Land in Cultivated Areas) : 포위된 소규모 수림이란 들판 속에 섬과 같은 형태로 포위되어 잔존하고 있는 소규모 숲을 의미한다. 이들은 대부분 초본, 관목, 교목들이 면적으로 한 덩어리를 구성하고 있으며, 면적이 클 경우 산림의 특성을 가진다. 경관생태적 기능으로는 획일화된 단일 작물 중심의 경관 속에서 생물서식 공간 및 비오톱 연계시스템에서 중요한 징검다리 기능을 수행한다.

제3장 생태복원계획 ·························· 구본학

생태복원계획 生態復元計劃 (ecological restoration planning) : 생태복원계획이란 융복합적인 기술과 다학제적 지식이 필요한 계획분야로서 생태계의 건강성(health), 종합성(integrity), 지속성(sustainability)을 고려하여 자연적이거나 인위적인 원인에 직접적 또는 간접적으로 훼손되어 기능이 저하되었거나 손상을 입었거나 변형되었거나 대부분 파괴된 상태의 생태계를 훼손 이전의 상태로 회복시키기 위한 분야이다.

기능 (function) : (생태)기능은 생태계가 지니는 고유의 특성을 말하며, 이러한 생태계 고유의 기능을 일정한 원칙에 의해 등급화하거나 점수로 산정하여 중요도와 가치를 판단하는 것을 기능평가(assessment)라고 한다. 기능평가는 4계절 이상의 정밀한 답사를 통해 조사, 측정, 분석하여 정밀한 모델을 구축하고 이를 0~1 사이의 지수로 나타내는 정밀평가(comprehensive assessment)와 1, 2회 정도의 답사와 문헌자료 등을 통하여 상 · 중 · 하 또는 1, 2, 3등급 등으로 나타내는 일반평가(rapid assessment)로 구분할 수 있다. 대표적인 정밀평가 모델로는 종합적 기능을 정밀평가하는 HGM(Hydorgermorphic Method)가 있고, 일반평가 모델로는 개략적 기능을 평가하는 RAM(Rapid Assessment Method)가 있다.

성능 (performance) : 성능은 문화 · 정서적인 관점의 '경관성능', 물과 열, 바람 및 빗물의 저장, 순환, 바람에 의한 열섬효과 완화 등을 다루는 '환경부하 저감성능', 생물 종 다양성을 높이고 최소의 에너지를 투입하여 생물 서식처 유지 관리를 도모하는 '생태성능'으로 구분할 수 있다. 이중에서 특히 생태성능은 '인공적으로 조성된 생태계가 자연생태계와 유사한 기능발휘를 위해 갖추어야 할 목적물의 성질과 특성'을 말한다.

인공습지/대체습지 : 인공습지(artificial, human-made, constructed wetlands)란 인공적으로 조성한 습지로서, 기존 습지의 기능을 향상하였거나 훼손된 습지를 복구, 복원, 대체하였거나 새롭게 조성한 습지를 포함하며, 수질정화를 목적으로 하는 습지, 야생동물 서식처 제공을 목적으로 하는 습지, 기타 기후변화 등 습지의 다양한 기능을 모두 포함한다. 인공습지는 훼손된 습지의 기능을 회복하기 위한 복원습지(restored wetlands)와 새롭게 조성된 습지(created or constructed wetlands)를 의미하며, Ramsar Convension에서는 "human-made wetlands"로 분류한다. 또한 "created wetlands", "constructed wetlands" 및 "artificial wetlands"를 구별하지 않고 같은 의미로 사용하는 경우도 있다.

표준생태계 (reference ecosystem) : 표준생태계는 자연원형에 가까운 생태계의 전형으로서, 생태계 유형, 분포지역, 생태권역 등 그 생태계가 자연적 과정 및 인류역사적인 과정을 겪은 생태계이다. 표준생태계는 자연형성과정(natural process) 또는 생태적 형성과정(ecological process)과 교란 그리고 문화의 결과로서 생태계의 유형, 입지, 생태권역의 대표성을 갖는 생태계이며, 생태복원계획을 수립하기 위한 모델이 되며, 복원 이후에는 의도대로 복원되었는지를 판단하기 위한 평가의 근거가 된다.

AHP(Analytic Hierarchy Process) 기법 : AHP는 계층 분석법이라고도 하는데, 복수의 대안에 대한 다면적 평가기준을 통한 의사결정지원 방법의 하나로, 1980년 토머스 셔티가 발표한 논문 The Analytic Hierarchy Process에서 처음 제창되었다. AHP는 의사결정의 계층구조를 구성하고 있는 요소간의 쌍대비교를 통해 평가자의 지식, 경험 및 직관을 포착하는 의사결정방법론이다.

MAB : UNESCO의 MAB(Man and Biosphere) Program에서 자연생태계의 보전을 위한 전략으로서 보전가치가 높은 구역은 핵심지구(CORE area), 핵심지구에 미치는 환경압을 완화 또는 차단하기 위한 완충지구 (BUFFER area), 생태계 탐방 및 학습 시설, 관리시설 등이 설치될 수 있는 전이지구(TRANSITION area) 등으로 구분하고 있다.

Part 9 농촌계획 ……………………………………………허준

지역계획 (Regional Planning) : 국토공간의 하위 개념으로 국가보다는 작고, 도시보다는 컨 공간을 대상으로 수립한 제반시설 및 활동에 관한 계획으로 경제활동의 합리적인 배분과 조화를 이루는 도시개발, 기반시설, 녹지공간의 적정배분 등을 포함한다.

환경친화적 농촌마을 : 농촌다움의 특성을 살릴 수 있도록 주변 자연환경 및 경관과 조화를 꾀하기 위해 기존지형의 보존, 자연지형과 조화로운 건축물의 배치와 친환경적 주택정비, 자연생태계의 복원과 정비 및 생태계 연결통로의 확보, 보행자 우성의 동선체계, 마을의 전통성과 지역특성의 유지보전, 생활의 어메니티 등을 살린 마을

농촌어메니티자원계획 : 농촌어메니티자원이란 농촌에 존재하는 특징적인 환경과 공동체적 구성요소를 총칭하는 것으로서 농촌지역의 정체성(identity)을 반영하고 있는 요소이면서 각 구성원에게 휴양적, 심미적, 경제적 가치를 제공하는 중요한 농촌자원을 말한다. 이 어메니티자원을 활용하여 직접 시장가치재로 전환하여 부가가치를 창출하기 위한 계획이 농촌어메니티자원계획이다.

그린투어리즘 : 농촌의 자연환경뿐만 아니라 문화와 전통을 체험하고, 교육적 욕구도 만족시키며, 자연에 바탕을 두고 환경보존을 지속적으로 유지시키면서 행해지는 관광의 형태로 농촌의 자연경관과 전통문화, 생활과 산업을 매개로 한 도시민과 농촌주민간의 교류활동이며, 도시민에게는 휴식 · 휴양과 새로운 체험공간을 제공하고, 농촌에는 농산물 판매(1차), 가공(2차), 숙박 및 음식물 서비스(3차) 등을 통해 소득원을 제공하는 관광 활동

농촌경관의 시각적 경관구성요소 : 농촌경관의 구성요소는 논, 밭, 초지, 비닐하우스, 수로 등 농업생산요소와 산림, 구릉지, 들판, 하천 등 자연요소 및 가옥, 담장, 지붕, 교량 등 구조물 요소로 구분된다.

농촌조경계획 (Rural Landscape Planning) : 농촌의 외부공간을 대상으로 한 물리적 · 비물리적 계획의 총칭으로 농민과 농업, 농토와 정주공간 상호간의 관계를 만들고 체계적으로 정비하는 일이며, 경제성, 보건성, 안정성, 편의성, 쾌적성 및 환경성을 고려하여야 한다.

참고문헌

I부 총론

Part 1 조경계획의 특성 ·························· 이명우

대한국토도시계획학회 편저, 국토지역계획론, 보성각, 2000.
배정한, 현대조경설계의 이론과 쟁점, 도서출판 조경, 2004.
안동만 역, 조경학, 보문당, 1999.
조동범 역, 랜드스케이프디자인의 시좌, 도서출판 조경, 2006.
조정송 외, 조경 · 미학 · 디자인, 도서출판 조경, 2006.
한국조경학회, 조경계획론, 문운당, 1986.
Johnson, Bart R. and Kristina Hill (2002), Ecology and Design, Island press.
〈http://www.asla.org/nonmembers/publicrelations/factshtpr.htm〉
〈http://www.asla.org/nonmembers/declarn_env_dev.html〉
임승빈·주신하, 조경계획·설계, 보문당, 2002.

Part 2 조경계획의 법적 토대

제1장 법정계획과 조경법규····················· 이명우

권영성, 헌법학개론, 법문사, 1989.
김남희 · 이명우, 대지내의 조경관련 조례와 규제제도의 개선방안, 한국조경학회지 28(1) pp.37~47, 2000.
김희병, 관광사업개발관련법규, 누리에, 2000.
도시지역계획학회, 개발제한구역 해제에 따른 녹지정책구상, 건설교통부, 2002.
문영훈, 행정학, 태학관, 1998.
생태산촌만들기모임, 에코토피아 무주 산림비전 21, 무주군, 2002.
신익순, 조경기본법제정과 관련법규의 정비 방향, 한국조경학회지 29(5), pp.115~124, 2001.
유병화, 법학개론, 법문사, 1986.
이명우, 우리나라 지방자치단체의 조경 전문직 신설 필요성에 관한 사례 연구, 한국조경학회지 27(5), pp.25~37, 2000.
이명우 · 권오준 · 임봉구, 환경 · 건설법규론, 아카데미서적, 2003.
이명우, 조경법규, 기문당, 2011.
장동찬, 건축제법규, 기문당, 2002.
한국건설기술연구원, 생태도시조성 핵심기술개발연구보고서, 건설교통부, 2001.
환경법연구회, 최신환경법론, 지유아카데미, 2002.
Hagman, D.G., Julian Conrad Juergensmeyer (1986), Urban Planning and Land Development Control Law, West Publishing Co.
Smardon R.C., James P. Karp (1993) The Legal Landscape, Van Nostrand Reinhold.

제2장 환경성평가································ 이관규

제1절 사전환경성검토

수원시, 2020 도시기본계획, 2006.
이관규, 도시환경성 평가지표 연구, 환경부 보고서, 2007.
이관규, 자연공원도로의 환경친화적 개선방안, 환경부 보고서, 2006.
이관규, 사전환경성검토제도의 이해와 역할, 국립환경과학원 연수 강의자료, 2005.
이관규, 도시 및 지역의 블루네트워크화 방안, in 도시중심축 형성 및 기능별 네트워킹 전략, 시흥시 정책기획단 연구보고서, pp.323~418, 2005.
이관규 · 성현찬 · 최재용, 자치단체지역의 자연환경관리를 위한 보전지역 설정, 한국환경복원녹화기술학회지 10(5), pp.1~9, 2007.
환경부, 사전환경성검토 업무 매뉴얼, 2007.
환경부, 환경영향평가 관련 규정집, 2005.
환경부, 생태네트워크 구축을 위한 전략, 2002.
환경정책기본법.
Canada-Nova Scotia Offshore Petroleum Board (2002), Strategic Envrionment Assessment of Potential Exploration Rights Issuance for Eastern Sable Island Bank, Western Banqueereau Bank, the Gully Trough and the Eastern Scotian Slope.
Canadian Envrionmental Assessment Act.
Dala-Clayton, B. and B. Sadler (2005), Strategic Environmental Assessment : A Sourcebook and Reference Guide to International Experience. UK and USA : EARTHSCAN.
Office of the Auditor General of Canada (2004), Report of the Commissioner of the Environment and Sustainable Development to the House of Commons.
UK (2000), Sustainability Appraisal of Possible Development Strategies for the North Yorkshire Joint Structure Plan.

제2절 환경영향평가

대한주택공사, 경남진주 혁신도시 택지개발사업 환경영향평가서, 2007.

대한주택공사, 충북 진천·음성 혁신도시 개발사업 환경영향평가서, 2007.

서울시 환경국 홈페이지 http://env.seoul.go.kr

한국토지공사, 대구혁신도시 개발사업 사전환경성검토서, 2007.

환경부, 환경영향평가서 작성 등에 관한 규정, 환경부고시 제2006-226호(2007.1.5 개정), 2007.

환경부, 환경영향조사 등에 관한 규칙 일부개정, 환경부령 제2006-225호, 2007.

환경부, 환경영향평가 협의 및 협의내용관리 등에 관한 업무처리규정, 2006.

환경부, 사업유형별 환경영향평가서 작성지침(안) 개발연구, 환경부예규 제286호, 2007.

환경부, 환경영향평가관련규정집, 2005.

제3절 자연경관심의

자연환경보전법.

환경부, 개발사업 등에 대한 자연경관심의 심의지침, 환경부예규 제309호, 2007a.

환경부, 자연경관영향협의 사례 모음집, 2007b.

환경부, 지방자치단체의 자연경관 검토지침, 환경부 예규 제271호, 2005.

제3장 토지적성평가와 사업타당성

제1절 토지적성평가와 적지분석 ·································· 조용현

건설교통부, 토지의 적성평가에 관한 지침, 2003.

국토연구원, 보도자료(계획적 국토관리를 위한 정책수단의 운용실태 및 개선방안 연구), 2005.

국토의계획및이용에관한법률

서울특별시, 도시관리계획 환경성검토 및 토지적성평가 업무편람, 2003.

양병이·양윤재·이명우, 우리나라에 있어서 조경계획의 전산화기법 적용에 관한 연구, 서울대 환경대학원 환경논총 18 : 62-80.

임승빈, 조경계획에 있어서 적지분석에 관한 연구, 서울대학교 농학연구, 3(2) : 53-70, 1978.

장철순·김창현, 용어풀이 16, 국토 216 : 52-52, 1999.

조춘만, 미국의 토지적성평가(LESA) 시행현황, 국토 통권 284호 : 65-72, 2005.

채미옥, 토지적성평가방법의 이론적 고찰. 국토연구 35 : 33-50, 2002.

제2절 사업 타당성 ·· 김현

이강욱·류광훈, 관광산업의 경제적 파급효과, 한국문화관광연구원, 1999.

이미혜, 관광개발론, 대왕사, 1999.

문화관광부, 태권도공원 조성 기본계획 및 공간계획 수립 등 연구, 2006.

한국개발연구원, 예비타당성조사 수행을 위한 일반지침 연구[제3판], 2001.

한국개발연구원, 문화·관광·체육·과학부문사업의 예비타당성표준지침연구, 2000.

한국관광공사, 관광개발 매뉴얼, 2005.

II부 조경계획과정

Part 1 환경분석 및 평가

제1장 자연환경분석······························ 이관규

강원환경기술개발센터, 강릉 생태지도 작성 보급 연구, 2008.

서울대학교 환경계획연구소, 21세기 문당리 발전 백년 계획. 홍성환경농업마을 보고서, 2000.

National Parks Association of NSW Inc and Department of Environment and Conservation(2007) Community Biodiversity Survey Manual. Sydney.

新井正(1996), 水環境調査の基礎, 東京.

環境廳企劃調整局 編(平成12)自然環境のアセスメント技術.

제2장 인문환경 및 행태분석

제1절 인문환경 ·· 이관규

이관규, 시흥시 물왕저수지 생태관광자원화 계획, 한국조경학회지 34(4), pp.37~47, 2006.

이관규·양병이·송병화, 지역 고유자원을 활용한 지속가능한 농촌마을 계획모델, 한국생태환경건축학회 논문집 6(1) : pp.47~55, 2006.

대한주택공사, 경남진주 혁신도시 택지개발사업 환경영향평가서, 2007.

제2절 행태분석 ·· 주신하

Altman, I. (1975), The Environment and Social Behavior. Monterey, California : Brooks Cole Publishing Co.

Altman, I. (1976), "Some Perspectives on the Study of Man-Environment Phenomena", In Proshansky, H. M., Ittelson, W. H., and Rivlin, L. G. (Eds.) Environmental Psychology : People and Their Physical Settings, New York : Holt, Reinehart and Winston.

Bell, P. A., Fisher, J. D., and Loomis, R. J. (1978), Environmental Psychology, Philadelphia : W. B. Saunder Company.

Craik, K. H. and Zube, E. H. (1976), Perceiving Environmental Quality, New York : Plenum.

Craik, K. H. (1973), "Environmental Psychology", Annual Review of Psychology. vol. 24 Palo Alto, Calif. : Annual Reviews, Inc. : 402~422.

Hall, E. T. (1966), The Hidden Dimension, New York : Doubleday.

Holahan, C. J. (1982), Environmental Psychology, New York : Random House, Inc.

Joardar, S. D. and Neill, J. W. (1978), "The Subtle Differences in Configuration of Small Public Spaces" Landscape Architecture. (November) : 487~491.

Lynch, K. (1979), The Image of the City, Mass. MIT Press.

Newman, O. (1973), Defensible Space, New York : MacMillan Pub. Co.

Zeisel, J. (1981), Inquiry by Design, Monterey, Californi a : Brooks Cole Publishing Company.

임승빈 · 주신하, 조경계획 · 설계, 보문당, 2002.

제3장 시각환경분석 ··························· 조용현

마포구, 마포구 성산근린공원 조성계획, 1992.

박종화, 경관특성의 객관적 분석 및 기술에 관한 연구, 서울대학교 환경대학원 석사학위논문, p.3, 1975.

배현미 · 조동범 · 김종하, 경관계획의 기초와 실제, 대우출판사, 1999.

용산역 전면 제3구역 도시환경정비사업조합, 환경영향평가보고서, 2007.

임승빈 · 주신하, 조경계획 · 설계, 보문당, 2002.

환경부, 개발사업 등에 대한 자연경관 심의지침(예규 제270호), 2005.

황기원, 경관의 다의성에 관한 고찰, 한국조경학회지 17(1), pp.55~68, 1989.

Anderson, L.M. (1981), Land Use Designation Affects Perception of Scenic Beauty in Forest Landscapes, Forest Science, 27(2) : 392-400.

Arther, L.M. (1977), Predicting Scenic Beauty of Forest Environments : Some Empirical Tests, Forest Science 23 : 151-160.

Briggs, J.J. & France, J(1980) Landscape Evaluation : A Comparative Study, J. of Environmental Management 10 : 263-275.

Buhyoff, G.J. & Leuschner, W.A. (1978), Estimating Psychological Disutility from Damaged Forest Stands, Forest Science 24(3) : 424-432.

Buhyoff, G.J. & Wellman, J.D(1980), Specification of a Non-Linear Psychophysical Function for Visual Landscape Dimensions, J. of Leisure Research 12(3) : 257-272.

Carls, E.G.(1974), The Effects of People and Man-induced Conditions on Preferences for Outdoor Recreation Landscapes, J. of Leisure Research, 6(spring) : 113-124.

Correy(1983), Visual Perception and Scenic Assessment in Australia, IFLA Yearbook : 181-189.

Hodgson, R. & Thayer, R. 1980, Implied human influence reduces landscape beauty, Landscape Planning 7 : 171-179.

Kaplan, S., Kaplan, R., Wendt, J.S. (1972), Rated Preference and Complexity for Natural and Urban Visual Material, Perception & Psychophysics 12(4) : 354-356.

Leopold, Luna B.(1969), Quantitative Comparison of Some Aesthetic Factors Among Rivers, Geologicla Servey Circular 620. U.S. Department of Interior : Washington.

Litton, Jr., R. Burton(1974), Visual Vulnerability. J. of Forestry (July) : 392-397.

Lynch, Kevin(1979), The Image of the City, Mass : MIT Press.

Shafer, E.L. Hamilton, J.F., & Schmidt, E.A. (1969), Natural Landscape Preference : A Predictive Model, J. of Leisure Research 1(1) : 1-19.

Vitz, P.C (1966), Preference for Different Amounts of Visual Complexity, Behavioral Science, 11 : 105-114.

Wohlwill, J.E. (1968), Amount of Stimulus Exploration and Preference as Differential Functions of Stimulus Complexity, Perception and Psychophysics 4(5) : 307-312.

제4장 종합분석 및 평가························ 조용현

김대종, 퍼지집합을 이용한 적지분석 의사결정에 관한 연구, 서울대 환경대학원 석사학위 논문, p.30, 1995.

서울특별시, 위성영상을 이용한 도시녹지의 환경보전효과 측정과 수요예측 및 합리적 배치방안 연구Ⅲ, pp.108~119, 2004.

서울특별시, 서울시 도시기본계획, 2005.

양병이 · 양윤재 · 이명우, 우리나라에 있어서 조경계획의 전산화기법적용에 관한 연구, 서울대 환경대학원 환경논총 18, pp.62~80, 1986.

임승빈, 조경계획에 있어서 적지분석에 관한 연구, 서울대학교 농학연구 3(2), pp.53~70, 1978.

Berry J. K. (1993), Beyond Mapping : Concepts, Algorithms, and Issues in GIS, GIS World. p.99.

Chapin F. S. and Kaiser E. J. (1979), Urban Land Use Planning, Urbana : Univ. of Illinois Presss.

Kantrowitz, Min and Nordhaus, Richard (1980), "The Impact of POE Research : a Case Study", Environment and Behavior vol.12, no.4, pp.509~550.

Preiser W. F. E., Rabinowitz H. Z. & White E. T. (1988), Post-Occupancy Evaluation, New York : Van Nostrand Reinhold.

Part 2 기본구상 ···························· 조용현, 김현

(주)가원조경기술사사무소, 파주 운정지구 도시기반시설 조경설계 공모안, 2007.

Booth, Norman K. (1983), Basic Elements of Landscape Architectural Design, New York : Elsevier Science Publishing Co., Inc.

Wade, John W. (1979), Architectural Programming, In

Snyder J.C. & Catanese A.J.(Eds.), Introduction to Architecture, New York : McGraw-Hill. pp.412~430.
건축학회, 건축자료집성 5권, 1986.
김사헌, 관광학연구방법론, 백산출판사, 2007.
대한태권도협회, 태권도공원 및 칠성산 호국태권도 수련원 기본구상, 1999.
마포구청, 성산근린공원 조성계획, 1992.
문화관광부, 관광진흥 10개년 계획, 1997.
문화관광부, 제2차 관광개발기본계획, 2001.
문화관광부, 태권도공원기본방향타당성연구, 2001.
문화관광부, 한국관광레저연감, 2004.
문화관광부, 태권도공원 기본개념 및 공간구성 등에 관한 연구, 2005.
문화관광부, 태권도공원 조성 기본계획 및 공간계획 수립 등 연구, 2006.
문화체육관광부, 관광공급지표 개발 연구, 2007.
서울시, 서울숲 조성계획 중간보고 자료집, 2004.
서울시, 서울숲 조성계획 중간보고 자료, 2004.
신기화, 조경계획과 설계의 실제, 대우출판사, 1997.
일본관광협회, 관광레크레이션 지구 및 관광시설의 기준에 관한 연구, 1974.
일본관광협회, 관광계획의 수법, 1976.
임승빈 · 주신하, 조경계획 · 설계, 보문당, 2002.
임혜진 · 유승훈 · 곽승준, 서울광장 조성에 대한 서울시민의 지불의사액 추정, 서울도시연구 제6권 2호, pp.39~55, 2005.
조동범 역, 조경설계의 기본요소, 대우출판사.
한국관광공사, 지방화시대의 관광개발 기법, pp.292~293, 1987.
한국문화관광연구원, 관광수요예측 가이드라인 설정 연구, 2006.
한국종합조경공사, 조경설계기준, 1976.

Part 3 기본계획 ······································· 이명우

국립공원관리공단, 멸종위기종 증식 · 복원에 관한 연구, 2005.
김귀곤 외, 조경식재설계론, 문운당, 1996.
김종원, 녹지생태학, 월드사이언스, 2004.
대한국토 · 도시계획학회, 건설교통부, 개발제한구역조정에 따른 녹지체계 관리방안 연구, 2002.
대한국토 · 도시계획학회 편저, 국토 · 지역계획론, 보성각, 2000.
산림청, 산림자원의 조성 · 국유림경영 · 산림문화 · 휴양에 관한 법령집, 2006.
서울대학교도시설계포럼, 도시경관과 도시설계, 태림문화사, 2004.
서울특별시, 서울시 비오톱 현황조사 및 생태도시 조성지침 수립, 2000.
윤국병, 조경수목학, 일조각, 1985.
이명우 외, 환경 · 건설 법규론, 아카데미서적, 2003.
임승빈 외, 조경계획 · 설계, 보문당, 2006.
최기수 역, 조경학개론, 명보문화사, 1990.
최영국 외, 국토계획과 환경계획체계의 연계방안연구, 국토연구원, 2002.
한국수자원공사, 야생동물서식환경설계 가이드라인, 2005.
환경부, 야생동물 이동통로 설치 및 효율적 관리방안에 관한 연구, 2003.
Jim McCluskey (1979), ROAD FORM AND TOWNSCAPE, The Architectural press.

III부 분야별 조경계획

Part 1 대지의 조경 ······································· 이상석

김연술, 실내조경의 프로세스, 환경과 조경 제32호, pp.110~111, 1989.
김유일 외 6인 엮음, 아름다운 정원, 도서출판 조경, 1989.
김인숙, 국내 옥상조경의 실태와 문제점, 환경과 조경 제98호, pp.58~65, 1996.
이상석, 정원만들기, 서울 : 일조, 2006.
정영선, 조각공원의 새로운 가능성에 거는 기대, 환경과 조경 제137호, p.131, 1999.
정영성, 조각공원의 위상정립과 스페셜 프로그램, 환경과 조경 통권 제36호, pp.46~53, 1990.
조용현, 소규모 대지안의 조경 개선방안, 서울시정개발연구원, 2005.
최광빈, 옥상녹화 관련 조례제정에 따른 전망, 환경과 조경 제168호, pp.107~109, 2002.
최성근, 국내 조각공원의 사례, 환경과 조경 제137호, pp.118~121, 1999.
최성근, 국내 조각공원의 현황과 문제점, 환경과 조경 제137호, pp.112~116, 1999.
최태만, 조각공원 조성의 역사와 의의, 환경과 조경 제137호, pp.100~105, 1999.
환경과조경 편집부, 특집 옥상녹화 사례, 환경과 조경 통권 제184호, pp.64~85, 2003.
환경과조경 편집부, 실내조경의 현황, 환경과 조경 제55호, pp.54~57, 1992.
황용득, 도시환경과 조각공원, 환경과 조경 제137호, pp.106~111, 1999.
石川 格 (1978), 庭園學 概論, 東京 : 誠文堂新光社.
Andrew Wilson (2002), Influential Gardeners, London : Mitchell Beazley.
Andrew Wilson(2004), The Book of Gardenplans, London : Mitchell Beazley.
Clare Cooper Marcus · Marni Barnes (1999), Healing Garden, New York : John Wiley & Sons, Inc.
Garrett Eckbo (1978), Home Landscape, New York : McGraw-Hill Book Co.
Jerry Harpur · David Stevens (2003), Roof Gardens :

Balconies & Terraces, Mitchell Beazley.
Kan Smith (1978), Western Home Landscaping, Tucson : H.P. Books.
Sarah Garland (1984), The Herb Garden, New York : Penguin Book co-operation with the New York Botanical Garden Institute of Urban Horticulture.
Terence Conran and Dan Pearson (1999), The Essential Garden Books, London : Conran Octopus.
Thomas D. Church · Grace Hall · Michael Laurie (1995), Gardens are for people, Berkeley and Los Angeles (CA) : University of California Press.
Valerie J. Fletcher (1998), A Garden for Art : Outdoor Sculpture at the Hirshhorn Museum, Washington D.C. : Smithsonian Institution in association with Thames and Hudson.

Part 2 단지계획 ········· 김성용

경실련 도시개혁센터, 도시계획의 새로운 패러다임, 보성각, 2001.
공동주택연구회, 한국 공동주택계획의 역사, 세진사, 1999.
공동주택연구회, 한국 공동주택 16제, 토문, 2000.
국토해양부, 지구단위계획제도 길라잡이, 2010.
김성용, 국민임대주택단지의 환경친화적 개발계획 수립방안 연구, 경원대학교 석사학위논문, 2003.
김성용, 신도시 공동주택의 계획규제에 관한 고찰, 「주택도시」 No.84, 대한주택공사 주택도시연구원, 2005.
김영대, 집합주거조경의 쟁점과 대안적 구상, 「건축」 Vol.50(1), 대한건축학회, 2006.
김영하 · 조성학, 대단위 공동주택단지에서 단지간 통합개발을 위한 계획유형에 관한 연구, 대한건축학회논문집 Vol.22(6), 2006.
김영하, 주거단지계획과 도시경관, 문운당, 2005.
김철수, 단지계획 : 주거환경계획의 이론과 설계기법, 기문당, 2005.
대한국토 · 도시계획학회, 단지계획, 보성각, 2005.
대한주택공사 주택도시연구원, 도시개발 계획과 설계, 보성각, 2001.
대한주택공사 주택도시연구원, 공동주택단지의 디자인 매뉴얼, 세진사, 2002.
대한주택공사, 단지계획기준, 2006.
대한주택공사, 성남판교지구 조경디자인 가이드라인, 2006.
대한주택공사, 조경계획 · 설계지침, 2006.
대한주택공사, 단지계획과정 2003, 2004.
박광재, 집합주거단지의 공간질서와 계획기법 연구, 건국대학교대학원 박사학위논문, 1998.
손세관, 사회성의 관점에서 바라본 집합주택의 과거와 현재, 건축문화, 1998.
손세관, 좋은 주택을 위한 설계방법론, PLUS, 1998.
안건혁 · 온영태 역, 뉴어바니즘 헌장, 한울아카데미, 2003.
양동양, 도시 · 주거단지계획, 기문당, 2006.
이재준, 공동주택 주거환경의 어메니티 평가와 계획적 합의에 관한 연구, 서울대학교대학원 박사학위논문, 1998.
임승빈 · 주신하, (개정판)조경계획 · 설계, 보문당, 2006.
조경연구회 · 최기호 편저, 조경계획·설계자료집성Ⅱ : 단지시설, 조경사, 1997.
조성학 · 김영하, 택지와 주거단지 통합개발을 위한 M.A설계방식 제도화 방안에 관한 연구, 대한건축학회논문집 Vol.23(1), 2007.
한광야, 커뮤니티 설계언어의 고찰 : 규모, 구조, 형태, 프로그래밍, 한국도시설계학회지 Vol.5(3), 2004.
한국도시설계학회, 친환경 주거도시 모델 개발연구, 대한주택공사, 2007.
한국조경학회, 조경학대계Ⅰ : 조경계획론, 문운당, 1986.
C. N. Schulz, 민정호 외 공역, 장소의 혼, 태림문화사, 1996.
Edward Relph, 김덕현 · 김현주 · 심승희 역, 장소와 장소상실, 논형, 2005.
Yi-Fu Tuan, 구동회 · 심승희 역, 공간과 장소, 도서출판 대윤, 1995.

Part 3 도시공원계획 ········· 박문호

김인호, 도시공원 운영관리의 새로운 방향, 한 · 일 도시공원정책 세미나집, p.67, 2011.
독일 바덴뷔르템베르그 주, 국토공간 · 농림부의 정의, 대한국토도시계획학회, 개발제한구역 조정에 따른 녹지체계 관리방안 연구, p.98 재인용, 2002.
서울특별시, 2030서울시공원녹지기본계획, 2010.
서울특별시, 북한산 도시자연공원기본계획, 2006.
서울특별시, 서울시 공원운영체계개선방안 연구, 2009.
캐서린 나이젤, 도시공원 관리운영에 관한 창의적 모델, 61-692010.11.24 도시공원국제심포지엄 자료집.
인천광역시, 2020년 인천광역시 공원녹지기본계획, 2010.
히라타후지오, 일본의 지정관리자제도와 보다좋은 공원녹지 관리의 실현을 위한 활동, (사)한국조경학회 춘계대회 특별강연, 2010.
DTLR(Department for Transport, Local Government and the Regions), 2002.5, 『Improving Urban Parks, Plays and Green Spaces』, 29쪽.
Gaylene M. Capenter & Chrisine Z. Howe (1985), Programming Leisure Experiences, pp.131~144 재인용,
양진희, 도시공원의 이용프로그램 개발에 관한 연구, 서울시립대학교 조경학과 석사학위논문, pp.51~66, 1998.

Part 4 자연공원계획 ········· 조태동

김헌규, 한국에 있어서 국립공원설립근황, 일본국립공원 219 · 220, 1968.
오구균, 지리산국립공원의 관리개선방안, 응용생태연구회 5, p.127, 1991.
우형택, Historical assessment of national park management in england and wales : balancing conservation and development : 효성여자대학교 논문집 제45집, pp.493~510,

1992.
이경재, 공원기본계획 수립을 위한 연구, 환경부 · 국립공원관리공단, 2002.
일본환경성자연환경국, 국립공원의 공원계획작성요령등의 일부개정에 관하여, pp.1~99, 2001.
조태동, 환경 교육적 측면에서 본 설악산 국립공원의 자연관찰로 기능에 관하여, 한국환경과학회지 제12권 제2호, pp.61~63, 2003.
조태동, Comparison Between Conservation System of a Coastal Type of National Park of Korea and Japan, J. of the Environmental Sciences/Vol. 12, No. 2, pp.151~155, 2003.
조태동, 보전적 측면에서 바라본 한국과 일본의 국립공원제도 비교, 한국환경과학회 제13권 제10호, pp.871~882, 2004.
조태동, 환경교육적 측면에서 본 설악산 국립공원의 자연관찰로 기능에 대하여, 한국환경과학회지, 제13권 7호, pp.605~610, 2004.
조태동, Visitors' Satisfaction With Entrance In Soraksan National Park, 한국환경과학회지 제13권 제2호, pp.129~134, 2004.
조태동, 국립공원내 야영장의 이용 만족도 분석 -설악산 국립공원 설악동 지구를 중심으로, 한국환경과학회지 제 14권 제5호, pp.457~461, 2005.
조태동, 산악형 국립공원의 구조활동 현황과 개선방안-설악산 국립공원을 중심으로-, 한국녹지환경학회지 제1권 제1호, pp.11~15, 2005.
조태동, 설악산 인접지역의 경관분석, 한국환경과학회 봄학술발표논문집, pp.168~172, 2005.
조태동, 오대산 국립공원의 자연해설 활성화에 대한 연구, 한국환경과학회지 제14권 제5호, pp.451~455, 2005.
조태동, 월악산 국립공원의 대표경관 선정을 위한 기초연구, 한국환경과학회 봄학술발표논문집, pp.163~167, 2005.
조태동 · 이명우 · 김진선, 우리나라 자연공원의 용도지구제 개선에 관한 연구, 대한 국토도시계획학회 「국토계획」, 제5호(통권91호) : pp.185~202, 1997.
趙泰東, 岡野隆宏, 일본 자연공원법의 개정을 중심으로 한 국립공원 정책에 관한 연구 : 한국환경과학회 학술발표회 발표논문집 제11권 1호 : pp.366~367, 2002.

Part 5 가로조경

제1장 가로공간계획 ………………………………………………이상석

도철웅, 교통공학원론(상), 청문각, 1998.
배웅규, 서울시 걷고싶은 거리의 조성 현황과 방향, 환경과조경 187호, pp.104~107, 2003.
송상태, 보행자공간 설치목적과 의의, 환경과조경 제45호, pp.62~65, 1992.
오휘영 · 김원석 · 변우혁 편집, 한국의 가로수, 서울 : 도서출판 조경, 1989.
윤효현, 1992, 보행자공간의 개념과 구성요소, 환경과조경 제45호, pp.66~70, 1989.
이상헌, 도시 공공공간으로서의 광장, 환경과조경 제195호, pp.140~143, 2004.
최기수 · 이상석, 조경구조학, 서울 : 일조각, pp.159~222, 2002.
한국도로공사, 도로설계요령, 1992.
한국조경학회, 조경계획론, 서울 : 문운당, 1990.
한국토지개발공사 기술연구소, 보행자전용도로의 계획과 설계, 1989.
Charles W. Harris · Nicholas T. Dines, Time · Saver Standards for Landscape Architecture 2nd ed., New York : McGraw-Hill Pub. Co., 1998.
Steven Storm · Kurt Nathan P. E., Site Engineering for Landscape Architects, Connecticut : AVI Publishing Co. Inc., 1985.

제2장 가로공공디자인 ………………………………………………홍윤순

권영걸, 공공디자인을 통한 도시혁신, 조경정보 vol.01-10, pp.38~39, 한국조경학회, 2010.
김도년 · 김정훈, 유비쿼터스 공간구현을 중심으로 한 가로환경조성에 관한 연구, 한국도시설계학회지 5(3), pp.81~103, 2004.
정경원, 디자인경영, 안그라픽스, 2003.
조경진, 지속가능한 도시디자인을 위하여, 21세기 공공디자인의 뉴패러다임과 실천전략 심포지움 자료집, pp.11~17, 한국조경학회, 2008.
진양교 · 홍윤순, 도시고가도로 입지구간 가로환경설계 -능동로 '걷고싶은 거리'의 구간을 대상으로, 한국조경학회지 28(1), pp.138~146, 2000.
최신현, 공공디자인을 디자인하다, 조경정보 vol.01-10, pp.34~35, 한국조경학회, 2010.
한국토지개발공사, 일산신도시 사인시스템 및 가로시설물 설계 보고서, 1995.
http://design.seoul.go.kr/dscontent/designseoul.php?MenuID=491&pgID=248

Part 6 관광계획

제1장 관광과 관광지 제2장 관광개발…………… 김현

A.H. Maslow (1954), Motivation and Personality, New York : Harper.
Dornald E, Lundberg (1974), The Touris Business, A Division of Cachbers Pub. Co. Inc.
Mill, R. C. (1990), Tourism : The International Bisiness. Prentic-Hall, Inc.
Seympur M. Gold (1980), Recreation Planning & Design, MacGraq-Hill Book Co.
UNEP (1999), 『Carrying Capacity Assessment for Tourism Development : coastal Area Management Programme (CAMP)』, Fuka-Matrouh-Egypt. Priority Actions Programme, Regional Activity Center. UNEP
감사원, 문화관광감사백서, 2002.

강원도, 제4차 강원권 관광개발계획, 2007.
건축학회, 건축자료집성 5권, 1986.
경기도 · 한국관광공사, 고양관광문화단지 조성사업 기본계획, 2004.
김사헌, 관광경제학, 백산출판사, 2003.
김희우, 생태공원 조성에 있어서의 문제점과 해결방안, 2003.
문화관광부, 관광진흥 10개년 계획, 1997.
문화관광부, 제2차 관광개발기본계획, 2001a.
문화관광부, 태권도공원 기본방향 타당성 연구용역, 2001b.
문화관광부, 한국관광레저연감, 2004a.
문화관광부, 관광지개발사업에 대한 평가연구, 2004b.
문화관광부, 2005년도 관광동향에 관한 연차보고서, 2006a.
문화관광부, 관광지평가, 2006b.
문화관광부, 태권도공원 조성 기본계획 및 공간계획 수립 등 연구, 2006c.
문화관광부, 관광공급지표 서비스 매뉴얼, 2007.
박석희, 신관광자원론, 일신사, 2001.
박석희, 신관광자원론, 일신사, 2003.
법률지식정보시스템 http://likms.assembly.go.kr/law
성기홍, 관광법규론, 일신사, 2003.
신기화, 조경계획과 설계의 실제, 대우출판사, 1997.
안종윤, 관광학개론, 일진문화사, 1972.
이미혜, 관광상품론, 2006.
이장춘, 최신관광자원학, 대왕사, 1998.
일본관광협회, 관광레크레이션 지구 및 관광시설의 기준에 관한 연구, 1974.
일본관광협회, 관광계획의 수법, 1976.
日本觀光協會, 觀光計劃手法, 1976.
임승빈 · 주신하, 조경계획 · 설계, 보문당, 2006.
정석중 · 이미혜, 관광개발론, 대왕사, 2002.
津田昇, 國際觀光論, 東洋經濟新聞社, 1964.
포천시, 산정호수 종합리조트 개발구상 및 타당성 검토, 2003.
한국개발연구원, 문화 · 관광 · 체육 · 과학부문사업의 예비타당성표준지침연구, 2000.
한국개발연구원, 예비타당성조사 수행을 위한 일반지침 연구 [제3판], 2001.
한국관광공사, 국민관광장기종합개발계획, 1983.
한국관광공사, 관광개발관련 법규 종합체계화 연구, 1997.
한국관광공사, 관광개발매뉴얼, 2005.
한국관광연구원, 제2차 관광개발기본계획(안), 2000.
한국관광학회, 관광학총론, 백산출판사, 2005.
한국문화관광연구원, 생태관광진흥방안, 2002.
한국문화관광연구원, 녹색관광 활성화방안, 2003.
한국문화관광연구원, 관광수요예측 가이드라인 설정 연구, 2006.
한국문화관광정책연구원, 관광지 평가체계 개발 및 운영방안, 2003a.
한국문화관광정책연구원, 관광개발계획 지표 개발방안, 2003b.
한국문화관광정책연구원, 국제관광 수요예측, 2003c.

제2장 골프장계획 ································ 임상신

김귀곤 외 6인, 한국의 골프장 계획 이론과 실무, 도서출판 조경, 1992.
이상재, 골프장 관리와 코스조성 실무, 서원양행, 1984.
Bran Mccallen (1993), Golf Resorts of The World, Harry N, Abrams, INC.,
Dr. Michael J. Hurrdzan (1996), Golf Course Architecture, Sleeping Bear Press.
Golf Digest (1982), 100 Greatest Golf Course, Golf Digest/Tennis, Inc
Robert Trent Jones, Jr. (1993), Golf by Design, Little, Brown anf Company.
Tom Fazio (2000), Golf Course Designs, Harry N. Abrams, Inc.

Part 7 전통조경 ·· 홍광표

대한불교조계종 수국사, 수국사 중창불사 기본계획, 2006.
박경자, 한국전통조경구조물, 도서출판 조경, 1999.
박동석, 문화재보호법, 민속원, 2005.
문화재관리국, 담양 소쇄원복원정비계획 및 설계, 1983.
문화재관리국, 경복궁 복원정비기본계획보고서, 1994.
문화재청, 문화재현상변경 실무안내집, 2004.
문화재청, 덕수궁 복원정비 기본계획, 2005.
문화재청, 국가지정문화재 주변 현상변경허가기준 매뉴얼 마련연구, 2006.
문화재청, 종묘 조경정비기본계획, 2006.
성북구, 성락원 복원화 기본계획(설계) 보고서, 2005.
심승희, 역사경관과 지역정체성에 관한 연구, 전주시 한옥보존지구와 역사유적을 사례로, 서울대학교 대학원 석사학위논문, 1995.
안동만, 역사경관의 보전과 관리, 한국조경학회지 19(2), 1988.
안동만, 역사도시에서의 역사경관 보전방안, 도시문제 301, 1993.
이재근, 조선시대 별서정원에 관한 연구, 성균관대 박사학위논문, 1992.
이호정, 역사경관보전을 위한 면적문화재 주변지역 관리방안에 관한 연구, 서울시립대학교 대학원 석사학위논문, 2003.
장옥연 · 김기호, 우리나라 역사환경 보존의 경향과 특성-제도와 연구경향변화를 중심으로, 도시설계학회지 10(1), 2003.
장옥연, 소통과 협력을 통한 역사환경 보전 계획과정연구-서울 인사동과 북촌계획사례, 서울시립대학교 박사학위논문, 2004.
정재훈, 한국전통의 원, 도서출판 조경, 1996.
조용기, 고도의 역사적 경관 보존 · 정비에 관한 연구-한국과 일본의 비교분석을 통하여, 관광학연구 30(1), 2006.
조우현, 문화재 주변의 경관지구 설정에 관한 연구, 서울대대학원 석사학위논문, 2001.
진상철, 고도보존법 시행에 따른 고도(공주 · 부여)이 발전방향, 열린 충남, 2005.

진영환, 역사경관의 재구성에 관한 연구-도시 내의 문화재를 중심으로, 서울대 환경대학원 석사학위논문, 1978.
최선주, 우리나라 역사지구보존의 과제, 도시문제, 1996.
최형석, 역사경관보전을 위한 건축물 높이규제에 관한 연구, 서울대 환경대학원 박사학위논문, 1999.
최형석, 역사경관보전을 위한 건축물 높이규제에 관한 연구 (1), 대한국토·도시계획학회지 「국토계획」36(1), 2001.
최형석, 역사경관보전을 위한 건축물 높이규제에 관한 연구 (2), 대한국토·도시계획학회지 「국토계획」37(2), 2002.
최호림, 국토개발과 문화재보존에 관한 연구, 국토연구 11, 국토개발연구원, 1989.
춘천시, 청평사 선원 학술조사보고서, 2005.
평택시, 안재홍생가 종합정밀진단 및 정비보존계획, 2006.
한국건축역사학회, 한국건축답사수첩, 동녘, 2006.
홍광표, 역사경관의 전통성과 창조적 계승을 위한 재조명, 환경과 조경지 제87호, 1995.
홍광표·이상윤, 한국의 전통조경, 동국대학교 출판부, 2001.
Atto, W.O. (1979), "Historic Preservation" in A. J. Synder(ed.), Introduction to Urban Planning, New York : McGraw-Hill Book Co.
Fein, A. (1988), "Historic Preservation" in C. W. Harris(ed.), Time Saver Standards for Landscape Architecture, New York : McGraw-Hill Book Co.

Part 8 생태계획

제1장 생태조경계획 ······ 조현길

대한주택공사, 에너지보존형 주택단지 설계기법에 관한 연구, 1983.
서영기술단 부설 기술연구소, 도시하천의 생태환경 조성기법에 관한 연구, 1996.
서울특별시, 우이천 환경정비 기본 및 실시설계 기본계획 보고서, 1994.
서울특별시, 중랑천수계 고수부지 시민휴식공간 조성 기본 및 실시설계 보고서, 1995.
수원시, 수원천 정비 기본계획, 1995.
송영배, 바람통로 계획과 설계 방법, 도서출판 그린토마토, 2007.
오구균, 자연식생의 생태적 특성을 고려한 배식설계 기준에 관한 연구, 서울대학교 환경대학원 석사학위논문, 1986.
이영무, 자원절약형 단지계획, 기문당, 1991.
조현길, 도시식생의 관리에 의한 에너지소비 및 탄소방출. 한국환경생태학회지 13(2), pp.101~108, 1999.
조현길, 공지천의 자연친화형 하천조성 및 수질개선에 관한 연구, 강원지역환경기술개발센터 연구보고서, 2003.
조현길, 에너지절약형 조경계획 및 설계방법(조현길, 조용현 편, "생태조경계획 및 설계"), 기문당, pp.273~287, 2008.
조현길·안태원, 춘천시 주거지구 내 수목피도의 차이가 난냉방에너지 이용 및 비용에 미치는 효과, 한국조경학회지 27(2), pp.19~28, 1999a.
조현길·안태원, 도시녹지에 의한 미기후 개선의 기능, 한국조경학회지 27(4), pp.23~28, 1999b.
조현길·안태원, 도시생태계 수목의 대기정화 역할-용인시를 사례로, 한국조경학회지 29(3), pp.38~45, 2001.
조현길·안태원, 열쾌적성과 에너지절약을 위한 녹지계획 전략 연구, 한국조경학회지 38(3), pp.23~32, 2010.
조현길·이창환·한갑수, 춘천 동내면 수요창출형 미래형 신도시를 지속가능한 생태도시로 조성하기 위한 Green Plan 수립 연구, 강원도개발공사 연구보고서, 2006.
최일홍·황경희·박용범, 환경친화형 자연배수기법 적용 연구, 대한주택공사 주택도시연구원, 2003.
한국조경학회, 조경설계기준, 기문당, 2002.
환경부, 전국 그린 네트워크화 구상 : 사람과 생물이 어우러지는 자연 만들기, 1995.
환경부, 국내 여건에 맞는 자연형 하천공법의 개발, 제3차년도 연차보고서(2권), 1999.
환경부, 국내 여건에 맞는 자연형 하천공법의 개발, 2002.
City of Freiburg (2005), Solar Tours in Freiburg.
Clements, F.E. (1916), Plant Succession : An Analysis of the Development of Vegetation. Washington, DC : Carnegie Institution.
Drury, W.H. and I.C.T. Nisbet (1973), Succession. Journal of the Arnold Arboretum 54(3) : 331-368.
Forman, R.T.T. and M. Godron (1986), Landscape Ecology. New York : John Wiley & Sons.
France, R. L. (2003), Wetland Design : Principles and Practices for Landscape Architects and Land Use Planners. New York : W.W. Norton.
Gleason, H. A. (1917), The structure and development of the plant association. Bull. Torrey Bot. Club 44 : 463-481.
Lyle, J. T. (1994), Regenerative Design for Sustainable Development. New York : John Wiley & Sons.
Marsh, W. M. (2010), Landscape Planning : Environmental Applications. New York : John Wiley & Sons.
Miller, G.T., Jr. (1990), Resource Conservation and Management. Belmont : Wadsworth Publishing Company.
Noble, I.R. and R.O. Slatyer (1980), The use of vital attributes to predict successional changes in plant communities subject to recurrent disturbances. Vegetatio 43 : 5-21.
Odum, E. P. (1971), Fundamentals of Ecology. Philadelphia : W. B. Saunders Company.
Odum, H. T. and E. C. Odum (1976), Energy Basis for Man and Nature. New York : McGraw-Hill.
Ramade, F. (1984), Ecology of Natural Resources. New York : John Wiley & Sons.
Shafer, C. L. (1990), Nature Reserves : Island Theory and Conservation Practice. Washington : Smithsonian Institution Press.
Steiner, F. (2008), The Living Landscape : An Ecological Approach to Landscape Planning. Washington : Island

Press.
Tilman, D. (1990), Constraints and tradeoffs : toward a predictive theory of competition and succession. Oikos 58 : 3-15.
Warren, J. L. (1973), Green Space for Air Pollution Control. Raleigh : North Carolina State University, Technical Report No. 50.

제2장 경관생태계획 ······ 나정화

나정화 · 류연수, 도시경관생태계획 지표설정 및 중요도 평가, 대한국토 · 도시계획학회지 38(1), pp.21~35, 2003a.
나정화, 경관생태연구의 새로운 방법론 모색을 통한 도입가능성과 한계성, 한국조경학회지 33(4), pp.45~70, 2005.
나정화 · 채인홍 · 사공정희 · 류연수, 도시계획지역내 농경지의 잔여경관요소에 대한 경관생태학적 평가 및 보존방안, 한국조경학회지 31(5), pp.31~42, 2003b.
홍선기 · 김동엽 역(R.T.T. Forman 저), 토지모자이크-지역 및 경관생태학-, 성균관대학교 출판부, 2000.
예천군, 애플밸리 조성사업 기본계획, 2005.
한국조경학회, 자연경관계획 및 관리, 문운당, pp.51~73, 2004.
환경부, 야생동물 이동통로 설치지침, pp.37~42, 1999.
Forman, R. T. T.(1995), Land Mosaics : The Ecology of Landscape and Regions, Cambridge Unversity Press.
Forman, R. T. T. and M. Gordron (1986), Landscape Ecology, John Wiley and Sons.
Hobbs, R. J. and D. A. Norton (1996), Towards a conceptual framework for restoration ecology, Restoration Ecology 4 : 93-110.
Makhzoumi, J. (2000), Holistic landscape ecology as applied for landscape architecture and planning in Malta. Landscape Urban Planning. 50 : 173-184.
Turner, M. G. (1989), Landscape Ecology; The effect of pattern on process, Annual Review of Ecologt and Systematic 20 : 171-197.

제3장 생태복원계획 ······ 구본학

국토해양부, 생태하천 조성계획 지침서, 2009.
국토해양부, 비탈면녹화설계 및 시공지침, 2009.
구본학, "생태계복원", 조경시공학. 조경학대계. 한국조경학회 편, 문운당, 2002.
구본학, "하천생태계 및 비탈면 복원을 위한 구조적 안정성 및 기술", 생태복원을 위한 공학적 접근-이론 및 사례 (5). ECOLAC 2010, Spring.
구본학 · 정진용 · 박미옥, 표준습지 분석을 통한 대체습지의 생태성능 기준 개발, 한국환경복원기술학회지 14(1), pp.11~22, 2011.
구본학 · 김민수 · 이상석 · 김성용, 성능중심의 건설기술기준 작성지침, pp.8~10, 건설기술연구원, 2008.
김귀곤 · 조동길 · 임봉구 · 구본학, 판교신도시 체계적인 물순환 시스템 구축방안에 관한 연구, 대한주택공사 · 경기도 · 성남시 · 한국토지공사, 2005.
서울시설공단, 청계천 생태모니터링(1차년도), 2006.
한국수자원공사, 댐저수지 비탈면 수위변동구간의 생태복원을 위한 시험적 연구(1차년도), 2003.
한국수자원공사, 댐저수지 비탈면 수위변동구간의 생태복원을 위한 시험적 연구(2차년도), 2004.
한국수자원공사, 임하댐 하류하천(반변천) 생태적 복원 및 관리방안 수립, 2004.
한국수자원공사, 댐저수지 비탈면 수위변동구간의 생태복원을 위한 시험적 연구(3차년도), 2005.
한국조경학회, 조경설계기준, 2007.
한국조경학회, 조경공사표준시방서, 2008.
환경부, 하천복원가이드라인, 2002.
FISRWG. 1998, Stream Corridor Restoration : Principles, Processes, and Practices.
Hammer, D. A. 1992, Creating Freshwater Wetlands. Lewis Publishers.
Kentula, M. E., R. P. Brooks, S. E. Gwin, C. C. Holland, A. D. Sherman and J. C. Sifneos, 1993, An Approach to Improving Decision Making in Wetland Restoration and Creation. C.K. SMOLEY, INC.
Mitsch, W. J. and J. G. Gosselink, 1993, Wetlands (2nd ed.), John Wiley & SONS, INC.
Ramsar Convension, 2008, Strategic Framework and Guidelines for the Future Development of the List of Wetlands of International Importance of the Convention on Wetlands (3rd. ed.), Ramsar Convension.
http://www.promenade-plantee.org/
http://thehighline.org/
http://kwater.or.kr

Part 9 농촌계획 ······ 허준

제1장 서론

강남대학교 도시연구원, 새로운 국토 · 도시계획제도의 이해, 2003.
국토해양부 홈페이지 (http://moct.go.kr/).
국토해양부, 국토의 계획 및 이용에 관한 법령집, 2003.
김재석 · 도영준, 도시학사전, 기문당, 2005.
김정호 · 박시현 · 이규천 · 송미령 · 성주인, 환경과 어메니티 그리고 농업 · 농촌정비, 한국농촌경제연구원, 2001.
농림부 홈페이지(http://maf.go.kr/).
대한국토 · 도시계획학회, 농촌계획의 이론과 실제, 보성각, 2006.
박재길 · 이동우 · 송미령 · 이규천 · 성주인, 도농통합형 농촌정주기반 구축과 농촌의 계획적 정비, 국토연구원 · 한국농촌경제연구원, 2002.
박헌주, "국토이용체계 개편과 국토관리의 방향", 한국농촌경제연구원 · 새국토연구협의회, 『농촌계획, 어떻게 할 것인가』(세미나 자료집), 2001.
송미령, "농어촌계지역의 기초생화여건 정비, 어디까지 할 것

인가 : 현황과 쟁점", 한국개발연구원, 『Version 2011 Project 농림수산반 제2차 토론회』(발표논문), 2001a.

송미령, "지속가능한 농촌마을 만들기", 행정자치부 · 서울대학교 환경계획연구소, 『21세기 새로운 농촌만들기 추진방향 수립』세미나(발표논문), 2001b.

송미령, 국토계획체계의 개편과 농촌계획의 과제, 농촌경제 제25권 제1호, 한국농촌경제연구원, 2002.

송미령, 펜션이 농촌지역 활성화에 미치는 영향, 농촌관광&마을가꾸기 홈페이지(http://forum.krei.re.kr/), 2003.

송미령, "농지의 계획적 관리방안", 『토지의 공익성과 농지제도의 새로운 방향』, 한국농촌경제연구원, 2004.

송미령 · 김홍상, 국토이용체계 개편에 따른 농촌계획의 위상과 방향 정립, 한국농촌경제연구원, 2001.

송미령 · 박시현, 주민주도적 마을 가꾸기 동향과 몇 가지 문제 제기, 대한국토 · 도시계획학회 추계학술대회 발표논문집, 2001.

송미령 · 박시현 · 이규천 · 성주인, 도농통합형 농촌 정주기반 구축방안 연구, 한국농촌경제연구원, 2002.

송미령 · 박석두 · 김수석 · 성주인, 국토계획체계 변화에 따른 농촌계획 수립에 관한 연구, 한국농촌경제연구원, 2003.

안정근 · 장준호 · 김세용, 제2종 지구단위계획제도의 의의와 성격, 도시정보 통권 243호, 대한국토도시계획학회, 2002.

윤원근, 국토정책과 농촌계획 : 일본과 한국의 농촌계획제도의 비교, 보성각, 2003a.

정하우 외 6명, 농촌계획학, 서울 : 동명사, 2003.

최병선, 광역계획의 현실정착방안연구, 국토계획 29(3), 대한국토 · 도시계획학회, pp.43~58, 1994.

최수명, 농어촌생활환경 정비사업의 효율적 추진방안, 정주생활권개발 문화마을 조성사업 '96 연찬회보고서, 농어촌진흥공사, pp.47~87, 1996.

최양부 · 이정환, 산업사회의 농촌발전 전략, 한국농촌경제연구원, 1987.

Chadwick, G. F., 1976, A Systems View of Planning, Urban and Regional

Planning Series, Vol. 1. Pergamon Press

Cloke, P. J. 1979, Key Settlements in Rural Areas, Methuen

Dunn, M. C. 1976, Population Change and the Settlement Pattern, Rural

Planning Problems (Ed. by G. E. Cherry), Leonard Hill, pp.13~46

Martin, L, 1976, Rural Communities, Rural Planning Problems(Ed. by G. E. Cherry), Leonard Hill, pp.49~83

Ratcliffe, J. 1977, An Introduction to Town and Country Planning, Hutchinson

제2장 농촌마을계획

농림부, 농림사업시행지침서 제4권, 2003.

농림부 농촌개발국, 업무자료, 2004.

농어업 · 농어촌특별대책위원회, 농어촌 종합개발계획 수립에 관한 연구, 2004.

농어촌연구원, 파주 서적개 패키지마을 조성사업 계획 보고서, 1997.

농어촌연구원, 인제 북면문화마을 경관형성계획 보고서, 2000.

농어촌연구원, 북방문화마을 경관형성계획 보고서, 2001.

농어촌연구원, 횡성 공근문화마을 경관형성계획 보고서, 2002.

박시현 · 박병오, 농촌 생활환경 정비정책의 효율적 추진방안, 한국농촌경제연구원, 1997.

박윤호, 농촌마을 특성화에 대한 정책방안 연구, 농림부 · 농업기반공사농어촌연구원, 2001.

박윤호, 환경친화적 문화마을 조성방안, 제1회 새국토연구협의회 종합대토론회논문집, 2001.

박윤호, 환경친화적 농어촌정비사업 설계지침-농촌지역 경관정비편, 농업기방공사 농어촌연구원, 2002.

박윤호, 농어촌주거환경의 종합적 정비방향, 농어업 · 농어촌특별대책위원회 제3분과 발제논문, 2002.

박윤호, 농촌마을 정비사업에 대한 평가와 개선방향, 농어촌과 환경, 통권 제76호, 2002.

박윤호, 농촌관광을 통한 농촌지역 활성화 방향, 한국관개배수 제10권 1호, 2003.

박윤호 등, 농촌 경관주택 정책 및 마을 리모델링 방안 연구, 농림부 · 농업기반공사 농어촌연구원, 2003.

송미령 · 박시현, 주민자율적 마을 가꾸기 현황과 성과 분석, 국토계획 제37권 1호, 2002.

윤원근, 한국농촌계획론, 대학출판사, 1999.

이상문, 한국 농촌마을의 공동정주기능 변화에 관한 연구, 국토계획 제36권 1호, 2001.

이정환 외, 농어촌 정주생활권 개발의 장기방향, 한국농촌경제연구원, 1992.

David Story, 1999, Issues of integration, participation, participation and

Empowerment in Rural Development : The Case of LEADER in the Republic of LEADER in Republic of Ireland, journal Studies, vol. 15. no. 3.

Michael Barke · Michael Newton, 1997, The LEADER Initiative and Endogenous Rural Development : the Application of the programme in the Two Rural Area of Andalusia, Southern spain, journal of Rural Studies, Vol. 13. no. 3.

OECD, 1997, OECD Reviews of Rural policy - Partnership in the united States. OECD.

Thomas L. Daniels et. al 1995, The Small Town Planning Handbook. American Planning Association.

제3장 농촌어메니티자원계획과 그린투어리즘계획

강신겸, 「농촌관광 프로그램의 개발과 운영」『한국형농촌관광의 중장기발전을 위한 대안모색』(세미나자료집), 한국농촌경제연구원, 2003.

김남조, 「농촌어메니티의 국외 정책사례」, 『DDA 대응 농촌경제활성화와 어메니티자원개발』(심포지움자료집), 농업과학기술원 · 삼성경제연구원 · 한국농촌계획학회, 2003.
농림부, 주민참여계획모델에 의한 농촌어메니티 자원발굴 및 설계기술 현장적용 연구, 2004.
농업과학기술원, 농촌어메니티자원 채록 및 활용모형 구축연구, 2004.
류선무, 관광농촌개발론, 유성문화사, 1998.
류선무, 농촌관광 성공전략, 청농관광농업연구소, 2003.
류선무 외, 그린투어리즘 이론과 실제, 백산출판사, 2003.
서천군, 서천군어메니티종합, 2005.
송미령, 「그린투어리즘과 추진참여」농촌진흥청 농업과학기술원 농촌생활연구소, 농촌생활과학 23(2), 2002.
송미령, 「그린투어리즘 마을의 경영전략」『농촌활성화를 위한 그린투어리즘 추진방향』(2003년 하계 심포지움 자료집), 한국농업정책학회, 2003.
엄서호 외, 농촌관광의 이론과 실제, (주)명진씨앤피, 2004.
이상문, 주민참여에 의한 농촌어메니티 자원의 발굴과 계획, 농어촌과 환경 11(4), pp.33~41, 2001.
임은미 · 김선희, 관광개발론, 전남대학교출판부, 2007.
전영옥, 도시에메니티의 개선과 기업의 대응, 삼성경제연구소 Issue Paper, 2003.
조순제, 「농촌어메니티를 활용한 마을개발 모형」, 『DDA 대응 농촌경제활성화와 어메니티자원개발』(심포지움자료집), 농업과학기술원 · 삼성경제연구원 · 한국농촌계획학회, 2003.
허준, 농촌어메니티자원 발굴 및 조사기법의 특성분석, 농촌계획학회지 13(2), 2007.
허준 · 박태희, 주민참여형 어메니티자원 계획모형 개발 및 어메니티계획의 활성화 방향, 동신대학교 논문집 16 (1), 2006.

제4장 농촌경관계획

강영조 · 中村良夫, 경관의 동태성에 관한 연구, 한국조경학회지 27(3), pp.39~49, 1999.
건설교통부, 준농림지역 등의 경관관리지침, 건설교통부 토지국, 2001.
경기개발연구원, 가평군 경관관리기본계획, 2002.
김상범, 농촌경관의 관리방향, 전원과 자원 49(2), pp.12~19, 한국농공학회, 2007.
김상범, 농촌경관계획지표개발연구, 농촌진흥청 연구보고서, 2007.
김상범 · 이상영, 농촌경관계획을 위한 공간별 주요경관요소에 관한 연구, 농촌계획학회지 12(3), pp.13~18, 2006.
박광수, 환경영향평가서의 경관시뮬레이션에 관한 연구, 서울대학교 대학원 석사학위논문, 2000.
박영규 · 유병일 · 유리화, 자연친화적 산지개발에 관한 연구, 산림과학논문집, 2002.
변병설, 친환경적 농촌경관관리. 국토이용체계 개편에 따른 농촌계획의 위상과 방향정립, 한국농촌경제연구원 · 새국토연구협의회, pp.117~146, 2001.
서주환, 아름답고 정겨운 마을조성을 위한 경관계획, 농촌생활과학 22(2), 2001.
서주찬 · 최현상, 토지이용변화를 이용한 농촌경관 선호성 분석에 관한 연구, 한국조경학회지 27(2), pp.69~79, 1999.
시노하라 오사무, 경관계획의 기초와 실제, 대우출판사, 1982.
심준영 · 김유일, 근교농촌의 경관유형에 따른 고층건물의 관찰거리 및 규모와 경관선호도와의 관계, 한국조경학회지 25(1), pp.112~123, 1997.
유헌석 · 김시현 · 주용준, 자연경관관리정책에 관한 연구, 한국환경정책평가연구원, 2002.
윤진옥 · 김유일 · 정기호, 도시 및 농촌거주자의 농촌경관 선호도에 관한 연구, 한국조경학회지 23(2), pp.93~103, 1995.
이도원, 전통경관에 담긴 생태지혜, UNEP Our Planet 한국어판 11 : 4-5, 2003.
이시영 · 허준 · 심준영, 시설재배지 경관의 선호도 평가-충남 딸기재배지를 중심으로-, 한국식물인간환경학회지 8(3), pp.30~38, 2005.
이시영 · 장민 · 심준영 · 허준, 농촌향토마을 경관의 변화-조선 말기부터 올림개최 전(1988)까지-, 한국전통조경학회지 28(4), pp.112~119, 2010.
이진숙, 농촌지역 경관개선을 위한 색채정비방안, 농어촌과 환경 12(3), pp.36~43, 2002.
임승빈, 경관분석론, 서울대학교 출판부, 1991.
황기원, 경관의 다양성에 관한 고찰, 한국조경학회지 17(1), pp.55~68, 1989.

찾아보기

| 저자소개 |

구본학(具本學). Koo, Bon-Hak
상명대 환경조경학과 교수 ecoculture@smu.ac.kr
–서울대 조경학과(학사)
–서울대 대학원 생태조경학과(석사)
–서울대 대학원 조경학전공(박사)

김성용(金聲用). Kim, Sung-Yong
한국토지주택공사 녹색경관처 처장 ksyong@lh.or.kr
–서울대 조경학과(학사)
–경원대 환경대학원 공간환경학과(석사)
–경원대 대학원 도시계획학과(박사)

김현(金炫). Kim, Hyun
단국대학교 녹지조경학과 교수 hyunkim@dankook.ac.kr
–성균관대 조경학과(학사)
–성균관대 대학원 조경학과(석사)
–일본 동경대학 농학생명과학연구과 삼림과학전공(박사)

나정화(羅正和). Ra, Jung-Hwa
경북대 조경학과 교수 jhra@knu.ac.kr
–경북대 조경학과(학사)
–경북대 대학원 조경학과(석사)
–독일 Dortmund대학교 경관생태계획학과(박사)

박문호(朴文浩). Park, Moon-Ho
서울시립대 도시과학연구원 연구교수 mhp@uos.ac.kr
–서울시립대 조경학과(학사)
–서울대 환경대학원 환경조경학과(석사)
–일본나라여자대학 공간문화연구과 생활환경전공(박사)

이관규(李官奎). Lee, Gwan-Gyu
강원대학교 조경학과 교수 gglee@kangwon.ac.kr
– 경북대 조경학과(학사)
– 서울대 환경대학원 환경조경학과(석사)
– 서울대 대학원 환경계획 · 평가(박사)

이명우(李明雨). Lee, Myung-Woo
전북대 조경학과 교수 Lmw@chonbuk.ac.kr
–서울대 임학과(학사)
–서울대 환경대학원 환경조경학과(석사)
–서울대 대학원 환경계획학과(박사)

이상석(李相錫). Lee, Sang-Seok
서울시립대학교 조경학과 교수 sanglee@uos.ac.kr
–서울시립대 조경학과(학사)
–서울대 환경대학원 환경조경학과(석사)
–서울시립대 대학원 조경학과(박사)

임상신(任相信). Lim, Sang-Shin
더림골프디엔씨(주) 대표이사 limgolf@hanmail.net
–단국대 원예학과(학사)
–서울대 환경대학원 환경조경학과(석사)

조용현(趙龍顯). Cho, Yong-Hyeon
공주대 조경학과 교수 yhcho@kongju.ac.kr
–서울대 조경학과(학사)
–서울대 환경대학원 환경조경학과(석사)
–서울대 대학원 협동과정조경학전공(박사)

조태동(趙泰東). Cho, Tae-Dong
강릉대학교 환경조경학과 교수 cho116@kangnung.ac.kr
–청주대학교 조경학과(학사)
–청주대학교 대학원 조경학과(석사)
–일본 치바대학교 자연과학연구과 환경계획학(박사)

조현길(趙鉉吉). Jo, Hyun-Kil
강원대학교 조경학과 교수 jhk@kangwon.ac.kr
–강원대 원예학과(학사)
–서울대 환경대학원 환경조경학과(석사)
–Arizona주립대 조경학과(박사)

주신하(朱信河). Joo, Sin-Ha
서울여대 원예조경학전공 교수 sinhajoo@swu.ac.kr
–서울대 조경학과(학사)
–서울대 생태조경학과(조경학석사)
–서울대 조경학전공(공학박사)

허준(許濬). Heo, Jun
동신대학교 조경학과 교수 pola777@empal.com
–경희대 조경학과(학사)
–경희대 대학원 조경학과(석사)
–경희대 대학원 조경학과(박사)

홍광표(洪光杓). Hong, Kwang-Pyo
동국대학교 조경학과 교수 hkp@dongguk.ac.kr
–동국대 조경학과(학사)
–서울대 환경대학원 환경조경학과(석사)
–성균관대 대학원 조경학과(박사)

홍윤순(洪允淳). Hong, Youn-Soon
한경대학교 조경학과 교수 yshong@hknu.ac.kr
–경희대 조경학과(학사)
–서울대 환경대학원 환경조경학과(석사)
–서울시립대 대학원 조경학과(박사)

조경계획

2007년 8월 27일 1판 1쇄 발행
2008년 2월 27일 2판 1쇄 발행
2011년 8월 27일 3판 1쇄 발행
2020년 2월 29일 4판 1쇄 발행
2021년 11월 10일 5판 1쇄 발행

저 자 (집필책임) 이 명 우
발행인 강 해 작
발행처 기 문 당
주 소 서울시 성동구 무학봉28길 4-1
전 화 02_2295_6171(代)~5
팩 스 02_2296_8188
출판등록 1976.10.7(1-44)
홈페이지 www.kimoondang.com
I S B N 978-89-6225-928-5 93540